Lecture Notes in Mathematics 1485

J. Azéma P. A. Meyer M. Yor (Eds.)

Séminaire de Probabilités XXV

Springer-Verlag
Berlin Heidelberg New York
London Paris Tokyo
Hong Kong Barcelona
Budapest

Editors

Jaques Azéma
Marc Yor
Laboratoire de Probabilités
Université Pierre et Marie Curie
4, Place Jussieu, Tour 56
75252 Paris Cedex 05, France

Paul André Meyer
Institut de Recherche Mathématique Avancée
Université Louis Pasteur
7, rue René Descartes
67084 Strasbourg, France

Mathematics Subject Classification (1991): 60G, 60H, 60J

ISBN 978-3-540-54616-0 Springer-Verlag Berlin Heidelberg New York
ISBN 978-0-387-54616-2 Springer-Verlag New York Berlin Heidelberg

Typesetting: Camera ready by author

46/3140-543210 - Printed on acid-free paper

SEMINAIRE DE PROBABILITES XXV

TABLE DES MATIÈRES

THÉORIE NON LINÉAIRE DU POTENTIEL : UN PRINCIPE UNIFIÉ DE DOMINATION ET DU MAXIMUM ET QUELQUES APPLICATIONS

par C. Dellacherie

Cet exposé n'est pas la suite promise de [3] : en gros, alors que dans [3] les générateurs étaient élémentaires et définis au moins sur les fonctions mesurables bornées, ici ce seront les opérateurs différentiels, définis naturellement sur des fonctions au moins continues. Nous sautons donc d'une théorie "en temps discret" à une théorie "en temps continu".

Nous nous donnons une fois pour toutes un espace localement compact à base dénombrable E qui, dans les applications, sera un ouvert de $\mathbf{R}^n$, $n \geq 1$, éventuellement augmenté d'une partie de sa frontière. Nous allons démontrer de manière très simple, pour une classe d'opérateurs non nécessairement linéaires définie de manière abstraite mais contenant, pour E dans $\mathbf{R}^n$, une large classe d'opérateurs différentiels elliptiques ou paraboliques, des extensions des théorèmes classiques suivants de la théorie linéaire du potentiel : principe du maximum pour les fonctions (sous)harmoniques, principe complet du maximum pour les potentiels, principe de domination entre un potentiel et une fonction excessive, unicité de la solution du problème de Dirichlet, croissance de cette solution avec la donnée frontière, croissance d'un potentiel avec la charge. Nous démontrerons aussi, dans notre cadre abstrait, des extensions des formes usuelles (Rolle, Lagrange, Cauchy) du théorème des accroissements finis sur $\mathbf{R}$, ce qui semble nouveau même dans le cas linéaire et nous permettra en particulier de retrouver la formule de Dynkin [4] pour approcher le générateur infinitésimal d'une diffusion.

I. DÉRIVEURS SOUSMARKOVIENS

Comme dans [3] nous appelons *dériveur* toute application A d'une partie $\mathcal{D}$ de $\overline{\mathbf{R}}^E$ dans $\overline{\mathbf{R}}^E$ vérifiant le premier axiome de Mokobodzki [5] pour définir les opérateurs dérivants, à savoir

Axiome 1 (de dérivation) : *Pour tout $u, v \in \mathcal{D}$ tels que $u \leq v$ on a $Au^x \geq Av^x$ en tout point $x \in E$ tel que $u^x = v^x$* (où f^x est une autre notation pour $f(x)$).

L'exemple élémentaire de dériveur A est $Au = u - Nu$ où N est une application croissante sur son domaine. Par ailleurs, il est clair que l'ensemble des dériveurs de même domaine $\mathcal{D}$ est stable pour de nombreuses opérations ponctuelles usuelles croissantes (sup. et inf. quelconques, sommes, mélanges quand cela a un sens, limites simples et donc limsup., liminf., etc.), et cela permet de construire de nombreux dériveurs à partir des dériveurs élémentaires. Par exemple si (P_t) est un semi-groupe markovien sur E, alors l'opposé $Au = \lim_{t \to 0} \frac{1}{t}(u - P_t u)$ du générateur infinitésimal est sur son domaine un dériveur. En particulier, sur $\mathbf{R}$, $-d^+/dt$ (dérivée à droite) et d^-/dt (dérivée à gauche) sont des dériveurs ainsi donc que $-d/dt$ ou d/dt (dérivée bilatérale, qui donne lieu à une égalité dans l'axiome 1), sur leurs domaines de définition ; de même, $-d^2/dt^2$ (mais pas son opposé) est un dériveur sur son domaine. Plus généralement, sur $\mathbf{R}^n$, tout opérateur du premier ordre de la forme $Au^x = \Phi(\nabla u^x, u^x, x)$, où Φ est n'importe quelle fonction à $n+1+n$ variables et ∇u est le gradient de u, est un dériveur sur son domaine (vérifiant par ailleurs l'égalité dans l'axiome, c'est ce qui distingue le premier ordre du second ordre) et aussi tout opérateur du second ordre de la forme $Au^x = \Phi(-\Delta u^x, \nabla u^x, u^x, x)$ où Φ est n'importe quelle fonction de $1+n+1+n$ variables, *croissante en sa première*. De plus on peut remplacer le laplacien Δ par n'importe quel opérateur elliptique éventuellement dégénéré (en fait, l'axiome 1 est une abstraction non linéaire du principe du minimum pour les opérateurs elliptiques) ; nous verrons cela plus loin quand nous reviendrons sur la construction de certains dériveurs à partir de dériveurs élémentaires. Lorsqu'on regardera un opérateur différentiel A, on prendra garde que ses propriétés en tant que dériveur peuvent dépendre et de la partie E de R^n sur lequel il est considéré et de son domaine de définition $\mathcal{D}$ (voir quelques exemples à la fin du II) ; sauf mention du contraire, E est pris égal à R^n et $\mathcal{D}$ à l'ensemble des fonctions sur E de classe C^1 ou C^2 selon que A est du premier ou second ordre.

L'axiome de dérivation est insuffisant pour faire de la théorie du potentiel. En effet, on s'attend en gros à ce que, I étant l'identité, $pI + A$ admette, pour $p > 0$ et éventuellement $p = 0$, un inverse à droite croissant ; or, quand E est réduit à un point, et donc R^E identifié à R, un dériveur est une fonction arbitraire sur (une partie de) R alors qu'elle doit être croissante si on veut son inverse croissant. Aussi distinguerons nous les dériveurs A vérifiant l'axiome suivant, qui sera affaibli plus tard en appendice :

Axiome 2 (de productivité) : *Pour tout* $u \in \mathcal{D}$ *et tout* $c \in \mathsf{R}_+$, *on a* $u \pm c \in \mathcal{D}$ *et* $A(u+c) \geq Au$.

Si A est linéaire, on retrouve une propriété familière (la fonction 1 est surharmonique) justifiant qu'un dériveur vérifiant cet axiome soit appelé par la suite un ***dériveur sousmarkovien***, et un dériveur ***markovien*** (resp. ***strictement sousmarkovien***) quand l'inégalité est toujours une égalité (resp. est toujours stricte), même si ces dénominations ne sont pas usitées dans le cas linéaire. Si on revient à l'exemple de dériveur $Au^x = \Phi(-\Delta u^x, \nabla u^x, u^x, x)$ sur R^n, où Φ est n'importe quelle fonction de $1+n+1+n$ variables croissante en sa première, on voit que c'est un dériveur sousmarkovien (resp. markovien) dès que Φ est ***croissante*** (resp. ***constante***) ***en sa*** $1+n+1$***-ième variable***, celle dont u^x prend la place. Par ailleurs, si A est un dériveur sousmarkovien, alors $pI + A$ est un dériveur strictement sousmarkovien pour tout $p > 0$ (et on verra qu'il possède des inverses à droite croissants). Par exemple, pour $E = \mathsf{R}$, le dériveur $-u'' + u$ est strictement sousmarkovien et le dériveur $-|u'|u''$ markovien ainsi que $-u'' + u'^2$ et $-u'' - u'^2$ alors que le dériveur $-u'' - u$ n'est pas sousmarkovien et que $-u'u''$ n'est même pas un dériveur.

Les dériveurs markoviens les plus élémentaires sont ceux de la forme $A^{\varphi}_y u^x = \varphi(x, u^x - u^y)$ où y est fixé dans E et où $\varphi(x,t)$ est une fonction fixée sur $E \times \mathsf{R}$. Supposons u continue en x et $\varphi(x,t)$ continue en t, nulle pour $t = 0$. Laissons φ fixe et mélangeons (en oubliant l'indice φ) les A_y à l'aide d'un noyau markovien $M_r(x, dy)$ dépendant du paramètre réel r, d'où un dériveur markovien $A_r u^x = \int A_y u^x \, M_r(x, dy)$; supposons de plus que $M_r(x, dy)$ tende étroitement vers la mesure de Dirac ε_x quand r tend vers 0 si bien que $A_r u$ tend simplement vers 0. Nous allons identifier dans quelques cas particuliers le dériveur markovien $\lim_{r \to 0} \frac{1}{r^p} A_r$, où p est un réel > 0, et obtenir ainsi des dériveurs markoviens "différentiels". Nous prenons $E = \mathsf{R}^n$, nous supposons que chaque mesure $M_r(x, dy)$ est l'image par homothétie de rapport r d'une probabilité μ^x portée par la sphère de centre x et rayon 1, et que les fonctions u considérées sont de classe C^2. On suppose de plus pour le moment que $\varphi(x,t)$ est de classe C^2 en t, et on pose $\alpha^x = \frac{\partial \varphi}{\partial t}(x, 0)$, $\beta^x = \frac{\partial^2 \varphi}{\partial t^2}(x, 0)$. Si m^x est le barycentre de la mesure μ^x, on a, en notant $<,>$ le produit scalaire,

$$\lim_{r \to 0} \frac{1}{r} A_r u^x = \alpha^x < (x - m^x), \nabla u^x >$$

et on peut retrouver ainsi tous les opérateurs linéaires du premier ordre. Mais si pour chaque x le barycentre de μ^x est x tandis que V^x est sa variance (matrice symétrique positive), la limite précédente est nulle et

$$\lim_{r \to 0} \frac{2}{r^2} A_r u^x = -\alpha^x D u^x + \beta^x < \nabla u^x, V^x \, \nabla u^x >$$

où D est l'opérateur elliptique du second ordre admettant V^x comme matrice de forme quadratique en x, et on peut retrouver ainsi tous les opérateurs elliptiques linéaires purement du second ordre augmentés, si β n'est pas nul, d'un terme du premier ordre quadratique. En particulier, si $\varphi(x,t) = t + \frac{1}{2}t^2 + o(t^2)$ et si μ^x est uniformément répartie sur la sphère unité de centre x, on obtient l'opérateur $-\Delta u + \|\nabla u\|^2$ (où $\|\cdot\|$ est la norme euclidienne), qui me semble remarquable même si je n'en ai pas trouvé trace dans les ouvrages que j'ai pu feuilleter (Bellman [2] fait cependant abondamment usage, en dimension 1, de l'équation de Riccati $-y' + y^2 = f$ associée à l'équation du second ordre $z'' - fz = 0$) ; noter que si on pose $w = e^{-u}$, l'équation aux dérivées partielles $-\Delta u + \|\nabla u\|^2 - f = 0$ se linéarise en $\Delta w - fw = 0$, et qu'il y a ainsi bijection entre les solutions de la première et les solutions strictement positives de la seconde. Nous terminons cette collection d'exemples en jetant un coup d'oeil sur le cas où, μ^x étant uniformément répartie sur sa sphère et p étant un réel ≥ 2, on prend pour $\varphi(x,t)$ la fonction impaire $\varphi_p(t) = |t|^{p-2}t$ (qui n'est pas de classe C^2 si p n'est pas un entier pair). Tout calcul fait, on trouve (du moins, je l'espère)

$$\lim_{r\to 0} \frac{2^p}{r^p} A_r u = -\mathrm{div}\,(\|\nabla u\|^{p-2}\nabla u)$$

où $\|\cdot\|$ est la norme euclidienne (ce qui donne, en dimension 1, $Au = -(p-1)|u'|^{p-2}u''$, et évidemment, en dimension quelconque, $Au = -\Delta u$ si $p = 2$). Contrairement à l'exemple précédent, celui-ci a été finement étudié ces vingt dernières années (pour $p \neq 2$) du point de vue de la théorie du potentiel par bon nombre de gens (cf [1]) au point où son étude est parfois appelée "la théorie non linéaire du potentiel" quand elle n'est pas appelée "la théorie L^p du potentiel".

II. UN PRINCIPE UNIFIÉ DE DOMINATION ET DU MAXIMUM

Nous nous donnons désormais sur E un dériveur sousmarkovien A de domaine $\mathcal{D}$ inclus dans l'ensemble C des fonctions continues sur E. La continuité va jouer un rôle très important dans ce qui suit. Soit (E_n) une suite croissante d'ouverts relativement compacts de E épuisant E. Pour $u, v \in C$ nous dirons par exemple que *u est majoré par v à la frontière* et nous écrirons "$u \leq v$ à l'∞" si $\lim_n \sup_{x\in E_n^c}(u-v)^+$ est nul (si E est compact, c'est toujours le cas par convention) ; de même, si H est une partie de E, nous dirons que $(u-v)^+$ *approche son maximum sur H ou sur la frontière* et nous écrirons "$(u-v)^+$ approche son maximum sur $H \cup \{\infty\}$" si $\sup_{x\in E}(u^x - v^x) = \lim_n \sup_{x\in H\cup E_n^c}(u^x - v^x)$ (si H est vide et E est compact, on convient que $(u-v)^+$ est nul sur $H \cup \{\infty\}$ et donc n'approche son maximum à l'∞ que si on a $u \leq v$).

Lemme. *Pour $u, v \in \mathcal{D}$, la fonction $(u-v)^+$ approche son maximum sur $\{Au \geq Av\} \cup \{\infty\}$, et sur $\{Au > Av\} \cup \{\infty\}$ si A est strictement sousmarkovien.*

Démonstration. Si $(u-v)^+$ n'approche pas son maximum à la frontière, il atteint son maximum $c > 0$ en un point ξ de E et on a alors

$$Av^\xi \leq A(v+c)^\xi \leq Au^\xi,$$

l'inégalité de droite provenant du fait qu'on a $u \leq v+c$ avec égalité en ξ et que A est un dériveur, et l'inégalité de gauche du fait que A est sousmarkovien. Enfin, l'inégalité de gauche est stricte si A est strictement sousmarkovien. Remarquer que, si A est markovien et "du premier ordre", les inégalités sont des égalités, et on a donc $Av^\xi = Au^\xi$, d'où une extension du théorème de Rolle en supposant que $u = v$ à l'∞, quitte à échanger u et v si on a $u \leq v$. On verra plus loin une extension du théorème de Rolle plus intéressante.

On devine qu'il est particulièrement avantageux de pouvoir dans l'énoncé du lemme remplacer $\{Au \geq Av\}$ par $\{Au > Av\}$, comme c'est le cas lorsque A est strictement sousmarkovien. Mais ce n'est pas toujours possible : si E est réduit à un point, et donc A identifié à une fonction croissante sur R, et si u et v appartiennent à un même palier de A, le remplacement n'est généralement pas possible, sauf évidemment si u est extrémité gauche et v extrémité droite du palier. Nous allons voir qu'une restriction de ce genre suffit dans le cas général.

Nous dirons que $u \in \mathcal{D}$ est *accessible à gauche* (resp. *à droite) pour* A si, pour tout compact K de E, il existe une suite (u_n) dans $\mathcal{D}$ convergeant uniformément vers u tel qu'on ait $Au_n < Au$

(resp. $Au_n > Au$) sur K. Remarquer que, du fait que A est sousmarkovien, on peut supposer de plus $u_n < u$ (resp. $u_n > u$) pour tout n, quitte à remplacer u_n par $u_n - \|u - u_n\|$ (resp. $u_n + \|u - u_n\|$) où $\|\cdot\|$ est la norme uniforme.

Théorème. *Pour tout $u, v \in \mathcal{D}$, $(u-v)^+$ approche son maximum sur $\{Au > Av\} \cup \{\infty\}$ dès que u est accessible à gauche ou v accessible à droite pour A.*

Démonstration. Supposons u accessible à gauche et que $M = \sup_{x\in E}(u^x - v^x)^+$ ne soit pas approché à l'∞. Soient $\varepsilon > 0$ tel qu'on ait $u < M - \varepsilon$ à l'∞, puis K un compact tel qu'on ait encore $u < M - \varepsilon$ hors de K, et enfin (u_n) une suite dans $\mathcal{D}$ convergeant uniformément vers u et telle qu'on ait $Au_n < Au$ sur K. Pour n suffisamment grand, on a $\sup_{x\in E}|u^x - u_n^x| < \frac{\varepsilon}{3}$ et donc $\sup_{x\in E}(u_n^x - v^x)^+ > M - \frac{\varepsilon}{3}$ et $(u_n^x - v^x)^+ < M - \frac{2\varepsilon}{3}$ hors de K, si bien que $(u_n - v)^+$ ne peut approcher son maximum que sur K. Mais alors, d'après le lemme, $(u_n - v)^+$ approche son maximum sur $\{Au_n \geq Av\} \cap K$, qui est inclus dans $\{Au > Av\} \cap K$. Il n'y a plus qu'à faire tendre n vers l'∞ pour conclure que $(u-v)^+$ approche son maximum M sur $\{Au > Av\} \cap K$. Le cas où v est accessible à droite se traite de même.

Nous dirons que A est un *honnête dériveur* si tout $u \in \mathcal{D}$ lui est accessible à gauche ou à droite. Tout dériveur strictement sousmarkovien, en particulier $pI + A$ pour $p > 0$, est honnête (prendre $u_n = u \pm \frac{1}{n}$). Par ailleurs, si A est honnête et si on pose, pour $u \in \mathcal{D}$, $Bu^x = \Psi(Au^x, u^x, x)$ où Ψ est une fonction sur $\mathbf{R}^2 \times E$ croissante en sa seconde variable et strictement croissante en sa première, alors B est un honnête dériveur sousmarkovien sur $\mathcal{D}$. Enfin, lorsque A est linéaire, A est honnête ssi, pour tout compact K, il existe $v \in \mathcal{D}$ borné, et ≥ 0 si on le souhaite, tel que $Av > 0$ sur K : c'est donc une condition très faible de transience vérifiée par exemple par le mouvement brownien sur $\mathbf{R}$ mais pas par la rotation uniforme sur le cercle.

Corollaire. *Si A est un honnête dériveur sousmarkovien, alors, pour tout $u, v \in \mathcal{D}$, la fonction $(u-v)^+$ approche son maximum sur $\{Au > Av\} \cup \{\infty\}$.*

Nous dirons par contre que A est *malhonnête* s'il existe $u, v \in \mathcal{D}$ tels que $(u-v)^+$ n'approche pas son maximum sur $\{Au > Av\} \cup \{\infty\}$, ce qui est pire que de ne pas être honnête. Voyons quelques exemples sur $\mathbf{R}$ ou un intervalle de $\mathbf{R}$, en désignant par t la variable :

- $Au = u'$ est évidemment un dériveur markovien honnête tandis que $A_1 u = tAu = tu'$ n'est pas honnête, mais n'est pas malhonnête non plus ; par ailleurs, si on étend A_1 en A_2 en ajoutant au domaine de A_1 la fonction $|t| \pm c$ pour $c \in \mathbf{R}_+$ et en posant $A_2(|t| \pm c) = |t|$, alors A_2 est malhonnête (prendre $u = 1$ et $v = |t|$).
- $Au = u' + 2tu$ est un dériveur sur $\mathbf{R}$ mais n'est pas sousmarkovien, n'est même pas un dériveur sur $[0, +\infty[$ (à cause de la dérivée à droite en 0 : c'est $-u' + 2tu$ qui est un dériveur sousmarkovien), mais est un dériveur sousmarkovien honnête sur $]0, +\infty[$; par ailleurs, $A_1 u = tAu = tu' + 2t^2 u$ est un dériveur sousmarkovien sur $\mathbf{R}$, mais y est malhonnête (prendre $u = \exp(-t^2)$ et $v = 0$) alors qu'il est honnête et même strictement sousmarkovien sur $]-\infty, 0[$ et sur $]0, +\infty[$.
- $Au = -tu'' + 3u'$ n'est pas un dériveur sur $\mathbf{R}$, tandis que $A_1 u = tAu = -t^2 u'' + 3tu'$ en est un, markovien, mais malhonnête sur $\mathbf{R}$ (prendre $u = 1 - t^4$ et $v = 0$) alors qu'il est, comme ci-dessus, honnête sur $]-\infty, 0[$ et sur $]0, +\infty[$.
- $Au = -a(t)u'' + b(t)u + c(t)u$, où a, b, c sont des fonctions continues, a et c étant positives pour assurer que A est un dériveur sousmarkovien, est honnête ssi a, b, c ne s'annulent pas toutes en un même point (vérification laissée au lecteur).
- $Au = -u'' + \alpha(t)u'^2 + \beta(t)u'$, où α et β sont continues, et $Au = -|u'|^k u''$, avec $k \in \mathbf{R}_+$, sont des dériveurs markoviens honnêtes sur $\mathbf{R}$ (vérification laissée au lecteur).

III. Applications à la théorie du potentiel

Nous supposons désormais que notre dériveur sousmarkovien A est honnête (ou, plus généralement, qu'il n'est pas malhonnête), et rappelons que, par hypothèse, les fonctions du domaine $\mathcal{D}$ de A sont continues : ce que nous dirons n'ira pas au delà des fonctions continues.

Toutes les applications données ici sont des conséquences immédiates du corollaire précédent. Elles sont annoncées par quelques mots qui n'ont un sens défini et familier qu'en théorie linéaire du potentiel et qui donc nécessiteront quelques aménagements. En particulier, en non linéaire, il n'y a pas de décomposition de Riesz de $u \in \mathcal{D}$ en $v + w$ où $Av = 0$ (v est harmonique) et $w = 0$ à la frontière (w est un potentiel), et, pour étudier le problème de Dirichlet, il ne suffit pas de regarder le cas des fonctions harmoniques.

1) principe du maximum pour les fonctions (sous)harmoniques :
Ce qui remplace la donnée d'une fonction harmonique (resp. sousharmonique) est ici celle d'un couple $u, v \in \mathcal{D}$ tel que $Au = Av$ (resp. $Au \leq Av$). *Soient $u, v \in \mathcal{D}$ tels que $Au \leq Av$; le maximum de $(u - v)^+$ est approché à la frontière. En particulier, si on a $Au = Av$, le maximum de $|u - v|$ est approché à la frontière.* Comme A peut être "dégénéré", il se peut cependant que ce maximum soit aussi atteint dans E sans que u soit localement constante (prendre $E = \mathsf{R}^2$ et $A = \partial/\partial x$), et on n'a donc ici qu'un principe faible du maximum. J'ai découvert, en cours de rédaction de cet exposé, le livre [6] de Protter et Weinberger où c'est un principe fort du maximum qui est à la base de l'étude d'opérateurs différentiels linéaires ou non.

2) principe complet du maximum pour les potentiels :
Ce qui remplace la donnée d'un potentiel est ici celle d'un couple $u, v \in \mathcal{D}$ tel que $u = v$ à la frontière. Ceci dit, pour $u, v \in \mathcal{D}$ et $c \in \mathsf{R}_+$, on a $A(v + c) \geq A(v)$ et donc $\{Au > Av\} \supseteq \{Au > A(v+c)\}$. On en déduit : *Soient $c \in \mathsf{R}_+$ et $u, v \in \mathcal{D}$ tels que $u = v$ à la frontière ; si on a $u \leq v + c$ sur $\{Au > Av\}$, alors on a $u \leq v + c$ sur E.* Ainsi, si $\mathcal{D}_o = \{u \in \mathcal{D} : u = u_o \text{ à } l'\infty\}$ avec $u_o \in \mathcal{D}$ fixé, l'inverse V_o de A, défini sur $A(\mathcal{D}_o)$, vérifie le principe complet du maximum.

3) principe de domination pour un potentiel et une fonction excessive :
Ce qui remplace la donnée d'un potentiel et d'une fonction excessive est ici celle d'un couple $u, v \in \mathcal{D}$ tel que $u \leq v$ à la frontière. *Soient $u, v \in \mathcal{D}$ tels que $u \leq v$ à la frontière ; si on a $u \leq v$ sur $\{Au > Av\}$, alors on a $u \leq v$ sur E.* Bien entendu, on retrouve le 2) comme cas particulier en utilisant le fait que A est sousmarkovien.

4) unicité de la solution du problème de Dirichlet :
Pour le moment, nous n'avons pas supposé que A est "local" et ne savons pas ce qu'est la restriction de A à un ouvert de E ; aussi nous ne considérons ici que la frontière de E lui-même. *Soient $u, v \in \mathcal{D}$ tels que $Au = Av$; si on a $u = v$ à la frontière, alors on a $u = v$ sur E.* Lorsqu'on a $E =]-\infty, b] \subseteq \mathsf{R}$ et Au de la forme $\pm u'(x) + \varphi(x, u(x))$ où φ est croissante en sa 2ème variable, on retrouve un théorème d'unicité dû à Peano.

5) croissance de cette solution avec la donnée frontière :
Il s'agit en fait d'un renforcement du résultat précédent. *Soient $u, v \in \mathcal{D}$ tels que $Au = Av$; si on a $u \leq v$ à la frontière, alors on a $u \leq v$ sur E.* En voici une variante. *Soient $p, u, v \in \mathcal{D}$ tels que $p \leq u$, $p \leq v$ et $Ap \leq Au \leq Av$; si on a $p = u$ à la frontière, alors on a $u \leq v$ sur E.* Lorsque A est linéaire et $p = 0$, on retrouve le fait qu'un potentiel est solution minimale d'une (in)équation de Poisson.

6) croissance d'un potentiel avec la charge :
Soient $u, v \in \mathcal{D}$ tels que $u = v$ à la frontière ; si on a $Au \leq Av$ sur E, alors on a $u \leq v$ sur E. En particulier, si on pose $\mathcal{D}_o = \{u \in \mathcal{D} : u = u_o \text{ à } l'\infty\}$ avec $u_o \in \mathcal{D}$ fixé, la restriction de A à $\mathcal{D}_o$ est injective et son inverse V_o, défini sur $A(\mathcal{D}_o)$, est croissant.

7) principes de monotonie et de stricte monotonie :
En fait, les propriétés 3), 4), 5), et 6), peuvent se regrouper en un seul énoncé que nous appellerons *principe de monotonie* (cette appellation n'a rien de classique). *Soient $u, v \in \mathcal{D}$ tels qu'on ait $u \leq v$ à la frontière et $Au \leq Av$ sur E ; alors on a $u \leq v$ sur E.* Voici une variante utile où les inégalités sur E sont strictes. *Soient $u, v \in \mathcal{D}$ tels qu'on ait $u \leq v$ à la frontière et $Au < Av$ sur E ; alors on a $u < v$ sur E.* En effet, on a $u \leq v$, et si on avait $u^x = v^x$ en un point $x \in E$, on y aurait $Au^x \geq Av^x$.

8) extension du théorème de Rolle :
Pour retrouver l'énoncé classique où $A = d/dt$ (ou plutôt $A = d^-/dt$) on prend E de la forme $]a,b] \subseteq \mathbb{R}$ avec $\{a\}$ pour frontière (penser au processus de translation à gauche). *Soient $u, v \in \mathcal{D}$ tels que $u = v$ à la frontière. S'il existe deux points (éventuellement confondus) x et y de E tels qu'on ait $u^x \leq v^x$ et $u^y \geq v^y$, alors il existe deux points (éventuellement confondus) ξ et η de E tels qu'on ait $Au^\xi \leq Av^\xi$ et $Au^\eta \geq Av^\eta$.* En effet, si de tels ξ et η n'existaient pas, on aurait soit $Au > Av$ soit $Au < Av$ sur E, et donc, d'après 7), soit $u > v$ soit $u < v$, ce qui est exclu par l'hypothèse. Bien entendu, si E est connexe et si Au et Av sont continus (ce qui, selon nos conventions, est vrai si A est un opérateur différentiel), on peut toujours s'arranger pour prendre η et ξ égaux.

IV. LE THÉORÈME DES ACCROISSEMENTS FINIS

Nous supposons ici que A est un *dériveur local*, i.e. que, pour tout $x \in E$, on a $Au^x \geq Av^x$ pour $u, v \in \mathcal{D}$ tels que $u = v$ en x et $u \leq v$ dans un voisinage de x, ce qui est le cas si A est un opérateur différentiel. Le caractère local de A permet de manière évidente, et sans changer de notation, de restreindre A en un honnête dériveur sousmarkovien sur tout ouvert G de E ; nous noterons $\mathcal{D}(G)$ le domaine de la restriction de A à G. Nous supposerons d'autre part que Au est continu pour tout $u \in \mathcal{D}(G)$ (quitte à restreindre $\mathcal{D}$) afin de disposer d'un énoncé simple de l'extension du théorème de Rolle sur tout domaine borné (i.e. ouvert connexe relativement compact) de E. Enfin nous noterons $\mathcal{C}(H)$ l'espace des fonctions continues sur $H \subseteq E$.

Soient G un domaine borné, f un élément de $\mathcal{C}(G)$ et φ un élément de $\mathcal{C}(\partial G)$. On dira que $u \in \mathcal{D}(G)$ est *solution du problème de Dirichlet (G,f,φ)*, et que ce dernier est *soluble*, si on a $Au = f$ et si u vaut φ à la frontière, i.e. si on a $\varphi^x = \lim_n u^{x_n}$ pour tout $x \in \partial G$ et toute suite (x_n) dans G convergeant vers x. D'après le point 4) ci-dessus, la solution u, si elle existe, est unique ; pour f fixée, d'après les points 1) et 5), l'application $\varphi \mapsto u$ est sur son domaine une contraction croissante pour la norme uniforme. L'existence de la solution est une autre paire de manches : en général, elle n'existera pas parce que A est trop irrégulier, ou ∂G est trop irrégulière (ou encore la frontière topologique est mal adaptée au problème), ou G est trop grand et les "solutions" explosent avant d'avoir atteint ∂G (ce qui est souvent le cas en non linéaire ; regarder $-u'' + u'^2 = f$, qui se ramène à $v'' - fv = 0$, $v > 0$, pour f constante négative), etc. Il n'est pas dans notre intention d'aborder ici ces problèmes épineux, mais évidemment fondamentaux. Nous les éviterons en les ignorant, i.e. en supposant qu'un problème est soluble quand nous en aurons besoin.

Nous allons d'abord étendre le théorème des accroissements finis sous la forme générale $\frac{u(b)-u(a)}{v(b)-v(a)} = \frac{u'(\xi)}{v'(\xi)}$ de Cauchy, mais en nous contentant du cas où A est linéaire, puis sous la forme plus restrictive et plus classique $\frac{u(b)-u(a)}{b-a} = \frac{u'(\xi)}{1}$ de Lagrange, mais dans le cas général.

1. Extension de la formule de Cauchy dans le cas linéaire

On suppose A linéaire et on se donne un domaine borné G et deux éléments u et v de $\mathcal{C}(G \cup \partial G)$ dont les restrictions à G, encore notées u et v, appartiennent à $\mathcal{D}(G)$. On suppose que Av ne s'annule pas dans G et que les problèmes de Dirichlet $(G, 0, u_{|\partial G})$ et $(G, 0, v_{|\partial G})$ sont solubles ; on note $\tilde{u}$ et $\tilde{v}$ leurs solutions respectives. Choisissons un point x dans G tel que $v^x \neq \tilde{v}^x$, puis $\lambda \in \mathbb{R}$ tel que les fonctions $(u - \tilde{u})$ et $\lambda(v - \tilde{v})$, qui sont toutes deux nulles à la frontière, aient la même valeur en x, soit

$$\lambda = \frac{u^x - \tilde{u}^x}{v^x - \tilde{v}^x}.$$

En appliquant à ces deux fonctions l'extension du théorème de Rolle et en utilisant la linéarité de A, on obtient l'existence d'un $\xi \in G$ tel que

$$\frac{u^x - \tilde{u}^x}{v^x - \tilde{v}^x} = \frac{Au^\xi}{Av^\xi}.$$

C'est l'extension cherchée, qui va nous permettre de retrouver la formule de Dynkin [4] en prenant Av identique à 1 comme dans la formulation de Lagrange. Supposons que $-A$ soit le générateur infinitésimal d'un semi-groupe fellerien (P_t) sur E auquel est associé le processus de Markov $(\Omega, X_t, (\mathcal{F}_t), (\mathrm{P}^x), ...)$. Donnons nous $u \in \mathcal{D}$ et supposons que les problèmes $(G, 0, u_{|\partial G})$ et $(G, 1, 0)$ soient solubles ; la solution du premier est $\tilde{u}$ et la solution p du second vérifie $Ap = 1$ dans E et $p = 0$ sur ∂G si bien que $\tilde{p} = 0$. Par ailleurs, du point de vue probabiliste, ces solutions s'écrivent, pour y parcourant G,

$$\tilde{u}^y = \mathrm{E}^y(u \circ X_T) \quad \text{et} \quad p^y = \mathrm{E}^y(T)$$

où T est le temps d'entrée dans G^c. Par conséquent, il existe $\xi \in G$ tel que

$$\frac{u^x - \mathrm{E}^x(u \circ X_T)}{\mathrm{E}^x(T)} = Au^\xi$$

et si maintenant on fait décroître l'ouvert G vers $\{x\}$, on trouve que le membre de gauche converge vers Au^x (le lecteur pourra vérifier que l'hypothèse "Au continue" n'est pas essentielle : comme dans le théorème de Dynkin, la continuité de Au en x suffit).

2. Extension de la formule de Lagrange dans le cas général

Nous allons généraliser ici la construction faite à propos de la formule de Dynkin. On se donne un domaine borné G et un élément u de $\mathcal{D}(G)$ prolongeable par continuité en un élément encore noté u de $\mathcal{C}(G \cup \partial G)$. On fixe $x \in G$ et on suppose qu'il existe $w \in \mathcal{D}(G)$, prolongeable par continuité en un élément encore noté w de $\mathcal{C}(G \cup \partial G)$, tel que Aw soit constant dans G et qu'on ait $w = u$ en x et sur ∂G (dans le cas linéaire ci-dessus, on a $w = \tilde{u} + \frac{u^x - \tilde{u}^x}{p^x} p$). Il résulte du principe de monotonie qu'un tel w est unique. Son existence résulte par exemple des hypothèses suivantes : $M = \sup_{x \in E} |Au^x|$ est fini, le problème de Dirichlet $(G, \lambda, u_{|\partial G})$ admet une solution w_λ pour tout $\lambda \in \mathrm{R}$ tel que $|\lambda| \leq M$ (on a alors $w_{-M} \leq u \leq w_M$ d'après le principe de monotonie), et la fonction $\lambda \mapsto w_\lambda(x)$ est continue. On dira pour abréger, que *w est la corde en x de l'arc (u, G)*, ce qui mime la situation classique (prendre $G =]a, b]$, $\partial G = \{a\}$ et $x = b$ pour la retrouver) ; noter que la corde ne dépend de u que par l'intermédiaire de la restriction de u à $\partial G_x^r \cup \{x\}$. D'après l'extension du théorème de Rolle, il existe $\xi \in G$ tel que Au^ξ soit égal à la "pente" constante Aw, d'où une extension de la formule de Lagrange.

Voyons une application de cela : nous allons montrer, sous des hypothèses raisonnables, que A peut être approché par des dériveurs de structure plus simple. Supposons que nous ayons une distance sur E et que, pour tout $x \in E$ et tout $r > 0$, il existe un voisinage G_x^r qui soit un domaine borné de diamètre $< r$ et tel que l'arc (u, G_x^r) admette, pour tout $u \in \mathcal{D}$ (quitte à restreindre $\mathcal{D}$), une corde u_x^r en x, l'application $u \mapsto u_x^r$ étant continue pour la topologie de la convergence uniforme sur $\mathcal{C}(G_x^r \cup \partial G_x^r)$ (c'est le cas si A est linéaire). On peut alors, pour r fixé, définir une application A_r de $\mathcal{D}$ dans R^E en prenant pour valeur de $A_r u$ en x la valeur constante de Au_x^r dans G_x^r : on vérifie sans peine que A_r est un dériveur sousmarkovien continu pour la convergence uniforme, et est donc un producteur au sens de [3]. Et, quand on fait tendre r vers 0, $A_r u$ converge simplement vers Au d'après l'extension de la formule de Lagrange. On en déduit par exemple que, pour $u \in \mathcal{D}$, on a $Au \geq 0$ ssi on a $A_r u \geq 0$ pour tout $r > 0$, le "si" provenant de la convergence et le "seulement si" de l'extension de la formule de Lagrange (pour étudier $Au \geq f$ où f est une fonction, on remplacerait le dériveur $u \mapsto Au$ par le dériveur $u \mapsto Au - f$).

Lorsque A est linéaire, on voit que $A_r u^x = \varphi^x(u^x - Nu^x)$ où φ est une fonction > 0 et N est un noyau sousmarkovien, si bien que A_r est continu pour la convergence simple bornée ; il résulte alors de ce qui précède que, si (u_n) est une suite bornée dans $\mathcal{D}$ convergeant simplement vers un élément u de $\mathcal{D}$, on a $Au \geq 0$ dès qu'on a $Au_n \geq 0$ pour tout n. En général, je n'ai pas idée de la distance séparant pour les A_r la convergence uniforme de la convergence simple, mais en tout cas il n'y en a pas si E est un intervalle de R puisque la corde ne dépend de u que par l'intermédiaire du point choisi et de la frontière alors rudimentaire.

V. Appendice

En dehors du renforcement de l'accessibilité au II et de la preuve du principe complet du maximum au III, le seul endroit où a été utilisé directement le caractère sous-markovien du dériveur A dans l'exposé est la démonstration du lemme du II, dont nous recopions la majeure part pour plus de clarté.

Lemme. *Pour $u, v \in \mathcal{D}$, la fonction $(u-v)^+$ approche son maximum sur $\{Au \geq Av\} \cup \{\infty\}$.*

Démonstration. Si $(u-v)^+$ n'approche pas son maximum à la frontière, alors il atteint son maximum $c > 0$ en un point ξ de E et on a alors

$$Av^\xi \leq A(v+c)^\xi \leq Au^\xi,$$

l'inégalité de droite provenant du fait qu'on a $u \leq v + c$ avec égalité en ξ et que A est un dériveur, et l'inégalité de gauche du fait que A est sousmarkovien.

On y a considéré l'application $t \mapsto v + t$ de $\mathbb{R}_+$ dans $\mathcal{D}$, qui croît continûment de 0 à $+\infty$, on s'est arrêté à l'instant $t = c$ où $v + t$ dépasse tout juste u si bien qu'on a un point ξ où utiliser l'axiome de dérivation, et on a profité du fait que, A étant sousmarkovien, on a $A(v+c) \geq Av$ pour conclure. Tout cela peut se généraliser aisément et utilement.

Nous ne supposons plus A sousmarkovien. Nous dirons qu'une application $\mathrm{v} : t \mapsto v_t$ de $\mathbb{R}_+$ dans $\mathcal{D}$ est une ***A*-progression issue de** $v \in \mathcal{D}$ si

(1) v est croissante et continue pour la convergence uniforme

(2) v croît strictement au départ et s'éloigne à l'infini, uniformément :

$$\forall t > 0 \quad \inf_{x \in E}(v_t^x - v_0^x) > 0 \quad , \quad \lim_{t \to +\infty} \inf_{x \in E}(v_t^x - v_0^x) = +\infty.$$

(3) on a $v = v_0$ et

$$\forall t \geq 0 \quad Av_t \geq Av$$

Dualement (au sens booléen), une application $\mathrm{w} : t \mapsto w_t$ de $\mathbb{R}_-$ dans $\mathcal{D}$ sera une ***A*-régression issue de** v si $-t \mapsto -w_t$ est une B-progression issue de v où B est défini sur $-\mathcal{D}$ par $Bu = -A(-u)$; l'usage de cette notion est généralement occulté par une clause du genre "le cas où...se traite de même". Enfin, nous dirons que le dériveur A est ***productif*** s'il vérifie l'axiome 2 reformulé comme suit, et alors identique à l'axiome 5 de [3]

Axiome 2 (de productivité) : *Il existe, pour tout $v \in \mathcal{D}$, une progression et une régression issues de v.*

Par exemple, pour $\alpha > 0$, le dériveur local $A = -u'' - \alpha^2 u$, qui n'est pas sousmarkovien, est productif (et honnête) sur l'intervalle $E =]-\ell/2, +\ell/2[$ ssi $\alpha\ell < \pi$ (vérification laissée au lecteur). L'interprétation probabiliste de cela est que, si T_ℓ est le temps d'entrée d'un mouvement brownien issu de 0 dans $]-\ell/2, +\ell/2[^c$, alors $\exp \alpha^2 T_\ell$ est intégrable ssi $\alpha\ell < \pi$. Autre exemple, non linéaire : le dériveur local sur $\mathbb{R}^2$ avec variables x, t

$$A = -\frac{\partial^2 u}{\partial x^2} + u\frac{\partial u}{\partial x} + \frac{\partial u}{\partial t}$$

de l'équation de Burgers n'est pas sous-markovien mais est productif (et honnête) sur tout ouvert $U \times \mathbb{R}$ tel que U soit relativement compact.

Nous supposons désormais notre dériveur A productif. Soient alors $u, v \in \mathcal{D}$, et $\mathrm{v} = (v_t)$ une A-progression issue de v et posons

$$\tau = \inf\{t : v_t \geq u\} \leq +\infty.$$

Supposons d'abord τ fini, ce qui est le cas si $(u-v)^+$ est bornée d'après le second point de (2). On a alors $v_\tau \geq u$ et $\inf_{x \in E}(v_\tau^x - u^x) = 0$; si pour $H \subseteq E$ on a $\inf_{x \in H}(v_\tau^x - u^x) = 0$, on dira que ***le* v*-maximum* de $(u-v)^+$ *est approché sur* H**, et ***atteint*** si cet inf est atteint sur H. Par ailleurs, si (u_n) dans $\mathcal{D}$ tend uniformément vers u et si $\tau_n = \inf\{t : v_t \geq u_n\}$, alors (τ_n) tend vers τ d'après le premier point de (2) ; on en déduit que le v-maximum de $(u-v)^+$ est approché sur $H \subseteq E$ dès que celui de $(u_n - v)^+$ l'est pour chaque n. Passons maintenant à la frontière. On dira que *le* v-*maximum* de $(u-v)^+$ ***est approché à la frontière*** si τ est infini ou si τ est fini et si on a $\lim_n \inf_{x \in E_n^c} (v_\tau^x - u^x) = 0$ où (E_n) est une suite d'ouverts relativement compacts épuisant E. La continuité uniforme de $t \mapsto v_t$ implique que le v-maximum de $(u-v)^+$ est atteint en un point ξ de E s'il n'est pas approché à la frontière ; et un tel point ξ appartient à $\{Au \geq Av\}$ du fait que A est un dériveur et v une A-progression issue de v. Ainsi, quitte à remplacer "maximum" par "v-maximum", on a étendu le lemme au cas où A est seulement productif. On peut alors, avec la même définition de l'accessibilité et donc de l'honnêteté, obtenir le théorème, son corollaire, et donc ses applications, à condition d'y lire tous les maximums comme relatifs à une certaine progression. Cela n'a pas d'incidence sur les points 3) à 8) de III qui ne font pas intervenir explicitement de maximum, mais cela en a une sur le point 1) et ses conséquences (par exemple, il est encore vrai que, pour f fixée, la solution du problème de Dirichlet (G, f, φ) croît avec φ, mais il n'est plus vrai que l'application correspondante est une contraction relativement à la norme uniforme), et sur le point 2) qu'on pourrait réécrire en remplaçant l'usage de $t \mapsto v+t$ par celui d'une A-progression issue de v.

BIBLIOGRAPHIE

[1] ADAMS D.R. : Weighted nonlinear potential theory. Trans. Amer. Math. Soc. 297, 73-94, 1986.

[2] BELLMAN R. Methods of nonlinear analysis. Deux volumes. Academic Press, New York 1970.

[3] DELLACHERIE C. : Théorie des processus de production. Sém. Proba. XXIV, L.N.1426, 52-104, Springer 1990.

[4] DYNKIN E.B. : Infinitesimal operators of Markov processes. Theory of Proba. and its Appl. I, 34-54, 1956.

[5] MOKOBODZKI G. : Densité relative de deux potentiels comparables obtenue sans ultrafiltres rapides. Séminaire Choquet (Initiation à l'analyse) 8e année, 1968/69, I.H.P. Paris.

[6] PROTTER M.H., WEINBERGER H.F. : Maximum principles in differential equations. Prentice-Hall, Englewood Cliffs 1967.

Claude DELLACHERIE

URA 1378, Université de Rouen

B.P. 118

76134 Mt St AIGNAN Cedex

QUELQUES CAS DE REPRÉSENTATION CHAOTIQUE

par M. Emery

Rappelons ce dont il s'agit. Si X désigne une martingale réelle telle que $\langle X,X\rangle_t = t$, Meyer [7] a construit les intégrales multiples

$$\int_{0<t_1<\ldots<t_n} f(t_1,\ldots,t_n)\,dX_{t_1}\ldots dX_{t_n}$$

et montré qu'elles réalisent, pour chaque $n \geq 1$, une injection isométrique de $\mathrm{L}^2(\mathcal{S}_n,\lambda_n)$ dans $\mathrm{L}^2(\Omega,\mathbb{P})$, où $\mathcal{S}_n$ désigne l'ensemble des parties à n éléments de $\mathbb{R}_+^*$, identifié au simplexe $\{(t_1,\ldots,t_n)\in\mathbb{R}^n \,:\, 0<t_1<\ldots<t_n\}$ et muni de la restriction λ_n de la mesure de Lebesgue de $\mathbb{R}^n$; pour $n=0$, $\mathcal{S}_0=\{\emptyset\}$ est muni de la masse de Dirac en son unique point et, toute fonction sur $\mathcal{S}_0$ étant constante, on définit l'intégrale multiple[1] correspondante comme la v. a. égale à cette constante. L'image de $\mathrm{L}^2(\mathcal{S}_n)$ par cette injection est notée $\mathbf{H}_n(X)$, ou, s'il n'y a pas d'ambiguïté, $\mathbf{H}_n$; on l'appelle le $n^{\text{ième}}$ chaos de la martingale X. Ces chaos $\mathbf{H}_n$ sont des sous-espaces fermés et deux-à-deux orthogonaux de $\mathrm{L}^2(\Omega,\mathcal{F},\mathbb{P})$. Munissant l'ensemble $\mathcal{S}=\bigcup_{n\in\mathbb{N}}\mathcal{S}_n$ des parties finies de $\mathbb{R}_+^*$ de la mesure λ dont la restriction à chaque $\mathcal{S}_n$ est λ_n, on peut associer à toute $f\in\mathrm{L}^1(\mathcal{S},\lambda)$ l'intégrale multiple usuelle[2]

$$\int f(A)\,\lambda(dA) = f(\emptyset) + \sum_{n\geq 1}\int_{0<t_1<\ldots<t_n} f_{|\mathcal{S}_n}(t_1,\ldots,t_n)\,dt_1\ldots dt_n$$

et, à toute $f\in\mathrm{L}^2(\mathcal{S},\lambda)$, l'intégrale stochastique multiple[2]

$$\int f(A)\,dX_A = f(\emptyset) + \sum_{n\geq 1}\int_{0<t_1<\ldots<t_n} f_{|\mathcal{S}_n}(t_1,\ldots,t_n)\,dX_{t_1}\ldots dX_{t_n}\,.$$

Ceci réalise une injection isométrique de $\mathrm{L}^2(\mathcal{S},\lambda)$ dans $\mathrm{L}^2(\Omega,\mathbb{P})$, dont l'image est la somme hilbertienne $\mathbf{H}=\mathbf{H}(X)=\bigoplus_{n\in\mathbb{N}}\mathbf{H}_n(X)$; l'isométrie s'écrit

$$\mathbb{E}\Big[\Big(\int_{A\in\mathcal{S}} f(A)\,dX_A\Big)^2\Big] = \int_{A\in\mathcal{S}} f(A)^2\,\lambda(dA)\,.$$

1. La multiplicité étant nulle, elle mérite bien peu ce nom!

2. Cette notation compacte pour les sommes d'intégrales multiples est due à Guichardet pour les intégrales usuelles et à Meyer pour les intégrales stochastiques.

Un exemple important d'intégrale stochastique multiple est l'intégrale exponentielle, construite à partir d'une fonction h de $L^2(\mathbb{R}_+^*)$: On définit une fonction sur $\mathcal{S}$ par $A \mapsto h^A = \prod_{t \in A} h(t)$ (elle vérifie $\int (h^A)^2 \lambda(dA) = \exp \int_0^\infty h^2(t)\, dt$ et est donc dans $L^2(\mathcal{S})$); l'intégrale multiple $\int h^A\, dX_A$ est alors l'exponentielle stochastique $E_\infty = \mathcal{E} \int_0^\infty h\, dX$, où $E = \mathcal{E} \int h\, dX$ est la martingale exponentielle définie par

$$E_0 = 1 \quad , \qquad dE_t = E_{t-}\, h(t)\, dX_t \,.$$

En outre, ces fonctions h^A forment, quand h décrit $L^2(\mathbb{R}_+^*)$, une famille totale dans $L^2(\mathcal{S})$; compte tenu de la propriété d'isométrie, les intégrales multiples sont donc caractérisées par leur valeur $\int h^A\, dX_A = \mathcal{E} \int_0^\infty h\, dX$ sur ces fonctions.

Il est facile de vérifier, soit sur leur définition, soit sur la caractérisation qui précède, que les intégrales multiples $\int f(A)\, dX_A$ ne dépendent que de f et de X, et non de la filtration ambiante; l'espace $\mathbf{H}(X)$ est donc inclus dans $L^2(\Omega, \mathcal{N}_\infty^X, \mathbb{P})$, où $(\mathcal{N}_t^X)_{t \geq 0}$ désigne la filtration naturelle de X.

Par définition, on dit que X *possède la propriété de représentation chaotique* (en abrégé : la PRC) lorsque toute v. a. de $L^2(\Omega, \mathcal{N}_\infty^X, \mathbb{P})$ peut s'écrire comme une intégrale multiple, c'est-à-dire lorsque $L^2(\Omega, \mathcal{N}_\infty^X, \mathbb{P}) = \mathbf{H}(X)$.

On remarquera que la PRC est une propriété de la loi de X : si $\mathbb{P}_X$ désigne la probabilité (sur l'espace canonique des processus càdlàg) image de $\mathbb{P}$ par X, alors X a la PRC si et seulement si le processus canonique a la PRC pour $\mathbb{P}_X$.

On observera aussi que la PRC entraîne la propriété de représentation prévisible (pour la filtration naturelle de X) : le théorème d'associativité de Meyer [7] ou l'emploi des exponentielles montre que toute intégrale multiple $\int_{\mathcal{S}_n} f(A)\, dX_A$ est aussi une intégrale prévisible usuelle; donc, sous la PRC, toute v. a. de $L^2(\mathcal{N}_\infty^X)$ est somme d'une constante et d'une i. s. par rapport à X, d'où la propriété de représentation prévisible.

Inversement, la représentation prévisible entraîne-t-elle la représentation chaotique, ou cette dernière est-elle au contraire strictement plus forte? Je l'ignore; l'objet de cet exposé est seulement d'ajouter quelques exemples à la liste des martingales dont on sait qu'elles possèdent la PRC (cf. Azéma-Yor [1], Biane [2], Dermoune [3], Emery [4], He-Wang [5], Meyer [8], Parthasarathy [9]).

Nous allons pour cela définir des développements chaotiques conditionnels. Si l'on remarque que, pour $\Gamma \in \mathcal{F}_0$ non négligeable, les intégrales multiples $\int f(A)\, dX_A$ gardent la même valeur sur Γ lorsqu'on remplace $\mathbb{P}$ par la probabilité conditionnée $\mathbb{P}[\,.\,|\Gamma]$, il s'ensuit que, pour f dans $L^2(\mathcal{S} \times \Omega, \mathcal{B}(\mathcal{S}) \otimes \mathcal{F}_0)$, on peut encore définir l'intégrale multiple $\int f(A)\, dX_A$ et qu'elle vérifie

$$\mathbb{E}\Big[\Big(\int_{A \in \mathcal{S}} f(A)\, dX_A\Big)^2 \,\Big|\, \mathcal{F}_0\Big] = \int_{A \in \mathcal{S}} f^2(A)\, \lambda(dA)\,.$$

Soient maintenant T un temps d'arrêt, et f un élément de $L^2(\mathcal{S} \times \Omega, \mathcal{B}(\mathcal{S}) \otimes \mathcal{F}_T)$, porté par l'ensemble

$$\mathcal{A}_T = \big\{(A, \omega) \in \mathcal{S} \times \Omega \,:\, A \subset \,]T(\omega), \infty[\big\}\,.$$

En appliquant la remarque précédente à la filtration $\mathcal{G}_t = \mathcal{F}_{T+t}$ et à la martingale $Y_t = X_{T+t}$ (dont le crochet est t pour la probabilité $\mathbb{P}[\ .\ |T < \infty]$), on peut définir l'intégrale multiple $\int_{\mathcal{A}_T} f(A)\,dX_A$, caractérisée par les deux propriétés suivantes (isométrie et valeur sur les exponentielles)

$$\text{(i)} \qquad \mathbb{E}\Big[\Big(\int_{A\in\mathcal{A}_T} f(A)\,dX_A\Big)^2 \,\Big|\, \mathcal{F}_T\Big] = \int_{A\in\mathcal{A}_T} f^2(A)\,\lambda(dA)\,;$$

$$\text{(ii)} \quad \forall h \in L^2(\mathbb{R}_+^* \times \Omega, \mathcal{B}(\mathbb{R}_+^*)\otimes\mathcal{F}_T), \qquad \int_{A\in\mathcal{A}_T} h^A\,dX_A = \mathcal{E}\textstyle\int_T^\infty h\,dX$$

(ici et dans la suite, la notation $\int_S^T$ signifie $\int_{]\!]S,T]\!]}$).

De façon équivalente, on peut définir directement ces développements chaotiques conditionnels $\int_{A\in\mathcal{A}_T} f(A)\,dX_A$ à partir de la construction de Meyer [7], en remarquant que l'hypothèse que f est mesurable pour $\mathcal{B}(\mathcal{S})\otimes\mathcal{F}_T$ et nulle hors de $\mathcal{A}_T$ implique qu'elle est prévisible au sens de Meyer. En effet, $f(A,\omega) = f(A,\omega)\,\mathbb{1}_{\mathcal{A}_T}(A,\omega) = \lim_n f(A,\omega)\,\mathbb{1}_{\mathcal{A}_{T_n}}(A,\omega)$ où T_n est une suite décroissante de temps d'arrêt à valeurs dans $\overline{\mathbb{Q}}_+$ et de limite T; on peut donc, pour établir la prévisibilité de f, supposer T à valeurs dans $\overline{\mathbb{Q}}_+$. Mais on a alors

$$f(A) = \sum_{r\in\overline{\mathbb{Q}}_+} \Big[f(A)\,\mathbb{1}_{\{T=r\}}\Big]\,\mathbb{1}_{A\subset]r,\infty[}$$

et, puisque $f(A)\,\mathbb{1}_{\{T=r\}}$ est mesurable pour $\mathcal{B}(\mathcal{S})\otimes\mathcal{F}_r$, f est prévisible. Toujours selon [7], ceci permet de construire l'intégrale multiple $\int_{A\in\mathcal{A}_T} f(A)\,dX_A$, et il est facile de se convaincre que les deux définitions sont équivalentes, par exemple en utilisant l'associativité et les propriétés (i) et (ii) ci-dessus.

Si T est un temps d'arrêt, nous noterons $\mathbf{H}^T(X)$, ou plus brièvement $\mathbf{H}^T$, le sous-espace fermé de L^2 formé des v. a. qui admettent un développement chaotique conditionnel à l'instant T, c'est-à-dire de la forme $\int_{A\in\mathcal{A}_T} f(A)\,dX_A$ avec $f \in L^2(\mathcal{B}(\mathcal{S})\otimes\mathcal{F}_T)$. Ce sous-espace $\mathbf{H}^T$ croît avec T : Pour $S \le T$ et h dans $L^2(\mathcal{B}(\mathbb{R}_+^*)\otimes\mathcal{F}_S)$, on peut écrire $\int_{A\in\mathcal{A}_S} h^A\,dX_A = \int_{B\in\mathcal{A}_T} g(B)\,dX_B$, avec $g(B) = h^B\,\mathcal{E}\int_S^T h\,dX$, donc $\int_{A\in\mathcal{A}_S} h^A\,dX_A$ est dans $\mathbf{H}^T$. De la même façon, on a $\mathbf{H} \subset \mathbf{H}^T$ pour tout T. Pour $T \equiv \infty$, $\mathcal{A}_T = \{\emptyset\}\times\Omega$ et $\mathbf{H}^T$ n'est autre que L^2 tout entier. Lorsque T est un temps d'arrêt de la filtration naturelle $\mathcal{N}^X$ de X, nous noterons $\mathbf{H}^T_{\mathrm{nat}}(X)$ l'espace $\mathbf{H}^T$ construit dans cette filtration naturelle; il est inclus dans $\mathbf{H}^T(X)$ et cette inclusion peut être stricte (car $\mathbf{H}^T_{\mathrm{nat}}(X) \subset L^2(\mathcal{N}^X_\infty)$ alors que $\mathbf{H}^T(X)$ contient tout $L^2(\mathcal{F}_T)$ comme chaos d'ordre zéro).

Pour $U \in L^2$, la projection de U sur $\mathbf{H}^T$ (respectivement $\mathbf{H}$) est une intégrale multiple $\int_{A\in\mathcal{A}_T} f(A)\,dX_A$ (respectivement $\int_{A\in\mathcal{S}} f(A)\,dX_A$); on écrira $\mathbf{C}^A_T(U;X)$ (respectivement $\mathbf{C}^A(U;X)$) les coefficients $f(A)$ ainsi définis. Ils sont définis pour presque tout (A,ω) (respectivement pour presque tout A), puisque l'intégration multiple est injective sur $L^2(\mathcal{A}_T)$ (respectivement $L^2(\mathcal{S})$). Comme les exponentielles forment une famille totale, ces coefficients sont respectivement caractérisés par les relations

$$\forall h \in \mathrm{L}^2(\mathcal{B}(\mathbb{R}_+^*)\otimes\mathcal{F}_T) \quad \mathbb{E}\big[U\,\mathcal{E}\textstyle\int_T^\infty h\,dX\,\big|\,\mathcal{F}_T\big] = \displaystyle\int_{A\in\mathcal{A}_T} \mathrm{C}_T^A(U;X)\,h^A\,\lambda(dA)\,;$$

$$\forall h \in \mathrm{L}^2(\mathbb{R}_+^*) \quad \mathbb{E}\big[U\,\mathcal{E}\textstyle\int_0^\infty h\,dX\big] = \displaystyle\int_{A\in\mathcal{S}} \mathrm{C}^A(U;X)\,h^A\,\lambda(dA)\,.$$

(Ces relations sont l'écriture rigoureuse des formules suivantes, purement heuristiques mais fort utiles dans la pratique : $\mathrm{C}_T^A(U;X)\,\lambda(dA) = \mathbb{E}[U\,dX_A|\mathcal{F}_T]$ et $\mathrm{C}^A(U;X)\,\lambda(dA) = \mathbb{E}[U\,dX_A]$.)

Il est possible de construire de ces coefficients une version mesurable $\mathrm{C}_t^A(\omega)$, càdlàg en t à (A,ω) fixé, optionnelle en (t,ω) pour A fixé, telle que l'on ait identiquement $\mathrm{C}_t^A(\omega) = \mathrm{C}_t^{A\cap]t,\infty[}(\omega)$, et que, pour tout temps d'arrêt T, les coefficients soient donnés par $\mathrm{C}_T^A(\omega) = \mathrm{C}_{T(\omega)}^A(\omega)$ et $\mathrm{C}_T^A(\omega)\mathbb{1}_{\mathcal{A}_T}(A,\omega)$ dépende prévisiblement de (A,ω) au sens de Meyer [7]. Pour A fixé, C_t^A est une martingale sur tout intervalle $[a,b[$ dont l'intérieur ne rencontre pas A. Nous n'aurons pas besoin d'une telle version dans la suite, ce qui, Dieu merci, nous dispense de la construire ici.

PROPOSITION 1. — *Soient T un temps d'arrêt, X et Y deux martingales telles que $\langle X,X\rangle_t = \langle Y,Y\rangle_t = t$ et que $X = Y$ sur $[\![0,T]\!]$.*

(i) *Si U et V sont deux v. a. de L^2 telles que $\mathrm{C}_T^A(U;X) = \mathrm{C}_T^A(V;Y)$ pour presque tout $(A,\omega)\in\mathcal{A}_T$, alors on a aussi $\mathrm{C}^A(U;X) = \mathrm{C}^A(V;Y)$ pour presque tout $A\in\mathcal{S}$.*

(ii) *Toute v. a. de $\mathrm{L}^2(\mathcal{F}_T)$ de la forme $\int f(A)\,dX_A$ pour une $f\in\mathrm{L}^2(\mathcal{S})$ s'écrit aussi $\int f(A)\,dY_A$, avec la même f.*

(iii) *On suppose de plus que X possède la PRC et que T est un temps d'arrêt de la filtration naturelle $\mathcal{N}^X$ de X. Alors T est aussi un temps d'arrêt de la filtration $\mathcal{N}^Y$, et on a l'inclusion $\mathcal{N}_T^X \subset \mathcal{N}_T^Y$. Pour que Y possède elle aussi la PRC, il faut et il suffit que*

(a) $$\mathrm{L}^2(\mathcal{N}_\infty^Y) = \mathbf{H}_{\mathrm{nat}}^T(Y)\,;$$
(b) $$\mathcal{N}_T^X = \mathcal{N}_T^Y\,.$$

Bien que de démonstration facile, le (ii) est à la fois surprenant et important par ses conséquences.

DÉMONSTRATION. (i) Pour h dans $\mathrm{L}^2(\mathbb{R}_+^*)$,

$$\mathbb{E}\big[U\,\mathcal{E}\textstyle\int_0^\infty h\,dX\big] = \mathbb{E}\Big[\mathcal{E}\textstyle\int_0^T h\,dX\;\mathbb{E}\big[U\,\mathcal{E}\int_T^\infty h\,dX\,\big|\,\mathcal{F}_T\big]\Big]$$
$$= \mathbb{E}\Big[\mathcal{E}\textstyle\int_0^T h\,dX \displaystyle\int_{A\in\mathcal{A}_T} \mathrm{C}_T^A(U;X)\,h^A\,\lambda(dA)\Big]\,.$$

Les hypothèses entraînent que ceci ne change pas lorsque l'on remplace U par V et X par Y; donc $\mathbb{E}\big[U\,\mathcal{E}\int_0^\infty h\,dX\big] = \mathbb{E}\big[V\,\mathcal{E}\int_0^\infty h\,dY\big]$. Puisque cette égalité a lieu pour tout h dans $\mathrm{L}^2(\mathbb{R}_+^*)$, elle entraîne $\mathrm{C}^A(U;X) = \mathrm{C}^A(V;Y)$.

(ii) Soit $U \in \mathrm{L}^2(\mathcal{F}_T)$, de la forme $\int f(A)\,dX_A$. Elle est dans $\mathbf{H}^T(X)$ et $\mathbf{H}^T(Y)$ avec les mêmes coefficients

$$\mathbf{C}_T^A(U;X) = \mathbf{C}_T^A(U;Y) = \begin{cases} U & \text{si } A = \emptyset\,; \\ 0 & \text{si } A \neq \emptyset. \end{cases}$$

Utilisant (i), on en déduit $\mathbf{C}^A(U;Y) = f(A)$, ce qui signifie que la projection orthogonale de U sur $\mathbf{H}(Y)$ est $\int f(A)\,dY_A$. Pour montrer que cette projection est U elle-même, il ne reste qu'à vérifier que ces deux v. a. ont même norme. C'est immédiat :

$$\mathbb{E}\Big[\Big(\int_{A\in\mathcal{S}} f(A)\,dY_A\Big)^2\Big] = \int f(A)^2\,\lambda(dA) = \mathbb{E}\Big[\Big(\int_{A\in\mathcal{S}} f(A)\,dX_A\Big)^2\Big] = \mathbb{E}[U^2]\,.$$

(iii) Soit $\Gamma \in \mathcal{N}_T^X$, de sorte que pour tout t l'événement $\Gamma \cap \{T \le t\}$ est dans $\mathcal{N}_t^X$. Puisque X a la PRC, la v. a. $\mathbb{1}_{\Gamma\cap\{T\le t\}}$ se développe en une intégrale multiple $\int_{A\subset]0,t]} f(A)\,dX_A$; comme elle est aussi dans $\mathcal{F}_T$, on peut appliquer (ii) et changer X en Y dans l'intégrale, obtenant ainsi $\Gamma \cap \{T \le t\} \in \mathcal{N}_t^Y$. Prenant $\Gamma = \Omega$, on voit que T est aussi un temps d'arrêt de $\mathcal{N}^Y$; prenant Γ arbitraire dans $\mathcal{N}_T^X$, on obtient l'inclusion $\mathcal{N}_T^X \subset \mathcal{N}_T^Y$.

L'inclusion $\mathbf{H}(Y) \subset \mathbf{H}_{\mathrm{nat}}^T(Y) \subset \mathrm{L}^2(\mathcal{N}_\infty^Y)$ a toujours lieu et devient une égalité si Y a la PRC, d'où (a). Toujours si Y a la PRC, nous venons d'établir l'inclusion $\mathcal{N}_T^X \subset \mathcal{N}_T^Y$; l'inclusion inverse s'obtient en échangeant X et Y puisqu'ils vérifient les mêmes hypothèses, d'où (b).

Supposant (a) et (b), il nous reste à établir la PRC pour Y, c'est-à-dire, compte tenu de (a), l'inclusion $\mathbf{H}_{\mathrm{nat}}^T(Y) \subset \mathbf{H}(Y)$. Soit donc V dans $\mathbf{H}_{\mathrm{nat}}^T(Y)$. On peut écrire $V = \int_{A\in\mathcal{A}_T} f(A)\,dY_A$ pour une f dans $\mathrm{L}^2(\mathcal{A}_T, \mathcal{B}(\mathcal{S})\otimes\mathcal{N}_T^Y)$. L'hypothèse (b) dit que f est mesurable pour $\mathcal{B}(\mathcal{S})\otimes\mathcal{N}_T^X$; nous avons donc le droit de définir un élément U de $\mathrm{L}^2(\mathcal{N}_\infty^X)$ par $U = \int_{A\in\mathcal{A}_T} f(A)\,dX_A$, de sorte que $\mathbb{E}[U^2] = \mathbb{E}[\int_{A\in\mathcal{A}_T} f(A)^2\,\lambda(dA)] = \mathbb{E}[V^2]$. Mais la PRC de X entraîne l'existence de g dans $\mathrm{L}^2(\mathcal{S})$ telle que $U = \int g(A)\,dX_A$. Puisque, par définition de U, on a $\mathbf{C}_T^A(V;Y) = f(A) = \mathbf{C}_T^A(U;X)$, il s'ensuit grâce à (i) que $\mathbf{C}^A(V;Y) = \mathbf{C}^A(U;X) = g(A)$, et la projection de V sur $\mathbf{H}(Y)$ est donc $\int g(A)\,dY_A$. Pour établir la PRC de Y, il ne reste qu'à montrer que cette projection est V elle-même, et il suffit pour cela de vérifier qu'elle a la bonne norme :

$$\mathbb{E}\Big[\Big(\int_{A\in\mathcal{S}} g(A)\,dY_A\Big)^2\Big] = \int g(A)^2\,\lambda(dA)$$

$$= \mathbb{E}\Big[\Big(\int_{A\in\mathcal{S}} g(A)\,dX_A\Big)^2\Big] = \mathbb{E}[U^2] = \mathbb{E}[V^2]\,. \qquad \blacksquare$$

Il est bien entendu possible de donner de cette proposition une version conditionnelle, dans laquelle on a deux temps d'arrêt S et T tels que $S \le T$ et on suppose seulement que $dX = dY$ sur $]\!]S,T]\!]$; les conclusions doivent alors être affaiblies et portent seulement sur des développements chaotiques conditionnels à l'instant S. (Nous ne ferons plus ce genre de remarque dans la suite.)

COROLLAIRE 2. — *Soient X et Y deux martingales indépendantes telles que $\langle X,X\rangle_t = \langle Y,Y\rangle_t = t$, possédant la PRC; soit T un temps d'arrêt de la filtration naturelle de X. Le processus*

$$Z_t = \begin{cases} X_t & si\ t \le T \\ X_T + Y_{t-T} - Y_0 & si\ t \ge T \end{cases}$$

est, pour sa filtration naturelle, une martingale telle que $\langle Z,Z\rangle_t = t$ et possède la PRC.

Ce corollaire permet d'allonger la liste des cas de représentation chaotique en utilisant uniquement des ciseaux et de la colle; il répond lorsque X est un brownien et Y un processus de Poisson compensé à une question de Stricker [10].

DÉMONSTRATION. Nous allons bien sûr appliquer la proposition 1 (iii) à X et Z; l'indépendance de X et Y entraîne facilement, en se ramenant à une structure produit et en utilisant le théorème de Fubini, que Z est une martingale, de crochet t, et vérifiant la condition (b). Reste (a), c'est-à-dire la PRC conditionnelle $L^2(\mathcal{N}^Z_\infty) \subset \mathbf{H}^T_{\text{nat}}(Z)$. Mais $\mathcal{N}^Z_\infty$ est incluse dans $\mathcal{N}^X_T \vee \mathcal{N}^Y_\infty$; par ailleurs les v. a. de la forme $\mathbb{1}_{\Gamma\cap\Delta}$ avec $\Gamma \in \mathcal{N}^X_T$ et $\Delta \in \mathcal{N}^Y_\infty$ sont totales dans $L^2(\mathcal{N}^X_T \vee \mathcal{N}^Y_\infty)$ (car le complémentaire de $\Gamma \cap \Delta$ étant l'union disjointe de trois événements du même type, les unions finies disjointes de tels événements forment l'algèbre de Boole engendrée par $\mathcal{N}^X_T \cup \mathcal{N}^Y_\infty$). Il suffit donc de montrer que les v. a. de la forme $\mathbb{1}_{\Gamma\cap\Delta}$ sont dans $\mathbf{H}^T_{\text{nat}}(Z)$. La PRC de Y permet d'écrire $\mathbb{1}_\Delta = \int_{A\in\mathcal{S}} f(A)\,dY_A$; on en tire $\mathbb{1}_\Delta = \int_{A\in\mathcal{A}_T} g(A)\,dZ_A$, avec $g(A,\omega) = f(A - T(\omega))$, où $A - T(\omega)$ désigne la translation (l'égalité $\int_{A\in\mathcal{S}} f(A)\,dY_A = \int_{A\in\mathcal{A}_T} g(A)\,dZ_A$ se vérifie par exemple sur les exponentielles); donc $\mathbb{1}_{\Gamma\cap\Delta} = \int_{A\in\mathcal{A}_T} [g(A)\mathbb{1}_\Gamma]\,dZ_A$ est dans $\mathbf{H}^T_{\text{nat}}(Z)$, et le (a) est établi. ∎

Au vu de la proposition 1 (ii), il n'est pas étonnant que la PRC soit une propriété locale. C'est ce que dit la proposition 4 ci-dessous; pour l'établir, nous aurons besoin d'un petit lemme de théorie générale des processus.

LEMME 3. — *Soient X et Y deux processus mesurables, de filtrations naturelles $\mathcal{N}^X$ et $\mathcal{N}^Y$, et T un temps d'arrêt de ces deux filtrations tel que $X = Y$ sur $[\![0,T]\!]$. Si S est un temps d'arrêt de $\mathcal{N}^Y$ vérifiant $S \le T$, alors S est aussi un temps d'arrêt de $\mathcal{N}^X$, et les tribus $\mathcal{N}^X_S$ et $\mathcal{N}^Y_S$ ont même restriction à l'événement $\{S < T\}$.*

DÉMONSTRATION. Pour $0 < \delta \le \varepsilon$, $\mathcal{N}^Y_t$ est incluse dans $\sigma(Y_s, s \le t+\delta)$ et $\sigma(X_s, s \le t+\delta)$ dans $\mathcal{N}^X_{t+\varepsilon}$. En restriction à l'événement $\Omega_\delta = \{t+\delta \le T\}$, on a l'égalité $\sigma(Y_s, s \le t+\delta) = \sigma(X_s, s \le t+\delta)$, d'où, toujours en restriction à Ω_δ, $\mathcal{N}^Y_t \subset \mathcal{N}^X_{t+\varepsilon}$. Puisque Ω_δ lui-même est dans $\mathcal{N}^X_{t+\varepsilon}$ et $\{S \le t\}$ dans $\mathcal{N}^Y_t$, on obtient

$$\{S \le t < t+\delta \le T\} = \{S \le t\} \cap \Omega_\delta \in \mathcal{N}^X_{t+\varepsilon}\,.$$

Faisant tendre d'abord δ puis ε vers zéro, on en déduit que $\{S \leq t < T\}$ est dans $\mathcal{N}_t^X$. Puisqu'il en va de même de $\{T \leq t\}$, cela entraîne que

$$\{S \leq t\} = \{T \leq t\} \cup \{S \leq t < T\}$$

est aussi dans $\mathcal{N}_t^X$, donc S est un temps d'arrêt de $\mathcal{N}^X$.

Il reste à montrer que tout événement Γ de $\mathcal{N}_S^Y$ inclus dans $\{S < T\}$ est aussi dans $\mathcal{N}_S^X$; la réciproque s'obtiendra en échangeant X et Y. La v. a. $R = T \wedge (S\mathbb{1}_\Gamma + \infty\mathbb{1}_{\Gamma^c}) = S\mathbb{1}_\Gamma + T\mathbb{1}_{\Gamma^c}$ est un temps d'arrêt de $\mathcal{N}^Y$, majoré par T. Par la première partie de ce lemme, R est donc aussi un temps d'arrêt de $\mathcal{N}^X$, et $\Gamma = \{R = S < T\}$ est dans $\mathcal{N}_S^X$. ∎

PROPOSITION 4. — *Soit $(X^n)_{n\in\mathbb{N}}$ une suite de martingales, toutes de crochet $\langle X^n, X^n\rangle_t = t$ et possédant la PRC; soit, pour chaque n, T_n un temps d'arrêt de la filtration $\mathcal{N}^{X^n}$. On suppose que $\sup_n T_n = \infty$ et qu'il existe Y tel que, pour chaque n, $Y = X^n$ sur $[\![0, T_n]\!]$. Alors Y est une martingale, $\langle Y, Y\rangle_t = t$, et Y possède la PRC.*

DÉMONSTRATION. Quitte à remplacer $(X^n)_{n\in\mathbb{N}}$ par la suite double $X^{mn} = X^n$ et T_n par $T_{mn} = T_n \wedge m$, on peut supposer chaque T_n fini. Il est clair que Y est une martingale de crochet t, puisque c'est vrai sur chaque $[\![0, T_n]\!]$; par la proposition 1 (iii), T_n est un temps d'arrêt de $\mathcal{N}^Y$ et $\mathcal{N}_{T_n}^{X^n} \subset \mathcal{N}_{T_n}^Y$. La réunion $\bigcup_n \mathrm{L}^2(\mathcal{N}_{T_n}^Y)$ est totale dans $\mathrm{L}^2(\mathcal{N}_\infty^Y)$, car si U est orthogonal à chaque $\mathrm{L}^2(\mathcal{N}_{T_n}^Y)$, la martingale $\mathbb{E}[U|\mathcal{N}_t^Y]$, nulle sur chaque $[\![0, T_n]\!]$, est identiquement nulle, donc U est aussi orthogonal à $\mathrm{L}^2(\mathcal{N}_\infty^Y)$. Il s'ensuit que pour établir la PRC de Y, il suffit de vérifier à n fixé que $\mathrm{L}^2(\mathcal{N}_{T_n}^Y) \subset \mathbf{H}(Y)$.

La v. a. $K = \inf\{m : T_m > T_n\}$ est finie car T_n l'est, et mesurable pour $\mathcal{N}_{T_n}^Y$ car $\{K > k\} = \bigcap_{m\leq k}\{T_m \leq T_n\}$; donc tout $U \in \mathrm{L}^2(\mathcal{N}_{T_n}^Y)$ s'écrit $\sum_k U_k$, où $U_k = U\mathbb{1}_{\{K=k\}} \in \mathrm{L}^2(\mathcal{N}_{T_n}^Y)$ est porté par $\{K = k\}$. Pour montrer que U est dans $\mathbf{H}(Y)$, on peut travailler séparément avec chaque U_k; en conséquence, nous avons le droit de supposer que $U \in \mathrm{L}^2(\mathcal{N}_{T_n}^Y)$ est porté par $\{T_k > T_n\}$ où n et k sont fixés. Posons $S = T_k \wedge T_n$, de sorte que $U \in \mathrm{L}^2(\mathcal{N}_S^Y)$. Le lemme 3, appliqué à $X = X^k$ et $T = T_k$, dit que $\mathcal{N}_S^{X^k}$ et $\mathcal{N}_S^Y$ coïncident sur $\{T_k > T_n\}$, donc $U \in \mathrm{L}^2(\mathcal{N}_S^{X^k})$. Puisque X^k a la PRC, U est dans $\mathbf{H}(X^k)$ et la proposition 1 (ii) appliquée à X^k, Y et S dit que U est aussi dans $\mathbf{H}(Y)$. ∎

Les résultats qui précèdent permettent, par recollement, de construire des martingales ayant la PRC à partir de processus pour lesquels la PRC est déjà établie. Le théorème qui suit est d'un esprit différent et fournit, pour des martingales ayant la propriété de représentation prévisible, une condition suffisante pour la PRC. Il ne s'agit pas d'un résultat bien profond : il ne s'intéresse qu'à des processus à variation finie, n'ayant sur tout compact qu'un nombre p. s. fini de sauts; la démonstration consiste essentiellement à se ramener par un changement de temps au cas d'un processus de Poisson.

THÉORÈME 5. — *Soit X une martingale. On suppose que, dans sa filtration naturelle, X a pour crochet $\langle X,X\rangle_t = t$, possède la propriété de représentation prévisible et vérifie l'équation*[1] $d[X,X]_t = dt + \Phi_t\, dX_t$, *où Φ est un processus prévisible ne s'annulant pas et tel que $\int_0^t \Phi_s^{-2} ds < \infty$ p. s. pour tout t. Alors X possède la PRC.*

DÉMONSTRATION. Le processus croissant $\int \Phi^{-2} d\langle X,X\rangle$ est localement intégrable, car fini et continu; l'intégrale $Y = \int \Phi^{-1}\, dX$ existe, est une martingale locale et vérifie $d[Y,Y] = \Phi^{-2}(dt + \Phi\, dX)$, donc aussi $Y_t = [Y,Y]_t - \int_0^t \Phi_s^{-2}\, ds$. Sa filtration naturelle $\mathcal{N}^Y$ est, par construction même, incluse dans la filtration ambiante $\mathcal{N}^X$; nous allons voir que *ces deux filtrations sont égales*. Le processus croissant continu $C_t = \int_0^t \Phi_s^{-2}\, ds = [Y,Y]_t - Y_t$ est adapté à $\mathcal{N}^Y$; soit Ψ une version prévisible pour $\mathcal{N}^Y$ de $(dC_t/dt)^{-1/2}$, de sorte que $\Psi = \Phi$ hors d'un ensemble négligeable pour $dt\otimes\mathbb{P}$. Comme $\langle X,X\rangle_t = t$, on a aussi $Y = \int \Psi^{-1}\, dX$, donc $X = X_0 + \int \Psi\, dY$. Puisque X a la propriété de représentation prévisible, X_0 est une constante, et X est adapté à $\mathcal{N}^Y$.

La formule $Y = [Y,Y] - \int \Phi^{-2}\, dt$ montre que le processus Y est à variation finie, et à sauts unité. Si l'on désigne par $T_1,\ldots,T_n,\ldots$ ses temps successifs de saut (avec $0 = T_0 < T_1 \le \ldots \le T_n \le \ldots$ et $T_{n+1} > T_n$ sur $\{T_n < \infty\}$), Y a même filtration naturelle que le processus de comptage $N_t = \sum_n \mathbb{1}_{\{T_n \le t\}}$ (ceci est établi par Lepingle-Meyer-Yor dans [6], sous l'hypothèse supplémentaire que tous les T_n sont finis; mais ils n'utilisent pas cette hypothèse pour ce résultat). Remarquer que les T_n sont aussi les temps de saut de X, et que, Φ étant prévisible pour la filtration naturelle de N, il existe, pour chaque $n \ge 0$, une fonction borélienne f_n sur $\mathbb{R}^{n+1}$ telle que $\Phi_t = f_n(T_1,\ldots,T_n;t)$ sur $]\!]T_n, T_{n+1}]\!]$. Sur une extension convenable de Ω, construisons pour $n \ge 0$ des processus prévisibles Φ^n et des martingales X^n tels que

sur $[\![0, T_{n+1}]\!]$, $\Phi^n = \Phi$ et $X^n = X$,
sur $]\!]T_{n+1}, \infty[\![$, $\Phi^n_t = f_n(T_1,\ldots,T_n;t)$
et X^n vérifie $d[X^n,X^n]_t = dt + \Phi^n_t\, dX^n_t$.

L'existence et la PRC conditionnelle $L^2(\mathcal{N}^{X^n}_\infty) \subset \mathbf{H}^{T_n}_{\mathrm{nat}}(X^n)$ du processus X^n se déduisent facilement de la proposition 1 de [4] par conditionnement à $\mathcal{N}^X_{T_n}$; noter que X^n est simplement obtenu en extrapolant à $]\!]T_{n+1},\infty[\![$ la formule donnant Φ sur $]\!]T_n, T_{n+1}]\!]$, de sorte que $\Phi^n_t = f_n(T_1,\ldots,T_n;t)$ sur tout l'intervalle $]\!]T_n,\infty[\![$ Pour démontrer le théorème, en utilisant la proposition 4, nous n'avons plus qu'à établir la PRC séparément pour chaque X^n. Ceci peut se faire par récurrence. Pour $n = 0$, X^n est la solution de l'équation de structure $d[X,X]_t = dt + f_0(t)\, dX_t$, d'où la PRC par [4]. Si X^n a la PRC pour un $n \ge 0$, X^{n+1}, qui est égal à X^n sur $[\![0, T_{n+1}]\!]$, l'a aussi par la proposition 1 (iii) : le (a) n'est autre que la PRC conditionnelle mentionnée plus haut, et (b) résulte de ce que $\mathcal{N}^{X^n}_{T_{n+1}}$ et $\mathcal{N}^{X^{n+1}}_{T_{n+1}}$ sont tous deux égaux à $\sigma(T_1,\ldots,T_{n+1})$. ∎

1. Ce type de formule est ce qu'on appelle une *équation de structure*; remarquer que l'existence d'un Φ prévisible vérifiant cette équation est une conséquence des autres hypothèses.

Ce théorème redonne le résultat de Biane [2] selon lequel les martingales d'Azéma, d'équation de structure $d[X,X]_t = dt + (\alpha + \beta X_{t-})dX_t$, possèdent la PRC lorsque $\beta < -2$ et $X_0 \neq -\alpha/\beta$; il peut aussi fournir de nouveaux cas de représentation chaotique, tels l'exemple exponentiel ci-dessous.

PROPOSITION 6. — *Soient λ, x et e trois réels. Sous les conditions initiales $X_0 = x$, $E_0 = e$, l'équation de structure*[1]

$$\begin{cases} d[X,X]_t = dt + dE_t \\ dE_t = E_{t-}\,\lambda dX_t \end{cases}$$

a une solution, unique en loi; elle possède la PRC.

DÉMONSTRATION. Si $e = 0$, l'équation exponentielle $dE = E_-\,\lambda dX$ a, quelle que soit la martingale X, une solution et une seule, $E = 0$, d'où $dE = 0$; si $\lambda = 0$, on a aussi $dE = 0$. Dans ces deux cas, l'unique solution de $d[X,X]_t = dt + dE_t = dt$ est "le" mouvement brownien, et il a la PRC. Nous supposerons donc $\lambda e \neq 0$.

Existence. Soit R un processus de Poisson compensé, c'est-à-dire une martingale telle que $d[R,R]_t = dt + dR_t$. Résolvons l'équation différentielle stochastique forte

$$dF = \lambda^2 F_-^2\, dR\,, \quad F_0 = e\,;$$

sa solution F est bien définie sur un intervalle $[\![0,S[\![$, où S, s'il est fini, est un temps d'explosion. Plus précisément, F est obtenue par récurrence, en posant $\Delta F = \lambda^2 F_-^2$ aux instants de saut de R et en résolvant $dF = -\lambda^2 F_-^2\, dt$ entre les sauts de R; cette équation différentielle ordinaire peut donner lieu à explosion à un instant fini S; dans ce cas on a $F_t = \lambda^{-2}/(t-S)$ sur un voisinage à gauche de S. Observons (cela sera utile plus loin) que F et F_- ne s'annulent pas : entre deux sauts, $1/F$ satisfait l'équation ordinaire non explosive $d(1/F) = \lambda^2\, dt$, et lors d'un saut, F ne pourrait s'annuler que lorsque $F_- = -\lambda^{-2}$, mais ceci ne se produit que sur une réunion dénombrable de graphes de temps d'arrêt prévisibles, alors que les instants de saut sont totalement inaccessibles.

Introduisons le changement de temps $\tau_t = \int_0^t \lambda^2 F_{s-}^2\, ds$, défini pour $0 \leq t < S$; la formule explicite précédente montre que sur $\{S < \infty\}$ l'intégrale définissant τ diverge, donc sur cet événement $\tau_{S-} = +\infty$. Le changement de temps inverse, C_t, est défini sur $[\![0,T[\![$ où $T = \tau_{S-} \leq \infty$, et on peut poser, sur $[\![0,T[\![$,

$$E_t = F_{C_t} \quad ; \qquad X_t = x + \int_0^t \frac{dE_s}{\lambda E_{s-}}$$

(ce dernier est bien défini sur $[\![0,T[\![$, car F_- ne s'annule pas en temps fini). Sur $[\![0,T[\![$, on a bien $dX = dE/\lambda E_-$ et

$$\begin{aligned} d[X,X]_t &= d[E,E]_t/\lambda^2 E_{t-}^2 = d[F,F]_{C_t}/\lambda^2 F_{C_t-}^2 \\ &= \lambda^2 F_{C_t-}^2\, d[R,R]_{C_t} = \lambda^2 E_{t-}^2\, dC_t + \lambda^2 F_{C_t-}^2\, dR_{C_t} \\ &= dt + dF_{C_t} = dt + dE_t\,; \end{aligned}$$

1. Rappelons que, par définition, la solution X d'une équation de structure est toujours une martingale.

il ne nous reste qu'à montrer que T est infini. Mais sur $\{T < \infty\}$, nous avons vu plus haut que $S = \infty$, donc T est la limite des instants de saut de E (ou de X, ce sont les mêmes), et T est donc prévisible. Puisque $\langle X, X\rangle_t = t$ sur $[\![0, T[\![$, l'arrêté $X^{|T-}$ est une martingale, donc $E^{|T-} = e\,\mathcal{E}(\lambda X^{|T-})$ est une martingale locale et, par changement de temps, sur $\{T < \infty\}$, la limite $F_{C_T-} = F_{S-} = F_\infty$ existe et est finie. Or cette limite ne peut être que zéro (si F tend vers une limite finie F_∞, les sauts ΔF tendent vers zéro, donc F_-^2 tend vers zéro). Donc, sur $\{T < \infty\}$, on a $E_{T-} = 0$. La formule explicite

$$E_t = e\,\exp\big(\lambda(X_t - x)\big) \prod_{0<s<T} (1 + \lambda\Delta X_s)\exp(-\lambda\Delta X_s)$$

montre que le produit infini $\prod_{0<s<T}(1 + \lambda\Delta X_s)\exp(-\lambda\Delta X_s)$ devrait être divergent, d'où a fortiori $\sum_{0<s<T}\Delta X_s^2 = \infty$, ce qui est incompatible avec une limite finie en $T-$ pour $[X, X] = t + E$. Ceci établit par l'absurde que $T \equiv \infty$, et la construction de (X, E) a été faite sur $[\![0, \infty[\![$.

Unicité. Si (X, E) est une solution, posons $T = \inf\{t : E_t = 0\}$; puisque E est une exponentielle, E_- ne s'annule pas sur $[\![0, T]\!]$. On peut donc définir sur $[\![0, T]\!]$ un processus croissant et une martingale locale par

$$C_t = \int_0^t \frac{ds}{\lambda^2 E_{s-}^2} \quad ; \quad Q_t = \int_0^t \frac{dX_s}{\lambda E_{s-}}$$

et l'on a alors $d[Q, Q]_t = d[X, X]_t/\lambda^2 E_{t-}^2 = dC_t + dQ_t$. Désignant par τ l'inverse de C, la martingale locale $R_t = Q_{\tau_t}$ vérifie $d[R, R]_t = dt + dR_t$ sur $[\![0, C_T]\!]$ et est donc la restriction à cet intervalle d'un processus de Poisson compensé. C'est un jeu d'enfant de vérifier qu'inversement X et E sont obtenus à partir de R par la construction effectuée lors de la démonstration d'existence, le temps T s'identifiant avec son homonyme. Il en résulte que la loi de (X, E) est l'image de celle de R par cette construction, d'où l'unicité et a fortiori la propriété de représentation prévisible.

Propriété de représentation chaotique. Elle résulte aussitôt du théorème 5 : il suffit de vérifier que Φ^{-2} est p. s. localement intégrable ; or $\Phi = \lambda E_-$ et nous avons vu que E et E_- ne s'annulent pas, ce qui entraîne que Φ^{-2} est localement borné trajectoire par trajectoire. ∎

Pour conclure cet exposé, voici deux remarques que je n'ai pas su utiliser dans l'étude des représentations chaotiques. Peut-être un lecteur sera-t-il plus habile que moi ?

Tout d'abord, une forme plus précise de la proposition 1 (i). Cette proposition dit que, si l'on connaît la restriction à $[\![0, T]\!]$ de la martingale X et les coefficients $\mathbf{C}_T^A(U; X)$ de la projection de U sur $\mathbf{H}_{\mathrm{nat}}^T(X)$, alors les coefficients $\mathbf{C}^A(U; X)$ sont bien déterminés. Ceci laisse espérer l'existence d'une formule qui permettrait de calculer ces coefficients à partir des $\mathbf{C}_T^A(U; X)$ et de $X^{|T}$. C'est presque ce que nous allons obtenir : La formule qui suit n'utilise pas seulement $X^{|T}$, mais toute la martingale X; cependant X y intervient uniquement par l'intermédiaire de coefficients $\mathrm{C}^B(V;X)$, où V est mesurable pour $\mathcal{F}_T$, et la proposition 1 (ii) vient à point pour nous dire que ces $\mathrm{C}^B(V;X)$ ne font qu'en apparence intervenir le futur de X après T.

Soit donc U dans $\mathrm{L}^2(\Omega)$; X et T sont fixés et il s'agit de calculer les $\mathrm{C}^A(U)$ en fonction des $\mathrm{C}^B_T(U)$ — nous ne faisons plus figurer X dans les notations. Pour h dans $\mathrm{L}^2(\mathbb{R}^*_+)$, nous cherchons à mettre $\mathbb{E}[U\,\mathcal{E}\int_0^\infty h\,dX]$ sous la forme $\int h^A f(A)\,\lambda(dA)$, et les $f(A)$ seront les coefficients cherchés. On écrit

$$\begin{aligned}
\mathbb{E}[U\,\mathcal{E}\textstyle\int_0^\infty h\,dX] &= \mathbb{E}\Big[\mathcal{E}\textstyle\int_0^T h\,dX\ \mathbb{E}[U\,\mathcal{E}\int_T^\infty h\,dX\,|\,\mathcal{F}_T]\Big]\\
&= \mathbb{E}\Big[\mathcal{E}\textstyle\int_0^T h\,dX \displaystyle\int_{B\in\mathcal{A}_T} \mathrm{C}^B_T(U)\,h^B\,\lambda(dB)\Big]\\
&= \mathbb{E}\Big[\int_{B\in\mathcal{S}} h^B\,\mathbb{1}_{\mathcal{A}_T}(B)\,\mathrm{C}^B_T(U)\,\mathcal{E}\textstyle\int_0^T h\,dX\,\lambda(dB)\Big]\\
&= \int_{B\in\mathcal{S}} h^B\,\mathbb{E}[\mathbb{1}_{\mathcal{A}_T}(B)\,\mathrm{C}^B_T(U)\,\mathcal{E}\textstyle\int_0^T h\,dX]\,\lambda(dB)\\
&= \int_{B\in\mathcal{S}} h^B\,\mathbb{E}\Big[\mathbb{1}_{\mathcal{A}_T}(B)\,\mathrm{C}^B_T(U)\,\mathbb{E}[\mathcal{E}\textstyle\int_0^{\inf B} h\,dX\,|\,\mathcal{F}_T]\Big]\,\lambda(dB)\\
&\qquad\qquad\qquad\qquad\qquad\text{car } T\le\inf B \text{ pour } B\in\mathcal{A}_T\\
&= \int_{B\in\mathcal{S}} h^B\,\mathbb{E}[\mathbb{1}_{\mathcal{A}_T}(B)\,\mathrm{C}^B_T(U)\,\mathcal{E}\textstyle\int_0^{\inf B} h\,dX]\,\lambda(dB)\\
&= \int_{B\in\mathcal{S}} h^B\Big[\int_{C\subset]0,\inf B[} \mathrm{C}^C[\mathbb{1}_{\mathcal{A}_T}(B)\,\mathrm{C}^B_T(U)]\,h^C\,\lambda(dC)\Big]\,\lambda(dB)\\
&= \int_{A\in\mathcal{S}} h^A \sum_{B\prec A} \mathrm{C}^B[\mathbb{1}_{\mathcal{A}_T}(A\setminus B)\,\mathrm{C}^{A\setminus B}_T(U)]\,\lambda(dA)
\end{aligned}$$

(dans cette dernière formule, B décrit les sections commençantes de A), et on en déduit que

$$\mathrm{C}^A(U) = \sum_{B\prec A} \mathrm{C}^B[\mathbb{1}_{\mathcal{A}_T}(A\setminus B)\,\mathrm{C}^{A\setminus B}_T(U)]\,.$$

Puisque, pour chaque v. a. V, les coefficients $\mathrm{C}^B(V)$ ne sont bien définis que pour presque tout B, on pourrait croire mal définie cette expression, qui fait intervenir des termes du type $\mathrm{C}^B(V_B)$. Tel n'est pas le cas, et le sens à donner à la formule précédente est parfaitement clair : si $A=\{t_1,\dots,t_n\}$, elle signifie simplement que

$$\mathrm{C}^A(U) = \sum_{k=0}^{n} \mathrm{C}^{\{t_1,\dots,t_k\}}[\mathbb{1}_{\{T<t_{k+1}\}}\,\mathrm{C}_T^{\{t_{k+1},\dots,t_n\}}(U)]$$

(avec $t_0=0$ et $t_{n+1}=\infty$), et sous cette forme les difficultés ont disparu.

Afin de mettre ce résultat sous forme un peu plus agréable, remarquons que pour B dans $\mathcal{S}$ et non vide, on peut écrire $\{\sup B > T\} = \bigcup_{r\in\mathbb{Q}} \Omega_r$, où les événements Ω_r sont disjoints et où, sur Ω_r, on a $\sup B > r > T$. Donc pour V dans $\mathrm{L}^2(\mathcal{F}_T)$, on a $V\mathbb{1}_{\{\sup B>T\}} = \sum_r V\mathbb{1}_{\Omega_r}$, d'où $\mathrm{C}^B\big[V\mathbb{1}_{\{\sup B>T\}}\big] = 0$ et $\mathrm{C}^B(V) = \mathrm{C}^B\big[V\mathbb{1}_{\{B\subset[0,T]\}}\big]$. Nos coefficients se réécrivent finalement

$$\mathrm{C}^A(U) = \sum_{B\subset A} \mathrm{C}^B\big[\mathbb{1}_{\{B=A\cap[0,T]\}}\,\mathrm{C}_T^{A\cap]T,\infty[}(U)\big]\ ,$$

ou encore, si $A = \{t_1, \ldots, t_n\}$,

$$\mathrm{C}^A(U) = \sum_{k=0}^{n} \mathrm{C}^{\{t_1,\ldots,t_k\}}\big[\mathbb{1}_{\{t_k\le T<t_{k+1}\}}\,\mathrm{C}_T^{\{t_{k+1},\ldots,t_n\}}(U)\big]\ .$$

Voici pour terminer une condition suffisante pour qu'une v. a. U de $\mathrm{L}^2(\Omega)$ soit développable en chaos. La martingale X est toujours fixée, et nous supposerons qu'elle a la propriété de représentation prévisible, de sorte que toute martingale M_t vérifie $dM_t = H_t\,dX_t$ pour un processus prévisible H (que nous nommerons *la dérivée* de M), bien défini hors d'un ensemble négligeable pour $dt\otimes\mathbb{P}$; nous supposerons aussi (cela fait partie de la représentation prévisible) que la tribu $\mathcal{F}_0$ est dégénérée. En revanche, nous ne supposons pas que la filtration ambiante est la filtration naturelle de X. Il nous faut préciser un peu la construction des coefficients $\mathrm{C}_t^A(U)$ évoquée plus haut, ainsi que celle d'autres coefficients $\Gamma_t^A(U)$; puisque U est fixé, nous les noterons aussi $\mathrm{C}_t(A)$ et $\Gamma_t(A)$. Sans entrer dans les détails, voici sur un exemple comment on peut les obtenir. Si $A = \{a, b, c\}$ avec $a < b < c$, on définit $\mathrm{C}_t(A)$ sur l'intervalle $[c, \infty[$ comme la martingale $M_t = \mathbb{E}[U|\mathcal{F}_t]$ et $\Gamma_t(A)$ sur le même intervalle comme la dérivée de cette martingale; puis sur l'intervalle $[b, c[$, on définit $\mathrm{C}_t(A)$ comme la martingale $M_t = \mathbb{E}[\Gamma_c(A)|\mathcal{F}_t]$ et $\Gamma_t(A)$ comme sa dérivée; on recommence sur $[a, b[$ en prenant $\Gamma_b(A)$ comme valeur finale pour la martingale, et enfin sur $[0, a[$ à l'aide de $\Gamma_a(A)$. Ceci peut être fait de façon rigoureuse et, pour $t < \inf A$, les coefficients $\mathrm{C}_t(A)$ ainsi obtenus sont bien ceux qui figurent dans la projection de U sur l'espace chaotique conditionnel $\mathbf{H}^t = \mathbf{H}^t(X)$ (c'est d'ailleurs essentiellement ainsi que l'on établit l'existence d'une bonne version de ces $\mathrm{C}_t(A)$; remarquer aussi que cette construction rend évidente la proposition 1 (i)).

La projection orthogonale de U sur $\mathbf{H}^t$ a pour norme carrée

$$F(t) = \mathbb{E}\Big[\int_{A\subset]t,\infty[} \mathrm{C}_t^2(A)\,\lambda(dA)\Big]\ ;$$

puisque $\mathbf{H}^s \subset \mathbf{H}^t$ pour $s < t$, la fonction F est croissante. Lorsque t tend vers l'infini, $F(t)$, qui est minorée par $\mathbb{E}[\mathrm{C}_t^2(\emptyset)] = \mathbb{E}\big[\mathbb{E}[U|\mathcal{F}_t]^2\big]$, tend vers $\mathbb{E}[U^2]$; pour $t = 0$, $F(t)$ est le carré de la norme de la projection de U sur $\mathbf{H}^0$, c'est-à-dire sur $\mathbf{H}$ puisque $\mathcal{F}_0$ est dégénérée. Il en résulte que *pour que U soit dans* $\mathbf{H}$, *il faut et il suffit que F soit constante, c'est-à-dire décroissante.* Nous allons donc majorer les accroissements de F. Pour $s < t$,

$$F(t) - F(s) = \mathbb{E}\int_{A\subset]t,\infty[} \mathbf{C}_t^2(A)\,\lambda(dA) - \mathbb{E}\int_{A\subset]s,\infty[} \mathbf{C}_s^2(A)\,\lambda(dA)$$

$$= \mathbb{E}\int_{A\subset]t,\infty[} \Big[\mathbf{C}_t^2(A) - \mathbf{C}_s^2(A) - \int_{\substack{B\subset]s,t]\\ B\neq\emptyset}} \mathbf{C}_s^2(B\cup A)\,\lambda(dB)\Big]\,\lambda(dA)\,.$$

Mais pour $A \subset\,]t,\infty[$ le processus $\mathbf{C}_u(A)$ est sur l'intervalle $[s,t]$ une martingale de dérivée $\Gamma_u(A)$, donc $\mathbb{E}\big[\mathbf{C}_t^2(A) - \mathbf{C}_s^2(A)\big] = \mathbb{E}\int_s^t \Gamma_u^2(A)\,du$; et on peut par ailleurs minorer l'intégrale en B par une intégrale de s à t, en ne gardant que les B ayant un seul élément. Il vient

$$F(t) - F(s) \le \int_{A\subset]t,\infty[} \mathbb{E}\Big[\int_s^t \big[\Gamma_u^2(A) - \mathbf{C}_s^2(\{u\}\cup A)\big]\,du\Big]\,\lambda(dA)$$

$$= \int_s^t \int_{A\subset]t,\infty[} \mathbb{E}\big[\Gamma_u^2(A) - \mathbb{E}[\Gamma_u(A)|\mathcal{F}_s]^2\big]\;\lambda(dA)\,du$$

$$= \int_s^t \int_{A\subset]t,\infty[} \mathbb{E}\big[\big(\Gamma_u(A) - \mathbb{E}[\Gamma_u(A)|\mathcal{F}_s]\big)^2\big]\;\lambda(dA)\,du$$

$$\le \int_s^t \int_{A\subset]u,\infty[} \big\|\Gamma_u(A) - \mathbb{E}[\Gamma_u(A)|\mathcal{F}_s]\big\|_2^2\;\lambda(dA)\,du\,.$$

Considérons maintenant une subdivision $\sigma = \{0 = t_0 < \ldots < t_n < \ldots\}$ de $\mathbb{R}_+$ dont le pas $\sup_n(t_{n+1} - t_n)$ est destiné à tendre vers zéro, et posons $\underline{\sigma}(u) = t_n$ pour $t_n \le u < t_{n+1}$. On a

$$F(\infty) - F(0) = \sum_n F(t_{n+1}) - F(t_n)$$

$$\le \int_0^\infty \int_{A\subset]u,\infty[} \big\|\Gamma_u(A) - \mathbb{E}[\Gamma_u(A)|\mathcal{F}_{\underline{\sigma}(u)}]\big\|_2^2\;\lambda(dA)\,du\,;$$

pour A et u fixés, $\|\Gamma_u(A) - \mathbb{E}[\Gamma_u(A)|\mathcal{F}_{\underline{\sigma}(u)}]\|_2^2$ tend vers zéro. Pour obtenir le résultat cherché $F(\infty) = F(0)$, il suffit que cette convergence soit dominée, donc il suffit que

$$\int_0^\infty \int_{A\subset]u,\infty[} \mathbb{E}\big[\Gamma_u^2(A)\big]\;\lambda(dA)\,du < \infty\,.$$

Réécrivons cette intégrale sous la forme

$$\int_{A\in\mathcal{S}} \int_0^{\inf A} \mathbb{E}\big[\Gamma_u^2(A)\big]\;du\,\lambda(dA)$$

et utilisons le fait que, sur l'intervalle $[0,\inf A[$, le processus $\Gamma_u(A)$ est la dérivée de la martingale $\mathbf{C}_u(A)$ pour majorer $\int_0^{\inf A} \mathbb{E}\big[\Gamma_u^2(A)\big]\,du$ par $\mathbb{E}\big[\mathbf{C}_{\inf A-}^2(A)\big]$. On obtient ainsi la condition suivante : *pour que la v. a.* $U \in \mathrm{L}^2(\mathcal{F}_\infty)$ *soit dans* $\mathrm{H}(X)$, *il suffit que*

$$\int_{A\in\mathcal{S}} \mathbb{E}\big[\mathbf{C}_{\inf A-}^2(A)\big]\;\lambda(dA) < \infty\,.$$

RÉFÉRENCES

[1] J. Azéma et M. Yor. Étude d'une martingale remarquable. *Séminaire de Probabilités XXIII*, Lecture Notes in Mathematics 1372, Springer 1989.

[2] Ph. Biane. Chaotic representation for finite Markov chains. *Stochastics and Stochastics Reports* 30, 61–68, 1990.

[3] A. Dermoune. Distributions sur l'espace de P. Lévy et calcul stochastique. *Ann. Inst. Henri Poincaré 26*, 101–119, 1990.

[4] M. Emery. On the Azéma martingales. *Séminaire de Probabilités XXIII*, Lecture Notes in Mathematics 1372, Springer 1989.

[5] S.-W. He and J.-G. Wang. Chaos Decomposition and Property of Predictable Representation. *Science in China* (Series A) Vol. 32 No. 4, 1989.

[6] D. Lepingle, P.-A. Meyer et M. Yor. Extrémalité et remplissage de tribus pour certaines martingales purement discontinues. *Séminaire de Probabilités XV*, Lecture Notes in Mathematics 850, Springer 1981.

[7] P.-A. Meyer. Un cours sur les intégrales stochastiques. Appendice au chapitre IV : Notions sur les intégrales multiples. *Séminaire de Probabilités X*, Lecture Notes in Mathematics 511, Springer 1976.

[8] P.-A. Meyer. Diffusions quantiques I et II, *Séminaire de Probabilités XXIV*, Lecture Notes in Mathematics 1426, Springer 1990.

[9] K. R. Parthasarathy. Remarks on the quantum stochastic differential equation $dX = (c-1)X\,d\Lambda + dQ$. Technical report 8809, Indian Statistical Institute (Dehli Centre).

[10] Ch. Stricker. À propos d'une conjecture de Meyer. *Séminaire de Probabilités XXII*, Lecture Notes in Mathematics 1321, Springer 1988.

The Azéma Martingales as Components of Quantum Independent Increment Processes

Michael Schürmann

Inspired by the work of J. Azéma [3], M. Emery and P.A. Meyer, K.R. Parthasarathy investigated the quantum stochastic differential equation

$$\mathrm{d}X = (c-1)X\mathrm{d}\Lambda + \mathrm{d}A^{\dagger} + \mathrm{d}A$$

for a real number c; see [7]. The solution of such an equation is called an Azéma martingale. We demonstrate how an Azéma martingale can be regarded as a component of a quantum independent stationary increment process in the sense of [2].

A classical stochastic process (X_{st}) taking values in a semi-group G and indexed by pairs $(s,t) \in \mathbf{R}^2_+$, $s \leq t$, is an increment process if

$$X_{rs}X_{st} = X_{rt}, \ r \leq s \leq t,$$
$$X_{tt} = e, \ e \text{ the unit element of } G.$$

To give sense to increments in the non-commutative case, we replace the group by a *-bialgebra. This object is defined as follows. A coalgebra $\mathcal{C}$ is a (complex) vector space on which two linear mappings

$$\Delta : \mathcal{C} \to \mathcal{C} \otimes \mathcal{C} \qquad \text{(comultiplication)}$$
$$\delta : \mathcal{C} \to \mathbf{C} \qquad \text{(counit)}$$

are given such that

$$(\Delta \otimes \mathrm{id}) \circ \Delta = (\mathrm{id} \otimes \Delta) \circ \Delta \qquad \text{(coassociativity law)}$$
$$(\delta \otimes \mathrm{id}) \circ \Delta = \mathrm{id} = (\mathrm{id} \otimes \delta) \circ \Delta \qquad \text{(counit property).}$$

A *-bialgebra is a *-algebra which is also a coalgebra in such a way that Δ and δ are *-algebra homomorphisms.

The vector space $L(\mathcal{C}, \mathcal{A})$ formed by the linear mappings from a coalgebra $\mathcal{C}$ to a (complex, unital) algebra $\mathcal{A}$ is an algebra with the multiplication

$$R \star S = M \circ (R \otimes S) \circ \Delta$$

where $M : \mathcal{A} \otimes \mathcal{A} \to \mathcal{A}$ denotes multiplication in $\mathcal{A}$. The unit of $L(\mathcal{C}, \mathcal{A})$ is given by $b \mapsto \delta(b)\mathbf{1}$. Especially, the algebraic dual space $\mathcal{C}^* = L(\mathcal{C}, \mathbf{C})$ of a coalgebra $\mathcal{C}$ is an algebra (with unit δ).

If the *-bialgebra $\mathcal{B}$ has an antipode, that is a linear operator S on $\mathcal{B}$ such that $S \star \mathrm{id} = \mathrm{id} \star S = \delta\mathbf{1}$ (i.e. S is the inverse of the identity with respect to $\star$), then we call $\mathcal{B}$ a *-Hopf algebra.

EXAMPLES:

) Let G be a semi-group. The semi-group algebra $\mathbf{C}G$ is a *-bialgebra if we define * y antilinear extension of $x^* = x^{-1}$ and Δ and δ by linear extension of $\Delta x = x \otimes x$, $x = 1$, $x \in G$. If G is a group $\mathbf{C}G$ is a *-Hopf algebra with $S(x) = x^{-1}$.

) Let G be a sub-semi-group of the semi-group $M_{\mathbf{C},d}$ of complex $d \times d$-matrices. Then e denote by $G[d]$ the *-algebra of complex-valued functions on G generated by the unctions ξ_{kl}, $k, l = 1, \ldots, d$, which map an element $(\alpha_{mn})_{m,n=1,\ldots,d}$ of G to α_{kl}. If we et

$$\Delta \xi_{kl} = \sum_{n=1}^{d} \xi_{kn} \otimes \xi_{nl}$$

$$\delta(\xi_{kl}) = \delta_{kl}$$

e can extend Δ and δ to *-algebra homomorphisms in a unique way. $G[d]$ becomes a -bialgebra. We call $G[d]$ the coefficient algebra of G.

) Denote by $M_{\mathbf{C}}\langle d\rangle$ the free algebra generated by indeterminates x_{kl} and x_{kl}^*, $k, l = \ldots, d$. The mappings *, Δ and δ are given by extending

$$(x_{kl})^* = x_{kl}^*$$

$$\Delta x_{kl} = \sum_{n=1}^{d} x_{kn} \otimes x_{nl} \tag{1}$$

$$\delta x_{kl} = \delta_{kl} \tag{2}$$

the unique way which makes * an involution and Δ and δ *-algebra homorphisms. imilarly, $M_{\mathbf{R}}\langle d\rangle$ is defined as the free algebra generated by x_{kl}, $k, l = 1, \ldots, d$, with he involution given by $(x_{kl})^* = x_{kl}$ and Δ and δ again defined by (1) and (2). $M_{\mathbf{R}}\langle d\rangle$ a quotient (i.e. a homomorphic image) of $M_{\mathbf{C}}\langle d\rangle$ (it has the additional relations $x^*_{kl} = x_{kl}$). If we make $M_{\mathbf{K}}\langle d\rangle$ commutative we obtain the coefficient algebra $M_{\mathbf{K}}[d]$ of $M_{\mathbf{K},d}$, $\mathbf{K} = \mathbf{C}$ or $\mathbf{R}$. Any $G[d]$ of Example 2 is a quotient of $M_{\mathbf{R}}[d]$ or at least of $M_{\mathbf{C}}[d]$.

) Denote by $\mathbf{C}\langle x_1, \ldots, x_d\rangle = \mathbf{C}\langle d\rangle$ the free algebra generated by indeterminates $x_1, \ldots, x_d$. We extend the mappings *, Δ and δ with

$$(x_l)^* = x_l$$

$$\Delta x_l = x_l \otimes 1 + 1 \otimes x_l$$

$$\delta x_l = 0$$

obtain a *-bialgebra which is a quotient of $M_{\mathbf{R}}\langle 2d\rangle$. The *-bialgebra $\mathbf{C}\langle d\rangle$ is a *-Hopf lgebra with antipode $S(x_{l_1} \ldots x_{l_n}) = (-1)^n x_{l_n} \ldots x_{l_1}$.

) Divide $M_{\mathbf{C}}\langle d\rangle$ by the ideal J_U generated by the elements

$$\sum_{n=1}^{d} x_{kn} x_{ln}^* - \delta_{kl} 1,$$

$$\sum_{n=1}^{d} x_{nk}^* x_{nl} - \delta_{kl} 1.$$

Then J_U is a *-biideal. We denote the *-bialgebra $M_{\mathbf{C}}\langle d\rangle/J_U$ by $U\langle d\rangle$. It can be shown that $U\langle d\rangle$ has no antipode.

6) By making $U\langle d\rangle$ commutative one obtains the coeficient algebra $U[d]$ of the group U_d of unitary $d \times d$-matrices; see [5] where $U\langle d\rangle$ was called the non-commutative analogue of the coefficient algebra of U_d and where a structure theorem for $U\langle d\rangle$ was proved. $U[d]$ is a *-Hopf algebra with the *-algebra homomorphism $S(x_{kl}) = x^*_{lk}$ as the antipode.

7) Consider in $M_{\mathbf{R}}\langle 2\rangle$ the ideal generated by the elements $x_{11} - 1$ and x_{21}. This is a *-biideal. We denote the quotient *-bialgebra by $H_0\langle 2\rangle$. It is equal to the free algebra $\mathbf{C}\langle x, y\rangle$ generated by two indeterminates x and y with the involution $x^* = x$, $y^* = y$, and Δ and δ given by

$$\Delta x = x \otimes y + 1 \otimes x, \ \delta x = 0$$
$$\Delta y = y \otimes y, \ \delta y = 1.$$

8) By making $H_0\langle 2\rangle$ commutative one obtains the coefficient algebra $H_0[2]$ of the semigroup

$$H_0 = \{\begin{pmatrix} 1 & \alpha \\ 0 & \beta \end{pmatrix} : \alpha, \beta \in \mathbf{R}\}.$$

The set of complex-valued *-algebra homomorphisms on $H_0[2]$ equipped with $\star$ as the multiplication is isomorphic to H_0.

9) A *-Hopf algebra $H\langle 2\rangle$ containing $H_0\langle 2\rangle$ as a sub-*-bialgebra is obtained if we divide the *-bialgebra $\mathbf{C}\langle x, y, y^{-1}\rangle$ with

$$\Delta x = x \otimes y + 1 \otimes x, \ \delta x = 0$$
$$\Delta y = y \otimes y, \ \delta y = 1$$
$$\Delta y^{-1} = y^{-1} \otimes y^{-1}, \ \delta y^{-1} = 1$$
$$x^* = x, \ y^* = y, \ (y^{-1})^* = y^{-1}$$

by the *-biideal generated by the elements $yy^{-1} - 1$ and $y^{-1}y - 1$. An antipode is given by extending $S(x) = xy^{-1}$, $S(y) = y^{-1}$, $S(y^{-1}) = y$, to a linear anti-homomorphism; see [12].

10) We can make $H\langle 2\rangle$ commutative to obtain the *-Hopf algebra H_2. The set of complex-valued *-algebra homomorphisms on H_2 is isomorphic to the group

$$H = \{\begin{pmatrix} 1 & \alpha \\ 0 & \beta \end{pmatrix} : \alpha, \beta \in \mathbf{R}, \beta \neq 0\},$$

but H_2 is not equal to $H[2] = H_0[2]$.

GENERAL THEORY:

Let (j_{st}) be a quantum stochastic process in the sense of Accardi, Frigerio and Lewis [1], indexed by pairs $(s,t) \in \mathbf{R}^2_+$, $s \leq t$. The j_{st} are *-algebra homomorphisms from a *-algebra $\mathcal{B}$ to a *-algebra $\mathcal{A}$ where there is also given a state Φ on $\mathcal{A}$. Let $\mathcal{B}$ be a *-bialgebra. We call (j_{st}) a quantum independent stationary increment process if the following conditions are fulfilled (see [2])

(a) $j_{rs} \star j_{st} = j_{rt}$, $r \leq s \leq t$; $j_{tt} = \delta 1$

b1) The algebras $j_{st}(\mathcal{B})$ and $j_{s't'}(\mathcal{B})$ commute for disjoint intervals (s,t) and (s',t').
b2) The state Φ factorizes on the sub-algebras $j_{t_1t_2}(\mathcal{B}),\ldots,j_{t_nt_{n+1}}(\mathcal{B})$ of $\mathcal{A}$ for $n \in \mathbb{N}$, $t_1 < \cdots < t_{n+1}$.
(c) The states $\Phi \circ j_{st}$ only depend on the difference $t-s$, i.e. $\Phi \circ j_{st} = \varphi_{t-s}$.
(d) $\lim_{t\downarrow 0} \varphi_t(b) = \delta(b)$ for all $b \in \mathcal{B}$.

Two independent stationary increment processes are called equivalent if the numbers $\Phi(j_{s_1t_1}(b_1)\ldots j_{s_nt_n}(b_n))$ are the same for both processes.

Let $\mathcal{B}$ be a *-Hopf algebra and let $(j_t)_{t\in\mathbb{R}_+}$ be a quantum stochastic process over $\mathcal{B}$ in the sense of Accardi, Frigerio and Lewis. Then $j_{st} = (j_s \circ S) \star j_t$ satisfies (a), and (j_t) is called a process with independent and stationary increments if (j_{st}) is an independent stationary increment process.

An independent stationary increment process (j_{st}) is, up to equivalence, determined by its (infinitesimal) generator ψ which is the linear functional on $\mathcal{B}$ given by

$$\psi(b) = \frac{\mathrm{d}}{\mathrm{d}t}\varphi_t(b)|_{t=0}.$$

The set of generators coincides with the elements in $\mathcal{B}$ satisfying

$$\psi(\mathbf{1}) = 0$$
$$\psi \lceil \text{Kern } \delta \text{ is positive}$$
$$\psi(b^*) = \overline{\psi(b)}.$$

Given ψ satisfying these properties, one can make the following construction (see [9], cf. [8,6]). Divide $\mathcal{B}$ by the null space of the positive semi-definite sesquilinear form

$$(b,c) = \psi((b-\delta(b)\mathbf{1})^*(c-\delta(c)\mathbf{1}))$$

on $\mathcal{B}$ to obtain the pre-Hilbert space D. Denote by $\eta : \mathcal{B} \to D$ the canonical mapping and define the *-representation ρ of $\mathcal{B}$ on D by

$$\rho(b)\eta(c) = \eta(bc) - \eta(b)\delta(c).$$

We can write down the quantum stochastic integral equations

$$j_{st}(b) = \delta(b) + \int_s^t (j_{s\tau} \star \mathrm{d}I_\tau^\psi)(b) \tag{3}$$

on the Bose Fockspace $\mathcal{F}$ over $L^2(\mathbb{R}_+, H)$, H the completion of D, where $b \in \mathcal{B}$, $s \le t$, and

$$I_t^\psi(b) = A_t^\dagger(\eta(b)) + \Lambda_t(\rho(b) - \delta(b)\mathbf{1}) + A_t(\eta(b^*)) + \psi(b)t.$$

In short-hand differential notation

$$\mathrm{d}j_{st} = j_{st} \star \mathrm{d}I_t^\psi,\ j_{tt} = \delta\mathbf{1}.$$

The operators $j_{st}(b)$ are defined on a dense linear sub-space of $\mathcal{F}$ which is the span of certain exponential vectors; see [4]. In a formal algebraic sense, the j_{st} constitute a version of an independent stationary increment process with generator ψ. We believe that this statement can be made rigorous for an arbitrary *-bialgebra by showing that the linear span of

$$\{j_{s_1t_1}(b_1)\dots j_{s_nt_n}(b_n)\Omega : n \in \mathbf{N}, (s_l, t_l) \in \mathbf{R}_+^2, s_l \leq t_l, b_1, \dots, b_n \in \mathcal{B}\}$$

is in the domain of the closure of the operator $j_{st}(b)$. Only the restriction of j_{st} to this linear subspace of the Fock space can be the independent stationary increment process in question, so that the representation (3) is an embedding theorem. For $\mathbf{C}G$, $\mathbf{C}\langle d\rangle$ and $U\langle d\rangle$ a rigorous treatment of equation (3) can be found in [4, 10], [11] and [9]. For $\mathbf{C}G$, G a group, the operators $j_{st}(x)$, $x \in G$, are unitary and are representations of G of type S (cf. [6]). For $\mathbf{C}\langle d\rangle$ the operators $j_{st}(x_l)$ are sums of creation, preservation, annihilation and scalar processes [11]. For $U\langle d\rangle$ the operators $(j_{st}(x_{kl}))_{k,l=1,\dots,d}$ are increments $(U_s)^\dagger U_t$ of a solution U_t of a linear quantum stochastic differential equation on $\mathbf{C}^d \otimes \mathcal{F}$ with constant coefficients [9].

APPLICATION TO $H\langle 2\rangle$:

We concentrate on Example 7. A generator ψ on $H_0\langle 2\rangle$ can always be constructed by the following procedure. Assume that we are given a pre-Hilbert space D, two hermitian operators ρ_x and ρ_y on D, two vectors η_x and η_y in D and two real numbers ψ_x and ψ_y. We then define the *-representation ρ of $H_0\langle 2\rangle$ by extending $\rho(x) = \rho_x$, $\rho(y) = \rho_y$. Next we define the linear mapping $\eta : H_0\langle 2\rangle \to D$ by the equations

$$\begin{aligned} \eta(x) &= \eta_x \\ \eta(y) &= \eta_y \\ \eta(bc) &= \rho(b)\eta(c) + \eta(b)\delta(c). \end{aligned}$$

Finally, we define $\psi \in H_0\langle 2\rangle^*$ by

$$\begin{aligned} \psi(x) &= \psi_x \\ \psi(y) &= \psi_y \\ \psi(bc) &= \psi(b)\delta(c) + \delta(b)\psi(c) + \langle \eta(a^*), \eta(b)\rangle. \end{aligned}$$

Then ψ is a generator, and the associated equations (3) for $b = x$ and $b = y$ are

$$\begin{aligned} dX_{st} &= X_{st}(dA_t^\dagger(\eta_y) + d\Lambda_t(\rho_y - 1) + dA_t(\eta_y) + \psi_y dt) \\ &\quad + dA_t^\dagger(\eta_x) + d\Lambda_t(\rho_x) + dA_t(\eta_x) + \psi_x dt \\ X_{ss} &= 0, \end{aligned} \tag{4}$$

and

$$\begin{aligned} dY_{st} &= Y_{st}(dA_t^\dagger(\eta_y) + d\Lambda_t(\rho_y - 1) + dA_t(\eta_y) + \psi_y dt) \\ Y_{ss} &= 1, \end{aligned} \tag{5}$$

where we set $X_{st} = j_{st}(x)$ and $Y_{st} = j_{st}(y)$. By property (a) of an independent stationary increment process we obtain for $r \leq s \leq t$

$$X_{rt} = (j_{rs} \star j_{st})(x) = X_{rs}Y_{st} + X_{st}$$

and

$$Y_{rt} = Y_{rs}Y_{st}.$$

Using this and property (b1) we have for $s \le t$

$$\begin{aligned} X_{0s}X_{0t} &= X_{0s}(X_{0s}Y_{st} + X_{st}) \\ &= X_{0s}Y_{st}X_{0s} + X_{st}X_{0s} \\ &= X_{0t}X_{0s} \end{aligned}$$

and

$$\begin{aligned} Y_{0s}Y_{0t} &= Y_{0s}Y_{0s}Y_{st} \\ &= Y_{0s}Y_{st}Y_{0s} \\ &= Y_{0t}Y_{0s} \end{aligned}$$

showing that both $X_t = X_{0t}$ and $Y_t = Y_{0t}$ are commutative processes.

The equations for the Azéma martingales arise as the following special cases. Choose $D = \mathbf{C}$, $\rho_x = 0$, $\rho_y = c \in \mathbf{R}$, $\eta_x = 1$, $\eta_y = 0$ and $\psi_x = \psi_y = 0$. This determines a generator $\psi^{(c)}$ on $H_0\langle 2\rangle$. Equation (4) and (5) become

$$dX_{st} = (c-1)X_{st}\,d\Lambda_t + dQ_t,\ X_{ss} = 0 \tag{6}$$

where we put $Q_t = A_t^\dagger + A_t$) and

$$dY_{st} = (c-1)Y_{st}\,d\Lambda_t,\ Y_{ss} = 1. \tag{7}$$

Equation (7) is the one for the second quantization operator

$$Y_{st} = \Gamma(\chi_{[0,s]} + c\chi_{[s,t]} + \chi_{[t,\infty)}),$$

Equation (6) is solved by $X_{st} = X_t - X_sY_{st}$ and X_t satisfies the Azéma martingale equation

$$dX_t = (c-1)X_t\,d\Lambda_t + dQ_t,\ X_0 = 0.$$

We have

$$\begin{aligned} \psi^{(c)}(xyx) &= \overline{\eta(x)}\eta(yx) \\ &= \overline{\eta(x)}(\rho(y)\eta(x) + \eta(y)\delta(x)) \\ &= c. \end{aligned}$$

But

$$\begin{aligned} \psi^{(c)}(x^2y) &= \overline{\eta(x)}\eta(xy) \\ &= \overline{\eta(x)}(\rho(x)\eta(y) + \eta(x)\delta(y)) \\ &= 1, \end{aligned}$$

which shows that for $c \neq 1$ the process (X_{st}, Y_{st}) cannot be reduced to an independent stationary increment process over $H_0[2]$.

In the case $c \neq 0$ we can extend the generator $\psi^{(c)}$ to a generator on $H\langle 2\rangle$ in the only possible way by setting $\rho(y^{-1}) = c^{-1}$, $\eta(y^{-1}) = 0$, and $\psi^{(c)}(y^{-1}) = 0$. Then $(X_t, Y_t, (Y_t)^{-1})$ is a process with independent stationary increments over $H\langle 2\rangle$.

REMARK: Nothing has been said about the domains of our processes. However, for $-1 \leq c \leq 1$ the Y_{st} are bounded and for $-1 \leq c < 1$ this is also true for X_{st} (see [7]). For $c = 1$ we have $X_{st} = Q_{st}$ and this is actually the case of Brownian motion and the *-bialgebra $\mathbb{C}\langle 1 \rangle$. Also from [7] we know that for $-1 \leq c \leq 1$ the process X_t has the chaos completeness property which means that the embedding of j_{st} into (X_{st}, Y_{st}) is an isomorphism.

References

[1] Accardi, L., Frigerio, A., Lewis, J.T.: Quantum stochastic processes. Publ. RIMS, Kyoto Univ. 18, 97-133 (1982)

[2] Accardi, L., Schürmann, M., Waldenfels, W. v.: Quantum independent increment processes on superalgebras. Math. Z. 198, 451-477 (1988)

[3] Azéma, J.: Sur les fermes aleatoires. In: Azema, J., Yor, M. (eds.) Sem. Prob. XIX. (Lect. Notes Math., vol. 1123). Berlin Heidelberg New York: Springer 1985

[4] Glockner, P.: *-Bialgebren in der Quantenstochastik. Dissertation, Heidelberg 1989

[5] Glockner, P., Waldenfels, W. v.: The relations of the non-commutative coefficient algebra of the unitary group. SFB-Preprint Nr. 460, Heidelberg 1988

[6] Guichardet, A.: Symmetric Hilbert spaces and related topics. (Lect. Notes Math. vol. 261). Berlin Heidelberg New York : Springer 1972

[7] Parthasarathy, K.R.: Azema martingales and quantum stochastic calculus. Preprint 1989

[8] Parthasarathy, K.R., Schmidt, K.: Positive definite kernels, continuous tensor products, and central limit theorems of probability theory. (Lect. Notes Math. vol. 272). Berlin Heidelberg New York : Springer 1972

[9] Schürmann, M.: Noncommutative stochastic processes with independent and stationary increments satisfy quantum stochastic differential equations. To appear in Probab. Th. Rel. Fields

[10] Schürmann, M.: A class of representations of involutive bialgebras. To appear in Math. Proc. Cambridge Philos. Soc.

[11] Schürmann, M.: Quantum stochastic processes with independent additive increments. Preprint, Heidelberg 1989

[12] Sweedler, M.E.: Hopf algebras. New York : Benjamin 1969

REALISATION OF A CLASS OF MARKOV PROCESSES THROUGH UNITARY EVOLUTIONS IN FOCK SPACE

by
K.R. Parthasarathy
Indian Statistical Institute
Delhi Centre, New Delhi-110016

. Introduction: Pursuing the chain of ideas initiated in [1, 2, 3] and urther discussed in [4] we modify the notations of quantum stochastic calculus n Fock space and demonstrate how a class of continuous as well as discrete tate space Markov processes can be realised through unitary operator evolutions n the tensor product of an initial Hilbert space with a boson Fock space.

. The basic results of quantum stochastic calculus in a new notation: Let

$$\tilde{H} = h_o \otimes \Gamma(L^2(\mathbb{R}_+) \otimes k) \tag{2.1}$$

here h_o and k are complex separable Hilbert spaces and for any Hilbert space H (H) denotes the boson Fock space over H. Put

$$h = h_o \otimes (\mathbb{C}\, e_{-\infty} \oplus k \oplus \mathbb{C}\, e_\infty) \tag{2.2}$$

here $e_{\pm\infty}$ are unit vectors and $\oplus$ indicates Hilbert space direct sum. Fix an rthonormal basis $\{e_i | i \in S\}$ in k and put $\tilde{S} = S \cup \{-\infty\} \cup \{\infty\}$. The basic noise rocesses $\{\Lambda^i_j\}$ of boson stochastic calculus in $\tilde{H}$ can be expressed as

$$\Lambda^j_i = \Lambda_{|e_i\rangle\langle e_j|}, \quad i,j \in S,$$

$$\Lambda^j_{-\infty} = \Lambda_{|e_{-\infty}\rangle\langle e_j|} = A_j, \quad j \in S,$$

$$\Lambda^\infty_i = \Lambda_{|e_i\rangle\langle e_\infty|} = A^\dagger_i, \quad i \in S,$$

$$\Lambda^\infty_{-\infty}(t) = tI, \quad t \geq 0$$

here Λ^j_i, $i,j \in S$ are the conservation (or exchange) processes, A_j, $j \in S$ are the annihilation processes and $A_i^\dagger$, $i \in S$ are the creation processes. We adopt the convention that $\Lambda_i^{-\infty} = \Lambda_\infty^j = 0$.

Inspired by a conversation with V.P.Belavkin in Moscow in 1989 we introduce a subalgebra $\mathcal{I}(h) \subset \mathcal{B}(h)$ with a special involution as follows:

$$\mathcal{I}(h) = \{L | L \in \mathcal{B}(h),\ L\, f \otimes e_{-\infty} = L^* f \otimes e_\infty = 0 \text{ for all } f \in h_o\}, \tag{2.3}$$

$$L^b = F\, L^*\, F \tag{2.4}$$

where $\mathcal{B}(h)$ is the algebra of all bounded operators on h and F is the unique unitary (flip) operator in h satisfying

$$F\, f \otimes e_{-\infty} = f \otimes e_\infty,\ F\, f \otimes e_\infty = f \otimes e_{-\infty},\ F\, f \otimes u = f \otimes u$$

for all $f \in h_o$, $u \in k$. Then $\mathcal{I}(h)$ is a subalgebra of $\mathcal{B}(h)$ and the correspondence $L \to L^b$ is an involution under which $\mathcal{I}(h)$ is closed. To any $L \in \mathcal{I}(h)$ we associate the family $\{L_j^i |\ i, j \in \tilde{S}\}$ of operators in h_o by putting

$$\langle f, L_j^i g\rangle = \langle f \otimes e_i, L\, g \otimes e_j\rangle,\ i,j \in \tilde{S},\ f,g \in h_o. \tag{2.5}$$

Then by (2.3)

$$L_j^\infty = L_{-\infty}^i = 0 \text{ for all } i,j \in \tilde{S},$$

$$\sum_{i \in \tilde{S}} ||L_j^i f||^2 = ||L\, f \otimes e_j||^2,\quad f \in h_o.$$

Hence by the basic results of quantum stochastic calculus (q.s.c.) there exists a unique adapted process Λ_L in $\tilde{H}$ satisfying

$$\Lambda_L(0) = 0,\ d\Lambda_L = \sum_{i,j \in \tilde{S}} L_j^i\, d\Lambda_i^j,\quad L \in \mathcal{I}(h). \tag{2.6}$$

(See, for example, Proposition 27.1 in [4]). The following two propositions are immediate from the methods of q.s.c. (Ch. III, [4]).

<u>Proposition 2.1</u>. The processes $\{\Lambda_L | L \in \mathcal{I}(h)\}$ defined by (2.6) satisfy the following:

(i) $\langle f e(u), \Lambda_L(t) g e(v)\rangle = \int_0^t \langle f \otimes (e_{-\infty} + u(s)), L g \otimes (v(s) + e_\infty)\rangle ds \langle e(u), e(v)\rangle$,

i) If $\Lambda_L^\dagger(t) = \Lambda_{L^b}(t)$ then $\{\Lambda_L, \Lambda_L^\dagger\}$, is an adjoint pair;

ii) $d\Lambda_L \, d\Lambda_M = d\Lambda_{LM}$.

particular, Λ_L is independent of the orthonormal basis $\{e_i | i \in S\}$ employed its definition.

oposition 2.2. Let $L \in I(h)$. Then there exists a unique unitary operator lued adapted process U_L satisfying the quantum stochastic differential uation (q.s.d.e.)

$$U_L(0) = 0 \ , \ dU_L = (d\Lambda_L) \, U_L$$

and only if

$$L+L^b + L^b L = L+L^b + LL^b = 0. \tag{2.7}$$

If h_i, $i = 1,2$ are Hilbert spaces and X is a bounded operator in h_1 adopt the convention of denoting by the same symbol X, the operator $X \otimes 1$ $h_1 \otimes h_2$ where 1 dnotes the identify operator in h_2. For any $L \in I(h)$ and $\in B(h_o)$ the operators XL and LX belong to $I(h)$. Furthermore $X d\Lambda_L = d\Lambda_{XL}$, $\Lambda_L) X = d\Lambda_{LX}$.

oposition 2.3. Let $L \in I(h)$. Suppose (2.7) holds and U_L is the unitary erator valued process defined by Proposition 2.2. Then

$$d \, U_L^* X U_L = U_L^* \, d\Lambda_{L^b X + XL + L^b XL} \, U_L \quad \text{for all } X \in B(h_o).$$

$$T_t(X) = \mathbb{E}_o \, U_L^*(t) \, X \, U_L(t)$$

ere $\mathbb{E}_o$ denotes the boson vacuum conditional expectation map from $B(\tilde{H})$ onto $h_o)$ then $\{T_t | t \geq 0\}$ is a uniformly continuous one parameter semigroup of erators on the Banach space $B(h_o)$ whose infinitesimal generator L is given by

$$L(X) = \left. \frac{dT_t(X)}{dt} \right|_{t=0},$$

$$\langle f, L(X)g \rangle = \langle f \otimes e_{-\infty}, (L^b X + XL + L^b XL) g \otimes e_\infty \rangle \quad \text{for all } f,g \in h_o.$$

<u>Proof:</u> Propositions 1-3 are the basic results of q.s.c. and we refer to Chapter III, [4]. □

3. <u>Construction of some classical Markov flows through unitary evolutions</u> :

Let G be a locally compact second countable group acting on a separable σ-finite measure space (χ, F, μ) with G-invariant measure μ. (Obvious generalizations can be worked out when μ is only quasi invariant). Define $h_o = L^2(\mu)$ and $k = L^2(G)$ with respect to a left invariant Haar measure. Express any element $\underline{f} \in h = h_o \otimes (\mathbb{C}\, e_{-\infty} \oplus k \oplus \mathbb{C}\, e_{\infty})$ as a column vector

$$\underline{f} = \begin{pmatrix} f_-(x) \\ f_o(x,g) \\ f_+(x) \end{pmatrix} \qquad x \in \chi \quad , g \in G.$$

Let $\lambda(x,g)$ be any complex valued measurable function on $\chi \times G$ satisfying

$$\text{ess. sup}_\mu \int_G |\lambda(x,g)|^2 \, dg < \infty \tag{3.1}$$

where dg indicates integration with respect to the left invariant Haar measure. Define the operator L_λ associated with λ in h by

$$L_\lambda \underline{f} = \begin{pmatrix} -\int_G \{\overline{\lambda(x,g)}\, f_o(x,g) + \frac{1}{2}\,|\lambda(x,g)|^2 f_+(x)\} dg \\ f_o(g^{-1}x,\, g) - f_o(x,g) + \lambda(g^{-1}x,g)\, f_+(g^{-1}x) \\ 0 \end{pmatrix}$$

Then (3.1) implies that $L_\lambda \in B(h)$. Furthermore the following holds:

(i) $L_\lambda \in \quad (h)$;

$$L_\lambda^b \underline{f} = \begin{pmatrix} \int_G \{\overline{\lambda(x,g)}\, f_o(g\, x,g) - \frac{1}{2}\,|\lambda(x,g)|^2\, f_+(x)\}\, dg \\ f_o(gx,g) - f_o(x,g) - \lambda(x,g)\, f_+(x) \\ 0 \end{pmatrix};$$

(iii) $L_\lambda^b L_\lambda + L_\lambda^b + L_\lambda = L_\lambda L_\lambda^b + L_\lambda + L_\lambda^b = 0.$

Using Proposition 2.2 construct the unitary operator valued process $U_\lambda = U_{L_\lambda}$ in satisfying

$$U_\lambda(0) = 1,\ dU_\lambda = (d\Lambda_{L_\lambda})U_\lambda.$$

onsider the Evans-Hudson flow $\{j_t | t > 0\}$ induced by U_λ:

$$j_t(X) = U_\lambda(t)^* X U_\lambda(t),\ X \in \mathcal{B}(h_o).$$

f $\{e_i | i \in S\}$ is any fixed orthonormal basis in $L^2(G)$ then the structure maps $\theta^i_j | i,j \in \tilde{S}\}$ of the flow $\{j_t\}$ are given by

$$\theta^i_j(X) = (L^b_\lambda X + XL_\lambda + L^b_\lambda XL_\lambda)^i_j$$

ith the convention $\theta^\infty_j = \theta^i_{-\infty} = 0$. Denote by A_o the abelian von Neumann algebra (μ) where any function $\phi \in L^\infty(\mu)$ is interpreted as the operator of multiplication ϕ in $L^2(\mu) = h_o$ Then a routine computation yields the following: θ^i_j leaves invariant and

$$\theta^i_j(\phi)(x) = \int_G \phi(gx)\bar{e}_i(g)e_j(g)dg - \delta^i_j \phi(x),\quad i,j \in S,$$

$$\theta^{-\infty}_j(\phi)(x) = \int_G \overline{\lambda(x,g)}[\phi(gx) - \phi(x)]\ e_j(g)dg,\quad j \in S,$$

$$\theta^i_\infty(\phi)(x) = \int_G \lambda(x,g)\ \overline{e_i(g)}[\phi(gx) - \phi(x)]\ dg,\ i \in S,$$

$$\theta^{-\infty}_\infty(\phi)(x) = \int_G |\lambda(x,g)|^2[\phi(gx) - \phi(x)]dg.$$

now follows from [2,3] (and also Section 27, 28 in [4]) that

$$[j_s(\phi),\ j_t(\psi)] = 0 \quad \text{for all } s,t \geq 0,\quad \phi,\psi \in A_o.$$

other words $\{j_t|_{A_o},\ t \geq 0\}$ is a classical Markov flow in the Accardi-Frigerio-wis' formalism with infinitesimal generator L given by

$$L(\phi)(x) = \theta^{-\infty}_\infty(\phi)(x) = \int_G |\lambda(x,g)|^2[\phi(gx) - \phi(x)]dg.$$

us $\lambda(x,g)$ can be interpreted as the rate of change of amplitude density from e state x to the state gx.

When G and X are finite this result reduces to the description in [1, 3]. G and X are countable we obtain the picture of a Markov flow in [2].

References

[1] Meyer, P.A.: Chaines de Markov finies et representation chaotique, Strasbourg preprint (1989).

[2] Mohari, A., Sinha, K.B.: Quantum stochastic flows with infinite degrees of freedom and countable state Markov processess, Sankhya, Ser. A, 52, 43-57 (1990).

[3] Parthasarathy,K.R., Sinha, K.B. Markov chains as Evans-Hudson diffusions in Fock space, Indian Statistical Institute preprint (1989) Delhi, (To appear in Seminaire Strasbourg).

[4] Parthasarathy, K.R. An Introduction to Quantum Stochastic Calculus, Indian Statistical Institute, Delhi (1990).

AN ADDITIONAL REMARK ON UNITARY EVOLUTIONS IN FOCK SPACE

by

K.R. Parthasarathy
Indian Statistical Institute
Delhi Centre, New Delhi 110 016

This is a continuation of our discussions in [1]. Adopting the notations of Section 2 in [1] express the Hilbert space $h = h_0 \otimes (\mathbb{C}_{-\infty} \oplus k \oplus \mathbb{C}_{\infty})$ as a vector space of elements of the form

$$f = \begin{pmatrix} f_- \\ f_0 \\ f_+ \end{pmatrix}, f_\pm \in h_0, f_0 \in h_0 \otimes k.$$

Any bounded operator L in h can now be expressed as a 3×3 matrix of appropriate operators. Let U be a unitary operator in $h_0 \otimes k, \ell$ a bounded operator from h_0 into $h_0 \otimes k$ and let H be a bounded selfadjoint operator in h_0. Define the operator $L = L(U, \ell, H)$ in h by

$$L = \begin{pmatrix} 0 & -\ell^* & -iH - \frac{1}{2}\ell^*\ell \\ 0 & U-1 & U\ell \\ 0 & 0 & 0 \end{pmatrix}. \tag{1}$$

Then $L \in \mathcal{I}(h)$, i.e., $Lf \otimes e_{-\infty} = L^* f \otimes e_\infty \equiv 0$ and furthermore

$$L^b L + L^b + L = LL^b + L^b + L = 0,$$

the superscript b indicating the involution described in [1]. Thus there exists a unitary operator valued adapted process U_L satisfying

$$U_L(0) = 1, dU_L = (d\Lambda_L)U_L \tag{2}$$

in the Hilbert space $h_0 \otimes \Gamma(L^2(\mathbb{R}_+) \otimes k)$, Γ indicating the boson Fock second quantization. Then for any $X \in \mathcal{B}(h_0)$, putting $j_t(X) = U_L^* X U_L$ we get

$$dj_t(X) = U_L^*(t) d\Lambda_{\theta(X)} U_L(t) \tag{3}$$

where

$$\theta(X) = L^b X + XL + L^b XL = \begin{pmatrix} 0 & \ell^* U^* XU - X\ell^* & \mathcal{L}(X) \\ 0 & U^* XU - X & U^* XU\ell - \ell X \\ 0 & 0 & 0 \end{pmatrix}, \quad (4)$$

$$\mathcal{L}(X) = i[H, X] - \frac{1}{2}(\ell^*\ell X + X\ell^*\ell - 2\ell^* X\ell). \quad (5)$$

$\{j_t, t \geq 0\}$ defined by (3)-(5) is an Evans-Hudson flow whose vacuum expectation $\mathbb{E}_0$ is given by

$$\mathbb{E}_0 j_t(X) = e^{t\mathcal{L}}(X), X \in \mathcal{B}(h_0).$$

Now consider the special case when $k = L^2(\Omega, \mathcal{F}, P)$ is a separable probability space and $h_1 = h_0 \otimes k = L^2(P, h_0)$, the Hilbert space of norm square integrable h_0-valued maps on $(\Omega, \mathcal{F}, P)$. Suppose the operators U, ℓ in (1) are of the form

$$(Uf)(\omega) = U(\omega)f(\omega), (\ell u)(\omega) = \ell(\omega)u$$

where $U(\cdot)$ is a h_0 -unitary operator valued map and $\ell(\cdot)$ is a $\mathcal{B}(h_0)$ - valued map on $(\Omega, \mathcal{F}, P)$. If $U(\omega)\ell(\omega) = M(\omega)$ then (5) assumes the form

$$\mathcal{L}(X) = i[H, X] - \frac{1}{2}\int_\Omega [M(\omega)^* M(\omega)X + XM(\omega)^* M(\omega) - 2M(\omega)^* XM(\omega)]dP(\omega) \quad (6)$$

Suppose $h_0 = L^2(\mathcal{X}, \mathcal{S}, \mu)$ where $(\mathcal{X}, \mathcal{S}, \mu)$ is a σ-finite separable measurable space and for any $\phi \in L^\infty(\mu)$

$$U(\omega)^* \phi U(\omega) = \phi \circ T(\omega)$$

where $T(\omega)$ is a μ-measure class preserving transformation on $\mathcal{X}$ for each $\omega \in \Omega$ and $L^\infty(\mu)$ is viewed as the abelian $\star$ subalgebra of $\mathcal{B}(h_0)$. Furthermore let $\ell(\omega)$ be multiplication by $\ell(x, \omega)$ in $L^2(\mu)$ and $H = 0$. Then (6) becomes

$$\ell(\phi)(x) = \int_\Omega |\ell(x, \omega)|^2 \{\phi(T(\omega)x) - \phi(x)\} dP(\omega) \quad (7)$$

and $\{j_t|_{L^\infty(\mu)}, t \geq 0\}$ is an Evans-Hudson flow describing a classical Markov flow with generator given by (7).

References

[1]. K.R. Parthasarathy : Realisation of a class of Markov processes through unitary evolutions in Fock space, Preprint, Indian Statistical Institute, Delhi (1990).

GENERALIZED HARMONIC OSCILLATORS IN QUANTUM PROBABILITY

by B.V. Rajarama Bhat and K.R.Parthasarathy

Indian Statistical Institute, Delhi Centre

7, S.J.S. Sansanwal Marg, New Delhi 110 016

Introduction.

By a *generalized harmonic oscillator* we mean a pair (H, X) of selfadjoint operators in a complex separable Hilbert space $\mathcal{H}$ satisfying

$$[H,[H,X]]u = c^2 Xu \quad \text{for all} \quad u \in \mathcal{D} \tag{1.1}$$

where $c^2 \geq 0$ is a constant and $\mathcal{D}$ is a dense linear manifold in $\mathcal{H}$. When H is fixed we say that X is *harmonic* with respect to H in the domain $\mathcal{D}$. Such a definition is motivated by the fact that in Heisenberg's picture of quantum dynamics with energy operator H the rate of change (or velocity) and the acceleration of the observable X are determined by the operators $i[H,X]$ and $-[H,[H,X]]$ respectively and (1.1) expresses the relation that in every pure state $u \in \mathcal{D}$ the mean acceleration of X is proportional to the mean value of X, the constant of proportionality being $-c^2 \leq 0$. In the present exposition we shall discuss several examples of generalized harmonic oscillators and establish the following : given any symmetric probability distribution μ on the real line satisfying the property that polynomials are dense in $L^2(\mu)$ there exists a generalized harmonic oscillator (H, X) and a unit vector u in a Hilbert space such that $Hu = 0$, the spectrum of H is contained in $\{0, 1, 2, \cdots\}$ and the probability distribution of X in the pure state u is μ. We shall also indicate situations when an arbitrary observable may be expressed as a superposition of harmonic observables with respect to a selfadjoint operator having pure point spectrum. Finally examples of quantum martingales are constructed in a boson Fock space for which the observable at time t is harmonic with respect to the conservation operator $\Lambda(t)$ for every t. These include fermion brownian motion, Azéma martingales and also martingales for which the distribution at time t in the vacuum state is a properly scaled Wigner distribution.

Examples of generalized harmonic oscillators.

We shall now present a few concrete examples of generalized harmonic oscillators and examine their properties.

Example 2.1. Let $\mathcal{H} = \mathbb{C}^2$ with the orthonormal basis $\{e_0, e_1\}$ where $e_0 = \begin{pmatrix}1\\0\end{pmatrix}$, $e_1 = \begin{pmatrix}0\\1\end{pmatrix}$. Define

$$\sigma_0 = \begin{pmatrix}1 & 0\\0 & 1\end{pmatrix}, \quad \sigma_1 = \begin{pmatrix}0 & 1\\1 & 0\end{pmatrix}, \quad \sigma_2 = \begin{pmatrix}0 & -i\\i & 0\end{pmatrix}, \quad \sigma_3 = \begin{pmatrix}1 & 0\\0 & -1\end{pmatrix}$$

where $\sigma_i, i = 1,2,3$ are the well known Pauli spin matrices. Then $[\sigma_3, [\sigma_3, \sigma_i]] = 4\sigma_i$ if $i = 1,2$ and $= 0$ otherwise. Thus σ_i is harmonic with respect to σ_3 for each i and any observable σ in $\mathcal{H}$ can be expressed as $\sigma = \sum_i x_i \sigma_i$ where x_i is a real scalar for each i. In the pure state e_0, σ_0 and σ_3 have degenerate distribution at 1 whereas σ_1 and σ_2 have Bernoulli distribution with equal probability for the values 1 and -1.

Example 2.2. Let $\mathcal{H}$ be a Hilbert space with orthonormal basis $\{e_0, e_1, e_2, \dots\}$. We adopt the convention that $e_n = 0$ whenever $n \geq \dim\mathcal{H}$. For any $u, v \in \mathcal{H}$ define the operator $|u><v|$ in Dirac's notation so that

$$|u><v|w = <v, w> u \quad \text{for all } w \text{ in } \mathcal{H}.$$

Let

$$N = \sum_j j\,|e_j><e_j|\,, \quad L = \sum_j |e_j><e_{j+1}|\,. \tag{2.1}$$

Denote by $\mathcal{D}$ the linear manifold generated by $e_0, e_1, \dots$. Then N is essentially selfadjoint on $\mathcal{D}$, $[N, L] = -L$ and $L^k = \sum_j |e_j><e_{j+k}|$. In particular, $L^k = 0$ for $k \geq \dim\mathcal{H}$. (Since $Le_0 = 0$, $Le_j = e_{j-1}$ for $1 \leq j < \dim\mathcal{H}$ we may call L and L^* the *standard annihilation* and *creation* operators respectively. N may be called the *number operator.*) We have the relations

$$L^*L = 1 - |e_0><e_0|\,, \ LL^* = 1 - |e_{n-1}><e_{n-1}| \quad \text{where } n = \dim\mathcal{H}, \tag{2.2}$$
$$N = \sum_{j \geq 1} L^{*j} L^j.$$

For any bounded complex valued function f on $\{0,1,2,\dots,\}$ define the bounded selfadjoint operator

$$X = f(N)L^k + L^{*k}\bar{f}(N)\,, \quad k \geq 0\,. \tag{2.3}$$

Then

$$[N, [N, X]]u = k^2 Xu\,, \quad u \in \mathcal{D}\,,$$

so that X is harmonic with respect to N on $\mathcal{D}$. When $\dim\mathcal{H} = \infty$, $f(j) = 1/2$ for all j and $k = 1$, $X = (L + L^*)/2$ is a harmonic observable with respect to N on $\mathcal{D}$ having the *standard Wigner distribution* with density function $\frac{2}{\pi}(1 - x^2)^{1/2}$ in the interval $[-1, 1]$ in the pure state e_0. This is easily shown by proving that $<e_0, X^n e_0> = 0$ if n is odd and $= 2^{-2k}(k+1)^{-1}\binom{2k}{k}$ when $n = 2k$ through a routine computation.

The boson annihilation operator a can be expressed as $a = (N+1)^{1/2}L$. Then

$$X = (N+1)^{1/2}L + L^*(N+1)^{1/2} \tag{2.4}$$

can be closed to an unbounded selfadjoint operator with $\mathcal{D}$ as a core and

$$[N, [N, X]]u = Xu\,, \quad u \in \mathcal{D}\,.$$

This is covered by (2.3) by putting $k = 1$, $\dim\mathcal{H} = \infty$ and allowing the unbounded function f with $f(j) = (j+1)^{1/2}$ for all j. In the pure state e_0, X has the standard normal distribution. In the pure state e_k the density function of X is $(2\pi)^{-1/2}q_k(x)^2 e^{-x^2/2}$ where q_k is a suitably normalised k-th degree Hermite polynomial.

Now consider an arbitrary operator X whose domain includes $\mathcal{D}$ and express it as $X = \sum_{i,j} x_{ij}|e_i><e_j|$ where $\sum_i |x_{ij}|^2 < \infty$ for each j. Define the functions

$$f_0(i) = x_{ii}\ ,\ f_k(i) = x_{ii+k}\ ,\ \tilde{f}_k(i) = x_{i+ki}$$

for all $i \geq 0$ where $x_{ii+k} = x_{i+ki} = 0$ whenever $i + k \geq \dim\mathcal{H}$. Then we have

(2.5) $$Xu = f_0(N)u + \sum_{k\geq 1}\{f_k(N)L^k + L^{*k}\tilde{f}_k(N)\}u\ , \quad u \in \mathcal{D}\ ,$$

(2.6) $$e^{itN}Xe^{-itN}u = f_0(N)u + \sum_{k\geq 1}\{e^{-itk}f_k(N)L^k + e^{itk}L^{*k}\tilde{f}_k(N)\}u\ , \quad u \in \mathcal{D}\ .$$

In particular, (2.6) implies that $f_0, f_k, \tilde{f}_k$ are determined by the identities :

$$f_0(N)u = \frac{1}{2\pi}\int_0^{2\pi} e^{itN}Xe^{-itN}u\,dt\ ,$$
$$f_k(N)L^k u = \frac{1}{2\pi}\int_0^{2\pi} e^{it(k+N)}Xe^{-itN}u\,dt\ ,$$
$$L^{*k}\tilde{f}_k(N)u = \frac{1}{2\pi}\int_0^{2\pi} e^{it(N-k)}Xe^{-itN}u\,dt\ .$$

for all $u \in \mathcal{D}$, where the right hand side integrals are in the strong sense. If X is symmetric on $\mathcal{D}$ then $\tilde{f}_k = \bar{f}_k$ and f_0 is real. If X is bounded

$$\max(\|f_0(N)\|, \|f_k(N)\|, \|\tilde{f}_k(N)\|) \leq \|X\| \quad \text{for all } k\ .$$

If X is Hilbert-Schmidt we have the "Plancherel identity"

(2.7) $$\operatorname{Tr} X^*X = \operatorname{Tr} |f_0|^2(N) + \sum_{k\geq 1} \operatorname{Tr} L^kL^{*k}(|f_k|^2 + |\tilde{f}_k|^2)(N)$$

where $L^kL^{*k} = 1$ if $\dim\mathcal{H} = \infty$.

When X is a bounded selfadjoint operator $\tilde{f}_k = \bar{f}_k$ in (2.5) and $X_k = f_k(N)L^k + L^{*k}\bar{f}_k(N)$ is a bounded selfadjoint operator. Thus (2.5) may be interpreted as follows : every bounded observable is a superposition of bounded observables harmonic with respect to N.

Example 2.3. Let H be any selfadjoint operator in a complex separable Hilbert space $\mathcal{H}$ with pure point spectrum S. Then S is a finite or countable subset of $\mathbb{R}$. Denote by G the countable additive group generated by S and endowed with the discrete topology. Let

$\hat{G}$ be its compact character group with the normalized Haar measure. For any bounded operator X on $\mathcal{H}$ and $\lambda \in G$ define the bounded operator

$$X_\lambda = \int_{\hat{G}} \chi(H)\overline{\chi}(\lambda) X \overline{\chi}(H) d\chi . \tag{2.8}$$

Let $\mu, \nu \in S$ and $u, v \in \mathcal{H}$ be such that $Hu = \mu u, Hv = \nu v$. Then

$$< u, X_\lambda v > = \{ \int_{\hat{G}} \chi(\mu - \nu - \lambda) d\chi \} < u, Xv > .$$

Thus

$$\begin{aligned} < u, X_\lambda v > &= < u, Xv > \quad \text{if } \lambda = \mu - \nu, \\ &= 0 \quad \text{if } \lambda \neq \mu - \nu. \end{aligned}$$

In other words, for any nonzero bounded operator X there exists a $\lambda \in S - S = \{\mu - \nu \,|\, \mu, \nu \in S\}$ such that $X_\lambda \neq 0$ and on the linear manifold $\mathcal{D}$ generated by all the eigenvectors of H

$$\begin{aligned} [H, [H, X_\lambda]] &= \lambda^2 X_\lambda , \\ Xu = X_0 u + &\sum_{\substack{\lambda > 0 \\ \lambda \in S - S}} (X_{-\lambda} + X_\lambda) u , \qquad u \in \mathcal{D} . \end{aligned}$$

If X is selfadjoint $(X_\lambda)^* = X_{-\lambda}$ and X is a "superposition" of bounded harmonic observables X_0 and $\{X_{-\lambda} + X_\lambda, \lambda \in S - S, \lambda > 0\}$ with respect to H. Whenever X, Y are Hilbert–Schmidt operators we have the analogue of (2.7):

$$\operatorname{Tr} X^* Y = \operatorname{Tr} X_0^* Y_0 + \sum_{\lambda \in S - S, \lambda > 0} \operatorname{Tr} X_\lambda^* Y_\lambda .$$

and $X = X_0 + \sum_{\lambda \in S - S, \lambda > 0} (X_\lambda + X_{-\lambda})$ converges in Hilbert-Schmidt norm.

Example 2.4. In contrast to the preceding examples where the energy operator H had pure point spectrum we may consider $\mathcal{H} = L^2(\mathbb{R})$, $H = p$, $X = \cos \alpha q$, $\alpha \in \mathbb{R}$ where p, q is a canonical Schrödinger pair satisfying $[q, p] = i$. Then $[p, [p, \cos \alpha q]] = \alpha^2 \cos \alpha q$ on the domain of smooth functions with compact support. Similarly $[p, [p, \sin \alpha q]] = \alpha^2 \sin \alpha q$. More generally one can construct examples of harmonic observables of the form $X = f(p) e^{i\alpha q} + e^{-i\alpha q} \overline{f}(p)$ where f is a sufficiently regular complex valued fucntion and hope to describe an arbitrary observable as a "continuous superposition" of such harmonic observables.

Harmonic observables with a prescribed distribution

Adopting the notations of Example 2.2 consider a selfadjoint operator Z in $\mathcal{H}$ whose restriction to the linear manifold $\mathcal{D}$ generated by an orthonormal basis has the form

$$Z = f(N) + g(N) L + L^* \overline{g}(N) \tag{3.1}$$

where f and g are functions defined on the set $\{0,1,2,...\}$, f is real and $|g(j)| > 0$ for all j. Define the projections

$$P_k = \sum_{j=0}^{k} |e_j >< e_j| , \qquad 0 \le k < \dim \mathcal{H}$$

with range $\mathcal{H}_k$ equal to the linear span of $\{e_0, e_1, \ldots, e_k\}$ and the operators

(3.2) $$A_{k+1} = P_k Z P_k \restriction_{\mathcal{H}_k} .$$

Consider the polynomials

(3.3) $$p_0(x) = 1 , \quad p_k(x) = \det(x - A_k) , \quad 1 \le k < \dim \mathcal{H} .$$

Inspired by the theory of orthogonal polynomials as expounded in [1] we shall establish the following theorem.

THEOREM 3.1. *The sequence $\{p_k, 0 \le k < \dim \mathcal{H}\}$ defined by (3.3) is also the sequence of monic orthogonal polynomials of the distribution of the observable Z in the pure state e_0.*

We reduce the proof to two elementary lemmas.

LEMMA 3.2. *The sequence $\{p_k\}$ obeys the following recurrence relations :*

$$p_0(x) = 1 , \quad p_1(x) = x - f(0) ,$$
$$p_k(x) = (x - f(k-1)) p_{k-1}(x) - |g(k-2)|^2 p_{k-2}(x) \quad \text{if } 2 \le k < \dim \mathcal{H}.$$

PROOF. In the orthonormal basis $\{e_0, e_1, \ldots e_{k-1}\}$ of the subspace $\mathcal{H}_{k-1}$ the operator A_k has the tridiagonal matrix representation

(3.4) $$A_k = \begin{pmatrix} f(0) & g(0) & 0 & 0 & \cdots & 0 \\ \overline{g(0)} & f(1) & g(1) & 0 & \cdots & 0 \\ 0 & \overline{g(1)} & f(2) & g(2) & \cdots & 0 \\ \cdots & \cdots & \cdots & \cdots & \cdots & \cdots \\ 0 & 0 & \cdots & \cdots & \cdots & g(k-2) \\ 0 & 0 & \cdots & \cdots & \overline{g(k-2)} & f(k-1) \end{pmatrix}$$

Expanding the determinant of $x - A_k$ by the last row we obtain the required relations immediately. ■

LEMMA 3.3. *The polynomials $\{p_k\}$ satisfy the following :*

(3.5) $$p_k(Z) e_0 = h(k) e_k \quad \text{for all } 0 \le k < \dim \mathcal{H}$$

where

(3.6) $$h(0) = 1 , \quad \overline{h(k)} = g(0) g(1) \cdots g(k-1) \quad \text{if } 1 \le k < \dim \mathcal{H}.$$

PROOF. We have trivially

$$p_0(Z) e_0 = e_0 , \quad p_1(Z) e_0 = (Z - f(0)) e_0 = \overline{g(0)} e_1 = h(1) e_1 .$$

For $k \geq 2$ we use induction. By Lemma 3.2, induction hypothesis and (3.1) we have

$$\begin{aligned} p_k(Z)e_0 &= (Z - f(k-1))p_{k-1}(Z)e_0 - |g(k-2)|^2 p_{k-2}(Z)e_0 \\ &= (Z - f(k-1))h(k-1)e_{k-1} - |g(k-2)|^2 h(k-2)e_{k-2} \\ &= g(k-2)h(k-1)e_{k-2} + \overline{g(k-1)}h(k-1)e_k - |g(k-2)|^2 h(k-2)e_{k-2} \\ &= \overline{g(k-1)}h(k-1)e_k = h(k)e_k . \end{aligned}$$

■

PROOF OF THEOREM 3.1. Let μ_0 be the probability distribution of Z in the pure state e_0. Lemma 3.2 implies that the coefficients of the polynomials p_k are all real and by Lemma 3.3

$$\begin{aligned} \int p_k(x)p_\ell(x)\,d\mu_0(x) &= \langle e_0\,, ,p_k(Z)p_\ell(Z)e_0 \rangle \\ &\langle p_k(Z)e_0\,, p_\ell(Z)e_0 \rangle \\ &= \langle h(k)e_k\,, h(\ell)e_\ell \rangle = |h(k)|^2 \delta_{k\ell} . \end{aligned}$$

Since $|h(k)| > 0$ for all $0 \leq k < \dim \mathcal{H}$ the required result follows. ■

COROLLARY 3.4. *Define the polynomials* $\{q_k\,, 0 \leq k < \dim \mathcal{H}\}$ *by*

$$q_k(x) = |h(k)|^{-1} p_k(x)$$

where p_k *and* $h(k)$ *are defined by (3.3) and (3.6). Let* μ_k *be the probability distribution of* Z *in the pure state* e_k *for each* $0 \leq k < \dim \mathcal{H}$. *Then* $\mu_k \ll \mu_0$ *and*

$$\frac{d\mu_k}{d\mu_0}(x) = q_k(x)^2 .$$

If $\dim \mathcal{H} = \infty$ *and* μ_0 *is determined uniquely by its moments then the distribution of the observable* A_k *defined by (3.2) in the pure state* e_0 *has its support in the set of zeros of* q_k *and converges weakly to* μ_0 *as* $k \to \infty$.

Proof. For any real t we have from Lemma 3.3

$$\begin{aligned} \langle e_k\,, e^{itZ}e_k \rangle &= \langle q_k(Z)e_0\,, e^{itZ}q_k(Z)e_0 \rangle \\ &= \langle e_0\,, e^{itZ}q_k(Z)^2 e_0 \rangle = \int e^{itx}q_k(x)^2\,d\mu_0 . \end{aligned}$$

This proves the first part. To prove the second part first observe that p_k is the characteristic polynomial of A_k for each k. Since $q_0, q_1, \ldots, q_{k-1}$ are the orthonormal polynomials for the distribution of A_k in the pure state e_0 as well as the first k orthonormal polynomials for the distribution μ_0 it follows that their first k moments are same. ■

Remark 1. Suppose in (3.1) we drop the hypothesis $|g(j)| > 0$ for all j. We can still define the sequence $\{p_k\}$ by (3.3) and obtain the recurrence relations of Lemma 3.2. From the proof of Theorem 3.1 and (3.6) we obtain

$$\int |p_k(x)|^2 d\mu_0(x) = |h(k)|^2 = \prod_{j=0}^{k-1} |g(j)|^2 .$$

If $k = \min\{j : g(j) = 0\}$ then it follows that the polynomials $1, x, x^2, \ldots, x^{k-1}$ are linearly independent and $\{p_0, p_1, \ldots, p_{k-1}\}$ is an orthogonal basis of $L^2(\mu_0)$.

Remark 2. Let $\dim \mathcal{H} = n < \infty$ and let the observable Z be defined by (3.1) with $g(j) > 0$ for all $0 \leq j \leq n-1$. Translating the recurrence relations of Lemma 3.2 in terms of the normalized polynomials $\{q_k\}$ in Corollary 3.4 we obtain

$$(Z - x) \sum_{j=0}^{n-1} q_j(x) e_j = g(n-1) q_n(x) e_{n-1} \, .$$

If $x_0, x_1, \ldots, x_{n-1}$ is an enumeration of the zeros of q_n then

$$\tilde{e}_j = \frac{\sum_{r=0}^{n-1} q_r(x_j) e_r}{\left(\sum_{r=0}^{n-1} q_r(x_j)^2\right)^{1/2}}, \qquad 0 \leq j \leq n-1$$

is a unit eigenvector of Z for the eigenvalue x_j. In particular, the observable Z assumes the values $x_0, x_1, \ldots, x_{n-1}$ with respective probabilities

$$p_{ij} = \frac{q_i(x_j)^2}{\sum_{r=0}^{n-1} q_r(x_j)^2}, \qquad 0 \leq j \leq n-1$$

in the pure state e_i for each $i = 0, 1, 2, \ldots, n-1$. It is to be noted that $((p_{ij}))$ is a doubly stochastic matrix. In this remark we have used the fact that the roots $x_0, x_1, \ldots, x_{n-1}$ of $q_n(x)$ are distinct.

Remark 3. From the table of orthogonal polynomials as presented in [1] it is possible to determine the functions f and g in (3.1) so that the corresponding observable Z has some of the well known probability distributions. We shall present a few examples :

(1) Let $f(j) = 0$, $g(j) = \frac{1}{2}$ for all j so that $Z = (L + L^*)/2$. As remarked in Example 2.2, Z has standard Wigner distribution in the pure state e_0 whenever $\dim \mathcal{H} = \infty$. Then its density function in the pure state e_k is $\frac{2}{\pi} q_k(x)^2 (1 - x^2)^{1/2}$ in the interval $[-1, 1]$ where $\{q_k, k \geq 0\}$ is the sequence of Chebyshev's polynomials of the second kind :

$$q_k(x) = \frac{\sin((k+1) \operatorname{Arc} \cos x)}{\sin(\operatorname{Arc} \cos x)} \, .$$

Suppose $\dim \mathcal{H} = n$. By the discussion in Remark 2 and the fact that the zeros of q_n are $\{\cos \frac{j+1}{n+1}\pi, \ j = 0, 1, \ldots, n-1\}$ it follows that the observable Z assumes the value $\cos \frac{j+1}{n+1}\pi$ with probability

$$p_{ij} = \frac{1 - \cos \frac{2(i+1)(j+1)}{n+1}\pi}{n+1}, \qquad j = 0, 1, 2, \ldots, n-1$$

in the pure state e_i for each $i = 0, 1, 2, \ldots, n-1$. It is curious that $((p_{ij}))$ is a symmetric matrix.

(2) Let $\dim \mathcal{H} = \infty$, $f(j) = 0$, $g(0) = 2^{-1/2}$, $g(j) = 1/2$ for all $j \geq 1$. Then the distribution of Z in the pure state e_0 is the symmetric Arcsin law with density function $\pi^{-1}(1-x^2)^{-1/2}$ in the interval $(-1, 1)$. In the pure state e_k, Z has the density function $\pi^{-1} q_k(x)^2 (1-x^2)^{-1/2}$ where $\{q_k, k \geq 0\}$ is the sequence of Chebyshev's polynomials of the first kind :

$$q_0 = 1\,,\; q_k(x) = \sqrt{2}\cos(k \operatorname{Arc}\cos x)\,, \quad k \geq 1\,,\; |x| \leq 1\,.$$

(3) Let $\dim \mathcal{H} = \infty$, $f(j) = 2j + \alpha$, $g(j) = \{(j+1)(j+\alpha)\}^{1/2}$ for all j where $\alpha > 0$ is a constant. Then Z has Gamma distribution in the interval $(0, \infty)$ with density function $\Gamma(\alpha)^{-1} x^{\alpha-1} e^{-x}$. In the pure state e_k the density function of Z is $\Gamma(\alpha)^{-1} q_k(x)^2 x^{\alpha-1} e^{-x}$ in $(0, \infty)$ where $\{q_k, k \geq 0\}$ are the Laguerre polynomials :

$$q_k(x) = \left\{ \frac{\Gamma(\alpha)\Gamma(k+1)}{\Gamma(\alpha+k+1)} \right\}^{1/2} L_k^{\alpha}(x)\,, \qquad k \geq 1$$

where $\{L_k^{\alpha}, k \geq 0\}$ is determined by the generating fucntion

$$\sum_{k=0}^{\infty} L_k^{\alpha}(x) w^k = (1-w)^{-\alpha} \exp\left(-\frac{xw}{1-w}\right).$$

The binomial, Poisson, normal and Beta distributions along with their Krawtchuk, Charlier, Hermite and Jacobi orthogonal polynomials can be similarly realised through the observable Z in (3.1) by an appropriate choice of f and g using the extensive table in [1].

THEOREM 3.5. *Let μ be a probability distribution on the real line with moments of all order and satisfying the condition that the linear manifold $\mathcal{D}$ of all polynomials is dense in $L^2(\mu)$. Suppose Z is the selfadjoint operator of multiplication by x, i.e., $(Zu)(x) = xu(x)$ with maximal domain. Then there exist an orthonormal basis $\{q_k, 0 \leq k < \dim L^2(\mu)\}$ of polynomials and real sequences $\{f(k), g(k) \mid 0 \leq k < \dim L^2(\mu)\}$ satisfying the following :*

(i) $q_0 = 1$, $\deg q_k = k$, $g(k) > 0$ for every k ;

(ii) $Zu = \{f(N) + g(N)L + L^* g(N)\}u$ for all $u \in \mathcal{D}$,

where N and L are the number and standard annihilation operators defined by

$$N = \sum_k k\,|q_k><q_k|\,,\; L = \sum_{k=0}^{\dim L^2(\mu)-1} |q_k><q_{k+1}|$$

respectively.

Proof. First observe that the sequence $\{x^k, 0 \leq k < \dim L^2(\mu)\}$ is linearly independent in $L^2(\mu)$. By applying the Gram-Schmidt process on this sequence construct an orthonormal basis $\{q_k, 0 \leq k < \dim L^2(\mu)\}$ of real polynomials with $q_0 = 1$. Since $xq_k(x)$ is in the linear span of $q_0, q_1, \ldots, q_{k+1}$ it follows that $< q_m, Zq_k > = 0$ for $m \geq k+2$. For $k \geq m+2$ we have $< q_m, Zq_k > = < \overline{q_k, Zq_m} > = 0$. Combining both we conclude

$$< q_m, Zq_k > = 0 \quad \text{if} \quad |m-k| \geq 2$$

In other words, in the orthonormal basis $\{q_k\}$ the matrix of Z has the tri-diagonal form

$$\begin{pmatrix} \underline{f(0)} & g(0) & 0 & 0 & 0 & 0 & \ldots \\ g(0) & \underline{f(1)} & g(1) & 0 & 0 & 0 & \ldots \\ 0 & g(1) & \underline{f(2)} & g(2) & 0 & 0 & \ldots \\ 0 & 0 & g(2) & f(3) & g(3) & 0 & \ldots \\ \ldots & \ldots & \ldots & \ldots & \ldots & \ldots & \ldots \end{pmatrix}$$

where $f(k) = < q_k, Zq_k >$, $g(k) = < q_k, Zq_{k+1} >$ for each k. By Remark 1 after the proof of corollary 3.4, $g(k) \neq 0$ for $k < \dim L^2(\mu)$. If $g(k) < 0$ change q_{k+1} to $-q_{k+1}$. This can be done successively to ensure that $g(k) > 0$ for all $0 \leq k < \dim L^2(\mu)$. This shows that Z satisfies the required properties. ∎

COROLLARY 3.6. *In Theorem 3.5 suppose that μ is a symmetric probability distribution. Then the function f can be chosen to be identically 0.*

PROOF. The symmetry of μ implies that the odd moments of μ vanish. Thus $L^2(\mu) = S_+ \oplus S_-$ where S_+ and S_- are respectively the closed subspaces spanned by $\{x^{2j}, j = 0, 1, 2, \ldots\}$ and $\{x^{2j+1}, j = 0, 1, 2, \ldots\}$. Thus the polynomials q_k of Theorem 3.5 satisfy : $q_k \in S_\pm$ according as k is even or odd. In particular, $xq_k(x)$ is orthogonal to $q_k(x)$ in $L^2(\mu)$ and hence $f(k) = < q_k, Zq_k > = 0$ for all k. ∎

COROLLARY 3.7. *Let μ be any symmetric probability distribution on the real line with moments of all order. Suppose that the set of all polynomials is dense in $L^2(\mu)$. Then there exists an orthonormal basis $\{e_0, e_1, e_2, \ldots\}$ and a selfadjoint operator X in $L^2(\mu)$ satisfying the following :*

(i) *e_j belongs to the domain of X for each j ;*

(ii) *X is harmonic with respect to the number operator $N = \sum_j j|e_j >< e_j|$ in the linear manifold $\mathcal{D}$ generated by $\{e_0, e_1, \ldots\}$;*

(iii) *The distribution of X in the pure state e_0 is μ.*

PROOF. This is immediate from Theorem 3.5, Corollary 3.6 and the relation

$$[N, [N, g(N)L + L^* g(N)]] = g(N)L + L^* g(N)$$

on the domain $\mathcal{D}$, where $L = \sum_j |e_j >< e_{j+1}|$. ∎

Examples of processes satisfying harmonic property

We begin with a heuristic argument. Consider two commuting selfadjoint operators H, K in a Hilbert space h. Let $\lambda(H), \lambda(K)$ be their respective differential second quantizations in the boson Fock space $\mathcal{H} = \Gamma(h)$ defined by $\Gamma(e^{itH}) = e^{it\lambda(H)}$ for all $t \in \mathbb{R}$. For any

$u \in h$ let $a(u), a^{\dagger}(u)$ be the associated annihilation and creation operators in $\mathcal{H}$. Define $X = \lambda(K)a(u) + a^{\dagger}(u)\lambda(K)$. If $Hu = cu$ for some scalar c we have the commutation relations : $[\lambda(H), X] = -c\lambda(K)a(u) + ca^{\dagger}(u)\lambda(K)$ and $[\lambda(H), [\lambda(H), X]] = c^2 X$. By imposing suitable domain restrictions on H and K it is possible to construct many examples of generalised harmonic oscillators of the form $(\lambda(H), X)$. A slightly modified form of this construction reveals the harmonic property of many processes in Fock space with respect to the conservation process. We follow the methods of quantum stochastic calculus as described in [4], [5], [7]. Consider $\mathcal{H} = \Gamma(L^2(\mathbb{R}_+))$, the boson Fock space over $L^2(\mathbb{R}_+)$ and the creation, conservation and annihilation processes $A^{\dagger}, \Lambda$ and A respectively. Let $\{X(t), t \geq 0\}$ be an adapted family of selfadjoint operators satisfying

$$dX = E\,dA + E^{\dagger}dA^{\dagger}$$

where $(E,\, E^{\dagger})$ is a pair of adapted processes adjoint to each other on a suitable domain of exponential vectors and satisfying $[\Lambda(t),\, E(t)] = 0$. From quantum Ito's formula it follows that $[\Lambda(t),\, [\Lambda(t), X(t)]] = X(t)$ modulo domain considerations. As a consequence of this heuristic discussion we have the following examples.

Example 4.1. Let $F, F^{\dagger}$ be the fermion annihilation and creation processes in $\Gamma(L^2(\mathbb{R}_+))$ satisfying

$$dF = J\,dA\,, \quad dF^{\dagger} = J\,dA^{\dagger}$$

where J is the reflection process [2]. Then $(\Lambda(t), F(t) + F^{\dagger}(t))$ is a generalised harmonic oscillator in the linear manifold generated by all exponential vectors.

Example 4.2. Let $-1 \leq c < 1$ be any constant. Following [6] consider the Azéma martingale $\{X_c(t)\}$ obeying the stochastic differential equation

$$dX_c = (c-1)\,X_c\,d\Lambda + dA + dA^{\dagger}\,, \quad X_c(0) = 0\,.$$

This is not a process of the form described earlier but it once again follows from quantum Ito's formula that

$$[\Lambda(t),\, [\Lambda(t), X_c(t)]] = X_c(t)$$

on a dense linear manifold generated by vectors of the exponential type.

Using Maassen's kernel formalism [3], [4] in Guichardet's version of Fock space we shall now prove a lemma and use it to exhibit some examples of quantum martingales with the harmonic property. To this end consider a standard, totally finite and non-atomic measure space $(S, \mathcal{F}, m)$ and the associated Guichardet space $\Gamma_S = \{\sigma : \sigma \subset S, \#\sigma < \infty\}$ with its symmetric measure constructed from m, integration with respect to which being indicated by $d\sigma$ and $\#\sigma$ denoting cardinality of σ. Consider the annihilation, conservation and reation operators in $L^2(\Gamma_S)$ defined by

$$\{a(u)f\}(\sigma) = \int \bar{u}(s) f(\sigma \cup s)\, dm(s)\,,$$
$$\{\lambda(\varphi)f\}(\sigma) = \{\sum_{s\in\sigma} \varphi(s)\} f(\sigma)\,,$$
$$\{a^\dagger(u)f\}(\sigma) = \sum_{s\in\sigma} u(s) f(\sigma \setminus s)$$

where $u \in L^2(m)$, $\varphi \in L_\infty(m)$.

LEMMA 4.3. *Let $u \in L^2(m)$ and let ψ be a function on the set $\{0,1,2,\dots\}$ satisfying* $\sup_n n^{1/2}|\psi(n)| < \infty$. *Then the closure of the operator $a^\dagger(u)\psi(\lambda(1))$ is bounded.*

PROOF. Put $B = a^\dagger(u)\psi(\lambda(1))$. Then

$$\begin{aligned}(Bf)(\sigma) &= \sum_{s\in\sigma} u(s) f(\sigma\setminus s)\psi(\#(\sigma\setminus s)) \\ &= \psi(\#\sigma - 1) \sum_{s\in\sigma} u(s) f(\sigma\setminus s) \quad \text{if } \sigma \neq \varphi, \\ &= 0 \quad \text{if } \sigma = \varphi.\end{aligned}$$

By the sum-integral formula for integration with respect to $d\sigma$ we have

$$\begin{aligned}(4.1)\qquad \|Bf\|^2 &= \int_{\sigma\neq\varphi} \sum_{s\in\sigma} |\psi(\#\sigma-1)|^2 |u(s)|^2 |f(\sigma\setminus s)|^2 d\sigma \\ &+ \int_{\#\sigma\geq 2} |\psi(\#\sigma-1)|^2 \sum_{s_1,s_2\in\sigma,\, s_1\neq s_2} \bar{u}(s_1)\bar{f}(\sigma\setminus s_1) u(s_2) f(\sigma\setminus s_2)\, d\sigma \\ &= \int |\psi(\#\sigma)|^2 |u(s)|^2 |f(\sigma)|^2 d\sigma\, dm(s) \\ &+ \int |\psi(\#\sigma+1)|^2 \bar{u}(s_1)\bar{f}(\sigma\cup s_2) u(s_2) f(\sigma\cup s_1)\, d\sigma\, dm(s_1)\, dm(s_2)\end{aligned}$$

The second term on the right hand side of (4.1) is equal to

$$\begin{aligned}(4.2)\qquad &\int \Big| \int \bar{u}(s) f(\sigma\cup s)\, dm(s)\Big|^2 |\psi(\#\sigma+1)|^2 d\sigma \\ &\leq \Big(\int |u(s)|^2 dm(s)\Big) \int |f(\sigma\cup s)|^2 |\psi(\#\sigma+1)|^2 d\sigma\, dm(s) \\ &= \|u\|^2 \int \sum_{s\in\delta} |f(\delta)|^2 |\psi(\#\delta)|^2 d\delta \\ &= \|u\|^2 \int \#\delta\, |\psi(\#\delta)|^2 |f(\delta)|^2 d\delta\,.\end{aligned}$$

Combining (4.1) and (4.2) we have for any f in the domain of B

$$\|Bf\|^2 \leq \{\sup_n (n+1)|\psi(n)|^2\} \|u\|^2 \|f\|^2\,. \qquad \blacksquare$$

COROLLARY 4.4. *Let ψ be any function on $\{0,1,2,\ldots\}$ such that*

$$\sup_n n^{1/2}\,|\psi(n)| < \infty\,.$$

Define

$$X(t) = \{\bar{\psi}(\Lambda(t))\,A(t) + A^\dagger(t)\,\psi(\Lambda(t))\}^\sim$$

in $\Gamma(L^2(\mathbb{R}_+))$ where $A^\dagger$, Λ, A are the boson creation, conservation and annihilation processes and $\sim$ denotes closure. Then $\{X(t), t \geq 0\}$ is a quantum martingale of bounded selfadjoint operators in the standard Fock filtration. Furthermore $(\Lambda(t), X(t))$ is a generalised harmonic oscillator on the linear manifold generated by exponential vectors for every t.

PROOF. By considering $X(t)$ as an operator in $L^2(\Gamma_S)$ where S is the interval $[0,t]$ with Lebesgue measure and putting $u(s) \equiv 1$ it follows from Lemma 4.3 that

$$\|X(t)\| \leq \sqrt{t}\,\sup_n (n+1)^{1/2}\,|\psi(n)| \quad \text{for all} \quad t \geq 0\,.$$

Since $(A^\dagger, \Lambda, A)$ is the correct Wick ordering so that $dA^\dagger d\Lambda = dA^\dagger dA = d\Lambda dA = 0$ it follows that $(X(t))_{t\geq 0}$ obeys the martingale property. ∎

Remark. In Corollary 4.4 the probability distribution of $t^{-1/2}X(t)$ in the vacuum state is also the probability distribution of the bounded operator

$$Z = \bar{\psi}(N+1)(N+1)^{1/2}\,L + L^*\psi(N+1)(N+1)^{1/2}$$

in the pure state e_0 where N, L, e_0 are as in Example 2.2 with the dimension of the underlying Hilbert space $\mathcal{H}$ being infinite. In particular,

$$X(t) = \frac{1}{2}\{(\Lambda(t)+1)^{-1/2}A(t) + A^\dagger(t)(\Lambda(t)+1)^{-1/2}\}^\sim$$

is a quantum martingale of bounded selfadjoint operators where $t^{-1/2}X(t)$ has standard Wigner distribution in $[-1,1]$ for all $t > 0$. Indeed, this is immediate by putting $L(t) = \{(\Lambda(t)+1)^{-1/2}A(t)\}^\sim$, $L^*(t) = A^\dagger(t)(\Lambda(t)+1)^{-1/2}$ and observing that $L_tL_t^* = t$, $[\Lambda(t), L(t)] = -L(t)$ for all t. In this construction $X(t)$ is a noncommutative martingale. It will be interesting to construct a commutative version.

REFERENCES

[1] T.S. Chihara : An Introduction to Orthogonal Polynomials, Gordon and Breach, New York 1978.

[2] R.L. Hudson and K.R. Parthasarathy : Unification of fermion and boson stochastic calculus, Comm. Math. Phys. 104 (1986) 457-470.

[3] H. Maassen : Quantum Markov processes on Fock space described by integral kernels, p. 361-374 in Lecture Notes in Math. 1136 (1985), Springer, Berlin.

[4] P.A. Meyer : Eléments de probabilités quantiques (exposés I-X) in Séminaire de Probabilités, Strasbourg, Lecture Notes in Math 1204 (1986), 1247 (1987), 1321 (1988) Springer, Berlin.

[5] P.A. Meyer : Fock Spaces in Classical and Noncummutative Probability, Chapters 1-IV, Publication de l'Institut de Recherche Mathématique Avancée, Strasbourg 1989.

[6] K.R. Parthasarathy : Azéma martingales and quantum stochastic calculus, I.S.I. preprint 1988, to appear in the proceedings of Conference held in memory of R.C. Bose, Delhi, 1988.

[7] K.R. Parthasarathy : I.S.I. Lectures on Quantum Stochastic Calculus, New Delhi 1988 (mimeographed notes)

APPLICATION DU "BÉBÉ FOCK" AU MODÈLE D'ISING

par P.A. Meyer

Le calcul exact de la fonction de partition du modèle d'Ising à deux dimensions est un tour de force mathématique dû à Onsager (Phys. Rev. 65, 1944). Une version améliorée et très simplifiée a été donnée par Bruria Kaufman (Phys. Rev. 76, 1949). Ici je me suis beaucoup servi d'exposés de D. Bennequin à Strasbourg.

Cet exposé (fait au petit séminaire de probabilités quantiques de Paris VI) n'apprendra rien au lecteur au sujet du modèle d'Ising lui même, ou des transitions de phase. J'ai seulement cherché à étudier la manière dont la transformation de Jordan–Wigner, c'est à dire le passage des bosons discrets aux fermions discrets (sur le "bébé Fock" longuement étudié dans les volumes précédents) permet de se tirer d'un calcul de valeurs propres qui autrement serait inextricable.

Le problème. On considère un réseau rectangulaire avec n colonnes et m lignes. En chaque site est placé un spin classique, pouvant prendre les valeurs ± 1. On obtient ainsi une "configuration" σ, dont l'énergie est définie (à une constante additive près) par

$$H(\sigma) = u \sum_{ij} \sigma_i^j \sigma_{i+1}^j + v \sum_{ij} \sigma_i^j \sigma_i^{j+1}$$

où u et v sont deux constantes négatives (l'énergie est plus petite si les spins sont alignés). On convient d'enrouler la configuration sur un tore : $\sigma_i^{m+1} = \sigma_i^1$ et $\sigma_{n+1}^j = \sigma_1^j$, en espérant que l'"effet de bord" disparaîtra quand on passera au continu.

Sur l'ensemble des configurations, on est amené (suivant les règles de la mécanique statistique) à introduire la loi qui attribue à chaque configuration σ la probabilité $\frac{1}{Z} e^{-H(\sigma)/kT}$. La quantité que l'on veut calculer est Z, c'est à dire après un changement de notation, où l'on considère une configuration σ comme un ensemble de m lignes, qui sont des trajectoires possibles ω_j d'un jeu de Bernoulli à n coups

$$Z = \sum_{\omega_1,\ldots,\omega_m} e^{\lambda \sum_{ij} \omega_j(i)\omega_j(i+1) + \beta \sum_{ij} \omega_j(i)\omega_{j+1}(i)}$$

où cette fois les deux constantes sont positives. La notation λ est provisoire.

Calculs préliminaires sur le "bébé Fock". Soit Ω l'espace probabilisé des parties de pile ou face de longueur n. Le bébé Fock est l'espace de Hilbert $\Gamma = L^2(\Omega)$, réel ou bien complexe, muni d'une conjugaison naturelle. La dimension de Γ est donc 2^n. Comme l'espace probabilisé Ω est un produit de n espaces de Bernoulli élémentaires isomorphes à $\mathbb{C}^2$, Γ est isomorphe à $(\mathbb{C}^2)^{\otimes n}$. Nous désignons par $\sigma_x, \sigma_y, \sigma_z$ les trois matrices de Pauli;

celles ci peuvent opérer sur chaque facteur du produit tensoriel, ce qui permet de définir en chaque "site" $k = 1, \ldots, n$ les opérateurs $\sigma_x(k) \ldots$ sur Γ.

Chaque espace de Bernoulli $\mathbb{C}^2$ a une base notée e_+, e_-, et la base correspondante du produit tensoriel Γ est indexée par tous les systèmes possibles de n signes $\pm$, c'est à dire par les trajectoires ω de pile ou face. Notons en passant que les éléments de base comportant un nombre pair (impair) de signes $-$ engendrent le sous-espace pair Γ_+ (impair Γ_-), de dimension 2^{n-1}, les deux sous espaces propres de *l'opérateur de parité* $P = \sigma_z \otimes \ldots \otimes \sigma_z$.

Introduisons les deux matrices **A** et **B** suivantes (la seconde est diagonale)

$$a_\omega^{\omega'} = e^{\lambda \sum_i \omega(i)\omega'(i)} \quad ; \quad b_\omega^{\omega'} = \delta_\omega^{\omega'} e^{\beta \sum_i \omega(i)\omega'(i+1)} .$$

On va partir de la relation (évidente si l'on prend la peine d'écrire ce qu'est la trace d'un produit)

$$Z = \operatorname{Tr}((\mathbf{AB})^m) .$$

Donc en principe "il suffit" de calculer les 2^n valeurs propres ξ_α de la matrice $\mathbf{AB}$, et alors $Z = \sum_\alpha \xi_\alpha^m$. La méthode va consister d'abord à exprimer **A** et **B** au moyen de produits tensoriels de matrices de Pauli (calculs sur le bébé Fock commutatif), puis à passer au bébé Fock anticommutatif (transformation de Jordan–Wigner), puis à ramener au moyen de la théorie des matrices de spin le calcul des 2^n valeurs propres à celui des $2n$ valeurs propres d'une rotation dans un espace à $2n$ dimensions — calcul lui même non trivial, mais faisable.

Nous verrons plus loin que **A** est autoadjointe > 0 (sur Γ considéré comme espace de Hilbert complexe). Il sera utile de remarquer que, pour une telle matrice **A**, les valeurs propres de $\mathbf{AB}$ sont les mêmes que celles de $\mathbf{A}^{-1/2}(\mathbf{AB})\mathbf{A}^{1/2} = \mathbf{A}^{1/2}\mathbf{B}\mathbf{A}^{1/2}$, et d'ailleurs on a une relation simple entre les vecteurs propres des deux matrices.

Expression de **B**. On considère la matrice de Pauli $\sigma_z = \begin{pmatrix} 1 & 0 \\ 0 & -1 \end{pmatrix}$ et on remarque

$$\sigma_z(k)\omega = \pm\omega \quad \text{si} \quad \omega(k) = \pm 1$$

et donc $\sigma_z(k)\sigma_z(k+1)\omega = \omega$ si $\omega(k) = \omega(k+1)$, et $-\omega$ sinon. On en déduit

(1) $$\mathbf{B} = e^{\beta \sum_j \sigma_z(j)\sigma_z(j+1)} .$$

C'est une matrice réelle symétrique inversible.

Expression de **A**. La matrice **A** est un produit tensoriel $W \otimes \ldots \otimes W$, où W est la matrice 2×2 (dans la base naturelle e_+, e_- du jeu de Bernoulli)

$$W e_+ = e^\lambda e_+ + e^{-\lambda} e_- \ , \ W e_- = e^{-\lambda} e_+ + e^\lambda e_- .$$

Soit σ_x la matrice de Pauli $\begin{pmatrix} 0 & 1 \\ 1 & 0 \end{pmatrix}$. Alors la matrice $W' = \rho e^{\alpha\sigma_x}$ vaut

$$W' e_+ = \rho \operatorname{Ch} \alpha e_+ + \rho \operatorname{Sh} \alpha e_- \ , \ W e_- = \rho \operatorname{Sh} \alpha e_+ + \rho \operatorname{Ch} \alpha e_- .$$

On a donc $W' = W$ à condition que

(2) $$\operatorname{Th}\alpha = e^{-2\lambda}\ , \ \rho = (2\operatorname{Sh}2\lambda)^{1/2}\ .$$

Ceci étant fait, on a

(3) $$\mathbf{A} = \rho^n e^{\alpha\sum_j \sigma_z(j)}\ .$$

C'est aussi une matrice réelle symétrique inversible.

Conventions. Afin de retrouver la transformation de Jordan–Wigner sous sa forme habituelle, nous allons dans la suite des calculs *échanger les matrices* σ_x *et* σ_z dans les expressions (1) et (3), ce qui revient à tout conjuguer par un automorphisme réel de Γ et ne modifie pas les valeurs propres.

Nous allons simplifier les notations pour les matrices de Pauli, en les écrivant x, y, z. Enfin, nous oublierons désormais le facteur scalaire ρ^n de la matrice $\mathbf{A}$. Celui-ci n'intervient que dans le calcul final de limite thermodynamique.

Fermionisation. On introduit maintenant des opérateurs de fermions. On considère les $2n$ matrices de Dirac suivantes (matrices de carré $\mathbf{I}$ qui anticommutent); on pourra aussi les noter γ_i, avec $1 \le i \le p = 2n$)

$$X_1 = x\otimes\mathbf{I}\otimes\mathbf{I}\ldots,\quad Y_1 = y\otimes\mathbf{I}\otimes\mathbf{I}\ldots$$
$$X_2 = z\otimes x\otimes\mathbf{I}\otimes\mathbf{I}\ldots,\quad Y_2 = z\otimes y\otimes\mathbf{I}\otimes\mathbf{I}\ldots$$
$$X_3 = z\otimes z\otimes x\otimes\mathbf{I}\otimes\mathbf{I}\ldots,\quad Y_2 = z\otimes z\otimes y\otimes\mathbf{I}\otimes\mathbf{I}\ldots \textit{etc.}$$

On a alors, comme $xy = iz$

$$X_1Y_1 = iz\otimes\mathbf{I}\otimes\mathbf{I}\ldots\ ,\ X_2Y_2 = \mathbf{I}\otimes iz\otimes\mathbf{I}\ldots\ ,$$

donc (3) devient (en tenant compte de l'échange entre x et z et de la disparition du facteur scalaire)

(4) $$\mathbf{A} = e^{-i\alpha\sum_j X_jY_j}\ .$$

Les n produits X_iY_j commutent. On peut remarquer que les X_k sont réelles symétriques (autoadjointes), les iY_k sont réelles antisymétriques (les Y_k sont autoadjointes), et les produits iX_jY_k sont réels symétriques (complexes autoadjoints) de carré $\mathbf{I}$.

Passons à $\mathbf{B}$. Comme $yz = ix$ on a

$$Y_1X_2 = ix\otimes x\otimes\mathbf{I}\ldots = i\sigma_x(1)\sigma_x(2)\,,\ Y_2X_3 = \mathbf{I}\otimes ix\otimes x\otimes\mathbf{I}\ldots = i\sigma_x(2)\sigma_x(3)\ldots$$

donc d'après (1) (avec remplacement de z par x) on a *presque*

$$\mathbf{B} = e^{\beta\sum_j\sigma_x(j)\sigma_x(j+1)} = e^{-i\beta\sum_j Y_jX_{j+1}}$$

car il y a une différence dans le dernier terme : Y_nX_1 vaut

$$iy\otimes z\otimes z\ldots\otimes z\otimes y \quad \text{au lieu de} \quad i\otimes x\otimes\mathbf{I}\ldots\otimes\mathbf{I}\otimes x\ .$$

Pour rétablir la valeur correcte il faut remplacer Y_nX_1 par $-Y_nX_1P$ où $P = z\otimes z\ldots\otimes z$ est la *parité* (cet opérateur est aussi égal à $(-i)^n X_1Y_1\ldots X_nY_n$, le produit de toutes les "matrices de Dirac"). Il va falloir se débarrasser de cette désagréable singularité. On remarque que les produits X_jY_j et Y_jX_{j+1} laissent fixes les deux espaces $\Gamma_\pm$, et il en est de même de **A** et **B**. Introduisons les deux matrices

$$\mathbf{B}_+ = e^{-i\beta\sum_{j=1}^{n-1} Y_jX_{j+1}+i\beta Y_nX_1} \quad ; \quad \mathbf{B}_- = e^{-i\beta\sum_{j=1}^{n} Y_jX_{j+1}} \quad ;$$

nous avons alors $\mathbf{B} = \mathbf{B}_\pm$ sur $\Gamma_\pm$. Les deux matrices ainsi obtenues n'ont plus de terme singulier, mais il faudra prendre garde à séparer leurs vecteurs propres pairs et impairs (*i.e.* dans Γ_+ et Γ_-).

Spineurs Nous allons présenter sommairement l'essentiel de la théorie des matrices de spin. Cette présentation n'indique pas certaines subtilités commodes pour traiter le groupe orthogonal en dimension impaire (par exemple, nous ne "tordons" pas les automorphismes intérieurs).

Nous appellerons "premier chaos" $\mathcal{C}_1$ l'ensemble des combinaisons linéaires complexes des matrices de Dirac $\gamma_k = X_k$, $\gamma_{n+k} = Y_k$. Les produits de 2, de 3... matrices de Dirac distinctes engendrent le second, le troisième... chaos, et quand on a atteint au niveau $2n$ le produit de toutes les matrices de Dirac on a construit une base de l'espace des opérateurs sur Γ.

Le premier chaos est muni d'une forme bilinéaire complexe naturelle (U,V), donnée par l'anticommutateur $\{U,V\} = UV + VU = 2(U,V)\mathbf{I}$. Nous étendons alors le sens du mot "matrice de Dirac" en appelant ainsi tout élément γ du premier chaos tel que $\gamma^2 = \mathbf{I}$. On peut remarquer que les matrices de Dirac X_i, Y_j sont autoadjointes en tant qu'opérateurs sur Γ : donc le premier chaos est stable par passage à l'adjoint, et admet aussi une structure hermitienne.

Etant donné un opérateur linéaire inversible R sur Γ, on dira que R appartient au *groupe de Clifford* G si l'automorphisme intérieur $\mathcal{I}_R = R^{-1} \bullet R$ préserve le premier chaos $\mathcal{C}_1$. On désigne alors par $\mathcal{O}(R)$ la transformation linéaire induite sur $\mathcal{C}_1$. Il est clair que G est bien un groupe. Les deux remarques suivantes sont évidentes

— Comme l'automorphisme intérieur préserve l'anticommutateur $\{\cdot,\cdot\}$ sur $\mathcal{C}_1$, il préserve aussi la forme bilinéaire, donc $\mathcal{O}(R)$ est une *transformation orthogonale complexe* sur $\mathcal{C}_1$. Pour faire court, on appellera ces transformations des *rotations*.

— Si l'on connaît $\mathcal{O}(R)$, on connaît aussi $\mathcal{I}_R$ puisque $\mathcal{C}_1$ engendre toute l'algèbre. Sachant que $\mathcal{I}_A = I$ si et seulement si A est un multiple scalaire de l'identité, on voit que $\mathcal{I}_R$ détermine R à un facteur scalaire près.

EXEMPLE. Soit $R = \gamma$ une matrice de Dirac ($\gamma \in \mathcal{C}_1$, $\gamma^2 = \mathbf{I}$). Nous pouvons la considérer comme premier élément d'une base $\gamma_1,\ldots,\gamma_{2n}$ de $\mathcal{C}_1$, orthonormale pour la forme bilinéaire complexe, et cette base est formée de matrices de Dirac. Il est alors facile de calculer $\mathcal{O}(R)$: c'est la transformation $\Sigma_\gamma = -S_\gamma$, où S_γ est la symétrie par rapport à l'hyperplan orthogonal à γ. Comme nous sommes en dimension paire, il s'agit d'une transformation orthogonale directe. A cause du signe $-$, nous dirons que c'est la *Σymétrie d'axe* γ. Nous venons de voir que tout élément du premier chaos, non isotrope (i.e. de carré non nul) appartient au groupe G, la transformation associée étant une Σymétrie.

Un théorème classique de Cartan affirme que toute transformation orthogonale directe (inverse) est un produit d'un nombre pair (impair) de symétries. Elle est donc aussi produit d'un nombre pair (impair) de Σymétries. Il en résulte deux choses

— L'application $R \longmapsto \mathcal{O}(R)$ de G sur le groupe orthogonal est surjective.

— Tout élément du groupe de Clifford est de la forme $R = t\gamma_1 \ldots \gamma_k$, où les γ_i sont des matrices de Dirac et t est un scalaire. De plus, k est pair (impair) si $\mathcal{O}(R)$ est directe (inverse).

On peut réduire l'ambiguïté concernant t de la manière suivante. La parité P anticommute à toutes les matrices du premier chaos. Si l'on calcule $PRP^{-1}R$, on trouve que c'est un opérateur scalaire égal à $\pm t^2$. On peut donc normaliser R en lui imposant que ce scalaire soit égal à ± 1, mais cela ne détermine t qu'au signe près, et on ne peut pas lever cette dernière ambiguïté. On dira malgré tout que R ainsi normalisée est "la" matrice de spin représentant $\mathcal{O}(R)$. "La" matrice de spin associée au produit de deux rotations est le produit des matrices de spin correspondantes.

Le premier miracle qui va permettre d'avancer le calcul est que : *les matrices* A, $B_\pm$ *sont des matrices de spin*, d'où le même résultat pour leur produit. Cela va ramener (n° suivant) le calcul de leurs 2^n valeurs propres à celui des $2n$ "angles de rotation" du produit de deux rotations simples. Le second miracle tient à la structure particulière de ces rotations, et permet de conclure.

Valeurs propres d'une matrice de spin. Considérons d'abord un opérateur J sur Γ de carré $-I$, et l'opérateur

$$R = e^{\frac{\theta}{2}J} = \cos\frac{\theta}{2} + \sin\frac{\theta}{2}J \quad \text{(Euler)} \qquad ; \quad R^{-1} = e^{-\frac{\theta}{2}J} ,$$

où θ peut être complexe. On a pour tout opérateur H sur Γ

$$R^{-1}HR = \cos^2\frac{\theta}{2}H - \sin^2\frac{\theta}{2}JHJ + \cos\frac{\theta}{2}\sin\frac{\theta}{2}(HJ - JH) .$$

On retrouve donc H (bien sûr !) si H et J commutent, et si elles anticommutent on trouve

$$R^{-1}HR = \cos\theta H + \sin\theta HJ .$$

En particulier, prenons pour J le produit $\gamma_k\gamma_\ell$ de deux éléments d'une base de matrices de Dirac (cela s'appliquera à X_kY_k et à Y_kX_{k+1}), et pour H une matrice γ_j. Alors la valeur de $R^{-1}\gamma_jR$ est

$$\gamma_j \quad \text{si} \quad j \neq k,\ell\,, \ \cos\theta\gamma_k + \sin\theta\gamma_\ell \quad \text{si} \quad j = k\,, \ -\sin\theta\gamma_k + \cos\theta\gamma_\ell \quad \text{si} \quad j = \ell\,.$$

On trouve donc un élément du premier chaos, et on voit que R appartient au groupe de Clifford, et constitue l'une des deux matrices de spin associées à la rotation d'angle (complexe) θ dans le plan de γ_k et γ_ℓ. En fait, la présence des demi-angles $\theta/2$ dans l'expression de R fait que l'on obtient les deux matrices de spin inséparablement. Les valeurs propres de J sont i et $-i$, chacune avec la multiplicité 2^{n-1} (on le voit en se plaçant dans le cas concret de X_1Y_1, le cas général étant isomorphe), celles de R sont donc $e^{\pm i\theta/2}$ avec la même multiplicité.

L'étape suivante consiste à prendre pour R une matrice de la forme $e^{i\sum_k \theta_k X_k Y_k/2}$, qui est un produit de n matrices de spin, donc une matrice de spin. Il est facile de construire ici une base de vecteurs propres de la forme $a_1 \otimes \ldots \otimes a_n$, où pour chaque k a_k est un vecteur propre de la rotation correspondante. Il en résulte que les valeurs propres de R sont exactement les 2^n nombres de la forme $e^{\frac{i}{2}\sum_k \pm\theta_k}$, tandis que les valeurs propres de la rotation induite sur le premier chaos sont exactement les $2n$ nombres $\pm i\theta_1, \ldots, \pm i\theta_n$.

La troisième étape devrait être le résultat général suivant : si une rotation (directe) sur le premier chaos admet les $2n$ valeurs propres $\chi_1, \chi_1', \ldots, \chi_n, \chi_n'$ satisfaisant à $\chi_k\chi_k' = 1$ (nous écrivons χ_k et χ_k' plutôt que $e^{\pm i\theta_k}$, parce que dans le cas du modèle d'Ising les χ_k seront réels), alors les 2^n valeurs propres de "la" matrice de spin associée sont les nombres

$$\sqrt{\chi_1}^{\pm 1} \cdots \sqrt{\chi_n}^{\pm 1} ,$$

où l'on note une fois pour toutes $\sqrt{\chi_k}$ l'une des deux racines carrées. On n'a donc qu'une ambiguïté de signe globale, correspondant à l'ambigïté sur "la" matrice de spin. Il est facile d'établir ce résultat lorsque la rotation $O(R)$ est le produit de n rotations d'angles (complexes) $\theta_1, \ldots, \theta_n$ dans n plans non isotropes orthogonaux. On peut en effet choisir une base orthonormale de matrices de Dirac $(\gamma_1, \gamma_1'), \ldots, (\gamma_n, \gamma_n')$ adaptée à ces n plans, et l'on peut se ramener par un isomorphisme au cas où les matrices de Dirac sont $X_1, Y_1 \ldots X_n, Y_n$.

Pour passer au cas général, il faudrait savoir que toutes les rotations complexes A (directes) admettent une telle représentation. Ce résultat est bien connu pour les rotations réelles, mais je ne suis malheureusement pas arrivé à trouver une référence dans les "classiques", Artin, Dieudonné, Bourbaki... D'après les informations que j'ai pu recueillir, il semble que ce résultat soit faux. Une rotation plane étant diagonalisable, il impliquerait que toute matrice orthogonale complexe est diagonalisable, ce qui n'a pas lieu. En revanche, "presque toutes" les rotations complexes sont de ce type, et cela suffit pour que la formule concernant les valeurs propres soit correcte.

On peut s'en tirer à la main dans le cas particulier présenté ici. car les rotations du premier chaos auxquelles nous avons affaire ne sont pas arbitraires : nous verrons qu'elles sont représentées dans la base des X_k, Y_k par des matrices *autoadjointes cycliques*, et la décomposition suivant des plans orthogonaux peut s'établir par un argument fait sur mesure. Enfin, Bakry a suggéré de faire tout le raisonnement dans le cas où les constantes α et β sont imaginaires pures ; on n'a pas alors affaire à des rotations hyperboliques, mais à de vraies rotations, et on peut appliquer les théorèmes classiques. On fait un prolongement analytique tout à la fin, dans la formule donnant la trace.

Calcul des valeurs propres de A et B$_\pm$. Nous allons appliquer cela au modèle d'Ising. Pour y voir clair, nous écrirons explicitement les matrices de rotation sur le premier chaos pour $n = 3$ ($n = 2$ ne suffit pas ; nous aurons donc des matrices 6×6), dans la base (X_k, Y_k).

Voici d'abord la représentation de la matrice de spin $\mathbf{A}^{1/2} = e^{-i\frac{\alpha}{2}\sum_k X_k Y_k}$

(5) $$\mathcal{O}(\mathbf{A}) = \begin{pmatrix} \mathrm{a} & 0 & 0 \\ 0 & \mathrm{a} & 0 \\ 0 & 0 & \mathrm{a} \end{pmatrix} \quad \text{où} \quad \mathrm{a} = \begin{pmatrix} \operatorname{Ch}\alpha & -i\operatorname{Sh}\alpha \\ i\operatorname{Sh}\alpha & \operatorname{Ch}\alpha \end{pmatrix} .$$

Il s'agit d'une rotation autoadjointe, de valeurs propres $e^{\pm\alpha}$, chacune de multiplicité n

Ensuite, nous décrivons $\mathbf{B}_{\pm}$. La plus simple est $\mathbf{B}_{-}$ qui n'a pas de singularité, et pour bien la voir il faut écrire toute la matrice 6×6, en notant le changement de signe dans les coins

$$\mathcal{O}(\mathbf{B}_{-}) = \begin{pmatrix} \operatorname{Ch}2\beta & 0 & 0 & 0 & 0 & i\operatorname{Sh}2\beta \\ 0 & \operatorname{Ch}2\beta & -i\operatorname{Sh}2\beta & 0 & 0 & 0 \\ 0 & i\operatorname{Sh}2\beta & \operatorname{Ch}2\beta & 0 & 0 & 0 \\ 0 & 0 & 0 & \operatorname{Ch}2\beta & -i\operatorname{Sh}2\beta & 0 \\ 0 & 0 & 0 & i\operatorname{Sh}2\beta & \operatorname{Ch}2\beta & 0 \\ -i\operatorname{Sh}2\beta & 0 & 0 & 0 & 0 & \operatorname{Ch}2\beta \end{pmatrix}$$

C'est encore une rotation autoadjointe. Elle s'écrit comme une matrice 3×3 de matrices 2×2

(6) $$\mathcal{O}(\mathbf{B}_{-}) = \begin{pmatrix} \mathrm{b} & \mathrm{c}^* & \mathrm{c} \\ \mathrm{c} & \mathrm{b} & \mathrm{c}^* \\ \mathrm{c}^* & \mathrm{c} & \mathrm{b} \end{pmatrix}$$

avec

(7) $$\mathrm{b} = \begin{pmatrix} \operatorname{Ch}2\beta & 0 \\ 0 & \operatorname{Ch}2\beta \end{pmatrix} , \ \mathrm{c} = \begin{pmatrix} 0 & i\operatorname{Sh}2\beta \\ 0 & 0 \end{pmatrix} .$$

La matrice $\mathcal{O}(\mathbf{B}_{-})$ apparaît en fait comme une *matrice cyclique* de matrices 2×2. En dimension $n > 3$, la structure de $\mathcal{O}(\mathbf{B}_{-})$ resterait celle d'une matrice cyclique autoadjointe de matrices 2×2, mais avec une première ligne $(\mathrm{b}, \mathrm{c}, 0, \ldots, 0, \mathrm{c}^*)$ comportant un certain nombre de matrices 2×2 nulles.

Matrices cycliques. Une matrice cyclique, scalaire d'abord, (que nous prenons autoadjointe ici, mais cette propriété joue un très petit rôle) est une matrice du type (ici en 3×3 avec u réel)

$$M = \begin{pmatrix} u & v & \bar{v} \\ \bar{v} & u & v \\ v & \bar{v} & u \end{pmatrix}$$

Les valeurs propres de M sont les nombres réels $u + v\epsilon + \bar{v}\epsilon^2$ où ϵ est ici une racine 3e de l'unité, le vecteur propre correspondant étant (la colonne) $(1, \epsilon, \epsilon^2)$.

Le cas qui nous intéresse est celui d'une matrice cyclique (autoadjointe) de matrices 2×2

(8) $$M = \begin{pmatrix} \mathrm{u} & \mathrm{v} & \mathrm{v}^* \\ \mathrm{v}^* & \mathrm{u} & \mathrm{v} \\ \mathrm{v} & \mathrm{v}^* & \mathrm{u} \end{pmatrix}$$

La recherche des valeurs/vecteurs propres se fait comme dans le cas scalaire : les $2n$ valeurs propres sont celles des n matrices 2×2 $M(\epsilon)=\mathrm{u}+\mathrm{v}\epsilon+\mathrm{v}^*\epsilon^{n-1}$. Appelons $\chi(\epsilon), \chi'(\epsilon)$ les deux valeurs propres de $M(\epsilon)$, et $g(\epsilon), g'(\epsilon)$ les vecteurs propres correspondants, qui sont des colonnes à deux éléments. Alors les vecteurs propres correspondant de la matrice cyclique sont les deux "colonnes" (écrites ici en lignes pour raison de place) $g(\epsilon), \epsilon g(\epsilon), \ldots, \epsilon^{n-1}g(\epsilon))$ et $(g'(\epsilon), \epsilon g'(\epsilon), \ldots, \epsilon^{n-1}g'(\epsilon))$. Notons que les vecteurs correspondant à deux racines de l'unité différentes sont orthogonaux pour la forme bilinéaire sur le premier chaos. On a donc une décomposition de celui-ci en une somme de n plans orthogonaux. Mais alors ces plans ne peuvent être isotropes, la rotation est du type considéré plus haut, et de plus le produit des deux valeurs propres $\chi(\epsilon)$ et $\chi'(\epsilon)$ est égal à 1, comme il convient à une rotation plane.

Pour diagonaliser une rotation cyclique, on est donc ramené à trouver les valeurs/vecteurs propres de n matrices 2×2 $M(\epsilon)$, et on sait du même coup trouver les valeurs propres de la matrice de spin correspondante.

Valeurs propres de AB. Il faut se rappeler que l'on s'intéresse, non pas aux valeurs propres de $\mathcal{O}(\mathrm{B}_-)$, mais à celles de $\mathcal{O}(\mathrm{A}^{1/2})\mathcal{O}(\mathrm{B}_-)\mathcal{O}(\mathrm{A}^{1/2})$. Cette matrice (que je noterai ρ_-) est elle aussi cyclique autoadjointe, avec une écriture (8) donnée par

$$\mathrm{u}=\mathrm{aba}\,,\ \mathrm{v}=\mathrm{aca}\,,\ \mathrm{v}^*=\mathrm{ac}^*\mathrm{a}$$

(9)
$$\mathrm{u}=\mathrm{aba}=\mathrm{Ch}\,2\beta\begin{pmatrix}\mathrm{Ch}\,2\alpha & -i\,\mathrm{Sh}\,2\alpha\\ i\,\mathrm{Sh}\,2\alpha & \mathrm{Ch}\,2\alpha\end{pmatrix}\ ;$$
$$\mathrm{v}=\mathrm{aca}=-\,\mathrm{Sh}\,2\beta\begin{pmatrix}\mathrm{Sh}\,\alpha\,\mathrm{Ch}\,\alpha & -i\,\mathrm{Ch}^2\alpha\\ i\,\mathrm{Sh}^2\alpha & \mathrm{Sh}\,\alpha\,\mathrm{Ch}\,\alpha\end{pmatrix}.$$

Ainsi, pour trouver les valeurs propres de la rotation ρ_- (qui sont réelles), on est ramené à déterminer les valeurs propres des matrices 2×2 autoadjointes

(10)
$$\mathrm{u}+\mathrm{v}\epsilon+\mathrm{v}^*\bar{\epsilon}\,,$$

où ϵ parcourt l'ensemble des racines n-ièmes de l'unité.

Les matrices $\mathcal{O}(\mathrm{B}_+)$ et ρ_+ ont une forme un peu différente, à partir des mêmes éléments a, b, c. On a une matrice autoadjointe, mais non cyclique : il y a changement de signe chaque fois qu'un coefficient passe d'une ligne à la ligne suivante

(11)
$$\mathcal{O}(\mathrm{B}_+)=\begin{pmatrix}\mathrm{b} & \mathrm{c}^* & -\mathrm{c}\\ \mathrm{c} & \mathrm{b} & \mathrm{c}^*\\ -\mathrm{c}^* & \mathrm{c} & \mathrm{b}\end{pmatrix}.$$

et ρ_+ a la même forme, en remplaçant $\mathrm{b},\mathrm{c},\mathrm{c}^*$ par $\mathrm{u},\mathrm{v},\mathrm{v}^*$ comme ci-dessus. On sait encore trouver les valeurs propres, qui sont celles des matrices $\mathrm{u}+\mathrm{v}\epsilon+\mathrm{v}^*\bar{\epsilon}$, mais cette fois ϵ doit être une racine n-ième de -1.

On a vu aussi comment reconstituer à partir de là toutes les valeurs propres de **AB** :

Les valeurs propres de **AB** correspondant aux vecteurs propres impairs provenant de B_-, sont de la forme

(12)
$$\chi_1^{\pm 1/2}\cdots\chi_n^{\pm 1/2}$$

où pour chaque j, χ_j est *l'une* des deux valeurs propres (inverses l'une de l'autre) de l'une des matrices 2×2

$$(13) \qquad \mathbf{u} + \mathbf{v}\varepsilon + \mathbf{v}^*\bar{\varepsilon}$$

ε désignant une racine n-ième de l'unité. On ne doit garder dans (12) que les combinaisons de signes comportant un nombre *impair* de signes $-$. Cela donne donc bien 2^{n-1} valeurs propres.

Les valeurs propres de **AB** correspondant aux vecteurs propres pairs sont de la forme (12), ε étant cette fois dans (13) une racine n-ième de -1, et seules les combinaisons de signes comportant un nombre pair de signes $-$ étant conservées.

On a donc finalement toutes les 2^n valeurs propres cherchées.

Calcul final des valeurs propres. Il reste donc seulement à calculer les valeurs propres (13), ce qui est un intéressant exercice de trigonométrie hyperbolique. Les valeurs propres de $M(\varepsilon)$ doivent être de la forme $\chi, \chi' = e^{\pm 2\gamma}$, et nous avons $2\,\mathrm{Ch}\,2\gamma = \chi + \chi' = \mathrm{Tr}\,M(\varepsilon)$. Calculons donc cette trace. Nous prenons ε, qui est une racine de l'unité, sous la forme $e^{i\lambda}$, et nous avons alors aisément

$$\frac{1}{2}\mathrm{Tr}\,M(\varepsilon) = \mathrm{Ch}\,2\beta\,\mathrm{Ch}\,2\beta - \mathrm{Sh}\,2\beta\,\mathrm{Sh}\,2\alpha\cos\lambda\,.$$

Il en résulte une très jolie propriété géométrique : 2γ est le troisième côté du triangle hyperbolique admettant l'angle λ compris entre les côtés 2β et 2α. Ce calcul suffit si l'on ne désire que les valeurs propres ; B. Kaufman cherche aussi les vecteurs propres et doit se fatiguer davantage.

Il resterait à atteindre le but de tout ce calcul, c'est à dire étudier le comportement asymptotique pour n grand et mettre en évidence la transition de phase du modèle d'Ising.

LES "FONCTIONS CARACTÉRISTIQUES" DES DISTRIBUTIONS SUR L'ESPACE DE WIENER

par P.A. MEYER et J.A. YAN

La présente rédaction est un véritable exposé de séminaire, autrement dit, elle est destinée à faire connaître des résultats récents, avec peu de contribution originale. Nous profitons aussi de l'occasion pour corriger quelques erreurs dans l'exposé de Meyer–Yan du Sém. XXIII concernant les distributions de Kubo–Yokoi (voir après la bibliographie). Nous renverrons à cet article sous la référence [MY], mais le contenu en a été repris sommairement afin de faciliter la lecture.

Le résultat principal de cet exposé est un théorème très simple et très utile de Potthoff–Streit (n° 4 ci-dessous) caractérisant complètement les "fonctions caractéristiques" des distributions de Kubo–Yokoi. Nous en proposons une variante au n° 6. On a aussi inclus une discussion plus complète des "traces" des fonctions-test, et mentionné plusieurs résultats récents.

Cet exposé a été rédigé à la suite du séjour de J.A. Yan à Strasbourg en Juin 1990, et d'une visite très stimulante de P.A. Meyer à la réunion de travail sur l'analyse du bruit blanc (Bielefeld, Septembre 1990). La plupart des communications y utilisaient l'espace des fonctions-test de Kubo–Yokoi, qui est en train de prendre un rôle central. Nous avons appris aussi que leur origine est plus ancienne que les travaux de Kubo–Yokoi et Kubo–Takenaka, et remonte au moins à Kondratiev–Samoilenko (1976–1980). Rappelons aussi les travaux de Krée, par ex. [1] (1976) et [2], dans lesquels on retrouve des idées voisines (avec pour but l'utilisation d'un "théorème des noyaux" pour décrire les opérateurs sur l'espace de Fock), mais où les fonctions caractéristiques sont traitées comme des séries formelles plutôt que des fonctions entières. P.A. Meyer doit personnellement beaucoup à plusieurs discussions avec Krée au cours des années précédentes.

L'usage semble établi d'appeler *distributions de Hida* les distributions correspondant à ces fonctions-test, et cela nous semble tout à fait justifié. Cependant, l'idée fondamentale de Hida était de définir divers types de distributions sur l'espace de Wiener par des conditions de régularité (et non seulement de taille) des coefficients de Wiener–Ito, et l'espace de Kubo–Yokoi n'est pas le seul de ce genre, même s'il semble être le plus important. Nous en verrons ci-dessous un autre exemple.

1. Espace de Fock sur un e.v.t.. Soit E un espace vectoriel *réel* muni d'une famille (q_i) de formes quadratiques positives. Complexifier l'espace dès le début nuirait sans doute à la clarté.

Pour tout n, $E^{\otimes n}$ désigne ici un produit tensoriel *algébrique*, que l'on munit des formes quadratiques $q_i^{\otimes n}$, simplement notées q_i pour alléger; E_n est le sous-espace symétrique de $E^{\otimes n}$. On pose aussi $E_0 = \mathbb{R}$ avec $q_i(x) = x^2$ pour tout i. Désignons par $\Gamma_0(E, q_i)$ l'ensemble des suites $f = (f_n)$, $f_n \in E_n$ telles que $f_n = 0$ sauf pour un nombre fini d'indices. On écrira celles-ci comme des sommes formelles $f = \sum_n f_n/n!$. On peut munir cet ensemble d'une opération algébrique, le *produit tensoriel symétrique* $\circ$ (symétrisé du produit tensoriel ordinaire $\otimes$) : celui-ci applique $E_m \times E_n$ dans E_{m+n}, et se prolonge à Γ_0 par linéarité.

On munit $\Gamma_0(E, q_i)$ de la famille de formes quadratiques

$$q_i(f) = \sum_n \frac{q_i(f_n)}{n!}.$$

L'espace qui nous intéresse ici, noté $\Gamma(E, q_i)$, est *le complété de* Γ_0 *pour la topologie associée aux seminormes* $\sqrt{q_i}$.

La situation classique est celle où $E = \mathcal{H}$, un espace de Hilbert réel, la famille (q_i) ayant pour seul élément la forme quadratique $q(x) = \|x\|^2$. Alors $\Gamma(\mathcal{H}, q)$ est l'espace de Fock symétrique usuel $\Gamma(\mathcal{H})$. Les deux cas particuliers suivants interviendront constamment.

a) $\mathcal{H} = \mathbb{R}$. Alors un élément de $\Gamma(\mathcal{H})$ est une suite de nombres réels (u_n) telle que $\sum_n u_n^2/n! < \infty$, et nous lui associons l'élément de $L^2(\mathbb{R})$ $\sum_n u_n \varphi_n/n!$ avec $\varphi_n = h_n\sqrt{\gamma}$. Ici γ est la densité de la mesure gaussienne standard, et h_n le n-ième polynôme d'Hermite des probabilistes

$$\sum_n h_n(x)\frac{t^n}{n!} = e^{tx - t^2/2}.$$

Compte tenu de la relation $<\varphi_n, \varphi_n> = n!$ cela définit une isométrie de $\Gamma(\mathbb{R})$ dans $L^2(\mathbb{R})$, qui est en fait un isomorphisme entre ces deux espaces.

Ceci est l'interprétation "plate" de l'espace de Fock élémentaire. Si nous désignons par Ω l'espace $\mathbb{R}$ muni de la mesure gaussienne standard, on a aussi un isomorphisme $(u_n) \longmapsto \sum_n u_n h_n(x)/n!$ entre $\Gamma(\mathbb{R})$ et $L^2(\Omega)$: c'est l'interprétation gaussienne, qui a l'avantage de subsister en dimension infinie.

b) $\mathcal{H} = L^2(\mathbb{R})$. Alors les intégrales multiples d'Ito définissent un isomorphisme entre $\Gamma(\mathcal{H})$ et $L^2(\Omega)$, où Ω est l'espace de Wiener des fonctions continues nulles en 0 définies sur $\mathbb{R}$ entier; celui-ci fait correspondre à $f = (f_n)$ la v.a.

$$F = I(f) = \sum_n \frac{1}{n!} I_n(f_n). \tag{1}$$

Grâce à la division par $n!$, cette représentation est identique à la représentation non-anticipante usuelle, où les intégrales sont étendues aux "simplexes" croissants. Nous noterons couramment les v.a. par de grandes lettres (ici F), afin de les distinguer des suites de leurs coefficients d'Ito (ici $f = (f_n)$).

Nous avons fini par adopter (contrairement à [MY]) le point de vue du "bruit blanc", suivant lequel l'élément aléatoire ω est la *dérivée au sens des distributions* de la trajectoire brownienne $X_\bullet(\omega)$. L'intégrale stochastique $\int \xi(s)\,dX_s(\omega)$ vaut donc, si $\xi \in \mathcal{S}$, $\int \xi(s)\dot{X}_s(\omega)\,ds = (\xi, \omega)$ et non $(\xi, \dot{\omega})$.

c) Fixons enfin quelques notations relatives au cas où $E = \mathbb{R}^\nu$, qui est intermédiaire entre a) et b). Soit $(e_1, \ldots, e_\nu)$ une base orthonormale (euclidienne) de E. A tout multi-indice, *i.e.* tout ensemble $a = (a_i)_{1 \le i \le \nu}$ d'entiers positifs ou nuls, nous associons le vecteur e_a, produit symétrique de a_1 fois e_1, a_2 fois e_2... (les entiers nuls ne contribuent pas). On a $\|e_a\|^2 = a! = \prod_i a_i!$ avec la convention usuelle $0! = 1$. On pose $|a| = \sum_i a_i$. Dans l'interprétation gaussienne, la v.a. associée à un vecteur $\sum_a u_a e_a/a!$ s'obtient en remplaçant le vecteur e_a par la fonction (polynôme d'Hermite) $h_a(x) = h_{a_1}(x_1) \ldots h_{a_\nu}(x_\nu)$. Les mêmes notations sont utilisées pour un Hilbert quelconque, avec la différence que la base orthonormale (e_i) peut être infinie, et on doit alors imposer explicitement que $|a| < \infty$.

2. Vecteurs-test. Nous sortons maintenant des espaces de Fock ordinaires en utilisant des familles (q_i) de normes hilbertiennes.

a) Le plus simple consiste à prendre pour E un espace de Hilbert, et pour (q_i) toutes les formes quadratiques continues — il suffit en fait de considérer les formes $q_n(x) = n\|x\|^2$. Cela conduit déjà à des espaces intéressants de vecteurs-test.

Lorsque $E = \mathbb{R}$, on obtient ainsi les fonctions $\sum_n u_n \varphi_n(x)/n!$ telles que la série $\sum_n u_n^2 t^{2n}/n!$ converge pour tout $t > 0$. Si l'on pose $v_n = u_n/\sqrt{n!}$, cela signifie que pour tout > 0 on a une inégalité de la forme $|v_n|^2 \le Mt^{-n}$, autrement dit que la suite (v_n) est à décroissance rapide. D'après Simon, cela caractérise les développements des fonctions de $\mathcal{S}(\mathbb{R})$ en fonctions d'Hermite normalisées $\varphi_n/\sqrt{n!}$. Donc $\Gamma(\mathbb{R}, q_i) = \mathcal{S}(\mathbb{R})$, *contrairement à ce qui est affirmé* au milieu de la page 384 de [MY]. On a une situation analogue lorsque $E = \mathbb{R}^\nu$.

Lorsque $E = L^2(\mathbb{R})$, on obtient un espace (en fait une algèbre dans l'interprétation gaussienne : *Sém. Prob. XX*, p.283) de vecteurs-test dont les coefficients d'Ito ont des normes rapidement décroissantes, sans régularité. Dans l'interprétation gaussienne, cet espace est contenu dans celui des v.a.-test de Watanabe, et n'est sans doute pas beaucoup plus petit. On ignore toujours s'il contient les solutions des é.d.s. "raisonnables", auquel cas il éviterait en "Calcul de Malliavin" le recours systématique aux normes L^p.

b) Prenons $E = \mathcal{S}(\mathbb{R})$, et pour (q_i) la famille de toutes les formes quadratiques positives continues. Alors $\Gamma(E, q_i)$ est l'espace des vecteurs-test de Kubo-Yokoi considéré dans [MY], et thème principal de cet exposé. Cet espace (qui était noté $\mathcal{Y}(\Omega)$ dans [MY]) est souvent noté $(\mathcal{S})$; il sera désigné ici par $\mathcal{S}(\Omega)$. Il est nucléaire, et Kubo-Yokoi ont montré que c'est une algèbre pour la multiplication ordinaire des v.a. sur Ω ("produit de Wiener"); *cf.* [MY] et aussi Potthoff-Yan [1], Yan [1][2]. Ils ont surtout montré ([MY] p.389) que ses éléments ont des versions bien définies partout sur l'espace de Wiener, et même sur $\mathcal{S}'(\mathbb{R})$.

Pour définir explicitement la topologie de $\mathcal{S}(\Omega)$, on introduit une famille croissante de formes quadratiques continues q_α ($\alpha \in \mathbb{R}$) sur $\mathcal{S}(\mathbb{R})$, telle que toute forme quadratique continue soit majorée par l'une des q_α. Voici le choix utilisé par Kubo-Yokoi, mais soulignons que les classes de vecteurs-test et de distributions considérées ne dépendent pas de ce choix.

Représentant $f \in \mathcal{S},(\mathbb{R})$ par son développement $\sum_n \frac{u_n}{n!}\varphi_n$, on pose

$$q_\alpha(f) = \|f\|_\alpha^2 = \sum_n c_n^{2\alpha}\frac{u_n^2}{n!} = \|\Gamma(A^\alpha)f\|^2 \tag{2}$$

où $c_n = 2(n+1)$, et A est l'opérateur autoadjoint $A \geq 2I$ (hamiltonien d'oscillateur harmonique) tel que $A\varphi_n = c_n\varphi_n$. Le complété de $\mathcal{S}(\mathbb{R})$ pour $\| \ \|_\alpha$ est un espace de Hilbert $\mathcal{H}_\alpha$, dont le dual s'identifie à $\mathcal{H}_{-\alpha}$. Alors, avec des notations faciles à comprendre, $\mathcal{S}(\Omega)$ est l'intersection des espaces de Fock Γ_α, et son dual $\mathcal{S}'(\Omega)$, l'espace des ***distributions de Hida*** ou v.a. généralisées, est la réunion des $\Gamma_{-\alpha}$. Autrement dit, une distribution de Hida est une somme formelle

$$\Lambda = \sum_n \frac{I_n(\lambda_n)}{n!} \tag{3}$$

où chaque λ_n est une distribution tempérée symétrique sur $\mathbb{R}^n$, telle qu'il existe au moins un α (généralement positif) tel que $\sum_n \|\lambda_n\|_{-\alpha}^2/n! < \infty$. La dualité entre vecteurs-test et distributions est donnée par la forme bilinéaire

$$(F, \Lambda) = \sum_n \frac{(f_n, \lambda_n)}{n!}\ . \tag{4}$$

Les v.a. ordinaires de $L^2(\Omega)$ s'identifient à des distributions grâce à la mesure de Wiener $\mathbb{P}$ (et en particulier la distribution 1 correspond à l'intégrale des v.a. de test).

Signalons que Korezlioglu et Ustunel [1] ont développé une théorie analogue, dans laquelle l'espace $\mathcal{S}(\mathbb{R})$ et l'opérateur autoadjoint A sont remplacés par des objets plus généraux.

Comment calcule-t-on la norme $\|\Lambda\|_\alpha$ d'une distribution? On est ramené au même problème pour chaque coefficient $\lambda_n \in \mathcal{S}'(\mathbb{R}^n)$: on développe λ_n (au sens faible) dans la base orthonormale des $e_{i_1} \otimes \ldots \otimes e_{i_n}$, où $e_i = \varphi_i/\sqrt{i!}$, soit

$$\lambda_n = \sum_{i_1,\ldots,i_n} b_{i_1\ldots i_n}\, e_{i_1} \otimes \ldots \otimes e_{i_n}$$

(les $b_{i_1\ldots i_n}$ sont symétriques). On a alors

$$\|\lambda_n\|_\alpha^2 = \sum_{i_1,\ldots,i_n} c_{i_1}^{2\alpha} \ldots c_{i_n}^{2\alpha} |b_{i_1\ldots i_n}|^2\ . \tag{5}$$

3. Fonction caractéristique. Dans le cas général de l'espace $\Gamma(E, q_i)$ traité au début on appelle *vecteurs exponentiels* les vecteurs de la forme $\mathcal{E}(f) = \sum_n f^{\otimes n}/n!$ $(f \in E)$. On peut montrer que les combinaisons linéaires de vecteurs exponentiels sont denses dans $\Gamma(E, q_i)$. Lorsque $E = \mathbb{R}$, les vecteurs exponentiels $\mathcal{E}(t)$ sont représentés, dans l'interprétation gaussienne, par les fonctions $e^{tx-t^2/2}$, et dans l'interprétation plate, par les fonctions $e^{tx-t^2/2}\sqrt{\gamma(x)}$. On a la même chose pour $E = \mathbb{R}^\nu$, t et x étant des vecteurs et tx, t^2

des produits scalaires. Enfin, lorsque $E = \mathcal{S}(\mathbb{R})$, les vecteurs exponentiels s'écrivent dans l'interprétation gaussienne $\mathcal{E}(\xi) = \exp(\int \xi(s)\,dX_s - |\xi|^2/2)$ pour $\xi \in \mathcal{S}(\mathbb{R})$.

Les vecteurs exponentiels $\mathcal{E}(\xi)$ appartenant à $\mathcal{S}(\Omega)$, on définit la *fonction caractéristique* de la distribution Λ par la formule

$$U_\Lambda(\xi) = (\mathcal{E}(\xi), \Lambda) = \sum_n \frac{(\xi^{\otimes n}, \lambda_n)}{n!} . \tag{6}$$

C'est aussi la *S-transformée* au sens de Hida de la distribution Λ. La fonction caractéristique d'un vecteur exponentiel $\mathcal{E}(\eta)$ vaut $e^{(\xi,\eta)}$.

EXEMPLES. Toute distribution tempérée $\omega \in \mathcal{S}'(\mathbb{R})$ s'identifie à une distribution sur Ω, appartenant au "premier chaos". Sa valeur sur la v.a. de test F (formule (1)) est l'"intégrale stochastique" $\int f_1(s)\dot{X}_s(\omega)\,ds$ (voir plus haut). La fonction caractéristique de cette distribution est alors $U_\omega(\xi) = (\xi, \omega)$. Par exemple, si $\omega = \varepsilon_t$, la fonction caractéristique est $\xi(t)$, et la v.a. généralisée correspondante est notée $\dot{X}_t$.

Lorsque $E = \mathbb{R}$, la fonction caractéristique de la distribution $\sum_n u_n \varphi_n/n!$ (ou h_n dans l'interprétation gaussienne) est la fonction $\sum_n u_n t^n/n!$. Même chose pour $E = \mathbb{R}^\nu$: $\sum_n \frac{1}{n!}\sum_{|\alpha|=n} u_\alpha h_\alpha$ a pour f.c. $\sum_n \frac{1}{n!}\sum_{|\alpha|=n} u_\alpha t^\alpha$, t étant maintenant un vecteur $(t_1, \ldots t_\nu)$. Le passage de la distribution à sa fonction caractéristique est donc l'inverse de la *transformation d'Hermite* de l'analyse euclidienne classique. Nous verrons dans un instant que les f.c. des distributions sont, même en dimension infinie, des fonctions entières. On peut donc aussi considérer les espaces de vecteurs-test, de distributions, l'espace de Fock... comme des espaces de fonctions entières (point de vue de Bargmann, Segal, etc.). Le nombre de manières différentes de dire la même chose (parfois très élémentaire!) a permis de multiplier par 10 le nombre d'articles consacrés à l'espace de Fock, et cet exposé ne fait pas exception.

4. Fonctions entières sur $\mathcal{S}(\mathbb{R})$. Les fonctions caractéristiques des distributions de Hida seront des *fonctions entières sur* $\mathcal{S}(\mathbb{R})$. Nous ne supposerons connue aucune théorie générale des fonctions entières sur un e.l.c. complexe, afin encore de rester lisibles. Pour définir une fonction entière H sur $\mathcal{S}(\mathbb{R})$:

1) Nous demanderons d'abord que, pour tout sous-espace de $\mathcal{S}(\mathbb{R})$ de dimension finie, H se prolonge au complexifié comme une fonction entière classique.

2) Les normes $\| \;\|_\alpha$ se prolongeant de manière évidente au complexifié de $\mathcal{S}(\mathbb{R})$ nous posons, ξ étant maintenant complexe

$$M(R,\alpha) = \sup_{\|\xi\|_\alpha \leq R} |H(\xi)| .$$

Nous imposerons alors à H l'existence d'un $\alpha \in \mathbb{R}$ tel que la fonction $M(R,\alpha)$ soit finie.

REMARQUE. Il n'est pas toujours commode de travailler sur les boules complexes, et on préfère parfois avoir des conditions portant sur la seule fonction $H(z\xi)$, avec ξ réel et z complexe. Nous en dirons un mot plus loin.

Nous dirons de plus que H est *de type* $(2,\alpha)$ si l'on a $M(R,\alpha) = O(e^{KR^2})$, *de type* 2 si cette propriété est satisfaite pour un α au moins. Voici alors le théorème de Potthoff–Streit (la partie relative aux fonctions–test est due à Kuo–Potthoff–Streit [1]).

THÉORÈME. *Pour qu'une fonction $U(\xi)$ soit la fonction caractéristique d'une distribution de Hida (resp. d'un vecteur–test de Kubo–Yokoi), il faut et il suffit qu'elle soit entière de type 2 (resp. de type $(2,\alpha)$ pour tout α).*

Il est presque évident que ces conditions sont nécessaires. On a $U(\xi) = \sum_n (\xi^{\otimes n}, \lambda_n)/n!$; on remplace dans cette formule ξ par $t_1\xi_1 + \ldots + t_k\xi_k$, on développe par la formule du binôme, que nous écrirons avec la notation des multiindices $a = (a_1, \ldots, a_k)$, rappelée plus haut

$$(\sum_{i=1}^{k} t_i\xi_i)^n = \sum_{|a|=n} \frac{n!}{a!} t^a \xi^a$$

Ici, t^a est le produit des $t_i^{a_i}$ avec bien sûr $t_i^0 = 1$, et de même pour ξ^a. On peut alors réarranger

$$U(t_1\xi_1 + \ldots + t_k\xi_k) = \sum_n \sum_{|a|=n} \frac{t^a}{a!} (\xi^{\circ a}, \lambda_n)$$

à condition que le côté droit soit absolument convergent (ici $\xi^{\circ a}$ est le symétrisé du produit tensoriel $\xi_1^{\otimes a_1} \otimes \ldots \otimes \xi_k^{\otimes a_k}$). Or si les ξ_i (complexes) sont de norme$_\alpha \leq 1$ on a la même chose pour tous leurs produits tensoriels, et par symétrisation $|(\xi^{\circ a}, \lambda_n)| \leq \|\lambda_n\|_{-\alpha}$. Prenant alors les t_i complexes de module R, la série de droite est dominée par

$$\sum_n \frac{R^n}{n!} \|\lambda_n\|_{-\alpha} \sum_{|a|=n} \frac{n!}{a!}$$

Cette dernière somme est égale à k^n. On utilise enfin le fait que $\sum_n \|\lambda_n\|_{-\alpha}^2/n!$ converge et l'inégalité de Schwarz pour obtenir la majoration en Ce^{KR^2}.

Nous passons à la réciproque. L'hypothèse de type 2 sera utilisée seulement à la fin, le début de la démonstration étant consacré à la reconstruction des distributions λ_n et au calcul de leur norme$_\beta$ à partir de la fonction entière U.

Nous développons comme ci–dessus $U(\sum_{i=1}^k z_i\xi_i)$ en série entière et nous calculons les coefficients par la formule de Cauchy, l'intégration ayant lieu sur le produit des cercles $\{z_i = R\}$. On a donc pour tout multi-indice $a = (a_1, \ldots a_k)$ de degré n, comme ci–dessus

$$(7) \qquad (\xi^{\circ a}, \lambda_n) = \frac{a!}{(2i\pi)^k} \int \frac{U(z_1\xi_1 + \ldots + z_k\xi_k)\, dz_1 \ldots dz_k}{z_1^{a_1+1} \ldots z_k^{a_k+1}}$$

et par conséquent, si les ξ_i sont de norme$_\alpha \leq 1$ nous avons

$$|(\xi^{\circ a}, \lambda_n)| \leq \frac{a!\, M(R,\alpha)}{R^n}$$

et on peut lever l'hypothèse sur les normes, par homogénéité, en rajoutant à droite un facteur $\|\xi_1\|_\alpha^{a_1}\ldots\|\xi_k\|_\alpha^{a_k}$. Nous allons appliquer cela à $\xi_1 = e_{i_1}$, $\xi_k = e_{i_k}$, les éléments de la base orthonormale de $L^2(\mathbb{R})$ considérée au début. La norme$_\alpha$ de e_i étant c_i^α, on a ainsi majoré les coefficients de la forme λ_n. De plus, comme celle–ci est symétrique, nous pouvons désymétriser le produit tensoriel et dire que, pour tous les n-uples $i_1,\ldots,i_n$ d'indices distincts ou non, on a

$$|(e_{i_1}\otimes\ldots\otimes e_{i_n}\,,\,\lambda_n)| \leq \frac{a!\,M(R,\alpha)}{R^n}\,c_{i_1}^\alpha\ldots c_{i_n}^\alpha$$

Ici on ne parle plus de multi-indices, et $a!$ s'interprète comme le produit des factorielles des multiplicités.

Nous allons calculer ensuite $\|\lambda_n\|_{-\beta}^2$. Pour cela, nous élevons la quantité précédente au carré, nous multiplions par $c_{i_1}^{-2\beta}\ldots c_{i_n}^{-2\beta}$ et sommons sur tous les n–uples. L'expression obtenue est

$$\frac{(a!)^2\,M(R,\alpha)^2}{R^{2n}}\sum_{i_1,\ldots,i_n} c_{i_1}^{2\alpha-2\beta}\ldots c_{i_n}^{2\alpha-2\beta}$$

Nous majorons grossièrement $a!$ par $n!$, nous supposons $\beta > \alpha + 1/2$ de sorte que $\sum_i c_i^{2\alpha-2\beta} = \delta(\beta-\alpha) < \infty$, et nous avons pour tout R

$$\|\lambda_n\|_{-\beta}^2 \leq (n!)^2\,M(R,\alpha)^2\,R^{-2n}\delta(\beta-\ \alpha)^n\,. \tag{8}$$

Cela montre que λ_n est bien une distribution symétrique dès que U est une fonction entière, sans hypothèse de croissance. Maintenant, nous utilisons l'hypothèse de type $(2,\alpha)$ en prenant $R=\sqrt{n}$, donc $M(R,\alpha)^2 \leq Ce^{Kn}$ et $R^{2n}=n^n$. La formule de Stirling nous dit alors que la série $\|\lambda_n\|_{-\beta}^2/n!$ se comporte comme une série géométrique, et si β est assez grand $\delta(\beta-\alpha)$ est assez petit pour la faire converger.

Ceci établit l'énoncé relatif aux distributions de Hida. La partie relative aux fonctions-test se traite de même, mais au lieu de prendre α fixé et β grand on fixera β et on prendra α négatif suffisamment éloigné.

Signalons encore que l'article de Potthoff–Streit contient un résultat de continuité, permettant de vérifier la convergence de distributions de Hida vers une limite en examinant leurs fonctions caractéristiques. Bien que ce résultat soit fort utile, nous le laisserons de côté.

REMARQUE. Comme nous l'avons dit, il est plus commode de vérifier les conditions de croissance sur les fonctions d'une seule variable complexe $U(z\xi)$ pour ξ réel. Désignons par $M'(R,\alpha)$ le maximum correspondant. La formule de Cauchy nous donne alors pour ξ réel, $\|\xi\|_\alpha \leq 1$

$$|(\xi^{\otimes n}\,,\,\lambda_n)| \leq n!\,\frac{M'(R,\alpha)}{R^n}\,.$$

Utilisons la formule de polarisation

$$(\xi_1 \otimes \ldots \otimes \xi_n\,,\, \lambda_n\,) = \frac{1}{n!} \sum_{k=1}^{n} (-1)^{n-k} \sum_{i_1 < \ldots < i_k} ((\xi_{i_1} + \ldots + \xi_{i_k})^{\otimes n}\,,\, \lambda_n\,)$$

qui nous donne

$$|(\xi_1 \otimes \cdots \otimes \xi_n\,,\, \lambda_n\,)| \leq n! \frac{M'(R,\alpha)}{R^n} \sum_k \binom{n}{k} k^n/n!\,.$$

Remplaçant k^n par n^n et appliquant la formule de Stirling, nous voyons que la somme à droite est $O(K^n)$ pour tout $K>2e$. Nous prenons alors ξ complexe de norme$_\alpha \leq 1$, de sorte que ses parties réelle et imaginaire η et ζ sont aussi de norme ≤ 1. Appliquant la formule du binôme et les majorations précédentes, nous avons

$$|(\xi^{\otimes n}\,,\, \lambda_n\,)| \leq C\, n! \frac{M'(R,\alpha)}{R^n} K^n\,.$$

cette fois pour tout $K > 4e$. Sommant alors la série entière, nous avons pour ξ complexe, $\|\xi\|_\alpha \leq \rho$

$$|U(\xi)| \leq C\, M'(R,\alpha) \sum_n (K\rho/R)^n$$

ou encore (avec une autre constante C) $M(\rho,\alpha) \leq CM'(K\rho,\alpha)$ pour tout $K>4e$. On voit donc que la restriction aux ξ réels ne change pas les types de croissance.

5. Produits de Wick. Le *produit de Wick* $S \,{:}\, T$ de deux distributions de Hida est défini par la relation

$$U_{S:T}(\xi) = U_S(\xi) U_T(\xi)$$

(produit ordinaire des f.c.). Cette opération associative et commutative laisse stables les espaces $\mathcal{S}(\Omega)$ et $\mathcal{S}'(\Omega)$ ([MY] p. 387). Le produit de Wick ne fait que transporter, sur les espaces de v.a. ou de v.a. généralisées, le produit tensoriel symétrique o sur les suites de coefficients.

Les intégrales multiples d'Ito $I_n(f_n)$ ($f_n \in \mathcal{S}(\mathbb{R}^n)$) peuvent s'écrire

$$\int_{\mathbb{R}^n} f_n(s_1, \ldots, s_n) \dot{X}_{s_1} : \ldots : \dot{X}_{s_n}\, ds_1 \ldots ds_n$$

En effet, nous avons vu que la f.c. de $\dot{X}_t$ est $\xi \longmapsto \xi(t)$, donc celle de $\dot{X}_{s_1} : \ldots : \dot{X}_{s_n}$ est $\xi(s_1) \ldots \xi(s_n)$, et en intégrant on obtient bien $(\xi^{\otimes n}, f_n)$, *i.e.* la f.c. de $I_n(f_n)$. On notera que la contribution des diagonales dans une telle intégrale est nulle. Par exemple, $\int \dot{X}_s^{:2}\, ds$ étant une distribution finie, la contribution diagonale $\int_{\{s=t\}} \dot{X}_s : \dot{X}_t\, ds\, dt$ est nulle. Il n'en sera plus de même pour les intégrales de Stratonovich.

EXEMPLE. Lorsque $E = \mathbb{R}$, dans l'interprétation gaussienne, on a $h_m : h_n = h_{m+n}$, et comme $h_1(x) = x$ on voit que les polynômes d'Hermite sont les "puissances de Wick" $x^{:n}$.

Sachant ce qu'est le produit de Wick, on est amené à définir l'*exponentielle de Wick* d'une distribution Λ. Ce n'est pas nécessairement une distribution de Hida (nous reviendrons sur ce point), mais si c'en est une, sa fonction caractéristique est égale à $e^{U_\Lambda(\xi)}$. Par exemple, le vecteur exponentiel $\mathcal{E}(\xi)$ est l'exponentielle de Wick de $\xi \in \mathcal{S}(\mathbb{R})$ (identifié à un élément du premier chaos), et l'exponentielle de Wick d'une distribution ω du premier chaos est bien une distribution, de fonction caractéristique $e^{(\xi,\omega)}$. Il est naturel de la noter $\mathcal{E}(\omega)$, et plus généralement de noter $\mathcal{E}(\Lambda)$ l'exponentielle de Wick de la distribution $\Lambda \in \mathcal{S}'(\Omega)$ lorsque c'est une distribution de Hida.

Voici un exemple important où c'est le cas : rappelons que la v.a. généralisée $\dot{X}_t$ a pour fonction caractéristique $\xi \longmapsto \xi(t)$. Nous désignerons par $\mathbb{D}$ la v.a. généralisée $\int \dot{X}_t^{:2}\, dt$, de fonction caractéristique $\int \xi^2(t)dt = |\xi|^2$ (pour ξ réel !). La notation $\mathbb{D}$ signifie "diagonale" ; la notation usuelle Δ suggérerait trop un laplacien. Cette distribution appartient au second chaos, avec comme coefficient d'Ito la mesure portée par la diagonale $f \longmapsto 2\int f(u,u)du$. Alors l'exponentielle de Wick $\mathcal{E}(c\mathbb{D})$ admet, pour tout c réel, la fonction caractéristique $e^{c|\xi|^2}$ (ξ réel), et celle-ci est bien de type $(2,0)$ (et donc de type $(2,\alpha)$ pour $\alpha > 0$). Pour $c = (\sigma^2 - 1)/2$ on peut interpréter cette distribution comme la mesure gaussienne du bruit blanc de variance σ^2. Le théorème de Potthoff–Streit montre de plus que le produit de Wick avec $\mathcal{E}(c\mathbb{D})$ préserve les espaces de distributions dont la fonction caractéristique est de type $(2,\alpha)$, $\alpha \geq 0$.

REMARQUE. La notation des physiciens $:\ :$ est parfois utilisée de manière informelle, en plaçant au milieu de ce symbole tout objet que l'on a "renormalisé". Il y a aussi une certaine confusion avec l'emploi du nom de Wick pour désigner le "Wick ordering" (ou ordre normal) qui concerne les opérateurs de création et d'annihilation et n'a rien à faire ici. Nous allons décrire maintenant le sens que Potthoff-Yan [1] et divers autres articles donnent au symbole $:\omega^{\otimes n}:$ où $\omega \in \mathcal{S}'(\mathbb{R})$, et expliquer, en anticipant un peu sur la théorie de la valeur fonctionnelle des fonctions-test (n° 8 ci-dessous), la différence entre cette notation et la puissance de Wick $\omega^{:n}$.

Ce que ces articles notent $< f_n\,, :\omega^{\otimes n}: >$ est la *valeur de la v.a. $I_n(f_n)$ au point $\omega \in \mathcal{S}'(\mathbb{R})$*. Ainsi, si $F = \sum_n I_n(f_n)/n!$ est une fonction-test, on a $F(\omega) = \sum_n (f_n, :\omega^{\otimes n}:)/n!$. Prenant $F = \mathcal{E}(\xi)$ nous avons du côté gauche $\exp((\xi,\omega) - |\xi|^2/2)$, qui apparaît comme la fonction caractéristique de la distribution $\sum_n :\omega^{\otimes n}:/n! = :\mathrm{Exp}\,\omega:$. Il est clair que celle-ci *n'est pas* l'exponentielle de Wick $\mathcal{E}(\omega)$, dont la f.c. est $e^{(\xi,\omega)}$: il s'agit en fait de la distribution notée e_ω en (11) ci-dessous. Plus précisément, la f.c. de la distribution $:\omega^{\otimes n}:$ est $|\xi|^n h_n((\xi,\omega)/|\xi|)$ et non $(\xi,\omega)^n$. Il est clair sur cette expression que l'on n'a pas $:(t\omega)^{\otimes n}: = t^n :\omega^{\otimes n}:$.

6. Distributions élargies. A propos de l'exponentielle de Wick, nous pouvons nous demander si l'on peut choisir un espace de vecteurs-test un peu plus petit, mais contenant encore les vecteurs exponentiels $\mathcal{E}(\xi)$, de telle sorte que *toutes les fonctions entières* apparaissent comme fonctions caractéristiques des éléments du dual, et que l'exponentielle de Wick soit permise sans restriction. Il est classique que l'espace des fonctions entières (d'une variable complexe) muni de la convergence compacte admet pour dual l'espace des fonctions entières de type exponentiel. Il est donc naturel de choisir un espace de fonctions-test dont la f.c. soit de type exponentiel. Cette idée a déjà été utilisée par Lee [1], avec un système différent de semi-normes.

Rappelons qu'une fonction entière $V(z) = \sum_n v_n z^n/n!$ est dite *de type exponentiel* si elle satisfait pour un $K>0$ à une majoration de la forme $|V(z)| = O(e^{K|z|})$, et que cela se traduit sur la suite des coefficients $v = (v_n)$ par une propriété de croissance au plus exponentielle

$$\exists C \exists M \quad |v_n| \leq CM^n .$$

Nous aurons besoin de traduire cette propriété en une propriété faisant intervenir un quantificateur universel, de la manière suivante :

$$\forall i \quad q_i(v) = \sum_n \kappa_n(i)|v_n|^2 < \infty ,$$

où q_i est une famille (non dénombrable) de formes quadratiques positives. Un raisonnement initial faisant appel à beaucoup d'"abstract nonsense" nucléaire a été réduit par M. Emery au petit lemme suivant :

Pour que la suite (v_n) soit à croissance exponentielle, il faut et il suffit que l'on ait $\sum_n a_n |v_n|^2 < \infty$, pour tout suite (a_n) de nombres positifs à décroissance plus qu'exponentielle, au sens suivant

$$|a_n| = O(R^{-n}) \quad \textit{pour tout} \quad R > 1 .$$

En effet, cette condition est évidemment nécessaire. Dans l'autre sens, supposons que la suite (v_n) ne soit pas à croissance exponentielle : la suite $\log |v_n|/n$ n'est pas bornée, donc il existe des indices $n_k \uparrow \infty$, des nombres $c_k \uparrow \infty$ tels que $|v_{n_k}| = c_k^{n_k}$. Si l'on pose alors $a_{n_k} = c_k^{-2n_k}$ (et $a_n = 0$ si n n'est pas de la forme n_k), la série $\sum a_n |v_n|^2$ diverge alors que la suite (a_n) est à décroissance plus qu'exponentielle.

La condition de décroissance plus qu'exponentielle signifie aussi que la fonction $\sum_n a_n z^n$ est entière.

Revenons maintenant à l'espace $\mathcal{S}(\mathbb{R})$. Nous dirons que la v.a. (réelle) $F = \sum_n I_n(f_n)/n!$ est un *vecteur-test de type exponentiel* si, pour tout α, la suite des normes$_\alpha$ des f_n est à croissance au plus exponentielle :

$$\| f_n \|_\alpha \leq CM^n .$$

Cet espace contient les vecteurs exponentiels $\mathcal{E}(\xi)$ ($\xi \in \mathcal{S}(\mathbb{R})$), mais il est plus petit que l'espace de Kubo–Yokoi. Compte tenu du lemme précédent, on peut le munir de la topologie définie par la famille filtrante croissante de formes quadratiques positives

$$q_{\kappa,\alpha}(F) = \sum_n \kappa_n \| f_n \|_\alpha^2 ,$$

où la suite $\kappa = (\kappa_n)$ de nombres positifs est à décroissance plus qu'exponentielle.

Le dual de l'espace des vecteurs–test de type exponentiel est alors formé de "distributions de Hida élargies" $\Lambda = \sum_n I_n(\lambda_n)/n!$ telles que, pour au moins une suite κ à décroissance plus qu'exponentielle, et au moins un α, on ait

$$\sup | \sum_n (f_n, \lambda_n)/n! | < \infty$$

le sup étant pris sur les suites $f = (f_n)$ telles que $q_{\kappa,\alpha}(f) \leq 1$. Cela s'écrit encore

$$\sum_n \frac{\| \lambda_n \|_{-\alpha}^2}{(n!)^2 \kappa_n} < \infty$$

Si la suite κ est à décroissance plus qu'exponentielle, il en est de même de la suite $2^n \kappa_n^2$. On peut alors remplacer la condition précédente par l'existence d'une suite à décroissance plus qu'exponentielle (encore notée κ) telle que l'on ait

$$\| \lambda_n \|_{-\alpha} \leq \kappa_n n!$$

ce qui est plus faible que la condition imposée aux distributions de Hida ordinaires, qui s'écrit $\| \lambda_n \|_{-\alpha} \leq \theta_n \sqrt{n!}$ avec une suite (θ_n) à croissance au plus exponentielle.

On peut alors reprendre le raisonnement menant au théorème de Kuo–Potthoff–Streit, et vérifier

— que les fonctions caractéristiques des distributions de Hida élargies sont toutes les fonctions entières sur $\mathcal{S}(\mathbb{R})$, sans restriction de croissance ;

— que les fonctions caractéristiques des vecteurs–test de type exponentiel sont toutes les fonctions entières $V(\xi)$ sur $\mathcal{S}(\mathbb{R})$ qui sont de type $(1, \alpha)$ pour tout α, autrement dit telles que

$$M(R, \alpha) = \sup_{\|\xi\|_\alpha \leq R} |V(\xi)| \leq Ce^{KR} .$$

Ici ξ est un élément complexe de $\mathcal{S}(\mathbb{R})$ mais on peut, comme dans la démonstration précédente, se ramener à majorer $V(z\xi)$ pour ξ réel et z complexe.

EXEMPLE. Pour comprendre à quoi ressemblent les vecteurs–test de type exponentiel, revenons au cas d'un espace de dimension 1, pour lequel les fonctions–test de Kubo–Yokoi constituent, dans l'interprétation "plate", l'espace $\mathcal{S}(\mathbb{R})$, et les vecteurs exponentiels $\mathcal{E}(t)$ sont de la forme $e^{tx - t^2/2}\sqrt{\gamma}$. Les nouvelles fonctions–test F sont donc caractérisées par la propriété que $\int e^{tx - t^2/2}\sqrt{\gamma(x)}F(x)\,dx$ est prolongeable en une fonction entière de type exponentiel. Changeant t en it, et appliquant le théorème de Paley–Wiener, cela signifie que l'on a une relation de la forme

$$\int e^{itx} F(x)\sqrt{\gamma(x)}\,dx = e^{-t^2/2}\hat{\lambda}(t) = (\gamma * \lambda)\hat{}$$

où λ est une distribution à support compact et $\hat{}$ désigne la transformée de Fourier. Autrement dit, on a $F\sqrt{\gamma} = \gamma * \lambda$. Lorsque λ est une masse unité ε_t, on a $F(x) =$

$\gamma(x)^{-1/2}\gamma(x-t) = \mathcal{E}_t(x)$ (dans l'interprétation plate). Finalement, les fonctions–test de type exponentiel sont de la forme

$$F(x) = \int \mathcal{E}_t(x)\,\lambda(dt)$$

où λ est une distribution à support compact.

7. Traces. Nous rappelons ici un certain nombre de définitions et résultats concernant les traces ([MY] p. 390).

L'opérateur de trace Tr transforme la fonction symétrique $f_n(s_1,\ldots,s_n)$ de n variables (assez régulière) en la fonction symétrique de $n-2$ variables $\int f_n(s_1,\ldots,s_{n-2},s,s)\,ds$ (si $n = 0,1$, en la fonction 0). On prolonge ensuite Tr en un opérateur sur les suites $f = (f_n)$ de coefficients.

Par exemple ([MY] p. 391), dans le cas de la dimension 1, la "trace" de la suite (u_n) est la suite (u_{n+2}). Dans l'interprétation gaussienne, la fonction $\sum_n u_n h_n(x)/n!$ est ainsi transformée en la fonction $\sum_n u_{n+2} h_n(x)/n!$, qui peut s'écrire $\sum_p u_p h_p''(x)/p!$ si l'on se rappelle que $h_n' = nh_{n-1}$. Autrement dit, l'opérateur de trace est la dérivée seconde en dimension 1, et en dimension finie > 1 c'est le laplacien ordinaire. En dimension infinie, c'est un opérateur non fermable, qui est encore sur $\mathcal{S}(\Omega)$ (à un facteur 2 près) le générateur du semi-groupe de Wiener (*cf.* Yan [2]).

On trouve dans l'article de Kubo–Yokoi le résultat suivant (*cf.* [MY] p. 385) : l'opérateur Tr sur les suites de coefficients $f = (f_n)$ satisfait pour $\alpha > 1/4$, $\varepsilon > 0$ à une inégalité

$$\|\operatorname{Tr}(f)\|_\alpha \le k(\alpha,\varepsilon)\,\|f\|_{\alpha+\varepsilon}\ . \tag{9}$$

Pour un résultat plus précis, voir Yan [2]. Il en résulte que l'opérateur Tr préserve les vecteurs–test. Nous allons dans un instant retrouver cela d'une autre manière.

Si l'on passe des suites de coefficients aux vecteurs–test ou distributions correspondants, on a la relation (F, G désignant deux vecteurs–test)

$$(F, \operatorname{Tr} G) = (\mathbb{D} : F, G)\ , \tag{10}$$

de sorte que Tr apparaît comme le transposé du produit de Wick avec $\mathbb{D}$. Cela se voit très simplement pour $F = \mathcal{E}(\xi)$, $G = \mathcal{E}(\eta)$, car alors $\operatorname{Tr} G = |\eta|^2 G$, tandis que du côté droit de (10) nous avons la f.c. de $\mathbb{D} : \mathcal{E}(\xi)$ calculée en η, ce qui vaut bien $|\eta|^2 e^{(\xi,\eta)}$.

La distribution $\mathbb{D}$ ayant pour f.c. un polynôme (croissance du type $(0,0)$), le produit de Wick avec $\mathbb{D}$ préserve les distributions de Hida (ordinaires ou élargies), mais on constate qu'il ne préserve pas les vecteurs–test de Kubo–Yokoi. Par transposition, l'opérateur Tr préserve les vecteurs–test (de Kubo–Yokoi ou de type exponentiel), mais on ne peut pas toujours définir la trace d'une distribution. De même, le produit de Wick avec $e^{:\lambda\mathbb{D}}$, dont la fonction caractéristique est de type $(2,0)$, préserve les distributions de Hida ordinaires ou élargies. Par transposition, on voit que les opérateurs $e^{\lambda \operatorname{Tr}}$ préservent les vecteurs–test de Kubo–Yokoi (résultat dû à Potthoff–Yan), et les vecteurs–test de type exponentiel.

8. Valeur fonctionnelle. Dans l'interprétation gaussienne, nous avons dit que le vecteur–test $F = \mathcal{E}(\eta)$, de fonction caractéristique $e^{(\xi,\eta)}$, s'interprète comme la *fonction* $e^{(\eta,\omega)-|\eta|^2/2}$ sur l'espace de Wiener Ω, (η,ω) étant l'intégrale stochastique $\int \eta(s)\,dX_s(\omega)$. Cette expression a alors un sens pour tout $\omega \in \mathcal{S}'(\mathbb{R})$, et nous l'appellerons la *valeur fonctionnelle* du vecteur exponentiel $F = \mathcal{E}(\xi)$, ou l'*évaluation* $F(\omega)$ de F au point $\omega \in \mathcal{S}'(\mathbb{R})$. Nous allons calculer cette valeur fonctionnelle comme valeur ordinaire (=dualité) de F et d'une autre distribution, la ***masse unité*** ϵ_ω ***au point*** ω

(11) $$F(\omega) = (F, \epsilon_\omega)\,,$$

qui se calcule par la formule fondamentale suivante

(12) $$\epsilon_\omega = e^{:-\mathbb{D}/2} : \mathcal{E}(\omega) = \epsilon_0 : \mathcal{E}(\omega)\,.$$

En effet, la formule (11) nous donne la fonction caractéristique de ϵ_ω, qui est $e^{(\xi,\omega)-|\xi|^2/2}$. D'autre part, si l'on identifie ω à une distribution du premier chaos, sa fonction caractéristique est (ξ,ω) et celle de $\mathcal{E}(\omega)$ est $e^{(\xi,\omega)}$, tandis que la f.c. de l'exponentielle de Wick $\epsilon^{:-\mathbb{D}/2}$ est $e^{-|\xi|^2/2}$. Il ne reste plus qu'à multiplier les f.c., ce qui revient à faire un produit de Wick. Prenant $\omega = 0$, on voit que l'exponentielle de Wick précédente n'est rien d'autre que la distribution ϵ_0, d'où la seconde partie de la formule (12).

Ainsi, un vecteur–test s'interprète comme une fonction partout définie, non seulement sur l'espace de Wiener classique, mais sur $\mathcal{S}'(\mathbb{R})$. Kubo–Yokoi montrent que cette fonction est continue sur $\mathcal{S}'$ (pour la topologie forte). L'article de Potthoff–Yan montre qu'elle est, en un certain sens, indéfiniment différentiable et même analytique.

Le fait de travailler avec des fonctions partout définies permet de donner un sens à certaines transformations sur les fonctions–test, telles que les dilatations, ou les translations arbitraires. L'étude de la régularité de ces opérations est due à Potthoff–Yan. Commençons par les dilatations, en définissant $D_{1/\lambda}F = G$ $(\lambda \in \mathbb{R})$ par

$$G(\omega) = F(\lambda\omega)\,.$$

Lorsque $F = \mathcal{E}(\eta)$, on a en remplaçant ω par $\lambda\omega$ dans l'expression de F

$$G = e^{(\lambda^2-1)\,|\eta|^2/2}\mathcal{E}(\lambda\eta)$$

donc $g_n = \lambda^n e^{(\lambda^2-1)\,|\eta|^2/2}\eta^{\otimes n}$. ce qui peut se traduire par l'application successive, à la suite de coefficients $\eta^{\otimes n}$, de deux opérateurs successifs : d'abord $e^{(\lambda^2-1)/2\,\mathrm{Tr}}$, qui multiplie toute la suite par $e^{(\lambda^2-1)\,|\eta|^2/2}$, puis l'opérateur de seconde quantification $\Gamma(\lambda I)$, qui multiplie par λ^n le coefficient du n–ième chaos. Ainsi

(13) $$D_{1/\lambda} = \Gamma(\lambda I)\,e^{(\lambda^2-1)/2\,\mathrm{Tr}}$$

et d'après ce que nous avons vu plus haut, cette opération préserve les vecteurs–test de type exponentiel.

Les translations sont étudiées au n° 11.

9. Intégrales multiples de Stratonovich. Soit $F = I(f) = \sum_n I_n(f_n)/n!$ une fonction–test. Nous définirons la suite $\tilde{f} = (\tilde{f}_n)$ des *coefficients de Stratonovich* de F, et nous écrirons $F = S(\tilde{f})$, par la condition que, pour $\omega \in \mathcal{S}'(\mathbb{R})$

$$(14) \qquad F(\omega) = (F, \epsilon_\omega) = \sum_n (\tilde{f}_n, \omega^{\otimes n})/n! \,.$$

Autrement dit, la valeur fonctionnelle de l'intégrale de Stratonovich $S(\tilde{f})$ au point ω se calcule simplement par la formule

$$(15) \qquad (S(f)(\omega) = \sum_n (\tilde{f}_n \,, \omega^{\otimes n})/n! \,.$$

Utilisant dans la formule (14) la relation $\epsilon_\omega = e^{:\mathbb{D}/2:}\mathcal{E}(\omega)$ et le fait que le produit de Wick avec $\mathbb{D}$ est le transposé de l'opérateur Tr, on a

$$(16) \qquad \tilde{f} = e^{-1/2\,\mathrm{Tr}} f \,.$$

Nous avons vu plus haut que cette opération préserve les vecteurs–test de type exponentiel. En inversant l'exponentielle, on peut définir l'*intégrale de Stratonovich* $S(f)$ d'une suite $f = (f_n)$ suffisamment régulière par la propriété

$$(17) \qquad S(f) = I(e^{1/2\,\mathrm{Tr}} f) \,.$$

Par exemple, l'intégrale de Stratonovich $\frac{1}{2}\int_{(S)} f(s) f(t)\, dX_s(\omega)\, dX_t(\omega)$ vaut

$$\frac{1}{2}\int f(s) f(t)\, dX_s(\omega)\, dX_t(\omega) + \frac{1}{2}\int f(s)^2\, ds \,,$$

et l'intégrale de Stratonovich de la suite $f_n = \xi^{\otimes n}$ vaut $e^{(\xi,\omega)}$ au point ω.

REMARQUES. a) Soit (f_n) une suite suffisamment régulière, dont nous considérons l'intégrale d'Ito $F = I(f) = \sum_n I_n(f_n)/n!$ et l'intégrale de Stratonovich $S(f)$. La valeur fonctionnelle de $S(f)$ au point $\xi \in \mathcal{S}(\mathbb{R})$ vaut $\sum_n (\xi^{\otimes n}, f_n)/n!$, ce qui est aussi la f.c. $U_F(\xi)$.

b) En dimension 1 et dans l'interprétation gaussienne, "l'intégrale d'Ito" de la suite (u_n) est la série de polynômes d'Hermite $\sum_n a_n h_n(x)/n!$, tandis que "l'intégrale de Stratonovich" est la série de Taylor $\sum_n a_n x^n/n!$.

10. Produit de Wiener. La multiplication ordinaire des v.a. représentatives sera appelée *produit de Wiener* ci-dessous, lorsqu'il sera nécessaire de l'opposer au produit de Wick, ou éventuellement à d'autres multiplications possibles. On peut définir le produit de Wiener de deux fonctions–test (qui est une fonction–test), le produit de Wiener d'une fonction–test par une distribution de Hida (qui est une distribution de Hida). Tous ces calculs reposent sur la *formule de multiplication des intégrales stochastiques*. Des résultats précis sur le produit de Wiener sont ceux de Potthoff–Yan [1] et de Yan [1].

Reproduisons le passage de [MY] qui décrit ces calculs : si l'on pose

$$f = \sum_m \frac{1}{m!} I_m(f_m) \,, \quad g = \sum_n \frac{1}{n!} I_n(g_n) \,, \quad h = fg = \sum_p \frac{1}{p!} I_n(h_p) \,,$$

la fonction h_p est donnée par

(18) $$h_p = \sum_{\mu+\nu=p} \frac{p!}{\mu!\,\nu!} \sum_k \frac{1}{k!} (f_{\mu+k} \underset{k}{=} g_{\nu+k})$$

Ce dernier symbole est une *contraction d'ordre* k. Etant donnés trois espaces de Hilbert H, K et E, f et g deux éléments de $H \otimes E$ et $E \otimes K$ respectivement, on peut définir leur contraction $f \underset{E}{=} g \in H \otimes K$, de telle sorte que

$$(f \otimes x) \underset{E}{=} (y \otimes g) = (x, y) f \otimes g$$

(pour des Hilbert complexes, le second espace serait $E' \otimes K$ et non $E \otimes K$ afin que la contraction soit une opération bilinéaire). On a $\| f \underset{E}{=} g \| \le \|f\| \, \|g\|$.

A partir de ces résultats, nous allons établir la stabilité par produit de l'espace des fonctions–test de type exponentiel. Avec les notations ci–dessus, nous avons pour tout α

$$\| f_n \|_\alpha \,,\ \| g_n \|_\alpha \le C M^n$$

et par conséquent $\| f_{\mu+k} \underset{k}{=} g_{\nu+k} \|_\alpha \le C^2 M^{\mu+\nu+2k}$; on voit ensuite que la norme$_\alpha$ de la somme en k de (18) est majorée par $C' M^{\mu+\nu}$, après quoi on obtient $\| h_p \|_\alpha \le C'(2M)^p$, prouvant que h est aussi de type exponentiel.

11. Translations, etc. La translation τ_ξ ($\xi \in \mathcal{S}(\mathbb{R})$) consiste à ajouter ξ à la dérivée du mouvement brownien (et non au mouvement brownien lui même). On vérifie aussitôt que $\tau_\xi \mathcal{E}(\eta) = e^{(\xi,\eta)} \mathcal{E}(\eta)$, et on en déduit

(19) $$(\tau_\xi \mathcal{E}(\eta), \mathcal{E}(\zeta)) = e^{(\xi+\zeta,\eta)} = (\mathcal{E}(\eta), \mathcal{E}(\xi+\zeta)) = (\mathcal{E}(\eta), \mathcal{E}(\xi) : \mathcal{E}(\zeta)) .$$

On peut alors étendre cette formule en remplaçant $\mathcal{E}(\eta)$ par un vecteur–test, de sorte que que la translation par ξ et le produit de Wick par $\mathcal{E}(\xi)$ restent adjoints l'un de l'autre. La translation τ_ξ préserve les fonctions–test et on peut ensuite l'étendre à nouveau, cette fois aux distributions Λ. La fonction caractéristique de $\tau_\xi \Lambda$ vaut alors

(20) $$(\tau_\xi \Lambda, \mathcal{E}(\eta)) = (\Lambda, \mathcal{E}(\xi) : \mathcal{E}(\eta)) = U_\Lambda(\xi + \eta) .$$

On en déduit que la translation préserve les espaces de vecteurs–test et de distributions que nous avons définis plus haut. Une autre expression utile de la translation des distributions est

(21) $$\tau_\xi \Lambda = (\mathcal{E}(\xi) \Lambda) : \mathcal{E}(-\xi) .$$

On peut utiliser cela pour calculer la fonction caractéristique du produit de Wiener d'une fonction–test f par une distribution Λ. Nous avons

$$U_{f\Lambda}(\xi) = (f\Lambda, \mathcal{E}(\xi)) = (\Lambda, f\mathcal{E}(\xi)) = (\Lambda, (f\mathcal{E}(\xi)) : \mathcal{E}(-\xi) : \mathcal{E}(\xi)) = (\tau_\xi \Lambda, \tau_\xi f)$$

REMARQUE. Cette dernière formule est étroitement liée à une expression, due à Krée, qui donne la f.c. W d'un produit de Wiener en fonction des f.c. U, V des facteurs.

Cette expression utilise un produit scalaire de deux fonctions entières U, V sur $\mathcal{S}(\mathbb{R})$, qui n'est pas toujours défini, mais qui se calcule ainsi : on prend une base orthonormale (e_i) de $\mathcal{S}(\mathbb{R})$ comme au début, et on développe dans cette base $\xi = \sum_i \xi^i e_i$, puis $U(\xi) = \sum_a u_a \xi^a / a!$ (rappelons que $\xi^a = \prod_{i \in a} \xi^i$, en comptant les multiplicités). Avec ces notations

$$(U, V) = \sum_a u_a v_a / a! \,.$$

Par exemple, si $U(\xi) = e^{(\xi,\rho)}$ $(\rho \in \mathcal{S})$, fonction caractéristique de $\mathcal{E}(\rho)$, on a $u_a = \rho^a$ et alors

$$(e^{(\cdot,\rho)}, e^{(\cdot,\sigma)}) = \sum_a \rho^a \sigma^a / a! = e^{(\rho,\sigma)} = (\mathcal{E}(\rho), \mathcal{E}(\sigma)) \,,$$

comme il convient pour que le produit scalaire de deux fonctions-test soit le même que celui de leurs fonctions caractéristiques. Dans ces conditions, la formule de Krée est

$$W(\xi) = (U(\xi+\eta), V(\xi+\eta))_\eta \tag{22}$$

où le produit scalaire est pris en la variable η. On trouvera dans les articles de Potthoff–Yan [1], Yan [1][2], des conditions plus précises assurant que le produit de Wiener d'éléments des classes Γ_α et Γ_β est une distribution bien définie.

12. Mesures positives. Le problème de construction de mesures positives sur l'espace de Wiener a été considéré par de nombreux auteurs. Ce que nous allons dire ici est emprunté à Yokoi [1], avec la petite modification consistant à utiliser l'espace des fonctions-test de type exponentiel au lieu des fonctions-test de Kubo–Yokoi.

Considérons d'abord une mesure positive bornée μ sur $\mathcal{S}'(\mathbb{R})$. Depuis le début de la théorie des distributions aléatoires, on utilise l'outil fondamental qu'est la transformée de Fourier de μ, c'est à dire

$$\widehat{\mu}(\xi) = \int e^{i(\xi,\omega)} \mu(d\omega) \,.$$

Si μ est aussi une distribution de Hida (au sens large), nous pouvons aussi considérer la fonction caractéristique de μ

$$U_\mu(\xi) = (\mathcal{E}(\xi), \mu) = \int e^{(\xi,\omega) - |\xi|^2/2} \mu(d\omega)$$

Cette fonction caractéristique étant entière, on a

$$\widehat{\mu}(\xi) = e^{-|\xi|^2/2} U_\mu(i\xi)$$

qui est une fonction complexe sur $\mathcal{S}(\mathbb{R})$, continue à l'origine en vertu des majorations que nous avons imposées aux fonctions entières. Cette remarque simple donne deux résultats très utiles.

1) D'après le théorème de Minlos, pour exprimer qu'une distribution de Hida élargie Λ est une mesure positive, on écrit que la fonction $e^{-|\xi|^2/2} U_\Lambda(i\xi)$ est de type positif sur $\mathcal{S}(\mathbb{R})$.

2) Inversement, une mesure positive bornée μ sur $\mathcal{S}'(\mathbb{R})$ est représentable comme distribution de Hida élargie si et seulement si sa transformée de Fourier se prolonge en une fonction entière sur le complexifié de $\mathcal{S}(\mathbb{R})$.

Lindstrøm, Øksendal et Ubøe [1] ont fait la remarque intéressante que, si deux distributions de Hida élargies, de fonctions caractéristiques U et V, sont des mesures positives μ et ν, leur produit de Wick est aussi une mesure positive. En effet, la fonction $U(i\xi)V(i\xi)e^{-|\xi|^2}$ est alors de type positif, et le reste après multiplication par la fonction de type positif $e^{|\xi|^2/2}$. D'autre part, la convolution $\mu * \nu$ a pour fonction caractéristique $U_\mu(\xi)U_\nu(\xi)e^{-\|\xi\|^2/2}$, et on voit que c'est une distribution de Hida élargie.

RÉFÉRENCES

HU (Y.Z.) et MEYER (P.A.) [1]. Chaos de Wiener et intégrales de Feynman; Sur les intégrales multiples de Stratonovitch, *Sém. Prob. XXII*, Lect. Notes in M. **1321**, 1988, p. 51-71.

KONDRATIEV (Yu. V.) et SAMOILENKO (Yu. S.) [1]. Integral representation of generalized positive definite kernels of an infinite number of variables. *Soviet Math. Dokl.*, **17 (227)**, 1976, p. [] .

KONDRATIEV (Yu. V.) et SAMOILENKO (Yu. S.) [2]. The spaces of trial and generalized functions of an infinite number of variables. *Reports Math. Phys.*, 14, 1978, p. 325-350.

KONDRATIEV (Yu. V.) et SAMOILENKO (Yu. S.) [3]. Nuclear spaces of entire functions in problems of infinite dimensional analysis. *Soviet Math. Dokl.*, **22 (254)**, 1980, p. 588-592.

KOREZLIOGLU (H.) et USTUNEL (A.S.) [1]. A new class of distributions on Wiener spaces. *Stochastic Analysis and Related Topics II, Silivri 1988*, LN **1444**, p. 106-121, Springer 1990.

KRÉE (P.) [1]. *Séminaire sur les équations aux dérivées partielles en dimension infinie*, exposés 3–4, 1976–77. Institut Henri-Poincaré, Paris, 1978.

KRÉE (P.) [2]. La théorie des distributions en dimension quelconque et l'intégration stochastique. *Proc. of the 1986 Silivri Conference*, H. Korezlioglu et S. Ustunel, ed.. Lect. Notes in M. **1316**, Springer 1988.

KUBO (I.) et YOKOI (Y.) [1]. A remark on the space of testing random variables in the white noise calculus, *Nagoya Math. J.*, **115**, 1989, p. 139-149.

KUO (H.H.), POTTHOFF (J.) et STREIT (L.) [1]. A characterization of white noise test functionals. *Prépublication*, BiBoS Bielefeld, 1990.

LEE (Y.J.) [1]. Generalized functions on infinite dimensional spaces and its application to white noise calculus, *J. Funct. Anal.*, **82**, 1989, p. 429-464.

LEE (Y.J.) [2]. Analytic version of test functionals, Fourier transforms, and a characterization of measures in white noise calculus. *Prépublication*, 1990.

LINDSTRØM (T.), ØKSENDAL (B.) et UBØE (J.) [1]. Dynamical systems in random media : a white noise functional approach. *Prépublication*, Université d'Oslo, 1990.

MEYER (P.A.) et YAN (J.A.) [1]. Distributions sur l'espace de Wiener (suite) d'après Kubo et Yokoi. *Sém. Prob. XXIII*, Lect. Notes in M. **1372**, 1989, p. 382-392.

POTTHOFF (J.) et STREIT (L.) [1]. A characterization of Hida distributions. *Prépublication* n° 406, BiBoS Bielefeld, 1989.

POTTHOFF (J.) et YAN (J.A.) [1]. Some results about test and generalized functionals of white noise. *Proc. Singapore Prob. Conference*, L.H.Y. Chen ed., 1989.

YAN (J.A.) [1]. Products and transforms of white noise functionals. A paraître.

YAN (J.A.) [2]. Notes on the Wiener semigroup and renormalization. Ce volume.

YOKOI (I.) [1]. Positive generalized white noise functionals, *Hiroshima Math. J.*, **20**, 1990, p. 137-157.

ERRATA A L'ARTICLE [MY]. Page 384, ligne -12, lire $K = \mathcal{S}(\mathbb{R})$. Dans les formules centrées lire $|a_n|^2$ au lieu de $\|a_n\|^2$ et de même $|\varphi_n|^2$ p. 385 ligne 11. Dans la formule (9), lire $c_n^{-2\alpha}$. Deux lignes plus bas lire $\delta(\alpha)$. Page 386 ligne -2 lire $\mathcal{Y}(\Omega)$ au lieu de $\mathcal{S}(\Omega)$.

Added in press:

Correction à Meyer–Yan, "sur les fonctions caractéristiques..." J. Potthoff nous a signalé que l'article de Potthoff–Streit présenté ici contient une imprécision (découverte par N. Obata). Il ne suffit pas de supposer que les fonctions $z \longmapsto F(z\xi)$ sont prolongeables en fonctions entières de z, car la linéarité en ξ de la dérivée en 0 (qui est utilisée dans les démonstrations) n'est pas automatique, mais exige un minimum de régularité. Nous avons suivi l'article de Potthoff–Streit sur ce point sans remarquer la difficulté. Il n'y a aucun problème si l'on suppose que les fonctions $F(z_1\xi_1 + z_2\xi_2)$ sont prolongeables, et cela fait qu'en pratique le théorème de Potthoff–Streit s'applique sans modification.

Notes on the Wiener Semigroup and Renormalization*

J.A. YAN

Institute of Applied Mathematics, Academia Sinica

P.O.Box 2734, Beijing 100080, China

Abstract. In this paper, by using white noise analysis (e.g. Wick product, scaling trasformation) we obtain some results about the ∞-dim. Wiener semigroup. A precise definition of renormalization in white noise analysis is also proposed. The main results are Theorems 2.2, 2.4, 2.5, and 3.2.

1. Introduction and Preliminaries

In this paper we consider the following Gel'fand triple

$$(S)^* \supset (\mathcal{L}^2) = \mathcal{L}^2(S'(\mathbb{R}), \mu) \supset (S)$$

where μ is the white noise measure on $S'(\mathbb{R})$, the Schwartz space of tempered distributions. Let A denote the self-adjoint operator $-\frac{d^2}{dt^2} + 1 + t^2$ in $\mathcal{L}^2(\mathbb{R})$. For each $p \geq 0$ we put $S_p(\mathbb{R}) = Dom(A^p)$ and $(S)_p = Dom(\Gamma(A^p))$, where $\Gamma(A^p)$ stands for the second quantization of A^p. We denote by $S_{-p}(\mathbb{R})$ (resp. (S_{-p})) the dual of $S_p(\mathbb{R})$ (resp. (S_p)). Let $\hat{S}_p(\mathbb{R}^n)$ denote the subspace of all symmetric functions (or distributions) in $S_p(\mathbb{R}^n)$. The norm $|\cdot|_{2,p}$ of $S_p(\mathbb{R}^n)$ is defined by

$$|f^{(n)}|_{2,p} = |(A^p)^{\otimes n} f^{(n)}|_2$$

where $|\cdot|_2$ is the norm of $L^2(\mathbb{R}^n)$. Each element ϕ of $(S)_p$ corresponds uniquely to a sequence $(f^{(n)}), f^{(n)} \in \hat{S}_p(\mathbb{R}^n)$, verifying

$$||\phi||_{2,p}^2 = \sum_{n=0}^{\infty} n! |f^{(n)}|_{2,p}^2 < \infty$$

where $||\cdot||_{2,p}$ denotes the norm of $(S)_p$. We write $\phi \sim (f^{(n)}$ for this correspondance. We have

---

Work supported by the National Natural Science Foundation of China
AMS Subject Classification: 60H99

$$S(\mathbb{R}^n) = \cap_{p\geq 0} S_p(\mathbb{R}^n),\ S'(\mathbb{R}^n) = \cup_{p\geq 0} S_{-p}(\mathbb{R}^n)$$
$$(S) = \cap_{p\geq 0}(S)_p,\ (S)^* = \cup_{p\geq 0}(S)_{-p}.$$

The elements of (S) (resp. (S^*)) are called Hida test functionals (resp. Hida distributions).

Now we recall some basic notions and facts in white noise analysis, we denote by $< \cdot, \cdot >$ (resp. $\ll \cdot, \cdot \gg$) the dual pairing between $S_{-p}(\mathcal{R}^n)$ and $S_p(\mathbb{R}^n)$ (resp. between $(S)_{-p}$ and $(S)_p$), p running over $\mathbb{R}_+$. Let $\phi \in (S)_p$, $\phi \in (S)_{-p}$ with $\phi \sim (F^{(n)}), \psi \sim (G^{(n)})$. Then

$$\ll \phi, \psi \gg = \sum_{n=0}^{\infty} n! < F^{(n)}, G^{(n)} > . \tag{1.1}$$

Let $\xi \in S(\mathbb{R})$. Put

$$\mathcal{E}(\xi) = \exp\{< \cdot, \xi > -\frac{1}{2}|\xi|_2^2\}. \tag{1.2}$$

Then $\mathcal{E}(\xi) \in (S)$. Thus for each $\phi \in (S)^*$ we can put

$$S\phi(\xi) = \ll \phi, \mathcal{E}(\xi) \gg,\ \xi \in S(\mathbb{R}) \tag{1.3}$$

We call $S\phi$ the S-transform of ϕ. Let $\phi, \psi \in (S)^*$. Assume that $\phi \sim (F^{(n)})$ and $\psi \sim (G^{(n)})$. Put

$$H^{(n)} = \sum_{k+j=n} F^{(k)} \hat{\otimes} G^{(j)}.$$

Then $(H^{(n)})$ corresponds to an element of $(S)^*$, which is denoted by $\phi : \psi$ and called the Wick product of ϕ and ψ. We have

$$S(\phi : \psi) = S\phi \cdot S\psi \tag{1.4}$$

It is shown in Meyer-Yan [5] that we have

$$||\phi : \psi||_{2,p} \leq ||\phi||_{2,p+\frac{1}{2}} ||\psi||_{2,p+\frac{1}{2}} \tag{1.5}$$

This inequality will play an important role in the sequel.

Let $\phi \in (S)$. It is shown in Kubo-Yokoi [1] that ϕ admets a continuous version $\tilde{\phi}$ of ϕ (see also Lee [4] and Yan [8]).

Let $\lambda \in \mathbb{R}$ and $y \in S'(\mathbb{R})$. It is proved in Potthoff-Yan[6] that the following mappings are continuous from (S) into itself:

$$\phi^{(\lambda)}(\cdot) = \tilde{\phi}(\lambda \cdot),\ \tau_y\phi(\cdot) = \tilde{\phi}(\cdot + y), \phi_{(\lambda)} = \Gamma(\lambda)\phi \tag{1.6}$$

where $\Gamma(\lambda)$ is the second quantization of the multiplication by λ. Namely, if $\phi \sim (F^{(n)})$

then $\Gamma(\lambda)\phi \sim (\lambda^n F^{(n)})$. Moreover, $\Gamma(\lambda)$ is a continuous mapping from $(S)^*$ into itself and we have

$$\|\phi_{(\lambda)}\|_{2,p} \leq \|\phi\|_{2,p+\log_2(|\lambda|\vee 1)} \tag{1.7}$$

because for any $\alpha > 0$ we have

$$|F^{(n)}|_{2,p} \leq 2^{-\alpha n}|F^{(n)}|_{2,p+\alpha} \tag{1.8}$$

Let $x \in S'(I\!R)$. The sequence $(\frac{1}{n!}x^{\otimes n})$ corresponds to a Hida distribution, whose S-transform is $\exp < x, \xi >$, $\xi \in S(I\!R)$. We denote it by $\mathcal{E}(x)$. It is easy to see that

$$\|\mathcal{E}(x)\|_{2,p} = \exp\frac{1}{2}|x|_{2,p}^2 \tag{1.9}$$

It is shown in Potthoff-Yan [6] that for $\phi \in (S)$, $F \in (S)^*$ and $x \in S'(I\!R)$ we have

$$\ll \tau_x\phi, F \gg = \ll \phi, \mathcal{E}(x) : F \gg \tag{1.10}$$

Let $x \in S'(I\!R)$. The evaluation mapping at x is a Hida distribution, denoted by δ_x, whose S-transform is

$$S\delta_x(\xi) = \exp\{< x, \xi > -\frac{1}{2}|\xi|_2^2\},\ \xi \in S(I\!R) \tag{1.11}$$

It is shown in Yan [7] that if $p > \frac{1}{2}$ and $x \in S_{-p}(I\!R)$ then $\delta_x \in (S)_{-p}$. By (1.11) we have

$$\delta_x = \mathcal{E}(x) : \delta_0 \tag{1.12}$$

Let $\lambda \in I\!R\backslash\{0\}$. Put

$$\mu^{(\lambda)}(E) = \mu(E/\lambda),\ E \in \mathcal{B}(S'(I\!R)).$$

It is shown in Potthoff-Yan [6] that the " generalized $R-N$ derivative $\frac{d\mu^{(\lambda)}}{d\mu}$ can be regarded as a Hida distribution, whose S-transform is

$$S\frac{d\mu^{(\lambda)}}{d\mu}(\xi) = \exp\{-\frac{1}{2}(1-\lambda^2)|\xi|_2^2\} \tag{1.13}$$

That means $\frac{d\mu^{(\lambda)}}{d\mu}$ corresponds to the following sequence $(F^{(n)})$:

$$F^{(2k)} = \frac{(\lambda^2-1)^k}{2^k k!}T_r^{\otimes k},\ F^{(2k+1)} = 0 \tag{1.14}$$

where T_r is the trace operator which is an element of $\hat{S}_{-p}(\mathbb{R}^2)$ for any $p > \frac{1}{4}$, and we have

$$|T_r|_{2,-p}^2 = \sum_{n=1}^{\infty} (2n)^{-4p} \tag{1.15}$$

If $\lambda^2 \neq 1$ and p_λ be the number such that $|\lambda^2 - 1||T_r|_{2,-p_\lambda} = 1$, then $\frac{d\mu^{(\lambda)}}{d\mu} \in (S_{-p}$ for $p > p_\lambda$ and $\frac{d\mu^{(\lambda)}}{d\mu} \notin S_{-p_\lambda}$ (see Yan [6]).

Let $\mathcal{X}$ be a vector space. We denote by $C\mathcal{X}$ the complexification of $\mathcal{X}$. If $\mathcal{X}$ is a Hilbert space with the norm $\|\cdot\|$, then the norm of $C\mathcal{X}$ is defined by

$$\|x + iy\|^2 = \|x\|^2 + \|y\|^2. \tag{1.16}$$

Let $p > \frac{1}{2}$. It is shown in Lee [4] that each $\phi \in (S)_p$ admets an analytic extension $\tilde{\phi}$ on $CS_{-p}(\mathbb{R})$ and we have

$$\ll \phi, \delta_z \gg = \tilde{\phi}(z), \ z \in CS_{-p}(\mathbb{R}), \tag{1.17}$$

where δ_z is a complex Hida distribution whose S-transform is

$$S\delta_z(\xi) = \exp\{< z, \xi > -\frac{1}{2}|\xi|_2^2\}, \ \xi \in S(\mathbb{R})$$

(see also Yan [8]). Recall that $\|A^{-p}\|_{H.S.}^2 = \sum_{n=1}^{\infty}(2n)^{-2p} < \infty$ for $p > \frac{1}{2}$, so we have $\mu(S_{-p}(\mathbb{R})) = 1$. The restriction of $\tilde{\phi}$ to $S_{-p}(\mathbb{R})$ is a continuous version of ϕ.

The main purpose of this paper is to study the ∞-dim. Wiener semigroup by using white noise analysis and give a precise definition of renormalizations in white noise analysis.

2. The ∞-Dimensional Wiener Semigroup and White Noise Analysis

In this section we shall study the ∞-dim. Wiener semigroup by using white noise analysis. This investigation was initiated in a joint work with H.H.Kuo and J.Potthoff (see [3]).

We begin with introducing some operators acting on (S).

Definition 2.1 Let $\lambda \in \mathbb{R}\backslash\{0\}$. For each $\phi \in (S)$ we put

$$R_\lambda \phi = (\phi_{(\lambda)})^{(\frac{1}{\lambda})}, \ R_\lambda^{-1}\phi = (\phi^{(\lambda)})_{(\frac{1}{\lambda})} \tag{2.1}$$

Then R_λ and R_λ^{-1} are continuous mappings from (S) into itself.

Lemma 2.1 Let $\phi \in (S)$ and $F \in (S)^*$. Then for any $\lambda \in \mathbb{R}\backslash\{0\}$ we have

$$\ll \phi^{(\lambda)}, F \gg = \ll \phi, F_{(\lambda)} : \frac{d\mu^{(\lambda)}}{d\mu} \gg \tag{2.2}$$

Proof. If $F \in (S)$ then by using S-transform we can obtain

$$F^{(\frac{1}{\lambda})}\frac{d\mu^{(\lambda)}}{d\mu} = F_{(\lambda)} : \frac{d\mu^{(\lambda)}}{d\mu} \tag{2.3}$$

from which it follows (2.2) for $F \in (S)$. If $F \in (S)^*$, by taking a sequence (F_n) of elements of (S) such that $F_n \to F$ in $(S)^*$, we get (2.2) by using (1.5).

Theorem 2.1 Let $p > \frac{1}{4}$ and $\lambda \neq 0$ be such that $|1-\lambda^2||T_r|_{2,-p} < 1$. R_λ and R_λ^{-1} can be extended to a continuous mapping from $(S)_{p+\frac{1}{2}}$ to $(S)_p$. Moreover, we have the following estimates and equalities:

$$||R_\lambda\phi||_{2,p} \leq C(p,\lambda)||\phi||_{2,p+\frac{1}{2}}, \; ||R_\lambda^{-1}\phi||_{2,p} \leq C(p,\lambda)||\phi||_{2,p+\frac{1}{2}} \tag{2.4}$$

$$\ll R_\lambda\phi, F \gg = \ll \phi, F : (\frac{d\mu^{(\frac{1}{\lambda})}}{d\mu})_{(\lambda)} \gg, \tag{2.5}$$

$$\ll R_\lambda^{-1}\phi, F \gg = < \phi, F : \frac{d\mu^{(\lambda)}}{d\mu} \gg \tag{2.6}$$

where $\phi \in (S)_{p+\frac{1}{2}}$, $F \in (S)_{-p}$ and $C(p,\lambda) = ||\frac{d\mu^{(\lambda)}}{d\mu}||_{2,-p}$.

Proof. If $\phi \in (S)$ and $F \in (S)^*$ we obtain (2.5) and (2.6) from (2.2). By using (1.5) we get (2.5) and (2.6) for $\phi \in (S)_{p+\frac{1}{2}}$ and $F \in (S)_{-p}$. Since

$$\frac{d\mu^{(\lambda)}}{d\mu} \sim (\frac{(\lambda^2-1)^k}{k!2^k}T_r^{\otimes k}), (d\mu^{(\frac{1}{\lambda})}d\mu)_{(\lambda)} \sim (\frac{(1-\lambda^2)^k}{k!2^k}T_r^{\otimes k})$$

we have

$$||\frac{d\mu^{(\lambda)}}{d\mu}||_{2,-p}^2 = ||(\frac{d\mu^{(\frac{1}{\lambda})}}{d\mu})_{(\lambda)}||_{2,-p}^2 = \sum_{k=0}^{\infty}\frac{(2k)!(|1-\lambda^2||T_r|_{2,-p})^{2k}}{(k!2^k)^2} < \infty \tag{2.7}$$

By (2.5), (2.6), (1.5) and (2.7) we obtain

$$| \ll R_\lambda\phi, F \gg | \leq ||\phi||_{2,p+\frac{1}{2}}||F||_{2,-p}||\frac{d\mu^{(\lambda)}}{d\mu}||_{2,-p}$$

$$| \ll R_\lambda^{-1}\phi, F \gg | \leq ||\phi||_{2,p+\frac{1}{2}}||F||_{2,-p}||\frac{d\mu^{(\lambda)}}{d\mu}||_{2,-p}$$

from which it follows (2.4).

Let $\phi \in (S)$. We put

$$P_t\phi(x) = \int_{S'(I\!R)} \tilde{\phi}(x+\sqrt{t}y)\mu(dy) \tag{2.8}$$

and call $(P_t, t \geq 0)$ the Wiener semigroup. Let $\mu_{x,t}$ denote the gaussian measure on $S'(I\!R)$ with mean value x and variance parameter t. Then we have

$$P_t\phi(x) = \int_{S'(I\!R)} \tilde{\phi}\mu_{x,t}(dy) \tag{2.9}$$

Thus the generalized derivative $\frac{d\mu_{x,t}}{d\mu}$ can be regarded as a Hida distribution and its S-transform is given by

$$S(\frac{d\mu_{x,t}}{d\mu})(\xi) = P_t\mathcal{E}(\xi)(x)$$
$$= \exp\{< x, \xi > -\frac{1}{2}(1-t)|\xi|_2^2\}$$

That means

$$\frac{d\mu_{x,t}}{d\mu} = \mathcal{E}(x) : \frac{d\mu^{(\sqrt{t})}}{d\mu} \tag{2.10}$$

Theorem 2.2 Let $\phi \in (S)$. We have

$$P_t\phi = R^{-1}_{\sqrt{1+t}}\phi \tag{2.11}$$
$$P_t\phi = R_{\sqrt{1-t}}\phi, \; 0 \leq t < 1 \tag{2.12}$$

In particular, P_t is a continuous mapping from (S) into itself.

Proof. By (2.9) and (2.10) we have

$$P_t\phi(x) = \ll \phi, \mathcal{E}(x) : \frac{d\mu^{(\sqrt{t})}}{d\mu} \gg$$
$$= \ll \phi, \delta_x : \frac{d\mu^{(\sqrt{2})}}{d\mu} : \frac{d\mu^{(\sqrt{t})}}{d\mu} \gg$$
$$= \ll \phi, \delta_x : \frac{d\mu^{(\sqrt{1+t})}}{d\mu} \gg \tag{2.13}$$

Thus, from (2.6) and (2.13) we get

$$P_t\phi(x) = \ll R^{-1}_{\sqrt{1+t}}\phi, \delta_x \gg = \widetilde{R^{-1}_{\sqrt{1+t}}\phi}(x).$$

If $0 \leq t < 1$, then by (2.13) and (2.5) we obtain

$$P_t\phi(x) = \ll R_{\sqrt{1-t}}\phi, \delta_x \gg = \widetilde{R_{\sqrt{1-t}}\phi}(x),$$

because we have

$$(\frac{d\mu^{(\frac{1}{\sqrt{1-t}})}}{d\mu})_{(\sqrt{1-t})} = \frac{d\mu^{(\sqrt{1+t})}}{d\mu}.$$

The theorem is proved.

As an application of (2.12) we obtain the following well known result.

Corollary. Let $\phi \in (S)$. Put

$$Q_t\phi(x) = \int \tilde{\phi}(e^{-t}x + \sqrt{1-e^{-2t}}y)\mu(dy) \tag{2.14}$$

Then we have

$$Q_t\phi \doteq e^{-tN}\phi \tag{2.15}$$

where N is the number operator. (Q_t) is called the Ornstein - Uhlenbeck semigroup.

Proof. By (2.14) and (2.12) we have

$$\begin{aligned} Q_t\phi &= (P_{1-e^{-2t}}\phi)^{(e^{-t})} = (R_{e^{-t}}\phi)^{(e^{-t})} = (\phi)_{(e^{-t})} \\ &= \Gamma(e^{-t})\phi = e^{-tN}\phi \end{aligned}$$

Theorem 2.3 Let $\alpha > \frac{1}{4}$ be such that $|T_r|_{2,-\alpha} < \frac{1}{t}$. Then P_t can be extended to a continuous mapping from $(S)_{\alpha+\frac{1}{2}}$ to $(S)_\alpha$ and we have

$$||P_t\phi||_{2,\alpha} \le ||\frac{d\mu^{(\sqrt{1+t})}}{d\mu}||_{2,-\alpha}||\phi||_{2,\alpha+\frac{1}{2}} \tag{2.16}$$

Moreover, for $\phi \in (S)_{\alpha+\frac{1}{2}}$ and $F \in (S)_{-\alpha}$, we have

$$\ll P_t\phi, F \gg = \ll \phi, F : \frac{d\mu^{(\sqrt{1+t})}}{d\mu} \gg \tag{2.17}$$

Proof. (2.17) follows from (2.11) and (2.6). From (2.17) we get (2.16).

Theorem 2.4 Let $\alpha > \frac{1}{4}$ and $\phi \in (S)_{\alpha+\frac{1}{2}}$. Then the following limit exists in $(S)_\alpha$:

$$\Delta\phi = \lim_{t\downarrow 0} \frac{P_t\phi - \phi}{t} \tag{2.18}$$

nd for $F \in (S)_{-\alpha}$ we have

$$\ll \Delta\phi, F \gg = \frac{1}{2} \ll \phi, F : I_2(T_r) \gg \tag{2.19}$$

here $I_2(T_r)$ is a Hida distribution whose S-transform is $SI_2(T_r)(\xi) = |\xi|_2^2$.

$\alpha > \frac{1}{2}$ then we have

$$\widetilde{\Delta\phi}(x) = \lim_{t\downarrow 0} \frac{\widetilde{P_t\phi}(x) - \tilde{\phi}(x)}{t}, \quad x \in S_{-\alpha}(I\!R) \tag{2.20}$$

$$\widetilde{\Delta\phi}(x) = -\widetilde{N\tau_x\phi}(0), \quad x \in S_{-\alpha}(I\!R) \tag{2.21}$$

Proof. We have

$$\lim_{t\downarrow 0} ||\frac{1}{t}(\frac{d\mu^{(\sqrt{1+t})}}{d\mu} - 1) - \frac{1}{2}I_2(T_r)||_{2,-\alpha}^2$$

$$= \lim_{t\downarrow 0} \sum_{k=2}^{\infty} (2k)! \frac{t^{2(k-1)}}{(k!2^k)^2} |T_r|_{2,-\alpha}^{2k} = 0,$$

from which and (1.5) we see that the limit in (2.18) exists in $(S)_\alpha$ and (2.19) holds. Moreover, for $x \in S_{-\alpha}(I\!R)$, by (2.18) and (1.17) we have

$$\widetilde{\Delta\phi}(x) = \ll \Delta\phi, \delta_x \gg = \lim_{t\downarrow 0} \frac{1}{t} \ll P_t\phi - \phi, \delta_x \gg$$

from which we get (2.20). Finally, by using (1.5) we can extend (1.10) to the case where $\phi \in (S)_{\alpha+\frac{1}{2}}$ and $x \in S_{-\alpha}(I\!R), F \in S_{-\alpha}$. Namely, there exists a unique element of $(S)_\alpha$, denoted by $\tau_x\phi$, such that (1.10) holds for any $F \in (S)_{-\alpha}$. Consequently, for $x \in S_{-\alpha}(I\!R)$, we have

$$\begin{aligned}
\widetilde{\Delta\phi}(x) &= \ll \Delta\phi, \delta_x \gg = \frac{1}{2} \ll \phi, \delta_x : I_2(T_r) \gg \\
&= \frac{1}{2} \ll \phi, \mathcal{E}(x) : \delta_0 : I_2(T_r) \gg \\
&= - \ll \phi, \mathcal{E}(x) : N\delta_0 \gg \\
&= - \ll \tau_x\phi, N\delta_0 \gg \\
&= - \ll N\tau_x\phi, \delta_0 \gg = -\widetilde{N\tau_x\phi}(0)
\end{aligned}$$

Here we have used the fact that if $\psi \in (S)_p$ then for any $\varepsilon > 0$ we have $N\psi \in (S)_{p-\varepsilon}$. The theorem is proved.

Example. Let $\xi \in S(I\!R)$. We have

$$\Delta\mathcal{E}(\xi) = \frac{1}{2}|\xi|_2^2\mathcal{E}(\xi)$$

In the literature, the operator 2Δ is often called the Gross Laplacian. The following theorem gives us a good domain of Δ.

Theorem 2.5. Let $\mathcal{D} = \bigcup_{p>\frac{1}{4}}(S)_p$. We define the inductive limit topology on $\mathcal{D}$. Then Δ can be extended to a continuous mapping from $\mathcal{D}$ into itself.

Proof. Let $p > \frac{1}{4}$ and $F \in (S)_{-p}$. Assume that $F \sim (f^{(n)})$. Then we have $F : I_2(T_r) \sim (g^{(n)})$, where

$$g^{(0)} = g^{(1)} = 0, \; g^{(n)} = f^{(n-2)}\hat{\otimes}T_r, \; n \geq 2$$

Therefore, for any $\varepsilon > 0$ if we put

$$C(p,\varepsilon)=\sup_n (n+2)(n+1)2^{-2\varepsilon n}|T_r|^2_{2,-(p+\varepsilon)}$$

then we have (noting that $|f^{(n)}|_{2,-(p+\varepsilon)} \le 2^{-\varepsilon n}|f^{(n)}|_{2,-p}$)

$$\begin{aligned}||F:I_2(T_r)||^2_{2,-(p+\varepsilon)} &= \sum_{n=0}^{\infty} n!|g^{(n)}|^2_{2,-(p+\varepsilon)}\\ &\le \sum_{n=0}^{\infty}(n+2)!|f^{(n)}|^2_{2,-(p+\varepsilon)}|T_r|^2_{2,-(p+\varepsilon)}\\ &\le C(p,\varepsilon)\sum_{n=0}^{\infty} n!|f^{(n)}|^2_{2,-p} = C(p,\varepsilon)||F||^2_{2,-p} \qquad (2.22)\end{aligned}$$

We conclude the theorem by (2.19) and (2.22).

Remark 1. Let $\mathcal{D}=\bigcup_{p>\frac14}(S)_p$. We denote by ∂_t the Hida derivative (i.e. $\partial_t = D_{\delta_t}$, see Potthoff-Yan [6]). It is shown in Yan [7] that ∂_t is a continuous mapping form $\mathcal{D}$ into itself and we have for $\phi \in \mathcal{D}$ and $\psi \in S$

$$\ll \partial_t\phi, \psi \gg = \ll \phi,\ \psi : I_1(\delta_t) \gg . \qquad (2.23)$$

Since $T_r = \int_{-\infty}^{\infty} \delta_t \otimes \delta_t dt$, it follows from (2.23) and (2.19) that for $\phi \in \mathcal{D}$ we have

$$\Delta\phi = \frac{1}{2}\int_{-\infty}^{\infty} \partial_t^2 \phi dt.$$

This formula is due to Kuo [2].

Remark 2. Let $p > \frac14$ and $\phi \in (S)_p$ with $\phi \sim (f^{(n)})$. It is easy to prove that $\Delta\phi \sim (h^{(n)})$ with

$$h^{(n)} = \frac{(n+2)(n+1)}{2} f^{(n+2)}\hat{\otimes}_2 T_r,$$

where $f^{(n+2)}\hat{\otimes}_2 T_r$ is an element of $\hat{S}_p(\mathbb{R}^n)$ verifying

$$< f^{(n+2)}\hat{\otimes}_2 T_r, g^{(n)} > = < f^{(n+2)}, g^{(n)}\hat{\otimes} T_r >, \forall g^{(n)} \in \hat{S}_{-p}(\mathbb{R}^n).$$

Let z be a complex number. We denote formally by $\frac{d\mu^{(z)}}{d\mu}$ a complex Hida distribution whose S-transform is

$$S\frac{d\mu^{(z)}}{d\mu}(\xi) = \exp\{-\frac{1-z^2}{2}|\xi|_2^2\}.$$

If $p > \frac14$ is such that $|T_r|_{2,-p} < \frac{1}{|1-z^2|}$, then $\frac{d\mu^{(z)}}{d\mu} \in C(S)_{-p}$.

The following theorem extends the Wiener semigroup (P_t) to a group $\{P_z, z \in \mathbb{C}\}$.

Theorem 2.6 Let $\phi \in C(S)$ and $z \in \mathbb{C}$. We denote by $P_z\phi$ the unique element of $C(S)$ such that for each $F \in C(S)^*$

$$\ll P_z\phi, F \gg = \ll \phi, F : \frac{d\mu^{(\sqrt{1+z})}}{d\mu} \gg \tag{2.24}$$

Then $(P_z, x \in \mathbb{C})$ is a group acting on $C(S)$ which extends the Wiener semigroup $(P_t, t \in \mathbb{R}_+)$. Moreover, for each $x \in S'(\mathbb{R})$ we have

$$\widetilde{P_z\phi}(x) = \ll \phi, \mathcal{E}(x) : \frac{d\mu^{(\sqrt{z})}}{d\mu} \gg \tag{2.25}$$

If $p > \frac{1}{4}$ is such that $|T_r|_{2,-p} < \frac{1}{|1-z^2|}$, then P_z can be extanded to a continuous mapping from $C(S)_{p+\frac{1}{2}}$ to $C(S)_p$.

Proof. By (1.5) we can prove the existence of $P_z\phi$ verifying (2.24). The group property of (P_z) follows from the following trivial fact:

$$\frac{d\mu^{(\sqrt{1+z_1})}}{d\mu} : \frac{d\mu^{(\sqrt{1+z_2})}}{d\mu} = \frac{d\mu^{(\sqrt{1+z_1+z_2})}}{d\mu} \tag{2.26}$$

By (2.24) and (1.17) we have

$$\begin{aligned}\widetilde{P_z\phi}(x) &= \ll P_z\phi, \delta_x \gg = \ll \phi, \delta_x : \frac{d\mu^{(\sqrt{1+z})}}{d\mu} \gg \\ &= \ll \phi, \mathcal{E}(x) : \delta_0 : \frac{d\mu^{(\sqrt{1+z})}}{d\mu} \gg \\ &= \ll \phi, \mathcal{E}(x) : \frac{d\mu^{(\sqrt{z})}}{d\mu} \gg\end{aligned}$$

(2.25) is proved. The last conclusion of the theorem is obvious.

Remark. If $\phi \in (S)$, we can prove that $\widetilde{P_z\phi}(x) = \int_{S'(\mathbb{R})} \tilde{\phi}(x + \sqrt{z}y)\mu(dy)$. But for a general $\phi \in (S)_p$ the integral may not exist.

3. Renormalization in White Noise Analysis

Let $x \in CS'(\mathbb{R})$. The Wick-transform $: x^{\otimes n} :$ of the tensor product $x^{\otimes n}$ is given by

$$: x^{\otimes n} := \sum_{k=0}^{[\frac{n}{2}]} (-1)^k \frac{n!}{k!(n-2k)!2^k} x^{\otimes n-2k} \hat{\otimes} T_r^{\otimes k} \tag{3.1}$$

where $\hat{\otimes}$ stands for the symmetric tensor product. We have

$$x^{\otimes n} = \sum_{k=0}^{[\frac{n}{2}]} \frac{n!}{k!(n-2k)!2^k} : x^{\otimes n-2k} : \hat{\otimes} T_r^{\otimes k} \tag{3.2}$$

It is shown in Yan [8] that we have also the following formulas

$$: x^{\otimes n} := \int_{S'(\mathbb{R})} (x+iy)^{\otimes n} \mu(dy) \tag{3.3}$$

$$x^{\otimes n} = \int_{S'(\mathbb{R})} : (x+y)^{\otimes n} : \mu(dy) \tag{3.4}$$

If $p > \frac{1}{2}$ and $\phi \in (S)_p$ with $\phi \sim (F^{(n)})$, then we have

$$\tilde{\phi}(z) = \sum_{n=0}^{\infty} <: z^{\otimes n} :, F^{(n)} >, \ z \in CS_{-p}(\mathbb{R}) \tag{3.5}$$

where the series is convergent absolutely and uniformly on bounded subsets of $S_{-p}(\mathbb{R})$ (see Lee [4] and Yan [8]).

Let $\lambda \in \mathbb{R}$. The following formula was established in Potthoff-Yan [6]

$$: (\lambda x)^{\otimes n} := \lambda^n \sum_{k=0}^{[\frac{n}{2}]} (1-\lambda^{-2})^k \frac{n!}{k!(n-2k)!2^k} : x^{\otimes n-2k} : \hat{\otimes} T_r^{\otimes k} \tag{3.6}$$

Thus, by (3.6) we obtain

$$: (\sqrt{2}x)^{\otimes n} := \sum_{k=0}^{[\frac{n}{2}]} \frac{n!}{k!(n-2k)!2^k} (\sqrt{2})^{n-2k} : x^{\otimes n-2k} : \hat{\otimes} T_r^{\otimes k} \tag{3.7}$$

Let $f \in \hat{S}(\mathbb{R}^n)$. Put

$$\phi(x) = <: x^{\otimes n} :, f >, \ \psi(x) = < x^{\otimes n}, f >$$

Then by (3.7) and (3.2) we have

$$\phi^{(\sqrt{2})} = \psi_{(\sqrt{2})}$$

or equivalently,

$$\phi = (\psi_{(\sqrt{2})})^{(\frac{1}{\sqrt{2}})} = R_{\sqrt{2}}\psi$$

Thus, we can call $R_{\sqrt{2}}$ the renormalization operator, because it transforms a Stratonovich multiple integral into a Wiener multiple integral. In the sequel we denote simply by R (resp. R^{-1}) the operator $R_{\sqrt{2}}$ (resp. $R_{\frac{1}{\sqrt{2}}}$).

As a particular case of Theorem 2.1 we have the following result.

Theorem 3.1 Let $p > \frac{1}{4}$ be such tht $|T_r|_{2,-p} < 1$. R and R^{-1} can be extended to a continuous mapping from $(S)_{p+\frac{1}{2}}$ to $(S)_p$ and we have

$$||R\phi||_{2,p} \leq C(p,\sqrt{2})||\phi||_{2,p+\frac{1}{2}}, ||R^{-1}\phi||_{2,p} \leq C(p,\sqrt{2})||\phi||_{2,p+\frac{1}{2}} \tag{3.8}$$

$$\ll R\phi, F \gg = \ll \phi, F : \delta_0 \gg \tag{3.9}$$

$$\ll R^{-1}\phi, F \gg = \ll \phi, F : \frac{d\mu^{(\sqrt{2})}}{d\mu} \gg \tag{3.10}$$

where $\phi \in (S)_{p+\frac{1}{2}}$ and $F \in (S)_{-p}$.

Corollary. Let $p > \frac{1}{2}$ and $\phi \in (S)_{p+\frac{1}{2}}$. We have

$$\tilde{\phi}(x) = \ll R\phi, \mathcal{E}(x) \gg, \ x \in S_{-p}(I\!R) \tag{3.11}$$

In particular, the restriction of $\tilde{\phi}$ to $S(I\!R)$ is the S-transform of $R\phi$.

The following theorem gives us integral representations of $R\phi$ and $R^{-1}\phi$.

Theorem 3.2 Let $p > \frac{1}{2}$ and $\phi \in (S)_{p+\frac{1}{2}}$. We have

$$\widetilde{R\phi}(z) = \int_{S'(I\!R)} \tilde{\phi}(z+iy)\mu(dy), \ z \in CS_{-p}(I\!R) \tag{3.12}$$

$$\widetilde{R^{-1}\phi}(z) = \int_{S'(I\!R)} \tilde{\phi}(z+y)\mu(dy), \ z \in CS_{-p}(I\!R) \tag{3.13}$$

Proof. Assume $\phi \sim (F^{(n)})$ and $R\phi \sim (G^{(n)})$. By (1.17) we have

$$\tilde{\phi}(z) = \sum_{n=0}^{\infty} <: z^{\otimes n} :, F^{(n)} >, \ z \in CS_{-p}(I\!R) \tag{3.14}$$

$$\widetilde{R\phi}(z) = \sum_{n=0}^{\infty} <: z^{\otimes n} :, G^{(n)} >, \ z \in CS_{-p}(I\!R) \tag{3.15}$$

On the other hand, for $z \in CS_{-p}(I\!R)$ we have

$$\begin{aligned}\sum_{n=0}^{\infty} | < z^{\otimes n}, G^{(n)} > | &\leq \sum_{n=0}^{\infty} |z|_{2,-p}^{n} |G^{(n)}|_{2,p} \\ &= \sum_{n=0}^{\infty} \frac{1}{\sqrt{n!}} |z|_{2,-p}^{n} (\sqrt{n!}|G^{(n)}|_{2,p}) \\ &\leq ||R\phi||_{2,p} \exp \frac{1}{2}|z|_{2,-p}^{2}\end{aligned}$$

Thus, if we put

$$F(z) = \sum_{n=0}^{\infty} < z^{\otimes n}, G^{(n)} >, \; z \in CS_{-p}(\mathbb{R}) \tag{3.16}$$

then F is analytic on $CS_{-p}(\mathbb{R})$ and by (3.16) and (3.11) we have

$$F(\xi) = SR\phi(\xi) = \tilde{\phi}(\xi), \; \xi \in S(\mathbb{R})$$

from which it follows

$$\tilde{\phi}(z) = \sum_{n=0}^{\infty} < z^{\otimes n}, G^{(n)} >, \; z \in CS_{-p}(\mathbb{R}) \tag{3.17}$$

Now by (3.15), (3.17) and (3.3) we get (3.12). Similary, we can prove that

$$\widetilde{R^{-1}}\phi(z) = \sum_{n=0}^{\infty} < z^{\otimes n}, F^{(n)} >, \; z \in CS_{-p}(\mathbb{R}) \tag{3.18}$$

Therefore, we can get (3.13) from (3.17), (3.18) and (3.4).

Remark. Let $p > \frac{1}{2}$ and $\phi \in (S)_{p+\frac{1}{2}}$. Assume that $\phi \sim (F^{(n)})$ and $R\phi \sim (G^{(n)})$. By (3.17) ϕ has the following " Stratonovich" decomposition

$$\phi(x) = \sum_{n=0}^{\infty} < x^{\otimes n}, G^{(n)} >, \; x \in S_{-p}(\mathbb{R}).$$

Renormalizing ϕ consists in transforming chaos by chaos Stratonovich multiple integrals into Wiener multiple integrals. We obtain the Ito-Wiener decomposition of $R\phi$:

$$R\phi(x) = \sum_{n=0}^{\infty} <: x^{\otimes n} :, G^{(n)} >, \; x \in S_{-p}(\mathbb{R}).$$

The following theorem improves Theorem 3.1.

Theorem 3.3 Let p_0 be teh number such that $|T_r|_{2,-p_0} = 1$. Let $p > p_0$ and $\beta > 0$ be such that $2^{-2\beta} + 2^{-2(p-p_0)} < 1$. The operators R and R^{-1} can be extended to continuous mappings from $(S)_p$ to $(S)_{p-\beta}$. Moreover, for $\phi \in (S)_p$ and $F \in (S)_{-p+\beta}$ we have

$$\ll R\phi, F \gg = \ll \phi, F : \delta_0 \gg, \; \ll R^{-1}\phi, F \gg = \ll \phi, F : \frac{d\mu^{(\sqrt{2})}}{d\mu} \gg \tag{3.19}$$

Proof. Let $\alpha > 0$, be such that $2^{-2\beta} + 2^{-2\alpha} = 1$. Then $p - \alpha > p_0$, so we have $c_\alpha = ||\delta_0||_{2,-p+\alpha} = ||\frac{d\mu^{(\sqrt{2})}}{d\mu}||_{2,-p+\alpha} < \infty$ (see Yan [7]). Let $F, G \in (S)^*$. By Yan [7] we have

$$||F : G||_{2,-p} \leq ||F||_{2,-p+\beta}||G||_{2,-p+\alpha}, \tag{3.20}$$

Let $\phi \in (S)$. By (3.20), (3.9) and (3.10) we obtain

$$|\ll R\phi, F \gg| \leq ||\phi||_{2,p}||F||_{2,-p+\beta}||\delta_0||_{2,-p+\alpha}$$

$$|\ll R^{-1}\phi, F \gg| \leq ||\phi|_{2,p}||F||_{2,-p+\beta}||\frac{d\mu^{(\sqrt{2})}}{d\mu}||_{2,-p+\alpha}.$$

Thus we conclude the theorem and we have

$$||R\phi||_{2,p-\beta} \leq c_\alpha||\phi||_{2,p}, \; ||R^{-1}\phi||_{2,p-\beta} \leq c_\alpha||\phi||_{2,p}.$$

Remark. Let p_0 be as above and $\phi \in (S)_p$, where $p > p_0$. Since for each $\xi \in S(I\!R)$ we have $\delta_\xi = \varepsilon(\xi) : \delta_0 \in (S)_{-p}$(by (3.19)), we can put

$$\tilde{\phi}(\xi) = \ll \varphi, \delta_\xi \gg, \; \xi \in S(I\!R).$$

$\tilde{\phi}$ is a continuous function on $S(I\!R)$. We call $\tilde{\phi}$ the restriction of ϕ on $S(I\!R)$. By (3.9), we have

$$\tilde{\phi}(\xi) = S(R\varphi)(\xi), \; \xi \in S(I\!R)$$

Thus, ϕ is completely determined by its restriction $\tilde{\phi}$.

Recall that if a Hida distribution ϕ corresponds to a sequence $(F^{(n)})$, we can write formally

$$\phi = \sum_{n=0}^{\infty} <: x^{\otimes n} :, F^{(n)} > .$$

Suggested by the above remark, we propose the following general definition of the renormalization.

Definition 3.1 Let $\phi \in (S)^*$ with $\phi \sim (F^{(n)})$. If ψ is a formally defined functional on $S'(I\!R)$ and if ψ admets the following formal expansion:

$$\psi(x) = \sum_{n=0}^{\infty} < x^{\otimes n}, F^{(n)} >$$

then we say that ψ is renormalizable and ϕ is its renormalization. We denote ϕ also by $R\psi$.

We give below some examples.

Example 1. Let $\psi(x) = \exp < x, y >$, where $y \in S'(\mathbb{R})$. We have formally

$$\psi = \sum_{n=0}^{\infty} \frac{< x, y >^n}{n!} = \sum_{n=0}^{\infty} < x^{\otimes n}, \frac{y^{\otimes n}}{n!} > .$$

Therefore, we get

$$R\psi = \sum_{n=0}^{\infty} <: x^{\otimes n} : \frac{y^{\otimes n}}{n!} >= \mathcal{E}(y).$$

Example 2. Let $\psi(x) = \exp c \int_{-\infty}^{\infty} x(s)^2 ds$, where $c \neq 0$ is a constant. Then we have

$$\begin{aligned}\psi(x) = \exp\{c < x^{\otimes 2}, T_r >\} &= \sum_{n=0}^{\infty} \frac{c^n < x^{\otimes 2}, T_r >^n}{n!} \\ &= \sum_{n=0}^{\infty} \frac{< x^{\otimes 2n}, c^n T_r^{\otimes n} >}{n!}\end{aligned}$$

Therefore, we obtain

$$R\psi = \sum_{n=0}^{\infty} <: x^{\otimes 2n} :, \frac{c^n T_r^{\otimes n}}{n!} > .$$

If $c > 0$, then

$$R\psi = \sum_{n=0}^{\infty} <: x^{\otimes 2n} :, \frac{(\sqrt{2c})^{2n} T_r^{\otimes n}}{2^n n!} >= \Gamma(\sqrt{2c}) \frac{d\mu^{(\sqrt{2})}}{d\mu}$$

If $c < 0$, then

$$R\psi = \sum_{n=0}^{\infty} <: x^{\otimes 2n} :, \frac{(\sqrt{-2c})^{2n}(-1)^n T_r^{\otimes n}}{2^n n!} >= \Gamma(\sqrt{-2c})\delta_0$$

In each case, we have

$$S(R\psi)(\xi) = \exp c|\xi|_2^2, \ \xi \in S(\mathbb{R}).$$

Example 3 Let $\psi(x) = \exp c \int_0^t x(s) ds$. Then we have

$$\psi(x) = \sum_{n=0}^{\infty} \frac{c^n}{n!} < x, I_{[0,t]} >^n = \sum_{n=0}^{\infty} < x^{\otimes n}, \frac{c^n I_{[0,t]}^{\otimes n}}{n!} >$$

Thus we get

$$R\psi = \sum_{n=0}^{\infty} <: x^{\otimes n} :, \frac{c^n I_{[0,t]}^{\otimes n}}{n!} >$$

whose S-transform is

$$S(R\psi)(\xi) = \sum_{n=0}^{\infty} < \xi^{\otimes n}, c^n I_{[0,t]}^{\otimes n} >= \exp c \int_0^t \xi(s) ds.$$

Finally, we leave the reader to verify the following identities:

$$R(\phi\psi) = R\phi : R\psi, \; R\phi^{(\lambda)} = (R\phi)_{(\lambda)}.$$

where ϕ and ψ are supposed to be renormalizable.

Acknowledgements. The original version of this paper was written during my visit to Université Louis Pasteur (Strasbourg) in May and June of 1990. It was presented at the Nagoya Workshop on Mathematics and Physics in August 1990. I would like to express my deepest appreciation to Professors P.A. Meyer and T. Hida for their kind invitation and hospitality. My special thanks go to Professors T. Hida, Y.J. Lee, P.A. Meyer and J. Potthoff for helpful discussions. The financial support by the Kajima Foundation of Japan is also gratefully acknowledged.

References

[1] I. Kubo and Y. Yokoi: A Remark on the testing random variables in the white noise calculus, Nagoya Math. J. Vol 115 (1989), 139-149.

[2] H.H. Kuo: On Laplacian operators of generalized Brownian functionals, LN in Math. 1203 (1986), 119-128.

[3] H.H. Kuo, J. Potthoff and J.A. Yan: Continuity of affine transformations of white noise test functionals and application, Preprint (1990).

[4] Y.J. Lee: Analytic version of test functionals, Fourier transform and a characterization of measures in white noise calculus, Preprint (1990), to appear in JFA.

[5] P.A. Meyer and J.A. Yan: Distributions sur l'espace de Wiener (suite), Sém. de Probab. XXIII, LN in Math. 1372, Springer, 1989.

[6] J. Potthoff and J.A. Yan: Some results about test and generalized functionals of white noise, BiBoS Preprint (1989), to appear in: Proc. Singapore Probab. Conf. (1989), L.H.Y. Chen (ed.)

[7] J.A. Yan: Products and transforms of white noise functionals, Preprint (1990).

[8] J.A. Yan: An elementary proof of a theorem of Lee, Preprint (1990).

Some Remarks on the Theory of Stochastic Integration *

J. A. Yan

The main purpose of this article is to propose a reasonable definition for the stochastic integration (S.I.) of progressive processes w.r.t. semimartingales. This S.I. generalizes that of predictable processes w.r.t. semimartingales as well as the stochastic Stieltjes integration. This S.I. is proposed in §1. We give also in §1 an exponential formula for semimartingales using this S.I.. The rest of this paper consists of several remarks on the theory of stochastic integration which are mostly of pedagogical interest. In §2 we propose a new construction of the S.I. of predictable processes w.r.t. local martingales. A simple proof of the integration by parts formula is given in §3. Finally, we propose in §4 a short proof of Meyer's theorem on compensated stochastic integrals of local martingales.

§1. S.I. of Progressive Processes w.r.t. Seminartingales

We work on a filtered probability sapce $(\Omega, \mathcal{F}, P, (\mathcal{F}_t))$ which verifies the usual conditions. We denote by $\mathcal{L}$ the set of all local martingales and $\mathcal{V}$ the set of all adapted processes of finite variation. Let $M \in \mathcal{L}$ and K be a predictable process such that $\sqrt{K^2 \cdot [M,M]}$ is locally integrable. There exists a unique local martingale, denoted by $K_{\dot{m}}M$, such that one has $[K_{\dot{m}}M, N] = K.[M,N]$ for each local martingale N. We call $K_{\dot{m}}M$ the stochastic integral of K w.r.t. M. We denote by $L_m(M)$ the set of all M-integrable predictiable processes. Let $A \in \mathcal{V}$ and H be a progressive process such that for almost all $\omega \in \Omega$ $H.(\omega)$ is Stieltjes integrable w.r.t. $A.(\omega)$ on $[o,t]$, $t \in \mathbb{R}_+$. H is said to be stochastic Stieltjes integrable w.r.t. A and we denote by $H_{\dot{s}}A$ this integral. Then $H_{\dot{s}}A \in \mathcal{V}$. We denote by $I_s(A)$ the set of those progressive processes which are stochastic Stieltjes integrable w.r.t. A.

Lex X be a semimartingale. A predictable process K is said to be X-integrable if there exists a so-called K-decomposition $X = M + A$ with $M \in \mathcal{L}$ and $A \in \mathcal{V}$ such that $K \in L_m(M) \cap I_s(A)$. In this case, we put $K.X = K_{\dot{m}}M + K_{\dot{s}}A$ and call $K.X$ the stochastic integral of K w.r.t. X. $K.X$ doesn't depend on the utilized K-decomposition. We denote by $L(X)$ the

---

AMS Subject Classification. 60H05

*The project supported by the National Natural Science Foundation of China.

set of all X-integrable predictable processes. Let $M \in \mathcal{L}$. In general, we have $L_m(M) \subsetneq L(M)$. But for a continuous local martingale M, we have $L_m(M) = L(M)$.

It is very natural to raise the following question: How to define a stochastic integration of progressive processes w.r.t. semimartingales in such a way that it generalizes that of predictable processes w.r.t. semimartingales as well as the stochastic Stieltjes integration. We shall solve this problem in this section.

1.1. The Case of Local Martingales

First of all, we consider the case of local martingales. Recall that for any optional process H there exists always a predictable process K such that $[H \neq K]$ is a thin set.

The following definition is a slight generalization of the one given by Yor [7].

Definition 1.1. *Let $M \in \mathcal{L}$ and H be a progressive process. We denote by ${}^{o}H$ the optional projection of H. If there exists a predictable process K such that*

(i) $[{}^{o}H \neq K]$ is a thin set;

(ii) $K \in L_m(M)$;

(iii) $\sum_{s \leq t} |H_s - K_s||\Delta M_s| < \infty$, a.s., $\forall t \in \mathbb{R}_+$,

then H is said to be M-integrable and the stochastic integral $H_{\dot{m}}M$ is defined by the following formula:

$$H_{\dot{m}}M = K_{\dot{m}}M + \sum_{s \leq \cdot}(H_s - K_s)\Delta M_s. \tag{1.1}$$

It is easy to prove that $H_{\dot{m}}M$ doesn't depend on the utilized predictable process K verifying conditions (i)-(iii). We denote by $I_m(M)$ the set of all M-integrable progressive processes.

Remark 1. We have $H \in I_m(M) \iff {}^{o}H \in I_m(M)$ and $H_{\dot{m}}M = {}^{o}H_{\dot{m}}M$, because $({}^{o}H - H)\Delta M = 0$.

Remark 2. Let $M, N \in \mathcal{L}$. In general, we don't have the inclusion $I_m(M) \cap I_m(N) \subset I_m(M+N)$.

Remark 3. Let M be a quai-continuous local martingale. If $H \in I_m(M)$, then any predictable process verifying condition (i) satisfies automatically conditions (ii) and (iii). In consequence, if M and N are two quasi-continuous local martingales, then we have $L_m(M) \cap L_m(N) \subset L_m(M+N)$. This remark is important for our definition of S.I. of progressive processes w.r.t. semimartingales (see Definition 1.4 below).

The following two lemmas are essential for our main results of this section.

Lemma 1.1. *Let $A \in \mathcal{V}$ and $H \in I_s(A)$. Then we have ${}^{o}H \in I_s(A)$ and ${}^{o}H_{\dot{s}}A = H_{\dot{s}}A$.*

Proof. Since $H_{\dot{s}}A \in \mathcal{V}$, according to a result from the general theory of stochastic processes,

${}^{\circ}H_{\dot{s}}A$ exists and we have ${}^{\circ}H_{\dot{s}}A = (H_{\dot{s}}A)^{\circ} = H_{\dot{s}}A$, where B° stands for the optional dual projection of B.

Remark. Let $A \in \mathcal{V}$ and H be a progressive process. It is possible that ${}^{\circ}H \in I_s(A)$ but $H \notin I_s(A)$.

Lemma 1.2. *Let $M \in \mathcal{L} \cap \mathcal{V}$ and $H \in I_m(M) \cap I_s(M)$. Then we have $H_{\dot{m}}M = H_{\dot{s}}M$.*

Proof. Let K be a predictable process such that conditions (i)–(iii) in Definition 1.1 are satisfied.

Set $A = \sum_{s \le \cdot} \Delta M_s$. Since $M \in \mathcal{L} \cap \mathcal{V}$, we have $M = A - A^p$ and A^p is continuous, where A^p is the predictable dual projection of A. Thus, we have $\Delta M = \Delta A$ and $H - K \in I_s(A)$ in view of condition (iii). By Lemma 1.1, we have ${}^{\circ}H - K \in I_s(A)$ and

$$(H - K)_{\dot{s}}A = ({}^{\circ}H - K)_{\dot{s}}A = ({}^{\circ}H - K)_{\dot{s}}M.$$

Again by Lemma 1.1, we have ${}^{\circ}H \in I_s(M)$ so that $K \in I_s(M)$. Consequently, according to a property of S.I. of predictable processes w.r.t. local martingales we have $K_{\dot{m}}M = K_{\dot{s}}M$. Finally, we obtain that

$$\begin{aligned} H_{\dot{s}}M &= H_{\dot{s}}A - H_{\dot{s}}A^p = H_{\dot{s}}A - {}^{\circ}H_{\dot{s}}A^p = H_{\dot{s}}A - K_{\dot{s}}A^p \\ &= K_{\dot{s}}(A - A^p) + \sum_{s \le \cdot}(H_s - K_s)\Delta A_s \\ &= K_{\dot{s}}M + \sum_{s \le \cdot}(H_s - K_s)\Delta M_s \\ &= K_{\dot{m}}M + \sum_{s \le \cdot}(H_s - K_s)\Delta M_s = H_{\dot{m}}M. \end{aligned}$$

1.2 The Case of Semimartingales

Lemma 1.2 suggests us to give the following definition.

Definition 1.2. *Let X be a semimartingale. A progressive process H is said to be X-integrable in the restricted sense, if there exists a so-called H-decomposition $X = M + A$ with $M \in \mathcal{L}$ and $A \in \mathcal{V}$ such that $H \in I_m(M) \cap I_s(A)$. In this case, we put*

$$H_{\dot{r}}X = H_{\dot{m}}M + H_{\dot{s}}A \tag{1.2}$$

and call $H_{\dot{r}}X$ the stochastic integral of H w.r.t. X in the restricted sense. By Lemma 1.2, $H_{\dot{r}}X$ doesn't depend on the utilized H-decomposition of X.

We denote by $I_r(X)$ the set of those progressive processes which are X-integrable in the restricted sense. It is easy to see that we have $L(X) \subset I_r(X)$ and $I_s(A) \subset I_r(A)$ for $A \in \mathcal{V}$ and these stochastic integrations coincide. Let X and Y be semimartingales. In general, we don't have the inclusion $I_r(X) \cap I_r(Y) \subset I_r(X+Y)$. Therefore, the above definition of S.I. isn't quite reasonable.

Befor going to give a reasonable definition of S.I. of progressive process w.r.t. semimartingales, we introduce some notations.

We denote by $\mathcal{L}^{da}$ (resp. $\mathcal{V}^{da}$) the collection of those purely discontinuous local martingales (resp. processes of finite variation) which have no jump at totally inaccessible times. We denote by $\mathcal{L}^q$ (resp. $\mathcal{V}^q$) the collection of all quasi-continuous elements of $\mathcal{L}$ (resp. $\mathcal{V}$). We put

$$\mathcal{S}^{da} = \mathcal{L}^{da} + \mathcal{V}^{da}, \mathcal{S}^q = \mathcal{L}^q + \mathcal{V}^q.$$

Then we have $\mathcal{S} = \mathcal{S}^{da} \oplus \mathcal{S}^q$ (direct sum), wher $\mathcal{S}$ is the set of all semimartingales (see [6]). Let $X \in \mathcal{J}$. We denote by $X = X^{da} + X^q$ the decomposition of X following $\mathcal{S}^{da} \oplus \mathcal{S}^q$.

Let $X \in \mathcal{S}$. We have $L(X) = L(X^{da}) \cap L(X^q)$ and $H.X = H.X^{da} + H.X^q$. This observation suggests us to define a S.I. of progressive processes w.r.t. semimartingales along this way.

The following lemma characterizes the elements of $L(X)$ for $X \in \mathcal{J}^{da}$.

Lemma 1.3. *Let $X \in \mathcal{S}^{da}$ and H be a predictable process. Then $H \in L(X)$ if and only if there exists a (unique) $Y \in \mathcal{S}^{da}$ such that $\Delta Y = H \Delta X$. If it is the case, one has $H.X = Y$.*

Proof. We only need to prove the sufficency of the condition. Assume that there exists a $Y \in \mathcal{S}^{da}$ such that $\Delta Y = H\Delta X$. Put

$$C_t = \sum_{s \le t} \Delta X_s I_{\{|\Delta X_s|>1 \text{ or } |H\Delta X_s|>1\}}.$$

Then $X - C$ and $Y - H_s C$ are special semimartingales. Let $X - C = M + A$ and $Y - H_s C = N + B$ be their canonical decompositions. Then we have $H(\Delta M + \Delta A) = \Delta N + \Delta B$. By taking predictable projections we get that $H\Delta A = \Delta B$. Thus we have $B = H_s A$ and $H\Delta M = \Delta N$. The latter equality implies that $N = H_m M$. Thus we conclude that $H \in L(X)$ and $Y = H.X$.

The following lemma characterizes the jump of an element of $\mathcal{J}^{da}$.

Lemma 1.4. *Let Z be an accessible process such that $Z_0 = 0$ and $\{Z \neq 0\}$ is a thin set. Then there exists an $X \in \mathcal{S}^{da}$ such that $\Delta X = Z$ if and only if $\sum_{s \le \cdot} Z_s^2 \in \mathcal{V}$ and $\sum_{s \le \cdot} |{}^p(ZI_{[|Z| \le 1]})_s| \in \mathcal{V}$, where ${}^pH$ stands for the predictable projection of H.*

Proof. Assume that Z satisfies the conditions mentioned above. Put

$$A_t = \sum_{s \le t} {}^p(ZI_{[|Z| \le 1]})_s.$$

Then $A \in \mathcal{V}$ and A is a predictable process. Put

$$J = ZI_{[|Z| \le 1]}, \quad K = J - {}^pJ.$$

Then ${}^pK = 0$, and we have

$$\sum_{s \le t} K_s^2 \le 2 \sum_{s \le t} [J_s^2 + ({}^pJ_s)^2] < \infty, \quad a.s.$$

Since the increasing process $\sqrt{\sum_{s\le \cdot} K_s^2}$ is obviously locally integrable, there exists a unique $M \in \mathcal{L}^{da}$ such that $\Delta M = K$ by a theorem of Chou and Lépingle (see [2]). Put

$$B = \sum_{s\le \cdot} Z_s I_{[|Z_s|>1]}, \quad X = M + A + B.$$

Then $X \in S^{da}$ and $\Delta X = Z$. The sufficiency of the conditions is proved. We leave the proof of the necessity part to the reader.

Lemma 1.3 suggests us to give the following definition.

Definition 1.3. *Let $X \in S^{da}$. A progressive process H is said to be X-integrable if there exists a $Y \in S^{da}$ such that $\Delta Y = H\Delta X$. In this case we put $H.X = Y$ and call $H.X$ the stochastic integral of H w.r.t. X. We denote by $I(X)$ the set of all X-integrable progressive processes.*

Remark 1. *Let $X \in S^{da}$. Then $H \in I(X) \iff {}^\circ H \in I(X)$ and we have $H.X = {}^\circ H.X$, because $H\Delta X = {}^\circ H \Delta X$.*

Remark 2. *Let $X \in S^{da}$ and H be progressiv eprocess. If there exists a predictable process K such that $K \in L(X)$ and $\sum_{s\le \cdot} |H_s - K_s||\Delta X_s| \in \mathcal{V}$, then $H \in I(X)$ and we have*

$$H.X = K.X + \sum_{s\le \cdot}(H_s - K_s)\Delta X_s. \tag{1.3}$$

Now we arrive at a reasonable definition of S.I. of progressive processes w.r.t. semimartingales.

Definition 1.4. *Let $X \in S^q$. A progressive process H is said to be X-integrable if there exists a so-called H-decomposition $X = M + A$ with $M \in \mathcal{L}^q$ and $A \in \mathcal{V}^q$ such that $H \in I_m(M)$ and $H \in I_s(A)$. In this case, we put*

$$H.X = H_{\dot{m}} M + H_{\dot{s}} A, \tag{1.4}$$

and call $H.X$ the stochastic integral of H w.r.t X. Let $X \in \mathcal{J}$. A progressive process H is said to be X-integrable if H is separately X^{da}-and X^q-integrable. In this case, we put $H.X = H.X^{da} + H.X^q$, and call $H.X$ the stochastic integral of H w.r.t. X. We denote by $I(X)$ the set of all X-integrable progressive processes.

Remark 1. Let X and Y be semimartingales. If $H \in I(X) \cap I(Y)$ then $H \in I(X+Y)$ and we have $H.(X+Y) = H.X + H.Y$. Moreover, we have $L(X) \subset I(X)$ and $I_s(A) \subset I(A)$ for $A \in \mathcal{V}$. Therefore Definition 1.4 is more reasonable than Definition 1.2.

Remark 2. Since $I_m(M) = I_m(M^{da}) \cap I_m(M^q)$ for $M \in \mathcal{L}$, we have $I_r(X) \subset I(X)$ and two integrations coincide. Therefor Definition 1.4 is more general than Definition 1.2.

Remark 3. If $H \in I(X)$ then ${}^\circ H \in I(X)$ and $H.X = {}^\circ H.X$.

The following theorem gives us a usefull creterion for optional integrands.

Theorem 1.1. *Let $X \in S$ and H be an optional process. If there exists a predictable process K such that*

(i) $[K \neq H]$ is a thin set; (ii) $K \in L(X)$; (iii) $\sum_{s\leq \cdot} |H_s - K_s||\Delta X_s| \in \mathcal{V}$,

then $H \in I(X)$ and we have

$$H.X = K.X + \sum_{s\leq \cdot}(H_s - K_s)\Delta X_s. \tag{1.5}$$

Proof. In view of Remark 2 following Definition 1.1, we may assume $X \in S^q$. Put

$$A_t = \sum_{s\leq t} \Delta X_s I_{[|\Delta X_s|]>1 \text{ or } |K_s \Delta X_s|>1]}.$$

Then $X - A$ and $K.(X - A)$ are special semimartingales. Let $X - A = N + B$ be the canonical decomposition of $X - A$. According to a lemma of Jeulin (see [5]), we have

$$K.(X - A) = K_{\dot{m}} N + K_{\dot{s}} B.$$

Since $X - A$ is quasi-continuous, B is continuous. Therefore, we have $\Delta X = \Delta N + \Delta A$, $\Delta N \Delta A = 0$, and

$$\sum_{s\leq \cdot} |H_s - K_s||\Delta N_s| + \sum_{s\leq \cdot} |H_s - K_s||\Delta A_s| = \sum_{s\leq \cdot} |H_s - K_s||\Delta X_s| \in \mathcal{V}.$$

Consequently, $H_{\dot{m}} N$ exists and we have $K_{\dot{s}} B = H_{\dot{s}} B$. Thus, $H_{\dot{s}}(A + B)$ exists and we get

$$\begin{aligned} &K.X + \sum_{s\leq \cdot}(H_s - K_s)\Delta X_s \\ =&K_{\dot{m}} N + K_{\dot{s}} B + K_{\dot{s}} A + \sum_{s\leq \cdot}(H_s - K_s)(\Delta N_s + \Delta A_s) \\ =&H_{\dot{m}} N + H_{\dot{s}}(A + B). \end{aligned}$$

This means $H \in I(X)$ and we have (1.5).

Remark. In [7], the stochastic integral of H w.r.t. X was defined by (1.5). Theorem 1.1 shows that the present definition of S.I. is more general than that given in [7].

Corollary. *Let $X, Y \in S$. Then $Y \in I(X)$ and we have*

$$Y.X = Y_-.X + \sum_{s\leq \cdot} \Delta Y_s \Delta X_s. \tag{1.6}$$

Proof. By Theorem 1.1, we have $Y \in I(X^q)$ and

$$Y.X^q = Y_-.X^q + \sum_{s\leq \cdot} \Delta Y_s \Delta X^q_s.$$

Put

$$Z = Y_-.X^{da} + \sum_{s\leq \cdot} \Delta Y_s \Delta X^{da}_s.$$

Then $Z \in \mathcal{S}^{da}$ and $\Delta Z = Y\Delta X^{da}$. Thus $Y \in I(X^{da})$ and $Y.X^{da} = Z$. Consequently, (1.6) holds.

Let $M \in \mathcal{L}^q$. In general, we have $I_m(M) \subsetneq I(M)$. The following theorem shows that we have $I_m(M) = I(M)$ if M is a continuous local martingal. For further result see Theorem 1.3.(6).

Theorem 1.2. *Let M be a continuous local martingale. We have $I_m(M) = I(M)$ and $H.M = H_{\dot{m}}M = K_{\dot{m}}M$, where K is any predictable process such that $[{}^\circ H \neq K]$ is a thin set.*

Proof. Assume that $H \in I(M)$. Let $M = N + A$ be a H-decomposition of M. Then $N \in \mathcal{L}^q$ and $A \in \mathcal{L}^q \cap \mathcal{V}$. Put $B_t = \sum_{s \le t} \Delta A_s$. Then $A = B - B^p$ and B^p is continuous. Let K be a predictable process such that $[{}^\circ H \neq K]$ is a thin set. We have

$$\begin{aligned} H.M =& H_{\dot{m}}N + H_{\dot{s}}A = K_{\dot{m}}N + \sum_{s \le \cdot}(H_s - K_s)\Delta N_s + H_{\dot{s}}B - H_{\dot{s}}B^p \\ =& K_{\dot{m}}N - (H-K)_{\dot{s}}B + H_{\dot{s}}B - K_{\dot{s}}B^p \\ =& K_{\dot{m}}N + K_{\dot{s}}(B - B^p) = K.M. \end{aligned}$$

Since M is a continuous local martingale and K is a predictable process, we have $K.M = K_{\dot{m}}M$ by Jeulin's lemma. Consequently, we have $H \in I_m(M)$ and $H_{\dot{m}}M = K_{\dot{m}}M = H.M$.

Remark. Let M be a continuous local martingale. Then $I_m(M)$ consists of those progressive processes H such that $({}^\circ H)^2 \in I_s([M,M])$. If $H \in I_m(M)$, then $H_{\dot{m}}M$ is the unique continuous local martingale such that $[H_{\dot{m}}M, N] = {}^\circ H_{\dot{s}}[M,N]$ for each continuous local martingale.

We end this sub-section with the following theorem. We leave its proof to the reader.

Theorem 1.3. *Let $X \in \mathcal{S}$ and $H \in I(X)$.*

(1) *We have $\Delta(H.X) = H\Delta X$ and $(H.X)^C = H.X^C$, where X^C stands for the continous local martingale part of X.*

(2) *For any stopping time T we have*

$$(H.X)^T = H.X^T = (HI_{[0,T]}).X$$

$$(H.X)^{T-} = H.X^{T-} = (HI_{[0,T[}).X$$

(3) $[H.X, Y] = H.[X,Y], \forall Y \in \mathcal{S}$

(4) *Let K be a locally bounded predictable process, then we have*

$$K.(H.X) = H.(K.X) = (KH).X.$$

(5) *Let H' be a locally bounded progressive process such that $H' \in I(X)$. Then $H' + H \in I(X)$ and $(H' + H).X = H'.X + H.X$.*

(6) *If X is a continuous semimartingale, then for any predictable process K such that $[{}^\circ H \neq K]$ is a thin set we have $K \in L(X)$ and $K.X = H.X$.*

1.3 An Exponential Formula for Semimartingales

Let X be a semimartingale with $X_0 = 0$. Assume that $[\Delta X = 1]$ is an evanescent set. We consider the following stochastic equation:

$$Y_t = 1 + \int_0^t Y_s dX_s, \tag{1.7}$$

or equivalently (by (1.6))

$$Y_t = 1 + \int_0^t Y_{s-} dX_s + \sum_{s \le t} \Delta Y_s \Delta X_s. \tag{1.8}$$

If Y is a solution of (1.8), we have

$$\Delta Y_t = Y_{t-} \Delta X_t + \Delta Y_t \Delta X_t$$

so that

$$\Delta Y_t \Delta X_t = \frac{Y_{t-} \Delta X_c^2}{1 - \Delta X_t}. \tag{1.9}$$

Put

$$A_t = \sum_{s \le t} \frac{\Delta X_s^2}{1 - \Delta X_s}. \tag{1.10}$$

It is easy to prove that $A \in \mathcal{V}$ and we have

$$\sum_{0 \le s \le t} \Delta Y_s \Delta X_s = \int_0^t Y_{s-} dA_s.$$

Consequently, (Y_t) satisfies the following Doléans-Dade equation

$$Y_t = 1 + \int_0^t Y_{s-} d(X_s + A_s). \tag{1.11}$$

Conversely, if (Y_t) satisfies (1.11), then we have

$$\Delta Y = Y_-(\Delta X + \Delta A) = \frac{Y_- \Delta X}{1 - \Delta X},$$

from which it follows

$$Y_- \Delta A = \Delta Y - Y_- \Delta X = \Delta Y \Delta X.$$

Thus (Y_t) satisfies (1.8).

Therefore we have proved the following

Theorem 1.4. Let X be a semimartingale with $X_0 = 0$. Assume that $[\Delta X = 1]$ is an evanescent set. Then the stochastic equation (1.7) has a unique solution denoted by $e(X)$, which is given by the following formula:

$$e(X)_t = \mathcal{E}(X + A)_t = \exp\{X_t - \frac{1}{2} < X^c, X^c >_t\} \prod_{s \le t} \frac{e^{-\Delta X_s}}{1 - \Delta X_s}, \tag{1.12}$$

where A is defined by (1.10), the product $Z_t = \prod_{s \le t} \frac{e^{-\Delta X_s}}{1-\Delta X_s}$ is absolutly convergent and (Z_t) is a process of finite variation.

Corollary. (1) Let X and Y be semimrtingales with $X_0 = Y_0 = 0$. Assume that $[\Delta X = 1]$ and $[\Delta Y = 1]$ are evanescent sets. Then we have

$$e(X)e(Y) = e(X + Y - [X, Y]) \tag{1.13}$$

(2) Let X be as above. Then we have

$$e(X)\mathcal{E}(-X + < X^c, X^c >) = 1 \tag{1.14}$$

Remark. Let X be a semimartingale with $X_0 = 0$. If we consider the following stochastic equation

$$Y_t = 1 + \int_0^t Y_{s-}\,dX_s + \sum_{s \le t} \Delta Y_s \Delta X_s I_{[\Delta X_s \neq 1]}, \tag{1.15}$$

then from the above argument we see that (1.15) has a unique solution which is given by the follwoing formula:

$$Y_t = \exp\{X_t - \frac{1}{2} < X^c, X^c >_t\} \prod_{s \le t} \frac{e^{-\Delta X_s}}{1-\Delta X_s} I_{[\Delta X_s \neq 1]}. \tag{1.16}$$

§2. A Simple Construction of the S.I. w.r.t. Local Martingales

In this section we shall show how to reduce the S.I. of predictable process w.r.t. local martingales to that w.r.t. locally square-integrable martingales.

Let M be a locally square-integrable martingale and H be a predictable process such that the increasing process $H^2.[M, M]$ is locally integrable. Then it is well known that there exists a unique locally square-integrable martingale, denoted by $H.M$ and called the stochastic integral of H w.r.t. M, such that for each local matringale N we have $[H.M, N] = H.[M, N]$. Moreover, one has $\Delta(H.M) = H\Delta M$. The extension of this S.I. to local martingale case has been achieved by Meyer and Doléans-Dade. We propose here a very simple appoach to this extension.

Theorem 2.1. *Let M be a local martingale and H be a predicatable process such that the increasing process $\sqrt{H^2.[M, M]}$ is locally integrable. Then there exists a unique local martingale, denoted by $H.M$ and called the stochastic integral of H w.r.t.M, such that one has $[H.M, N] = H.[M, N]$ for each local martingale N. Moreover, one has $\Delta(H.M) = H\Delta M$.*

Proof. Set

$$A_t = \sum_{s<t} \Delta M_s I_{[|\Delta M_s|>1 \text{ or } |H_s \Delta M_s|>1]}.$$

Since M is a local martingale and $\sqrt{H^2.[M,M]}$ is locally integrable, it is easy to see that A and $H.A$ are of locally integrable variation. Thus, $H.A^p$ exists and we have $(H.A)^p = H.A^p$, where A^p is the predictable dual projection of A. Put

$$V = A - A^p, \; U = M - V$$

We have

$$|\Delta U| \leq |\Delta M - \Delta A| + |\Delta A^p| \leq 1 + |^p(\Delta A)| = 1 + |^p(\Delta A - \Delta M)| \leq 2$$
$$|H\Delta A^p| = |\Delta(H.A)^p| = |^p(H\Delta A)| = |^p(H\Delta A - H\Delta M| \leq 1$$
$$|H\Delta U| \leq |H(\Delta M - \Delta A)| + |H\Delta A^p| \leq 2$$

Therefore, U is a locally square-inegrable martingale, and$H^2.[U,U]$ is locally integrable because $H^2.[U,U] \leq 2H^2.([M,M] + [V,V]) \in \mathcal{V}$. We put

$$H.M = H.U + H.A - H.A^p$$

Then $H.M$ is a local martingale which meets the requirement. The uniqueness is trival.

§3. A Simple Proof of the Integration by Parts Formula

Let X be a semimartingale. It was first discoved by Dellacherie and Meyer in their book [1] that the Ito formula could be deduced easily from the following so-called integration by parts formula: $X^2 = 2X_-.X + [X.X]$. This is a great simplification to the theory of the stochastic integration. However, the proof of the integration by parts formula given in [1] seems to be a little complicated. Now we propose a simple one.

The following lemma is well known and can be easily proved (see Jacod and Shiryaev [2]).

Lemma 3.1. *Let M be a local martingale and A be a predicatable process of finite variation. Then $[A, M]$ and $MA - M_-.A$ are local martingales.*

Now using this lemma we can prove the integration by parts formula.

Theorem 3.1. *Let X be a semimartingale. We have*

$$X^2 = 2X_-.X + [X, X].$$

Proof. Instead of considering X^{T_n-}, where $T_n = \inf\{t : |X_t| > n\}$, we may assume that X is bounded, so that X is a special semimartingale. Let $X = M + A$ be its canonical decomposition. We have, using the fact that $A^2 = 2A_-.A + [A, A]$,

$$\begin{aligned} &X^2 - 2X_-.X - [X, X] \\ &= M^2 + 2MA + A^2 - 2M_-.M - 2A_-.M - 2M_-.A - 2A_-.A \\ &- [M,M] - 2[M,A] - [A,A] \\ &= (M^2 - [M,M]) - 2M_-.M + 2(MA - M_-.A - A_-.M + [M,A]) \end{aligned}$$

By Lemma 3.1, $X^2 - 2X_-.X - [X,X] = B$ is a local martingale. Moreover, B is continuous. On the other hand, just as proved in [1] by the dominated convergence theorem for the S.I., $X^2 - 2X_-.X$ is an increasing process. Therefore, B is of finite variation, so that $B = 0$. The theorem is proved.

§4. A Remark on the Compensated S.I. w.r.t Local Martingales

The so-called compensted S.I. of optional processes w.r.t. local martingales was introduced by Meyer [4]. The main result of this S.I. is the following theorem:

Theorem 4.1. Let M be a local martingale and H be an optional process such that $\sqrt{H^2.[M,M]}$ is locally integrable. Then there exists a unique local martingale, denoted by $H_¿M$, such that for each bounded martingale N, $[H_¿M, N] - H.[M,N]$ is a local martingale. Moreover, one has $\Delta(H_¿M) = H\Delta M -^p (H\Delta M)$, where $^p(H\Delta M)$ is the predictable projection of $H\Delta M$.

Let M^c (resp. M^d) be the continuous (resp. purely discontinuous) local martingale part of M. If H is an optional process such that $\sqrt{H^2.[M,M]}$ is locally integrable, then $H_¿M^c$ and $H_¿M^d$ exist and one has $H_¿M = H_¿M^c + H_¿M^d$. Moreover, for any predictable process K such that $[H \neq K]$ is a thin set one has $H_¿M^c = K.M^c$. Therefore, the compensated S.I. can be reduced to that w.r.t. purely discontinuous local martingales. In the latter case, just as remarked by Jacod [3], one can use a theorems of Chou and Lépingle on the characterization of the jump of a local martingale to give the following general definition of the compensated S.I.

Definition 4.1. Let M be a local martingale and H be an optional process. H is said to be M-integrable in the sense of compensated S.I. (we write $H \in L_c(M)$) if (i) $H^2. < M^c, M^c >$ is an increasing process, and (ii) $^p(H\Delta M)$ exists and $\sqrt{\sum_{s\leq .} Z_s^2}$ is locally integrable, where $Z = H\Delta M -^p (H\Delta M)$. If $H \in L_c(M)$, we put

$$H_¿M = K.M^c + L$$

where K is any predictable process such that $[H \neq K]$ is a thin set and L is the unique purely discontinuous local martingale such that $\Delta L = Z$.

Now we give a simple proof of Theorem 4.1 by using the theorem of Chou-Lépingle.

Proof of Theorem 4.1. We may assume that M is a purely discontinuous local martingale. Assume that $\sqrt{H^2.[M,M]}$ is locally integrable. Set $W = H\Delta M I_{[H\Delta M|>1]}$, $U = H\Delta M I_{[|H\Delta M|\leq 1]}$, and $A = \sum_{s\leq .} W_s$. Then A is a process of locally integrable variation. We have $^p(W) = {}^p(\Delta A) = \Delta A^p$. Since $H\Delta M = W + U$, $^p(H\Delta M)$ exists.

Set $B = \sum_{s\leq .} U_s^2$. Then B is locally integrable, and we have $\Delta(B^p) = {}^p(U^2)$, so that

$\sum_{s\leq \cdot}({}^pU_s)^2 \leq \sum_{s\leq \cdot} {}^p(U^2)_s \leq \sum_{s\leq \cdot} \Delta B^p_s \leq B^p$. Put $Z = H\Delta M -^p (H\Delta M)$. We obtain that

$$\sum_{s\leq \cdot} Z_s^2 \leq 2(H^2.[M,M] + \sum_{s\leq \cdot} |{}^p(H\Delta M)_s|^2)$$
$$\leq 2[H^2.[M,M] + \sum_{s\leq \cdot}({}^pW_s)^2 + \sum_{s\leq \cdot}({}^pU_s)^2]$$

Therefore, $\sqrt{\sum_{s\leq \cdot} Z_s^2}$ is locally integrable. Let L be the unique purely discontinuous local martingale such that $\Delta L = Z$. Then for any bounded martingale N, the following process V is obviously of locally integrable variation:

$$V = [L,N] - H.[M,N]$$

and we have $\Delta V = -^p(H\Delta M)\Delta N$. Therefore, we obtain that $\Delta(V^p) = {}^p(\Delta V) = 0$. That means V^p is continuous. However, $V = \sum_{s\leq \cdot} \Delta V_s \in \mathcal{V}^{da}$, so we must have $V^p = 0$. Thus, V is a local martingale. Theorem 4.1 is proved.

The following theorem shows that the sufficient condition in Theorem 4.1 is almost necessary.

Theorem 4.2. Let $M \in \mathcal{L}$ and H be an optional process such that $H^2 \in I_s([M,M])$. Then the compensated stochastic integral $H_{\dot{c}}M$ exists if and only if $\sqrt{H^2.[M,M]}$ is locally integrable.

Proof. We only need to prove the necessity of the condition. Assume that $H_{\dot{c}}M$ exists. Let $Z = H\Delta M - {}^p(H\Delta M)$. Then we have

$$A := \sqrt{\sum_{s\leq \cdot}[{}^p(H\Delta M)_s]^2} \leq \sqrt{2}(\sqrt{\sum_{s\leq \cdot} Z_s^2} + \sqrt{H^2.[M,M]}) \in U.$$

Since A is predictable, A is locally integrable. Thus, $\sqrt{H^2.[M,M]}$ is locally integrable, because we have

$$\sqrt{\sum_{s\leq \cdot} H_s^2 \Delta M_s^2} \leq \sqrt{2}(A + \sqrt{\sum_{s\leq \cdot} Z_s^2}).$$

Corollary. Let $M \in \mathcal{L}$ and H be an optional process such that $H \in I_m(M)$. Then $H_{\dot{c}}M$ exists if and only if $H_{\dot{m}}M$ is a special semimartingale. If it is the case and $H.M = N + A$ be its canonical decomposition, then $H_{\dot{c}}M = N$.

Proof. Assume $H_{\dot{m}}M$ is a special semimartingale. Let $H_{\dot{m}}M = N + A$ be the canonical decomposition of $H_{\dot{m}}M$. Then $H\Delta M = \Delta N + \Delta A$ and ${}^p(H\Delta M) = \Delta N$. Thus $\Delta N = H\Delta M - {}^p(H\Delta M)$. On the other hand, we have $N^c = (H_{\dot{m}}M)^c = H_{\dot{m}}M^c = H_{\dot{c}}M^c$. Thus $H_{\dot{c}}M$ exists and $H_{\dot{c}}M = N$. Now assume that $H_{\dot{c}}M$ exists. Let K be a predictable process verifying conditions (i)–(iii) in Definition 1.1. Then from (1.1) it is easy to see that $H^2 \in I_s([M,M])$. Since $H_{\dot{c}}M$ exists, by Theorem 4.2 $\sqrt{H^2.[M,M]}$ is locally integrable. But we have $[H_{\dot{m}}M, H_{\dot{m}}M] = H^2.[M,M]$ by (1.1), thus $H_{\dot{m}}M$ is a special semimartingale.

Acknowledgement. This work was accomplished during my visit to Institut de Mathématique, niversité Louis Pasteur (Strasbourg) in May and June 1990. I would like to express my deepest atitude to P. A. Meyer for his hospitality and helpful discussions.

References

1] C. Dellacherie, P.A.Meyer: Probabilités et potenliel, vol II, Hermann, Pairs, 1982.

2] J. Jacod, A. N. Shiryaev: Lemit Theorems for Stochastic Processes, Springer-Verlag, 1987.

3] J. Jacod: Sur la construction des intégrales stochastiques et les sous-espaces stables des martingales, Sém. Probab. XI, LN in Math. 581, 1977.

4] P.A.Meyer: Un cours sur les intégrales stochastiques, Sém. Probab. X, LN in Math. 511, 1976.

5] J.A.Yan: Remarques sur l'intégrale stochastique de processus non bornés, Sém. Probab. XIV, LN in Math. 784, 1980

6] J.A.Yan: Remarques sur certaines classes des semimartingales et sur les intégrales slochasliques optionnelles, ibid.

7] M.Yor: En cherchant une définition naturelle des intégrales stochastiques optionnelles, Sém. Probab. XIII, LN in Math. 721, 1979.

Institute of Applied Mathematics
Academia Sinica
P. O. Box 2734
100080, Beijing, China

SUR LA MÉTHODE DE L. SCHWARTZ POUR LES É.D.S.

par P.A. MEYER

On trouvera dans le *Sém. Prob. XXIII* une note très intéressante de L. Schwartz, qui réduit à presque rien la théorie des é.d.s. à semimartingales directrices continues en prouvant la convergence p.s. sur toute la droite (et très rapide) de la méthode des approximations successives. On peut signaler une idée analogue chez Karandikar [1] : il y manque un détail technique (l'insertion d'un facteur exponentiel, empruntée à Feyel [1]) qui permet à Schwartz de tout simplifier. Nous nous proposons ici de rajouter encore un demi morceau de sucre dans la tasse, et de faire la même chose pour les semimartingales discontinues. Il faut pour cela deux résultats auxiliaires : le théorème général de structure des martingales locales, et surtout l'"inégalité de Doob" de Métivier–Pellaumail. C'est une occasion de rappeler leur livre très riche de 1979, que l'on aurait tort d'oublier devant la floraison actuelle d'ouvrages sur le calcul stochastique.

Pour simplifier les notations, nous nous plaçons dans le cas scalaire avec une seule semimartingale directrice, mais la méthode s'applique au cas général.

Notations. La semimartingale directrice Z, nulle en 0, admet la décomposition canonique $Z = M + V$. En appliquant à M le théorème de structure des martingales locales (Dellacherie–Meyer, *Probabilités et Potentiel B*, VI.85), on peut choisir une décomposition pour laquelle M est *localement de carré intégrable* (et même à sauts bornés). Cela servira plus loin de manière essentielle.

On se propose de résoudre l'équation différentielle stochastique

$$(1) \qquad X_t = H_t + \int_0^t FX_{s-}\, dZ_s\,,$$

où H est un processus càdlàg. adapté donné, et F est une application de l'espace des processus càdlàg. adaptés dans lui même, possédant les propriétés $F0 = 0$ et

$$(2) \qquad (FX - FY)^*_{T-} \le K\,|X - Y|^*_{T-}$$

(condition de Lipschitz) pour tout temps d'arrêt T. Rappelons deux cas particuliers importants. Dans le cas classique des é.d.s. de type "markovien"

$$X_t = x + \int_0^t f(X_{s-})\, dX_s$$

on a $FX_t = f(X_t) - f(0)$ et $H_t = x + f(0)\,Z_t$. D'autre part, si U et V sont deux solutions de la même é.d.s. avec des "conditions initiales" différentes

$$U = H + FU_- \cdot Z\ , \quad V = K + FV_- \cdot Z\ ,$$

leur différence $W = V - U$ est solution d'une équation

$$W = L + GW_- \cdot Z$$

avec $L = K - H$, $GX = F(U+X) - F(U)$.

Nous tentons de résoudre l'é.d.s par la méthode de Picard en posant

$$X^{-1} = 0\ , \quad X^0 = H\ , \quad X^{n+1} = H + FX^n_- \cdot Z$$

que nous transformons en série en posant $Y^0 = X^0 = H$, $Y^n = X^n - X^{n-1}$, soit pour $n \geq 0$

(3) $$Y^{n+1} = (FX^n_- - FX^{n-1}_-) \cdot Z\ .$$

Le point crucial est que le processus intégré du côté droit est majoré en valeur absolue par $K\,|\,Y^{*n}_-\,|$, d'après la condition de Lipschitz.

Le lemme fondamental (1). Pour la commodité du lecteur, nous redémontrons d'abord le lemme fondamental sous la forme de Schwartz.

LEMME. *Supposons que l'on ait $d\!<\!M,M\!>_t \leq dt$, $|dV_t| \leq dt$. Soit $K = J \cdot Z$ où le processus prévisible J satisfait à*

(4) $$\|\,J_s\,\|_2 \leq Ce^{\lambda s}\,(s^n/n!)^{1/2}\ ,$$

avec $\lambda > 0$. Alors on a

(5) $$\|\,K^*_t\,\|_2 \leq C(2 + 1/\sqrt{2\lambda})\,e^{\lambda t}\,(t^{n+1}/(n+1)!)^{1/2}\ .$$

DÉMONSTRATION. La norme à gauche est majorée par la somme des normes des deux termes provenant de M et V. Pour le premier terme on applique l'inégalité de Doob dans L^2, ce qui nous laisse

$$2\mathbb{E}\,[\int_0^t J_s^2\,d\!<\!M,M\!>_s]^{1/2}\ .$$

On majore $d\!<\!M,M\!>$ par ds, on intervertit les deux intégrations, on majore $\mathbb{E}\,[J_s^2]$ par (4), et $e^{2\lambda s}$ par $e^{2\lambda t}$.

Pour le second terme, on doit regarder la norme$_2$ de $\int_0^t |J_s|\,|dV_s|$. On majore $|dV_s|$ par ds, puis on majore la norme de l'intégrale par l'intégrale de la norme, on utilise (4), et on applique l'inégalité de Schwarz aux facteurs $Ce^{\lambda s}$ et $(s^n/n!)^{1/2}$, et le premier facteur donne le coefficient $1/\sqrt{2\lambda}$. Le reste est évident.

Une fois le lemme fondamental établi, on remarque que si l'on a au départ une majoration du type $\|\,H_t\,\|_2 \leq Ce^{\lambda t}$ (évidente par exemple dans le cas "markovien" d'après les hypothèses faites sur Z), on obtient par récurrence sur n la convergence normale de la série de Picard sur tout intervalle borné, comme dans l'article de Schwartz.

Le lemme fondamental permet aussi d'établir l'unicité de la solution, mais pour prouver celle-ci sans conditions L^2, il faut un argument simple de prélocalisation.

REMARQUE. Schwartz établit aussi une version L^p $(p>2)$ du lemme fondamental, indispensable pour la démonstration du théorème sur les flots stochastiques (par application du lemme de Kolmogorov). Le raisonnement est le même, mais il faut utiliser une inégalité de Burkholder, ce qui exige l'emploi du crochet droit, et donc (contrairement au cas $p=2$) la continuité de M.

Le lemme fondamental (2). Supprimons l'hypothèse sur Z, et analysons la méthode de changement de temps utilisée par Schwartz (et dont la première mention est due, à ma connaissance, à Karandikar [1]). Comme nous allons le voir, il ne s'agit pas d'un "vrai" changement de temps, où l'on modifie les tribus, etc., mais d'une opération beaucoup plus simple. Considérons un processus croissant A tel que $d\!<M>_t \le dA_t$, $|dV_t| \le dA_t$ — par exemple

$$A_t = <M>_t + \int_0^t |dV_s| + t$$

qui est agréable, parce que strictement croissant et tendant vers l'infini. Associons lui la famille de temps d'arrêt (ici bornés, tendant vers l'infini avec t)

$$c_t = \inf\{u : A_u > t\}.$$

Nous essayons, dans la démonstration du lemme fondamental, de remplacer l'hypothèse (4) par

$$\| J_{c_s} \|_2 \le C e^{\lambda s} (s^n/n!)^{1/2}, \tag{6}$$

et d'en déduire l'inégalité

$$\| K^*_{c_t} \|_2 \le C(2 + 1/\sqrt{2\lambda}) e^{\lambda t} (t^{n+1}/(n+1)!)^{1/2}, \tag{7}$$

qui rendrait exactement les mêmes services que le lemme fondamental pour la théorie des é.d.s.. Nous reprenons donc la démonstration précédente, mais en travaillant cette fois à l'instant c_t : nous avons deux termes

$$2E[\int_0^{c_t} J_s^2 d\!<M>_s]^{1/2}, \quad \mathbb{E}[(\int_0^{c_t} |J_s|\,|dV_s|)^2]^{1/2}$$

dans lesquels nous majorons les deux processus croissants par dA_s. Nous remplaçons alors les deux expressions par

$$2E[\int_0^\infty J_{c_s}^2 I_{\{c_s \le c_t\}} ds]^{1/2}, \quad \mathbb{E}[(\int_0^\infty |J_{c_s}| I_{\{c_s \le c_t\}} ds)^2]^{1/2}.$$

Voir Dellacherie–Meyer, *Probabilités et Potentiel B*, VI.55. Si nous pouvions remplacer la condition $c_s \le c_t$ par $s \le t$, la démonstration fonctionnerait exactement comme ci–dessus.

Mais en fait la condition équivalente à $c_s \leq c_t$ est $s \leq A_{c_t}$, et on a $A_{c_t-} \leq t \leq A_{c_t}$, l'égalité n'ayant lieu pour tout t que si A est continu. Pour retomber sur un intervalle d'intégration contenu dans $[0,t]$, il faut donc remplacer l'indicatrice par $I_{\{c_s<c_t\}}$, et alors on se trouve devant le problème de démontrer une "inégalité de Doob" sur les intervalles stochastiques $[0,c_t[$ ouverts. La réponse a été donnée par Métivier–Pellaumail : pour tout t. d'a. $T>0$ on a

$$\| M^*_{T-} \|_2 \leq 2\mathbb{E}[\, [M,M]_{T-} + <M,M>_{T-}]^{1/2} \,.$$

Il suffit donc d'ajouter encore le crochet droit $[M,M]_t$ à (A_t) pour que la démonstration fonctionne comme plus haut, les formules (J.1) et (J.2) devant être remplacées par des majorations portant sur $\| J_{c_t-} \|$ et $\| K^*_{c_t-} \|$.

Il suffirait d'ailleurs de traiter le cas où J est continu à gauche, ce qui évite de distinguer J_{c_t-} et J_{c_t-}.

REMARQUES. a) Le premier à avoir utilisé simultanément la méthode du changement de temps et l'inégalité de M–P, pour établir la convergence p.s. de la série de Picard sur toute la droite pour des semimartingales discontinues, semble être Karandikar [2]. Voir dans ce volume un résultat analogue pour la méthode d'Euler–Peano.

b) L'inégalité de Métivier-Pellaumail est loin d'être évidente. Il peut donc être intéressant de s'en passer dans certains cas particuliers, pour des raisons pédagogiques. Le premier cas est évidemment celui où $<M>$ et V sont continus (ce qui n'exige pas, rappelons le, que M le soit). Le second cas, un peu plus général, est celui où $d<M>$ et $|dV|$ sont majorés par dB, le processus croissant B (à valeurs finies) étant *prévisible*. En effet, prenant $A_t = B_t + t$, on a

$$c_{t-} = \inf\{u \,:\, A_u \geq t\}$$

qui est un temps prévisible en tant que début d'un ensemble prévisible fermé à droite. Or l'inégalité de Doob ordinaire s'étend de manière évidente à un intervalle prévisible $[0,T[$, au moyen d'une suite annonçant T.

c) Stricker m'a fait remarquer que l'on peut en fait éviter *complètement* l'inégalité de M–P pour la théorie L^2 (non pour la théorie L^p, voir d)). On commence par un changement de loi qui fait entrer la semi-martingale directrice dans H^2 sur tout intervalle fini. Après cela, la semimartingale admet une décomposition canonique $M+V$, M admettant un crochet oblique et V étant prévisible, et l'on se trouve alors dans la situation de b).

d) Pour appliquer la méthode de Schwartz à la régularité des solutions des équations différentielles stochastiques gouvernées par des semimartingales discontinues, il faut utiliser le théorème de Kolmogorov, et donc étendre à L^p l'inégalité de Métivier–Pellaumail. Cela ne pose pas de difficulté (le lemme de Lenglart–Lepingle–Pratelli fait le travail tout seul), mais je ne me rappelle plus qui a établi le premier ce résultat.

RÉFÉRENCES

FEYEL (D.) [1]. Sur la méthode de Picard (é.d.o. et é.d.s.) pour les é.d.s., *Sém. Prob. XXI*, LN in M. **1247**, 1987, p. 515-519.

KARANDIKAR (R.L.) [1]. A.S. approximation results for multiplicative stochastic integrals, *Sém. Prob. XVI*, LN in M. 920, 1982, p. 384-391.

KARANDIKAR (R.L.) [2]. On Métivier–Pellaumail inequality, Emery topology and pathwise formulae in stochastic calculus, *Sankhyā*, *Ser. A*, 51, 1989, p. 121-143.

LENGLART (E.) [1]. Sur l'inégalité de Métivier–Pellaumail, *Sém. Prob. XIV*, LN in M. 784, 1980, p. 125-127.

MÉTIVIER (M.) et PELLAUMAIL (J.) [1]. *Stochastic Integration*, Academic Press, 1979.

SCHWARTZ (L.) [1]. La convergence de la série de Picard pour les é.d.s., *Sém. Prob. XXIII*, LN in M. 1372, 1989, p. 343–354.

On Almost Sure Convergence of Modified Euler-Peano Approximation of Solution to an S.D.E. Driven by a Semimartingale

Rajeeva L. Karandikar
Indian Statistical Institute, New Delhi
7,SJS Sansanwal Marg,New Delhi 110016,INDIA

1 Introduction

We consider the equation

$$Z_t = H_t + \int_0^t b(s-,\cdot,Z)dX_s \tag{1.1}$$

where X is an $\mathbb{R}^d$−valued semimartingale, H is an $\mathbb{R}^m$-valued r.c.l.l. process and where $b : [0,\infty) \times \Omega \times D([0,\infty),\mathbb{R}^m) \to \mathbb{R}^m \otimes \mathbb{R}^d$ is a functional assumed to satisfy

$$|b(s,w,\rho_1) - b(s,w,\rho_2)| \leq A_s(w)|\rho_1 - \rho_2|_s^* \tag{1.2}$$

for an increasing process A. Here $|\cdot|$ denotes Euclidian norm (on $\mathbb{R}^m$ or $\mathbb{R}^m \otimes \mathbb{R}^d$) and $|\rho|_s^* := \sup_{t\leq s}|\rho_t|$. Bichteler [1] had shown that the ε_n-Euler-Peano approximation to (1.1) converges almost surely, if $\Sigma\varepsilon_n^2 < \infty$. Bichteler pointed out that when $b(t,w,\rho) = f(\rho(t))$ and f is a Lipschitz function, so that the equation is

$$Z_t = H_t + \int_0^t f(Z_{s-})dX_s \tag{1.3}$$

the Eular-Peano scheme yields a *pathwise formula* for the solution Z *i.e.* the path $Z(t,w)$ for a fixed w can be obtained as an explicit functional of the paths $H(s,w)$ and $X(s,w)$. This is important for statistical applications. In this article we show that a modified Eular-Peano scheme yields a pathwise formula for (1.1) as well. It is well known that Picards successive approximation method converges a.s. , see Bichteler [1], Karandikar [3,4], Schwartz [7], Meyer [6]. In Karandikar [3,4] a modification is suggested that yields pathwise formula. However, in Picard's method, to get the nth approximation, we need to compute $1^{st}, 2^{nd}, \ldots, (n-1)^{th}$ approximation. However in the Euler-Peano method, to compute ε - approximation , we do not need to compute ε'- approximation for any other ε'.

The suggested approximation: Fix $\varepsilon > 0$. The ε-approximation $Y \equiv Y^\varepsilon$ of Z is defined as follows.

Let stop times τ_i and processes W^i be defined inductively by:

$$\tau_0 = 0 \text{ and } W_t^0 \equiv H_0 \tag{1.4}$$

and having defined τ_j, W^j for $j \leq i$, let

$$\tau_{i+1} = \inf\{t > \tau_i \;:\; |H_t - H_{\tau_i} + b(\tau_i, \cdot, W^i)(X_t - X_{\tau_i})| \geq \epsilon \text{ or } |b(t, \cdot, W^i) - b(\tau_i, \cdot, W^i)| \geq \epsilon\} \tag{1.5}$$

and

$$\begin{aligned} W_t^{i+1} &= W_t^i \text{ for } t < \tau_{i+1} \\ &= W_{\tau_i}^i + H_{\tau_{i+1}} - H_{\tau_i} + b(\tau_i, \cdot, W^i)(X_{\tau_{i+1}} - X_{\tau_i}) \text{ for } t \geq \tau_{i+1}. \end{aligned} \tag{1.6}$$

Thus, W^{i+1} is a process that has jumps at $\tau_1, ..., \tau_{i+1}$ and is constant on the intervals $[0, \tau_1), \cdots, [\tau_j, \tau_{j+1}), \cdots [\tau_i, \tau_{i+1}), [\tau_{i+1}, \infty)$. Let us piece together these processes $W^i, i = 1, 2, \ldots$ to define a step process $S \equiv S^\epsilon$ as follows.

$$S_t = W_{\tau_i}^i \text{ for } \tau_i \leq t < \tau_{i+1}.$$

Now define $Y \equiv Y^\epsilon$ by $Y_0 = H_0$ and

$$Y_t = S_{\tau_i} + H_t - H_{\tau_i} + b(\tau_i, \cdot, W^i)(X_t - X_{\tau_i}) \text{ for } \tau_i < t \leq \tau_{i+1}. \tag{1.7}$$

The main result of this article is the following.

Let $\Sigma\epsilon_n^2 < \infty$. Then S^{ϵ_n} converges uniformly in $t \in [0, T]$ a.s. for every T. Further, define $Z^n \equiv Y^{\epsilon_n}$. Then Z_t^n also converges uniformly in $t \in [0, T]$ to Z_t a.s. for every T as well as for any locally bounded predictable process f, $\int_0^t f dZ^n \to \int_0^t f dZ$ uniformly in $t \in [0, T]$ a.s. for every T.

Let us note that the w-path $Y^\epsilon(t, w)$ is defined explicitly as a functional of the w-paths $H(t, w), X(t, w)$ and $b(t, w, \rho)$. Thus $Z^n \equiv Y^{\epsilon_n}$ is defined 'pathwise' and hence so is Z, as Z^n converges a.s. to Z.

Also, note that we need to evaluate $b(t, w, \rho)$ only for piecewise constant fucntions ρ. This could be important, say when

$$b(t, w, \rho) = \tilde{b}(t, \rho_t, \int_0^t \rho_s dU_s(w)) \tag{1.8}$$

for a Lipschitz function $\tilde{b}$ and an increasing process U.

Another pathwise formula for solution Z of (1.2) was obtained in [4], and it was also shown there that Euler-Peano method yields a.s. approximation.

However, unless b satisfies an additional condition, it does not yield a pathwise formula. The functional b given by (1.8) does not satisfy this additional condition.

The main tool in proving the result stated above is the notion of 'dominating process' which is a modification of Metivier-Pellaumail's notion of 'control process'. This was introduced in [4] and it was shown that along with the Metivier-Pellaumail inequality, it is a very effective tool for studying approximation questions in stochastic analysis. It is a tool for establishing convergence in Emery topology as well as a.s. convergence. In section 2, we will discuss 'dominating processes'. The proof of the main theorem is given in section 3.

All processes we consider are defined on a fixed complete probability space $(\Omega, \mathcal{F}, P)$ and are adapted to a filtration $(\mathcal{F}_t)$ assumed to satisfy usual conditions. The notions of predictable, stoptime, martingale etc. will be with reference to this filtration.

$\mathcal{V}^+$ will denote the class of r.c.l.l. increasing (V_t) with $V_0 \geq 0$. Also,

$$\mathcal{V} = \{V = V_1 - V_2;\ \ V_1, V_2 \in \mathcal{V}^+\}.$$

For $U \in \mathcal{V}, |U|_t(w)$ will denote total variation of $s \to U_s(w)$ on $[0, t]$. Note that $|U| \in \mathcal{V}$.

$\mathcal{M}^2_{loc}$ will denote the class of locally square integrable martingales. For $M \in \mathcal{M}^2_{loc}$, $[M, M]$, $< M, M >$ will respectively denote the quadratic variation process and predictable quadratic variation process of M.

$\mathcal{I}$ will denote the class of predictable process f that are locally bounded.

The following is a consequence of Metivier-Pellaumail inequality [5].

Let $M \in \mathcal{M}^2_{loc}$ and τ be a stop time. Then

$$E|M|^{*^2}_{\tau-} \leq 4E\{[M, M]_{\tau-} + < M, M >_{\tau-}\}. \tag{1.9}$$

2 Dominating process of a semimartingale

Definition :*Let X be a semimartingale. A process $V \in \mathcal{V}^+$ is said to be a dominating process of X, written as $X \lll V$, if for some decomposition*

$$X = M + A, M \in \mathcal{M}^2_{loc}, A \in \mathcal{V} \tag{2.1}$$

of X, V^1 defined by

$$V^1_t := V_t - 2(< M, M >_t + [M, M]_t)^{1/2} - |A|_t$$

is an increasing process.

Recall that every semimartingale X admits a decomposition as in (2.1). Hence, every semimartingale admits a dominating process V. One can take

$$V_t := 2(< M, M >_t + [M, M]_t)^{1/2} + |A|_t.$$

where M, A are as in (2.1). Also, given finitely many semimartingal $X^1, ..., X^d$, one can choose a common dominating process : $V = V^1 + \cdots + V^d$, where $X^i \lll V^i$.

The following is an easy consequence of (1.9). Let X be a semimartingale and let $X \lll V$. Then for all stop times τ,

$$E|X|^{*^2}_{\tau-} \leq 2EV^2_{\tau-} \tag{2.2}$$

The following lemma can be proved easily. (See [4]).

Lemma 2.1 *(a) Let X, Y be semimartingales and let $X \lll U, Y \lll V$. Let $Z = X + Y$. Then*

$$\exists\, W \text{ such that } Z \lll W \text{ and } W_t \leq U_t + V_t\, \forall t. \tag{2.3}$$

(b). Let $f \in \mathcal{I}$ and $X \lll U$ as above. Let

$$\theta_t(f,U) := \sqrt{2}\{(\int_0^t |f|^2 dU^2)^{1/2} + \int_0^t |f| dU\}. \tag{2.4}$$

Then

$$\exists\, D \text{ such that } (\int f dX) \lll D \text{ and } D_t \leq \theta_t(f,U). \tag{2.5}$$

The following notions of convergence play an important role in a.s. convergence results.

For processes f^n, f say that $f^n \xrightarrow{o} f$ if

$$\sum_{n=1}^{\infty} |f^n - f|_t^{*2} < \infty \quad \forall t \quad \text{a.s.}$$

For semimartingales X^n, X, say that $X^n \xrightarrow{*} X$ if

$$\exists\, V^n : (X^n - X) \lll V^n \text{ and } \sum_{n=1}^{\infty} (V_t^n)^2 < \infty \ \forall t \text{ a.s..}$$

It is clear that $f^n \xrightarrow{o} f$ implies that $|f^n - f|_t^* \to 0$ a.s. for every t.

The following properties one proved in [4]. Here, X^n, X are semimartingles and $f^n, f \in \mathcal{I}$.

$$X^n \xrightarrow{*} X \quad \text{implies} \quad X^n \xrightarrow{o} X \tag{2.6}$$

$$f^n \xrightarrow{o} f, X^n \xrightarrow{*} X \quad \text{implies} \quad \int f^n dX^n \xrightarrow{*} \int f dX. \tag{2.7}$$

It is proved in [4] that semimartingales X^n converge to X in Emery topology (see [2]) if and only $\exists\, V^n : (X^n - X) \lll V^n$ with $V_t^n \to 0$ in probability for every t. Thus $X^n \xrightarrow{*} X$ implies $X^n \to X$ in Emery toplogy. Moreover, $Y^n \to Y$ in Emery topology implies that for a suitable subsequence $X^k = Y^{n_k}$, one has $X^k \xrightarrow{*} Y$. This enables one to prove results on Emery topology via $\xrightarrow{*}$.

Using (2.1) and (2.4), one gets the following. Let $f \in \mathcal{I}, X \lll V$ and τ be a stop time. Then

$$E|\int f dX|_{\tau-}^{*2} \leq 2E\theta_{\tau-}^2(f,V) \tag{2.8}$$

Further,

$$E|\int f dX|_{\tau-}^{*2} \leq 4E(1 + V_{\tau-}) \int_0^{\tau-} |f|^2 d(V^2 + V) \tag{2.9}$$

If $X = (X^1, \cdots, X^d)'$ is an $\mathbb{R}^d$ valued semimartingale, $X^j \lll V$, and $f = (f^{ij})$, where $f^{ij} \in \mathcal{I}, 1 \leq i \leq m, 1 \leq j \leq d, Y = \int f dX$ is defied by $Y = (Y^1, \cdots, Y^m)'$ and

$$Y^i = \sum_{j=1}^{d} \int f^{ij} dX^j.$$

Now

$$\begin{aligned} E|\int f dX|_{\sigma-}^{*2} &= \sum_{i=1}^{m} E|\sum_{j=1}^{d} \int f^{ij} dX^j|_{\sigma-}^{*2} \\ &\leq 2d \sum_{i=1}^{m} \sum_{j=1}^{d} E\theta_{\sigma-}^2(f^{ij}, V) \\ &\leq 2d^2 m E\theta_{\sigma-}^2(|f|, V). \end{aligned}$$

where $|f|^2 = \sum_{ij} |f^{ij}|^2$. One also can use the bound $\theta_t(f, V) \le 3|f|_t^* V_t$ to get

$$
\begin{aligned}
E|\int f dX|_{\sigma-}^{*2} &\le 2d \sum_{i=1}^{m} \sum_{j=1}^{d} 9\, E|f^{ij}|_{\sigma-}^{*2} V_{\sigma-}^2 \\
&\le 18 d E|f|_{\sigma-}^2 V_{\sigma-}^2. \qquad (2.10)
\end{aligned}
$$

Or one can use (2.9) to get

$$
E|\int f dX|_{\sigma-}^{*2} \le 4dE(1 + V_{\sigma-}) \int_0^{\sigma-} |f|^2 d(V^2 + V). \qquad (2.11)
$$

3 The main result

We need to assume that (1.2) holds for an adapted process A and that for each $\rho \in D([0,\infty), \mathbb{R}^n)$, $b(s, w, \rho)$ is an adapted, r.c.l.l. process. Thus, for an r.c.l.l. adapted process Z,

$$
F(Z)_t := b(t, w, Z(w)) \qquad (3.1)
$$

is itself an r.c.l.l. adapted process.

It is easy to see that if $\tau_i < \infty$ then $\tau_i < \tau_{i+1}$. Let $\tau_\infty = \lim_i \tau_i$.

Lemma 3.1 *$\tau_\infty = \infty$ a.s.*

Proof : For an r.c.l.l. process B, define

$$
(JB)_t := \sum_{i=0}^{\infty} B_{\tau_i} 1_{[\tau_i, \tau_{i+1})}(t). \qquad (3.2)
$$

Note that for $i \ge j$, $W^i_{\tau_j} = Y_{\tau_j}$ and hence

$$
(JY)_t = (JW^i)_t = W^i_t \quad \text{for} \quad t < \tau_{i+1}. \qquad (3.3)
$$

Thus we have for $\tau_i < t \le \tau_{i+1}$

$$
Y_t = Y_{\tau_i} + H_t - H_{\tau_i} + b(\tau_i, \cdot, JY)(X_t - X_{\tau_i}).
$$

or in other words,

$$
Y_{t\wedge\tau_n} = H_{t\wedge\tau_n} + \int_0^{t\wedge\tau_n} JF(JY)_- dX. \qquad (3.4)
$$

Moreover, by choice of $\{\tau_j\}$,

$$
|JY - Y| \le \varepsilon \qquad (3.5)
$$

$$
|J(F(JY)) - F(JY)| \le \varepsilon. \qquad (3.6)
$$

and on $\tau_{i+1} < \infty$

$$
\text{either } |F(JY)_{\tau_{i+1}} - F(JY)| \ge \varepsilon \text{ or } |Y_{\tau_{i+1}} - Y_{\tau_i}| \ge \varepsilon. \qquad (3.7)
$$

Consider the equation

$$\tilde{Y}_t = H_t + \int_0^t JF(J\tilde{Y})_- dX. \tag{3.8}$$

Writing $G(B) = JF(JB)$, one sees that (3.8) admits a unique solution (which is r.c.l.l.). By (local) uniqueness of solution to (3.8), it follows that $\tilde{Y}_t = Y_t$ on $t \leq \tau_k$, i.e.

$$P(\tilde{Y}_{t\wedge\tau_k} = Y_{t\wedge\tau_k}\ \forall\, t) = 1.$$

On the set $\tau_\infty < \infty$, at least one of the two limits $\lim F(JY)_{\tau_i}$ and $\lim Y_{\tau_i}$ does not exist (because of (3.7)), but both $\lim \tilde{Y}_{\tau_i}$ and $\lim F(J\tilde{Y})_{\tau_i}$ exist as, $F(J\tilde{Y})$ and $\tilde{Y}$ are r.c.l.l. Thus

$$\{\tau_\infty < \infty\} \subseteq \{\tilde{Y}_{t\wedge\tau_i} = Y_{t\wedge\tau_i}\ \forall\, t, \forall\, i\}^c$$

Hence $P(\tau_\infty < \infty) = 0$. ■

Thus it follows that Y is defined on $[0,\infty)$ and

$$Y_t = H_t + \int_0^t JF(JY)_- dX. \tag{3.9}$$

Lemma 3.2 *Let V be a dominating process for $X^i, 1 \leq i \leq d$. Let*

$$\tau_j = \inf\{t > 0 : A_t \geq j \quad or \quad V_t \geq j\}.$$

Then $\exists$ a constant C_j, depending only on j (and d) such that

$$E|Y - Z|^{*2}_{\tau_j -} \leq C_j \epsilon^2$$

where Z is the solution to (1.1) (and $Y \equiv Y^\epsilon$).

Proof : From (3.5) and the Lipschitz condition (1.2), it follows that

$$\begin{aligned} |F(JY) - F(Y)|^*_{\tau_j-} &\leq A_{\tau_j-}|JY - Y|^*_{\tau_j-} \\ &\leq j\epsilon \end{aligned}$$

Along with (3.6), this gives

$$\begin{aligned} |JF(JY) - F(Y)|^*_{\tau_j-} &\leq |JF(JY) - F(JY)|^*_{\tau_j-} + |F(JY) - F(X)|^*_{\tau_j-} \\ &\leq \epsilon + j\epsilon \\ &= (j+1)\epsilon. \end{aligned} \tag{3.10}$$

From (3.9) it follows that

$$\begin{aligned} Z_t - Y_t &= \int_0^t JF(JY)_- dX - \int_0^t F(Z)_- dX \\ &= \int_0^t JF(JY_- dX - \int_0^t F(Y)_- dX \\ &\quad + \int_0^t F(Y)_- dX - \int_0^t F(Z)_- dX \end{aligned}$$

Thus for any $\sigma \le \tau_j$

$$\begin{aligned} E|Z-Y|^{*2}_{\sigma-} &\le 2E|\int [JF(JY)-F(Y)]_- dX|^{*2}_{\sigma-} \\ &\quad +2E|\int [F(Y)-F(Z)]_- dX|^{*2}_{\sigma-} \\ &\le 36d(j+1)^2\epsilon^2\cdot j^2 + 8d(1+j)E\int_0^{\sigma-} |Z-Y|^{*2}_{-} dU \end{aligned}$$

where $U = V^2 + V$. Thus for constants K_1, K_2 (depending only on j, d), we get

$$E|Z-Y|^{*2}_{\sigma-} \le K_1\epsilon^2 + K_2 E\int_0^{\sigma-} |Z-Y|^{*2}_{-} dU \tag{3.11}$$

for all $\sigma \le \tau_j-$. Since $U_{\tau_j-} \le j^2 + j$, using an analogue of Gronwalls lemma (Lemma 29.1 in [4]) we get that for a constant C_j depending on j, K_1, K_2 and hence on j, d only,

$$E|Z-Y|^{*2}_{\tau_j-} \le C_j\epsilon^2$$

(Here C_j can be explicitly evaluated). ∎

We are now in a position to prove the main result.

For a sequence $\{\epsilon_n\}$, let $Z^n = Y^{\epsilon_n}$, where Y^ϵ is defined in the introduction. Our main result is

Theorem 3.3 *Suppose $\Sigma\epsilon_n^2 < \infty$. Then*

$$|Z^n - Z|^*_t \to 0 \quad a.s. \quad \text{for all } t \tag{3.12}$$

Further, for any $f \in \mathcal{I}$,

$$|\int f dZ^n - \int f dZ|^*_t \to 0 \quad a.s. \quad \text{for all } t. \tag{3.13}$$

Proof: By Lemma 3.2,

$$E|Z^n - Z|^{*2}_{\tau_j-} \le C_j\epsilon_n^2.$$

Thus

$$E\sum_{n=1}^{\infty}|Z^n - Z|^{*2}_{\tau_j-} \le C_j\sum_{n=1}^{\infty}\epsilon_n^2 < \infty.$$

Hence

$$\sum_{n=1}^{\infty}|Z^n - Z|^{*2}_{\tau_j} < \infty \text{ a.s..}$$

This implies $Z^n \xrightarrow{o} Z$ and in turn (3.12). For (3.13), let us write $\tilde{J}^n \equiv J^{\epsilon_n}$; where we write J^ϵ for J defined earlier. Then

$$Z^n - Z = \int [\tilde{J}^n F(\tilde{J}^n Z^n) - F(Z^n)]_- dX + \int [F(Z^n) - F(Z)]_- dX. \tag{3.14}$$

Now (3.10) implies

$$\tilde{J}^n F(\tilde{J}^n Z^n) - F(Z^n) \xrightarrow{o} 0$$

and $Z^n \xrightarrow{\circ} Z$ and (1.3) implies

$$F(Z^n) - F(Z) \xrightarrow{\circ} 0.$$

Now (3.12) and (2.7) implies that $Z^n \xrightarrow{\circ} Z$. Then using (2.6) once again, we get $\int f dZ^n \xrightarrow{\circ} \int f dZ$ and hence (3.12). ■

Remark:Since $|S^{\epsilon_n} - Y^{\epsilon_n}| \leq \epsilon_n$, it follows That $S_t^{\epsilon_n}$ converges to Z_t uniformly in $t \in [0, T]$ a.s. and this gives approximation of the solution by step processes.

References

1. K. Bichteler. Stochastic integration and L^p– theory of Stochastic integration. Ann. Prob., 9, 1981, 48-89.

2. M. Emery. Une topology sur e'espace des semimartingales. Seminaire de Probablities XIII, Lecture notes in Mathematics 721, p. 260-280, Springer-Verlag, Berlin (1979).

3. R.L. Karandikar. Pathwise solution of stochastic differential equatios. Sankhya A, 43, 1981, 121-132.

4. R.L. Karandikar. On Metivier-Pellaumail inequality, Emery toplogy and Pathwise formuale in Stochastic calculus. Sankhya A, 51, 1989, 121-143.

5. M. Metivier. Semimartingales, Walter de Gruter, Berlin, New York. (1982).

6. P.A. Meyer. Sur la method de L.Schwartz pour les E.D.S. To appear in Seminaire de probablites.

7. L.Schwartz. La convergence de la serie de Picard pour les e.d.s. Seminaire de Probablities XXIII, Lecture notes in Mathematics 1372, p. 343-354, Springer-Verlag, Berlin (1989).

On Newton's method for stochastic differential equations

SHIGETOKU KAWABATA AND TOSHIO YAMADA

1. Introduction.

The aim of this paper is to propose a formulation of Newton-Kantorovich's method for Ito-type stochastic differential equations. This note has three sources;

(1) Newton's method on Banach space by L.V. Kantorovich[6],
(2) Chaplygin-Vidossich's method for ordinary differential equations [3] [7],
(3) Newton's method for random operators by A.Bharucha-Reid and R. Kannan [2].

As is well known, S.A. Chaplygyn[3] introduced a process for the approximation of solutions for non-linear Cauchy problems for ordinary differential equations;

$$x' = f(t,x), \quad x(t_0) = x_0 \tag{1.1}$$

consisting of the iterative solution of a sequence of linear Cauchy problems;

$$\begin{gathered} u_{n+1}' = f(t,u_n(t)) + f_x(t,u_n(t))(u_{n+1}(t) - u_n(t)) \\ u_{n+1}(t_0) = x_0. \end{gathered} \tag{1.2}$$

At the end of seventies, G.Vidossich [7] has shown that the Chaplygin sequence is exactly the Newton sequence for the operator;

$$F(x)(t) = x(t) - x_0 - \int_{t_0}^t f(s,x(s))\,ds \tag{1.3}$$

For stochastic initial value problems;

$$\begin{gathered} dX(t) = \sigma(t,X(t))dB(t) + b(t,X(t))dt, \qquad 0 \le t \le T \\ X(0) = \xi, \end{gathered} \tag{1.4}$$

one may propose heuristically an analogue of Chaplygin's method in the following iterative scheme;

$$\begin{aligned} X_0(t) &= \xi, \\ X_{n+1}(t) &= X(0) + \int_0^t \sigma(s,X_n(s))\,dB(s) + \int_0^t b(s,X_n(s))\,ds \\ &\quad + \int_0^t \sigma_x(s,X_n(s))(X_{n+1}(s) - X_n(s))\,dB(s) \\ &\quad + \int_0^t b_x(s,X_n(s))(X_{n+1}(s) - X_n(s))\,ds \end{aligned} \tag{1.5}$$

We shall show in this paper that the above sequence is the Newton sequence for the stochastic operator;

$$\begin{aligned} F(Z)(t) = Z(t) - Z(0) &- \int_0^t \sigma(s,Z(s))\,dB(s) \\ &- \int_0^t b(s,Z(s))\,ds \end{aligned} \tag{1.6}$$

We will also discuss the local as well as the global convergence of the sequence to the solution of the equation (1.4). Our investigation is motivated by the paper by Bharucha-Reid and Kannan [2], where they have developed a probabilistic analogue of Newton-Kantorovich's method for solutions of random operator equations. Applications of their theory are being considered by their school [1], although no explicit application to solutions of Ito-type stochastic differential equations seems exist. To avoid complicated notations, we deal in the present paper with one dimensional case only, but one may generalize the results obtained in this paper to multi-dimensional case without any difficulty.

2. Preliminaries.

Let $\sigma(t,x)$ and $b(t,x)$ be defined on $[0,\infty)\times R^1$ and Borel measurable. We consider following Ito-type stochastic differential equation;

$$X(t)=X(0)+\int_0^t \sigma(s,X(s))\,dB(s)+\int_0^t b(s,X(s))\,ds\ . \tag{2.1}$$

By a probability family space with an increasing family of σ-fields which is denoted as $(\Omega,\mathcal{F},P;\mathcal{F}_t)$, we mean a probability space $(\Omega,\mathcal{F},P)$ with right continuous increasing system $\mathcal{F}_t$ of sub-σ fields of $\mathcal{F}$, each containing all P-null sets.

Definition (2.1) By a solution of the equation (2.1), we mean a probability space with an increasing family of σ-fields $(\Omega,\mathcal{F},P;\mathcal{F}_t)$ and a family of stochastic processes $\{X(t),B(t)\}$ defined on it such that

(1) with probability one, $X(t)$ and $B(t)$ are continuous in t and $B(0)=0$,
(2) $X(t)$ and $B(t)$ are $\mathcal{F}_t$-measurable,
(3) $B(t)$ is a $\mathcal{F}_t$-martingale such that

$$E[(B(t)-B(s))^2/\mathcal{F}_s]=t-s, \qquad t\geq s, \tag{2.2}$$

(4) $X(t)$ and $B(t)$ satisfy

$$X(t)=X(0)+\int_0^t \sigma(s,X(s))\,dB(s)+\int_0^t b(s,X(s))\,ds, \tag{2.3}$$

where the integral by $dB(s)$ is understood in the sense of Ito integral.

Condition A We say that $\sigma(t,x)$ and $b(t,x)$ satisfy the Condition A, if

(1) $\sigma(t,x)$ and $b(t,x)$ are continuous in (t,x) and differentiable with respect to x, moreover $D_x\sigma(t,x)=\sigma_x(t,x)$ and $D_x b(t,x)=b_x(t,x)$ are continuous with respect to x.
(2) there exist positive constants K and M such that,

$$|\sigma(t,x)|^2\leq K(1+x^2), \tag{2.4}$$

$$|b(t,x)|^2\leq K(1+x^2), \tag{2.5}$$

$$|\sigma_x(t,x)|\leq M, \tag{2.6}$$

and

$$|b_x(t,x)|\leq M. \tag{2.7}$$

Remark 2.1. Since the inequalities (2.6) and (2.7) imply the global Lipschitz condition for $\sigma(t,x)$ and $b(t,x)$, then with the conditions (2.4) and (2.5), there exists a solution $X(t)$ of the equation (2.1) defined on $[0,T]$, such that

$$\sup_{t\in[0,T]} E[|X(t)|^2] < +\infty, \tag{2.8}$$

where $T < +\infty$ is an arbitrally given positive number. Furthermore a solution with the property (2.8) is pathwise unique. (see for e.g., [4] and [5]). In the following in this paper, we assume $E[|X(0)|^2] < +\infty$.

3. The Gâteaux derivative.

Let $\mathcal{L}_T$ be the set of $\varphi : [0,\infty)\times\Omega \to R$, such that (*i*) φ is $\mathcal{F}_t$-adapted and continuous with respect to t, (*ii*) $E[\sup_{0\le s\le T} |\varphi(s,\omega)|^2] < \infty$. Then $\mathcal{L}_T$ is a Banach space with the norm

$$||\varphi||^2 = E[\sup_{0\le s\le T} |\varphi(s,\omega)|^2].$$

Consider the following operator F defined on $\mathcal{L}_T$;

$$\begin{aligned} F(Z) = F(Z)(t) = Z(t,\omega) - Z(0,\omega) - \int_0^t \sigma(s, Z(s,\omega))\, dB(s) \\ - \int_0^t b(s, Z(s,\omega))\, ds \quad 0\le t\le T, \quad Z\in\mathcal{L}_T \end{aligned} \tag{3.1}$$

LEMMA(3.1). *Under the condition A the operator F maps the space $\mathcal{L}_T$ into itself.*

PROOF: Let a process Z belong to $\mathcal{L}_T$. It is obvious by the definition of F that $F(Z)(t)$ $0\le t\le T$, is $\mathcal{F}_t$-adapted and continuous in t. To prove that

$$E[\sup_{0\le t\le T} |F(Z)(t)|^2] < +\infty \quad \textit{holds},$$

we first observe that

$$\begin{aligned} E[\sup_{0\le t\le T} |F(Z)(t)|^2] \le 3E[\sup_{0\le t\le T} |Z(t,\omega) - Z(0,\omega)|^2] \\ + 3E[\sup_{0\le t\le T} |\int_0^t \sigma(s, Z(s,\omega))\, dB(s)|^2] \\ + 3E[\sup_{0\le t\le T} |\int_0^t b(s, Z(s,\omega))\, ds|^2] \quad \textit{holds}. \end{aligned} \tag{3.2}$$

By Doob's martingale inequlity and Schwarz's inequlity, we get from the above (3.2) that

$$\begin{aligned} E[\sup_{0\le t\le T} |F(Z)(t)|^2] \le 6E[\sup_{0\le t\le T} |Z(t,\omega)|^2] + 6E[|Z(0,\omega)|^2] \\ + 12E[|\int_0^T \sigma(s, Z(s,\omega))\, dB(s)|^2] \\ + 3TE[\int_0^T |b(s, Z(s,\omega))|^2\, ds] \end{aligned} \tag{3.3}$$

holds.

Noting that

$$E[|\int_0^T \sigma(s, Z(s,\omega))\, dB(s)|^2] = E[\int_0^T \sigma^2(s, Z(s,\omega))\, ds\,],$$

we can conclude from (3.3) with (2.4) and (2.5) in the condition A that

$$
\begin{aligned}
E[\sup_{0\le t\le T} |F(Z)(t)|^2] &\le 6E[\sup_{0\le t\le T} |Z(t,\omega)|^2] \\
&+ 6E[|Z(0,\omega)|^2] + 12KE[\int_0^T [1+|Z(t,\omega)|^2]\, dt] \\
&+ 3TKE[\int_0^T [1+|Z(t,\omega)|^2]\, dt] \\
&\le 6E[\sup_{0\le t\le T} |Z(t,\omega)|^2] + 6E[|Z(0,\omega)|^2] \\
&+ 12KT[\,1 + E[\sup_{0\le t\le T} |Z(t,\omega)|^2]] \\
&+ 3KT^2[\,1 + E[\sup_{0\le t\le T} |Z(t,\omega)|^2]] < +\infty.
\end{aligned}
\tag{3.4}
$$

q.e.d.

Now we are in a position to introduce the Gâteaux derivative of the operator F.

Definition 3.1 Let Z belong to $\mathcal{L}_T$. If for any $h \in \mathcal{L}_T$,

$$\lim_{u\downarrow 0} \frac{1}{u}[F(Z+uh) - F(Z)\,]$$

exists in norm convergence sense in the space $\mathcal{L}_T$, we call the limit the Gâteaux derivative of the operator F at Z. This limit element in $\mathcal{L}_T$ will be denoted by

$$dF(Z;h) = dF(Z;h)(t), \quad 0 \le t \le T.$$

Lemma 3.2. *For any $Z \in \mathcal{L}_T$, there exists the Gâteaux derivative of the operator F at Z and it satisfies*

$$
\begin{aligned}
dF(Z;h) &= dF(Z;h)(t) \\
&= h(t,\omega) - h(0,\omega) - \int_0^t \sigma_x(s, Z(s,\omega))h(s,\omega)\, dB(s) \\
&- \int_0^t b_x(s, Z(s,\omega))h(s,\omega)\, ds.
\end{aligned}
\tag{3.5.}
$$

Proof: By the definition of the operator F, we observe that

$$
\begin{aligned}
&\frac{1}{u}[\,F(Z+uh)(t) - F(Z)(t)\,] \\
&= \frac{1}{u}[\,uh(t,\omega) - \int_0^t [\sigma(s, Z(s,\omega)+uh(s,\omega)) - \sigma(s, Z(s,\omega))]\, dB(s) \\
&- \int_0^t [b(s, Z(s,\omega)+uh(s,\omega)) - b(s, Z(s,\omega))]\, ds] \\
&= h(t,\omega) - \int_0^t \sigma_x(s, Z(s,\omega))h(s,\omega)\, dB(s) \\
&- \int_0^t b_x(s, Z(s,\omega))h(s,\omega)\, ds + R(t,\omega), \ \textit{say}.
\end{aligned}
$$

Note by the condition A that the functions $\sigma_x(t,x)$ and $b_x(t,x)$ are continuous with respect to x. Then we have

$$\begin{aligned}
&R(t,\omega)\\
&= -\frac{1}{u}\Big[\int_0^t [\sigma_x(s,Z(s,\omega)+\theta uh(s,\omega)) - \sigma_x(s,Z(s,\omega))]uh(s,\omega)\,dB(s)\\
&+ \int_0^t [b_x(s,Z(s,\omega)+\theta uh(s,\omega)) - b_x(s,Z(s,\omega))]uh(s,\omega)\,ds\Big]
\end{aligned} \tag{3.6}$$

where $\theta, 0 < \theta < 1$, depends on (s,ω,h) .

To complete the proof it suffices to show that

$$\lim_{u\downarrow 0} E[\sup_{0\le t\le T} |R(t,\omega)|^2] = 0, \quad holds. \tag{3.7}$$

By a similar way as in the proof of Lemma (3.1), we observe that

$$\begin{aligned}
&E[\sup_{0\le t\le T} |R(t,\omega)|^2]\\
&\le 2E[\sup_{0\le t\le T} |\int_0^t (\sigma_x(s,Z(s,\omega)+\theta uh(s,\omega)) - \sigma_x(s,Z(s,\omega)))\\
&h(s,\omega)\,dB(s)|^2]\\
&+ 2E[\sup_{0\le t\le T} |\int_0^t (b_x(s,Z(s,\omega)+\theta uh(s,\omega)) - b_x(s,Z(s,\omega))h(s,\omega)\,ds|^2]\\
&\le 8E[\int_0^T |\sigma_x(s,Z(s,\omega)+\theta uh(s,\omega)) - \sigma_x(s,Z(s,\omega))|^2 h^2(s,\omega)\,ds]\\
&+ 2E[(\int_0^T |b_x(s,Z(s,\omega)+\theta uh(s,\omega)) - b_x(s,Z(s,\omega))|^2\,ds)\\
&(\int_0^T h^2(s,\omega)\,ds)]\\
&= J_1 \ + J_2\ , say.
\end{aligned} \tag{3.8}$$

Since the function σ_x and the function b_x both are continuous with respect to x, it follows that

$$\lim_{u\downarrow 0}[\ \sigma_x(s,Z(s,\omega)+\theta uh(s,\omega)) - \sigma_x(s,Z(s,\omega))\ ] = 0$$

and also

$$\lim_{u\downarrow 0}[\ b_x(s,Z(s,\omega)+\theta uh(s,\omega)) - b_x(s,Z(s,\omega))] = 0$$

hold. Furthermore, we know by the condition A that

$$|\sigma_x| \le M \ and\ |b_x| \le M \quad hold.$$

Hence, Lebesgue's convergence theorem implies

$$\lim_{u\downarrow 0}[\ J_1 \ + J_2\ ] = 0.$$

Thus by (3.8)

$$\lim_{u\downarrow 0} E[\sup_{0\le t\le T} |R(t,\omega)|^2] = 0.$$

The lemma is proved. *q.e.d.*

4. Stochastic analogue of Newton's method for stochastic differential equations.

First of all, we will discuss the existence of the inverse the Gâteaux derivative of F at Z which will be denoted by $dF^{-1}(Z)$.

LEMMA 4.1. *Let Z be a given element in $\mathcal{L}_T$. Let φ belong to $\mathcal{L}_T$ such that $\varphi(0,\omega) = 0$. Then, there exists one and only one element h in $\mathcal{L}_T$ such that,*

$$\varphi(t,\omega) = dF(Z;h)(t); \tag{4.1}$$

i.e.,

$$\varphi(t,\omega) = h(t,\omega) - \int_0^t \sigma_x(s, Z(s,\omega))h(s,\omega)\,dB(s) - \int_0^t b_x(s, Z(s,\omega))h(s,\omega)\,ds. \tag{4.2}$$

PROOF: Since the linear stochastic differential equation (4.2) satisfies the global Lipshitz condition for its diffusion coefficient as well as for its drift coefficient, then the existence and the pathwise uniqueness hold for the equation (4.2). From this fact, the lemma follows immediately. q.e.d.

LEMMA 4.2. *Let φ belong to $\mathcal{L}_T$, such that $\varphi(0,\omega) = 0$. Then, there exists a positive constant $L < +\infty$, which is independent of Z and also of $t \in [0,T]$, such that*

$$\|dF^{-1}(Z)(\varphi)\|_t^2 \le 3\|\varphi\|_t^2 e^{Lt}, \quad 0 \le t \le T \tag{4.3,}$$

where $\|\varphi\|_t^2$ stands for $E[\sup_{0\le s\le t} |\varphi(s,\omega)|^2]$.

PROOF: Let $h(t,\omega)$ be

$$h(t,\omega) = dF^{-1}(Z)(\varphi)(t,\omega), \quad 0 \le t \le T.$$

Then by (4.2), we get

$$\begin{aligned}\|h\|_t^2 = E[\sup_{0\le s\le t} |h(s,\omega)|^2] &\le 3E[\sup_{0\le s\le t} |\varphi(s,\omega)|^2] \\ &+ 3E[\sup_{0\le s\le t} |\int_0^s \sigma_x(u, Z(u,\omega))h(u,\omega)\,dB(u)|^2] \\ &+ 3E[\sup_{0\le s\le t} |\int_0^s b_x(u, Z(u,\omega))h(u,\omega)\,du|^2]\end{aligned} \tag{4.4}$$

It follows from (4.4) that

$$\begin{aligned}\|h\|_t^2 &\le 3\|\varphi\|_t^2 + 12E[\int_0^t \sigma_x^2(s, Z(s,\omega))h^2(s,\omega)\,ds] \\ &+ 3E[(\int_0^t b_x^2(s, Z(s,\omega))\,ds)\int_0^t h^2(s,\omega)\,ds] \\ &\le 3\|\varphi\|_t^2 + 12M^2E[\int_0^t h^2(s,\omega)\,ds] + 3M^2TE[\int_0^t h^2(s,\omega)\,ds] \\ &\le 3\|\varphi\|_t^2 + L\int_0^t \|h\|_s^2\,ds,\end{aligned} \tag{4.5}$$

where we have used (2.6) and (2.7) in the condition A, and L stands for $12M^2 + 3M^2T$.
By Gronwall's inequality, it follows from (4.5) that

$$\|h\|_t^2 = \| dF^{-1}(Z)(\varphi) \|_t^2 \leq 3\|\varphi\|_t^2 e^{Lt}, \quad 0 \leq t \leq T.$$

q.e.d.

We are now in a position to introduce the Newton sequence for the operator F. Let

$$\begin{aligned} X_0(t) &= X(0,\omega), \\ X_{n+1}(t) &= X_n(t) - dF^{-1}(X_n)(F(X_n))(t) \quad n = 1, 2, \ldots \end{aligned} \tag{4.6}$$

We call $X_n(t), n = 1, 2, \ldots$, the Newton sequence for the operator F.
It follows from (4.6) that the sequence satisfies that

$$\begin{aligned} X_{n+1}(t) = X_0(t) &+ \int_0^t \sigma(s, X_n(s))\, dB(s) \\ &+ \int_0^t b(s, X_n(s))\, ds + \int_0^t \sigma_x(s, X_n(s))(X_{n+1}(s) - X_n(s))\, dB(s) \\ &+ \int_0^t b_x(s, X_n(s))(X_{n+1}(s) - X_n(s))\, ds \end{aligned} \tag{4.7}$$

Thus the Newton sequence introduced in the above (4.6) is exactly the same sequence as the stochastic analogue of Chaplygin sequence (1.5) discussed in the introduction.

The following theorem concerns the convergence in local sense of the Newton sequence to the solution of the stochastic differential equation (2.1).

Theorem 4.1. *Let $X(t)$ be the solution of the equation (2.1). Choose a positive number δ such that,*

$$120\delta M^2 e^{L\delta} = \alpha < 1 \tag{4.8}$$

holds. Then,

$$\lim_{n\to 0} E[\sup_{0\leq t\leq\delta} |X_n(t) - X(t)|^2] = 0 \tag{4.9}$$

holds with error bound,

$$\begin{aligned} &[E[\sup_{0\leq t\leq\delta} |X_n(t) - X(t)|^2]]^{1/2} \\ &\qquad \leq \frac{\beta^n}{1-\beta}[E[\sup_{0\leq t\leq\delta} |X_1(t) - X_0(t)|^2]]^{1/2}, \end{aligned} \tag{4.10}$$

where $\beta = \sqrt{\alpha}$.

Proof: we will devide the proof in two steps. Without loss of generality, we can suppose that $\delta < 1$ holds.

First step. In this step we will show that

$$\|X_{n+1} - X_n\|_\delta^2 \leq \alpha\|X_n - X_{n-1}\|_\delta^2 \tag{4.11}$$

holds.

By the definition of the Newton sequence (4.6), we know

$$X_{n+1}(t) - X_n(t) = -dF^{-1}(X_n)(F(X_n))(t) \; . \tag{4.12}$$

Hence, Lemma 4.2 implies that

$$\|X_{n+1} - X_n\|_\delta^2 \;\leq\; 3e^{L\delta}\|F(X_n)\|_\delta^2 \tag{4.13}$$

holds.

For $n \geq 1$, we observe by (4.6)

$$\begin{aligned} F(X_n)(t) &= F(X_n)(t) - F(X_{n-1})(t) + F(X_{n-1})(t) \\ &= F(X_n)(t) - F(X_{n-1})(t) - dF(X_{n-1}; X_n - X_{n-1})(t) \; . \end{aligned}$$

Hence, we have

$$\begin{aligned} F(X_n)(t) = &\int_0^t \sigma(s, X_{n-1}(s))\, dB(s) - \int_0^t \sigma(s, X_n(s))\, dB(s) \\ &+ \int_0^t b(s, X_{n-1}(s))\, ds - \int_0^t b(s, X_n(s))\, ds \\ &+ \int_0^t \sigma_x(s, X_{n-1}(s))(X_n(s) - X_{n-1}(s))\, dB(s) \\ &+ \int_0^t b_x(s, X_{n-1}(s))(X_n(s) - X_{n-1}(s))\, ds \\ = &\int_0^t \sigma_x(s, X_{n-1}(s))(X_n(s) - X_{n-1}(s))\, dB(s) \\ &+ \int_0^t b_x(s, X_{n-1}(s))(X_n(s) - X_{n-1}(s))\, ds \\ &- \int_0^t \sigma_x(s, X_{n-1}(s) + \theta(X_n(s) - X_{n-1}(s)))(X_n(s) - X_{n-1}(s))\, dB(s) \\ &- \int_0^t b(s, X_{n-1}(s) + \theta'(X_n(s) - X_{n-1}(s)))(X_n(s) - X_{n-1}(s))\, ds \end{aligned}$$

where $0 < \theta, \theta' < 1$.

Thus, we have

$$
\begin{aligned}
&\|F(X_n)\|_\delta^2 \\
&\le 2E[\sup_{0\le t\le\delta} | \int_0^t (\sigma_x(s, X_{n-1}(s)) - \sigma_x(s, X_{n-1}(s) + \theta(X_n(s) - X_{n-1}(s)))) \\
&(X_n(s) - X_{n-1}(s))\, dB(s)|^2] \\
&+ 2E[\sup_{0\le t\le\delta} | \int_0^t (b_x(s, X_{n-1}(s)) - b_x(s, X_{n-1}(s) + \theta(X_{n-1}(s) - X_n(s)))) \\
&(X_n(s) - X_{n-1}(s))\, ds|^2] \\
&\le 8E[\int_0^t (\sigma_x(s, X_{n-1}(s)) - \sigma_x(s, X_{n-1}(s) + \theta(X_n(s) - X_{n-1}(s))))^2 \\
&(X_n(s) - X_{n-1}(s))^2\, ds] \\
&+ 2E[\int_0^t (b_x(s, X_{n-1}(s)) - b_x(s, X_{n-1}(s) + \theta(X_n(s) - X_{n-1}(s))))^2\, ds \\
&\int_0^t (X_n(s) - X_{n-1}(s))^2\, ds]
\end{aligned}
$$

Hence, by (2.6) and (2.7) in the condition A, we observe that

$$
\begin{aligned}
\|F(X_n)\|_\delta^2 &\le 32M^2\delta\|X_n - X_{n-1}\|_\delta^2 + 8M^2\delta^2\|X_n - X_{n-1}\|_\delta^2 \\
&\le 40M^2\delta\|X_n - X_{n-1}\|_\delta^2\,, \quad (0<\delta<1).
\end{aligned} \tag{4.14}
$$

Combine (4.13) with (4.14). Then, we can conclude that (4.11) holds.

Second step. Put $\beta = \sqrt{\alpha}$. The inequality (4.11) implies

$$
\|X_{n+1} - X_n\|_\delta \le \beta\|X_n - X_{n-1}\|_\delta \tag{4.15}
$$

From this it follows immediately

$$
\|X_{n+1} - X_n\|_\delta \le \beta^n\|X_1 - X_0\|_\delta \tag{4.16}
$$

Since $\| \ \|_\delta$ is the norm of the Banach space $\mathcal{L}_\delta$, we get from (4.16) that

$$
\begin{aligned}
\|X_{n+p} - X_n\|_\delta &\le (\beta^{n+p-1} + \cdots + \beta^n)\|X_1 - X_0\|_\delta \\
&\le \frac{\beta^n}{1-\beta}\|X_1 - X_0\|_\delta\,.
\end{aligned} \tag{4.17}
$$

Hence, the sequence X_n $n = 1, 2, \ldots$, is a Cauchy sequence in the Banach space $\mathcal{L}_\delta$. Put $\tilde{X}(t)$ $0 \le t \le \delta$ the limit of the sequence X_n $n = 1, 2, \ldots$. Since the process $X_n(t)$ satisfies

$$
\begin{aligned}
X_n(t) = X(0) &+ \int_0^t \sigma(s, X_{n-1}(s))\, dB(s) + \int_0^t b(s, X_{n-1}(s))\, ds \\
&+ \int_0^t \sigma_x(s, X_{n-1}(s))(X_n(s) - X_{n-1}(s))\, dB(s) \\
&+ \int_0^t b_x(s, X_{n-1}(s))(X_n(s) - X_{n-1}(s))\, ds \quad 0 \le t \le \delta\,,
\end{aligned}
$$

then, the limit process $\tilde{X}(t)$ satisfies the equation (2.1);

$$\tilde{X}(t) = X(0) + \int_0^t \sigma(s, \tilde{X}(s))\, dB(s) + \int_0^t b(s, \tilde{X}(s))\, ds, \quad 0 \le t \le \delta.$$

Since the Pathwise uniqueness holds for the equation (2.1), we observe that

$$\tilde{X}(t) = X(t) \text{ holds.} \tag{4.18}$$

Hence we get (4.9). (4.10) follows from (4.17) and (4.18). *q.e.d.*

5. The convergence in the large of the Newton sequence.

In this section we assume for the coefficients the following condition B.

Condition B : We say that the coefficients $\sigma(t,x)$ and $b(t,x)$ satisfy the Condition B , if they satisfy the Condition A and moreover there exists a positive constant $N < +\infty$, such that

$$|\sigma(t,x)| \le N \quad \text{and} \quad |b(t,x)| \le N \tag{5.1}$$

hold for all t and x.

Under the condition B, we have the following theorem which concerns the convergence in the large.

THEOREM 5.1. *Let T be a fixed positive number. Then the Newton sequence $X_n(t)$ $n = 1, 2, \ldots$ defined by (4.6) converges in the large to the solution $X(t)$ of the equation (2.1) in the following sense;*

$$\lim_{n\to\infty} E[\sup_{0\le t\le T} |X_n(t) - X(t)|^2] = 0, \tag{5.2}$$

if and only if

$$\sup_n E[\sup_{0\le t\le T} |X_n(t)|^2] < +\infty \tag{5.3}$$

holds.

PROOF: The necessity is obvious. To prove the sufficiency, we will devide the proof in several steps. In the proof $K_2 < \infty$ stands for $\sup_n E[\sup_{0\le t\le T} |X_n(t)|^2]$

First step : Let T_1 be defined by

$$T_1 = \sup\{t; t \in [0,T] \text{ and } \lim_{n\to\infty} E[\sup_{0\le s\le t} |X_n(s) - X(s)|^2] = 0\}. \tag{5.4}$$

Then Theorem 4.1 implies

$$0 < \delta \le T_1 \le T. \tag{5.5}$$

Second step : In the present step, we will show that

$$\lim_{n\to\infty} E[\sup_{0\le t\le T_1} |X_n(t) - X(t)|^2] = 0 \tag{5.6}$$

holds.

Let $\epsilon > 0$ be an arbitrary positive number. Choose S_0 such that

$$\text{(5.7)} \qquad \begin{aligned} 0 \; &< \; S_0 \; < \; \min(T_1, 1) \\ (\, 80M^2K_2 \; + \; 20N^2 \,)S_0 \; &< \; \frac{\epsilon}{10}. \end{aligned}$$

By the definition of T_1, we get

$$\lim_{n\to\infty} E[\sup_{0\le t\le T_1-S_0} |X_n(t)-X(t)|^2] = 0.$$

Hence, for sufficiently large N_1, we observe that

$$\text{(5.8)} \qquad E[\sup_{0\le t\le T_1-S_0} |X_n(t)-X(t)|^2] \le \frac{\epsilon}{10}, \quad n \ge N_1$$

holds.

On the other hand, we have

$$\text{(5.9)} \qquad E[\sup_{T_1-S_0\le t\le T_1} |X_n(t)-X(t)|^2] \le 3I_1 + 3I_2 + 3I_3,$$

where

$$\begin{aligned} I_1 &= E[\sup_{T_1-S_0\le t\le T_1} |X_n(t)-X_n(T_1-S_0)|^2], \\ I_2 &= E[|X_n(T_1-S_0)-X(T_1-S_0)|^2], \\ I_3 &= E[\sup_{T_1-S_0\le t\le T_1} |X(t)-X(T_1-S_0)|^2]. \end{aligned}$$

First, we will deal with I_1. We have

$$\text{(5.10)} \qquad \begin{aligned} X_n(t)-X_n(T_1-S_0) &= \int_{T_1-S_0}^{t} \sigma(s, X_{n-1}(s))\, dB(s) \\ &+ \int_{T_1-S_0}^{t} b(s, X_{n-1}(s))\, ds + \int_{T_1-S_0}^{t} \sigma_x(s, X_{n-1}(s))Y_n(s)\, dB(s) \\ &+ \int_{T_1-S_0}^{t} b_x(s, X_{n-1}(s))Y_n(s)\, ds, \end{aligned}$$

where $Y_n(t) = X_n(t) - X_{n-1}(t)$.

By Doob's martingale inequality with Schwarz's inequality, it follows from (5.10) that

$$\begin{aligned} &E[\sup_{T_1-S_0\le t\le T_1} |X_n(t)-X_n(T_1-S_0)|^2] \\ &\le 16E[\int_{T_1-S_0}^{T_1} |\sigma(s, X_{n-1}(s))|^2\, ds] + 4S_0E[\int_{T_1-S_0}^{T_1} |b(s, X_{n-1}(s))|^2\, ds] \\ &+ 16E[\int_{T_1-S_0}^{T_1} |\sigma_x(s, X_{n-1}(s))Y_n(s)|^2\, ds] \\ &+ 4S_0E[\int_{T_1-S_0}^{T_1} |b_x(s, X_{n-1}(s))Y_n(s)|^2\, ds]. \end{aligned}$$

Hence, by the condition B, we observe that

$$(5.11)\quad \begin{aligned} &E[\sup_{T_1-S_0\le t\le T_1} |X_n(t)-X_n(T_1-S_0)|^2] \\ &\le 16N^2S_0+4N^2S_0+16M^2\left(\int_{T_1-S_0}^{T_1} E[\sup_{0\le t\le T}|Y_n(t)|^2]\,ds\right) \\ &+4M^2S_0\int_{T_1-S_0}^{T_1} E[\sup_{0\le t\le T}|Y_n(t)|^2]\,ds \end{aligned}$$

Here, note that by the condition (5.3) that

$$(5.12)\quad \begin{aligned} E[\sup_{0\le t\le T}|Y_n(t)|^2] &\le 2E[\sup_{0\le t\le T}|X_n(t)|^2] \\ &+2E[\sup_{0\le t\le T}|X_{n-1}(t)|^2] \le 4K_2<+\infty, \quad n=1,2,\ldots \end{aligned}$$

Then the inequalities (5.11) and (5.12) imply that

$$I_1 \;\le\; 80M^2K_2S_0+20N^2S_0.$$

Hence, by (5.7),

$$(5.13)\qquad I_1 \;\le\; \frac{\epsilon}{10}$$

holds.

Second, for I_2, we can choose a number N_2 such that

$$(5.14)\qquad I_2=E[|X_n(T_1-S_0)-X(T_1-S_0)|^2]\le\frac{\epsilon}{10},\quad n\ge N_2$$

holds.

Finaly for I_3 , it is easily seen that

$$\begin{aligned} I_3 &\le 8E\left[\int_{T_1-S_0}^{T_1}\sigma^2(s,X(s))\,ds\right]+2S_0E\left[\int_{T_1-S_0}^{T_1}b^2(s,X(s))\,ds\right] \\ &\le 8N^2S_0+2N^2S_0. \end{aligned}$$

Hence by (5.7) we get

$$(5.15)\qquad I_3 \;\le\; \frac{\epsilon}{10}.$$

From the inequalities (5.8),(5.9),(5.13),(5.14) and (5.15), we can conclude that

$$(5.6)\qquad \lim_{n\to\infty} E[\sup_{0\le t\le T_1}|X_n(t)-X(t)|^2]=0$$

holds.

Third step : In this step, we shall show that $T_1=T$, using the method of reduction to absurdity.

Assume $T_1\ne T$ and let us find a contradiction.

By what has been proved in the second step, we can choose a sequence of positive numbers a_n, $n = 1, 2, \ldots$ such that

$$
\begin{aligned}
&a_n \ \downarrow \ 0 \ (n \to \infty) \\
&E[|X_n(T_1) - X(T_1)|^2] \ \leq \ a_n.
\end{aligned} \tag{5.16}
$$

We will devide the step in two substeps.

(i): First, we will find a positive number $h > 0$ such that

$$
\begin{aligned}
&T_1 + h \ \leq \ T, \\
&\lim_{n\to\infty} E[\sup_{T_1 \leq t \leq T_1 + h} |Y_n(t)|^2] = 0, \quad \textit{where } Y_n(t) = X_n(t) - X_{n-1}(t),
\end{aligned} \tag{5.17}
$$

holds.

By the definition of $Y_n(t)$, we have for $T_1 \leq t \leq T$,

$$
\begin{aligned}
Y_n(t) &= X_n(T_1) - X_{n-1}(T_1) \\
&+ \int_{T_1}^t (\sigma(s, X_{n-1}(s)) - \sigma(s, X_{n-2}(s)))\, dB(s) \\
&+ \int_{T_1}^t (b(s, X_{n-1}(s)) - b(s, X_{n-2}(s)))\, ds \\
&+ \int_{T_1}^t \sigma_x(s, X_{n-1}(s)) Y_n(s)\, dB(s) - \int_{T_1}^t \sigma_x(s, X_{n-2}(s)) Y_{n-1}(s)\, dB(s) \\
&+ \int_{T_1}^t b_x(s, X_{n-1}(s)) Y_n(s)\, ds - \int_{T_1}^t b_x(s, X_{n-2}(s)) Y_{n-1}(s)\, ds
\end{aligned}
$$

Thus, we get from the above that

$$
\begin{aligned}
&E[\sup_{T_1 \leq s \leq t} |Y_n(s)|^2] \\
&\leq 7E[|X_n(T_1) - X_{n-1}(T_1)|^2] \\
&+ 7E[\sup_{T_1 \leq s \leq t} |\int_{T_1}^s (\sigma(u, X_{n-1}(u)) - \sigma(u, X_{n-2}(u)))\, dB(u)|^2] \\
&+ 7E[\sup_{T_1 \leq s \leq t} |\int_{T_1}^s (b(u, X_{n-1}(u)) - b(u, X_{n-2}(u)))\, du|^2] \\
&+ 7E[\sup_{T_1 \leq s \leq t} |\int_{T_1}^s (b_x(u, X_{n-1}(u)) Y_n(u)\, du|^2] \\
&+ 7E[\sup_{T_1 \leq s \leq t} |\int_{T_1}^s (b_x(u, X_{n-2}(u)) Y_{n-1}(u)\, du|^2] \\
&+ 7E[\sup_{T_1 \leq s \leq t} |\int_{T_1}^s (\sigma_x(u, X_{n-1}(u)) Y_n(u)\, dB(u)|^2] \\
&+ 7E[\sup_{T_1 \leq s \leq t} |\int_{T_1}^s (\sigma_x(u, X_{n-2}(u)) Y_{n-1}(u)\, dB(u)|^2].
\end{aligned}
$$

Hence, by Doob's martingale inequality with Schwarz's inequality, we observe that

$$
\begin{aligned}
E[\sup_{T_1\le s\le t}|Y_n(s)|^2] &\le 7E[|X_n(T_1)-X_{n-1}(T_1)|^2] \\
&+28E[\int_{T_1}^t|\sigma(u,X_{n-1}(u))-\sigma(u,X_{n-2}(u))|^2\,du] \\
&+7(t-T_1)E[\int_{T_1}^t|b(u,X_{n-1}(u))-b(u,X_{n-2}(u))|^2\,du] \\
&+7(t-T_1)M^2E[\int_{T_1}^t|Y_n(u)|^2\,du]+7(t-T_1)M^2E[\int_{T_1}^t|Y_{n-1}(u)|^2\,du] \\
&+28M^2E[\int_{T_1}^t|Y_n(u)|^2\,du]+28M^2E[\int_{T_1}^t|Y_{n-1}(u)|^2\,du]
\end{aligned}
\tag{5.18}
$$

holds, where we have used the inequlities (2.6) and (2.7) in the condition A.

Note, by the condition A again, that

$$
|b(u,X_{n-1}(u))-b(u,X_{n-2}(u))|\le M|X_{n-1}(u)-X_{n-2}(u)| \tag{5.19}
$$

and

$$
|\sigma(u,X_{n-1}(u))-\sigma(u,X_{n-2}(u))|\le M|X_{n-1}(u)-X_{n-2}(u)| \tag{5.20}
$$

holds.

Then, the inequalities (5.18),(5.19) and (5.20) imply that

$$
\begin{aligned}
&E[\sup_{T_1\le s\le t}|Y_n(s)|^2] \\
&\le 7E[|X_n(T_1)-X(T_1)|^2]+(56M^2+14(t-T_1)M^2)E[\int_{T_1}^t|Y_{n-1}(u)|^2\,du] \\
&+(7(t-T_1)M^2+28M^2)E[\int_{T_1}^t|Y_n(u)|^2\,du]
\end{aligned}
\tag{5.21}
$$

Choose $h>0$, such that

$$
\eta=(56M^2h+14M^2h^2)e^{7M^2h^2+28M^2h}<1 \tag{5.22}
$$

Note that

$$
E[|X_n(T_1)-X_{n-1}(T_1)|^2]\le 2a_n+2a_{n-1}\le 4a_{n-1} \tag{5.23}
$$

Then the (5.21) implies for $T_1\le t\le T_1+h$,

$$
\begin{aligned}
&E[\sup_{T_1\le s\le t}|Y_n(s)|^2] \\
&\le 28a_{n-1}+(56M^2+14M^2h^2)|||Y_{n-1}||| \\
&+(28M^2+7M^2h)\int_{T_1}^t E[\sup_{T_1\le u\le s}|Y_n(u)|^2]\,ds
\end{aligned}
\tag{5.24}
$$

where $|||\varphi|||$ stands for $E[\sup_{T_1\le t\le T_1+h}|\varphi(t)|^2]$.

Hence, by Gronwall's inequality, we observe that

$$(5.25)\quad \begin{aligned} &E[\sup_{T_1 \le s \le t} |Y_n(s)|^2] \\ &\le \{28a_{n-1} + (56M^2h + 14M^2h^2)|||Y_{n-1}|||\}e^{(7M^2h+28M^2)(t-T_1)} \end{aligned}$$

Put

$$(5.26)\quad \gamma_n = 28a_n e^{7M^2h^2+28M^2h}.$$

Then we get from the above inequality (5.25) that

$$(5.27)\quad |||Y_n||| = E[\sup_{T_1 \le s \le T_1+h} |Y_n(s)|^2] \le (\gamma_{n-1} + \eta|||Y_{n-1}|||)$$

holds. Now we are in a position to prove

$$(5.17)\quad \lim_{n\to\infty} E[\sup_{T_1 \le t \le T_1+h} |Y_n(t)|^2] = \lim_{n\to\infty} |||Y_n||| = 0.$$

Let $\epsilon > 0$ be an arbitrary positive number. Choose an positive integer N_1 such that,

$$(5.28)\quad \gamma_{n-1} \quad \le \quad \frac{\epsilon}{2}(1-\eta), \quad n \ge N_1,$$

holds.

We have by (5.27) that

$$(5.29)\quad \begin{aligned} |||Y_{N_1+m}||| &\le \gamma_{N_1+m-1} + \eta|||Y_{N_1+m-1}||| \\ &\le \gamma_{N_1+m-1} + \eta\gamma_{N_1+m-2} + \eta^2|||Y_{N_1+m-2}||| \\ &\le \gamma_{N_1-1}(1+\eta+\eta^2+\cdots+\eta^m) + \eta^{m+1}|||Y_{N_1-1}||| \\ &\le \frac{\gamma_{N_1-1}}{1-\eta} + 4K_2\eta^{m+1}. \end{aligned}$$

Choose a positive integerN_2 such that

$$(5.30)\quad 4K_2\eta^{m+1} \quad < \quad \frac{\epsilon}{2}, \quad m \ge N_2,$$

holds. Hence we can conclude that

$$|||Y_n||| \; < \; \epsilon, \quad n \; \ge \; N_1 + N_2,$$

holds.

(*ii*) : Here we will show that

$$(5.31)\quad \lim_{n\to\infty} E[\sup_{T_1 \le t \le T_1+h} |X_n(t) - X(t)|^2] = 0.$$

holds.

Note that (5.16) and (5.17) hold. Then we can choose a sequence of positive numbers $\delta_n, n = 1, 2, \ldots$ such that

$$\delta_n \downarrow 0 (n \to \infty)$$

$$5E[|X_n(T_1) - X(T_1)|^2] + (60M^2h + 15M^2h^2)E[\sup_{T_1 \le t \le T_1+h} |Y_n(t)|^2] \le \delta_n \tag{5.32}$$

holds.

By the definition of the processes X_n and X, we have

$$\begin{aligned} E[\sup_{T_1 \le s \le t} |X_n(s) - X(s)|^2] &\le 5E[|X_n(T_1) - X(T_1)|^2] \\ &+ 5E[\sup_{T_1 \le s \le t} |\int_{T_1}^{s} (\sigma(u, X_{n-1}(u)) - \sigma(u, X(u)))\, dB(u)|^2] \\ &+ 5E[\sup_{T_1 \le s \le t} |\int_{T_1}^{s} (b(u, X_{n-1}(u)) - b(u, X(u)))\, du|^2] \\ &+ 5E[\sup_{T_1 \le s \le t} |\int_{T_1}^{s} (\sigma_x(u, X_{n-1}(u))Y_n(u)\, dB(u)|^2] \\ &+ 5E[\sup_{T_1 \le s \le t} |\int_{T_1}^{s} (b_x(u, X_{n-1}(u))Y_n(u)\, du|^2], \quad T_1 \le t \le T_1 + h. \end{aligned} \tag{5.33}$$

By (2.6) and (2.7) in the condition A, it follows from the above (5.33) that

$$\begin{aligned} &E[\sup_{T_1 \le s \le t} |X_n(s) - X(s)|^2] \\ &\le 5E[|X_n(T_1) - X(T_1)|^2] \\ &+ 20M^2 \int_{T_1}^{t} E[\sup_{T_1 \le u \le s} |X_{n-1}(u) - X(u)|^2]\, ds \\ &+ 5hM^2 \int_{T_1}^{t} E[\sup_{T_1 \le u \le s} |X_{n-1}(u) - X(u)|^2]\, ds \\ &+ 20hM^2 E[\sup_{T_1 \le u \le T_1+h} |Y_n(t)|^2] \\ &+ 5M^2h^2 E[\sup_{T_1 \le u \le T_1+h} |Y_n(t)|^2], \quad T_1 \le t \le T_1 + h. \end{aligned} \tag{5.34}$$

Note that

$$\begin{aligned} &E[\sup_{T_1 \le u \le s} |X_{n-1}(u) - X(u)|^2] \\ &\le 2E[\sup_{T_1 \le u \le T_1+h} |Y_n(u)|^2] + 2E[\sup_{T_1 \le u \le s} |X_n(u) - X(u)|^2], \quad T_1 \le s \le T_1 + h. \end{aligned}$$

Then, we observe from (5.34) that

$$\begin{aligned} &E[\sup_{T_1 \le s \le t} |X_n(s) - X(s)|^2] \\ &\le 5E[|X_n(T_1) - X(T_1)|^2] + 40M^2 \int_{T_1}^{t} E[\sup_{T_1 \le u \le s} |X_n(u) - X(u)|^2]\, ds \\ &+ 10M^2h \int_{T_1}^{t} E[\sup_{T_1 \le u \le s} |X_n(u) - X(u)|^2]\, ds \end{aligned}$$

$$+ (40M^2h + 10M^2h^2 + 20M^2h + 5M^2h^2)E[\sup_{T_1 \le t \le T_1+h} |Y_n(t)|^2]$$

$$\le \delta_n + (40M^2 + 10M^2h) \int_{T_1}^{t} E[\sup_{T_1 \le u \le s} |X_n(u) - X(u)|^2]\, ds, \quad T_1 \le t \le T_1 + h.$$

Hence, by Gronwall's inequality, we have

$$E[\sup_{T_1 \le s \le t} |X_n(s) - X(s)|^2] \le \delta_n e^{(40M^2h+10M^2h^2)}, \quad T_1 \le t \le T_1 + h.$$

Thus we can conclude that

$$\lim_{n\to\infty} E[\sup_{T_1 \le t \le T_1+h} |X_n(t) - X(t)|^2] = 0.$$

But this contradicts the definition of T_1. *q.e.d.*

References

1. A. T. Bharucha-Reid and M. J. Christensen, *Approximate solution of random integral equations ; General methods*, Math. Comput. in Simul. **26** (1984), 321-328.
2. A. T. Bharucha-Reid and R. Kannan, *Newton's method for random operator equations*, Nonlinear Anal. **4** (1980), 231-240.
3. S. A. Chaplygin, "Collected papers on Mechanics and Mathematics," Moscow, 1954.
4. C. T. Gard, "Introduction to Stochastic Differential Equations," Marcel Decker Inc., New York, 1988.
5. N. Ikeda and S. Watanabe, "Stochastic Differential Equations and Diffusion Processes," North-Holland - Kodansha, Amsterdam and Tokyo, 1981.
6. L. A. Kantorovich and G. P. Akilov, "Functional Analysis (2nd Ed.)," Pergamon Press, Oxford and New York, 1982.
7. G. Vidossich, *Chaplygin's method is Newton's method*, Jour. Math. Anal. Appl. **66** (1978), 188-206.

Department of Mathematics Fukuoka Institute of Technology, Fukuoka 811-02 Japan
Department of Mathematics Ritumeikan University, Kyoto, 603, Japan

UNE REMARQUE SUR LES EQUATIONS DIFFERENTIELLES STOCHASTIQUES A SOLUTIONS MARKOVIENNES

J. JACOD et P. PROTTER(*)

Considérons l'équation différentielle stochastique

$$(*)\qquad dX_t = f(X_{t-})\, dZ_t, \quad X_0 = x,$$

où Z est une semimartingale sur $(\Omega,\mathcal{F},(\mathcal{F}_t),P)$ et f est une fonction borélienne telle que, pour chaque x, (*) admette une solution (forte) unique X^x. Il est alors bien connu que si Z est à accroissements indépendants et stationnaires (PAIS), les processus X^x sont markoviens homogènes, avec un semi-groupe de transition ne dépendant pas de x.

Ce résultat admet une "réciproque" un peu surprenante, et très simple à démontrer:

THEOREME 1. <u>Supposons que</u> f <u>ne s'annule pas. Si les processus</u> X^x <u>sont tous markoviens homogènes avec le même semi-groupe de transition, alors</u> Z <u>est un PAIS</u>.

<u>Démonstration</u>. Notons Ω' l'espace canonique des fonctions réelles càdlàg sur $\mathbb{R}_+$, avec le processus canonique X', la filtration canonique $(\mathcal{F}'_t)$ et le semi-groupe (θ'_t) des translations. Si P'_x désigne la loi de X^x, notre hypothèse signifie que le terme $(\Omega',\mathcal{F}'_t,\theta'_t,X',P'_x)$ est un processus de Markov au sens de Dynkin (ou Blumenthal-Getoor).

Comme f ne s'annule pas, (*) s'inverse en

$$(1)\qquad Z_t = Z_0 + \int_0^t f(X^x_{s-})^{-1}\, dX^x_s.$$

On peut donc définir sur Ω', et relativement à chaque P'_x, l'intégrale stochastique

$$(2)\qquad Z'_t = \int_0^t f(X'_{s-})^{-1}\, dX'_s,$$

et on a aussi:

(3) la loi de Z' sous P'_x est la loi du processus $Z - Z_0$.

(*) Supported in part by NSF grant #DMS-8805595

D'autre part Z' est une fonctionnelle additive. Pour toute fonction borélienne positive g, la propriété de Markov et (3) impliquent:

$$E'_x[g(Z'_{t+s}-Z'_t)|\mathcal{F}'_t] = E'_x[g(Z'_s)\circ\theta'_t|\mathcal{F}'_t] = E'_{X'_t}[g(Z'_s)] = E[g(Z_s-Z_0)].$$

On en déduit que $Z'_{t+s}-Z'_t$ est P'_x-indépendant de $\mathcal{F}'_t$, donc des Z'_r pour $r\leq t$, et aussi que la loi de $Z'_{t+s}-Z'_t$ sous P'_x égale la loi de Z_s-Z_0. Appliquant une nouvelle fois (3), on obtient le résultat. □

REMARQUE. Regardons le cas particulier où $f\equiv 1$. (*) s'écrit

(4) $$X^x_t = x + Z_t - Z_0$$

et le théorème dit que si les X^x sont markoviens homogènes avec tous le même semi-groupe, alors Z (et donc les X^x également) sont des PAIS. Cela ne veut évidemment pas dire que tout processus markovien homogène est un PAIS ! Le "miracle" provient de ce que (4) s'écrit $X^x_t = X^x_0 + Z_t - Z_0$ et que par hypothèse la loi de Z ne dépend pas de $X^x_0=x$: or les seuls processus markoviens homogènes X tels que X_t-X_0 ait une loi indépendante de celle de X_0 sont les PAIS. □

Dans le même ordre d'idées, on a le résultat encore plus élémentaire décrit ci-dessous. Supposons que $(\Omega,\mathcal{F})$ soit muni d'une famille P_z de probabilités sous lesquelles Z soit une semimartingale avec $P_z(Z_0=z) = 1$. Si Z est markovien homogène sous chaque P_z, de transition indépendante de z, il est bien connu que le couple (Z,X^x) est markovien homogène de transition indépendante de (z,x).

THEOREME 2. <u>Si sous chaque</u> P_z <u>et pour chaque</u> x <u>le couple</u> (Z,X^x) <u>est markovien homogène de transition indépendante de</u> (z,x), <u>alors le processus</u> Z <u>est lui-même markovien homogène sous chaque</u> P_z (de transition évidemment indépendante de z).

<u>Démonstration</u>. Soit $(Q_t)_{t\geq 0}$ le semi-groupe des transitions de (Z,X^x). On a $Q_t(z,x;A\times\mathbb{R}) = P_z(Z_t\in A|Z_0=z \text{ et } X^x_0=x) = P_z(Z_t\in A)$, de sorte que $Q_t(z,x;A\times\mathbb{R}) = R_t(z,A)$ ne dépend pas de x. Il est alors immédiat que Z lui-même est markovien homogène de transitions $(R_t)_{t\geq 0}$. □

Ce résultat ne fait pas vraiment intervenir l'équation (*), et d'ailleurs il n'y a aucune hypothèse sur f ! Seul intervient le fait que les P_z ne dépendent pas de x. Ainsi, assez curieusement, le théorème 2 est beaucoup plus élémentaire que le théorème 1 (qui est d'ailleurs faux sans hypothèse sur f: penser au cas où $f\equiv 0$).

REGULARITE D'ORDRE QUELCONQUE POUR UN MODELE STATISTIQUE FILTRE

Jean JACOD(*)

1 - INTRODUCTION

Dans cet article nous considérons un espace filtré $(\Omega,\mathcal{F},(\mathcal{F}_t)_{t\geq 0})$ muni d'une famille $(P_\theta)_{\theta\in\Theta}$ de probabilités (avec Θ voisinage de 0 dans $\mathbb{R}^d$) et d'un processus X qui, sous chaque P_θ, est une semimartingale de caractéristiques $\mathcal{T}^\theta=(B^\theta,C^\theta,\nu^\theta)$.

Supposons pour simplifier (dans l'introduction seulement) que les mesures P_θ soient toutes équivalentes entre elles. Soit Z^θ le processus densité de P_θ par rapport à P_0, et $\overline{Z}^\theta$ le processus obtenu par la "formule de Girsanov" basée sur $\mathcal{T}^\theta$ et $\mathcal{T}^0$: c'est-à-dire que $\overline{Z}^\theta = Z^\theta$ si les P_0-martingales possèdent la propriété de représentation par rapport à X; si ce n'est pas le cas, $\overline{Z}^\theta$ est une sorte de "projection" de Z^θ sur l'espace des martingales intégrales stochastiques par rapport à X (cf. plus bas pour une définition précise).

Dans [5] nous avons considéré la propriété suivante:

1.1 $\theta \to (Z^\theta)^{1/2}$ est différentiable en $\theta=0$, dans $L^2(P_0)$, et "localement uniformément" en temps

(la définition du terme "localement uniformément en temps" est rappelée plus bas), et la propriété analogue (notée $\overline{1.1}$) pour $\overline{Z}^\theta$. Nous avons notamment montré que 1.1 $\Rightarrow$ $\overline{1.1}$, et donné une condition nécessaire et suffisante pour que $\overline{1.1}$ soit réalisée, en termes des triplets $\mathcal{T}^\theta$. Dans [5], le choix des exposants dans 1.1 était motivé par des raisons statistiques: en effet, d'après Le Cam [6] ou Strasser [8] on sait que la différentiabilité dans L^2 de la racine carrée du rapport de vraisemblance est la propriété la plus faible possible qui permette d'obtenir la propriété de "normalité asymptotique locale" (qui joue un grand rôle dans les applications statistiques). Cette propriété s'appelle <u>régularité</u> du modèle statistique, d'où le titre de ce travail.

Toutefois, mathématiquement parlant la propriété 1.1 est arbitraire et peut naturellement être remplacée par:

(*) Laboratoire de Probabilités, Université Pierre et Marie Curie, Tour 56 (3ème étage), 4 Place Jussieu, 75252 PARIS Cedex 05.

1.2 $\theta \to (Z^\theta)^{1/r}$ est différentiable en $\theta=0$, dans $L^k(P_0)$, et "localement uniformément" en temps,

où k et r sont des réels vérifiant $1\leq r\leq k$. Là encore, notons $\overline{1.2}$ la propriété analogue pour $\bar{Z}^\theta$. Outre 1.1 (qui correspond à $k=r=2$), les cas les plus simples et sans doute les plus intéressants sont $k=2$ et $r=1$ (1.2 est alors plus fort que 1.1), et surtout $k=r=1$ (1.2 est alors moins fort que 1.1).

L'objectif de ce travail est de résoudre les mêmes problèmes que dans [5], avec 1.1 remplacé par 1.2. D'une part, on donnera une condition nécessaire et suffisante pour avoir $\overline{1.2}$ en terme des $\mathcal{T}^\theta$. D'autre part on verra que si $r\leq 2$, on a $1.2 \Rightarrow \overline{1.2}$ (nous ne savons pas si cette propriété est vraie pour $r>2$).

Il nous semble que ces problèmes présentent un certain intérêt par eux-mêmes; mais bien entendu la principale motivation est de nature statistique, et pour une discussion des applications statistiques possibles nous renvoyons à [4] et [5].

Le plan de ce travail est le suivant: le §2 est consacré aux notations et les résultats sont énoncés dans le §3. Le §4 est consacré à des résultats auxiliaires sur la convergence des exponentielles de Doléans. Les résultats principaux sont démontrés dans les deux derniers paragraphes.

2 - NOTATIONS ET RAPPELS

§2-a. Les notations de base. On part d'un espace filtré $(\Omega,\mathcal{F},(\mathcal{F}_t)_{t\geq 0})$ avec $\mathcal{F}_0$ triviale. On le suppose muni d'une famille $(P_\theta)_{\theta\in\Theta}$ de probabilités, où Θ est un voisinage de 0 dans $\mathbb{R}^d$.

On se donne aussi un processus q-dimensionnel $X=(X^i)_{i\leq q}$ càdlàg, et

2.1 $$\begin{cases} D = \{\Delta X \neq 0\}, \\ \mu(dt\times dx) = \sum_{s\in D} \varepsilon_{(s,\Delta X_s)}(dt\times dx) \quad (= \text{mesure des sauts de } X). \end{cases}$$

On suppose que, sous chaque P_θ, X est une semimartingale de caractéristiques $\mathcal{T}^\theta = (B^\theta,C^\theta,\nu^\theta)$, relativement à une fonction de troncation fixée h (cf. [5]). On pose aussi

2.2 $$a_t^\theta = \nu^\theta(\{t\}\times\mathbb{R}^q).$$

Comme le point $\theta=0$ joue un rôle central, on écrit $P=P_0$, et aussi $B=B^0$, $C=C^0$, $\nu=\nu^0$, $a=a^0$.

Les notations sont celles usuelles en théorie générale ([1], [3]): $h\bullet Y$ (Y = semimartingale) et $W*\eta$ (η = mesure aléatoire) pour les processus intégrales stochastiques; Y^c (partie martingale continue de la semimartingale Y), $<Y,Y'>$ et $[Y,Y']$, toutes ces notions étant relatives à la mesure $P=P_0$. On désigne par Var(Y) le processus variation de Y, lorsque ce dernier est à variation localement finie, et on pose $Y^*_t = \sup_{s\leq t}|Y_s|$.

La transposée d'une matrice A est notée A^T; les vecteurs sont des matrices colonnes.

Pour $p\in[1,\infty[$ on note $\mathcal{H}^p$ l'espace des P-martingale Y telles que $Y^*_\infty \in L^p(P)$, et $\mathcal{H}^p_0$ est l'espace des $Y\in\mathcal{H}^p$ avec $Y_0=0$. Soit $\mathcal{H}^p_{loc}$ et $\mathcal{H}^p_{0,loc}$ les classes localisées.

$\mathcal{P}$ désigne la tribu prévisible sur $\Omega\times R_+$, et sur $\tilde{\Omega} = \Omega\times R_+\times R^q$ on considère la tribu $\tilde{\mathcal{P}} = \mathcal{P}\otimes\mathcal{R}^q$. Soit la mesure $\tilde{\mathcal{P}}$-σ-finie sur $(\tilde{\Omega},\mathcal{F}\otimes\mathcal{R}_+\otimes\mathcal{R}^q)$ définie par

2.3 $$M^P_\mu(W) = E(W*\mu_\infty) = E(\sum_{s\in D} W(s,\Delta X_s)).$$

A toute fonction W sur $\tilde{\Omega}$ on associe le processus

2.4 $$\hat{W}_t = \int_{R^q} W(t,x)\nu(\{t\}\times dx) \quad (= +\infty \text{ si l'intégrale n'existe pas}).$$

On considère une factorisation

2.5 $C^{ij} = c^{ij}\bullet F$ P-p.s., où F est croissant continu adapté, et $c=(c^{ij})_{i,j\leq q}$ est prévisible, à valeurs dans l'espace des matrices symétriques $q\times q$ nonnégatives.

Rappelons ([3], chapitre III) que toute martingale locale M admet une <u>projection sur</u> X, notée $\bar{M}$, et caractérisée ainsi:

2.6 $\bar{M} = \beta^T\bullet X^c + U*(\mu-\nu)$, où β est prévisible à valeurs dans R^q, U est $\tilde{\mathcal{P}}$-mesurable à valeurs réelles, les deux intégrales stochastiques ci-dessus étant bien définies, et $<\bar{M}^c,X^{i,c}> = <M^c,X^{i,c}>$, et $M^P_\mu(\Delta\bar{M}|\tilde{\mathcal{P}}) = M^P_\mu(\Delta M|\tilde{\mathcal{P}})$.

On utilisera aussi les propriétés suivantes, qui caractérisent β et U ci-dessus:

2.7 $$(c\beta)^i\bullet F = <M^c,X^{i,c}>, \qquad U = W + \frac{\hat{W}}{1-a} \text{ avec } W = M^P_\mu(\Delta M|\tilde{\mathcal{P}})$$

(on sait que $a=1 \Rightarrow \hat{W}=0$, et on convient que $0/0 = 0$). Si $M\in\mathcal{H}^p_{loc}$ et si $p=2$, il est bien connu que $\bar{M}\in\mathcal{H}^p_{0,loc}$, et on démontrera plus loin (en 6.8) qu'il en est de même pour p quelconque dans $[1,\infty[$.

Introduisons maintenant quelques notations spécifiques à ce travail. D'abord,

2.8 $\mathcal{K}$ est l'ensemble des triplets (k,r,s) de réels, vérifiant $1\le r\le k$ et $1\le s$.

On définit une relation d'ordre partiel $\prec$ sur $\mathcal{K}$ en posant:

2.9 $(k,r,s) \prec (k',r',s')$ si $s \le s'$ et $k \le k'(1\wedge\frac{r}{r'})$.

Ensuite, soit

2.10 τ est l'ensemble des termes $(u_n,\theta_n,\theta)_{n\in\mathbb{N}}$ où $\theta_n\in\Theta\backslash\{0\}$, $u_n = |\theta_n|$, $u_n \to 0$ et $\theta_n/u_n \to \theta$.

2.11 $\mathcal{Q}$ est l'ensemble des familles $(T_p,T(n,p))_{n,p\in\mathbb{N}}$ de temps d'arrêt vérifiant $T(n,p) \le T_p \le p$, $T_p\uparrow\infty$ P-p.s., et $\lim_n P(T(n,p)<T_p) = 0$ pour tout $p\in\mathbb{N}$.

2.12 On écrit $Y^n \xrightarrow{loc} 0$ pour une suite (Y^n) de processus s'il existe une famille $(T_p,T(n,p))$ de $\mathcal{Q}$ telle que, pour tout $p\in\mathbb{N}$, on ait $(Y^n)^*_{T(n,p)} \to 0$ dans $L^1(P)$ quand $n\uparrow\infty$.

D'après [5], 5.5, on a:

2.13 Si les Y^n sont des processus prévisibles croissants positifs on a $Y^n \xrightarrow{loc} 0$ si et seulement si $Y^n_t \xrightarrow{P} 0$ pour tout $t>0$.

§2-b. Vraisemblance et vraisemblance partielle. Notons d'abord Z^θ le processus densité de P_θ par rapport à $P=P_0$. C'est une P-surmartingale positive vérifiant $Z^\theta_0=1$ (car $\mathcal{F}_0$ est triviale), admettant la décomposition de Doob-Meyer:

2.14 $Z^\theta = 1+M^\theta-A^\theta$, où $M^\theta\in\mathcal{M}^1_{0,loc}$ et A^θ est croissant prévisible avec $A^\theta_0=0$.

Rappelons ensuite comment on construit la vraisemblance partielle, c'est-à-dire le processus $\overline{Z}^\theta$ de l'introduction. Pour cela, nous suivons [5]. Fixons $\theta\in\Theta$.

D'abord, on considère une décomposition de Lebesgue:

2.15 $\nu^\theta = Y^\theta\cdot\nu + \nu'^\theta$ P-p.s., où Y^θ est $\tilde{\mathcal{P}}$-mesurable positive, et ν'^θ et ν sont étrangères

(le P-p.s. ci-dessus vient de ce qu'on veut la $\tilde{\mathcal{P}}$-mesurabilité pour ν'^θ). Soit alors

2.16 $$\begin{cases} G^\theta = (\sqrt{Y^\theta}-1)^2*\nu + 1*\nu'^\theta + \sum_{s\le .}(\sqrt{1-a^\theta_s}-\sqrt{1-a_s})^2, \\ \Sigma^\theta_1 = \{G^\theta<\infty\}. \end{cases}$$

h étant la fonction de troncation servant à définir les B^θ (et commune à tous les θ), les processus $(Y^\theta-1)h*\nu$ et $h*\nu'^{\theta}$ sont bien définis sur Σ_1^θ (rappelons que h est bornée, égale à l'identité sur un voisinage de 0, et que $(1\wedge|x|^2)*\nu_t < \infty$). On a donc, sur Σ_1^θ, une unique décomposition de la forme (cf. 2.5 pour c et F):

2.17 $$B^\theta - B - (Y^\theta-1)h*\nu - h*\nu'^{\theta} = (c\beta^\theta)\bullet F + \tilde\beta^\theta\bullet F + F'^{\theta} \quad P\text{-p.s.}$$

où:
- β^θ et $\tilde\beta^\theta$ sont prévisibles, à valeurs dans $\mathbb{R}^q$;
- $\tilde\beta_t^\theta(\omega)$ est orthogonal dans $\mathbb{R}^q$ à l'image de $\mathbb{R}^q$ par l'application linéaire associée à la matrice $c_t(\omega)$;
- $F'^{\theta}=(F'^{\theta,i})_{i\le q}$ est prévisible, nul en 0; les $F'^{\theta,i}$ sont à variation finie sur Σ_1^θ avec $dF'_t \perp dF_t$.

Ci-dessus, l'unicité est celle des trois termes $(c\beta^\theta)\bullet F$, $\tilde\beta^\theta\bullet F$ et F'^{θ}, mais pas celle de β^θ ou $\tilde\beta^\theta$ en général (sauf si c est identiquement de rang q). Soit enfin

2.18 $$\Sigma^\theta = \{t\in\Sigma_1^\theta:\ (\beta^{\theta,T}c\beta^\theta)\bullet F_t < \infty\}.$$

Nous avons maintenant tous les éléments permettant de définir $\overline{Z}^\theta$ sur l'ensemble aléatoire Σ^θ (qui, rappelons-le, est de la forme $\cup[\![0,T_n]\!]$ pour des temps d'arrêt convenables T_n):

2.19 $$\begin{cases} \overline{Z}^\theta = \mathcal{E}(\overline{Z}'^{\theta}) \quad (\mathcal{E} \text{ désigne l'exponentielle de Doléans}), \text{ où} \\ \overline{Z}'^{\theta} = \overline{M}'^{\theta} - \overline{A}'^{\theta}, \text{ avec} \\ \overline{A}'^{\theta} = 1*\nu'^{\theta} + \sum_{u\le .,a_u=1}(1-a_u^\theta), \\ \overline{M}'^{\theta} \text{ est une } P\text{-martingale locale sur } \Sigma^\theta, \\ \overline{M}'^{\theta,c} = \beta^{\theta,T}\bullet X^c \quad \text{sur } \Sigma^\theta, \\ \Delta\overline{Z}'^{\theta}_t = (Y^\theta(t,\Delta X_t)-1)1_D(t) + \dfrac{a_t - a_t^\theta}{1-a_t}1_{D^c}(t) \end{cases}$$

(noter que les formules ci-dessus déterminent aussi $\Delta\overline{M}'^{\theta}$, donc $\overline{M}'^{\theta}$).

Par construction, $\overline{A}'^{\theta}$ est croissant, de sorte que $\overline{Z}'^{\theta}$ est une P-surmartingale sur Σ^θ. Comme de plus $\Delta\overline{Z}'^{\theta}\ge-1$, on voit que $\overline{Z}^\theta$ est une P-surmartingale positive sur Σ^θ, avec $\overline{Z}_0^\theta=1$, et on a la décomposition suivante sur Σ^θ:

2.20 $\overline{Z}^\theta = 1+\overline{M}^\theta-\overline{A}^\theta$, où $\overline{M}^\theta$ est une P-martingale locale sur Σ^θ, $\overline{A}^\theta$ est un processus croissant prévisible sur Σ^θ, et $\overline{M}_0^\theta = \overline{A}_0^\theta = 0$.

(On a d'ailleurs $\overline{M}^\theta = (1/\overline{Z}_-^\theta)\bullet\overline{M}'^{\theta}$ et $\overline{A}^\theta = (1/\overline{Z}_-^\theta)\bullet\overline{A}^\theta$ sur l'ensemble $\Sigma^\theta\cap\{\overline{Z}_-^\theta>0\}$). Rappelons enfin que (cf. [5]):

2.21 $$\Gamma^\theta := \{Z_-^\theta>0\} \subset \Sigma^\theta\cap\{\overline{Z}_-^\theta>0\} \quad P\text{-p.s.}$$

3 - ENONCE DES RESULTATS

Nous allons d'abord introduire une série d'hypothèses de "régularité" (au sens statistique du terme), chacune étant indexée par un triplet (k,r,s) appartenant à l'ensemble $\mathcal{K}$ défini par 2.8:

<u>Condition $H1^{krs}$</u>: Il existe un processus $V=(V^i)_{i\le d}$ tel que

3.1 $$(V^*)^k \text{ est P-localement intégrable}$$

et que, pour toute famille $(\theta_n,u_n,\theta)\in\tau$ on ait lorsque $n\uparrow\infty$:

3.2 $$\left[\frac{(Z^{\theta_n})^{1/r}-1}{u_n}-\frac{1}{r}\,\theta^T V\right]^k \xrightarrow{loc} 0,$$

3.3 $$A^{\theta_n}/u_n^s \xrightarrow{loc} 0. \quad \square$$

Cette condition implique notamment la différentiabilité de $\theta\to Z^\theta$ dans un certain sens, au point $\theta=0$. Elle entraine l'existence d'une famille $(T_p,T(n,p))\in\mathfrak{L}$ telle que $(Z^{\theta_n})^{*k/r}_{T(n,p)}$ soit intégrable. Cette dernière propriété est automatiquement satisfaite si $k=r$, auquel cas 3.2 $\Rightarrow$ 3.1: ainsi, $H1^{222}$ n'est autre que la condition H1(2) de [5].

On remarquera aussi que si les P_θ sont localement absolument continus par rapport à P, on a $A^\theta=0$ et donc 3.3 est automatique.

3.4 PROPOSITION. a) <u>$H1^{krs}$ implique $H1^{k'r's'}$ pour tout</u> $(k',s',r')\prec(k,r,s)$, <u>avec le même processus</u> V.

b) <u>$H1^{krs}$ implique que</u> $V^i\in\mathcal{H}^k_{o,loc}$ <u>pour</u> $i=1,\ldots,d$.

Nous allons de même introduire diverses conditions de régularité "partielle":

<u>Condition $H3^{krs}$</u>: Il existe un processus $\overline{V}=(\overline{V}^i)_{i\le d}$ tel que

3.5 $$(\overline{V}^*)^k \text{ est P-localement intégrable}$$

et que, pour toute famille $(\theta_n,u_n,\theta)\in\tau$, il existe $(T_p,T(n,p))\in\mathfrak{L}$ avec

3.6 $$[0,T(n,p)] \subset \Sigma^{\theta_n} \quad \forall n,p\in\mathbb{N},$$

3.7 $$\left[\frac{(\overline{Z}^{\theta_n})^{1/r}-1}{u_n}-\frac{1}{r}\,\theta^T\overline{V}\right]^{*k}_{T(n,p)} \xrightarrow{L^1} 0 \quad \text{si } n\uparrow\infty,\ \forall p\in\mathbb{N},$$

3.8 $$\overline{A}^{\theta_n}_{T(n,p)}/u_n^s \xrightarrow{L^1} 0 \quad \text{si } n\uparrow\infty,\ \forall p\in\mathbb{N}. \quad \square$$

Lorsque $\Sigma^\theta=\Omega\times\mathbb{R}_+$ pour tout θ, $H3^{krs}$ est strictement analogue à

$H1^{krs}$. Là encore, lorsque $k=r$, les propriétés 3.6 et 3.7 impliquent 3.5, de sorte que $H3^{222}$ n'est autre que la condition H3(2) de [5].

Lorsque les P_θ sont localement absolument continus par rapport à P, on verra plus loin qu'on a aussi $\overline{A}^\theta = 0$, donc 3.8 est automatique. Enfin, de manière analogue à 3.5, on a la

3.9 PROPOSITION. a) _$H3^{krs}$ implique $H3^{k'r's'}$ pour tout_ $(k',s',r') \prec (k,r,s)$, _avec le même processus_ $\overline{V}$.

b) _$H3^{krs}$ implique que_ $\overline{V}^i \in \mathcal{H}^k_{o,loc}$ _pour_ $i=1,..,d$.

L'un des deux résultats principaux de cet article est alors le:

3.10 THEOREME: _Soit_ $(k,r,s)\in X$ _avec_ $r\leq 2$ _et_ $s\geq k$. _La condition $H1^{krs}$ implique la condition $H3^{krs}$, et dans ce cas le processus_ $\overline{V}$ _est la projection de_ V _sur_ X (au sens de 2.6, à prendre composante par composante).

Passons maintenant aux conditions de dérivabilité sur les caractéristiques. Pour $k\geq 1$, soit la fonction f_k: $\mathbb{R} \to \mathbb{R}_+$ définie par

3.11 $$f_k(x) = \begin{cases} x^2 & \text{si } |x|\leq 1 \\ |x|^k & \text{si } |x|>1. \end{cases}$$

Condition $H2^{krs}$: Il existe un processus prévisible $\gamma=(\gamma^{ij})_{i\leq d,j\leq q}$ à valeurs dans $\mathbb{R}^d\otimes\mathbb{R}^q$ et une fonction $\tilde{\mathcal{P}}$-mesurable $W=(W^i)_{i\leq d}$ à valeurs dans $\mathbb{R}^d$, vérifiant

3.12 $$|\gamma c\gamma^T|\cdot F_t + f_k(|W|)*\nu_t < \infty \quad \forall t>0,$$

tels que pour tout $t\geq 0$ on ait, lorsque $\theta \to 0$:

3.13 $$P(t\in\Sigma^\theta) \longrightarrow 1,$$

3.14 $$[(\beta^{\theta,T} - \theta^T\gamma)c(\beta^\theta - \gamma^T\theta)]\cdot F_t/|\theta|^2 \xrightarrow{P} 0,$$

3.15 $$[1*\nu_t'^\theta + \textstyle\sum_{u<t,a_u=1}(1-a_u^\theta)]/|\theta|^s \xrightarrow{P} 0,$$

3.16 $$f_k[\frac{(Y^\theta)^{1/r} - 1 - \theta^T W/r}{|\theta|}]*\nu_t \xrightarrow{P} 0,$$

3.17 $$\sum_{u\leq t,a_u<1} (1-a_u)\, f_k[\frac{1}{|\theta|}\{(\frac{1-a_u^\theta}{1-a_u})^{1/r} - 1 + \frac{\theta^T\hat{W}_u}{r(1-a_u)}\}] \xrightarrow{P} 0. \ \square$$

Là encore, avec les notations de [5] on a $H2^{222} = H2(2)$. On a aussi

$H2^{krs} \Rightarrow H2^{k'r's'}$ lorsque $(k',r',s') \prec (k,r,s)$, avec les mêmes processus γ et W; cela peut se voir directement, ou comme une conséquence de la proposition 3.9 et de notre second résultat principal, qui s'énonce ainsi:

3.18 THEOREME: <u>Si</u> $(k,r,s)\in K$, <u>les conditions $H2^{krs}$ et $H3^{krs}$ sont équivalentes, et dans ce cas on a</u> $a=1 \Rightarrow \hat{W}=0$ <u>et</u>

3.19 $$\bar{V} = \gamma\cdot X^c + (W + \frac{\hat{W}}{1-a})*(\mu-\nu).$$

Ces deux théorèmes 3.10 et 3.18 ont été montrés dans [5] lorsque $k=r=s=2$. La méthode est d'ailleurs essentiellement la même ici, avec des raffinements techniques et certaines simplifications.

Lorsque X est continu, on a $\nu^\theta=0$. Donc $H2^{krs}$ se réduit au fait que $|\gamma c \gamma^T|\cdot F_t<\infty$ et à 3.13 et 3.14, d'où:

3.20 COROLLAIRE: <u>Lorsque le processus de base</u> X <u>est continu, les conditions $H2^{krs}=H3^{krs}$ ne dépendent pas du triplet</u> (k,r,s) <u>dans</u> K, <u>et sont donc entrainées par l'une quelconque des conditions $H1^{krs}$</u>.

Par contre, dans le cas où X est discontinu, les conditions $H2^{krs}$ dépendent de (k,r,s). A titre d'exemple, considérons le cas très simple où X est un processus ponctuel admettant sous P_θ le compensateur suivant:

3.21 $$B_t^\theta = \int_0^t \rho_s^\theta \, ds,$$

où ρ^θ est prévisible, à valeurs dans $]0,\infty[$. On écrit $\rho=\rho^0$, et on suppose que $\Theta=\mathbb{R}$. La condition $H2^{krs}$ se ramène alors à l'existence d'un processus prévisible (réel) W tel que, lorsque $\theta \to 0$:

3.22 $$\int_0^t |W_s|^k \rho_s \, ds < \infty \quad \forall t>0,$$

3.23 $$\int_0^t |[(\rho_s^\theta/\rho_s)^{1/r} - 1]/\theta - W_s/r|^k \rho_s \, ds \xrightarrow{P} 0 \quad \forall t>0.$$

(Le remplacement de f_k par la fonction $x \to |x|^k$ est possible ici car $\int_0^t \rho_s \, ds < \infty$ pour tout t fini). Si $k=r$, 3.23 implique 3.22.

4 - SUR LA CONVERGENCE DES EXPONENTIELLES DE DOLEANS

Dans ce paragraphe, on considère une suite z'^n de semimartingales spéciales, vérifiant $z_0'^n=0$ et $\Delta z'^n \geq -1$. Leurs exponentielles de

Doléans $z^n = \mathcal{E}(z'^n)$ sont des semimartingales spéciales positives, vérifiant $z^n_0=1$. On note $z^n = 1+m^n+a^n$ et $z'^n = m'^n+a'^n$ les décompositions canoniques.

On se donne aussi une suite (u_n) de réels strictement positifs, tendant vers 0. Nous voulons essentiellement montrer l'équivalence, pour (k,r,s) donné dans $\mathcal{K}$, des deux conditions ci-dessous:

Condition A^{krs}: Il existe un processus v tel que

4.1 $$(v^*)^k \text{ est localement intégrable,}$$

4.2 $$\left[\frac{(z^n)^{1/r} - 1}{u_n} - \frac{v}{r}\right]^k \xrightarrow{\text{loc}} 0,$$

4.3 $$\mathrm{Var}(a^n)/u_n^s \xrightarrow{\text{loc}} 0. \quad \square$$

Condition B^{krs}: Il existe $w\in\mathcal{M}^1_{0,loc}$ continue et il existe un processus optionnel δ, tels que (cf. 3.11 pour f_k):

4.4 $$\sum_{u\leq .} f_k(\delta_u) \text{ est localement intégrable,}$$

4.5 $$\sum_{u\leq .} f_k\left[\frac{(1 + \Delta z'^n_u)^{1/r} - 1}{u_n} - \frac{\delta_u}{r}\right] \xrightarrow{\text{loc}} 0,$$

4.6 $$\left\langle\frac{z'^{n,c}}{u_n} - w, \frac{z'^{n,c}}{u_n} - w\right\rangle \xrightarrow{\text{loc}} 0,$$

4.7 $$\mathrm{Var}(a'^n)/u_n^s \xrightarrow{\text{loc}} 0. \quad \square$$

4.8 PROPOSITION: <u>Les conditions A^{krs} et B^{krs} sont équivalentes, et elles entrainent que</u> $v\in\mathcal{M}^k_{0,loc}$, $w = v^c$ <u>et</u> $\Delta v = \delta$.

Commençons par deux lemmes, après avoir remarqué que si $k=1$ on a les implications 4.2 ⇒ 4.1 et 4.5 ⇒ 4.4.

4.9 LEMME: <u>Si</u> $(k',r',s') \prec (k,r,s)$ <u>on a l'implication</u> $A^{krs} \Rightarrow A^{k'r's'}$, <u>avec le même processus</u> v, <u>qui appartient alors à</u> $\mathcal{M}^k_{0,loc}$.

<u>Preuve</u>. a) Commençons par un résultat auxiliaire. Nous fixons r, r'. Pour $x\geq -1$ on pose $\varphi(x) = (1+x)^{r/r'} - 1 - rx/r'$: il existe $K\in\mathbb{R}_+$ tel que $|\varphi(x)| \leq K(|x| + |x|^{1\vee(r/r')})$. On pose aussi

$$\psi_n(x,y) = \frac{[1 + u_n(x + \frac{y}{r})]^{1/r'} - 1}{u_n} - \frac{y}{r'} = \frac{\varphi[u_n(x + \frac{y}{r})]}{u_n} + xr/r'.$$

On vérifie alors aisément que, si $r'' = 1\vee(r/r')$:

4.10 $\exists K\in\mathbb{R}_+$ avec $|\psi_n(x,y)| \le K(|x| + |x|^{r''} + |y| + |y|^{r''})$,

4.11 $\exists K_Y\in\mathbb{R}_+$, $\exists N_Y\in\mathbb{N}$ tels que si $|x|\le 1$, $|y|\le Y$, on ait

$$|\psi_n(x,y)| \le K_Y(|x| + u_n|y|).$$

b) Passons maintenant à la preuve du lemme. Supposons A^{krs}, et soit $(k',r',s') \prec (k,r,s)$. On a clairement 4.1 pour k' et 4.3 pour s'. Posons

$$U^n = [(z^n)^{1/r} - 1]/u_n - v/r, \quad U'^n = [(z^n)^{1/r'} - 1]/u_n - v/r',$$

On a $|U^n|^k \xrightarrow{\text{loc}} 0$ par hypothèse, et il faut montrer $|U'^n|^{k'} \xrightarrow{\text{loc}} 0$.

On a $U'^n = \psi_n(U^n,v)$, donc $|U'^n|^* \le K_Y(|U^n|^* + u_n v^*)$ sur $\{v^*\le Y\}$ par 4.11. Comme $|U^n|_t^* \xrightarrow{P} 0$ on en déduit immédiatement $|U'^n|_t^* \xrightarrow{P} 0$.

Ensuite, il existe $(T_p,T(n,p))\in\Omega$ avec $v_{T_p}^*\in L^k$ et $|U^n|_{T(n,p)}^* \to 0$ dans L^k, donc les suites $\{|U^n|_{T(n,p)}^{*k}\}_{n\in\mathbb{N}}$ sont uniformément intégrables. D'après 4.10 on a

$$|U'^n|_{T(n,p)}^* \le K[|U^n|_{T(n,p)}^* + |U^n|_{T(n,p)}^{*r''} + v_{T_p}^* + (v_{T_p}^*)^{r''}].$$

Comme $k' \le k$ et $k'r'' \le k$, on en déduit que chaque suite $\{|U'^n|_{T(n,p)}^{*k'}\}_{n\in\mathbb{N}}$ est uniformément intégrable. Donc comme $|U'^n|_{T(n,p)}^* \le |U'^n|_p^*$, qui tend vers 0 en probabilité pour chaque p, on en déduit que $|U'^n|_{T(n,p)}^* \to 0$ dans $L^{k'}$, d'où $|U'^n|^{k'} \xrightarrow{\text{loc}} 0$.

On a ainsi montré $A^{k'r's'}$. En particulier, on a A^{111}, donc $(m^n-1)/u_n - v \xrightarrow{\text{loc}} 0$. Les m^n étant des martingales locales, il en est clairement de même de v, et $v_0=0$ est évident. Compte tenu de 4.1, on a donc $v\in\mathcal{M}_{0,\text{loc}}^k$. □

4.12 LEMME: a) <u>Si</u> $(k',r',s') \prec (k,r,s)$, <u>on a l'implication</u> $B^{krs} \Rightarrow B^{k'r's'}$, <u>avec les mêmes processus</u> w <u>et</u> δ.

b) <u>B^{krs} implique l'existence d'une unique martingale locale purement discontinue</u> w' <u>telle que</u> $w'_0=0$ <u>et</u> $\Delta w'=\delta$, <u>et on a</u> $w'\in\mathcal{M}_{0,\text{loc}}^k$.

<u>Preuve</u>. a) Supposons B^{krs}; soit $(k',r',s') \prec (k,r,s)$. Comme $k'\le k$ on a $f_{k'}\le f_k$, d'où 4.4 pour k', tandis que 4.7 pour s' est évident. Posons

$$\gamma^n = [(1+\Delta z'^n)^{1/r}-1]/u_n - \delta/r, \quad \gamma'^n = [(1+\Delta z'^n)^{1/r'}-1]/u_n - \delta/r',$$

$$U^n = \sum_{u\le .} f_k(\gamma_u^n), \qquad U'^n = \sum_{u\le .} f_{k'}(\gamma_u'^n).$$

On a $U^n \xrightarrow{\text{loc}} 0$ par hypothèse, et il reste à montrer $U'^n \xrightarrow{\text{loc}} 0$.

Reprenons les notations de la preuve précédente. On a $\gamma'^n = \psi_n(\gamma^n,\delta)$, donc 4.11 implique $|\gamma'^n| \le K_Y(|\gamma^n|+u_n|\delta|)$ si $|\gamma^n|\le 1$,

$|\delta|\le Y$ et $n\ge N_Y$. Fixons t et posons $A_Y = \{\sum_{u\le t} \delta_u^2 \le Y\}$ et $B_n = \{U_t^n \le 1/2K_Y\}$. Comme $f_k(x)=f_{k'}(x)=x^2$ pour $|x|\le 1$, il vient alors $U_t'^n \le 2K_Y^2(U_t^n + u_n^2 \sum_{u\le t} \delta_u^2)$ sur $A_Y\cap B_n$. Comme $U_t^n \xrightarrow{P} 0$, et comme $\lim_{Y\uparrow\infty} P(A_Y) = 1$ par 4.4, on en déduit $U_t'^n \xrightarrow{P} 0$, et en particulier les temps d'arrêt $S_n = \inf(t: U_t'^n \ge 1)$ vérifient $S_n \xrightarrow{P} \infty$.

Soit $(T_p,T(n,p))\in\mathfrak{Q}$ avec $\sum_{u\le T_p} f_k(\delta_u) \in L^1$ et $U^n_{T(n,p)} \xrightarrow{L^1} 0$. On voudrait montrer que $U'^n_{T(n,p)} \to 0$ dans L^1, et on a vu ci-dessus que cette convergence a lieu au moins en probabilité. Quitte à remplacer $T(n,p)$ par $T(n,p)\wedge S_n$ (ce qui, compte tenu de $S_n \xrightarrow{P} \infty$, n'altère pas l'appartenance à $\mathfrak{Q}$), on peut d'ailleurs supposer que $T(n,p) \le S_n$, donc $U'^n_{T(n,p)-} \le 1$. Il reste donc à montrer l'uniforme intégrabilité de chaque suite $\{\Delta U'^n_{T(n,p)}\}_{n\in\mathbb{N}}$, et pour cela il suffit même de démontrer l'uniforme intégrabilité de $\{|\gamma'^n_{T(n,p)}|^{k'}\}_{n\in\mathbb{N}}$.

D'après 4.10, on a $|\gamma'^n| \le K[|\gamma^n| + |\gamma^n|^{r''} + |\delta| + |\delta|^{r''}]$. On a par construction $\delta_{T(n,p)}\in L^k$, et $\gamma^n_{T(n,p)} \xrightarrow{L^k} 0$: comme $k'\le k$ et $k'\le r''k$, le résultat cherché est alors immédiat.

b) Si on sait qu'il existe $w'\in\mathcal{H}^1_{0,loc}$ vérifiant $\Delta w'=\delta$, la condition 4.4 implique facilement que (et en fait équivaut à) $w'\in\mathcal{H}^k_{0,loc}$, et l'unicité de w' est bien connue.

Quant à l'existence de w', comme on a 4.4 avec $k=1$, il suffit de montrer que la projection prévisible de δ est nulle. Soit donc T un temps prévisible borné. D'après (a) on a B^{111}; il existe une famille $(T_p,T(n,p))\in\mathfrak{Q}$ avec $\sum_{u\le T_p} f_1(\delta_u) \in L^1$, $\mathrm{Var}(a'^n)_{T(n,p)}/u_n \to 0$ dans L^1, et $B^n_{T(n,p)} \to 0$ dans L^1, où B^n désigne le premier membre de 4.5 pour $k=r=1$. On en déduit

$$(\Delta a_T'^n/u_n)1_{\{T\le T(n,p)\}} \xrightarrow{L^1} 0, \quad (\Delta z_T'^n/u_n - \delta_T)1_{\{T\le T(n,p)\}} \xrightarrow{L^1} 0$$

(car $f_1(Z_n) \to 0$ dans L^1 implique $Z_n \to 0$ dans L^1), donc par différence on a aussi $(\Delta m_T'^n/u_n - \delta_T)1_{\{T\le T(n,p)\}} \to 0$ dans L^1. Comme $E(\Delta m_T'^n|\mathcal{F}_{T-}) = 0$ il vient $E(\delta_T|\mathcal{F}_{T-}) = 0$, ce qui prouve le résultat. □

<u>Preuve de 4.8</u>. a) Commençons par des notations. Soit $r_n = \inf(t: |z_t^n-1|\ge\frac{1}{2})$. Sous A^{krs} on pose $w=v^c$ et $\delta=\Delta v$; sous B^{krs} on pose $v = w+w'$ (cf. 4.12b). Appelons B^n et C^n les premiers membres de 4.5 et 4.6, et

$$\gamma^n = \frac{(1+\Delta z'^n)^{1/r} - 1}{u_n} - \frac{\delta}{r}, \qquad y^n = \frac{(z^n)^{1/r} - (z_-^n)^{1/r}}{u_n} - \frac{\delta}{r}.$$

On a $z^n = z_-^n(1+\Delta z'^n)$, donc $(z_-^n)^{1/r}\gamma^n = y^n + \frac{\delta}{r}(1-(z_-^n)^{1/r})$. Comme de plus $\frac{1}{2} \le z^n_- \le \frac{3}{2}$ sur $[0,r_n]$, il existe $K\in\mathbb{R}_+$ tel que

4.13 $|\gamma^n| \le K(|y^n| + |\delta|)$, $|y^n| \le K(|\gamma^n| + |\delta|)$ sur $[0,r_n]$.

Posons enfin $X^n = (z^n-1)/u_n - v$, $X'^n = z'^n/u_n - v$, et $Y^n = [(z^n)^{1/r}-1]/u_n - v/r$ (donc $\Delta Y^n = y^n$).

b) Supposons A^{krs}. Comme $\delta=\Delta v$ et $v\in\mathcal{H}^k_{0,loc}$, on a 4.4. On a aussi A^{111}, donc $X^n \xrightarrow{loc} 0$, ce qui entraine

4.14 $$(z^n-1)^*_t \xrightarrow{P} 0,$$

et en particulier

4.15 $$r_n \xrightarrow{P} \infty.$$

Sur $[0,r_n]$ on a $a'^n = (1/z^n_-)\cdot a^n$ et $1/z^n_- \le 2$, donc $Var(a'^n) \le 2Var(a^n)$. 4.7 découle alors de 4.3, 4.15 et 2.13.

Appliquons 4.2 et 4.3 pour k=r=s=1: on obtient $m^n/u_n - v \xrightarrow{loc} 0$, et comme m^n et v sont des martingales locales on en déduit que $m^n/u_n \xrightarrow{\mathcal{S}} v$ (convergence au sens d'Emery [2]; la plupart des résultats que nous utiliserons au sujet de la topologie d'Emery se trouvent démontrés dans Mémin [7]). 4.3 implique aussi $a^n/u_n \xrightarrow{\mathcal{S}} 0$, donc $X^n \xrightarrow{\mathcal{S}} 0$. Comme $X'^n = (1/z^n_-)\cdot X^n + (1/z^n_- - 1)\cdot v$ on déduit alors de manière classique de 4.14, 4.15 et de $X^n \xrightarrow{\mathcal{S}} 0$ que

4.16 $$X'^n \xrightarrow{\mathcal{S}} 0.$$

Cette propriété implique $[X'^n,X'^n]_t \xrightarrow{P} 0$ $\forall t\ge 0$. Comme $C^n \le [X'^n,X'^n]$ on en déduit 4.6, d'après 2.13.

Il nous reste à montrer 4.5. D'abord, il existe $K'\in\mathbb{R}_+$ tel que $|(1+x)^{1/r} - 1 - x/r| \le K'x^2$, donc $|\gamma^n - \Delta X'^n/r| \le K'(\Delta z'^n)^2/u_n$, et

$$\sum_{u\le .} (\gamma^n_u)^2 \le \frac{2}{r^2}[X'^n,X'^n] + 2K'^2[\frac{z'^n}{\sqrt{u_n}},\frac{z'^n}{\sqrt{u_n}}]^2$$

Mais 4.16 entraine aussi $z'^n/\sqrt{u_n} \xrightarrow{\mathcal{S}} 0$, donc on a $\sum_{u\le t} (\gamma^n_u)^2 \xrightarrow{P} 0$ pour tout $t\ge 0$. Comme $B^n_t = \sum_{u\le t} f_k(\gamma^n_u)$ il est facile d'en déduire que $B^n_t \xrightarrow{P} 0$ $\forall t\ge 0$; en particulier les temps d'arrêt $S_n = \inf(t: B^n_t \ge 1)$ vérifient $S_n \xrightarrow{P} \infty$.

Soit alors $(T_p,T(n,p))\in\mathcal{Q}$ avec $v^*_{T_p}\in L^k$ et $(Y^n)^*_{T(n,p)} \xrightarrow{L^k} 0$ (cf. 4.2 et 4.3). Quitte à remplacer $T(n,p)$ par $T(n,p)\wedge S_n$ (ce qui n'altère pas l'appartenance à $\mathcal{Q}$ puisque $S_n \xrightarrow{P} \infty$), on peut supposer que $T(n,p)\le S_n$, donc $B^n_{T(n,p)-}\le 1$. Comme $f_k(x) \le 1+|x|^k$ on déduit alors de 4.13 que

$$B^n_{T(n,p)} \le 1 + f_k(\gamma^n_{T(n,p)}) \le 2 + K^k[|Y^n|^*_{T(n,p)} + v^*_{T_p}]^k.$$

Donc chaque suite $\{B^n_{T(n,p)}\}_{n\in\mathbb{N}}$ est uniformément intégrable, et comme $B^n_{T(n,p)} \le B^n_p \xrightarrow{P} 0$ on en déduit que $B^n_{T(n,p)} \xrightarrow{L^1} 0$: on a donc 4.5.

c) Supposons inversement B^{krs}. Rappelons que $v=w+w'$, où w' est donné par 4.12b. On a donc $v\in\mathcal{X}^k_{0,loc}$ et 4.1.

On a aussi B^{111}, et 4.5 pour $k=r=1$ s'écrit $\sum_{u\le .} |\Delta X'^n_u|\wedge|\Delta X'^n_u|^2 \xrightarrow{loc} 0$. Comme $[X'^n,X'^n] = C^n + \sum_{u\le .}(\Delta X'^n_u)^2$, en utilisant 4.6 il est facile d'en déduire que $[X'^n,X'^n]^{1/2} \xrightarrow{loc} 0$.

La martingale locale $Z^n = X'^n - a'^n/u_n$ vérifie

$$[Z^n,Z^n] \le 2[X'^n,X'^n] + 2[a'^n,a'^n]/u_n^2 \le 2[X'^n,X'^n] + 2\mathrm{Var}(a'^n)^2/u_n^2$$

et, étant donné 4.7 pour $s=1$, il vient $[Z^n,Z^n]^{1/2} \xrightarrow{loc} 0$. Comme les Z^n sont des martingales locales, cela entraine $Z^n \xrightarrow{\mathcal{S}} 0$, et en appliquant encore 4.7 pour $s=1$ on obtient 4.16.

4.16 entraine $z'^n \xrightarrow{\mathcal{S}} 0$, donc $z^n = \mathcal{E}(z'^n) \xrightarrow{\mathcal{S}} 1$; par suite on a aussi 4.14 et 4.15. De plus $X^n = z^n_-\bullet X'^n + (z^n_- -1)\bullet v$, donc $X^n \xrightarrow{\mathcal{S}} 0$ par 4.16 et 4.14, et $|X^n|^*_t \xrightarrow{P} 0$ $\forall t\ge 0$. Cette propriété implique $|Y^n|^*_t \xrightarrow{P} 0$, et en particulier les temps d'arrêt $S_n = \inf(t: |Y^n_t|\ge 1)$ vérifient $S_n \xrightarrow{P} \infty$.

Soit alors $(T_p,T(n,p))\in\Omega$ avec $v^*_{T_p}\in L^k$ et $B^n_{T(n,p)} \xrightarrow{L^1} 0$. Comme en (b) on peut supposer que $T(n,p)\le S_n$, donc $|Y^n|^*_{T(n,p)-} \le 1$. En utilisant 4.13 et $|x| \le 1 + f_k(x)^{1/k}$ on obtient

$$\begin{aligned}
|Y^n|^*_{T(n,p)} &\le 1 + |y^n_{T(n,p)}| \le 1 + K(|\gamma^n_{T(n,p)}| + |\delta_{T(n,p)}|)\\
&\le 1 + K + K\, f_k(\gamma^n_{T(n,p)})^{1/k} + K|\delta_{T(n,p)}|\\
&\le 1 + K + K(B^n_{T(n,p)})^{1/k} + K\, v^*_{T_p}.
\end{aligned}$$

Donc la suite $\{|Y^n|^{*k}_{T(n,p)}\}_{n\in\mathbb{N}}$ est uniformément intégrable. Exactement comme à la fin de (b), on en déduit que $|Y^n|^{*k}_{T(n,p)} \xrightarrow{L^1} 0$, d'où 4.2.

Enfin $a^n = z^n_-\bullet a'^n$, donc $\mathrm{Var}(a^n) \le 2\mathrm{Var}(a'^n)$ sur $[0,r_n]$, et 4.3 découle de 4.15 et 4.7. □

5 - EQUIVALENCE DE H2 ET H3

Commençons par plusieurs lemmes.

5.1 LEMME: <u>$H3^{krs}$ équivaut à l'existence d'un processus</u> V <u>tel que, pour toute famille</u> $(\theta_n,u_n,\theta)\in\tau$, <u>il existe une suite</u> S_n <u>de temps d'arrêt vérifiant</u>

5.2 $$[0,S_n] \subset \Sigma^{\theta_n},$$

5.3 $$S_n \xrightarrow{P} \infty,$$

<u>et telle que les processus arrêtés</u> $Z^n = (\overline{Z}^{\theta_n})^{S_n}$ <u>vérifient</u> A^{krs} <u>avec</u> $v = \theta^T\overline{V}$.

Etant donné 4.9, cela démontre en particulier la proposition 3.9.

<u>Preuve</u>. Supposons d'abord $H3^{krs}$. D'après 3.5 il est clair que si $(\theta_n,u_n,\theta)\in\tau$, on a

5.4 $$P(t\in\Sigma^{\theta_n}) \longrightarrow 1, \quad \forall t\geq 0.$$

Mais $\Sigma^{\theta_n} = \bigcup_{m\geq 1} [0,S_{n,m}]$ pour des temps d'arrêt $S_{n,m}$ croissants en m; si $S_{n,\infty} = \lim_m S_{n,m}$, il existe $m_n\in\mathbb{N}$ tel que $P(S_{n,m_n}\leq n\wedge(S_{n,\infty}-1)) \leq 1/n$. D'après 5.4 on voit facilement que $S_n := S_{n,m_n}$ vérifie 5.2 et 5.3. Il est alors évident que $H3^{krs}$ implique A^{krs} pour la suite $Z^n = (\overline{Z}^{\theta_n})^{S_n}$, avec $v = \theta^T\overline{V}$.

La réciproque est également immédiate, une fois remarqué (ce qu'on a déjà utilisé plusieurs fois) que si $(T_p,T(n,p))\in\mathfrak{L}$ et si on a 5.3, alors $(T_p,T(n,p)\wedge S_n)\in\mathfrak{L}$. □

5.5 LEMME: <u>La propriété 3.12 implique</u>

5.6 $$\sum_{u\leq t,a_u<1} (1-a_u)\, f_k\Big(\frac{|\widehat{W}_u|}{1-a_u}\Big) < \infty.$$

<u>Preuve</u>. La fonction

5.7 $$g_k(x) = \begin{cases} x^2 & \text{si } |x|\leq 1 \\ \frac{2}{k}|x|^k + 1 - \frac{2}{k} & \text{si } |x|>1 \end{cases}$$

est convexe, et il existe $\eta\in]0,1[$ tel que $\eta \leq f_k/g_k \leq 1/\eta$. On peut donc remplacer f_k par g_k dans 5.6 et dans 3.12. D'après l'inégalité de Jenssen on a $g_k(|\widehat{W}|) \leq \widehat{g_k(|W|)}$, donc 3.12 implique

$$\sum_{u\leq t} g_k(|\widehat{W}_u|) < \infty,$$

et de même avec f_k au lieu de g_k. Comme le processus $\frac{1}{1-a}1_{\{a<1\}}$ est localement borné et comme $f_k(xu) \leq C_u f_k(x)$ pour une constante C_u, on en déduit 5.6. □

Soit γ et W vérifiant 3.12 (donc 5.6). On notera $H^i(\theta)$ pour $i=1$ (resp. 2, 3, 4) le premier membre de 3.14 (resp. 3.15, 3.16, 3.17). Si $\zeta = (\theta_n,u_n,\theta)\in\tau$ on pose aussi

$$
5.8 \quad \begin{cases} H^{1,n}(\zeta) = [(\beta^{\theta_n,T}/u_n - \theta^T\gamma)c(\beta^{\theta_n}/u_n - \gamma^T\theta)]\bullet F, \\ H^{2,n}(\zeta) = H^2(\theta_n), \\ H^{3,n}(\zeta) = f_k[\frac{(Y^{\theta_n})^{1/r} - 1}{u_n} - \frac{\theta^T W}{r}]*\nu, \\ H^{4,n}(\zeta) = \sum_{u\leq .,\, a_u<1} (1-a_u) f_k[\frac{1}{u_n}\{(\frac{1-a_u^{\theta_n}}{1-a_u})^{1/r} - 1\} + \frac{\theta^T \hat{W}_u}{r(1-a_u)}] \end{cases}
$$

5.9 LEMME: <u>Si</u> γ <u>et</u> W <u>vérifient 3.12, la condition</u> <u>$H2^{krs}$ équivaut à ce que, pour toute famille</u> $\zeta=(\theta_n,u_n,\theta)\in\tau$ <u>il existe des temps d'arrêt</u> S_n <u>vérifiant 5.2, 5.3, et</u>

$$
5.10 \qquad H^{i,n}(\zeta)_t \xrightarrow{P} 0, \quad \forall t\geq 0, \quad \forall i=1,2,3,4.
$$

<u>Preuve</u>. D'abord, on remarque facilement que $H2^{krs}$ équivaut à ce que, pour toute famille $\zeta=(\theta_n,u_n,\theta)\in\tau$, on ait 5.4 et $H^i(\theta_n)_t \xrightarrow{P} 0$ $\forall t\geq 0$, $\forall i=1,2,3,4$. Mais, d'après la preuve de 5.1, 5.4 équivaut à l'existence de temps d'arrêt S_n vérifiant 5.2 et 5.3, donc on peut remplacer ci-dessus $H^i(\theta_n)_t \xrightarrow{P} 0$ par $H^i(\theta_n)_{t\wedge S_n} \xrightarrow{P} 0$.

Il reste à montrer que 5.10 équivaut à $H^i(\theta_n)_{t\wedge S_n} \xrightarrow{P} 0$. C'est évident pour $i=2$, et nous allons le montrer pour $i=3$ (pour $i=1$ c'est plus facile, en utilisant $|\gamma c\gamma^T|\bullet F_t < \infty$, et pour $i=4$ c'est exactement pareil, en utilisant 5.6).

Il existe une constante K telle que $f_k(x+y) \leq K[f_k(x) + f_k(y)]$. Si $U_n = (\theta_n^T/u_n - \theta^T)W/r$, on a alors

$$
5.11 \qquad H^3(\theta_n) \leq KH^{3,n}(\zeta) + Kf_k(U_n)*\nu, \quad H^{3,n}(\zeta) \leq KH^3(\theta_n) + Kf_k(U_n)*\nu.
$$

Mais $U_n \to 0$, donc $f_k(U_n) \to 0$; on a aussi $|U_n| \leq |W|$, donc $f_k(U_n) \leq f_k(|W|)$, et par suite $f_k(U_n)*\nu_t \longrightarrow 0$ d'après 3.12 et le théorème de Lebesgue. L'équivalence cherchée découle alors immédiatement de 5.11.□

<u>Preuve du théorème 3.18</u>. a) Supposons d'abord $H2^{krs}$, et soit

$$
5.12 \qquad \hat{W}_t = W(t,\Delta X_t)\, 1_D(t) - \frac{\hat{W}_t}{1-a_t}\, 1_{\{a_t<1\}}\, 1_{D^c}(t).
$$

Si $\zeta=(\theta_n,u_n,\theta)\in\tau$, on pose $w = \theta^T\gamma\bullet X^c$ et $\delta = \theta^T\hat{W}$. Remarquons que, formellement, le compensateur du processus croissant $\sum_{u\leq .} f_k(\delta_u)$ est

$$
5.13 \qquad f_k(\theta^T W)*\nu + \sum_{u\leq .} (1-a_u)\, f_k(\frac{\theta^T\hat{W}_u}{1-a_u}).
$$

D'après 3.12 et 5.5, le processus prévisible 5.13 est fini, donc localement intégrable. Il en est donc de même de $\sum_{u\leq .} f_k(\delta_u)$, d'où 4.4.

Vu 2.19, on a $H^{2,n}(\zeta) = \overline{A}'^{\theta_n}/u_n^s$ et

$$H^{1,n}(\zeta) = <\frac{\overline{Z}'^{\theta_n}}{u_n} - w, \frac{\overline{Z}'^{\theta_n}}{u_n} - w>,$$

tandis que le compensateur de $\sum_{u\leq .} f_k[\{(1+\Delta\overline{Z}'^{\theta_n})^{1/r} - 1\}/u_n - \delta_u/r]$ est $H^{3,n}(\zeta)+H^{4,n}(\zeta)$. On déduit alors du lemme 5.9 que les processus arrêtés $(\overline{Z}'^{\theta_n})^{S_n}$ vérifient 4.5, 4.6, 4.7 avec w et δ, donc B^{krs}.

Par 4.12 il en découle d'abord l'existence de $w' \in \mathcal{M}^k_{0,loc}$ unique, purement discontinue, avec $\Delta w' = \delta$; en particulier, la projection prévisible de δ est nulle, tandis que celle de $W(t,\Delta X_t)1_D(t)$ est $\hat{U}_t$. Vu 5.12 et $\delta = \theta^T U$ on en déduit $a=1 \Rightarrow \theta^T\hat{U}=0$, donc aussi $\hat{U}=0$ car θ est arbitraire. On peut alors clairement définir $\overline{V}$ par 3.19.

Par 4.8 il découle ensuite que les processus arrêtés $(Z^{\theta_n})^{S_n}$ vérifient A^{krs}, avec $v=\theta^T\overline{V}$, où $\overline{V}$ est le processus ci-dessus. D'après 5.1 on a donc $H3^{krs}$.

b) Réciproquement, supposons $H3^{krs}$. On a $\overline{V} = \overline{V}'+\overline{V}''$, où $\overline{V}'$ est la pojection de $\overline{V}$ sur X (cf. 2.6), qui s'écrit

5.14 $$\overline{V}' = \gamma \cdot X^c + (W + \frac{\hat{U}}{1-a}) * (\mu - \nu), \quad \text{avec } W = M^P_\mu(\Delta\overline{V}|\tilde{\mathcal{P}})$$

(et $a=1 \Rightarrow \hat{U}=0$).

Fixons $\zeta=(\theta_n,u_n,\theta)\in\tau$. D'après le lemme 5.1, il existe des temps d'arrêt S_n vérifiant 5.1 et 5.3, tels que les $(Z^{\theta_n})^{S_n}$ vérifient A^{krs} avec $v = \theta^T\overline{V}$; en particulier, d'après la preuve de 4.8 on a alors $(\overline{M}^{\theta_n})^{S_n}/u_n - \theta^T\overline{V} \xrightarrow{loc} 0$. Cela implique l'existence d'une famille $(T_p,T(n,p))\in\Omega$ telle que $|(\overline{M}^{\theta_n})^{S_n}/u_n - \theta^T\overline{V}|^*_{T(n,p)} \xrightarrow{L^1} 0$, donc $(\overline{M}^{\theta_n})^{S_n\wedge T(n,p)}/u_n$ converge vers $(\theta^T\overline{V})^{T_p}$ dans l'espace $\mathcal{M}^1$ de martingales. On sait ([3], (4.46)) que le sous-espace de $\mathcal{M}^1$ constitué des martingales de la forme 2.6 est fermé dans $\mathcal{M}^1$. Comme $\overline{M}^\rho$ est de la forme 2.6 pour tout $\rho\in\Theta$, il en est donc de même de $\theta^T\overline{V}$ pour tout θ, donc de $\overline{V}$. On en déduit que $\overline{V}=\overline{V}'$ est donné par 5.14.

Par ailleurs, 4.8 implique que les $(\overline{Z}'^{\theta_n})^{S_n}$ vérifient B^{krs} avec $w = \theta^T\overline{V}^c = \theta^T\gamma\cdot X^c$ et $\delta = \theta^T\Delta\overline{V}$; comme $\delta_t = \theta^T W(t,\Delta X_t)$ si $t\in D$, on déduit 3.12 de 4.4. De plus, exactement comme dans la partie (a) de la preuve, 5.10 découle de 4.5, 4.6 et 4.7, donc on a $H2^{krs}$ d'après le lemme 5.9. □

6 - H1 IMPLIQUE H3

Commençons par remarquer qu'on a de manière immédiate (cf. 5.1, en plus simple car il n'y a pas besoin d'arrêter les processus):

6.1 LEMME: <u>$H1^{krs}$ équivaut à l'existence d'un processus</u> V <u>tel que, pour toute famille</u> $(\theta_n, u_n, \theta) \in \tau$, <u>les processus</u> $Z^n = Z^{\theta_n}$ <u>vérifient A^{krs} avec</u> $v = \theta^T V$.

Etant donné 4.9, on en déduit la proposition 3.4.

Dans le second lemme, Q est une mesure positive sur un espace $(E,\mathcal{E})$, σ-finie pour une sous-tribu $\mathcal{G}$ de $\mathcal{E}$. Soit des réels strictement positifs u_n, tendant vers 0. Soit H_n, H des fonctions $\mathcal{E}$-mesurables sur E, telles que $1+H_n \geq 0$ et

6.2 $$Q[f_k(H)] < \infty,$$

6.3 $$Q[f_k(\frac{(1+H_n)^{1/r} - 1}{u_n} - \frac{H}{r})] \longrightarrow 0,$$

où $1 \leq r \leq k$. On déduit facilement de 6.2 et 6.3 que $Q(|H| \wedge H^2) < \infty$ et $Q(|H_n| \wedge H_n^2) < B$ (car $r \leq k$), donc les espérances conditionnelles $H' = Q(H|\mathcal{G})$ et $H'_n = Q(H_n|\mathcal{G})$ existent. Noter que $1+H'_n \geq 0$.

6.4 LEMME: <u>Sous les hypothèses précédentes, les fonctions</u> H', H'_n <u>vérifient également 6.2 et 6.3</u>.

<u>Preuve</u>. a) Dans 6.2 et 6.3, on peut remplacer f_k par la fonction g_k définie en 5.7. Comme g_k est convexe, $Q[g_k(H')] \leq Q[g_k(H)] < \infty$.

b) Posons $g_{k,n}(x) = g_k(\frac{(1+x)^{1/r} - 1}{u_n})$. En dérivant $g_{k,n}$ deux fois on vérifie que $g_{k,n}$ est convexe sur $[-1,\infty[$, pourvu que $u_n \leq 1/r$. Rappelons aussi que $g_k(x+y) \leq K[g_k(x) + g_k(y)]$ pour une certaine constante K. Enfin, pour tout $\alpha>0$ il existe une constante K'_α telle que si $|x| \leq \alpha$, on ait $x^2 \leq K'_\alpha g_1(x)$ et $g_k(x) \leq K'_\alpha x^2$.

c) On dit que la suite (X_n) de fonctions mesurables sur E est Q-UI (uniformément intégrable) si d'une part $\sup_n Q(|X_n|) < \infty$, et si d'autre part $\lim_{\alpha\uparrow\infty} \sup_n Q(|X_n| 1_{\{|X_n|>\alpha\}}) = 0$. On montre comme dans le cas d'une probabilité que si $X_n \to X$ dans $L^1(Q)$, la suite (X_n) est Q-UI; on montre aussi que si les X_n sont Q-UI, il en est de même des $X'_n = Q(X_n|\mathcal{G})$ (par contre, $X_n \to X$ en Q-mesure et (X_n) Q-UI n'entrainent pas $X_n \to X$ dans $L^1(Q)$).

d) Posons

$$U_n = \frac{(1+H_n)^{1/r} - 1}{u_n}, \qquad V_n = U_n - H/r, \qquad Y_n = g_k(V_n),$$

$$U'_n = \frac{(1+H'_n)^{1/r} - 1}{u_n}, \qquad V'_n = U'_n - H'/r, \qquad Y'_n = g_k(V'_n),$$

$$W_n = H_n/u_n - H, \qquad W'_n = H'_n/u_n - H' = Q(W_n|\mathcal{G}).$$

e) Passons maintenant à la démonstration du lemme. D'abord, exactement comme pour 4.12 (en plus simple), on déduit de 6.2 et 6.3 qu'on a aussi 6.3 pour $k=r=1$, soit $Q[g_1(W_n)] \to 0$. Comme g_1 est convexe, on a aussi $Q[g_1(W'_n)] \le Q[g_1(W_n)]$, donc

6.5 $$Q[g_1(W'_n)] \longrightarrow 0.$$

D'après (b) on a $g_k(U_n) \le Kg_k(V_n) + Kg_k(H/r)$, et cette dernière expression tend vers $Kg_k(H/r)$ dans $L^1(Q)$ d'après 6.2 et 6.3; vu (c), la suite $g_k(U_n)$ est donc Q-UI.

On a $g_k(U_n) = g_{k,n}(H_n)$ et $g_k(U'_n) = g_{k,n}(H'_n)$; (b) implique alors que $g_k(U'_n) \le Q[g_k(U_n)|\mathcal{G}]$ si $u_n \le 1/r$, et d'après (c) on en déduit que la suite $g_k(U'_n)$ est Q-UI. On a aussi $Y'_n \le Kg_k(U'_n) + Kg_k(H'/r)$, donc d'après (a) et 6.2 on a finalement:

6.6 la suite (Y'_n) est Q-UI.

Considérons ensuite la fonction ψ_n définie dans la preuve de 4.9, avec (r,r') remplacé par $(1,r)$: on a alors $V'_n = \psi_n(W'_n,H')$. D'après 4.11 on voit donc que $|V'_n| \le K_\alpha(|W'_n| + u_n|H'|)$ sur l'ensemble $G_\alpha = \{|W'_n|\le 1,\ |H'|\le\alpha\}$, dès que $n\ge N_\alpha$. Si alors $\alpha' = (1+\alpha)K_\alpha$ et $K''_\alpha = K'_{\alpha'}$, on a $|V'_n|\le\alpha'$ sur G_α, donc d'après (b):

$$Y'_n \le K''_\alpha V'^2_n \le 2K''_\alpha K'^2_\alpha(W'^2_n + u_n^2H'^2) \le 2K''^2_\alpha K'^2_\alpha[g_1(W'_n) + u_n^2 g_1(H')],$$

$$Q(Y'_n 1_{G_\alpha}) \le 2K''^2_\alpha K'^2_\alpha\{Q[g_1(W'_n) + u_n^2 Q[g_1(H')]\}.$$

Donc, d'après 6.5 il vient pour tout $\alpha>0$:

6.7 $$Q(Y'_n 1_{G_\alpha}) \longrightarrow 0$$

Il reste alors à écrire

$$\begin{aligned} Q(Y'_n) &= Q(Y'_n 1_{\{Y'_n>b\}}) + Q(Y'_n 1_{\{Y'_n\le b,\ |H'|>\alpha\}}) \\ &\quad + Q(Y'_n 1_{\{Y'_n\le b,\ |H'|\le\alpha,\ |W'_n|>1\}}) + Q(Y'_n 1_{\{Y'_n\le b\}\cap G_\alpha}) \\ &\le Q(Y'_n 1_{\{Y'_n>b\}}) + bQ(|H'|>\alpha) + bQ(|W'_n|>1) + Q(Y'_n 1_{G_\alpha}). \end{aligned}$$

D'après 6.5, 6.6, 6.7 et le fait que $\lim_{\alpha\uparrow\infty} Q(|H'|>\alpha) = 0$, il est alors facile de voir que $Q(Y'_n) \to 0$, ce qui est le résultat cherché. □

On en déduit d'abord le résultat annoncé après 2.7:

6.8 COROLLAIRE: <u>Si</u> $M\in\mathcal{K}^k_{loc}$, <u>sa projection sur</u> X <u>est dans</u> $\mathcal{K}^k_{0,loc}$.

<u>Preuve</u>. C'est un corollaire de la première assertion (presque trivia-

le) de 6.4, à savoir celle qui concerne 6.2.

Par hypothèse il existe une suite localisante (T_p) de temps d'arrêt telle que $E(\sum_{u\leq T_p} f_k(\Delta M_u)) < \infty$. On va appliquer 6.4 à $E = \tilde{\Omega}$, $\mathcal{G} = \tilde{\mathcal{P}}$, et $H = \Delta M\, 1_{[0,T_p]}$ qui vérifie 6.2. On a $H' = W\, 1_{[0,T_p]}$, où $W = M^P_\mu(\Delta M|\tilde{\mathcal{P}})$, et H' vérifie aussi 6.2, à savoir $E(f_k(W)*\nu_{T_p}) < \infty$. Par suite $f_k(W)*\nu_t < \infty$ pour tout t, et d'après 5.5 on a aussi 5.6. Si $\bar{M}$ désigne la projection de M sur X, on a

$$\Delta\bar{M}_t = W(t,\Delta X_t)1_D(t) + \frac{\hat{W}_t}{1-a_t} 1_{\{a_t<1\}} 1_{D^c}(t).$$

Par suite le compensateur du processus croissant $G = \sum_{u\leq .} f_k(\Delta\bar{M}_u)$ est formellement $G' = f_k(V)*\nu + \sum_{u\leq .,a_u<1} (1-a_u)f_k[\hat{W}_u/(1-a_u)]$. Comme G' est prévisible et à valeurs finies (d'après ce qui précède), il est localement intégrable, et il en est donc de même de G, ce qui prouve que $\bar{M}\in\mathcal{X}^k_{0,loc}$. □

Pour la suite, nous avons besoin de quelques notations. Rappelons que $\Gamma^\theta = \{Z^\theta_->0\}$, et définissons une surmartingale locale sur Γ^θ par $Z'^\theta = (1/Z^\theta_-)\bullet Z^\theta$. On a la décomposition

6.9 $Z'^\theta = M'^\theta - A'^\theta$, M'^θ est une martingale locale sur Γ^θ, A'^θ est un processus croissant prévisible sur Γ^θ, et $A'^\theta_0 = M'^\theta_0 = 0$.

Posons aussi sur Γ^θ:

6.10 $K'^\theta = [a - a^\theta - {}^P(\Delta Z'^\theta 1_{D^c})]1_{\{a<1\}}$, $U'^\theta = Y^\theta - 1 - M^P_\mu(\Delta Z'^\theta|\tilde{\mathcal{P}})$,

où ${}^PN$ désigne la P-projection prévisible du processus N.

6.11 LEMME: a) <u>On a</u> $\langle Z'^{\theta,c},X^{i,c}\rangle = (c\beta)^i\bullet F$ <u>sur</u> Γ^θ.

b) <u>On a</u> $K'^\theta\geq 0$, $U'^\theta\geq 0$, <u>et le processus</u> $A'^\theta - \tilde{A}'^\theta - U'^\theta*\nu - \sum_{u\leq .} K'^\theta_u$ <u>est croissant sur</u> Γ^θ (on a $\Gamma^\theta\subset\Sigma^\theta$ par 2.11).

c) <u>On a</u> $K'^\theta\leq 3$ <u>et</u> $U'^\theta\leq 3$ <u>sur</u> $\{Z^\theta_- \geq 1/2\}$.

<u>Preuve</u>. (a) et (b) constituent la proposition 6.3 de [4]. D'après la démonstration de cette dernière, rappelons aussi deux formules équivalentes à 6.10: soit $Q = (P+P_\theta)/2$, et z et z' les processus densité de P et P_θ par rapport à Q; on a alors $Z^\theta = z'/z$, et (si ${}^{P,Q}N$ désigne la Q-projection prévisible de N):

$$K'^\theta = 1_{\{a<1\}} \frac{1}{z'_-}\, {}^{P,Q}(z' 1_{\{z=0\}} 1_{D^c}), \qquad U'^\theta = \frac{1}{z'_-} M^Q_\mu(z' 1_{\{z=0\}}|\tilde{\mathcal{P}})$$

sur Γ^θ. On a aussi $1/z' = (1+Z^\theta)/2Z^\theta$, donc si $Z^\theta_- \geq 1/2$ il vient

$1/z'_- \leq 3/2$. Comme $z'\leq 2$ par construction, on en déduit (c). □

<u>Preuve du théorème 3.10</u>. a) On suppose $H1^{krs}$ avec $r\leq 2$ et $s\geq k$. On note $\bar{V}$ la projection de V sur X: d'après 6.8, on a 3.5. On pose aussi $W = M^P_\mu(\Delta V|\tilde{\mathcal{P}})$, et on considère $\gamma=(\gamma^{ij})_{i\leq d,j\leq q}$ prévisible tel que

6.12 $$(\gamma c)^{ij}\bullet F = \langle V^{i,c},X^{j,c}\rangle = \langle \bar{V}^{i,c},X^{j,c}\rangle \quad P\text{-p.s.}$$

Etant donné 2.7, on a 3.19 et $a=1 \Rightarrow \hat{U}=0$, et 3.5 implique alors 3.12. Vu le lemme 5.9, il reste à montrer que si $\zeta=(\theta_n,u_n,\theta)\in\tau$, il existe des temps d'arrêt S_n vérifiant 5.2 et 5.3, et on a 5.11.

b) Dans la suite on fixe $\zeta=(\theta_n,u_n,\theta)\in\tau$. On a $|Z^{\theta_n}-1|^*_t \xrightarrow{P} 0$ par 3.2, et on montre comme en 5.1 qu'il existe des temps d'arrêt S_n vérifiant 5.3 et

6.13 $$[0,S_n] \subset \{Z^{\theta_n}_- \geq \tfrac{1}{2}\}$$

(donc aussi 5.2 car $\Gamma^\theta\subset\Sigma^\theta$), et les processus arrêtés $z^n = (Z^{\theta_n})^{S_n}$ vérifient A^{krs} avec $v = \theta^T V$. Donc d'après 4.8 les processus arrêtés $z'^n = (Z'^{\theta_n})^{S_n}$ vérifient B^{krs} avec $w = \theta^T V^c$ et $\delta = \theta^T\Delta V$.

Etant donnés 6.11(a) et 5.8, on a

$$H^{1,n}(\zeta) \leq \langle\frac{z'^{n,c}}{u_n} - w,\frac{z'^{n,c}}{u_n} - w\rangle \quad \text{sur } [0,S_n],$$

de sorte que 4.6 implique 5.10 pour $i=1$. On a déjà vu que $H^{2,n}(\zeta) = \bar{A}'^{\theta_n}/u^s_n$, qui d'après 6.11(b) est majoré par A'^{θ_n}/u^s_n sur $[0,S_n]$. Donc 5.10 pour $i=2$ découle de 4.7.

c) Notons B^n le premier membre de 4.5. Il existe une famille $(T_p,T(n,p))\in\Omega$ telle que $E(B^n_{T(n,p)}) \to 0$ et $E(\sum_{u\leq T_p} f_k(|\Delta V_u|)) < \infty$, et $T(n,p)\leq S_n$.

Nous allons appliquer le lemme 6.5 à la mesure $Q = M^P_\mu$ sur $E = \tilde{\Omega}$, à la tribu $\mathcal{G} = \tilde{\mathcal{P}}$, et aux fonctions $H_n = \Delta z'^n 1_{[0,T(n,p)]}$ et $H = \delta 1_{[0,T_p]} = \theta^T\Delta V 1_{[0,T_p]}$. On a 6.2, et aussi

6.14 $$Q[f_k(\frac{(1+H_n)^{1/r}-1}{u_n} - \frac{H}{r})] \leq E(B^n_{T(n,p)})+E[\sum_{T(n,p)<u\leq T_p} f_k(\frac{\theta^T\Delta V_u}{r})],$$

d'où 6.3. Par ailleurs $H' = \theta^T W 1_{[0,T_p]}$ par définition de W, et 6.10 entraine $H'_n = (Y^{\theta_n} - 1 - U'^{\theta_n})1_{[0,T(n,p)]}$. Donc si

$$H'^{3,n} = f_k[\frac{(Y^{\theta_n} - U'^{\theta_n})^{1/r} - 1}{u_n} - \frac{\theta^T W}{r}]*\nu,$$

le lemme 6.5 implique

6.15 $$E(H'^{3,n}_{T(n,p)}) \longrightarrow 0.$$

Apliquons une nouvelle fois le lemme 6.5 à la mesure Q suivante sur $\Omega\times\mathbb{R}_+$: $Q(d\omega,dt) = P(d\omega)\sum_{u>0:\ 0<a_u(\omega)<1,(\omega,u)\notin D}\varepsilon_u(dt)$, qui est $\mathcal{P}$-σ-finie, à la tribu $\mathcal{G}$-$\mathcal{P}$, et aux mêmes fonctions H_n et H que ci-dessus. On a encore 6.2 et 6.14, donc 6.3. D'après la preuve du lemme 6.2 de [6] on a $H' = {}^p(H\,1_{D^c})/(1-a)$, et de même pour H'_n. Etant donnés 6.10 et la définition de W, il vient alors

$$H' = [{}^p({}_\theta T\Delta V) - {}^p({}_\theta T\Delta V\,1_D)]1_{[0,T_p]}\,1_{\{0<a<1\}}\,\frac{1}{1-a} = -\frac{{}_\theta T Q}{1-a}\,1_{[0,T_p]},$$

$$H'_n = (a - a^{\theta_n} - K'^{\theta_n})\,\frac{1}{1-a}\,1_{\{0<a<1\}}\,1_{[0,T(n,p)]}.$$

Par suite si

$$H'^{4,n} = \sum_{u\le .,0<a_u<1}(1-a_u)\,f_k\Big[\frac{1}{u_n}\Big\{\Big(\frac{1-a_u^{\theta_n}}{1-a_u} - \frac{K'^{\theta_n}_u}{1-a_u}\Big)^{1/r}-1\Big\} + \frac{{}_\theta T Q_u}{r(1-a_u)}\Big],$$

il vient

$$E(H'^{4,n}_{T(n,p)}) = E\Big[\sum_{u\le T(n,p),0<a_u<1,u\notin D}f_k\Big[\frac{1}{u_n}\Big\{\Big(\frac{1-a_u^{\theta_n}-K'^{\theta_n}_u}{1-a_u}\Big)^{1/r}-1\Big\}+\frac{{}_\theta T Q_u}{r(1-a_u)}\Big]\Big]$$

$$= E\Big\{\sum_{u\le T(n,p),0<a_u<1,u\notin D} f_k\Big[\frac{(1+H'_n)^{1/r}-1}{u_n} - \frac{H'}{r}\Big]\Big\}$$

$$\le Q\Big[f_k\Big(\frac{(1+H'_n)^{1/r}-1}{u_n} - \frac{H'}{r}\Big)\Big].$$

Donc 6.5 implique

6.16 $$E(H'^{4,n}_{T(n,p)}) \longrightarrow 0.$$

d) On a $f_k(x+y) \le Kf_k(x) + Kf_k(y)$; on a aussi $x^{1/r} - (x-y)^{1/r} \le y^{1/r}$ si $0\le y\le x$. Donc d'après 5.8,

6.17 $$\begin{cases} H^{3,n} \le KH'^{3,n} + Kf_k[(U'^{\theta_n})^{1/r}/u_n]*\nu, \\ H^{4,n} \le KH'^{4,n} + K\sum_{u\le .,0<a_u<1}(1-a_u)\,f_k\Big[\Big(\frac{K'^{\theta_n}_u}{1-a_u}\Big)^{1/r}/u_n\Big]. \end{cases}$$

Supposons que $u_n\le 1$, et soit $x\in[0,3]$. Si $x^{1/r}/u_n \le 1$ on a $f_k(x^{1/r}/u_n) = x^{2/r}/u_n^2 \le x/u_n^r \le x/u_n^k$ car $r\le 2\wedge k$; si $x^{1/r}/u_n > 1$ on a $f_k(x^{1/r}/u_n) = x^{k/r}/u_n^k \le 3^{k/r-1}\,x/u_n^k$. Donc dans tous les cas il vient $f_k(x^{1/r}/u_n) \le K'x/u_n^k$. Etant donné 6.11(b,c), on voit donc que les derniers termes des deux expressions 6.17 sont majorées par $KK'A'^{\theta_n}/u_n^k$. Il suffit alors d'appliquer 6.15 et 6.16, 4.7, et le fait que $s\ge k$, pour obtenir 5.10 pour $i=3$ et $i=4$. □

BIBLIOGRAPHIE

[1] DELLACHERIE C., MEYER P.A. (1982): Probabilités et potentiel II, Hermann: Paris.

[2] EMERY M. (1979): Une topologie sur l'espace des semimartingales. Sém. Proba. XIII, Lect. Notes in Math. 721, 260-281. Springer Verlag: Berlin.

[3] JACOD J. (1979): Calcul stochastique et problèmes de martingales. Lect. Notes in Math. 714. Springer Verlag: Berlin.

[4] JACOD J. (1990): Sur le processus de vraisemblance partielle. A paraitre aux Ann. IHP.

[5] JACOD J. (1990): Regularity, partial regularity, partial information process, for a filtered statistical model. A paraitre dans Probab. Theory Rel. Fields.

[6] LECAM L. (1986): Asymptotic methods in statistical decision theory. Springer Verlag: Berlin.

[7] MEMIN J. (1980): Espaces de semimartingales et changements de probabilités. Z. Wahrsch. Verw. Geb. 52, 9-40.

[8] STRASSER H. (1985): Mathematical theory of statistics. De Gruyter: Berlin.

CONDITION UT ET

STABILITÉ EN LOI DES SOLUTIONS

D'ÉQUATIONS DIFFÉRENTIELLES STOCHASTIQUES

Jean MEMIN
Institut Mathématique
Université de RENNES1
RENNES

Leszek SŁOMINSKI
Institut Mathématique
Université M. Kopernik
TORUN

Introduction

Soit $((\Omega^n, \mathcal{F}^n, (\mathcal{F}_t^n), P^n))$ une suite d'espaces filtrés satisfaisant aux conditions habituelles, et (Z^n) une suite de semimartingales réelles, où Z^n est défini sur $((\Omega^n, \mathcal{F}^n, (\mathcal{F}_t^n), P^n))$.

Dans [12] Stricker a montré que si (Z^n) satisfait une certaine condition (que nous noterons UT), cette suite est tendue pour la topologie faible de Meyer-Zheng [9] sur l'espace $(\mathbf{D}, \mathcal{D})$. Dans [6] cette hypothèse a été reprise, et joue un grand rôle pour obtenir la convergence en loi d'une suite d'intégrales stochastiques (théorème 2-6) ; Słominski [10] utilise à son tour UT pour sa démonstration de stabilité de solutions d'équations différentielles stochastiques lipschitziennes. Enfin Kurtz et Protter ont donné dans [7] des résultats qui couvrent les deux précédents [6] et [10] ; plus précisément leur théorème 2-2 est exactement le théorème 2-6 de [6], leur théorème 5-4 concernant la stabilité des solutions d'EDS est lui, plus général, puisqu'il contient le cas où les coefficients sont continus et peuvent sous certaines conditions dépendre de tout le passé.

D'autres travaux s'apparentent aux précédents, quant au type de résultat obtenu ([3], [11], [13], [14], [15]) : stabilité des solutions d'une suite de solutions d'EDS obtenue à partir de la convergence en loi de la suite des semimartingales directrices, cette suite satisfaisant en outre une condition supplémentaire (par exemple de type Lindeberg pour [13], [15], ou "Lindeberg d'ordre 1" pour [3] et [11]).

Nous nous proposons dans cet article de faire le point sur la condition UT (qui est une condition naturelle d'uniforme continuité de l'opération : Intégration stochastique), en rappelant les résultats de [6], puis en donnant les différentes présentations de cette condition, (inspirés en cela par [7]). Une illustration en sera l'étude du cas où la semimartingale Z limite est continue (les conditions de Lindeberg de [3], [11], [14], [15] étant alors des cas particuliers de UT

Dans la suite on se proposera de généraliser le résultat principal de [10], en montrant la stabilité des solutions d'équations différentielles stochastiques, sous la condition de convergence de la suite des semimartingales directrices, et de UT pour cette suite, les coefficients de l'équation étant continus. La méthode consistant à approcher les coefficients continus par des coefficients de classe C^2 est élémentaire, et permet d'obtenir des résultats beaucoup plus généraux (coefficients dépendant de tout le passé du processus) du type de ceux obtenus dans [7].

Les notations utilisées sont les notations usuelles que l'on peut trouver dans [2] ou [5] par exemple ; en particulier, l'intégrale stochastique de H par rapport à Z sera notée $H \cdot Z$; pour les questions de convergence en loi, nous ferons très souvent référence à [5].

1 La condition UT

Considérons pour chaque $n \in \mathbf{N}$, une semimartingale Z^n définie sur $(\Omega^n, \mathcal{F}^n, (\mathcal{F}_t^n), P^n)$; on note $\mathcal{H}^n$ l'ensemble des processus prévisibles simples bornés par 1, autrement dit : $\mathcal{H}^n = \{H^n;$ pour tout $t \in \mathbf{R}^+, H_t^n = Y^{n,0} + \sum_{i=1}^p Y^{n,i} 1_{[t_i,t_{i+1}[}(t), Y^{n,i} \mathcal{F}_{t_i}^n$ mesurable,$p \in \mathbf{N}, 0 = t_0 < t_1 < t_2 < \ldots.. < t_p < \infty, | Y^{n,i} | \leq 1\}$.

1-1 Définition. *On dira que (Z^n) satisfait à la condition UT si, pour chaque $t > 0$, l'ensemble $\{H^n \cdot Z_t^n, H^n \in \mathcal{H}^n, n \in \mathbf{N}\}$ est P^n-borné en probabilité.*

Si pour tout $n, Z^n = Z$, la condition UT exprime simplement que Z est une $((\mathcal{F}_t), P)$ semimartingale (théorème de caractérisation de Bichteler-Dellacherie-Mokobodski, [2] chap 8, th. 50), et c'est tout naturellement que nous avons le résultat suivant ([6], théorème 2-5) :

1-2 Lemme. *Soit (K^n) une suite de processus cadlag définie sur $((\Omega^n, \mathcal{F}^n, (\mathcal{F}_t^n), P^n))$, à valeurs dans $\mathbf{R}^d$, et (K, Z) un processus à valeurs dans $\mathbf{R}^{d+1}$, défini sur un $(\Omega, \mathcal{F}, (\mathcal{F}_t), P)$; si les distributions finidimensionnelles (en t) de (K^n, Z^n) convergent vers celles de (K, Z) pour tout ensemble $\{t_1, t_2, \ldots t_q\}$ appartenant à un ensemble dense de $\mathbf{R}^+$ contenant 0, et si (Z^n) satisfait UT pour les filtrations $(\mathcal{F}_t^{K^n, Z^n})$, alors Z est une semimartingale pour la filtration $(\mathcal{F}_t^{K,Z})$.*

Pour le théorème de caractérisation de UT, les propriétés suivantes sont utiles ([6] lemme 2, [12]).

1-3 Lemme. *Sous la condition UT pour (Z^n) pour chaque $t < \infty$, on a les propriétés suivantes : (i) : la famille $\{(Z^n)_t^* = sup_{s \leq t} | Z_s^n |, n \in \mathbf{N}\}$ est P^n-bornée en probabilité;*
(ii): la famille $\{[Z^n, Z^n]_t, n \in \mathbf{N}\}$ est P^n-bornée en probabilité

Considérons pour $a > 0$ donné la décomposition :

$$Z^n = \hat{Z}^{n,a} + B^{n,a} + M^{n,a}$$

où $\hat{Z}^{n,a} = \sum_{s \leq t} \Delta Z_s^n 1_{\{|\Delta Z_s^n| > a\}}$; $B^{n,a}$ et $M^{n,a}$ sont les parties processus à variation finie prévisible et martingale locale de la décomposition canonique de la semimartingale spéciale $Z^n - \hat{Z}^{n,a}, M^{n,a}$ ayant des sauts d'amplitude bornée par $2a$.

1-4 Théorème. *Les conditions suivantes sont équivalentes :*
(i) : la suite (Z^n) *vérifie la condition UT ;*
(ii) : Il existe $a > 0$ *tel que pour tout* $t < \infty$ *on ait :*
1) $(Var(\hat{Z}^{n,a})_t)$ *est* P^n*-bornée en probabilité; (*$Var(X)$ *désigne le "processus variation" du processus à variation finie* X*)*
2) $(Var(B^{n,a})_t)$ *est* P^n*-bornée en probabilité*
3) $([M^{n,a}, M^{n,a}]_t)$ *est* P^n*-bornée en probabilité.*
(iii) : Soit $\mathcal{K}^n$ *l'ensemble des processus cadlag* $(\mathcal{F}_t^n)$*-adaptés à valeurs réelles, bornés par 1; alors, pour chaque* $t < \infty$*, la famille* $\{X_-^n \cdot Z_t^n : X^n \epsilon \mathcal{K}^n, n\epsilon\mathrm{N}\}$ *est* P^n*-bornée en probabilité.*
(iv) : Pour chaque $\varepsilon > 0$*, pour chaque* $t < \infty$*, il existe* $\alpha > 0$ *tel que, pour chaque* X^n *cadlag* $(\mathcal{F}_t^n)$*-adapté, pour chaque* n *on ait :*

$$P^n[sup_{s\leq t} \mid X_{s-}^n \mid > \alpha] < \alpha \Rightarrow P^n[sup_{s\leq t} \mid X_-^n \cdot Z_s^n \mid > \varepsilon] < \varepsilon$$

Démonstration : En exprimant la propriété de P^n-bornitude en Probabilité de (iii), il est clair que (iii) et (iv) sont équivalentes, et que (iii)⇒(i) ; nous montrerons les implications (i)⇒(ii)⇒(iii).

a) (ii)⇒(iii) : 1)+2) implique que $(Var(Z^n - M^{n,a})_t, n\epsilon\mathrm{N})$ est P^n-bornée en probabilité de sorte que $(Z^n - M^{n,a})$ vérifie (iii) ; d'après 3), soit $\varepsilon > 0$, il existe K tel que $P^n[[M^{n,a}, M^{n,a}]_t > K] < \varepsilon$ pour tout n. Considérons alors la suite des temps d'arrêt (T^n) (relatifs à $(\mathcal{F}_t^n)$), définis par $T^n = inf\{s : [M^{n,a}, M^{n,a}]_s > K\} \wedge t$. D'après ce qui précède, on a $P^n[T^n < t] < \varepsilon$.

Soit $H^n \epsilon \mathcal{K}^n$, on a les inégalités : $P^n[\mid H^n \cdot M_t^{n,a} \mid > K] \leq P^n[(H^n \cdot M^{n,a})_t^* > K] \leq P^n[(H^n \cdot M^{n,a})_{T^n}^* > K] + \varepsilon \leq 1/K^2 E[(H^n \cdot M^{n,a})_{T^n}^*)^2] + \varepsilon \leq 1/K^2 E[[M^{n,a}, M^{n,a}]_{T^n}] + \varepsilon \leq \frac{K+4a^2}{K^2} + \varepsilon$; cette quantité est aussi petite que l'on veut, de sorte que $(M^{n,a})$ vérifie (iii) d'où le résultat (iii) pour (Z^n).

b) (i)⇒ (ii) : D'après le lemme 1-3, $([Z^n, Z^n]_t)$ est P^n-bornée en probabilité, on en déduit que pour tout $a > 0$, $(\sum_{s\leq t} \mid \Delta Z_s^n \mid 1_{\{|\Delta Z_s^n| > a\}})$ est aussi P^n-bornée en probabilité, d'où la propriété 1) de (ii). On en déduit que $(B^{n,a} + M^{n,a})$ vérifie UT. D'après le lemme 1-3 (ii), étant donné $\varepsilon > 0$ on peut trouver K tel que $P^n[[B^{n,a} + M^{n,a}, B^{n,a} + M^{n,a}]_t > K] < \varepsilon$; soit les temps d'arrêt T^n définis par $T^n = inf\{s : [B^{n,a} + M^{n,a}, B^{n,a} + M^{n,a}]_s > K\} \wedge t$; on a $P^n[T^n < t] < \varepsilon$ et $K + 4a^2 \geq E^n[[B^{n,a} + M^{n,a}, B^{n,a} + M^{n,a}]_{T^n}] \geq E^n[[M^{n,a}, M^{n,a}]_{T^n}]$ de sorte que $P^n[[M^{n,a}, M^{n,a}]_t > K] \leq \varepsilon + (1/K^2)(K + 4a^2)$ d'où la propriété (ii)-2).

De ce qui précède, on déduit que $(B^{n,a})$ vérifie UT ; comme $B^{n,a}$ est prévisible, on peut approcher $Var(B^{n,a})$ par des intégrales de Stieltjes du type $\sum Y_{t_i}^n (B_{t_{i+1}}^{n,a} - B_{t_i}^{n,a})$ avec $Y_{t_i}^n = \pm 1$, la condition UT pour $(B^{n,a})$ implique donc (ii)-3 ■

On rassemble maintenant dans la proposition suivante, des conditions assurant la vérification de UT pour (Z^n), lorsque l'on a la convergence en loi de (Z^n) vers Z, au sens de la convergence étroite des mesures de probabilité sur l'espace $\mathbf{D}$ de Skorokhod. Nous noterons $\xrightarrow{\mathcal{L}}$ cette convergence, et $\xrightarrow{\mathcal{L}(\mathbf{D}^d)}$ s'il s'agit de convergence de processus à valeurs dans $\mathbf{R}^d$.

1-5 Proposition. *Supposons que* $Z^n \xrightarrow{\mathcal{L}} Z$*, on a alors les assertions :*
a) (Z^n) *satisfait UT est équivalent à la propriété (ii)-2 du théorème 1-4 ;*

b) Si (Z^n) *est une suite de martingales locales et si pour chaque* $t < \infty$ *on a*

$$sup_n E^n[sup_{s\leq t} \mid \Delta Z^n_s \mid] < \infty$$

alors (Z^n) *vérifie UT ;*
c) si (Z^n) *est une suite de surmartingales uniformément minorées par un réel b, alors* (Z^n) *vérifie UT .*
d) Il existe $a > 0$, *et pour chaque* $\alpha > 0$ *des temps d'arrêt* T^α_n *tels que* $P^n[T^\alpha_n \leq \alpha] \leq \frac{1}{\alpha}$ *et*

$$Sup_n[E^n[[M^{n,a}, M^{n,a}]_{t\wedge T^\alpha_n} + Var(B^{n,a})_{t\wedge T^\alpha_n}]] < \infty$$

si et seulement si (Z^n) *vérifie UT.*

Commentaire. a) est le lemme 3-1 de [6] ; b) compte tenu de a), est dû à Jacod (on peut le trouver dans [5] p 342) ; c) est montré dans le lemme 3-2 de [6]. Arrêtons nous un peu sur d) qui est la condition c2-2(i) de Kurtz et Protter dans [7] : si d) est satisfait, alors $(Var(B^{n,a})_t, n\epsilon\mathbf{N})$ est P^n-bornée en probabilité et d'après a) (Z^n) satisfait UT.

Réciproquement, utilisant la caractérisation (ii) du théorème 1-4, définissant $T^c_n = inf\{t : [M^{n,a}, M^{n,a}]_t \wedge Var(B^{n,a})_t \geq c\}$, on a bornitude des espérances $E^n[[M^{n,a}, M^{n,a}]_{t\wedge T^c_n}]$ et $E^n[Var(B^{n,a})_{t\wedge T^c_n}]$, et il existe c_α tel que $P^n[T^{c_\alpha}_n \leq \alpha] \leq \frac{1}{\alpha}$, d'où d) ∎

1-6 Lemme. *Si* (Z^n) *vérifie UT. et si* (H^n) *est une suite de processus prévisibles (relativement à* $(\mathcal{F}^n_t)$*), uniformément localement bornée, alors la suite* $(H^n \cdot Z^n)$ *vérifie UT.*

Démonstration : Soit $\varepsilon > 0$ et $N < \infty$, on choisit des temps d'arrêt T^n et un nombre K de telle façon que $P^n[T^n < N] < \varepsilon/2$ et $sup_{t\leq N} \mid H^{n,T^n}_t \mid \leq K$; on a immédiatement que $((H^n \cdot Z^n)^{T^n})$ vérifie UT, et pour toute suite (U^n) de processus prévisibles bornée par 1, on a : $P^n[sup_{t\leq N} \mid U^n \cdot ((H^n - H^{n,T^n}) \cdot Z^n)_t \mid > \varepsilon/2] < \varepsilon/2$, d'où le résultat ∎

1-7 Lemme. *Soit* (Z^n) *satisfaisant UT, et soit* F *une fonction de* $\mathbf{R} \times \mathbf{R}^+ \rightarrow \mathbf{R}$ *de classe* $\mathbf{C}^{2,1}$, *alors* $((F(Z^n_t, t)_{t\geq 0})$ *vérifie UT.*

Démonstration : c'est tout à fait élémentaire, en utilisant la formule de Ito, le lemme 1-6 précédent et les deux assertions du lemme 1-3 ∎

On donne maintenant le théorème de convergence des intégrales stochastiques.

1-8 Théorème. *Soit* (K^n, Z^n) *une suite de processus cadlag définis sur* $(\Omega^n, \mathcal{F}^n, (\mathcal{F}^n_t), P^n)$, *à valeurs réelles et tels que* (Z^n) *vérifie UT. Alors*

a) *Si* $(K^n, Z^n) \xrightarrow{\mathcal{L}(\mathbf{D}^2)} (K, Z)$ *on a :*

$$(K^n, Z^n, K^n_- \cdot Z^n) \xrightarrow{\mathcal{L}(\mathbf{D}^3)} (K, Z, K_- \cdot Z)$$

b) Si $(K^n, Z^n) \xrightarrow{P^n} (K, Z)$ *on a :*

$$K_-^n \cdot Z^n \xrightarrow{P^n} K_- \cdot Z$$

*Commentaire :*Le a) est le théorème 2-6 de [6] ; le b) est obtenu en remarquant que tous les raisonnements conduits dans les démonstrations de [6] s'appliquent encore plus facilement si on a au départ la convergence en P^n-probabilité ; cette remarque a été faite dans [10], et figure dans l'énoncé du théorème de convergence 2-2 de [7]. ∎

En faisant jouer un rôle symétrique à K^n et à Z^n lorsque (K^n) et (Z^n) vérifient UT et en utilisant la formule d'intégration par parties :

$$K^n Z^n = K_0^n Z_0^n + K_-^n \cdot Z^n + Z_-^n \cdot K^n + [K^n, Z^n]$$

on obtient le résultat suivant :

1-9 Corollaire.*Soit* (K^n, Z^n) *une suite de semimartingales définies sur* $(\Omega^n, \mathcal{F}^n, (\mathcal{F}_t^n), P^n)$ *à valeurs réelles et satisfaisant la condition UT. Alors :*

a) *Si* $(K^n, Z^n) \xrightarrow{\mathcal{L}(\mathbf{D}^2)} (K, Z)$ *on a :*

$$(K^n, Z^n, Z_-^n \cdot K^n, K_-^n \cdot Z^n, [Z^n, K^n]) \xrightarrow{\mathcal{L}(\mathbf{D}^5)} (K, Z, Z_- \cdot K, K_- \cdot Z, [Z, K])$$

b) Si $(K^n, Z^n) \xrightarrow{P^n} (K, Z)$ *on a :*

$$(K_-^n \cdot Z^n) \xrightarrow{P^n} K_- \cdot Z, \quad (Z_-^n \cdot K^n) \xrightarrow{P^n} Z_- \cdot K, \quad ([Z^n, K^n]) \xrightarrow{P^n} [Z, K]$$

Lorsque la suite (Z^n) est définie sur le même espace $(\Omega, \mathcal{F}, (\mathcal{F}_t), P)$, la propriété UT est simplement la propriété de bornitude de l'ensemble $\{Z^n\}$ pour la topologie $\mathcal{S}_0$ des semimartingales (voir par exemple [2] chap 7). Le résultat suivant est alors intéressant :

1-10 Proposition. *Soit* (Z^n) *définie sur le même espace* $(\Omega, \mathcal{F}, (\mathcal{F}_t), P)$ *et satisfaisant UT ; on suppose que* (Z^n) *converge en P-probabilité vers* Z, *(au sens de la convergence uniforme sur tout compact de* $\mathbb{R}^+$*), notant comme précédemment les décompositions de* Z^n *et de* Z*:*

$$Z^n = \hat{Z}^n + M^{n,a} + B^{n,a} \quad Z = \hat{Z} + M^a + B^a$$

où $P[\exists t :| \Delta Z_t |= a] = 0$, *alors* $B^{n,a} \longrightarrow B^a$ *en P-probabilité (notée* $\xrightarrow{P}$*) et* $M^{n,a} \longrightarrow M^a$ *en P-probabilité (et donc aussi au sens de* $\mathcal{S}_0$*).*

Démonstration : Il est évident que UT pour (Z^n) et la convergence en probabilité vers Z montrent que Z est une semimartingale, de sorte que $(Z^n - Z)$ vérifie à son tour UT. D'après le résultat de convergence (corollaire 1-9 ci-dessus) $([Z^n - Z, Z^n - Z])$ converge en probabilité vers 0, et il en est de même pour la suite $([Z^n-\hat{Z}^n-(Z-\hat{Z}), Z^n-\hat{Z}^n-(Z-\hat{Z})])$, puisque $\hat{Z}^n \xrightarrow{P} \hat{Z}$. Utilisant une technique de temps d'arrêt comme dans la démonstration du théorème 1-4 on en déduit que $([M^{n,a}-M^a, M^{n,a}-M^a])$ converge aussi en probabilité vers 0, d'où la convergence de $(M^{n,a})$ vers M^a en probabilité et dans $\mathcal{S}_0$. La convergence de $(B^{n,a})$ vers B^a est obtenue par différence.

2 Cas où (Z^n) converge en loi vers une semimartingale continue Z

Le cadre de ce paragraphe est de considérer une suite (Z^n) de semimartingales possédant la propriété UT et convergeant en loi vers une semimartingale continue ; on étudiera en particulier les conditions sur (Z^n) qui assurent la tension de la suite des processus intégrales stochastiques $(K^n \cdot Z^n)$, puis les résultats de stabilité des solutions d'équations différentielles stochastiques que l'on peut déduire.

On notera pour $a > 0$ $Z^n = \hat{Z}^n + M^n + B^n$ la décomposition canonique donnée au paragraphe 1, sans répéter l'exposant a pour M^n et B^n, puis $Z = M + B$ la décomposition canonique de la limite relative à $(\mathcal{F}_t^Z)$ la filtration naturelle de Z.

$\nu^n(ds, dx)$ désignera la mesure aléatoire, compensatrice prévisible de la mesure des sauts de Z^n, et $*$ le signe d'intégration par rapport à ν (voir par exemple [5], chap 2).

2-1 Remarque. a) Si Z^n est pour chaque n une martingale locale, la condition UT s'écrit simplement (version de 1-5 a)) :

pour chaque $t > 0$, pour au moins un $a > 0$, $\{| x | 1_{\{|x|>a\}} * \nu_t^n, n \in \mathbb{N}\}$ est P^n-bornée en probabilité.

b) Dans le cas où (Z^n) est une suite de martingales locales définies à partir de différences de martingales (U_k^n) sur $(\Omega^n, \mathcal{F}^n, (\mathcal{F}_k^n), P^n)$ avec $Z_t^n = \sum_{k=1}^{[nt]} U_k^n$, la condition UT s'écrit :

pour chaque $t > 0$, pour au moins un $a > 0$, $\{\sum_{k=1}^{[nt]} | E^n[U_k^n 1_{\{|U_k^n|>a\}} \mid \mathcal{F}_{k-1}^n] |, n \in \mathbb{N}\}$ est bornée en probabilité.

2-2 Proposition. *Soit (Z^n) vérifiant UT et convergeant en loi vers Z semimartingale continue, alors:*

$((Z^n, M^n, [M^n, M^n], B^n))$ est $\mathbb{D}^4$-tendue, chaque limite a la forme $(Z, M', [M', M'], B')$ adaptée à une filtration $(\mathcal{F}_t)$ avec $\mathcal{F}_t = \mathcal{F}_t^{Z,M'}$, où M' est une martingale locale continue avec $[M', M'] = [Z, Z]$ et B' est un processus continu à variation finie.

Démonstration : Comme $(Z^n) \xrightarrow{\mathcal{L}} Z$ on a $(\hat{Z}^n) \xrightarrow{P^n} 0$, de sorte que $(X^n) = (M^n + B^n) \xrightarrow{\mathcal{L}} M + B$. Comme Z est continu, on a pour tout $N < \infty$, $sup_{s \le N} | \Delta Z_s^n | \xrightarrow{P^n} 0$; montrons que cette propriété implique $sup_{s \le N} | \Delta B_s^n | \xrightarrow{P^n} 0$ et par conséquent $sup_{s \le N} | \Delta M_s^n | \xrightarrow{P^n} 0$. Comme $\Delta B_s^n = \int_{\mathbb{R}-\{0\}} x 1_{\{|x|\le a\}} \nu^n(\{s\}, dx)$, on a donc :

$$sup_{s \le N} | \Delta B_s^n | \le \varepsilon + a \sum_{s \le N} \nu^n[\{s\} \times \{x : | x | > \varepsilon\}] \le \varepsilon + a\nu^n([0, N] \times \{x : | x | > \varepsilon\})$$

Mais pour tout $\varepsilon > 0$, tout N, $\nu^n([0,N] \times \{x : |x| > \varepsilon\}) \xrightarrow{P^n} 0$, car $sup_{s \le N} | \Delta Z^n_s | \xrightarrow{P^n} 0$ ([5], p 324 lemme 4-22) d'où le résultat.

Montrons maintenant que $([M^n, M^n])$ est C-tendue: on a

$$[M^n, M^n] = [X^n, X^n] - [B^n, B^n] - 2[M^n, B^n]$$

$([X^n, X^n])$ est C-tendue; $[B^n, B^n]_t \le sup_{s \le t} | \Delta B^n_t | Var(B^n)_t$ d'où $[B^n, B^n] \to 0$ en P^n-probabilité; puis $Var([B^n, M^n])_t \le sup_{s \le t} | \Delta M^n_s | Var(B^n)_t$, et $Var([B^n, M^n])_t \to 0$ en P^n-probabilité; on en déduit que $([M^n, M^n])$ est C-tendue.

Il est alors classique que (M^n) est C-tendue (ceci peut se montrer en utilisant la domination au sens de Lenglart de $sup_{s \le t}(M^{n,T^m}_s)^2$ par $4[M^n, M^n]^{T^m}_t$ pour des temps d'arrêt bien choisis). Enfin comme $| \Delta M^n | \le 2a$, tout processus limite de (M^n) est une martingale locale continue ([5], p 485).

$((X^n, M^n))$ étant C-tendue, (B^n) est C-tendue et compte tenu de UT, toute limite est un processus à variation finie continu. ∎

2-3 Remarque. Il n'y a pas de raison pour que l'on ait les égalités $M = M'$ et $B = B'$, la décomposition $Z = M + B$ étant obtenue relativement à une filtration différente $(\mathcal{F}^Z_t)$. Sans hypothèse supplémentaire concernant le type de convergence de (Z^n) vers Z, on ne peut obtenir la $\mathcal{F}^Z$-mesurabilité de M'.

2-4 Remarque. Si (Z^n) est une suite de martingales locales convergeant vers Z en loi, il ne suffit pas de la condition UT pour que Z soit une martingale locale, comme le montre l'exemple suivant emprunté à [5] p 435 :

Soit $Z^n_t = \sum_{k=1}^{[nt]} U^n_k$ où les U^n_k sont des variables indépendantes de même loi : $P^n[U^n_k = n] = \frac{1}{n^2}$ et $P^n[U^n_k = \frac{-1}{n(1-1/n^2)}] = 1 - 1/n^2$, pour $n \ge 2$

on voit directement que $(Z^n_t) \xrightarrow{P^n} -t$, et que pour $a = 1$, $B^n_t = -\sum_{k=1}^{[nt]} E^n[U^n_k 1_{\{U^n_k = n\}}]$, de sorte que $B^n_t \to -t$ et $Var(B^n)_t \to t$; (Z^n) satisfait donc UT, cependant Z n'est pas une martingale locale, alors que les Z^n sont des martingales.

2-5 Corollaire. *Si (Z^n) est une suite de semimartingales vérifiant UT, et si pour un $a > 0$, (B^n) est C-tendue, alors les deux assertions suivantes sont équivalentes :*

(i) (Z^n) est C-tendue

(ii) $([Z^n, Z^n])$ est C-tendue.

Démonstration :(i) ⇒ (ii) découle du théorème de convergence 1-8 et du corollaire 1-9. Montrons (ii)⇒ (i).

(ii) implique $(\hat{Z}^n) \xrightarrow{P^n} 0$, de sorte que $([M^n + B^n, M^n + B^n])$ est C-tendue ; cette propriété implique (comme dans la démonstration de la proposition 2-2) la C-tension de $([M^n, M^n])$ et donc la C-tension de (M^n) ; par conséquent, compte tenu de la C-tension de (B^n) on obtient celle de (Z^n) ∎

2-6 Proposition. *Si (Z^n) converge en loi vers Z semimartingale continue, et si la condition suivante est réalisée :*

(*) Il existe $a > 0$, tel que $(Var(B^n))$ est C-tendue,

alors, pour toute suite (H^n) de processus prévisibles et localement bornés uniformément en n, la suite $(H^n \cdot Z^n)$ est C-tendue.

Si pour tout $t < \infty$, $(Var(B^n)_t) \xrightarrow{P^n} 0$, alors, toute loi limite de $(H^n \cdot Z^n)$ est une loi de martingale locale continue.

Démonstration : Comme (*) implique UT, les résultats de la proposition 2-2 tiennent; on a donc :

$((M^n, [M^n, M^n], B^n))$ est C^3-tendue.

Comme (H^n) est localement uniformément bornée, pour tout $\varepsilon > 0$, pour tout $N < \infty$, on peut trouver un nombre K et une suite de temps d'arrêt (S_n) tels que l'on ait $sup_{s \leq N \wedge S_n} \mid H^n_s \mid \leq K$ et $P^n[S_n < N] < \varepsilon$.

On a $(H^n)^2 \cdot [M^n, M^n]^{S_n}$ dominé au sens des processus à variation finie par le processus croissant $K^2[M^n, M^n]$; la suite $(K^2[M^n, M^n])$ étant C-tendue, $((H^n)^2 \cdot [M^n, M^n]^{S_n})$ l'est aussi, et comme $P^n[sup_{s \leq N} \mid (H^n)^2 \cdot [M^n, M^n]_s - (H^n)^2 \cdot [M^n, M^n]^{S_n}_s \mid > \varepsilon] < \varepsilon$, on a également $((H^n)^2 \cdot [M^n, M^n])$ C-tendue.

Maintenant, Il est classique que $(H^n \cdot M^n)$ est aussi C-tendue; notons que nous n'avons utilisé jusque là que la condition UT.

Le processus à variation finie $H^n \cdot B^{n, S_n}$ est dominé par le processus croissant $KVar(B^n)$; répétant le raisonnement conduit ci-dessus, on a $(H^n \cdot B^{n, S_n})$ C-tendue dès que $(Var(B^n)$ l'est, et enfin grâce aux propriétés de la suite des temps S_n, on obtient la C-tension de la suite $(H^n \cdot B^n)$, et en recollant les morceaux la C-tension de la suite $(H^n \cdot Z^n)$.

D'après la démonstration de la proposition 2-2 $(H^n \cdot M^n)$ n'a comme lois limites que des lois de martingales locales, par conséquent toute loi limite de $(H^n \cdot Z^n)$ est une loi de martingale locale dès que $(Var(B^n)) \xrightarrow{P^n} 0$, puisque dans ce cas $(H^n \cdot B^n) \xrightarrow{P^n} 0$ ■

On se propose d'illustrer ce qui précède en considérant le problème de stabilité de solutions d'équations différentielles stochastiques traité par Yamada [13] et [14] puis généralisé par Zanzotto [15]. Les résultats que nous obtenons sont à leur tour un peu plus généraux.

Fixons d'abord la notion de solution que nous utiliserons :

2-7 Définition. *Soit $\tilde{P}$ la loi d'un couple (A, Z) de semimartingales, soit b et σ des éléments prévisibles et localement bornés définis sur $\mathbf{D} \times \mathbf{R}^+$ à valeurs réelles, nous dirons que l'équation suivante :*

(1) $\quad X_t = \int_0^t b(X_., s) dA_s + \int_0^t \sigma(X_., s) dZ_s, \quad X_0 = 0.$

admet une solution en loi, s'il existe un espace filtré $(\Omega', \mathcal{F}', (\mathcal{F}'_t), P')$ et des processus A', Z', X' définis comme ci-dessus tels que :

1) la loi de (A', Z') sous P' est $\tilde{P}$

2) toute $(P', (\mathcal{F}^{A', Z'}_t))$-martingale est une $(P', (\mathcal{F}'_t))$-martingale.

3) X' vérifie l'équation :

$$X'_t = \int_0^t b(X'_., s) dA'_s + \int_0^t \sigma(X'_., s) dZ'_s, X'_0 = 0$$

L'équation (1) admet une solution unique en loi, si, $(\Omega',\mathcal{F}',(\mathcal{F}'_t),P',A',Z',X')$ *et* $(\Omega'',\mathcal{F}'',(\mathcal{F}''_t),P'',A'',Z'',X'')$ *étant deux solutions en loi, on a :*
la loi de (A',Z',X') *sous* P' *est égale à la loi de* (A'',Z'',X'') *sous* P''.

2-8 Remarque. Les propriétés 1) et 3) correspondent à la notion usuelle de solution faible ou en loi d'une équation différentielle stochastique ; cependant on peut toujours trouver une extension de l'espace filtré pour laquelle on ait en plus de 1) et 3) la propriété 2) (voir par exemple Jacod Mémin [4], ou Métivier [16] p 264 à 266). Cette hypothèse ne coûte donc rien ; mais l'on gagne les propriétés d'invariance des décompositions des semimartingales (A',Z') lorsque l'on passe de la filtration $(\mathcal{F}_t^{A',Z'})$ à $(\mathcal{F}_t^{A',Z',X'})$, et notamment l'invariance de la mesure aléatoire ν, compensatrice prévisible de la mesure des sauts de Z.

2-9 Hypothèses. *On considère les équations différentielles stochastiques suivantes :*

(2) $\quad X_t^n = \int_0^t b^n(X_\cdot^n,s)dA_s^n + \int_0^t \sigma^n(X_\cdot^n,s)dZ_s^n, \quad X_0^n = 0$

(1) $\quad X_t = \int_0^t b(X_\cdot,s)dA_s + \int_0^t \sigma(X_\cdot,s)dZ_s, \quad X_0 = 0.$

On fait les hypothèses suivantes :

(H1) : (A^n) *est une suite de processus croissants et* A *processus croissant continu.*

(H2) : (Z^n) *est une suite de martingales locales relativement à la filtration* $(\mathcal{F}_t^{A^n,Z^n})$ *et* $((A^n,Z^n))\xrightarrow{\mathcal{L}}(A,Z)$ *où* Z *est une semimartingale continue relativement à* $(\mathcal{F}_t^{A,Z})$.

(H3) : Il existe $a>0$ *tel que* $(|\, x \,|\, 1_{\{|x|>a\}} * \nu_t^n \xrightarrow{P^n} 0$, *pour tout* $t<\infty$.

(H4) : b^n *et* σ^n *sont des processus prévisibles définis sur* $\mathbf{D}\times\mathbf{R}^+$ *à valeurs dans* $\mathbf{R}$ *;* b *et* σ *sont des processus optionnels, définis sur* $\mathbf{C}\times\mathbf{R}^+$ *et à valeurs réelles ;* b^n,σ^n,b,σ *sont bornés uniformément en* n.

(H5) : p. s. pour chaque $t<\infty$ *on a :*

$b^n(x^n,t^n)\to b(x,t) \qquad \sigma^n(x^n,t^n)\to\sigma(x,t)$ *pour toute suite* (x^n) *d'éléments de* $\mathbf{D}$ *convergeant dans* $\mathbf{D}$ *vers un élément continu* x, *et toute suite* (t^n) *de* $\mathbf{R}^+$ *convergeant vers* t *; (le p.s. est relatif à la mesure* $dA_t\times dQ(\omega)+d[Z,Z]_t\times dP(\omega)$ *où* P *est la loi de* Z *et* Q *la loi de* A.

(H6) : Les équations (1) et (2) admettent des solutions en loi.

2-10 Théorème. *Sous les hypothèses (H1)....(H6), la suite* $((X^n,A^n,Z^n))$ *est* **C**-*tendue et pour toute limite* (X,A,Z) *définie sur un espace* $(\Omega,\mathcal{F},P)$, $(\Omega,\mathcal{F},(\mathcal{F}_t^{A,Z,X}),P,A,Z,X)$ *est solution en loi de l'équation (2).*

Si l'équation (2) a une unique solution en loi, alors (X^n,A^n,Z^n) *converge en loi vers* (X,A,Z).

Démonstration : 1) Compte tenu de la proposition 2-6 appliquée à (A^n) et des hypothèses (H1)...(H4), la suite (V^n) où V^n est défini par $V^n=\int_0^\cdot b^n(X_\cdot^n,s)dA_s^n$ est **C**-tendue. Compte tenu de la proposition 2-6 appliqué à (Z^n) et des hypothèses (H2), (H4), la suite (L^n), où (L^n) est défini par $L^n=\int_0^\cdot \sigma^n(X_\cdot^n,s)dZ_s^n$ est **C**-tendue ; avec en plus (H3), toute loi limite est une loi de martingale locale continue. On a donc, du fait également de (H3) (qui est plus fort que UT, car Z^n est une martingale locale), la $\mathbf{C}^7$-tension de $(V^n,L^n,[L^n,L^n],[L^n,Z^n],X^n,A^n,Z^n)$; considérons une sous suite (encore indicée par n), qui converge vers la loi d'un processus $(V', L', [L', L'], [L', Z], X', A, Z)$, on va montrer que X' est solution en loi de (2).

2) on peut, d'après le théorème de représentation de Skorokhod, se placer sur un espace $(\Omega, \mathcal{F}, P)$ où l'on a la convergence P-presque sure de $(V^n, L^n, [L^n, L^n], [L^n, Z^n], X^n, A^n, Z^n)$ vers $(V', L', [L', L'], [L', Z'], X', A, Z)$. On doit alors montrer que $V' = \int_0^{\cdot} b(X'_{\cdot}, s) dA_s$ et $L' = \int_0^{\cdot} \sigma(X'_{\cdot}, s) dZ_s$.

Notons $f^n(s) = b^n(X^n_{\cdot}, s)$, $f(s) = b(X'_{\cdot}, s)$; on peut supposer que pour chaque $t < \infty$, A^n_t et A_t sont finis identiquement, de sorte que $\int_0^t b^n(X^n_{\cdot}, s) dA^n_s = \int_0^{A^n_t} f^n(C^n_s) ds$ où $C^n_t = inf\{s : A^n_s \geq t\}$ et $\int_0^t b(X'_{\cdot}, s) dA_s = \int_0^{A_t} f(C_s) ds$ où $C_t = inf\{s : A_s \geq t\}$.

Comme $A^n \to A$ uniformément sur tout compact de $\mathbf{R}^+$, $C^n_t \to C_t$ sauf en un ensemble dénombrable de points (les points de saut de C), de sorte que du fait de l'hypothèse (H5), $\int_0^{A^n_t} f^n(C^n_s) ds \to \int_0^{A_t} f(C_s) ds$. (C'est la méthode utilisée par Yamada [13]).

Soit maintenant $L' = lim_n L^n$; comme (σ^n) est uniformément bornée et que (Z^n) possède UT, (L^n) vérifie aussi UT, on a donc les convergences : $([L^n, L^n]) \xrightarrow{P} [L', L']$ puis $([L^n, Z^n]) \xrightarrow{P} [L', Z]$ (d'après le corollaire 1-9).

En utilisant (H5) , et en procédant comme pour obtenir l'expression de V' on a :

$$[L^n, L^n]_t = \int_0^t (\sigma^n(X^n_{\cdot}, s))^2 d[Z^n, Z^n]_s \xrightarrow{P} \int_0^t (\sigma(X'_{\cdot}, s))^2 d[Z, Z]_s$$

$$[L^n, Z^n]_t = \int_0^t \sigma^n(X^n_{\cdot}, s) d[Z^n, Z^n] \xrightarrow{P} \int_0^t \sigma(X'_{\cdot}, s) d[Z, Z]^s$$

On a ainsi obtenu que la martingale locale L' vérifie : $[L', L'] = \int_0^t (\sigma(X'_{\cdot}, s))^2 d[Z, Z]_s$ et $[L', Z] = \int_0^t \sigma(X'_{\cdot}, s) d[Z, Z]_s$

Ces représentations déterminent L' comme étant :

$$L' = \int_0^{\cdot} \sigma(X'_{\cdot}, s) dZ_s$$

ce qui termine la démonstration ∎

2-11 Remarque. On a ainsi obtenu un résultat un peu plus général que celui de Zanzotto, la condition (H3) remplaçant la condition de Lindeberg qui se trouvait dans [15], et les limites étant des processus continus (on n'a pas nécessairement $A_t = t$ et $Z_t = W_t$).

Par rapport à Hoffman [3] et Strasser [11], on gagne en généralité sur les coefficients ; on verra dans ce qui suit que si on suppose les coefficients b^n, σ^n, σ, b continus, et sous une hypothèse de convergence uniforme, on obtient la stabilité lorsque l'on remplace (H3) par UT.

3 Stabilité sous UT des solutions d'équations différentielles stochastiques.

Dans ce paragraphe, on considère une suite (Z^n) vérifiant UT et convergeant en loi vers Z, Z n'étant pas supposé continu.

On commence par énoncer un lemme d'approximation uniforme, que l'on peut trouver dans [10] (dans le cadre de la démonstration de la proposition 2) ; un résultat un peu différent, mais de même nature figure dans [7], lemme 6-1.

3-1 Lemme. *Soit (Y^n, Z^n) une suite de processus cadlag convergeant en loi dans $\mathbf{D}^2$ vers (Y^∞, Z^∞), alors :*

pour chaque $\varepsilon > 0$, pour chaque $n \in \mathbf{N} \cup \{\infty\}$, il existe un processus étagé $Y^{n,\varepsilon}$ tel que l'on ait pour tout $N < \infty$

(i) $limsup_n P^n[sup_{t \leq N} \mid Y_t^n - Y_t^{n,\varepsilon} \mid \geq \varepsilon] < \varepsilon$

(ii) $((Y^n, Y^{n,\varepsilon}, Z^n)) \xrightarrow{\mathcal{L}(\mathbf{D}^3)} (Y^\infty, Y^{\infty,\varepsilon}, Z^\infty)$

(iii) *pour chaque $\varepsilon > 0$, la suite $(Y^{n,\varepsilon})$ vérifie UT.*

(iv) *pour chaque $\varepsilon > 0$, la suite $((H^n \cdot Y^{n,\varepsilon}, Y^{n,\varepsilon}, Y^n))$ est $\mathbf{D}^3$-tendue, lorsque (H^n) est une suite de processus prévisibles localement uniformément bornés.*

Commentaire : En utilisant la proposition 2 de [10], on peut, pour chaque $\varepsilon > 0$ et pour chaque $N < \infty$, trouver des constantes positives $\delta^\varepsilon, q_N > N, \rho_N^\varepsilon$ et une famille de temps d'arrêt $\{\sigma_k^{n,\varepsilon}\}_{k \in \mathbf{N}}$ relatifs à $(\mathcal{F}_t^n)$, telle que l'on ait :

$$limsup_{n\to\infty} P^n[max_{\{k:\sigma_k^{n,\varepsilon} \leq q_N\}}(\sigma_{k+1}^{n,\varepsilon} - \sigma_k^{n,\varepsilon}) > \delta^\varepsilon] < \varepsilon$$

$$limsup_{n\to\infty} P[min_{\{k:\sigma_k^{n,\varepsilon} \leq q_N\}}(\sigma_{k+1}^{n,\varepsilon} - \sigma_k^{n,\varepsilon}) \leq \rho_N^\varepsilon] < \varepsilon$$

$$(Y^n_{\sigma_k^{n,\varepsilon}})_{k \in \mathbf{N}} \xrightarrow{\mathcal{L}(\mathbf{R}^\infty)} (Y^\infty_{\sigma_k^{\infty,\varepsilon}})_{k \in \mathbf{N}}$$

et en posant $Y_t^{n,\varepsilon} = Y^n_{\sigma_k^{n,\varepsilon}}$ sur $[\sigma_k^{n,\varepsilon}, \sigma_{k+1}^{n,\varepsilon}[$, on a la propriété (i) ; alors (ii) découle de ce qui précède ; enfin il est clair que pour chaque $\varepsilon > 0$, chaque $t > 0$, la suite $(Var(Y^{n,\varepsilon})_t)$ est bornée en probabilité, d'où UT. Le point (iv) découle alors de la proposition 2 de [10] appliquée à nouveau.

3-2 Remarque. Si on considère une suite (H^n) de processus prévisibles localement uniformément bornés, le caractère étagé d'une suite convergente (Y^n) et de la limite Y^∞ ne suffit pas en général pour que la suite $(H^n \cdot Y^n)$ soit $\mathbf{D}$-tendue.

On ne peut donc espérer un résultat du même type pour obtenir la tension d'une suite $(H^n \cdot Z^n)$ lorsque (Z^n) est une suite de semimartingales convergeant vers Z ; on a vu que déjà dans le cas Z continu la condition UT ne permet pas d'assurer cette propriété de tension, et que pour l'obtenir on a utilisé une condition de $\mathbf{C}$-tension pour $(Var(B^n))$. D'autre part, même si (Z^n) est une famille de martingales à sauts uniformément bornés, on n'est pas assuré d'obtenir la $\mathbf{D}$-tension de $(H^n \cdot Z^n)$ (voir [7] paragraphe 4 pour un contre exemple).

Cependant, la proposition suivante va nous donner dans des situations assez courantes la propriété de tension espérée.

3-3 Proposition. *a) Soit (X^n), (Y^n) et (Z^n) des processus cadlag à valeurs réelles, on suppose que (X^n) et (Z^n) vérifient UT et que $((Y^n, Z^n))$ est une suite $\mathbf{D}^2$-tendue, alors :*

$((X^n_- \cdot Z^n, Y^n, Z^n))$ est tendue dans $\mathbf{D}^3$.

b) Plus généralement, si (Z^n) vérifie UT et $((Y^n, Z^n))$ est $\mathbf{D}^2$-tendue et si pour tout $\varepsilon > 0$, il existe $X^{n,\varepsilon}$ avec les propriétés suivantes :

1) pour tout $N < \infty$, $P^n[sup_{t \le N} \mid X^{n,\varepsilon}_t - X^n_t \mid > \varepsilon] < \varepsilon$ pour tout n

2) $(X^{n,\varepsilon})$ vérifie UT

alors $((X^n_- \cdot Z^n, Y^n, Z^n))$ est tendue dans $\mathbf{D}^3$.

c) En particulier si $((X^n, Y^n, Z^n))$ est tendue dans $\mathbf{D} \times \mathbf{D}^2$ et si (Z^n) vérifie UT, alors $((X^n_- \cdot Z^n, Y^n, Z^n))$ est tendue dans $\mathbf{D}^3$.

Démonstration :Compte tenu du lemme 3-1, il est clair que le c) est un cas particulier de b).

Supposons dans un premier temps que a) a été montré, et déduisons b).

Soit $\varepsilon > 0$, considérons $(X^{n,\varepsilon})$ suite de processus approchant X^n à ε près uniformément en P^n-probabilité. Comme $(X^{n,\varepsilon})$ vérifie UT, on peut appliquer l'assertion a) et $((X^{n,\varepsilon}_- \cdot Z^n, Y^n, Z^n))$ est tendue dans $\mathbf{D}^3$. Pour chaque $\alpha > 0$, et pour chaque $N < \infty$, on peut trouver $\varepsilon > 0$ tel que l'on ait : $P^n[sup_{t \le N} \mid X^{n,\varepsilon}_- \cdot Z^n_t - X^n_- Z^n_t \mid > \alpha] < \alpha$; on en déduit alors que $((X^n_- \cdot Z^n, Y^n, Z^n))$ est $\mathbf{D}^3$-tendue.

Démontrons maintenant a) : Considérons une sous suite $((Y^n, Z^n))$ qui converge en loi dans $\mathbf{D}^2$. Soit $\varepsilon > 0$, on peut trouver $Z^{n,\varepsilon}$ approximation uniforme de Z^n à ε près, telle que $((X^n_- \cdot Z^{n,\varepsilon}, Z^{n,\varepsilon}, Z^n))$ soit $\mathbf{D}^3$-tendue (lemme 3-1). Ecrivons $X^n_- \cdot Z^n = X^n_-(Z^n - Z^{n,\varepsilon}) + X^n_- \cdot Z^{n,\varepsilon}$. Pour avoir le résultat prévu il nous suffit de montrer que pour tout $\alpha > 0$, tout $N < \infty$, on peut trouver $\varepsilon > 0$ tel que $P^n[sup_{t \le N} \mid X^n_- \cdot (Z^n - Z^{n,\varepsilon})_t \mid > \alpha] < \alpha$.

Mais $X^n_- \cdot (Z^n - Z^{n,\varepsilon}) = X^n(Z^n - Z^{n,\varepsilon}) - (Z^n - Z^{n,\varepsilon})_- \cdot X^n - [Z^n - Z^{n,\varepsilon}, X^n]$.
Utilisant UT pour (X^n), $(sup_{t \le N} \mid X^n_t \mid)$ est bornée en probabilité d'après le lemme 1-3, de sorte qu'il existe ε_1 tel que pour tout $\varepsilon < \varepsilon_1$, on a

$$P^n[sup_{t \le N} \mid X^n_t(Z^n_t - Z^{n,\varepsilon}_t) \mid > \frac{\alpha}{3}] < \frac{\alpha}{3}$$

Utilisant encore UT pour (X^n), il existe ε_2 tel que pour tout $\varepsilon < \varepsilon_2$, on a :

$$P^n[sup_{t \le N} \mid (Z^n - Z^{n,\varepsilon})_- \cdot X^n \mid > \frac{\alpha}{3}] < \frac{\alpha}{3}$$

d'après le théorème 1-4 -(iv).

Enfin d'après l'inégalité de Kunita-Watanabe, on a :

$$\mid [Z^n - Z^{n,\varepsilon}, X^n] \mid \le [Z^n - Z^{n,\varepsilon}, Z^n - Z^{n,\varepsilon}]^{1/2} [X^n, X^n]^{1/2}$$

On a d'une part $([X^n, X^n]^{1/2}_N)$ bornée par un certain K avec une P^n-probabilité supérieure à $1 - \alpha$, et d'autre part il est facile de voir que pour chaque $\frac{\alpha}{K}$, il existe ε_3, tel que pour tout $\varepsilon < \varepsilon_3$ on a :

$$P^n[[Z^n - Z^{n,\varepsilon}, Z^n - Z^{n,\varepsilon}]^{1/2}_N > \frac{\alpha}{3K}] < \frac{\alpha}{3K}$$

(en écrivant $[Z^n - Z^{n,\varepsilon}, Z^n - Z^{n,\varepsilon}] = (Z^n - Z^{n,\varepsilon})^2 - 2(Z^n - Z^{n,\varepsilon})_- \cdot (Z^n - Z^{n,\varepsilon})$ et en appliquant encore le théorème 1-4-(iv)).

On a obtenu ce que l'on voulait en recollant les morceaux et en prenant $\varepsilon = \varepsilon_1 \wedge \varepsilon_2 \wedge \varepsilon_3$ ∎

3-4 Remarque. La partie c) de la proposition précédente figure dans [7], corollaire 4-5 ; la partie a) améliore légèrement le corollaire 4-3 de [7], les X^n étant dans [7] des semimartingales spéciales, satisfaisant une condition un peu plus forte que UT ; (signalons que les démonstrations de [7] sont complètement différentes).

On considère maintenant pour chaque n, l'équation différentielle stochastique :

$$(3) \qquad X_t^n = Y_t^n + \int_0^t f^n(X_{s-}^n, s) dZ_s^n$$

où sont données :

a) une loi $\tilde{P}^n$ d'un couple de processus cadlag (Y^n, Z^n), Z^n étant une semimartingale pour la filtration $(\mathcal{F}_t^{Y^n,Z^n})$

b) une fonction f^n continue de $\mathbf{R} \times \mathbf{R}^+$ dans $\mathbf{R}$ et que $| f^n(x,t) | \leq K(t)(1 + | x |)$, pour tout $n \epsilon \mathbf{N}$, pour tout $x \epsilon \mathbf{R}$, et tout $t \epsilon \mathbf{R}^+$, avec enfin :

pour tout $N < \infty$ $sup_{t \leq N} K(t) < \infty$.

Sous ces hypothèses, pour chaque n l'équation (3) admet une solution en loi (au sens de la définition 2-7) $(\Omega^n, \mathcal{F}^n, (\mathcal{F}_t^n), P^n, Y^n, Z^n, X^n)$ (non explosive (Jacod Mémin [4] théorème 1-8).

3-5 Théorème. *Sous les hypothèses suivantes:*

(Z^n) vérifie UT (pour $(\mathcal{F}_t^{Y^n,Z^n})$), $((Y^n, Z^n)) \xrightarrow{\mathcal{L}(\mathbf{D}^2)} (Y, Z)$, et (f^n) converge uniformément vers f sur tout compact de $\mathbf{R} \times \mathbf{R}^+$; alors :

(i) La suite $((X^n, Y^n, Z^n))$ est tendue dans $\mathbf{D}^3$.

(ii) Si, pour une sous suite (n') de $\mathbf{N}$, $((X^{n'}, Y^{n'}, Z^{n'})) \xrightarrow{\mathcal{L}(\mathbf{D}^3)} (X^\infty, Y, Z)$, ce triplet étant défini sur un espace $(\Omega, \mathcal{F}, (\mathcal{F}_t), P)$ alors $(\Omega, \mathcal{F}, (\mathcal{F}_t), Y, Z, X^\infty)$ est solution de l'équation

$$(4) \qquad X_t^\infty = Y_t + \int_0^t f(X_{s-}^\infty, s) dZ_s$$

(iii) Si l'équation (4) a une solution unique en loi, alors :

$$((X^n, Y^n, Z^n)) \xrightarrow{\mathcal{L}(\mathbf{D}^3)} (X^\infty, Y, Z)$$

Démonstration : Notons d'abord que compte tenu de la remarque 2-8 et du théorème 1-4 i), la condition UT pour (Z^n) est aussi vérifiée pour la filtration $(\mathcal{F}_t^{Y^n,Z^n,X^n})$. On commence par poser pour chaque $\varepsilon > 0$, chaque $N < \infty$,

$$X_t^n(\varepsilon) = Y_t^{n,\varepsilon} + f^n(X_-^n, \cdot) \cdot Z_t^n$$

où $Y^{n,\varepsilon}$ est l'approximation à ε près de Y^n du lemme 3-1.

En utilisant un lemme de type Gronwall ([4] lemme 3-39, ou [16] lemme 29-1 p 202), on peut montrer facilement qu'avec la condition UT pour (Z^n) et l'inégalité $| f^n(x,t) | \leq K(t)(1+ | x |)$, pour chaque $t < \infty$, la suite $(sup_{s\leq t} | X^n_s |)$ est P^n-bornée en probabilité.

On déduit du lemme 1-6 et du lemme 3-1-(iii), que $(X^n(\varepsilon))$vérifie UT, puis on obtient:

$$limsup_n P^n[sup_{t\leq N} | X^n_t(\varepsilon) - X^n_t | > \varepsilon] < \varepsilon$$

Cette propriété montre que la $\mathbf{D}^3$-tension de $((X^n, Y^n, Z^n))$ sera obtenue dès que l'on aura la $\mathbf{D}^3$-tension de $((X^n(\varepsilon), Y^n, Z^n))$.

Posons $V^n_t(\varepsilon) = Y^{n,\varepsilon}_t + g^p(X^n_-(\varepsilon),\cdot)\cdot Z^n_t$, où g^p est une fonction de $\mathbf{R}\times\mathbf{R}^+$ dans $\mathbf{R}$ de classe $\mathbf{C}^{2,1}$ approchant uniformément f sur les compacts de $\mathbf{R}\times\mathbf{R}^+$. En appliquant encore le théorème 1-4-(iv), on peut choisir $p = p(\varepsilon)$ tel que

$$limsup_n P^n[sup_{t\leq N} | X^n_t(\varepsilon) - V^n_t(\varepsilon) | > \varepsilon] < \varepsilon$$

Pour chaque ε, la suite $(g^{p(\varepsilon)}(X^n_-(\varepsilon),\cdot))_{n\in\mathbf{N}}$, est une suite de semimartingales vérifiant UT (lemme 1-7) ; ainsi, en utilisant la proposition 3-3, on obtient la $\mathbf{D}^4$-tension de $((Y^{n,\varepsilon}, Y^n, Z^n, g^{p(\varepsilon)}(X^n_-(\varepsilon),\cdot)\cdot Z^n))$, et en utilisant ce qui précède on obtient la tension de $((X^n, Y^n, Z^n))$ dans $\mathbf{D}^3$.

Supposons maintenant que l'on a $((X^{n'}, Y^{n'}, Z^{n'}))$ convergeant en loi vers dans $\mathbf{D}^3$ vers (X^∞, Y, Z), on a d'après le théorème 1-8 la convergence :

$$(X^{n'}, Y^{n'}, Z^{n'}, f(X^{n'}_-,\cdot)\cdot Z^{n'}) \xrightarrow{\mathcal{L}(\mathbf{D}^4)} (X^\infty, Y, Z, f(X^\infty_-,\cdot)\cdot Z)$$

d'où le premier résultat annoncé.

Enfin, s'il y a unicité en loi pour l'équation (4), le second résultat est évident.∎

Ce théorème est plus général que ceux de Strasser [11] ou de Hoffman [3] ; par contre Kurtz et Protter obtiennent dans [7] théorème 5-4, des résultats avec les coefficients f^n pouvant dépendre de tout le passé du processus X^n. Ils utilisent pour cela une méthode différente reposant sur un critère de compacité dû à Kurtz basé sur les changements de temps.

En utilisant la partie b) de la proposition 3-3, on peut généraliser notre résultat, et traiter ce problème de stabilité avec des coefficients f^n plus généraux, tels que ceux des exemples 5-3 de Kurtz et Protter [7].

Lorsque les espaces filtrés et les processus (Y^n, Z^n) et (Y, Z) sont donnés au départ, des processus X^n et X qui vérifient (3) et (4) respectivement sont appelés solutions trajectorielles de (3) et de (4). dans ce cas, si $((Z^n, Y^n))$ converge en probabilité vers (Z, Y), on a aussi la convergence en probabilité de (X^n) vers X, modulo unicité de solution pour l'équation limite, c'est ce que précise le théorème suivant.

3-6 Théorème. *Sous les hypothèses :*

1) f^n et f vérifient les mêmes conditions que pour le théorème 3-5;

2) les équations (3) (resp. (4)) admettent des solutions trajectorielles X^n (resp. X) sur le même espace $(\Omega, \mathcal{F}, P)$ (les filtrations pouvant être différentes), et la suite (Z^n) vérifie UT;

3) l'équation (4) a la propriété d'unicité trajectorielle, c'est à dire :

Si (4) admet deux solutions en loi $(\bar{\Omega}, \bar{\mathcal{F}}, (\bar{\mathcal{F}}_t), \bar{P}, \bar{Y}, \bar{Z}, \bar{X})$ et $(\bar{\Omega}, \bar{\mathcal{F}}, (\bar{\mathcal{F}}_t), \bar{P}, \bar{Y}', \bar{Z}', \bar{X}')$ sur le même espace filtré, la $\bar{P}$-égalité de $(\bar{Y}, \bar{Z})$ et de $(\bar{Y}', \bar{Z}')$ implique la $\bar{P}$- égalité de $\bar{X}$ et de $\bar{X}'$.

On a les propriétés suivantes :

(i) Si $((Y^n, Z^n)) \xrightarrow{P} (Y, Z)$ pour la métrique de Skorokhod, alors $((X^n, Y^n, Z^n)) \xrightarrow{P} (X, Y, Z)$ pour la même métrique.

(ii) Si pour tout $N < \infty$, $sup_{t \leq N} \mid Y_t^n - Y_t \mid \xrightarrow{P} 0$ et $sup_{s \leq N} \mid Z_t^n - Z_t \mid \xrightarrow{P} 0$, alors pour tout $N < \infty$ on a $sup_{t \leq N} \mid X_t^n - X_t \mid \xrightarrow{P} 0$.

Commentaire : C'est exactement la même démonstration pour le (i) (resp. (ii)) que pour celle de l'assertion (ii) du théorème 1 (resp. théorème 2) de Słominski [10]. Voyons le par exemple pour le point (i) :

On se fixe $B \epsilon \mathcal{F}$ avec $P[B] > 0$, et on définit $Q_B[A] = P[A \mid B]$ pour chaque A de $\mathcal{F}$; (Z^n) est une suite de semimartingales sur $(\Omega, \mathcal{F}, Q_B)$ qui vérifie encore UT et X^n est solution de (3) Q_B remplaçant P ; enfin la propriété d'unicité des solutions de (4) tient aussi avec Q_B ; comme conséquence du théorème 3-5 on a :

$$(X^n, Y^n, Z^n) \xrightarrow{\mathcal{L}(\mathbf{D}^3)} (X^\infty, Y^\infty, Z^\infty)$$

de sorte que pour toute fonction Φ continue de $\mathbf{D}^3$ dans $\mathbf{R}$ on a :

$$lim_{n \to \infty} \int_\Omega \Phi(X^n, Y^n, Z^n) dQ_B = \int_\Omega \Phi(X^\infty, Y^\infty, Z^\infty) dQ_B$$

c'est à dire :

$$lim_{n \to \infty} \int_B \Phi(X^n, Y^n, Z^n) dP = \int_B \Phi(X^\infty, Y^\infty, Z^\infty) dP$$

Ayant cette dernière égalité pour tout $B \epsilon \mathcal{F}$ avec $P[B] > 0$ et pour toute fonction bornée continue de $\mathbf{D}^3$ dans $\mathbf{R}$, on a en fait la convergence en probabilité dans $\mathbf{D}^3$:

$$(X^n, Y^n, Z^n) \xrightarrow{P} (X^\infty, Y^\infty, Z^\infty)$$

Références

[1] Avram, F. : Weak convergence of the variations, iterated integrals and Doleans-Dade exponentials of sequences of semimartingales.Ann. Probab. 16, 246-250 (1988).
[2] Dellacherie C., Meyer P. A. : Probabilités et potentiel ; tome 2. Paris, Hermann 1980.
[3] Hoffman K. : Approximation of stochastic integral equations by martingale difference arrays. (1988) preprint.
[4] Jacod J., Mémin J. : Weak and strong solutions of stochastic differential equations: existence and stability. in "Stochastic Integrals" édité par D. Williams, proc. LMS Durham Symp. 1980. Lect. Notes in Maths 851, Springer, Berlin Heidelberg, New-York (1981).
[5] Jacod J., Shiryaev A. N. : Limit theorems for stochastic processes. Springer Verlag, Berlin, (1987).
[6] Jakubowski A., Mémin J., Pagès G. : Convergence en loi des suites d'intégrales stochastiques sur l'espace $\mathbf{D}^1$ de Skorokhod. Probab. Th. Rel. Fields 81, 111-137 (1989).
[7] Kurtz T. G., Protter P. : Weak limit theorems for stochastic integrals and stochastic differential equations. preprint 1989, à paraitre aux : Annals of Probability (1990).
[8] Mémin J. : Théorèmes limite fonctionnels pour les processus de vraisemblance (cadre asymptotiquement non gaussien). Public. IRMAR, Rennes 1986.
[9] Meyer P. A., Zheng W. A. : Tightness criteria for laws of semimartingales. Ann. Inst. H. Poicaré, Sec. B 20, 353-372 (1984).
[10] Słominski L. : Stability of strong solutions of stochastic differential equations. Stochastic Processes and their Applications 31, 173-202 (1989).
[11] Strasser H. : Martingale difference arrays and stochastic integrals. Probab. Th. Rel. Fields 72, 83-98 (1986).
[12] Stricker C. : Lois de semimartingales et critères de compacité. Séminaires de Probabilités XIX, Lect. Notes in Math. vol 1123, Springer, Berlin Heidelberg New-York (1985).
[13] Yamada K. : A stability theorem for stochastic differential equations and application to stochastic control problems. Stochastics 13, 257-279 (1984).
[14] Yamada K. : A stability theorem for stochastic differential equations with application to storage processes, random walks and optimal stochastic control problems. Stochastic Processes and their Applications 23 (1986).
[15] Zanzotto P. A. : An extension of a Yamada Theorem. Preprint 1989, à paraitre aux Liet. Mat. Rink. XXX 1990.
[16] Métivier M. : Semimartingales. de Gruyter Studies in Mathematics 2. W de Gruyter; Berlin, New York. 1982.

Convergence en loi de fonctions aléatoires continues ou cadlag, propriétés de compacité des lois.

Xavier Fernique (Strasbourg)

0. Introduction.

Nous étudions les propriétés de convergence en loi des fonctions aléatoires à valeurs dans un espace lusinien. Nous présenterons deux situations, celle des fonctions aléatoires continues sur un espace métrique compact T = (T, δ) et celle des fonctions aléatoires continues à droite ayant des limites à gauche (dites cadlag.) sur T = [0, 1], toutes à valeurs dans un espace lusinien régulier E ; les références de base seront l'ouvrage de Billingsley ([1]) dans le cas où E = **R** et l'article de Jakubowski ([7]) qui présente dans un cadre différent la plupart des propriétés développées ici.

J'ai précédemment esquissé une telle étude dans [5] et [6] où les preuves sont seulement données dans le cas des fonctions continues et où les énoncés sont partiellement faux dans le cas des fonctions cadlag. Je donne donc ici une présentation plus complète et des preuves détaillées.

On commencera par définir sur l'espace $\mathbb{C}$(T, E) des fonctions continues sur T à valeurs dans E et sur l'espace $\mathbb{D}$(T, E) des fonctions cadlag. sur T à valeurs dans E des topologies raisonnables ; sur $\mathbb{C}$(T, E), l'emploi de la convergence uniforme s'impose, mais quelle structure uniforme choisir pour cela sur E ? Sur $\mathbb{D}$(T, E), la définition d'une topologie de Skorohod canonique exige de même quelques précautions, nécessaires déjà si E est polonais et peut être muni de plusieurs distances compatibles avec sa topologie.

Par ailleurs, les tribus à utiliser sur $\mathbb{C}$(T, E) et sur $\mathbb{D}$(T, E) sont imposées par la nature même des fonctions aléatoires et indépendamment des topologies sur ces ensembles : les fonctions aléatoires sur T à valeurs dans E sont liées à la tribu produit $\mathbb{B}(E^T)$; nous devrons donc utiliser sur $\mathbb{C}$(T, E) et sur $\mathbb{D}$(T, E) les tribus induites par cette tribu produit ; ces tribus induites seront peut-être des sous-tribus strictes des tribus définies par les topologies de ces espaces s'ils ne sont pas lusiniens, de sorte que les fonctions continues et bornées ne seront peut-être pas toutes mesurables. Dans ces conditions, la définition générale usuelle ([3]) de la topologie de la convergence étroite des mesures devra être adaptée avec soin ; on constatera pourtant que ces difficultés s'évanouissent si on limite cette topologie aux mesures de Radon sur $\mathbb{C}(T, E)$ et sur $\mathbb{D}(T, E)$.

1. Les topologies sur $\mathbb{C}(T, E)$ et sur $\mathbb{D}(T, E)$.

1.1 La topologie de la convergence uniforme sur $\mathbb{C}(T, E)$.

Soient $T = (T, \delta)$ un espace métrique compact et E un espace lusinien régulier. On sait alors ([4], I.6.1), ([2], IX, 76) que E est paracompact et parfaitement normal ; en particulier il est uniformisable et nous pouvons donc noter $(d_i, i \in I)$ une famille de pseudo-distances sur E définissant sa topologie. Nous munissons l'ensemble $\mathbb{C}(T, E)$ des fonctions continues sur T à valeurs dans E de la famille $(D_i, i \in I)$ de pseudo-distances définies par :

1.1.1
$$D_i(x, y) = \sup\{d_i(x(t), y(t)), t \in T\},$$

et de la topologie qu'elles engendrent. Cette topologie dépend de la seule topologie de E ; en effet :

Proposition 1.1.2 : *Deux familles* $(d_i, i \in I)$, $(d'_j, j \in J)$ *de pseudo-distances définissant la topologie de* E *définissent la même topologie sur* $\mathbb{C}(T, E)$.

Démonstration : Soit Φ un filtre sur $\mathbb{C}(T, E)$ convergeant vers a pour la topologie associée à la famille $(d_i, i \in I)$; alors puisque T est compact et que a est continue sur T, l'image a(T) est une partie compacte K de E. Fixons $\varepsilon > 0$ et $j \in J$, la pseudo-distance d'_j est uniformément continue sur K et il existe donc une partie finie I_0 de I et un nombre $\eta > 0$ tels que :

$$x \in K,\ y \in E,\ \sup_{i \in I_0} d_i(x, y) \leq \eta \ \Rightarrow\ d'_j(x, y) \leq \varepsilon .$$

Puisque le filtre Φ converge vers a pour la topologie associée à $(d_i, i \in I)$, il existe un élément φ du filtre Φ tel que :

$$\forall\, t \in T,\ \forall\, x \in \varphi,\ \forall\, i \in I_0,\ d_i(a(t), x(t)) \leq \eta\ ;$$

ceci sufit à montrer que Φ converge aussi vers a pour la topologie associée à $(d'_j, j \in J)$; c'est le résultat.

1.1.3 La proposition ci-dessus justifie la dénomination de topologie de la convergence uniforme. Cette topologie peut par exemple être définie à partir de l'ensemble de toutes les fonctions continues à valeurs réelles f sur E, des pseudo-distances d^f: $(x, y) \to |f(x) - f(y)| \wedge 1$ sur E et D^f : $(x, y) \to \sup\{|f\circ x(t) - f\circ y(t)| \wedge 1, t \in T\}$ sur $\mathbb{C}(T, E)$. Il en résulte :

Proposition 1.1.3 : *Sur* $\mathbb{C}(T, E)$, *la topologie de la convergence uniforme* $\mathbf{U}$ *est identique à la topologie* $\mathbf{T}$ *engendrée par les applications* $\hat{f} : x \to f\circ x$, $f \in \mathbb{C}(E, \mathbb{R})$, *de* $\mathbb{C}(T, E)$ *dans* $\mathbb{C}(T, \mathbb{R})$ *muni de sa propre topologie de la convergence uniforme.*

1.2 La topologie de Skorohod sur $\mathbb{D}(T, E)$.

Soient $T = [0, 1]$ et E un espace lusinien régulier ; nous notons $(d_i, i \in I)$ une famille de pseudo-distances définissant la topologie de E. Pour des raisons techniques liées aux opérations qui suivront, nous devons supposer que cette famille $(d_i, i \in I)$ est *filtrante* au sens suivant :

1.2.0 $$\forall (i_1, i_2) \subset I, \exists\, i \in I : d_i \geq d_{i_1} \vee d_{i_2}.$$

Soit $(\Lambda, \|.\|)$ l'ensemble des applications continues strictement croissantes λ de $[0, 1]$ sur $[0, 1]$ muni de l'application $\|.\| : \lambda \to \sup\{|t - \lambda(t)|, t \in [0, 1]\}$. Nous munissons l'ensemble $\mathbb{D}(T, E)$ des fonctions cadlag. sur T à valeurs dans E de la famille $(\Delta_i, i \in I))$ de pseudo-distances définies par :

1.2.1 $$\Delta_i(x, y) = \inf\{ \varepsilon > 0 : \exists\, \lambda \in \Lambda : \|\lambda\| \leq \varepsilon, \sup_{t \in T} d_i(x(t), y \circ \lambda(t)) \leq \varepsilon\}$$

et de la topologie qu'elles engendrent. Cette topologie, *dite de Skorohod,* dépend de la seule topologie de T ; en effet :

Proposition 1.2.2 : *Deux familles filtrantes* $(d_i, i \in I)$, $(d'_j, j \in J)$ *de pseudo-distances définissant la topologie de* E *définissent la même topologie sur* $\mathbb{D}(T, E)$.

Remarque : Si la famille $(d'_j, j \in J)$ définit la topologie de E sans pourtant être filtrante, la famille $(\Delta'_j, j \in J)$ des pseudo-distances associées sur $\mathbb{D}(T, E)$ peut définir une autre topologie même dans le cas simple où $E = \mathbb{R}^2$. Posons en effet dans ce cas :

$$d^1(x, y) = |x_1 - y_1|, \quad d^2(x, y) = |x_2 - y_2|, \quad d = d^1 + d^2 ;$$

alors Δ associé à d définit la topologie de Skorohod sur $\mathbb{D}(T, \mathbb{R}^2)$; par contre, (Δ^1, Δ^2) définit une topologie strictement moins fine comme le montre l'exemple suivant où on pose pour $n > 2$:

$$x_n^1 = I_{[1/2+1/n,\, 1]}, \quad x_n^2 = I_{[1/2+1/2n,\, 1]}, \quad a = I_{[1/2,\, 1]} \;;$$

on a alors :

$$\Delta^1\{(x_n^1, x_n^2), (a, a)\} = 1/n, \quad \Delta^2\{(x_n^1, x_n^2), (a, a)\} = 1/2n\,, \quad \Delta\{(x_n^1, x_n^2), (a, a)\} = 1 \;;$$

la suite $\{(x_n^1, x_n^2), n \geq 1\}$ converge donc vers (a, a) pour la topologie définie par (Δ^1, Δ^2) sans converger pour la topologie de Skorohod définie par Δ.

Démonstration de la proposition : Soit Φ un filtre sur $\mathbf{C}(T, E)$ convergeant vers a pour la topologie associée à $(d_i, i \in I)$; alors puisque T est compact et que a est cadlag. sur T, l'adhérence de l'image est une partie compacte K de E. Fixons $\varepsilon > 0$ et $j \in J$, la pseudo-distance d'_j est uniformément continue sur K et, $(d_i, i \in I)$ étant filtrante, il existe *un élément* i_0 de I et un nombre $\eta > 0$ tels que :

$$x \in K,\ y \in E,\ d_{i_0}(x, y) \leq \eta \ \Rightarrow\ d'_j(x, y) \leq \varepsilon\,.$$

Puisque le filtre Φ converge vers a pour la topologie associée à (d_i, $i \in I$), il existe un élément φ du filtre Φ et pour tout élément x de φ un élément λ de Λ tels que :

$$\forall t \in T,\ |\lambda(t) - t| \leq \varepsilon \wedge \eta,\ d_{i_0}(x(t), a\circ\lambda(t)) \leq \eta ;$$

on en déduit :

$$\forall t \in T,\ |\lambda(t) - t| \leq \varepsilon,\ d'_j(x(t), a\circ\lambda(t)) \leq \varepsilon,$$

c'est-à-dire :

$$\forall x \in \varphi,\ D'_j(x, a) \leq \varepsilon ;$$

ceci sufit à montrer que Φ converge aussi vers a pour la topologie associée à (d'_j, $j \in J$) ; c'est le résultat.

1.2.3 La proposition ci-dessus ne permet pas de définir directement la topologie de Skorohod à partir de l'ensemble des fonctions continues réelles f sur E, des pseudo-distances d^f sur E et Δ^f sur $\mathbb{D}(T, E)$; en effet la famille $\{d^f, f \in \mathbb{C}(E, \mathbb{R})\}$ n'est pas filtrante au sens 1.2.0 ; nous démontrerons pourtant ultérieurement un énoncé applicable à $\mathbb{D}(T, E)$ et analogue à la proposition 1.1.3 ; sa démonstration radicalement différente s'appuiera sur l'analyse détaillée des parties compactes de $\mathbb{D}(T, E)$ pour la topologie de Skorohod.

1.2.4 **Remarque :** Les propositions 1.1.2 et 1.2.2 montrent que si K est une partie compacte de E, alors la topologie uniforme sur $\mathbb{C}(T, E)$ et la topologie de Skorohod sur $\mathbb{D}(T, E)$ induisent respectivement la topologie uniforme sur $\mathbb{C}(T, K)$ et la topologie de Skorohod sur $\mathbb{D}(T, K)$; on sait par ailleurs ([5], 1.9) puisque E est lusinien régulier qu'il existe des suites séparantes (f_m, $m \in \mathbb{N}$) de fonctions réelles continues sur E ; il existe alors aussi certaine distance (séparante) continue sur E, par exemple la distance d définie par :

1.2.5
$$d(x, y) = \sum_{m=0}^{\infty} 2^{-(m+1)} d^{f_m}(x, y).$$

Si K est une partie compacte de E, la restriction de d à K suffit à définir la topologie et la structure uniforme de K ; les propositions 1.1.2 et 1.2.2 montrent alors que les restrictions de D et Δ à $\mathbb{C}(T, K)$ et à $\mathbb{D}(T, K)$ définissent respectivement sur ces ensembles la topologie uniforme et la topologie de Skorohod ; on sait (cf. [1]) que ces deux topologies sont polonaises.

2. Les parties compactes de $\mathbb{C}(T, E)$ et de $\mathbb{D}(T,E)$.

2.1 L'outil de base pour analyser les parties compactes de $\mathbb{C}(T, E)$ et celles de $\mathbb{D}(T, E)$ est le lemme suivant :

Lemme 2.1.1 : *Soit* $\mathbb{K}$ *une partie compacte de* $\mathbb{C}(T, E)$ *(resp. de* $\mathbb{D}(T, E)$*); alors l'adhérence* K *de l'ensemble* $\{x(t) ; t \in T, x \in \mathbb{K}\}$ *est compacte dans* E.

Démonstration : le résultat dans $\mathbb{C}(T, E)$ est immédiat ; nous détaillons la preuve dans $\mathbb{D}(T, E)$ et pour cela nous montrons que l'ensemble $K = \{x(t), x^-(t) ; t \in T, x \in \mathbb{K}\}$ est compact dans E ; soit $\{U_\alpha, \alpha \in A\}$ un recouvrement ouvert de K, nous montrons qu'on peut en extraire un recouvrement fini.

Dans le cas contraire en effet, on poserait $V_\alpha = \{(x, t) ; t \in T, x \in \mathbb{K}, x(t) \notin U_\alpha$ ou $x^-(t) \notin U_\alpha\}$, $\alpha \in A$; alors la famille V_α, $\alpha \in A$, engendrerait un filtre sur le compact $\mathbb{K} \times T$ et il existerait un élément (x_0, t_0) adhérent à ce filtre ; il existerait aussi alors deux éléments α_1 et α_2 de A tels que $x_0(t_0)$ appartienne à U_{α_1}et $x_0^-(t_0)$ à U_{α_2}. Soit $(d_i, i \in I)$ une famille filtrante de pseudo-distances sur E définissant sa topologie, il existerait enfin un élément i de I et un nombre $\varepsilon > 0$ tels qu'on ait l'implication :

$$x \in E,\ d_i(x, x_0(t_0)) \wedge d_i(x, x_0^-(t_0)) \leq \varepsilon \quad \Rightarrow \quad x \in U_{\alpha_1} \cup U_{\alpha_2},$$

et aussi puisque x_0 est cadlag. en t_0, un nombre $\eta > 0$ tel que :

$$|t - t_0| \leq \eta \quad \Rightarrow \quad d_i(x_0(t), x_0(t_0)) \wedge d_i(x_0(t), x_0^-(t_0)) \leq \varepsilon/2 .$$

Nous fixons ces éléments α_1 et α_2 de A, l'élément i de I, les nombres ε et $\eta > 0$ et nous montrons que leurs propriétés sont contradictoires. Le fait que (x_0, t_0) soit adhérent au filtre engendré par les V_α, $\alpha \in A$, montre en effet qu'il existe un élément (x, t) de $V_{\alpha_1} \cap V_{\alpha_2}$ et un élément λ de Λ tels que simultanément :

$$|t - t_0| \leq \eta/2,\ \ \sup\{|\lambda(s) - s|, s \in T\} \leq \eta/2,\ \sup\{d_i(x(s), x_0(\lambda(s))), s \in T\} \leq \varepsilon/2 ;$$

on aura alors aussi :

$$|t_0 - \lambda(t)| \leq |t_0 - t| + |\lambda(t) - t| \leq \eta,$$

et par suite :

$$d_i(x(t), x_0(t_0)) \wedge d_i(x(t), x_0^-(t_0)) \leq$$
$$d_i(x(t) , x_0(\lambda(t))) + d_i(x_0(\lambda(t)), x_0(t_0)) \wedge d_i(x_0(\lambda(t)), x_0^-(t_0)) \leq \varepsilon,$$

de sorte que $x(t)$ appartient à $U_{\alpha_1} \cup U_{\alpha_2}$; ceci est contradictoire avec le fait que (x, t) appartient à $V_{\alpha_1} \cap V_{\alpha_2}$. La compacité de K est donc démontrée.

Ce lemme 2.1.1 montre que si C est relativement compact dans $\mathbf{C}(T, E)$ (resp. dans $\mathbf{D}(T, E)$), on peut l'identifier à un sous-ensemble d'un $\mathbf{C}(T, K)$ (resp. d'un $\mathbf{D}(T, K)$) où K est une partie compacte de E ; on constate alors que $\mathbf{C}(T, K)$ (resp. $\mathbf{D}(T, K)$) est fermé dans $\mathbf{C}(T, E)$ (resp. dans $\mathbf{D}(T, E)$) et on en déduit :

Proposition 2.1.2 : *Pour qu'un sous-ensemble* C *de* $\mathbf{C}(T, E)$ *(resp. de* $\mathbf{D}(T, E)$*) soit relativement compact, il faut et il suffit qu'il existe une partie compacte* K *de* E *vérifiant les deux propriétés suivantes :*

(1) *L'ensemble* $\{x(t) ; t \in T, x \in C\}$ *est contenu dans* K,

(2) C *est relativement compact dans l'espace polonais* $\mathbf{C}(T, K)$ *(resp. dans* $\mathbf{D}(T, K)$*).*

La propriété (2) ci-dessus se traduit simplement ([1], Ch.3,119) tenant compte de la remarque 1.2.4. Pour toute pseudo-distance d sur E, tout $\eta > 0$ et tout x appartenant à $\mathbf{C}(T, E)$

(resp. à $\mathbb{D}(T, E)$), nous posons :

2.1.3
$$D(x, \eta) = \sup\{d(x(s), x(t)) \,;\, (s, t) \subset T, \delta(s, t) \leq \eta\},$$
$$\Delta(x, \eta) = \sup\{d(x(s), x(t)) \wedge d(x(t), x(u)) \,;\, (s, t, u) \subset T, s \leq t \leq u \leq s + \eta\} +$$
$$+ \sup\{d(x(0), x(t)) + d(x^-(1), x(1 - t)) \,;\, t \in T, 0 < t \leq \eta\}.$$

Théorème 2.1.4 : *Soit* d *une distance continue sur* E *; pour qu'un sous-ensemble* C *de* $\mathbb{C}(T, E)$ *(resp. de* $\mathbb{D}(T, E)$*) soit relativement compact, il faut et il suffit qu'il vérifie les deux propriétés suivantes :*

(1) *Il existe une partie compacte* K *de* E *telle que* $\{x(t) \,;\, t \in T, x \in C\} \subset K$,

(2) $\lim_{\eta \to 0} \sup_{x \in C} D(x, \eta) = 0$, *(resp.* $\lim_{\eta \to 0} \sup_{x \in C} \Delta(x, \eta) = 0$*).*

On a vu en effet que sous la condition (1), la restriction de d à K est une distance définissant sa topologie ; on applique donc à (K, d) les critères classiques de compacité des sous-ensembles de l'espace polonais $\mathbb{C}(T, K)$ (resp. de l'espace polonais $\mathbb{D}(T, K)$)

Dans le cas de $\mathbb{C}(T, E)$, la condition (2) du corollaire relative à D se manie facilement et on en déduit :

Corollaire 2.1.5 : *Soit* F *un ensemble séparant de fonctions continues réelles sur* E. *Pour qu'un sous-ensemble* C *de* $\mathbb{C}(T, E)$ *soit relativement compact, il faut et il suffit qu'il vérifie les deux propriétés suivantes :*

(1) *Il existe une partie compacte* K *de* E *telle que* $\{x(t) \,;\, t \in T, x \in C\} \subset K$,

(2) *Pour tout* $f \in F$, *l'ensemble* $f \circ C = \{f \circ x, x \in C\}$ *est relativement compact dans* $\mathbb{C}(T, \mathbb{R})$.

Démonstration : La nécessité résulte du lemme 2.1.1 et de la proposition 1.1.3. Pour prouver la suffisance, on peut supposer $F = \{f_m, m \in N\}$ dénombrable et utiliser les pseudo-distances d^{f_m} et la distance d définie sur E en 1.2.5. Si les propriétés (1) et (2) du corollaire sont vérifiées, fixons $\varepsilon > 0$ et un entier m tel que $2^{-m} \leq \varepsilon$; il existe alors (cf. (2)) un nombre $\eta > 0$ tel que :
$$\forall k \in [0, m], \ \forall x \in C, \ D^{f_k}(x, \eta) \leq \varepsilon \,;$$
on en déduit :
$$\forall x \in C, \ D(x, \eta) \leq 2^{-m} + \sum_{k=0}^{\infty} 2^{-(k+1)} D^{f_k}(x, \eta) \leq \varepsilon \,;$$
le théorème 2.1.4 permet donc de conclure.

2.2 Les parties compactes de $\mathbb{D}(T, E)$.

Dans le cas de **D**(T, E), la situation est plus complexe ; on se propose maintenant d'énoncer et de démontrer des résultats analogues au corollaire 2.1.5 et à la proposition 1.1.3 ; les outils spécialisés nécessaires sont énoncés dans le lemme technique suivant :

Lemme 2.2.1 : (a) *Soient* n *un entier positif,* $(x_1,\ldots,x_n)$ *et* $(y_1,\ldots,y_n)$ *deux suites de* n *nombres positifs, on a alors :*

$$\Big[\sum_{i=1}^{n} x_i\Big] \wedge \Big[\sum_{j=1}^{n} y_j\Big] \le \sum_{i=1}^{n}\sum_{j=1}^{n} (x_i + x_j) \wedge (y_i + y_j).$$

(b) *Soient* (x_1, x_2) *et* (y_1, y_2) *deux couples de nombres réels, on a alors :*

$$[\,|x_1|+|x_2|\,]\wedge[\,|y_1|+|y_2|\,] \le |x_1 + x_2| \wedge |y_1+y_2| + 2\,[\,|x_1|\wedge|y_1| + |x_2|\wedge|y_2|\,].$$

Démonstration : (a) On utilise la relation :

$$a \wedge (b+c) \le a\wedge b + a\wedge c \quad , \ (a, b, c) \subset \mathbf{R}^+ \ ;$$

par itération, on en déduit :

$$\Big[\sum_{i=1}^{n} x_i\Big] \wedge \Big[\sum_{j=1}^{n} y_j\Big] \le \sum_{i=1}^{n}\sum_{j=1}^{n} x_i \wedge y_j \le \sum_{i=1}^{n}\sum_{j=1}^{n} (x_i + x_j) \wedge (y_i + y_j),$$

c'est le premier résultat.

(b) Il s'agit d'évaluer la quantité $R = R_1 - R_2 - R_3$ où :

$$R_1 = (\,|x_1| + |x_2|\,) \wedge (\,|y_1| + |y_2|\,) \ , R_2 = |x_1 + x_2| \wedge |y_1 + y_2|,$$
$$R_3 = 2\,[\,|x_1| \wedge |y_1| + |x_2| \wedge |y_2|\,] \ ;$$

nous distinguons par éventualités successives :

(α) Si $|x_1| \le |y_1|$ et $|x_2| \le |y_2|$ alors $R \le R_1 - R_3 \le |x_1| + |x_2| - R_3 = 0$.

(β) De même si $|x_1| > |y_1|$ et $|x_2| > |y_2|$ alors $R \le 0$.

(γ) Il suffit maintenant d'étudier le seul cas où $|x_1| \le |y_1|$ et $|x_2| > |y_2|$; on a alors $R = R_1 - R_2 - 2(\,|x_1| + |y_2|\,)$ et on distingue encore deux éventualités :

(γ_1) Si $|x_1 + x_2| \le |y_1 + y_2|$, alors $R = R_1 - |x_1 + x_2| - 2(\,|x_1| + |y_2|\,)$ et donc :

$$R \le |x_1| + |x_2| - |x_1 + x_2| - 2\,|x_1| \le 0,$$

(γ_2) si $|x_1 + x_2| > |y_1 + y_2|$, alors $R \le |y_1| + |y_2| - |y_1 + y_2| - 2\,|y_1| \le 0.$

On a donc montré que dans tous les cas, R est négatif ou nul, d'où le lemme.

2.2.2 Nous utiliserons le lemme 2.2.1 dans la situation suivante : soit $f = (f_1,\dots,f_n)$ une suite de n éléments de $\mathbf{C}(E, \mathbf{R})$; nous posons $d^f = \sum_{i=1}^{n} d^{f_i}$; dans ces conditions l'application du lemme et les notations 2.1.3 fournissent :

$$\forall x \in \mathbb{D}(T, E), \forall \eta > 0, \quad \Delta^f(x, \eta) \leq \sum_{i=1}^{n} \sum_{j=1}^{n} [\Delta^{f_i+f_j} + \Delta^{2f_i} + \Delta^{2f_j}](x, \eta).$$

L'analogue du corollaire 2.1.5 s'énonce alors :

Corollaire 2.2.3 : *Soit* F *un ensemble séparant de fonctions continues réelles sur* E. *Pour qu'un sous-ensemble* C *de* $\mathbb{D}(T, E)$ *soit relativement compact, il faut et il suffit qu'il vérifie les deux propriétés suivantes :*

(1) *Il existe une partie compacte* K *de* E *telle que* $\{x(t)\,;\, t \in T, x \in C\} \subset K$,

(2) *Pour tout* $(f, g) \subset F$, *l'ensemble* $(f+g)\circ C = \{(f+g)\circ x, x \in C\}$ *est relativement compact dans* $\mathbf{C}(T, \mathbf{R})$.

Démonstration : La nécessité résulte du lemme 2.1.1 et de la proposition 1.1.3. Pour prouver la suffisance, on peut supposer $F = \{f_m, m \in \mathbf{N}\}$ dénombrable et utiliser les pseudo-distances d^{f_m} et la distance d définie sur E en 1.2.5. Si les propriétés (1) et (2) du corollaire sont vérifiées, fixons $\varepsilon > 0$ et un entier m tel que $2^{-m} \leq \varepsilon/3$; il existe alors (cf. (2)) un nombre $\eta > 0$ tel que :

$$\forall (i, j) \subset [0, m], \quad \forall x \in C, \quad \Delta^{f_i+f_j}(x, \eta) \leq \varepsilon/3m^2,$$

et donc (cf. 2.2.2) :

$$\forall x \in C, \quad \Delta^{(f_0,\dots,f_m)}(x, \eta) \leq \varepsilon ;$$

on en déduit :

$$\forall x \in C, \quad \Delta(x, \eta) \leq \Delta^{(f_0,\dots,f_m)}(x, \eta)/2 + 3\, 2^{-(m+1)} \leq \varepsilon ;$$

le théorème 2.1.4 permet donc de conclure.

2.2.4 Une autre définition de la topologie de Skorohod sur $\mathbb{D}(T, E)$.

Nous notons A un ensemble de fonctions continues réelles sur E *engendrant* sa topologie ; l'ensemble $\{d^f, f \in A\}$ est donc un ensemble de pseudo-distances qui engendre aussi la topologie de E, il n'est peut-être pas filtrant. Par contre, l'ensemble $\{d^f, f = (f_1,\dots f_n) \subset A, n \in \mathbf{N}\}$ est filtrant et peut donc être utilisé pour définir la topologie de Skorohod sur $\mathbb{D}(T, E)$ que nous noterons dans ce paragraphe $\mathbb{S}(E)$.

On peut envisager sur $\mathbb{D}(T, E)$ à partir de A une autre topologie ([6]) : A toute fonction continue réelle f sur E, nous avons associé l'application $\hat{f} : x \to f\circ x$ de $\mathbb{D}(T, E)$ dans $\mathbb{D}(T, \mathbf{R})$; cette application $\hat{f}$ est continue pour les topologies de Skorohod sur ces deux espaces ; nous notons alors $\mathbb{T}(A)$ la topologie sur $\mathbb{D}(T, E)$ engendrée par les applications $\widehat{f+g}$, $(f, g) \subset A$; $\mathbb{T}(A)$

est donc la topologie la moins fine pour laquelle les applications $f\hat{+}g$, $(f, g) \subset A$, de $\mathbb{D}(T, E)$ dans $\mathbb{D}(T, R)$ muni de la topologie de Skorohod $\mathbb{S}(R)$ sont toutes continues. Par construction, $\mathbb{T}(A)$ est moins fine que la topologie de Skorohod $\mathbb{S}(E)$. En fait :

Théorème 2.2.4 : *Soit* A *un ensemble de fonctions réelles continues sur* E *engendrant sa topologie ; alors la topologie* $\mathbb{T}(A)$ *définie ci-dessus par* A *sur* $\mathbb{D}(T, E)$ *est identique à la topologie de Skorohod* $\mathbb{S}(E)$.

Démonstration : Nous procédons en deux étapes .

(a) Supposons pour commencer que $E = \mathbf{R}^n$ et que A est l'ensemble des applications coordonnées de $\mathbf{R}^n$ que nous notons $p_1,\ldots,p_n$. Dans ces conditions, $\mathbb{T}(A)$ est une topologie métrisable moins fine que la topologie métrisable $\mathbb{S}(E)$; le théorème 2.1.4 et le corollaire 2.2.3 expriment que ces deux topologies ont les mêmes parties compactes et donc les mêmes suites convergentes, elles sont alors identiques.

(b) Dans la situation générale, la topologie $\mathbb{S}(E)$ est engendrée (proposition 1.2.1) par les pseudo-distances $\Delta^{(f_1,\ldots,f_n)}$, $(f_1,\ldots f_n) \subset A$, $n \in N$; elle est donc engendrée aussi par les applications : $x \rightarrow (f_1 \circ x,\ldots,f_n \circ x)$, $(f_1,\ldots,f_n) \subset A$, de $\mathbb{D}(T, E)$ dans $\mathbb{D}(T, \mathbf{R}^n)$ muni de sa topologie de Skorohod $\mathbb{S}(\mathbf{R}^n)$, $n \in N$; par composition, l'étape (a) de la preuve montre alors que $\mathbb{S}(E)$ est engendrée par les applications : $x \rightarrow (p_i + p_j)\circ[f_1\circ x,.,f_n\circ x]$, $(i, j) \subset [1, n]$, $(f_1,\ldots,f_n) \subset A$, $n \in N$, de $\mathbb{D}(T, E)$ dans $\mathbb{D}(T, R)$ muni de la topologie $\mathbb{S}(R)$; c'est le résultat du théorème.

2.2.5 **Remarques :** (a) Si $E = \mathbf{R}^n$, les conditions (1) des corollaires 2.1.5 et 2.2.3 peuvent être supprimées ; dans la situation générale, on constate que ce n'est pas possible même si C est composé de fonctions constantes.

(b) L'introduction des sommes (f+g) d'éléments de F et de A dans le corollaire 2.2.3 et le théorème 2.2.4 est indispensable même dans le cas où $E = \mathbf{R}^2$ comme le montre l'exemple de la remarque 1.2.2.

3. Les tribus sur $\mathbb{C}(T, E)$ et sur $\mathbb{D}(T, E)$; des exemples lusiniens.

3.1 On a indiqué dans l'introduction pourquoi le maniement des fonctions aléatoires privilégiait l'emploi sur $\mathbb{C}(T, E)$ et sur $\mathbb{D}(T, E)$ des tribus induites par la tribu produit $\mathbb{B}(E^T)$; nous noterons $\Pi(\mathbb{C})$ et $\Pi(\mathbb{D})$ ces tribus induites ; nous disposons par ailleurs sur $\mathbb{C}(T, E)$ et sur $\mathbb{D}(T, E)$ des tribus boréliennes définies respectivement par la topologie uniforme et la topologie de Skorohod ; nous les noterons $\mathbb{B}(\mathbb{C})$ et $\mathbb{B}(\mathbb{D})$. Nous comparons maintenant ces différentes tribus.

Proposition 3.1.1 : *Les tribus* $\Pi(\mathbb{C})$ *et* $\Pi(\mathbb{D})$ *sont respectivement des sous-tribus des tribus boréliennes* $\mathbb{B}(\mathbb{C})$ et $\mathbb{B}(\mathbb{D})$.

Démonstration : Les tribus $\Pi(\mathbb{C})$ et $\Pi(\mathbb{D})$ sont en effet l'une et l'autre engendrées par les applications : $x \to x(t), t \in T$ de $\mathbb{C}(T, E)$ et de $\mathbb{D}(T, E)$ dans E ; au vu des générateurs de la tribu borélienne $\mathbb{B}(E)$, elles sont donc engendrées aussi par les applications : $x \to f \circ x(t) = \hat{f}(x)(t), t \in T$, $f \in \mathbb{C}(E, \mathbb{R})$, de $\mathbb{C}(T, E)$ et de $\mathbb{D}(T, E)$ dans $\mathbb{R}$. Or les applications $\hat{f}$ sont des applications continues de $\mathbb{C}(T, E)$ et de $\mathbb{D}(T, E)$ dans $\mathbb{C}(T, \mathbb{R})$ et dans $\mathbb{D}(T, \mathbb{R})$; de plus les différentes applications : $x \to x(t)$ sont boréliennes sur $\mathbb{C}(T, \mathbb{R})$ et sur $\mathbb{D}(T, \mathbb{R})$. Les tribus $\Pi(\mathbb{C})$ et $\Pi(\mathbb{D})$ sont donc en fait engendrées par des fonctions boréliennes sur $\mathbb{C}(T, E)$ et sur $\mathbb{D}(T, E)$; ce sont donc des sous-tribus des tribus boréliennes.

Proposition 3.1.2 : *Si* $\mathbb{C}(T, E)$ *(resp.* $\mathbb{D}(T, E)$*) est lusinien pour sa topologie uniforme (resp. sa topologie de Skorohod), alors la tribu* $\Pi(\mathbb{C})$ *(resp. la tribu* $\Pi(\mathbb{D})$*) est en fait identique à la tribu borélienne* $\mathbb{B}(\mathbb{C})$ *(resp.* $\mathbb{B}(\mathbb{D})$*).*

Démonstration : Soient S une suite dense dans T et $(f_m, m \in \mathbb{N})$ une suite séparante de fonctions continues réelles sur E, alors $\Pi(\mathbb{C})$ (resp. $\Pi(\mathbb{D})$) contient la tribu engendrée par les applications : $x \to f_m \circ x(s), m \in \mathbb{N}, s \in S$, qui forment une famille séparante et dénombrable de fonctions continues sur l'espace lusinien $\mathbb{C}(T, E)$ (resp.sur l'espace lusinien $\mathbb{D}(T, E)$) ; cette famille engendre donc ([5],1.10) la tribu borélienne $\mathbb{B}(\mathbb{C})$ (resp. $\mathbb{B}(\mathbb{D})$) d'où le résultat.

Proposition 3.1.3 : (a) *Pour toute partie fermée* F *de* E, $\mathbb{C}(T, F)$ *(resp.* $\mathbb{D}(T, F)$*) est un sous-ensemble de* $\mathbb{C}(T, E)$ *(resp.de* $\mathbb{D}(T, E)$*) appartenant à la tribu* $\Pi(\mathbb{C})$ *(resp.à la tribu* $\Pi(\mathbb{D})$*).*
(b) *Toute partie compacte* $\mathbb{K}$ *de* $\mathbb{C}(T, E)$ *(resp. de* $\mathbb{D}(T, E)$*) appartient à la tribu* $\Pi(\mathbb{C})$ *(resp. à la tribu* $\Pi(\mathbb{D})$*).*

Démonstration : (a) Notons d'abord que pour tout t appartenant à T, l'ensemble $\{x : x(t) \in F\}$ appartient à $\Pi(\mathbb{C})$ (resp.à $\Pi(\mathbb{D})$). Soient alors F une partie fermée de F et S une suite dense dans T, on a :

$$\mathbb{C}(T, F) = \mathbb{C}(T, E) \cap \{ x : \forall t \in S, x(t) \in F\}$$
$$(\text{resp. } \mathbb{D}(T, F) = \mathbb{D}(T, E) \cap \{ x : \forall t \in S, x(t) \in F\})$$

d'où le premier résultat.

(b) Soit $\mathbb{K}$ une partie compacte de $\mathbb{C}(T, E)$ (resp. de $\mathbb{D}(T, E)$), le lemme 2.1.1 montre qu'il existe une partie compacte K de E et une partie compacte $\mathbb{K}'$ de de $\mathbb{C}(T, K)$ (resp. de $\mathbb{D}(T, K)$) telles que $\mathbb{K} = \mathbb{C}(T, K) \cap \mathbb{K}'$ (resp. $\mathbb{K} = \mathbb{D}(T, K) \cap \mathbb{K}'$) ; $\mathbb{K}'$ est alors borélien dans l'espace polonais $\mathbb{C}(T, K)$ (resp. dans l'espace polonais $\mathbb{D}(T, K)$) et le deuxième résultat se déduit donc de la proposition 3.1.2 et de la première partie de la preuve.

3.2 Beaucoup d'espaces vectoriels utilisés en analyse sont lusiniens ; on sait en particulier ([5], 1.7) que :
(a) tout espace de Fréchet séparable est lusinien,
(b) la limite inductive stricte de toute suite d'espaces de Fréchet séparables est lusinienne,
(c) le dual faible de tout espace de Fréchet séparable est lusinien,
(d) le dual faible de la limite inductive stricte de toute suite d'espaces de Fréchet séparables est lusinien,
(e) le dual fort de tout espace de Fréchet-Montel est lusinien,
(f) le dual fort de la limite inductive stricte de toute suite d'espaces de Fréchet-Montel est lusinien.

Dans tous ces cas, les topologies uniformes et de Skorohod sur $\mathbb{C}(T, E)$ et sur $\mathbb{D}(T, E)$ sont simples :

Théorème 3.2.1 : *Supposons que l'espace lusinien* E *ait l'un des types (a),...,(f) énumérés ci-dessus ; alors* $\mathbb{C}(T, E)$ *pour sa topologie uniforme et* $\mathbb{D}(T, E)$ *pour sa topologie de Skorohod sont des espaces lusiniens.*

Démonstration : Nous considérons successivement les différents types.

(a) Dans ce cas, E est polonais et les espaces $\mathbb{C}(T, E)$ et $\mathbb{D}(T, E)$ sont tous deux polonais.

(b) Notons dans ce cas $(E_n, n \in \mathbb{N})$ une suite d'espaces de Fréchet séparables dont E soit la limite inductive stricte ; on sait que toute partie compacte de E est contenue dans l'un des E_n ; il en résulte que $\mathbb{C}(T, E)$ et $\mathbb{D}(T, E)$ sont réunions dénombrables respectives des $\mathbb{C}(T, E_n)$ et $\mathbb{D}(T, E_n)$; par ailleurs la topologie uniforme sur $\mathbb{C}(T, E)$ et la topologie de Skorohod sur $\mathbb{D}(T, E)$ induisent respectivement sur chacun des $\mathbb{C}(T, E_n)$ la topologie uniforme et sur chacun des $\mathbb{D}(T, E_n)$ la topologie de Skorohod correspondante de sorte que $\mathbb{C}(T, E)$ et $\mathbb{D}(T, E)$ sont des espaces topologiques séparés , réunions de suites de sous-espaces lusiniens ; ils sont alors lusiniens ([6], I.2.4).

(c) ou (e) Dans ces deux cas, E est réunion d'une suite croissante de parties compactes K_n telles que tout autre partie compacte de E soit contenue dans l'un des K_n. Il en résulte que $\mathbb{C}(T, E)$ et $\mathbb{D}(T, E)$ sont réunions dénombrables respectives des $\mathbb{C}(T, K_n)$ et $\mathbb{D}(T, K_n)$ et on conclut comme dans le cas précédent.

(d) ou (f) Dans ces deux cas qui sont plus délicats, notons F la limite inductive stricte d'une suite (F_n) d'espaces de Fréchet (ou de Fréchet-Montel) séparables et supposons que E soit le dual faible (ou fort) de F ; pour tout entier n, notons de plus E_n le dual faible (ou fort) de F_n, g_n l'application canonique continue de E_n dans E_{n-1} et f_n l'application canonique de E dans E_n. Dans ces conditions, on sait (cf. par exemple [6], I.5.1) que l'application $f = (f_n, n \in \mathbb{N})$ est un homéomorphisme de E sur le sous-espace G du produit $\prod_{n=0}^{\infty} E_n$ défini par :

$$G = \{x = (x_n) : \forall\, n \geq 1,\, g_n(x_n) = x_{n-1}\}.$$

Cet homéomorphisme définit par composition un homéomorphisme : $x \to (f_n \circ x, n \in \mathbb{N})$ de $\mathbb{C}(T, E)$ et $\mathbb{D}(T, E)$ sur $\mathbb{C}(T, G)$ et $\mathbb{D}(T, G)$ et il suffit de montrer que $\mathbb{C}(T, G)$ et $\mathbb{D}(T, G)$ sont respectivement lusiniens pour la topologie uniforme et pour la topologie de Skorohod. Ceci résultera du lemme :

Lemme 3.2.2 : (a) $\mathbb{C}(T, G)$ *(resp.* $\mathbb{D}(T, G)$ *est un sous-ensemble borélien du produit des* $\mathbb{C}(T, E_n)$ *muni du produit des topologies uniformes (resp du produit des* $\mathbb{D}(T, E_n)$ *muni du produit des topologies de Skorohod)*

(b) *La topologie uniforme sur* $\mathbb{C}(T, G)$ *et la topologie de Skorohod sur* $\mathbb{D}(T, G)$ *sont respectivement les topologies induites par le produit des topologies uniformes et de Skorohod sur les* $\mathbb{C}(T, E_n)$ *et sur les* $\mathbb{D}(T, E_n)$ *qui sont lusiniennes.*

Démonstration : (a) Notons que pour tout entier n et tout t appartenant à T, les applications : $(x, y) \to (g_n \circ x(t), y(t))$ de $\mathbb{C}(T, E_n) \times \mathbb{C}(T, E_{n-1})$ et de $\mathbb{D}(T, E_n) \times \mathbb{D}(T, E_{n-1})$ dans $E_n \times E_{n-1}$ sont des applications boréliennes pour les topologies lusiniennes de ces espaces. On a alors en notant S une suite dense dans T :

$$\mathbb{C}(T, G) \ \ (\text{resp. } \mathbb{D}(T, G)) = \{\, x = (x_n) : \forall\, n \geq 1, \forall\, s \in S,\, g_n \circ x(t) = x_{n-1}(t)\};$$

leur caractère borélien en résulte, ils sont alors lusiniens pour la topologie induite ([4], I.2.2).

(b) Pour tout entier n, nous notons $(r_n^i, i \in I_n)$ la famille filtrante de toutes les pseudo-distances continues sur E_n et nous construisons une famille $(d_n^i, i \in I_n, n \in \mathbb{N})$ de pseudo-distances sur G définissant sa topologie en posant $d_n^i(x, y) = r_n^i(x_n, y_n)$. La structure particulière de G montre que cette famille est alors filtrante puisque pour tout $n \geq 1$ et tout $i \in I_{n-1}$, $r_{n-1}^i(g_n(x), g_n(y))$ est une pseudo-distance continue sur E_n. Les propositions 1.1.2 et 1.2.1 montrent donc que $\{D_n^i, i \in I_n, n \in \mathbb{N}\}$ et $\{\Delta_n^i, i \in I_n, n \in \mathbb{N}\}$ sont respectivement des familles de pseudo-distances sur $\mathbb{C}(T, G)$ et sur $\mathbb{D}(T, G)$ définissant leur topologie ; par construction, elles définissent aussi les topologies induites respectivement par celles du produit des $\mathbb{C}(T, E_n)$ et des $\mathbb{D}(T, E_n)$, d'où le résultat du lemme et celui du théorème.

4. Mesures sur $\mathbb{C}(T, E)$ et sur $\mathbb{D}(T, E)$.

Nous munissons $\mathbb{C}(T, E)$ et $\mathbb{D}(T, E)$ des tribus $\Pi(\mathbb{C})$ et $\Pi(\mathbb{D})$ induites par la tribu produit $\mathbb{B}(E^T)$; nous notons $\mathbb{M}(\mathbb{C})$ et $\mathbb{M}(\mathbb{D})$ l'ensemble des mesures positives bornées sur $\mathbb{C}(T, E)$ et sur $\mathbb{D}(T, E)$; nous commençons par caractériser les mesures de Radon :

Théorème 4.1.1 : *Soit μ une mesure positive bornée sur $\mathbb{C}(T, E)$ (resp. sur $\mathbb{D}(T, E)$); alors les trois propriétés suivantes sont équivalentes :*

(1) *Pour tout $\varepsilon > 0$, il existe une partie compacte $\mathbb{K}$ de $\mathbb{C}(T, E)$ (resp. de $\mathbb{D}(T, E)$) telle que* $\mu(\mathbb{K}^c) \leq \varepsilon$ (i.e. μ est tendue).

(2) *Pour tout $\varepsilon > 0$ et tout élément b de $\Pi(\mathbb{C})$ (resp. de $\Pi(\mathbb{D})$), il existe une partie compacte $\mathbb{K}$ de $\mathbb{C}(T, E)$ (resp. de $\mathbb{D}(T, E)$) contenue dans b telle que* $\mu(b - \mathbb{K}) \leq \varepsilon$ (i.e. μ est intérieurement régulière pour les compacts).

(3) *Pour tout $\varepsilon > 0$, il existe une partie compacte K de E telle que* $\mu\{x : \exists\, t \in T, x(t) \notin K\} \leq \varepsilon$ (i.e. μ est faiblement tendue).

Nous dirons que *μ est une mesure de Radon* si elle vérifie les trois propriétés ci-dessus.

Démonstration : L'implication (1) $\Rightarrow$ (3) résulte directement du lemme 2.1.1; l'implication (2) $\Rightarrow$ (1) est immédiate ; il suffit donc de montrer que (3) $\Rightarrow$ (2) :

Sous la propriété (3), fixant $\varepsilon > 0$ et une partie compacte K de E associée, notant S une suite dense dans T, nous constatons que $\{x : \forall\, t \in T, x(t) \in K\} = \{x : \forall\, t \in S, x(t) \in K\}$ est un sous-ensemble de $\mathbb{C}(T, E)$ (resp. de $\mathbb{D}(T, E)$) mesurable pour la tribu $\Pi(\mathbb{C})$ (resp. la tribu $\Pi(\mathbb{D})$) ; nous pouvons alors associer à μ la mesure $\mu' = I_{\{x : \forall t \in T, x(t) \in K\}}.\mu$; c'est une mesure positive bornée portée par le sous-espace polonais $\mathbb{C}(T, K)$ (resp. l'espace polonais $\mathbb{D}(T, K)$) Sur ce sous-espace polonais, $\mathbb{B}(E^T)$ induit la tribu borélienne (proposition 3.1.2) de sorte que μ' est une mesure positive bornée sur cet espace polonais, c'est donc une mesure de Radon sur cet espace ; pour tout a appartenant à la tribu $\Pi(\mathbb{C})$ (resp. à la tribu $\Pi(\mathbb{D})$), il existe alors une partie compacte $\mathbb{K}$ de $\mathbb{C}(T, K)$ (resp. de $\mathbb{D}(T, K)$) contenue dans a telle que :

$$\mu(a - \mathbb{K}) \leq \mu\{\exists\, t \in T : x(t) \notin K\} + \mu'(a - \mathbb{K}) \leq 2\varepsilon ;$$

$\mathbb{K}$ sera alors aussi une partie compacte de $\mathbb{C}(T, E)$ (resp. de $\mathbb{D}(T, E)$) contenue dans a de sorte que (2) est satisfaite, le théorème est démontré.

Corollaire 4.1.2 : *Soit μ une mesure de Radon sur $\{\mathbb{C}, \Pi(\mathbb{C})\}$ (resp. sur $\{\mathbb{D}, \Pi(\mathbb{D})\}$, alors la tribu borélienne $\mathbb{B}(\mathbb{C})$) (resp. $\mathbb{B}(\mathbb{D})$) est contenue dans la tribu complétée pour μ de la tribu $\Pi(\mathbb{C})$ (resp. la tribu $\Pi(\mathbb{D})$).*

Ceci résulte en effet immédiatement de la caractérisation ci-dessus des mesures de Radon et du fait que la tribu borélienne $\mathbb{B}(\mathbb{C})$ (resp. $\mathbb{B}(\mathbb{D})$) induit sur l'espace polonais $\mathbb{C}(T, K)$ (resp. l'espace polonais $\mathbb{D}(T, K)$), K compact, la même tribu que la tribu produit.

4.2 Si E est un espace lusinien de l'un des types (a),...,(f) énumérés en 3.2, l'espace $\mathbb{C}(T, E)$ (resp. l'espace $\mathbb{D}(T, E)$) est lusinien et dans ces conditions, ([5], 1.5) toute mesure positive bornée pour la tribu $\Pi(\mathbb{C})$ (resp. la tribu $\Pi(\mathbb{D})$) ou pour la tribu $\mathbb{B}(\mathbb{C})$ (resp. la tribu $\mathbb{B}(\mathbb{D})$) est une mesure de Radon ; dans une situation peut-être un peu plus générale, on a la même propriété :

Soit E un espace lusinien régulier, on sait que l'espace produit E^N est aussi lusinien régulier ; notons $\mathbb{K}(E)$ l'ensemble des suites relativement compactes dans E. Nous introduisons la propriété suivante :

4.2.1 L'ensemble $\mathbb{K}(E)$ est mesurable dans E^N ; de plus pour toute probabilité μ sur E^N, on a :

$$\mu(\mathbb{K}(E) = \sup\{\mu(k^N), k \text{ compact dans } E\}.$$

On sait que si E a l'un des types (a),...,(f), il possède cette propriété 4.2.1 ([5], théorème 1.8).

Corollaire 4.2.2 : *Si l'espace lusinien* E *possède la propriété* 4.2.1, *alors toute mesure positive bornée sur* $\mathbb{C}(T, E)$ *(resp. sur* $\mathbb{D}(T, E)$*) pour la tribu* $\Pi(\mathbb{C})$ *(resp. pour la tribu* $\Pi(\mathbb{D})$*) est une mesure de Radon.*

Démonstration : Notons μ une mesure positive bornée sur $\mathbb{C}(T, E)$ (resp. sur $\mathbb{D}(T, E)$), fixons une suite $S = (s_n)$ dense dans T et notons μ' l'image de μ par l'application : $x \to (x(s_n), n \in N)$ de $\mathbb{C}(T, E)$ (resp. de $\mathbb{D}(T, E)$) dans E^N ; pour tout élément x de $\mathbb{C}(T, E)$ (resp. de $\mathbb{D}(T, E)$), l'ensemble $\{x(s_n), n \in N\}$ est relativement compact dans E ; il en résulte que μ' est portée par le sous-ensemble $\mathbb{K}(E)$ de E^N et l'hypothèse 4.2.1 montre que pour tout $\varepsilon > 0$, il existe une partie compacte k de telle que $\mu'\{x=(x_n) : \exists\, n \in N, x_n \notin k\} \leq \varepsilon$; ceci fournit :

$$\mu\{x : \exists\, t \in T, x(t) \notin k\} \leq \varepsilon,$$

c'est le résultat d'après le théorème 4.1.

4.3 La caractérisation et les propriétés des mesures de Radon sur $\mathbb{C}(T, E)$ (resp. sur $\mathbb{D}(T, E)$) nous conduisent à n'introduire les structures de convergence étroite que sur l'ensemble de ces mesures de Radon que nous noterons $\overline{\mathbb{M}}(\mathbb{C})$ (resp. $\overline{\mathbb{M}}(\mathbb{D})$). Pour ces mesures de Radon, toute fonction continue bornée sur $\mathbb{C}(T, E)$ (resp. sur $\mathbb{D}(T, E)$) est intégrable et on peut donc définir la convergence étroite à partir de toutes ces fonctions qu'elles soient $\Pi(\mathbb{C})$-mesurables (resp. $\Pi(\mathbb{D})$-mesurables) ou non. On pourra alors appliquer les théorèmes généraux sur les propriétés de la convergence étroite des mesures de Radon sur les espaces complètement réguliers généraux. Sur certaines parties, la structure de la convergence étroite sera d'ailleurs particulièrement simple :

Théorème 4.3.1 : *Soit* (K_n) *une suite croissante de parties compactes de* E *; soit* M *l'ensemble des probabilités sur* **C**(T, E) *(resp. sur* **D**(T, E)*) telles que :*

$$\forall n \in N,\ \mu\{x : \forall t \in T,\ x(t) \in K_n\} > 1 - 2^{-n} ;$$

dans ces conditions et pour la topologie de la convergence étroite, M *est lusinien.*

La démonstration du théorème sera basée sur l'argument technique suivant :
Soient F et G deux parties compactes de E ; à toute mesure positive bornée sur l'espace polonais sur **C**(T, F) (resp. sur l'espace polonais **D**(T, F)), on peut associer la mesure positive bornée μ' définie par le produit $I_{\{x : \forall t \in T,\ x(t) \in G\}}.\mu$ sur l'espace polonais **C**(T, G) (resp. sur l'espace polonais **D**(T, G)) ; on définit ainsi une application $\theta_{F,G}$ de **M**(**C**(T, F)) dans **M**(**C**(T, G)) (resp. de **M**(**D**(T, F)) dans **M**(**D**(T, G)) ; on a alors :

Lemme 4.3.2 : *Si* F *et* G *sont compacts dans* E, *alors l'application* $\theta_{F,G}$ *est une application borélienne de* **M**(**C**(T, F)) *dans* **M**(**C**(T, G)) *(resp. de* **M**(**D**(T, F)) *dans* **M**(**D**(T, G))*).*

Démonstration : Puique toute famille séparante de fonctions réelles continues sur un espace polonais engendre sa tribu borélienne, il suffit de montrer que pour tout entier n > 0, toute application continue f de E^n dans **R** et tout élément $t = (t_1,\ldots,t_n)$ de T^n, l'application

$$\mu \to \int f[x o t]\ \theta_{F,G}(\mu)(dx) = \int f[x(t_1),\ldots,x(t_n)]\ \theta_{F,G}(\mu)(dx)$$

est une application mesurable de **M**(**C**(T, F)) (resp. de **M**(**D**(T, F))dans **R**. Puisque F et G sont compacts, il existe une application g continue de F dans [0, 1] telle que $g^{-1}\{1\} = F \cap G$, notons $S = (s_k)$ une suite dense dans T, on a alors :

$$\int f[x o t]\ \theta_{F,G}(\mu)(dx) = \lim_{K \to \infty} \lim_{N \to \infty} \int f[x o t] \prod_{k=1}^{K} \{g o x(s_k)\}^N \mu(dx),$$

d'où le résultat du lemme.

Démonstration du théorème :
(a) Utilisant la suite croissante (K_n) de l'énoncé, nous notons $\prod$ l'espace produit polonais des espaces polonais **M**(**C**(T, K_n)) (resp. des espaces polonais **M**(**D**(T, K_n))) et nous posons :

$$\theta_n = \theta_{K_{n+1},K_n},\quad A = \{\mu = (\mu_n) \in \prod : \theta_n.\mu_{n+1} = \mu_n,\ \|\mu_n\| \in [1-2^{-n}, 1]\} ;$$

cet ensemble A est alors borélien dans $\prod$ d'après le lemme 4.3.2 et est donc lusinien.

Notons dans ces conditions s l'application de A dans $\overline{\mathbf{M}}$(**C**) (resp. dans $\overline{\mathbf{M}}$(**D**))) définie par s(μ) = sup{μ_n, n ∈ N} ; alors s est une application injective de l'espace lusinien A dans l'espace séparé $\overline{\mathbf{M}}$(**C**) (resp. l'espace séparé $\overline{\mathbf{M}}$(**D**)) et s(A) = M sera lusinien si s est continue.

(b) Montrons que s est continue : Soit en effet Φ un filtre sur A convergeant dans A vers $m = (m_n)$, soit de plus f une fonction continue sur **C**(T, E) (resp. sur **D**(T, E))) à valeurs dans [0, 1] ; pour tout entier n et puisque A a la topologie produit, on a $\lim_{\mu \in \Phi} \int f\, d\mu_n = \int f\, dm_n$, on en déduit :

$$\int f\, ds(m) = \sup_{n \in N} \int f\, dm_n = \sup_{n \in N} \lim_{\mu \in \Phi} \int f\, d\mu_n \leq \lim_{\mu \in \Phi} \int f\, ds(\mu) \; ;$$

appliquant le même calcul à (1 - f) et utilisant le fait que s(m) et s(μ) sont des probabilités, on en déduit par addition $\int f\, ds(m) = \lim_{\mu \in \Phi} \int f\, ds(\mu)$, c'est la continuité de s ; le caractère lusinien de M est donc établi.

4.4 Certaines parties relativement compactes de $\overline{\mathbb{M}}(\mathbb{C})$ et $\overline{\mathbb{M}}(\mathbb{D})$.

L'application des corollaires 2.1.5 et 2.2.3 et des propriétés de compacité des mesures de Radon tendues sur les espaces complètement réguliers fournit des conditions suffisantes de compacité relative :

Théorème 4.4 : *Soit* M *un ensemble de mesures de Radon sur* $\mathbb{C}$(T, E) *(resp. sur* $\mathbb{D}$(T, E)*). On suppose qu'il existe une suite* (K_n) *de parties compactes de* E *telles que :*

(1) $$\forall n \in N, \forall \mu \in M, \mu\{x : \exists t \in T, x(t) \notin K_n\} \leq 2^{-n}.$$

Dans ces conditions, pour que M *soit relativement compacte, il faut et il suffit qu'il existe une famille séparante* F *de fonctions continues réelles sur* E *telles que :*

(2) $\forall f \in F$, *l'ensemble* $f \circ M$ *est relativement compact dans* $\mathbb{M}(\mathbb{C}(T, \mathbb{R}))$

(resp. $\forall (f,g) \subset F$, *l'ensemble* $(f+g) \circ M$ *est relativement compact dans* $\mathbb{M}(\mathbb{D}(T, \mathbb{R}))$*).*

4.5 Une autre topologie sur $\mathbb{M}(\mathbb{C}(T, E))$ (resp. sur $\mathbb{M}(\mathbb{D}(T, E))$).

On pourrait envisager ([6]) d'introduire une autre topologie sur l'ensemble $\mathbb{M}(\mathbb{C})$ (resp. sur l'ensemble $\mathbb{M}(\mathbb{D})$) de *toutes* les mesures positives bornées sur $\mathbb{C}$(T, E) (resp sur $\mathbb{D}$(T, E)). Cette topologie, *presque étroite*, serait définie à partir des seules fonctions continues bornées et $\overline{\Pi}$-mesurables ; elle induirait sur l'ensemble $\overline{\mathbb{M}}(\mathbb{C})$ (resp. sur l'ensemble $\overline{\mathbb{M}}(\mathbb{D})$) des mesures de Radon une topologie moins fine que la topologie étroite avec laquelle elle coinciderait si E était polonais; dans la situation générale, on aurait seulement :

Théorème 4.5 : (a) *La topologie presque étroite est séparée.* (b) *Soit* (μ_k) *une suite de probabilités de Radon sur* $\mathbb{C}$(T, E) *(resp sur* $\mathbb{D}$(T, E)*) ; on suppose qu'elle est faiblement tendue, c'est-à-dire qu'il existe une suite croissante* (K_n) *de parties compactes de* E *telles que :*

$$\forall n \in N, \forall k \in N, \mu\{x : \forall t \in T, x(t) \in K_n\} > 1 - 2^{-n}.$$

Alors (μ_k) *converge pour la topologie presque étroite si et seulement si elle converge pour la topologie étroite.*

Démonstration : (a) Soit μ un élément de $\mathbb{M}(\mathbb{C})$ (resp. de $\mathbb{M}(\mathbb{D})$) ; soient de plus $(t_1,\ldots,t_n)$ une suite de n éléments de T et $(y_1,\ldots y_n)$ une suite de n parties fermées de F ; l'espace E étant lusinien régulier est parfaitement normal et il existe donc pour tout $k \in [1, n]$, une application continue f_k de E dans [0, 1] telle que $f_k^{-1}\{1\} = F_k$; on en déduit :

$$\mu\{x : \forall k \in [1, n], x(t_k) \in F_k\} = \lim_{p\to\infty} \int [\prod_{k=1}^{n} f_k \circ x(t_k)]^p \, d\mu(x).$$

Dans ces conditions, soient μ et ν deux éléments de $\mathbb{M}(\mathbb{C})$ (resp. de $\mathbb{M}(\mathbb{D})$) non séparés par la topologie presque étroite ; les fonctions : $x \to [\prod_{k=1}^{n} f_k \circ x(t_k)]^p$ étant continues bornées et Π-mesurables, on aura :

$$\int [\prod_{k=1}^{n} f_k \circ x(t_k)]^p \, d\mu(x) = \int [\prod_{k=1}^{n} f_k \circ x(t_k)]^p \, d\nu(x),$$

et donc :

$$\mu\{x : \forall k \in [1, n], x(t_k) \in F_k\} = \nu\{x : \forall k \in [1, n], x(t_k) \in F_k\} \;;$$

μ et ν coincident donc sur une famille de générateurs de $\Pi(\mathbb{C})$ (resp. de $\Pi(\mathbb{D})$) stable par 2-intersection, on a alors $\mu = \nu$ de sorte que la topologie est séparée.

(b) Soit f une fonction continue réelle sur E ; nous lui avons associé une application (f∘) de $\mathbb{M}(\mathbb{C}(T, E))$ dans $\mathbb{M}(\mathbb{C}(T, \mathbb{R}))$ (resp. de $\mathbb{M}(\mathbb{D}(T, E))$ dans $\mathbb{M}(\mathbb{D}(T, \mathbb{R}))$) ; pour toute application continue bornée h de $\mathbb{C}(T, \mathbb{R})$ dans $\mathbb{R}$ (resp.de $\mathbb{D}(T, \mathbb{R})$ dans $\mathbb{R}$), on a alors :

$$\int h(x)[f \circ \mu])(dx) = \int h\{f \circ x\} d\mu(x) \;;$$

l'application : $x \to h\{f \circ x\}$ de $\mathbb{C}(T, E)$ (resp. de $\mathbb{D}(T, E)$) dans $\mathbb{R}$ est continue bornée et Π-mesurable de sorte que l'égalité ci-dessus montre que l'application : $\mu \to f \circ \mu$ est continue pour la topologie presque étroite sur $\mathbb{M}(\mathbb{C}(T, E)$ (resp. sur $\mathbb{M}(\mathbb{D}(T, E)))$ et elle transforme tout ensemble relativement compact de $\mathbb{M}(\mathbb{C}(T, E)$ (resp. de $\mathbb{M}(\mathbb{D}(T, E)))$ pour la topologie presque étroite en un ensemble relativement compact de $\mathbb{M}(\mathbb{C}(T, \mathbb{R})$ (resp. de $\mathbb{M}(\mathbb{D}(T, \mathbb{R})))$ pour la topologie étroite usuelle. Dans ces conditions, soit (μ_k) une suite de probabilités de Radon sur $\mathbb{C}(T, E)$ (resp. sur $\mathbb{D}(T, E)$) faiblement tendue et convergente pour la topologie presque étroite ; pour tout couple (f, g) de fonctions continues réelles sur E, la suite image $\{(f+g) \circ \mu_k, k \in \mathbb{N}\}$ sera relativement compacte dans $\mathbb{M}(\mathbb{C}(T, \mathbb{R})$ (resp. dans $\mathbb{M}(\mathbb{D}(T, \mathbb{R})))$; le théorème 4.4 indique donc que la suite (μ_k) est relativement compacte pour la topologie étroite ; comme elle converge pour une topologie séparée moins fine, elle converge aussi pour cette topologie étroite, c'est le résultat.

Références

[1] P. Billingsley, Convergence of probability measures, J. Wiley, New-York, 1968.

[2] N.Bourbaki Eléments de Mathématique, Topologie générale, Chapitres V à X, nouvelle édition, Masson, Paris, 1981.

[3] C. Dellacherie et P.A. Meyer Probabilités et Potentiel, Chapitres I à IV, Hermann, Paaris, 1975.

[4] X. Fernique Processus linéaires, processus généralisés, Ann. Inst. Fourier Grenoble, 17, 1, 1967, 1-92.

[5] X. Fernique Fonctions aléatoires à valeurs dans les espaces lusiniens, Expositiones Math., 8, 4, 1990, à paraître.

[6] X. Fernique Les fonctions aléatoires à valeurs dans les espaces lusiniens et leurs modifications régulières, Proceedings of the Vilnius Conference on Probability and Mathematicals Statistics, 1989, à paraître.

[7] A. Jakubowski, On the Skorohod topology, Ann. Inst. Henri Poincaré, 22, 3, 1986, 263-285.

Xavier Fernique,
Institut de Recherche Mathématique Avancée, Unité associée au C.N.R.S.,
Université Louis Pasteur,
7, rue René Descartes,
67084 Strasbourg Cédex (France).

CALCUL STOCHASTIQUE AVEC SAUTS SUR UNE VARIETE*

Jean Picard
Mathématiques Appliquées
Université Blaise Pascal
F-63177 Aubière Cedex

0. Introduction

La théorie des martingales et semimartingales à valeurs dans un espace euclidien est à la base du calcul stochastique; cette théorie a fait l'objet d'un grand nombre de travaux au cours des dernières décennies. Le mouvement brownien à valeurs dans une variété riemannienne a également suscité de nombreuses recherches; en revanche, l'étude systématique des semimartingales à valeurs dans une variété ne s'est développée que beaucoup plus récemment, et s'est le plus souvent limitée à l'étude des semimartingales continues (citons les références classiques [1], [2], [10], [11], [14] ainsi que le livre récent [4]; en ce qui concerne les processus avec sauts, le cas des groupes de Lie est étudié dans [6]). La définition est simple; on dit qu'un processus X_t à valeurs dans la variété est une semimartingale si pour toute fonction régulière f à valeurs réelles, le processus $f(X_t)$ est une semimartingale. Dans le cas euclidien, une semimartingale se décompose en une martingale locale et un processus à variation finie; la notion de processus à variation finie se généralise naturellement au cas d'une variété, mais la notion de martingale nécessite l'introduction d'une structure géométrique supplémentaire; dans le cas continu, la donnée d'une connexion affine sur la variété suffit pour définir une telle notion; la connexion permet également de définir l'intégrale stochastique de Itô d'une forme linéaire par rapport à une semimartingale continue. Notre but ici est de considérer le cas de processus avec sauts; nous allons proposer quelques définitions permettant de généraliser les notions déjà étudiées dans le cas continu. Dans le cas euclidien, les processus avec sauts (incluant les processus à temps discret) occupent une place importante au sein du calcul stochastique, et nous pensons qu'il est également important d'avoir une bonne compréhension du comportement de tels processus sur une variété; d'autre part, nous espérons que cette étude apporte aussi un éclairage (ou un obscurcissement?) nouveau sur les processus continus; ces processus sont en effet souvent étudiés par discrétisation du temps, donc on n'échappe pas aux sauts.

---

* Ce travail a été réalisé alors que l'auteur se trouvait à l'Inria, Unité de Recherche de Sophia Antipolis.

Soit V une variété régulière de dimension d; dans tout cet article, "régulier" signifiera C^∞, nous ne chercherons pas à préciser l'ordre exact de différentiabilité requis. Soit X_t une semimartingale càdlàg (continue à droite avec limites à gauche) à valeurs dans V et soit α_t une forme linéaire aléatoire sur l'espace tangent $T_{X_{t-}}(V)$; on suppose que c'est un processus prévisible à valeurs dans l'espace cotangent $T^*(V)$. Nous désirons une construction de l'intégrale de Itô $\int_0^t \alpha_s dX_s$ généralisant celle du cas euclidien. Pour cela il faut donner un sens à $\alpha_t dX_t$ et donc pouvoir interpréter l'accroissement dX_t comme un vecteur tangent. Si X_t est absolument continu, on a $dX_t = \dot{X}_t dt$ qui est bien un vecteur tangent. Si X_t est une semimartingale continue, on peut calculer dX_t dans une carte locale mais la formule de Itô montre que le résultat dépend du choix de la carte; le vecteur inifinitésimal dX_t n'a donc pas de signification intrinsèque, mais le couple $(dX_t, d\langle X, X\rangle_t)$ en a une en tant que vecteur tangent d'ordre 2; isoler dX_t dans ce couple est alors rendu possible par la donnée d'une connexion affine sur la variété. Si X_t n'est pas continu, cela ne suffit plus; il faut également pouvoir donner un sens au saut ΔX_t qui n'est plus une quantité infinitésimale. Nous ne nous donnerons donc pas seulement X_t, mais le couple $(\Delta X_t, X_t)$, ΔX_t étant un vecteur tangent en X_{t-} représentant le saut de X_{t-} à X_t; nous pourrons ainsi définir l'intégrale $\int_0^t \alpha_s dX_s$ et la notion de martingale. Un moyen permettant de retrouver ΔX_t à partir de X_{t-} et X_t nous sera fourni par un objet géométrique que nous appellerons "connecteur": ce sera une application qui à deux points x et y fera correspondre un vecteur tangent en x représentant le saut de x à y. De plus, le comportement infinitésimal du connecteur (pour x et y voisins) permettra de lui associer une connexion et nous pourrons ainsi construire l'intégrale $\int_0^t \alpha_s dX_s$. Nous serons alors en mesure de donner une définition des martingales avec sauts sur V généralisant les définitions des cas euclidien et continu. Signalons que des approches différentes pourraient être envisagées en utilisant les notions de barycentres de [8] ou [5]. Nous donnerons également un rapide aperçu sur les liens entre problèmes de martingales sur V et applications harmoniques à valeurs dans V (le cas continu est étudié dans [9], [13]).

Un autre outil important en calcul stochastique sur les variétés est la notion de transport qui permet de remonter une semimartingale sur V en une semimartingale sur $T(V)$, ou plus généralement sur un fibré vectoriel; la notion de transport est utile dans l'étude des semimartingales à valeurs dans les fibrés et de telles semimartingales interviennent naturellement, par exemple lorsque l'on dérive une semimartingale à valeurs dans V par rapport à un paramètre. Dans le cas continu, le transport est lié au choix d'une connexion sur le fibré relevant la connexion de V. Ici, il nous faudra également décrire ce qui se passe en un instant de saut. L'objet géométrique permettant de construire le transport sera appelé "transporteur".

Nous utiliserons largement des cartes locales dans les démonstrations, mais les constructions seront intrinsèques, et ne dépendront donc pas du choix d'un atlas; dans les démonstrations utilisant un atlas, nous supposerons en général que notre semimartingale X_t prend ses valeurs dans une seule carte locale et ne détaillerons pas l'étude des changements de cartes; une telle étude, bien que techniquement fastidieuse, n'offre pas de réelles difficultés (nous donnerons cependant une indication sur la méthode à suivre dans la première de ces démonstrations). Donnons quelques conventions qui seront utilisées dans cet article; les semimartingales seront toujours supposées càdlàg. La projection de $T(V)$ sur V sera notée π et le vecteur nul de $T_x(V)$ sera noté 0_x. Si ϕ est une fonction régulière sur $V \times V$, nous dirons que $\phi(x,y)$ est au plus d'ordre $|y-x|^k$ ($k \in \mathbb{N}^\star$) près de la diagonale si $\phi(x,y)$ et ses dérivées par rapport à y jusqu'à l'ordre $k-1$ sont nulles en $y=x$. Un processus sur une variété de dimension finie (V ou un fibré au-dessus de V) sera dit localement borné s'il existe une suite de temps d'arrêt t_k croissant presque sûrement vers l'infini telle que le processus arrêté en t_k prenne ses valeurs dans une partie compacte. Si $F(V)$ est un fibré vectoriel de dimension finie au-dessus de V, un champ de normes sera par définition une application régulière de $F(V)$ dans $\mathbb{R}_+$ dont la restriction à chaque fibre est une norme; si X_t est un processus localement borné sur V et si Y_t est un processus au-dessus de X_t (c'est-à-dire dont la projection sur V est X_t), nous dirons que Y_t est sommable sur l'intervalle $[0,T]$ si pour tout champ de normes $(|.|_x, x \in V)$, le processus $|Y_t|_{X_t}$ est sommable sur $[0,T]$; il suffit en fait que cette propriété soit réalisée pour un champ de normes, elle l'est alors pour tous; nous pouvons définir de la même façon la notion de processus de carré sommable. Nous utiliserons les lemmes suivants; on suppose fixé un espace de probabilité filtré $(\Omega, \mathcal{F}, \mathbb{P}, \mathcal{F}_t)$.

Lemme 0.1. *Soit Z_t une semimartingale à valeurs dans $\mathbb{R}^d$ et soit $(t_k^N, 0 \leq k \leq N)$ une suite de subdivisions de $[0,T]$ dont le pas tend vers 0.*
(a) Si ψ_t est un processus adapté càdlàg à valeurs dans $\mathbb{R}^d$ (considéré comme l'ensemble des formes linéaires sur $\mathbb{R}^d$), la suite de variables

$$\sum_{k=0}^{N-1} \psi_{t_k^N}(Z_{t_{k+1}^N} - Z_{t_k^N})$$

converge en probabilité vers l'intégrale de Itô $\int_0^T \psi_{t-} dZ_t$.
(b) Si ψ_t est un processus adapté càdlàg à valeurs dans $\mathbb{R}^d \otimes \mathbb{R}^d$ (formes bilinéaires sur $\mathbb{R}^d \times \mathbb{R}^d$), la suite

$$\sum_{k=0}^{N-1} \psi_{t_k^N}\langle Z_{t_{k+1}^N} - Z_{t_k^N}, Z_{t_{k+1}^N} - Z_{t_k^N}\rangle$$

converge en probabilité vers $\int_0^T \psi_{t-} d[Z,Z]_t$.
(c) Si ϕ est une fonction réelle régulière sur $\mathbb{R}^d \times \mathbb{R}^d$ telle que $\phi(x,y)$ est au plus d'ordre $|y-x|^3$ près de la diagonale et si ψ_t est un processus adapté càdlàg à valeurs réelles, la suite $\sum_{k=0}^{N-1} \psi_{t_k^N} \phi(Z_{t_k^N}, Z_{t_{k+1}^N})$ converge en probabilité vers $\sum_{t \le T} \psi_{t-} \phi(Z_{t-}, Z_t)$.

Lemme 0.2. *Soit Z_t une semimartingale à valeurs dans $\mathbb{R}^d$, soit ϕ une application régulière de $\mathbb{R}^d \times \mathbb{R}^d$ dans $\mathbb{R}^m$ et soient f_1, f_2, f_3 des applications régulières définies sur $\mathbb{R}^d \times \mathbb{R}^n$ à valeurs respectivement dans les applications linéaires de $\mathbb{R}^d$ dans $\mathbb{R}^n$, les applications bilinéaires de $\mathbb{R}^d \times \mathbb{R}^d$ dans $\mathbb{R}^n$ et les applications linéaires de $\mathbb{R}^m$ dans $\mathbb{R}^n$. On suppose que $\phi(x,y)$ est au plus d'ordre $|y-x|^3$ près de la diagonale et que $f_1(z,\xi)$, $f_2(z,\xi)$, $f_3(z,\xi)$ ont une croissance au plus linéaire en ξ, uniformément lorsque z décrit une partie bornée de $\mathbb{R}^d$. Soit $(t_k^N, 0 \le k \le N)$ une suite de subdivisions de $[0,T]$ dont le pas tend vers 0, soit $\xi_1^N \in \mathbb{R}^n$ une suite de variables $\mathcal{F}_{t_1^N}$ mesurables et soit ξ_k^N la suite définie par*

$$\begin{aligned}\xi_{k+1}^N =& \xi_k^N + f_1(Z_{t_k^N}, \xi_k^N)(Z_{t_{k+1}^N} - Z_{t_k^N}) + f_2(Z_{t_k^N}, \xi_k^N)\langle Z_{t_{k+1}^N} - Z_{t_k^N}, Z_{t_{k+1}^N} - Z_{t_k^N}\rangle \\ &+ f_3(Z_{t_k^N}, \xi_k^N)\phi(Z_{t_k^N}, Z_{t_{k+1}^N}).\end{aligned}$$

Si ξ_1^N converge en probabilité vers une variable ξ_0 alors ξ_N^N converge vers la valeur en $t = T$ de la solution de

$$\begin{aligned}\xi_t =& \xi_0 + \int_0^t f_1(Z_{s-}, \xi_{s-}) dZ_s + \int_0^t f_2(Z_{s-}, \xi_{s-}) d[Z,Z]_s \\ &+ \sum_{s \le t} f_3(Z_{s-}, \xi_{s-}) \phi(Z_{s-}, Z_s).\end{aligned}$$

Lemme 0.3. *Soit Z_t une semimartingale à valeurs dans $\mathbb{R}^d$, soit V_t^N une suite de processus adaptés càdlàg à variation finie dans $\mathbb{R}^m$ convergeant vers V_t, au sens où V_0^N converge en probabilité vers V_0 et la variation de $V^N - V$ sur $[0,T]$ converge en probabilité vers 0. Soient f_1, f_2 des applications régulières définies sur $\mathbb{R}^d \times \mathbb{R}^n$ à valeurs respectivement dans les applications linéaires de $\mathbb{R}^d$ dans $\mathbb{R}^n$ et les applications linéaires de $\mathbb{R}^m$ dans $\mathbb{R}^n$; on suppose que $f_1(z,\xi)$, $f_2(z,\xi)$ ont une croissance au plus linéaire en ξ uniformément lorsque z décrit une partie bornée. Soit ξ_0^N une suite de variables $\mathcal{F}_0$ mesurables convergeant vers ξ_0. Alors la solution ξ_t^N de*

$$\xi_t^N = \xi_0^N + \int_0^t f_1(Z_{s-}, \xi_{s-}^N) dZ_s + \int_0^t f_2(Z_{s-}, \xi_{s-}^N) dV_s^N$$

converge en probabilité pour tout t vers la solution de

$$\xi_t = \xi_0 + \int_0^t f_1(Z_{s-}, \xi_{s-})dZ_s + \int_0^t f_2(Z_{s-}, \xi_{s-})dV_s.$$

Nous ne donnerons pas la démonstration de ces résultats qui sont assez "classiques"; on peut par exemple les déduire de [12]. D'autre part, nous n'avons énoncé qu'une convergence à t fixé, mais on a en fait une convergence uniforme en temps.

1. Connecteurs et connexions sans torsion

Définition 1.1. *Soit γ une application régulière de $V \times V$ dans $T(V)$. Nous dirons que γ est un connecteur si $\gamma(x,y)$ est dans $T_x(V)$, si $\gamma(x,x) = 0_x$ et si pour tout x, la dérivée partielle de $\gamma(x,y)$ par rapport à y prise en $y = x$ est égale à l'application identité de $T_x(V)$.*

Si x et y sont deux points de V, $\gamma(x,y)$ est un vecteur tangent en x qui permettra de représenter un saut de x à y; nous dirons que $\gamma(x,y)$ connecte x à y; ainsi x est connecté à lui-même par le vecteur nul. La dernière condition de la définition affirme qu'un vecteur connectant un point à un point voisin peut être approché par le vecteur vitesse d'une courbe reliant les deux points; plus précisément, si c_t est une courbe régulière sur V alors pour tout t,

$$\gamma(c_t, c_{t+\varepsilon}) = \varepsilon \dot{c}_t + O(\varepsilon^2) \tag{1}$$

quand $\varepsilon \to 0$. Notons que par le théorème de la fonction implicite, pour tout x fixé, $\gamma(x,.)$ induit un difféomorphisme d'un voisinage de x sur un voisinage de 0_x. Il apparaitra dans les exemples qu'il est souvent difficile de faire correspondre à (x,y) un unique vecteur $\gamma(x,y)$; aussi nous allons également considérer une notion plus générale qui est celle de connecteur multivoque.

Définition 1.2. *Soit Γ une partie fermée de $T(V) \times V$. Nous dirons que Γ est un connecteur multivoque s'il existe un connecteur γ et un voisinage W de $\{(0_x, x); x \in V\}$ dans $T(V) \times V$ tels que*

$$\Gamma \cap W = \{(u,y) \in W; \quad u = \gamma(\pi(u), y)\}.$$

Les connecteurs multivoques sont en général définis par des relations du type $\Phi(u,y) = 0$, Φ fonction régulière sur $T(V) \times V$. Un connecteur est évidemment un connecteur multivoque, Γ étant alors l'ensemble des $(\gamma(x,y), y)$ lorsque (x,y) décrit $V \times V$; réciproquement un connecteur multivoque permet de définir une famille de connecteurs, deux connecteurs de cette famille coïncidant sur un voisinage de la diagonale. Dans le cas d'un connecteur multivoque, un point x peut être connecté à un point "voisin" par un et un seul "petit" vecteur $u \in T_x(V)$; cependant il peut aussi être connecté à ce même point par un autre vecteur qui n'est pas petit; de même le vecteur nul 0_x connecte x à lui-même, mais il peut aussi le connecter à un point y qui n'est pas voisin; de plus, un point x peut ne pas être connecté à tous les points y de V (on peut alors dire que le saut de x à y est interdit).

Exemple 1. Soit $V = \mathbb{R}^d$. Alors l'espace tangent s'identifie naturellement à $\mathbb{R}^d \times \mathbb{R}^d$ et on peut poser $\gamma(x,y) = (x, y-x)$. On obtient ainsi un connecteur; x est connecté à y par le vecteur $y - x$.

Exemple 2. Soit $V = S^1$ le cercle unité du plan complexe. L'espace tangent est $S^1 \times \mathbb{R}$ et si on note $u = (x, \vec{u})$ un élément générique cet espace, on peut prendre pour Γ l'ensemble des $((x,\vec{u}), y)$ tels que $y = xe^{i\vec{u}}$. On obtient ainsi un connecteur multivoque; si x est connecté à y par $\vec{u}$, il l'est également par tous les vecteurs $\vec{u} + 2k\pi$, k entier. Plus généralement, si V est un groupe de Lie G, si e désigne l'élément neutre et si $\mathcal{G} = T_e(G)$ est l'algèbre de Lie associée, chaque espace $T_x(G)$ peut être identifié à $\mathcal{G}$ au moyen de l'isomorphisme $L'_x(e)$, où L_x est la multiplication à gauche par x ($L_x(g) = xg$) et L'_x sa dérivée. On identifie ainsi $T(G)$ à $G \times \mathcal{G}$ et en notant $(x, \vec{u})$ un élément générique, on peut définir un connecteur multivoque Γ par la relation $x^{-1}y = \operatorname{Exp}(\vec{u})$ (Exp étant l'application exponentielle de $\mathcal{G}$ dans G).

Exemple 3. Soit V une sous-variété de $\mathbb{R}^n$, $n > d$. Alors $T_x(V)$ peut être identifié à un sous-espace vectoriel de $\mathbb{R}^n$; soit $\gamma(x,y)$ la projection orthogonale de $y - x$ sur $T_x(V)$; γ est un connecteur. Dans ce cas, $\gamma(x,y)$ connecte x à y, mais il peut aussi le connecter à d'autres points.

Exemple 4. Soit à nouveau V une sous-variété de $\mathbb{R}^n$; un élément de $T(V)$ peut être écrit $u = (x, \vec{u})$ avec $x \in V \subset \mathbb{R}^n$ et $\vec{u} \in T_x(V) \subset \mathbb{R}^n$. Si Γ est l'ensemble des $((x,\vec{u}), y)$ tels que $y - (x + \vec{u})$ est orthogonal à $T_y(V)$, on obtient un connecteur multivoque.

Considérons le comportement des connecteurs au voisinage de la diagonale. Le comportement au premier ordre est le même pour tous les connecteurs d'après (1); le comportement au second ordre va nous permettre de définir la notion de connexion sans torsion.

Définition 1.3. *Nous dirons que deux connecteurs γ_1 et γ_2 sont équivalents à l'ordre 2 si*

$$\gamma_1(x,y) - \gamma_2(x,y) = O(|y-x|^3)$$

près de la diagonale. Une connexion sans torsion ∇ sur V sera par définition une classe d'équivalence pour cette relation.

Si γ est un connecteur et f est une fonction régulière sur V, en tout point x de V, il existe une unique forme bilinéaire symétrique $f''(x)$ sur $T_x(V)$ telle que

$$f(y) = f(x) + f'(x)\gamma(x,y) + \frac{1}{2}f''(x)\langle\gamma(x,y),\gamma(x,y)\rangle + O(|y-x|^3) \quad (2)$$

si $y \to x$. Alors f'' est une application régulière et ne dépend que de la connexion sans torsion contenant γ; f'' est appelé le hessien de f relatif à la connexion sans torsion. Dans le cas euclidien (Exemple 1), $f''(x)$ est la matrice hessienne classique. L'opération $f \mapsto f''$ est bien un hessien (voir [4]) au sens où c'est une opération linéaire vérifiant

$$(f^2)''(x)\langle u,u\rangle = 2f(x)f''(x)\langle u,u\rangle + 2(f'(x)u)^2.$$

Réciproquement, supposons donné un hessien $f \mapsto f''$; une courbe géodésique est par définition une courbe régulière $t \mapsto c_t$ sur V vérifiant

$$\frac{d^2}{dt^2}f(c_t) = f''(c_t)\langle\dot{c}_t,\dot{c}_t\rangle,$$

c'est-à-dire

$$f(c_{t+\varepsilon}) = f(c_t) + \varepsilon f'(c_t)\dot{c}_t + \frac{\varepsilon^2}{2}f''(c_t)\langle\dot{c}_t,\dot{c}_t\rangle + O(\varepsilon^3) \quad (3)$$

pour tout f. Soit Γ l'ensemble des (u,y) de $T(V)\times V$ tels qu'il existe une courbe géodésique c_t, $0 \le t \le 1$, vérifiant $c_0 = \pi(u)$, $\dot{c}_0 = u$ et $c_1 = y$; alors Γ est un connecteur multivoque que nous appellerons connecteur géodésique; de plus d'après (2) et (3), le hessien associé à Γ coïncide avec le hessien d'où nous sommes partis. La donnée d'une connexion sans torsion est donc équivalente à la donnée d'un hessien.

Remarque. On peut en déduire que notre notion de connexion sans torsion est équivalente à la notion classique. En effet on peut associer au hessien l'opérateur de dérivée covariante défini par

$$(\nabla_X Y f)(z) = (XYf)(z) - f''(z)\langle X(z),Y(z)\rangle$$

pour X et Y deux champs de vecteurs et f une fonction régulière. Cet opérateur est sans torsion au sens où

$$\nabla_X Y - \nabla_Y X = XY - YX$$

et il y a bijection entre les hessiens et les opérateurs de dérivée covariante sans torsion.

Remarque. Si γ est un connecteur induisant la connexion sans torsion, les courbes géodésiques peuvent également être caractérisées par la condition

$$\gamma(c_t, c_{t+\varepsilon}) = \varepsilon \dot{c}_t + O(\varepsilon^3)$$

pour $\varepsilon \to 0$. Dans le cas du connecteur géodésique, le terme $O(\varepsilon^3)$ est même identiquement nul sur un voisinage de 0.

Exemple 5. Si V est une sous-variété de $\mathbb{R}^n$, on peut montrer que les connecteurs des exemples 3 et 4 définissent la même connexion sans torsion (en fait la structure euclidienne de $\mathbb{R}^n$ induit une métrique riemannienne sur V et notre connexion est la connexion de Levi-Cività associée à cette métrique). On peut donc considérer le connecteur géodésique de V, et cela fournit un troisième exemple de connecteur définissant la même connexion sans torsion.

2. Processus à temps discret

Dans ce paragraphe, on se donne un espace de probabilité $(\Omega, \mathcal{F}, \mathbb{P})$ muni d'une filtration à temps discret $(\mathcal{F}_t; t \in \mathbb{N})$ et une variété V. Pour étudier les processus à valeurs dans V, nous utiliserons non seulement leurs valeurs X_t, mais aussi les vecteurs tangents connectant X_t à X_{t+1}.

Définition 2.1. *Un Δ-processus à temps discret est par définition un processus $Y_t = (\Delta X_t, X_t)$ à valeurs dans $T(V) \times V$ tel que $X_t = \pi(\Delta X_{t+1})$ pour tout t, $\pi(\Delta X_0) = X_0$ et ΔX_0 est le vecteur nul en X_0.*

Ainsi ΔX_t est un vecteur représentant le saut de X_{t-1} à X_t. La notion de martingale se définit alors de façon naturelle.

Définition 2.2. *Une Δ-martingale est par définition un Δ-processus adapté $Y_t = (\Delta X_t, X_t)$ tel que pour tout $t \geq 1$, conditionnellement à $\mathcal{F}_{t-1}$, la loi de ΔX_t est intégrable et centrée.*

En effet, conditionnellement à $\mathcal{F}_{t-1}$, ΔX_t est à valeurs dans l'espace vectoriel $T_{X_{t-1}}(V)$ donc les notions d'intégrabilité et de moyenne conditionnelles ont bien un sens. Jusqu'à présent, nous n'avons donné aucune relation entre (X_{t-1}, X_t) et ΔX_t donc cette notion de martingale semble trop peu restrictive; en effet, à partir de tout processus adapté X_t on peut construire une Δ-martingale (prendre pour ΔX_t le vecteur nul en X_{t-1}!). C'est là que la notion de connecteur est utile; si Γ est un connecteur multivoque, on peut voir Γ comme une contrainte pour le processus Y_t; un Γ-processus ou une Γ-martingale sera par définition un Δ-processus ou une Δ-martingale à valeurs dans Γ. De même si γ est un connecteur, nous dirons qu'un processus X_t à valeurs dans V est une γ-martingale si le processus $(\gamma(X_{t-1}, X_t), X_t)$ est une Δ-martingale.

Remarque. Si μ est une mesure de probabilité sur V et si γ est un connecteur, on peut définir le γ-barycentre de μ comme l'ensemble des $x \in V$ tels que $\gamma(x, .)$ soit intégrable et centré sous μ; alors dire que X_t est une γ-martingale est équivalent à dire que X_{t-1} est dans le γ-barycentre de la loi de X_t conditionnée par $\mathcal{F}_{t-1}$; si γ est le connecteur géodésique induit par une métrique riemannienne δ sur V (les connecteurs géodésiques sont en général multivoques mais deviennent univoques si la variété est suffisamment "petite"), le γ-barycentre de μ coïncide avec l'ensemble des barycentres riemanniens de μ, c'est-à-dire l'ensemble des points critiques de la fonction $x \mapsto \int \delta^2(x, .) d\mu$. Signalons que des notions de barycentres différentes de celle-ci ont été considérées dans [8] et [5].

Exemple 1 (suite). Dans le cas euclidien, notre définition diffère légèrement de la définition usuelle de martingale car on ne demande pas ici que ΔX_t soit intégrable mais seulement conditionnellement intégrable (pour V quelconque l'intégrabilité non conditionnelle n'a en effet pas de sens intrinsèque, puisque ΔX_t prend ses valeurs dans toute une famille d'espaces vectoriels). En fait, notre notion de martingale est équivalente à la notion usuelle de martingale locale (cela se déduit de la proposition ci-dessous).

Exemple 2 (suite). Soit μ_t, $t \geq 1$, un processus $\mathcal{F}_t$ adapté à valeurs dans l'algèbre de Lie $\mathcal{G}$ tel que chaque μ_t soit intégrable et centré, et soit X_0 une variable aléatoire $\mathcal{F}_0$ mesurable à valeurs dans G. Alors

$$X_t = X_0 \operatorname{Exp}(\mu_1) \ldots \operatorname{Exp}(\mu_t), \qquad \Delta X_t = (X_{t-1}, \mu_t)$$

forme une Γ-martingale.

Exemple 3 (suite). Soit X_t un processus adapté à valeurs dans V et notons $\overline{X}_t$ son image dans $\mathbb{R}^n$ par le plongement. Si chaque $\overline{X}_t$ est intégrable, alors il existe une décomposition unique $\overline{X}_t = M_t + V_t$ où M_t et V_t sont des processus à valeurs dans $\mathbb{R}^n$, M_t est une $\mathcal{F}_t$ martingale nulle en 0 et V_t est un processus $\mathcal{F}_t$ prévisible (V_t est $\mathcal{F}_{t-1}$ mesurable). Alors X_t est une γ-martingale si et seulement si pour tout t, $V_{t+1} - V_t$ est orthogonal à l'espace tangent en X_t à V considéré comme sous-espace de $\mathbb{R}^n$.

Proposition 2.3. *Soit $Y_t = (\Delta X_t, X_t)$ un Δ-processus adapté. Alors Y_t est une Δ-martingale si et seulement si pour tout processus adapté ϕ_t au-dessus de X_t à valeurs dans l'espace cotangent $T^*(V)$, le processus*

$$I_t = \sum_{k=1}^{t} \phi_{k-1} \Delta X_k$$

est une martingale locale réelle.

Démonstration. Commençons par montrer que si Y_t est une Δ-martingale alors les I_t sont des martingales locales réelles. Fixons le processus ϕ_t et pour $R > 0$, considérons le temps d'arrêt

$$\tau_R = \inf\Big\{ t; \quad \mathbb{E}[|\phi_t \Delta X_{t+1}| \mid \mathcal{F}_t] \geq R \Big\}.$$

Alors il est clair que $I_{t\wedge\tau_R}$ est une martingale; de plus, comme conditionnellement à $\mathcal{F}_t$, ΔX_{t+1} est intégrable, τ_R tend presque sûrement vers l'infini, donc I_t est une martingale locale. Réciproquement, supposons que les I_t sont des martingales locales; on peut construire d processus adaptés $(\phi_t^1, \ldots, \phi_t^d)$ qui forment pour chaque t une base de $T^*_{X_t}(V)$; on obtient ainsi une martingale locale vectorielle $I_t = (I_t^1, \ldots, I_t^d)$; il existe donc une suite de temps d'arrêt t_k croissant presque sûrement vers l'infini telle que $I_{t\wedge t_k}$ soit une martingale; l'événement $\{t \leq t_k\}$ est $\mathcal{F}_{t-1}$ mesurable et sur cet événement, conditionnellement à $\mathcal{F}_{t-1}$, I_t est intégrable de moyenne I_{t-1}; comme $t_k \uparrow \infty$, on en déduit que cette propriété de moyenne conditionnelle est en fait réalisée sur Ω presque sûrement. Cela signifie que $\nu_t = (\phi_{t-1}^1, \ldots, \phi_{t-1}^d)\Delta X_t$ est conditionnellement intégrable et centré; or l'application $x \mapsto (\phi_{t-1}^1, \ldots, \phi_{t-1}^d)x$ est un isomorphisme $\mathcal{F}_{t-1}$ mesurable de $T_{X_{t-1}}(V)$ sur $\mathbb{R}^d$, donc en prenant l'image réciproque de ν_t, on voit que ΔX_t est conditionnellement intégrable et centré. □

Le processus I_t peut être vu comme l'intégrale du processus prévisible ϕ_{t-1} par rapport à X_t. C'est de cette proposition que nous allons nous inspirer pour définir les martingales à temps continu; mais pour cela nous devrons d'abord construire l'intégrale stochastique.

3. Semimartingales et intégrales stochastiques

Nous nous fixons désormais un espace de probabilité filtré $(\Omega, \mathcal{F}, \mathbb{P}, \mathcal{F}_t; t \in \mathbb{R}_+)$ à temps continu. Généralisons la notion de Δ-processus; nous ne considérerons pas des processus càdlàg généraux, mais seulement des semimartingales.

Définition 3.1. *On dit qu'un processus X_t à valeurs dans V est une semimartingale si pour toute fonction régulière f sur V, le processus $f(X_t)$ est une semimartingale réelle. Une Δ-semimartingale est par définition un processus adapté $Y_t = (\Delta X_t, X_t)$ à valeurs dans $T(V) \times V$ tel que*
(a) le processus X_t est une semimartingale;
(b) le processus $\pi(\Delta X_t)$ est le processus des limites à gauche de X_t;
(c) on a $\pi(\Delta X_0) = X_0$ et ΔX_0 est le vecteur nul en X_0;
(d) pour tout connecteur γ, le processus $(\Delta X_t - \gamma(X_{t-}, X_t))$ à valeurs dans

$T(V)$ et au-dessus de X_{t-} est sommable sur $[0,T]$ pour tout T.
De plus, on dit que Y_t est continu si X_t est continu et ΔX_t est le vecteur nul en X_t.

Les conditions (b) et (c) sont la généralisation naturelle de la définition des Δ-processus à temps discret. Quant à la condition (d), elle précise le comportement des "petits" sauts et limite le nombre des "grands" sauts. Si γ_1 et γ_2 sont deux connecteurs, la différence entre $\gamma_1(x,y)$ et $\gamma_2(x,y)$ est au plus d'ordre $|y-x|^2$ donc si X_t est une semimartingale, on peut en déduire (en utilisant l'existence d'une variation quadratique pour X_t lorsque V est plongé dans un espace euclidien par le théorème de Whitney) que

$$\gamma_2(X_{t-},X_t)-\gamma_1(X_{t-},X_t)$$

est sommable; il suffit donc que la condition (d) soit vérifiée pour un connecteur. De plus comme $\gamma(X_{t-},X_t)$ est de carré sommable, on déduit aussi de cette condition que ΔX_t est de carré sommable.

Comme pour les processus à temps discret, si Γ est un connecteur multivoque, nous pouvons définir une Γ-semimartingale comme une Δ-semimartingale à valeurs dans Γ; dans ce cas, la condition (d) signifie que pour tout voisinage W de $\{(0_x,x);x\in V\}$ dans $T(V)\times V$, l'ensemble des $t\leq T$ tels que $Y_t\notin W$ est presque sûrement fini. De même si γ est un connecteur, à toute semimartingale X_t on peut associer la Δ-semimartingale

$$Y_t=(\gamma(X_{t-},X_t),X_t).$$

Nous allons maintenant construire l'intégrale de Itô d'une forme linéaire par rapport à une semimartingale; cette construction va se faire par discrétisation du temps, généralisant ainsi la construction de [3].

Proposition 3.2. *Soit γ un connecteur, soit X_t une semimartingale et soit ϕ_t un processus càdlàg adapté à valeurs dans $T^*(V)$ au-dessus de X_t. D'autre part fixons $T>0$ et soit $(t_k^N;0\leq k\leq N)$ une suite de subdivisions de $[0,T]$ dont le pas tend vers 0. Alors la suite*

$$J_T^N=\sum_{k=0}^{N-1}\phi_{t_k^N}\gamma(X_{t_k^N},X_{t_{k+1}^N})$$

converge en probabilité vers une variable J_T ne dépendant pas du choix de la suite de subdivisions. Quand T varie, il existe une version de J_T qui est càdlàg et cette version est une semimartingale réelle.

Démonstration. Nous allons utiliser des cartes locales sur V. Une carte locale est un couple (U,δ) où U est un ouvert de V et δ est un difféomorphisme de U sur un ouvert de $\mathbb{R}^d$. Nous commençons par démontrer la proposition en supposant qu'il existe une carte locale (U,δ) telle que X_t vive dans U jusqu'en T. Si $x \in U$, soit δ_x la dérivée de δ au point x; c'est un isomorphisme de $T_x(V)$ sur $\mathbb{R}^d$; soit $\delta_x^\star$ l'isomorphisme de $T_x^\star(V)$ sur $\mathbb{R}^d$ défini par

$$\forall (u,v) \in T_x^\star(V) \times T_x(V) \qquad uv = \delta_x^\star(u)\delta_x(v)$$

où l'opération du membre de droite est le produit scalaire de $\mathbb{R}^d$. On peut considérer l'application régulière $\overline{\gamma}$ de $\delta(U) \times \delta(U)$ dans $\mathbb{R}^d$ telle que

$$\overline{\gamma}(\delta(x), \delta(y)) = (\delta_x \circ \gamma)(x,y).$$

Soit $Z_t = \delta(X_t)$ et $\psi_t = \delta_{X_t}^\star(\phi_t)$. Alors Z_t est une semimartingale à valeurs dans $\mathbb{R}^d$, ψ_t est un processus adapté càdlàg à valeurs dans $\mathbb{R}^d$ et J_T^N s'écrit

$$J_T^N = \sum_{k=0}^{N-1} \psi_{t_k^N} \overline{\gamma}(Z_{t_k^N}, Z_{t_{k+1}^N}).$$

D'autre part le fait que γ est un connecteur implique que

$$\overline{\gamma}(x,y) = y - x + O(|y-x|^2)$$

pour x et y dans $\delta(U)$ et $y \to x$ donc en poussant le développement de Taylor un peu plus loin, on peut écrire

$$\overline{\gamma}(x,y) = y - x + \rho(x)\langle y-x, y-x\rangle + \overline{\rho}(x,y) \tag{4}$$

où $\rho(x)$ est une application bilinéaire symétrique sur $\mathbb{R}^d \times \mathbb{R}^d$ à valeurs dans $\mathbb{R}^d$ et $\overline{\rho}(x,y)$ est dominé par $|y-x|^3$ près de la diagonale. En appliquant cette décomposition à l'expression de J_T^N, on obtient

$$J_T^N = \sum_{k=0}^{N-1} \psi_{t_k^N}(Z_{t_{k+1}^N} - Z_{t_k^N}) + \sum_{k=0}^{N-1} \psi_{t_k^N}\rho(Z_{t_k^N})\langle Z_{t_{k+1}^N} - Z_{t_k^N}, Z_{t_{k+1}^N} - Z_{t_k^N}\rangle$$
$$+ \sum_{k=0}^{N-1} \psi_{t_k^N}\overline{\rho}(Z_{t_k^N}, Z_{t_{k+1}^N}).$$

En utilisant le Lemme 0.1, on voit que J_T^N converge en probabilité vers

$$J_T = \int_0^T \psi_{t-} dZ_t + \int_0^T \psi_{t-}\rho(Z_{t-}) d[Z,Z]_t + \sum_{t \le T} \psi_{t-}\overline{\rho}(Z_{t-}, Z_t).$$

Il est alors clair que J_T ne dépend pas du choix de (t_k^N) et forme une semimartingale quand T varie. Passons au cas général (X_t peut quitter U). Nous allons utiliser un atlas $(U_i, \delta_i; i \in \mathbb{N})$ recouvrant V tel que chaque carte (U_i, δ_i) apparaît une infinité de fois dans la suite; on pose $\theta_0 = 0$ et

$$\theta_i = \inf\{t \geq \theta_{i-1}; \quad X_t \notin U_i\}.$$

La suite θ_i croît presque sûrement vers l'infini; on peut donc écrire

$$J_T^N = \sum_i \sum_{\theta_i \leq t_k^N < \theta_{i+1}} \phi_{t_k^N} \gamma(X_{t_k^N}, X_{t_{k+1}^N})$$

et étudier séparément la somme correspondant à chaque i. Posons $\theta_i^T = \theta_i \wedge T$, fixons un entier i et plaçons nous sur $\{\theta_i^T < \theta_{i+1}^T\}$. Alors la somme correspondante contient un nombre non nul de termes dès que N est assez grand; si on enlève le dernier terme, on obtient une somme qui peut être étudiée par la technique précédente (on peut trouver une semimartingale à valeurs dans la carte U_i coïncidant avec X_t sur $[\theta_i^T, \theta_{i+1}^T)$) et on montre ainsi que la somme privée du dernier terme converge vers

$$\int_{(\theta_i^T, \theta_{i+1}^T)} \psi_{t-}^i dZ_t^i + \int_{(\theta_i^T, \theta_{i+1}^T)} \psi_{t-}^i \rho^i(Z_{t-}^i) d[Z^i, Z^i]_t + \sum_{\theta_i^T < t < \theta_{i+1}^T} \psi_{t-}^i \overline{\rho}^i(Z_{t-}^i, Z_t^i)$$

où l'indice i signifie que l'on a utilisé la carte (U_i, δ_i). Quant au dernier terme (correspondant au changement de carte ou à $k = N$), on montre facilement qu'il converge sur $\{\theta_i^T < \theta_{i+1}^T\}$ vers $(\phi_{\theta_{i+1}^T -}) \gamma(X_{\theta_{i+1}^T -}, X_{\theta_{i+1}^T})$. Il ne reste plus qu'à faire la somme sur i de ces termes et on obtient ainsi la proposition. □

Remarque. Ainsi que nous l'avons signalé dans l'introduction, nous ferons nos démonstrations en supposant que X_t prend ses valeurs dans une carte locale, l'étude des changements de cartes se faisant par la méthode ci-dessus.

Proposition 3.3. *Supposons les conditions de la proposition précédente, soit ∇ la connexion sans torsion induite par γ et soit $Y_t = (\Delta X_t, X_t)$ une Δ-semimartingale bâtie sur X_t. Alors le processus*

$$I_T = J_T + \sum_{t \leq T} \phi_{t-}(\Delta X_t - \gamma(X_{t-}, X_t))$$

est une semimartingale qui dépend de ϕ_t, Y_t et ∇, mais qui ne dépend pas du choix du connecteur γ induisant ∇.

Démonstration. On remarque tout d'abord, en utilisant la condition (d) de la Définition 3.1, que I_T est bien défini. Si X_t prend ses valeurs dans une carte locale U, alors avec les notations précédentes on a

$$I_T = \int_0^T \psi_{t-} dZ_t + \int_0^T \psi_{t-}\rho(Z_{t-})d[Z,Z]_t$$
$$+ \sum_{t\le T} \psi_{t-}\Big(\delta_{X_{t-}}(\Delta X_t) - \Delta Z_t - \rho(Z_{t-})\langle \Delta Z_t, \Delta Z_t\rangle\Big)$$

où on a noté $\Delta Z_t = Z_t - Z_{t-}$. Donc I_T ne dépend de γ qu'à travers ρ et on voit sur sa définition (4) que ρ ne dépend que du comportement au second ordre de γ, c'est-à-dire ne dépend que de ∇. Ce raisonnement s'étend au cas général (avec changements de cartes). □

Remarque. Si on écrit les coefficients de $2\rho(x)$ pour la base canonique de $\mathbb{R}^d$, on obtient les symboles de Christoffel en x de la connexion.

Définition 3.4. *Le processus J_T est l'intégrale de Itô de ϕ_{t-} par rapport à la semimartingale X_t calculée pour le connecteur γ; le processus I_T est l'intégrale de Itô de ϕ_{t-} par rapport à la Δ-semimartingale $Y_t = (\Delta X_t, X_t)$ calculée pour la connexion sans torsion ∇. Dans les deux cas l'intégrale sera notée $\int_0^T \phi_{t-} dX_t$.*

Nous allons maintenant généraliser l'intégration aux processus prévisibles localement bornés. Dans la proposition qui suit, l'unicité doit être comprise après identification des processus indistinguables.

Proposition 3.5. *Soit ∇ une connexion sans torsion et soit $Y_t = (\Delta X_t, X_t)$ une Δ-semimartingale. Il existe une unique application linéaire de l'espace des processus prévisibles localement bornés $\alpha_t \in T(V)$ au-dessus de X_{t-} dans l'espace des semimartingales réelles telle que, si $\int_0^\cdot \alpha_s dX_s$ désigne l'image de $\alpha_\cdot$, on ait*
(a) si $\alpha_t = \phi_{t-}$ pour un ϕ_t càdlàg, $\int_0^\cdot \alpha_s dX_s$ coïncide avec l'intégrale $\int_0^\cdot \phi_{s-} dX_s$ définie précédemment;
(b) si g_t est un processus prévisible réel localement borné,

$$\int_0^t g_s\alpha_s dX_s = \int_0^t g_s d\Big(\int_0^\cdot \alpha_r dX_r\Big).$$

De plus le saut en t de $\int_0^\cdot \alpha_s dX_s$ est $\alpha_t \Delta X_t$.

Démonstration. Pour l'existence, supposons que X_t prend ses valeurs dans une carte U (la généralisation ne pose pas de problèmes). Avec les notations précédentes, posons $\beta_t = \delta^*_{X_{t-}}(\alpha_t)$ et

$$I_t(\alpha) = \int_0^t \beta_s dZ_s + \int_0^t \beta_s\rho(Z_{s-})d[Z,Z]_s$$
$$+ \sum_{s\le t} \beta_s\Big(\delta_{X_{s-}}(\Delta X_s) - \Delta Z_s - \rho(Z_{s-})\langle \Delta Z_s, \Delta Z_s\rangle\Big).$$

Alors I_t vérifie les conditions de la proposition. Pour vérifier l'unicité, remarquons que nous pouvons construire d processus càdlàg adaptés $\phi_t^i \in T^*_{X_t}(V)$, $1 \leq i \leq d$, tels que pour tout t, $\phi_t = (\phi_t^1, \ldots, \phi_t^d)$ forme une base de $T^*_{X_t}(V)$; ϕ_t est donc un isomorphisme de $T_{X_t}(V)$ sur $\mathbb{R}^d$ et on note ϕ_t^{-1} son inverse. Si $I_t(\alpha)$ est une application vérifiant les conditions de la proposition, on a nécessairement

$$I_t(\alpha) = \int_0^t \alpha_s \phi_{s-}^{-1} d\Big(\int_0^\cdot \phi_{r-} dX_r\Big).$$

□

Exemple 1 (suite). Dans le cas euclidien, l'intégrale ainsi construite coïncide avec l'intégrale de Itô usuelle.

Exemple 3 (suite). Pour $x \in V$, soit $p(x)$ la projection orthogonale de $\mathbb{R}^n$ sur $T_x(V)$; ainsi $\gamma(x,y)$ est égal à $p(x)(y-x)$. En notant $\overline{X}_t$ l'image de X_t par le plongement $V \subset \mathbb{R}^n$, on peut en déduire que l'intégrale pour le connecteur γ vaut

$$\int_0^T \alpha_t dX_t = \int_0^T \alpha_t p(X_{t-}) d\overline{X}_t \tag{5}$$

où le membre de droite est une intégrale de Itô usuelle. Si maintenant $Y_t = (\Delta X_t, X_t)$ est une Δ-semimartingale, l'intégrale de Itô pour la connexion de Levi-Cività de V vaut

$$\int_0^T \alpha_t dX_t = \int_0^T \alpha_t p(X_{t-}) d\overline{X}_t + \sum_{t \leq T} \alpha_t (\Delta X_t - p(X_{t-}) \Delta \overline{X}_t).$$

Cela permet de calculer l'intégrale de Itô pour les connecteurs des exemples 4 et 5 (car ces connecteurs définissent la même connexion sans torsion).

On peut également définir des intégrales liées à la variation quadratique de Y et généralisant la variation quadratique euclidienne. Ces intégrales ne dépendent pas du choix d'une connexion sans torsion. On notera $B(V)$ le fibré des applications bilinéaires sur $T_x(V) \times T_x(V)$, $x \in V$.

Proposition 3.6. *Soit $Y_t = (\Delta X_t, X_t)$ une Δ-semimartingale. Il existe une unique application linéaire de l'espace des processus prévisibles localement bornés $\alpha_t \in B(V)$ au-dessus de X_{t-} dans l'espace des semimartingales réelles telle que, si $\int_0^\cdot \alpha_s d[X,X]_s$ désigne l'image de α, on ait*
(a) si $\alpha_t = \phi_{t-}$ pour ϕ_t càdlàg et si (t_k^N) est une suite de subdivisions de $[0,T]$ dont le pas tend vers 0, alors pour tout connecteur γ,

$$\int_0^T \phi_{t-} d[X,X]_t = \lim_{N\to\infty} \sum_{k=0}^{N-1} \phi_{t_k^N} \langle \gamma(X_{t_k^N}, X_{t_{k+1}^N}), \gamma(X_{t_k^N}, X_{t_{k+1}^N}) \rangle$$
$$+ \sum_{t \leq T} \Big(\phi_{t-} \langle \Delta X_t, \Delta X_t \rangle - \phi_{t-} \langle \gamma(X_{t-}, X_t), \gamma(X_{t-}, X_t) \rangle \Big);$$

(b) si g_t est un processus prévisible réel localement borné,

$$\int_0^t g_s\alpha_s d[X,X]_s = \int_0^t g_s d\Big(\int_0^\cdot \alpha_r d[X,X]_r\Big).$$

De plus le processus

$$\int_0^t \alpha_s d[X,X]_s^c = \int_0^t \alpha_s d[X,X]_s - \sum_{s\le t} \alpha_s\langle \Delta X_s, \Delta X_s\rangle$$

est continu, dépend de X_t mais pas des sauts ΔX_t.

Nous ne donnerons pas la démonstration de cette proposition qui suit les mêmes lignes que la construction de l'intégrale de Itô. Notons seulement que dans une carte locale U, si β_t est la forme bilinéaire sur $\mathbb{R}^d \times \mathbb{R}^d$ représentant α_t dans cette carte alors

$$\int_0^t \alpha_s d[X,X]_s = \int_0^t \beta_s d[Z,Z]_s + \sum_{s\le t} \big(\alpha_s\langle \Delta X_s, \Delta X_s\rangle - \beta_s\langle \Delta Z_s, \Delta Z_s\rangle\big)$$

et

$$\int_0^t \alpha_s d[X,X]_s^c = \int_0^t \beta_s d[Z,Z]_s^c.$$

On peut aussi remarquer que la variation quadratique de $\int_0^t \alpha_s dX_s$ est $\int_0^t \alpha_s \otimes \alpha_s d[X,X]_s$.

Proposition 3.7 (formule de Itô). *Soit $Y_t = (\Delta X_t, X_t)$ une Δ-semimartingale, soit ∇ une connexion sans torsion et soit f une fonction régulière sur V. Alors*

$$\begin{aligned} f(X_t) =& f(X_0) + \int_0^t f'(X_{s-})dX_s + \frac{1}{2}\int_0^t f''(X_s)d[X,X]_s^c \\ &+ \sum_{s\le t} \big(f(X_s) - f(X_{s-}) - f'(X_{s-})\Delta X_s\big). \end{aligned}$$

Remarque. On a ainsi décomposé $f(X_t) - f(X_0)$ en une somme de trois termes. Le premier (l'intégrale de Itô) fait intervenir la connexion et les sauts, le second seulement la connexion (à travers f'') et le troisième seulement les sauts.

Démonstration. Par définition du hessien de f (voir (2)), si γ est un connecteur induisant ∇, on a

$$f(y) - f(x) = f'(x)\gamma(x,y) + \frac{1}{2}f''(x)\langle\gamma(x,y), \gamma(x,y)\rangle + \overline{f}(x,y)$$

où $\overline{f}(x,y)$ est dominé par $|y-x|^3$ quand (x,y) tend vers la diagonale. Si (t_k^N) est une suite de subdivisions de $[0,T]$ dont le pas tend vers 0, on peut appliquer cette formule à $f(X_{t_{k+1}^N}) - f(X_{t_k^N})$ et en sommant en k, on obtient une décomposition de $f(X_T) - f(X_0)$ en trois sommes. Les résultats précédents montrent alors que la première somme converge quand $N \to \infty$ vers $\int_0^T f'(X_{t-})dX_t$ plus un processus à variation finie purement discontinu (PVFPD), que la deuxième somme converge vers $\frac{1}{2}\int_0^T f''(X_{s-})d[X,X]_s^c$ plus un PVFPD et que la troisième somme converge vers un PVFPD. Donc on a montré que la différence entre les deux membres de la formule du théorème est nécessairement un PVFPD; pour conclure, il suffit donc de vérifier que les deux membres ont les mêmes sauts. □

4. Martingales

Définition 4.1. *Soit $Y_t = (\Delta X_t, X_t)$ une Δ-semimartingale et soit ∇ une connexion sans torsion. On dira que Y_t est une martingale si pour tout processus prévisible localement borné $\alpha_t \in T^*(V)$ au-dessus de X_{t-}, le processus $\int_0^t \alpha_s dX_s$ est une martingale locale réelle.*

Cette définition généralise les martingales à temps discret; comme pour celles-ci, nous ne précisons pas que la martingale est seulement "locale" car nous ne pouvons définir intrinsèquement une notion non locale en temps. Comme en temps discret, cette définition est peu restrictive et on peut la préciser en utilisant un connecteur multivoque Γ induisant ∇; si Y_t est à valeurs dans Γ, on parle de Γ-martingale; de même, si γ est un connecteur, on dit que X_t est une γ-martingale si $(\gamma(X_{t-}, X_t), X_t)$ est une Δ-martingale pour la connexion induite par γ.

Il est possible de trouver diverses conditions équivalentes à la définition des martingales. Soit $R(V)$ le fibré des repères, c'est-à-dire le fibré au-dessus de V dont la fibre au-dessus de x est l'espace des isomorphismes de $T_x(V)$ sur $\mathbb{R}^d$; soit $\Xi_t \in R(V)$ un processus prévisible localement borné au-dessus de X_{t-}; alors $(\Delta X_t, X_t)$ est une martingale si et seulement si $\int_0^t \Xi_s dX_s$ est une martingale locale à valeurs dans $\mathbb{R}^d$ (ce processus est appelé le développement de $(\Delta X_t, X_t)$ le long de Ξ_t); en effet, pour tout $\alpha_t \in T^*(V)$ au-dessus de X_{t-}, on a

$$\int_0^t \alpha_s dX_s = \int_0^t \alpha_s \Xi_s^{-1} d\Big(\int_0^{\cdot} \Xi_r dX_r\Big).$$

La formule de Itô permet de donner une autre caractérisation des martingales; on peut montrer que $(\Delta X_t, X_t)$ est une martingale si et seulement si pour toute fonction régulière f, le processus

$$f(X_t) - \frac{1}{2}\int_0^t f''(X_{s-})d[X,X]_s^c - \sum_{s\le t}\big(f(X_s) - f(X_{s-}) - f'(X_{s-})\Delta X_s\big)$$

est une martingale locale. Enfin, si X_t prend ses valeurs dans une carte locale U, c'est une martingale si et seulement si le processus

$$Z_t + \int_0^t \rho(Z_{s-})d[Z,Z]^c_s + \sum_{s\le t}\left(\delta_{X_{s-}}(\Delta X_s) - \Delta Z_s\right)$$

est une martingale locale. On a ainsi généralisé les diverses caractérisations du cas continu (voir [4]).

Exemple 1 (suite). Dans le cas euclidien, notre notion coïncide avec la notion classique de martingale locale.

Exemple 3 (suite). Pour le connecteur de cet exemple, d'après (5), X_t est une γ-martingale si et seulement si $\int_0^t p(X_{s-})d\overline{X}_s$ est une martingale locale euclidienne. Cette condition est équivalente à l'existence d'une une décomposition $\overline{X}_t = M_t + V_t$ pour laquelle $\int_0^t p(X_{s-})dV_s$ est nul (dans le cas continu on retrouve une caractérisation déjà connue).

Décrivons rapidement le lien entre cette notion de martingale et l'étude de certaines applications harmoniques. Soit ν_t une diffusion avec sauts dont l'espace d'état est une variété E et dont le générateur infinitésimal est noté $\mathcal{L}$: pour toute fonction régulière f sur E satisfaisant une condition d'intégrabilité (liée aux sauts de ν_t), f est dans le domaine de $\mathcal{L}$ et le processus $f(\nu_t) - \int_0^t \mathcal{L}f(\nu_s)ds$ est une martingale locale. Fixons un connecteur γ sur V. Si g est une application régulière de E dans V, nous désirons savoir quand $g(\nu_t)$ est une γ-martingale. En fait on peut montrer que si une condition d'intégrabilité est satisfaite, il existe une application régulière $\mathcal{L}g$ de E dans $T(V)$ au-dessus de g telle que pour tout processus $\alpha_t \in T^*(V)$ prévisible localement borné au-dessus de $g(\nu_{t-})$, le processus

$$\int_0^t \alpha_s dg(\nu_s) - \int_0^t \alpha_s \mathcal{L}g(\nu_s)ds$$

est une martingale locale. Alors chercher les fonctions $\mathcal{L}$-harmoniques à valeurs dans V, c'est-à-dire solutions de $\mathcal{L}g = 0$ est équivalent à la recherche des fonctions régulières g telles que $g(\nu_t)$ soit une martingale pour toute condition initiale ν_0. Dans le cas continu, ce problème est abordé dans [9], [13].

5. Transport

Etant donnés une semimartingale X_t à valeurs dans V et un vecteur tangent en X_0, nous désirons transporter ce vecteur le long de la trajectoire de X_t et ainsi obtenir un processus dans $T(V)$ au-dessus de X_t; le transport est décrit par une application linéaire de $T_{X_0}(V)$ dans $T_{X_t}(V)$, le vecteur transporté étant alors l'image du vecteur initial par cette application linéaire. Nous noterons $L(V)$ le fibré vectoriel de $V \times V$ dont la fibre au-dessus de (x, y) est l'espace $L_{x,y}(V)$ des applications linéaires de $T_x(V)$ dans $T_y(V)$. L'objet géométrique de base sera la notion de transporteur que nous allons maintenant définir.

Définition 5.1. *Un transporteur est une application régulière λ de $V \times V$ dans $L(V)$ telle que $\lambda(x, y) \in L_{x,y}(V)$ et $\lambda(x, x)$ soit l'identité; le transporteur est dit inversible si les $\lambda(x, y)$ sont inversibles. Deux transporteurs λ_1 et λ_2 sont dits équivalents jusqu'à l'ordre $p \in \mathbb{N}^*$ si $\lambda_2(x, y) - \lambda_1(x, y)$ est au plus d'ordre $|y - x|^{p+1}$ près de la diagonale. Une classe d'équivalence de transporteurs à l'ordre 1 sera appelée connexion; une classe d'équivalence à l'ordre 2 sera appelée transporteur infinitésimal d'ordre 2.*

Définition 5.2. *En notant 1_x l'identité de $T_x(V)$ et π la projection de $L(V)$ sur $V \times V$, un transporteur multivoque est une partie fermée Λ de $L(V)$ telle qu'il existe un transporteur λ et un voisinage W de $\{1_x; x \in V\}$ dans $L(V)$ satisfaisant*

$$\Lambda \cap W = \{\tau \in W; \quad \tau = (\lambda \circ \pi)(\tau)\}.$$

Il existe toujours des transporteurs sur V; en revanche il peut y avoir une obstruction topologique à l'existence d'un transporteur inversible. Pour que nos définitions soient cohérentes, il vaudrait mieux qu'une connexion sans torsion soit un cas particulier de connexion; si γ est un connecteur et si $\lambda(x, y)$ est défini par

$$\lambda(x, y) = \Big(\frac{\partial \gamma}{\partial y}(x, y)\Big)^{-1}$$

lorsque la dérivée de γ est inversible, l'ensemble des $\lambda(x, y)$ forme un transporteur multivoque (que nous appellerons transporteur dérivé de γ); en particulier, ce transporteur définit une connexion qui dépend du comportement de λ à l'ordre 1, c'est-à-dire du comportement de γ à l'ordre 2; on en déduit que cette connexion est entièrement caractérisée par la connexion sans torsion induite par γ, donc l'ensemble des connexions sans torsion peut se plonger dans l'ensemble des connexions.

Remarque (équivalence avec la notion classique de connexion). Si λ est un transporteur et si X et Y sont deux champs de vecteurs sur V, on peut définir un champ de vecteurs $\nabla_X Y$ par la condition suivante: si c_t est une courbe régulière sur V vérifiant $X(c_0) = \dot{c}_0$,

$$\nabla_X Y(c_0) = \lim_{t \to 0} \frac{1}{t}\big[\lambda^{-1}(c_0, c_t)(Y(c_t)) - Y(c_0)\big].$$

On vérifie que l'on obtient ainsi un opérateur de dérivée covariante qui ne dépend que de la connexion contenant λ. Réciproquement, si on se donne un opérateur de dérivée covariante, on en déduit une notion de transport parallèle et le transport parallèle le long de géodésiques est un exemple de transporteur multivoque donc il définit une connexion. Nous avons ainsi défini une opération qui à une connexion fait correspondre un opérateur de dérivée covariante et une opération qui à un opérateur de dérivée covariante fait correspondre une connexion; on peut vérifier que ces deux opérations sont inverses l'une de l'autre, donc notre notion de connexion est équivalente à la notion classique De plus une connexion peut être vue comme une connexion sans torsion si et seulement si l'opérateur de dérivée covariante associé est sans torsion au sens classique du terme.

Exemples. Si on se donne une connexion sur V, nous venons de remarquer que le transport parallèle le long de géodésiques est un exemple de transporteur. Nous pouvons aussi considérer le transporteur dérivé du connecteur géodésique; nous l'appellerons transport géodésique; il correspond à la notion classique de champ de Jacobi (voir [11]).

Exemple 2 (suite). En identifiant $T(G)$ à $G \times \mathcal{G}$, nous pouvons considérer le transporteur

$$\lambda(x,y) : (x,\vec{u}) \mapsto (y,\vec{u}).$$

Ce transporteur peut aussi être défini par $\lambda(x,y) = L'_y(e)\big(L'_x(e)\big)^{-1}$. Il s'agit en fait du transport parallèle correspondant à une connexion avec torsion (voir [7]).

Proposition 5.3. *Soit λ un transporteur, soit X_t une semimartingale à valeurs dans V et soit $(t_k^N, 0 \leq k \leq N)$ une suite de subdivisions de $[0,T]$ dont le pas tend vers 0. Soit Ξ_0^N l'identité de $T_{X_0}(V)$ et définissons par récurrence*

$$\Xi_{k+1}^N = \lambda(X_{t_k^N}, X_{t_{k+1}^N})\Xi_k^N.$$

Alors Ξ_N^N converge en probabilité vers une variable Ξ_T ne dépendant pas du choix de la suite de subdivisions. Quand T varie, il existe une version de Ξ_T qui est une semimartingale à valeurs dans $L(V)$. Si λ est inversible, alors Ξ_T est inversible et Ξ_T^{-1} est une semimartingale.

Démonstration. On raisonne en utilisant un atlas et on utilise les notations de la Proposition 3.2. Comme précédemment, on traite le cas où X_t prend ses valeurs dans une seule carte U, l'étude du cas général se faisant en utilisant les temps θ_i comme en §3. Posons

$$\xi_k^N = \delta_{X_{t_k^N}} \Xi_k^N \delta_{X_0}^{-1}.$$

Alors ξ_k^N est un endomorphisme de $\mathbb{R}^d$, ξ_0^N est l'identité et en posant

$$\lambda_0(\delta(x),\delta(y)) = \delta_y \lambda(x,y)\delta_x^{-1}$$

on a

$$\xi_{k+1}^N = \lambda_0(Z_{t_k^N}, Z_{t_{k+1}^N})\xi_k^N.$$

En utilisant un développement de Taylor sur la fonction λ_0, on peut écrire

$$\xi_{k+1}^N = \xi_k^N + \lambda_1(Z_{t_k^N}, \xi_k^N)(Z_{t_{k+1}^N} - Z_{t_k^N}) + \lambda_2(Z_{t_k^N}, \xi_k^N)\langle Z_{t_{k+1}^N} - Z_{t_k^N}, Z_{t_{k+1}^N} - Z_{t_k^N}\rangle$$
$$+ \lambda_3(Z_{t_k^N}, Z_{t_{k+1}^N})\xi_k^N$$

où $\lambda_1(z,\xi)$, $\lambda_2(z,\xi)$ sont linéaires par rapport à ξ, sont respectivement linéaires sur $\mathbb{R}^d$ et bilinéaires sur $\mathbb{R}^d \times \mathbb{R}^d$, et $\lambda_3(x,y)$ est dominé par $|y-x|^3$ près de la diagonale. Alors le Lemme 0.2 montre que ξ_N^N converge vers ξ_T où ξ_t est solution de

$$\xi_t = I + \int_0^t \lambda_1(Z_{s-}, \xi_{s-})dZ_s + \int_0^t \lambda_2(Z_{s-}, \xi_{s-})d[Z,Z]_s + \sum_{s\le t} \lambda_3(Z_{s-}, Z_s)\xi_{s-}.$$

Donc en posant $\Xi_t = \delta_{X_t}^{-1}\xi_t\delta_{X_0}$, Ξ_N^N converge vers Ξ_T. Il reste à vérifier l'inversibilité de Ξ_t et Ξ_{t-} lorsque λ est inversible; cela peut se faire en étudiant la convergence de $(\Xi_N^N)^{-1}$ par la même méthode (dans la carte locale cela peut aussi se voir sur l'équation de ξ_t). □

Exemples. Dans le cas continu, si on choisit comme transporteur le transport parallèle ou le transport géodésique définis précédemment, on retrouve les transports stochastiques parallèle et géodésique de [11].

La méthode de la Proposition 5.3 permet également de construire un processus $(\Xi_{st}, s \le t)$ représentant le transport de X_s à X_t; on a $\Xi_{0t} = \Xi_t$, Ξ_{ss} est l'identité, et $\Xi_{st} = \Xi_{ut}\Xi_{su}$ pour $s \le u \le t$. Les sauts de Ξ_t sont donnés par la formule

$$\Xi_t = \lambda(X_{t-}, X_t)\Xi_{t-}.$$

Nous allons un peu généraliser cette notion de transport en nous permettant de modifier les sauts. Cela va se faire en utilisant la notion de τ-semimartingale dans laquelle nous décrivons la façon dont un vecteur en X_{t-} est transporté en X_t.

Définition 5.4. *Soit ∇ une connexion. On dira que (X_t, τ_t) est une τ-semimartingale pour ∇ si X_t est une semimartingale à valeurs dans V, si τ_t est un processus adapté à valeurs dans $L(V)$ au-dessus de (X_{t-}, X_t) et si pour tout transporteur λ représentant ∇, le processus $(\tau_t - \lambda(X_{t-}, X_t))$ est sommable.*

Il suffit que la condition ci-dessus soit satisfaite pour un transporteur de ∇; elle l'est alors pour les autres mais pas nécessairement pour les transporteurs d'autres connexions. Si (X_t, τ_t) est à valeurs dans un transporteur multivoque Λ, nous parlerons de Λ-semimartingale. Nous allons modifier le transport Ξ_t construit à la proposition précédente de façon à ce que le transport à un instant de saut soit donné par τ_t au lieu de $\lambda(X_{t-}, X_t)$.

Proposition 5.5. *Supposons les conditions de la proposition précédente, soit* (X_t, τ_t) *une* τ*-semimartingale pour la connexion de* λ *et soit* $(\Xi^0_{st}, s \leq t)$ *le transport construit à l'aide de* λ. *Soit* $(t^N_k, k \geq 0, N \geq 0)$ *des temps d'arrêt tels que* $t^N_k < t^N_{k+1}$ *sur* $\{t^N_k < \infty\}$, t^N_k *appartienne presque sûrement à* $\bigcup_j \{t^{N+1}_j\}$ *et tels que* $\bigcup_{k,N}\{t^N_k\}$ *épuise tous les temps pour lesquels* τ_t *est différent de* $\lambda(X_{t-}, X_t)$. *Posons*

$$\Xi^N_T = \left(\Xi^0_{t^N_k,T}\right)\tau_{t^N_k}\left(\Xi^0_{t^N_{k-1},t^N_k-}\right)\tau_{t^N_{k-1}}\dots\tau_{t^N_1}\left(\Xi^0_{0,t^N_1-}\right)$$

sur $\{t^N_k \leq T < t^N_{k+1}\}$. *Alors* Ξ^N_T *converge en probabilité vers une variable* Ξ_T *qui forme une semimartingale ne dépendant pas du choix des* t^N_k. *On a* $\Xi_t = \tau_t \Xi_{t-}$; *si tous les* τ_t *sont inversibles,* Ξ_t *est inversible et* Ξ^{-1}_t *est une semimartingale. De plus* Ξ_t *dépend de* (X_t, τ_t) *et du transporteur infinitésimal d'ordre 2 induit par* λ, *mais pas du transporteur particulier* λ *utilisé dans la construction.*

Remarque. Le processus Ξ_t ne dépend pas seulement de la connexion; ce fait était déjà connu dans le cas continu où le transport stochastique dépend du choix d'une connexion sur $T(V)$ relevant celle de V.

Démonstration. Donnons une idée de la démonstration dans le cas où X_t prend ses valeurs dans une carte locale. En posant $\xi^N_t = \delta_{X_t}\Xi^N_t\delta^{-1}_{X_0}$, on peut vérifier en utilisant les notations de la Proposition 5.3 que ξ^N_t est solution de

$$\xi^N_t = I + \int_0^t \lambda_1(Z_{s-}, \xi^N_{s-})dZ_s + \int_0^t \lambda_2(Z_{s-}, \xi^N_{s-})d[Z,Z]_s + \sum_{s\leq t}\lambda_3(Z_{s-}, Z_s)\xi^N_{s-}$$
$$+ \sum_{t^N_k \leq t} \delta_{X_{t^N_k}}(\tau_{t^N_k} - \lambda(X_{t^N_k-}, X_{t^N_k}))\delta^{-1}_{X_{t^N_k-}}\xi_{t^N_k-}.$$

Le Lemme 0.3 permet alors de montrer que ξ^N_t converge vers la solution de

$$\xi_t = I + \int_0^t \lambda_1(Z_{s-}, \xi_{s-})dZ_s + \int_0^t \lambda_2(Z_{s-}, \xi_{s-})d[Z,Z]_s + \sum_{s\leq t}\lambda_3(Z_{s-}, Z_s)\xi_{s-}$$
$$+ \sum_{s\leq t}\delta_{X_s}(\tau_s - \lambda(X_{s-}, X_s))\delta^{-1}_{X_{s-}}\xi_{s-}$$

(on utilise ici la sommabilité de $(\tau_t - \lambda(X_{t-}, X_t))$. En utilisant le développement de λ_0, cette équation peut être réécrite sous la forme

$$\xi_t = I + \int_0^t \lambda_1(Z_{s-}, \xi_{s-})dZ_s + \int_0^t \lambda_2(Z_{s-}, \xi_{s-})d[Z,Z]^c_s$$
$$+ \sum_{s\leq t}\left(\delta_{X_s}\tau_s\delta^{-1}_{X_{s-}}\xi_{s-} - \lambda_1(Z_{s-}, \xi_{s-})\Delta Z_s - \xi_{s-}\right)$$

où il apparaît que ξ_t ne dépend de λ qu'à travers λ_1 et λ_2 et donc ne dépend que du transporteur infinitésimal d'ordre 2 induit par λ. On a alors $\Xi_t = \delta_{X_t}^{-1}\xi_t\delta_{X_0}$. Quant à l'inversibilité si les τ_t sont inversibles, on remarque que l'ensemble des $t \in [0,T]$ tels que $\lambda(X_{t-}, X_t)$ n'est pas inversible est presque sûrement fini; on en déduit que Ξ_T^N est inversible pour N assez grand (dès que les t_k^N épuisent cet ensemble), et on peut alors montrer la convergence des $(\Xi_t^N)^{-1}$. □

Etant donnés un transporteur infinitésimal d'ordre 2 et une τ-semimartingale (X_t, τ_t) compatibles avec la même connexion, on a ainsi construit le transport stochastique des vecteurs tangents le long de X_t; ce transport peut par exemple servir à définir les caractéristiques locales des semimartingales à valeurs dans $T(V)$ (voir [11]). Si les τ_t sont inversibles et si on se donne un connecteur sur la variété (ou si on se donne une connexion sans torsion et des sauts ΔX_t), on peut alors considérer le développement de X_t le long de Ξ_t^{-1}, c'est-à-dire la semimartingale $\int_0^{\cdot} \Xi_s^{-1} dX_s$ à valeurs dans $T_{X_0}(V)$.

Exemple 2 (suite). Sur le groupe de Lie G, si on considère les connecteur et transporteur définis précédemment, le développement de X_t correspond au logarithme stochastique de [7], [6].

Pour terminer, signalons que la notion de transport que nous venons de décrire pourrait se généraliser aux autres fibrés au-dessus de V (y compris des fibrés non vectoriels).

Bibliographie

[1] J.M. Bismut, *Mécanique aléatoire*, Lect. N. in Math. **866**, Springer, 1981.

[2] R.W.R. Darling, Martingales in manifolds – Definition, examples, and behaviour under maps, dans: *Séminaire de Probabilités XVI, Supplément: Géométrie différentielle stochastique*, Lect. N. in Math. **921**, Springer, 1982.

[3] R.W.R. Darling, Approximating Ito integrals of differential forms and geodesic deviation, *Z. Wahrscheinl. verw. G.* **65** (1984), 563–572.

[4] M. Emery, *Stochastic calculus in manifolds*, Universitext, Springer, 1989.

[5] M. Emery et G. Mokobodzki, Sur le barycentre d'une probabilité dans une variété, dans ce volume.

[6] A. Estrade, *Calcul stochastique discontinu sur les groupes de Lie*, Thèse de Doctorat, Univ. Orléans, 1990.

[7] M. Hakim-Dowek et D. Lépingle, L'exponentielle stochastique des groupes de Lie, dans: *Séminaire de Probabilités XX*, Lect. N. in Math. **1204**, Springer, 1986.

[8] W. Herer, Espérance mathématique d'une variable aléatoire à valeurs dans un espace métrique à courbure négative, *C. R. Acad. Sci. Paris, Série I,* **306** (1988), 681–684.

[9] W.S. Kendall, Probability, convexity, and harmonic maps with small image I: uniqueness and fine existence, *Proc. London Math. Soc.* **61** (1990), 2, 371–406.

[10] P.A. Meyer, Géométrie stochastique sans larmes, dans: *Séminaire de Probabilités XV*, Lect. N. in Math. **850**, Springer, 1981.

[11] P.A. Meyer, Géométrie différentielle stochastique (bis), dans: *Séminaire de Probabilités XVI, Supplément: Géométrie différentielle stochastique*, Lect. N. in Math. **921**, Springer, 1982.

[12] J. Picard, Convergence in probability for perturbed stochastic integral equations, *Probab. Th. Rel. Fields* **81** (1989), 383-452.

[13] J. Picard, Martingales on Riemannian manifolds with prescribed limit, *J. Functional Anal.*, à paraître.

[14] L. Schwartz, Géométrie différentielle du 2ème ordre, semi-martingales et équations différentielles stochastiques sur une variété différentielle, dans: *Séminaire de Probabilités XVI, Supplément: Géométrie différentielle stochastique*, Lect. N. in Math. **921**, Springer, 1982.

SUR LE BARYCENTRE
D'UNE PROBABILITÉ DANS UNE VARIÉTÉ

par M. Emery et G. Mokobodzki

> **La géométrie a beau être, selon Pascal, la science la plus parfaite pour nous autres hommes, elle n'en prend pas moins, du point de vue même de la démonstration, des aspects fort variés, jusque dans les travaux mathématiques de cet auteur : on ne démontre pas, même lorsqu'on est entré dans le style géométrique, un problème de probabilité comme un problème de centre de gravité.**
> **J.-P. Cléro,**
> ***Épistémologie des mathématiques.***

Nous remercions les organisateurs du Colloque en l'honneur de Maurice Sion à Vancouver, à l'occasion duquel ce travail a vu le jour.

Dans une variété, les martingales continues ont été définies par Duncan [5], Meyer [15] et Darling [2]. Meyer et Darling ont mis en évidence la structure géométrique qui permet cette définition : ce sont les connexions. Il est plus difficile de définir les martingales discontinues, ou même simplement les martingales à temps discret, parce qu'en l'absence de structure linéaire (ou affine), il n'est pas possible d'attribuer aux mesures de probabilité un barycentre ni aux v. a. une espérance. Si la variété est riemannienne, on peut chercher à construire le barycentre en minimisant la moyenne du carré de la distance; ce procédé, déjà employé par Cartan pour trouver le point fixe d'un groupe d'isométries ([1] page 267), a été efficacement utilisé par Kendall [12] et Picard [17] pour la construction approchée d'une martingale continue par discrétisation du temps.

Cette définition se généralise sans peine aux variétés munies d'une connexion (c'est le "barycentre exponentiel" que nous verrons plus loin), mais souffre d'un grave défaut : les barycentres ainsi construits n'ont pas la propriété d'associativité; en d'autres termes, si on les utilise pour définir des martingales à temps discret $(M_n)_{n\in\mathbb{N}}$ dans une variété, la définition $M_n = \mathbb{E}[M_{n+1}|\mathcal{F}_n]$ n'entraîne en général pas $M_n = \mathbb{E}[M_{n+k}|\mathcal{F}_n]$ pour $k > 1$. Ce défaut est partagé par toute définition raisonnable du barycentre, même celle de Lobry ([14] page 217).

Il est cependant un cas où la définition du barycentre d'une probabilité ne pose pas de problème. Dans une variété munie d'une connexion et telle que deux points quelconques sont joints par une géodésique et une seule, on peut définir de façon évidente le barycentre de toute probabilité μ portée par au plus deux points : si $\mu = (1-t)\varepsilon_x + t\varepsilon_y$, son barycentre est bien sûr $\gamma(t)$ où γ est la géodésique telle que $\gamma(0) = x$ et $\gamma(1) = y$. Dans une telle variété, on peut définir des martingales à temps discret $(M_n)_{n\in\mathbb{N}}$ pourvu que la filtration soit dyadique : chaque tribu $\mathcal{F}_n$ est essentiellement finie, et chaque atome de $\mathcal{F}_n$ contient au plus deux atomes de $\mathcal{F}_{n+1}$. Bien entendu, ce qui rend possible cette construction, c'est la grande pauvreté de l'ensemble des mesures de ce type, ou de l'ensemble des changements de temps qui préservent le caractère dyadique d'une filtration.

Revenons à des mesures générales. Puisque la définition des barycentres est inévitablement imparfaite, nous proposons de troquer un défaut pour un autre, et, pour restaurer l'associativité, d'abandonner l'unicité : au lieu de munir chaque mesure d'un barycentre, nous allons lui en associer plusieurs, et *ce que nous appellerons le barycentre d'une probabilité ne sera pas un point, mais tout un ensemble de points.*

La non-unicité de l'espérance d'une v. a. dans espace métrique n'est pas une idée nouvelle; voir Fréchet [8] page 502, Doss [3], Herer [9], [10], [11]. Nous n'avons pas connaissance de travaux analogues dans le cadre, non métrique, d'une variété pourvue d'une connexion.

Dans toute la suite, nous travaillerons dans une variété connexe V réelle, sans bord, C^∞, de dimension finie; nous la supposerons munie d'une connexion C^∞. Comme nous n'utiliserons cette connexion que pour parler des géodésiques, des fonctions convexes et des martingales continues, on ne change rien en la détordant, et le lecteur peut la supposer sans torsion. Rappelons qu'une fonction réelle sur V est dite convexe si sa restriction à toute géodésique est convexe (considérée comme fonction d'une variable réelle), et que les fonctions convexes sont continues, forment un cône stable par sup et transforment les martingales continues dans V en sous-martingales locales continues [7].

DÉFINITION. — Soit μ une probabilité sur V. Le *barycentre* de μ est l'ensemble $b(\mu)$ des points x de V tels que $f(x) \leq \mu(f)$ pour toute fonction f convexe bornée sur V.

Puisque les fonctions convexes sont continues, $b(\mu)$ est fermé. Il possède aussi une propriété de convexité faible : son intersection avec toute géodésique est un intervalle (fermé) de celle-ci. Dualement, pour x fixé, l'ensemble des lois μ telles que $x \in b(\mu)$ est convexe et étroitement fermé.

Cette définition se traduit immédiatement en termes probabilistes. Si une v. a. X, définie sur un espace $(\Omega, \mathcal{F}, \mathbb{P})$, prend ses valeurs dans V, on appellera *espérance de* X, et on notera $\mathbb{E}[X]$, le barycentre de la loi de X, c'est-à-dire l'ensemble de tous les points x de V tels que $f(x) \leq \mathbb{E}[f\circ X]$ pour toute f convexe bornée. Si de plus $\mathcal{G}$ est une sous-tribu de $\mathcal{F}$, on appellera *espérance conditionnelle de* X *sachant* $\mathcal{G}$, et on notera $\mathbb{E}[X|\mathcal{G}]$, l'ensemble de toutes les v. a. Y mesurables pour $\mathcal{G}$ et à valeurs dans V telles que $f\circ Y \leq \mathbb{E}[f\circ X|\mathcal{G}]$ pour toute f convexe bornée.

EXEMPLES. — a) Si V est un ouvert convexe borné d'un espace affine (muni de la connexion plate), alors le barycentre $b(\mu)$ est égal à $\{b_a(\mu)\}$, où $b_a(\mu)$ désigne le barycentre de μ pour la structure affine. En effet, pour f affine, l'inégalité s'applique à f et à $-f$ et est donc une égalité, d'où $b(\mu) \subset \{b_a(\mu)\}$; l'inclusion inverse, qui n'est autre que l'inégalité de Jensen, vient de ce que toute fonction convexe est un supremum de fonctions affines. En revanche, si V est un ouvert borné non convexe d'un espace affine, on a encore $b(\mu) \subset \{b_a(\mu)\}$, mais nous laissons le lecteur vérifier que $b(\mu)$ peut être vide même si $b_a(\mu) \in V$ et V est connexe.

b) Si V est compacte, ou si V est un espace vectoriel muni de la connexion plate, $b(\mu) = V$ quelle que soit μ car toutes les fonctions convexes bornées sont constantes.

c) Si V est la demi-droite $]0,\infty[$ munie de la connexion plate, $b(\mu)$ est l'intervalle $[g,\infty[$, où $g = \int x\,\mu(dx) \leq \infty$ est le barycentre de μ au sens usuel.

d) Si μ est portée par deux points, donc de la forme $(1-t)\varepsilon_x + t\varepsilon_y$, et si γ est une géodésique telle que $\gamma(0) = x$ et $\gamma(1) = y$, le point $\gamma(t)$ est dans $b(\mu)$.

PROPOSITION 1 (Associativité des barycentres). — *Soient* $(A,\mathcal{A},\pi)$ *un espace probabilisé,* $(\mu_\alpha)_{\alpha\in A}$ *une famille de probabilités sur* V*, dépendant mesurablement de* α *et* $(x_\alpha)_{\alpha\in A}$ *une v. a. dans* V *telle que* $x_\alpha \in b(\mu_\alpha)$ *pour chaque* α*. Alors*

$$b\big(\textstyle\int \varepsilon_{x_\alpha}\,\pi(d\alpha)\big) \subset b\big(\textstyle\int \mu_\alpha\,\pi(d\alpha)\big)\ .$$

En langage clair : tout point du barycentre d'une famille de barycentres de $\mu = \int \mu_\alpha\,\pi(d\alpha)$ est lui-même dans le barycentre de μ.

DÉMONSTRATION. La définition étant faite pour ça, c'est trivial : si f est convexe, bornée et si $x \in b(\int \varepsilon_{x_\alpha}\,\pi(d\alpha))$,

$$f(x) \leq \textstyle\int f(x_\alpha)\,\pi(d\alpha) \leq \int \mu_\alpha(f)\,\pi(d\alpha) = \int f\,d\mu\ . \qquad \blacksquare$$

La réciproque de cette propriété d'associativité est fausse. Étant donnés $\mu = \int \mu_\alpha\,\pi(d\alpha)$ et $x \in b(\mu)$, il peut ne pas exister de points $x_\alpha \in b(\mu_\alpha)$ tels que $x \in b(\int \varepsilon_{x_\alpha}\,\pi(d\alpha))$. Par exemple, en géométrie sphérique, si A', B' et C' sont les milieux des côtés d'un triangle ABC, le milieu M du segment géodésique AA' n'est pas sur la géodésique $B'C'$. On a donc $B' \in b(\frac{1}{2}\varepsilon_A + \frac{1}{2}\varepsilon_C)$ et $C' \in b(\frac{1}{2}\varepsilon_A + \frac{1}{2}\varepsilon_B)$, mais M, bien que dans le barycentre de la mesure $\frac{1}{2}\varepsilon_A + \frac{1}{4}\varepsilon_B + \frac{1}{4}\varepsilon_C$, n'est cependant pas dans celui de $\frac{1}{2}\varepsilon_{B'} + \frac{1}{2}\varepsilon_{C'}$. Cet exemple montre bien où se situe le problème : l'ensemble $b(\mu)$ prend en compte les barycentres obtenus en regroupant entre eux de toutes les manières possibles les points chargés par μ; imposer une décomposition $\mu = \int \mu_\alpha \, \pi(d\alpha)$ revient à faire un choix parmi ces regroupements, d'où moins de latitude dans la construction du barycentre.

Il est agréable de traduire l'associativité en termes d'espérance conditionnelle : Si Y est dans $\mathbb{E}[X|\mathcal{G}]$ et si $\mathcal{H}$ est une sous-tribu de $\mathcal{G}$, alors toute v. a. Z qui appartient à $\mathbb{E}[Y|\mathcal{H}]$ est aussi dans $\mathbb{E}[X|\mathcal{H}]$. La fausseté de la réciproque s'énonce ainsi : étant données une v. a. X dans V, des sous-tribus $\mathcal{H} \subset \mathcal{G}$ et une v. a. $Z \in \mathbb{E}[X|\mathcal{H}]$, il n'existe pas nécessairement Y dans $\mathbb{E}[X|\mathcal{G}]$ telle que $Z \in \mathbb{E}[Y|\mathcal{H}]$.

Si l'on définit dans V une martingale à temps discret $(M_n)_{n\in\mathbb{N}}$ par la propriété $M_n \in \mathbb{E}[M_{n+1}|\mathcal{F}_n]$ pour tout n, on a aussi grâce à l'associativité $M_n \in \mathbb{E}[M_{n+k}|\mathcal{F}_n]$ pour tout $k > 1$. Il devient donc raisonnable de définir les martingales à temps continu par $M_s \in \mathbb{E}[M_t|\mathcal{F}_s]$ pour tous s et t tels que $s < t$. Comme le montre l'exemple b) ci-dessus, cette définition peut même dans certains cas être trop générale! Mais il est toujours vrai que, si $(M_t)_{t\geq 0}$ est une martingale continue dans V au sens usuel, elle vérifie aussi cette définition puisque $f \circ M$ est une sous-martingale pour f convexe bornée (voir [7]). Réciproquement, si la variété est assez petite, le théorème de Darling (proposition (4.41) de [6]) affirme que, pour les processus continus, la définition des martingales ici proposée équivaut à la définition usuelle. Dans ce cas, imposer la condition de martingale $M_s \in \mathbb{E}[M_t|\mathcal{F}_s]$ pour tous les couples (s,t) a donc restauré l'unicité. Dans la suite, nous désignerons simplement par "martingales continues" les martingales au sens habituel.

Revenons aux barycentres, pour expliciter leur lien avec la procédure d'interpolation géodésique, qui consiste à remplacer deux points par leur barycentre pris sur la géodésique qui les joint, procédure que l'on itère en remontant un arbre dyadique depuis les extrémités des branches vers la racine; ceci permet de définir le barycentre de 2^n points de V, pas nécessairement tous distincts, affectés de poids dont la somme est égale à 1, et pris dans un certain ordre. Plutôt que d'indexer les points par les extrémités des branches d'un arbre, nous utiliserons, en bons probabilistes, l'espace canonique $W^n = \{0,1\}^n$, sur lequel le processus des coordonnées sera noté $(\omega_i)_{1\leq i\leq n}$; si p est une probabilité sur W^n, pour $\varepsilon \in \{0,1\}$ on notera p_ε la probabilité sur W^{n-1} égale à la loi conditionnelle de $(\omega_2, \ldots, \omega_n)$ sachant que $\omega_1 = \varepsilon$; si y est une v. a. définie sur W^n, on définit des v. a. y_0 et y_1 sur W^{n-1} par $y_\varepsilon(\varepsilon_1, \ldots, \varepsilon_{n-1}) = y(\varepsilon, \varepsilon_1, \ldots, \varepsilon_{n-1})$.

DÉFINITION. — Sur l'espace fini W^n, soient p une probabilité et y une v. a. à valeurs dans V. On définit inductivement le *barycentre géodésique itéré* $\beta(y,p)$ (ou $\beta_n(y,p)$ si l'on veut préciser le nombre d'itérations) par pour $n = 0$, $\beta_0(y;1)$ est le singleton $\{x\}$, où $x \in V$ est la valeur de la v. a. constante y;

pour $n > 0$, $\beta_n(y,p)$ est l'ensemble des points de V de la forme $\gamma(p\{\omega_1{=}1\})$, où $\gamma : [0,1] \to V$ est une géodésique telle que $\gamma(0)$ soit dans $\beta_{n-1}(y_0,p_0)$ et $\gamma(1)$ dans $\beta_{n-1}(y_1,p_1)$.

Si la loi de ω_1 sous p est dégénérée, l'une des probabilités conditionnelles p_0 ou p_1 n'est pas définie; mais c'est sans importance puisque le barycentre partiel correspondant intervient avec un poids nul dans l'interpolation géodésique qui suit.

Il est clair, par récurrence sur n, que $\beta(y,p)$ est inclus dans le barycentre de la mesure image $y(p) = p\circ y^{-1}$ (c'est-à-dire la loi de la v. a. y sous p).

THÉORÈME 1. — *Soit $x \in V$. Dans l'ensemble des probabilités μ telles que $x \in b(\mu)$, celles qui sont de la forme $y(p)$ où le couple (y,p), défini sur un W^n, est tel que $x \in \beta(y,p)$, forment un sous-ensemble dense pour la topologie étroite.*

Plus précisément, si $x \in b(\mu)$, il existe une suite de couples (y_k,p_k), chacun défini sur un $W^{n(k)}$, telle que x soit dans chaque $\beta(y_k,p_k)$ et $y_k(p_k)$ tende étroitement vers μ.

Avant de démontrer ce théorème, il nous faut introduire quelques notations, que nous utiliserons pour construire l'enveloppe convexe inférieure d'une fonction (sa plus grande minorante convexe).

Pour $x \in V$ et $n \geq 1$, désignons par $\beta_n^{-1}(x)$ l'ensemble des paires (y,p) telles que $x \in \beta_n(y,p)$. Cet ensemble n'est pas vide : il contient déjà toutes les (y,p) tels que $y(\omega) = x$ pour tout $\omega \in W^n$.

Si f est une fonction réelle minorée sur V, définissons pour $n \geq 1$

$$\mathrm{G}^n f(x) = \inf_{(y,p)\in\beta_n^{-1}(x)} \int_{W^n} f\circ y \, dp$$

(l'intégrale est en fait une somme finie). Il est clair que $\mathrm{G}^n f \leq \mathrm{G}^n g$ si $f \leq g$, que $\inf_V f \leq \mathrm{G}^n f$ et que $\mathrm{G}^n f \leq f$ puisque $(y,p) \in \beta_n^{-1}(x)$ pour $y \equiv x$. En outre, la définition de β_{n+1} entraîne que

$$\begin{aligned}
\mathrm{G}^1(\mathrm{G}^n f) &= \inf_{(y,p)\in\beta_1^{-1}(x)} \left[p(0)\,\mathrm{G}^n f(y_0) + p(1)\,\mathrm{G}^n f(y_1)\right] \\
&= \inf_{\substack{(y,p)\in\beta_1^{-1}(x)\\ (z_0,q_0)\in\beta_n^{-1}(y_0)\\ (z_1,q_1)\in\beta_n^{-1}(y_1)}} \left[p(0)\int_{W^n} f\circ z_0\, dq_0 + p(1)\int_{W^n} f\circ z_1\, dq_1\right] \\
&= \inf_{(z,q)\in\beta_{n+1}^{-1}(x)} \int_{W^{n+1}} f\circ z\, dq = \mathrm{G}^{n+1} f(x)\,,
\end{aligned}$$

et G^n n'est autre que la $n^{\text{ième}}$ puissance de G^1.

Comme $G^1 f \leq f$, ceci implique que la suite $G^n f$ est décroissante; puisqu'elle est minorée par $\inf_V f$, il est loisible de poser

$$G^\infty f = \lim_n \downarrow G^n f .$$

LEMME 1. — *Soit f une fonction réelle minorée sur V. Elle est convexe si et seulement si $G^1 f = f$. La fonction $G^\infty f$ est la plus grande fonction convexe majorée par f ; elle est bornée si f l'est.*

DÉMONSTRATION DU LEMME. Pour que $f = G^1 f$, il faut et il suffit que pour chaque x on ait

$$f(x) = \inf_{\substack{\gamma \text{ géodésique} \\ t\in[0,1],\, \gamma(t)=x}} \left[(1-t) f\big(\gamma(0)\big) + t\, f\big(\gamma(1)\big)\right] ;$$

autrement dit, $f(x) \leq (1-t) f\big(\gamma(0)\big) + t\, f\big(\gamma(1)\big)$ pour toute géodésique γ vérifiant $\gamma(t) = x$ pour un $t \in [0,1]$; et ceci exprime la convexité de f.

Si f_n est une suite décroissante de limite f_∞,

$$\begin{aligned} G^1 f_\infty(x) &= \inf_{(y,p)\in\beta_1^{-1}(x)} \int_{W^1} f_\infty \circ y \, dp \\ &= \inf_{(y,p)\in\beta_1^{-1}(x)} \inf_n \int_{W^1} f_n \circ y \, dp \\ &= \inf_n \inf_{(y,p)\in\beta_1^{-1}(x)} \int_{W^1} f_n \circ y \, dp = \lim_n \downarrow G^1 f_n(x) . \end{aligned}$$

Appliquant ceci à le suite décroissante $f_n = G^n f$ de limite $f_\infty = G^\infty f$, on obtient $G^1 G^\infty f = \lim_n G^{n+1} f = G^\infty f$, donc la fonction $G^\infty f$ est convexe.

Enfin, si g est convexe est majorée par f, on a $g = G^n g \leq G^n f$ pour tout n, et à la limite $g \leq G^\infty f$. L'inégalité $\inf_V f \leq G^\infty f \leq f$ montre que $G^\infty f$ est bornée avec f. ∎

DÉMONSTRATION DU THÉORÈME 1. Le point $x \in V$ est fixé; quand n, y et p varient de manière telle que x reste dans $\beta_n(y,p)$, la mesure $y(p)$ décrit un ensemble $C(x)$ non vide (il contient ε_x), dont nous devons établir qu'il est dense dans l'ensemble des probabilités dont le barycentre contient x. Or cet ensemble est convexe. En effet, si λ_0 et λ_1 sont dans $C(x)$, on a $x \in \beta_{n_0}(y_0,p_0)$ avec $y_0(p_0) = \lambda_0$ et $x \in \beta_{n_1}(y_1,p_1)$ avec $y_1(p_1) = \lambda_1$. Comme l'ensemble des lois $y(p)$ où $(y,p) \in \beta_n^{-1}(x)$ croît avec n, on peut supposer $n_0 = n_1$; soit n ce nombre. Si maintenant π est une probabilité sur $\{0,1\}$, en définissant y et p sur W^{n+1} par $y(\omega_1,\ldots,\omega_n) = y_{\omega_1}(\omega_2,\ldots,\omega_n)$ et $p(\omega_1,\ldots,\omega_n) = \pi(\omega_1)\, p_{\omega_1}(\omega_2,\ldots,\omega_n)$, on a $x \in \beta_{n+1}(y,p)$ par définition des barycentres géodésiques itérés, et il en résulte que $y(p) \in C(x)$. Comme $y(p) = \pi(0)\lambda_0 + \pi(1)\lambda_1$, la convexité de $C(x)$ est établie.

Pour établir le théorème, considérons une mesure de probabilité μ qui n'est pas dans l'adhérence de $C(x)$ pour la topologie étroite; nous devons montrer que

x n'est pas dans le barycentre de μ. Grâce à la convexité de $C(x)$, le théorème de Hahn-Banach appliqué aux mesures finies en dualité avec C_0 fournit une fonction f continue, bornée, et telle que $\mu(f) < \inf_{\lambda \in C(x)} \lambda(f)$. On a donc

$$\mu(G^\infty f) \le \mu(f) < \inf_{\lambda \in C(x)} \lambda(f)$$
$$= \inf_n \inf_{(y,p)\in\beta_n^{-1}(x)} \int f \circ y \, dp = \inf_n G^n f(x) = G^\infty f(x) .$$

Comme la fonction $G^\infty f$ est convexe et bornée, cette inégalité stricte interdit à x d'appartenir à $b(\mu)$; la première partie du théorème est démontrée.

Le reste s'en déduit immédiatement puisque les mesures positives, et a fortiori les probabilités, forment un ensemble métrisable pour la convergence étoite. ∎

Rappelons qu'une semimartingale continue X à valeurs dans V est appelée une martingale continue si, pour toute fonction f de classe C^2 sur V, le processus $f\circ X - \frac{1}{2}\int(\nabla df)(dX, dX)$ est une martingale locale. Dans cette formule, ∇df est la dérivée covariante seconde (la hessienne) de la fonction f, s'écrivant dans un système de coordonnées locales $(x^i)_{1\le i\le d}$

$$\nabla df = (D_{ij}f - \Gamma_{ij}^k D_k f)\, dx^i \otimes dx^j$$

(où Γ_{ij}^k sont les symboles de Christoffel de la connexion; ici comme dans toute la suite, la convention de sommation d'Einstein est en vigueur); et, toujours en coordonnées locales, $\int(\nabla df)(dX, dX)$ est le processus v. f. continu de différentielle $(D_{ij}f - \Gamma_{ij}^k D_k f)\circ X \, d[x^i\circ X, x^j\circ X]$.

Une martingale continue dans V est transformée par toute fonction convexe en une sous-martingale locale. Il en résulte que *si X est une martingale continue dans V telle que $X_0 = x$ p. s., pour tout temps d'arrêt fini T le point x est dans le barycentre* $\mathbb{E}[X_T]$ *de la loi de X_T*. En effet, toute fonction convexe bornée f transforme X en une sous-martingale locale bornée, donc en une vraie sous-martingale; d'où $f(x) \le \mathbb{E}[f\circ X_T]$. Dans le cas où la variété n'est pas trop grande et vérifie une condition de convexité, nous allons déduire du théorème 1 une réciproque à cette propriété.

THÉORÈME 2. — *On suppose que V est (affinement*[1] *difféomorphe à) un ouvert relativement compact d'une variété W, et qu'il existe sur W une fonction de classe* C^2 *strictement convexe. Si μ est une probabilité sur V et si un point x de V est dans le barycentre de μ (relativement à V), il existe, sur un $(\Omega, \mathcal{F}, \mathbb{P}, (\mathcal{F}_t)_{0\le t\le 1})$ convenable*[2]*, une martingale continue $(X_t)_{0\le t\le 1}$ à valeurs dans $\overline{V}$, telle que $X_0 = x$ et que X_1 ait pour loi μ.*

Si de plus il existe sur W une fonction convexe ϕ telle que V soit l'ensemble $\{x \in W : \phi(x) < 0\}$, la martingale X est à valeurs dans V.

---

1. W est également munie d'une connexion, qui coïncide sur V avec celle de V.
2. Il est clair que l'on peut toujours prendre pour Ω l'espace canonique $C([0,1], W)$ muni du processus X des coordonnées.

REMARQUE. — La même méthode permettrait d'établir, plus généralement, que si μ et ν sont deux probabilités sur V telles que μ soit une balayée de ν (c'est-à-dire $\nu(f) \leq \mu(f)$ pour toute f convexe bornée), il existe une martingale continue de loi initiale ν et de loi finale μ. Ceci peut aussi se déduire du théorème 2 par l'intermédiaire du théorème de Strassen (XI-53 de [16]).

DÉMONSTRATION. Par récurrence sur k, il est facile de voir que, pour $x \in \beta_k(y,p)$, il existe une martingale continue $(X_t)_{0\leq t\leq k}$ telle que $X_0 = x$ et que X_k a pour loi $y(p)$. En effet, si l'on sait faire cette construction pour k, et si $x \in \beta_{k+1}(y,p)$, soit γ une géodésique telle que $\gamma(p\{\omega_1 = 1\}) = x$, $\gamma(0) \in \beta_k(y_0,p_0)$ et $\gamma(1) \in \beta_k(y_1,p_1)$. On peut construire des martingales indépendantes $(X_t^0)_{1\leq t\leq k+1}$ et $(X_t^1)_{1\leq t\leq k+1}$ telles que pour $\varepsilon \in \{0,1\}$ $X_0^\varepsilon = \gamma(\varepsilon)$ et X_1^ε ait pour loi $y_\varepsilon(p_\varepsilon)$, et une martingale continue réelle $(Y_t)_{0\leq t\leq 1}$ indépendante de (X^0, X^1) telle que $Y_0 = p\{\omega_1 = 1\}$ et Y_1 ait pour loi $(1 - Y_0)\varepsilon_0 + Y_0\varepsilon_1$. Et il suffit de poser $X_t = \gamma\circ Y_t$ pour $0 \leq t \leq 1$ et $X_t = X_t^0 \mathbb{1}_{\{Y_1=0\}} + X_t^1 \mathbb{1}_{\{Y_1=1\}}$ pour $1 \leq t \leq k+1$.

La variété de référence étant V, ceci établit la première partie du théorème 2 lorsque μ est de la forme $y(p)$, où $x \in \beta(y,p)$. Dans le cas général, nous savons par le théorème 1 que μ est limite étroite d'une suite μ_n de telles probabilités, d'où l'existence de martingales X^n; et nous allons construire X comme valeur d'adhérence des X^n, convenablement changées de temps.

On sait qu'il existe, pour un entier p, un plongement propre $(f^1,\ldots,f^p)$ de W dans $\mathbb{R}^p$ par p fonctions C^∞. Une semimartingale continue $(X_t)_{t\geq 0}$ dans W est une martingale ssi $f^i\circ X - \frac{1}{2}\int(\nabla df^i)(dX,dX)$ est une martingale locale pour chaque indice i (voir [6], (4,14)).

Il existe p^3 fonctions a_{jk}^i de classe C^∞ sur W telles que $\nabla df_i = a_{jk}^i\, df^j \otimes df^k$, ainsi que p^3 fonctions b_{jk}^i sur $\mathbb{R}^p$ telles que $a_{jk}^i = b_{jk}^i \circ (f^1,\ldots f^p)$. Les processus continus

$$M_t^{ni} = f^i\circ X_t^n - f^i(x) - \frac{1}{2}\int_0^t (\nabla df^i)(dX_s^n, dX_s^n)$$

sont des martingales locales, de crochet[3] $[M^{ni}, M^{ni}]_t = [f^i\circ X^n, f^i\circ X^n]_t$. Posons $A_t^n = \sum_{i=1}^p [f^i\circ X^n, f^i\circ X^n]_t$; le changement de temps associé à A^n permet de se ramener au cas où X^n est défini sur $[0,\infty]$ au lieu de $[0,1]$, et où $\sum_i [f^i\circ X^n, f^i\circ X^n]_t = t \wedge A_\infty^n$. Le théorème de tension de Rebolledo [18] entraîne que la suite des lois des martingales $(M^{ni})_{1\leq i\leq p}$ est une suite tendue de probabilités sur l'espace $C([0,\infty[,\mathbb{R}^p)$ muni de la topologie de la convergence uniforme sur tout compact. Après extraction éventuelle d'une sous-suite, le théorème de Skorokhod (voir Dudley [4]) affirme l'existence, sur un certain espace probabilisé, d'une suite N^n de v. a. dans $C([0,\infty[,\mathbb{R}^p)$, ayant chacune même loi que M^n, et qui converge p. s. vers une limite N^∞. Considéré comme un processus, N^∞ est une martingale pour sa filtration naturelle; la matrice de ses crochets $[N^{\infty j}, N^{\infty k}]$ est la limite des $[N^{nj}, N^{nk}]$. Les processus p-dimensionnels

3. Par convention, les crochets et les intégrales stochastiques sont tous nuls en zéro.

$X^{ni} = f^i \circ X^n$, qui sont solution de l'équation différentielle

$$X^{ni} = f^i(x) + M^{ni} + \tfrac{1}{2} \int b^i_{jk}(X^n)\, d[M^{nj}, M^{nk}]$$

ont même loi que les solutions Y^{ni} de

$$Y^{ni} = f^i(x) + N^{ni} + \tfrac{1}{2} \int b^i_{jk}(Y^n)\, d[N^{nj}, N^{nk}]\ ;$$

en passant à la limite dans cette équation différentielle ordinaire, on voit que les Y^{ni} convergent uniformément sur tout compact p. s. vers une limite $Y^{\infty i}$ qui vérifie

$$Y^{\infty i} = f^i(x) + N^{\infty i} + \tfrac{1}{2} \int b^i_{jk}(Y^\infty)\, d[N^{\infty j}, N^{\infty k}]\ .$$

Ceci entraîne que l'on peut définir des processus Y^n dans V par $f^i \circ Y^n = Y^{ni}$ et, l'image de $\overline{V}$ dans $\mathbb{R}^p$ par $(f^1, \dots, f^p)$ étant fermée, qu'ils convergent, uniformément sur tout compact de $[0, \infty[$ presque sûrement, vers une limite continue Y^∞. Pour la filtration naturelle de N^∞, Y^∞ est une semimartingale continue vérifiant $f^i \circ Y^\infty = f^i(x) + N^{i\infty} + \frac{1}{2} \int (\nabla df^i)(dY^\infty, dY^\infty)$, donc une martingale continue dans $\overline{V}$. Il nous reste à montrer que Y^∞_t a quand t tend vers l'infini une limite Y^∞_∞, dont la loi est la limite μ des lois μ_n des Y^n_∞ ; un changement de temps ramenant ∞ en 1 permettra alors de conclure. Ceci résulte immédiatement du lemme 2 ci-dessous appliqué aux Y^n ; l'hypothèse de tension dans ce lemme est vérifiée grâce au lemme 3 qui suit, selon lequel les v. a. T_n (ce sont ici les A^n_∞) ont leur espérance majorée par C.

LEMME 2. — *Soit $(X^n)_{n \in \mathbb{N}}$ une suite de processus mesurables séparables définis sur $\Omega \times \mathbb{R}_+$ et à valeurs dans un espace métrique (ou un espace uniforme), qui converge uniformément sur tout compact en probabilité vers un processus X. On suppose qu'il existe une suite tendue $(T_n)_{n \in \mathbb{N}}$ de v. a. positives telles que l'on ait, pour tous n et t, $X^n_t = X^n_{T_n \wedge t}$. Il existe alors une v. a. presque sûrement finie T telle que $X_t = X_{T \wedge t}$, et $X^n_\infty = X^n_{T_n}$ converge en probabilité vers $X_\infty = X_T$.*

DÉMONSTRATION DU LEMME 2. L'hypothèse de tension dit que pour tout $\varepsilon > 0$ il existe $t_\varepsilon \geq 0$ tel que $\mathbb{P}[T_n \geq t_\varepsilon] < \varepsilon$ pour tout n. Pour établir l'existence de T, en nous restreignant grâce au procédé diagonal à une sous-suite, nous pouvons supposer que X^n tend vers X uniformément sur tout compact presque sûrement. Notons $V_I(X)$ et $V_I(X^n)$ les événements "X n'est pas constant sur l'intervalle I" et "X^n n'est pas constant sur I". Pour $t > t_\varepsilon$,

$$\begin{aligned}\mathbb{P}[V_{[t_\varepsilon, t]}(X)] &\leq \mathbb{P}[\liminf_n V_{[t_\varepsilon, t]}(X^n)] \\ &\leq \mathbb{P}[\liminf_n \{T_n > t_\varepsilon\}] \leq \liminf_n \mathbb{P}[\{T_n > t_\varepsilon\}] \leq \varepsilon\ ;\end{aligned}$$

faisant tendre t vers l'infini, on en tire $\mathbb{P}[V_{[t_\varepsilon, \infty[}(X)] \leq \varepsilon$, et la probabilité pour que X soit constant sur un voisinage de l'infini est arbitrairement voisine de 1, donc égale à 1. La première conclusion s'en déduit en prenant pour T le plus petit entier n tel que X soit constant sur $[n, \infty[$.

Puisque $X^n_{t_\varepsilon}$ tend en probabilité vers X_{t_ε} et que les probabilités $\mathbb{P}[X^n_\infty \neq X^n_{t_\varepsilon}]$ et $\mathbb{P}[X_\infty \neq X_{t_\varepsilon}]$ sont majorées par ε, X^n_∞ tend en probabilité vers X_∞. ∎

LEMME 3. — *Sous les hypothèses du théorème 2, il existe une constante C telle que, pour toute martingale continue $(X_t)_{t\geq 0}$ à valeurs dans V,*

$$\mathbb{E}\Big[\sum_{i=1}^{p} [f^i\circ X, f^i\circ X]_\infty\Big] \leq C\,.$$

DÉMONSTRATION DU LEMME 3. Soit ψ une fonction C^2 strictement convexe sur W. On peut définir sur W deux structures riemanniennes par les tenseurs métriques $g_1 = \sum_{i=1}^p df^i \otimes df^i$ et $g_2 = \mathrm{sym}(\frac{1}{2}\nabla d\psi)$: le premier est défini positif car en chaque point les formes df^i engendrent tout l'espace cotangent, le second, égal à la partie symétrique du tenseur $\frac{1}{2}\nabla d\psi$, est défini positif car ψ est strictement convexe. Sur l'ensemble relativement compact V, ces deux métriques sont nécessairement équivalentes; il existe donc une constante $c > 0$ telle que $cg_2 - g_1$ soit de type positif sur V. Il en résulte que, pour toute semimartingale continue X dans V,

$$\sum_{i=1}^{p} [f^i\circ X, f^i\circ X] \leq c\,\tfrac{1}{2}\textstyle\int (\nabla d\psi)(dX,dX)\,.$$

Si maintenant X est une martingale continue dans V, $\psi\circ X$ est une sous-martingale bornée de compensateur $\frac{1}{2}\int(\nabla d\psi)(dX,dX)$; ceci entraîne que

$$\mathbb{E}\big[\tfrac{1}{2}\textstyle\int_0^t \nabla d\psi(dX,dX)\big] = \mathbb{E}[\psi\circ X_t - \psi\circ X_0] \leq \sup\limits_V \psi - \inf\limits_V \psi\,.$$

Donc $\mathbb{E}[\sum_i [f^i\circ X, f^i\circ X]_t] \leq c(\sup_V \psi - \inf_V \psi)$, et il ne reste qu'à faire tendre t vers l'infini. ∎

Ainsi, la martingale continue $X_t = Y_{t/1-t}$ à valeurs dans $\overline{V}$ satisfait à la première conclusion du théorème 2. Pour achever de démontrer celui-ci, nous n'avons plus qu'à vérifier que l'existence d'une fonction convexe ϕ telle que $V = \{x \in W : \phi(x) < 0\}$ contraint X à rester dans V. La fonction continue ϕ étant bornée sur le compact $\overline{V}$, le processus $\phi\circ X$ est une sous-martingale sur $[0,1]$; X_1, de loi μ, étant p. s. dans V, on a, pour tout temps d'arrêt $T \leq 1$, $\phi\circ X_T \leq \mathbb{E}[\phi\circ X_1|\mathcal{F}_T] < 0$, d'où $X_T \in V$, et X reste dans V. ∎

Le corollaire de la proposition 4, plus loin, utilisera ce théorème pour fournir une condition suffisante d'existence d'une martingale continue de loi finale donnée. Kendall [12] et Picard [17] ont construit dans les variétés riemanniennes des martingales continues de v. a. finale donnée, sur un espace filtré donné à l'avance (un espace de Wiener); notre but ici est plus modeste (seule la loi finale est donnée), mais nous subissons une contrainte supplémentaire, la donnée de la valeur initiale.

Dans les bons cas, l'ensemble $b(\mu)$ contient un point remarquable, le barycentre exponentiel de μ, que l'on peut définir à l'aide d'une carte normale, ou de l'application exponentielle.

Dans toute la suite, nous supposerons V convexe au sens très fort suivant : Deux points quelconques sont joints par une géodésique et une seule, qui dépend de façon C^∞ *des deux points.* Pour $x \in V$, si l'on désigne par T_xV l'espace vectoriel tangent en x à V et par U_x l'ouvert étoilé de T_xV formé des vitesses initiales $\dot\gamma(0)$ des géodésiques γ telles que $\gamma(1)$ soit défini, l'application exponentielle $\exp_x : U_x \to V$ qui envoie $\dot\gamma(0)$ sur $\gamma(1)$ est un difféomorphisme de U_x sur V.

DÉFINITION. — Si μ est une probabilité sur V, on appelle ***barycentres exponentiels*** de μ les points x de V tels que la probabilité $\tilde\mu_x$ sur T_xV, image de μ par $\exp_x^{-1}$, soit centrée dans l'espace vectoriel T_xV (c'est-à-dire que toutes les formes linéaires sur T_xV sont intégrables pour $\tilde\mu_x$ et d'intégrale nulle).

En d'autres termes, x est un barycentre exponentiel de μ si et seulement si l'intégrale vectorielle $\int_{z\in T_xV} z\,\tilde\mu_x(dz)$ existe dans T_xV et est nulle; lorsqu'elle existe, nous noterons $v^\mu(x)$ cette intégrale.

Contrairement au barycentre de μ, qui est une partie de V, les barycentres exponentiels sont des points de V. Cette différence de notations est justifiée par la proposition 5 plus bas : si V n'est pas trop grande, le barycentre exponentiel est unique.

PROPOSITION 2. — *Soit μ une probabilité sur V. Tout barycentre exponentiel de μ est dans $b(\mu)$.*

DÉMONSTRATION. Soient x un barycentre exponentiel de μ et f une fonction convexe bornée. Par le corollaire 1 de [7], il existe une fonction linéaire h sur T_xV telle que, pour tout $y \in V$, on ait $f(y) - f(x) \geq h \circ \exp_x^{-1}(y)$. Intégrons par rapport à μ : $\mu(f) - f(x) \geq \int h \circ \exp_x^{-1}(y)\,\mu(dy)$. Puisque par hypothèse x est un barycentre exponentiel de μ, l'intégrale est nulle, d'où la proposition. ∎

PROPOSITION 3. — *On suppose V riemannienne (munie de la connexion canonique); soit μ une probabilité telle que, pour un (donc pour tout) point x de V, l'intégrale $f(x) = \int_V \operatorname{dist}(x,y)^2\,\mu(dy)$ soit finie. Les barycentres exponentiels de μ sont alors les points critiques de la fonction f.*

DÉMONSTRATION. Soit ϕ une fonction C^∞ sur V. Sa différentielle $d\phi(x)$ est une forme linéaire sur T_xV. Sur un voisinage U de x_0, la majoration

$$\begin{aligned}\left|d\phi(x)\circ\exp_x^{-1}\right|(y) &\leq \|d\phi(x)\|\,\|\exp_x^{-1}(y)\| \\ &= \|d\phi(x)\|\operatorname{dist}(x,y) \leq \sup_U \|d\phi\|\,\bigl(\operatorname{diam} U + \operatorname{dist}(x_0,y)\bigr)\end{aligned}$$

établit l'existence, et, par convergence dominée, la continuité par rapport à x de l'intégrale $\mu\bigl(d\phi(x)\circ\exp_x^{-1}\bigr) = v^\mu(x)\phi$; donc le champ de vecteurs v^μ existe et est continu (il n'est pas difficile de voir qu'il est en fait C^∞).

Pour y fixé, le gradient au point x de la fonction $\mathrm{dist}(x,y)^2$ est $-2\exp_x^{-1}(y)$; intégrant en y, on trouve

$$\operatorname{grad} f(x) = -2\int_{y\in V} \exp_x^{-1}(y)\,\mu(dy) = -2\,v^\mu(x)$$

(la dérivation sous le signe somme étant justifiée par la même majoration que ci-dessus). Ainsi, f est de classe C^1, de gradient $-2v^\mu$ et ses points critiques sont ceux où v^μ s'annule, d'où la proposition. ∎

Voici pour terminer des critères d'existence et d'unicité du barycentre exponentiel, empruntés à Kendall [12].

PROPOSITION 4 (Existence du barycentre exponentiel). — *Toute probabilité sur V portée par un ensemble relativement compact de la forme $\{\phi < 0\}$, où ϕ est une fonction convexe de classe C^2, admet (au moins) un barycentre exponentiel.*

DÉMONSTRATION. Choisissons sur V une structure riemannienne arbitraire (indépendamment de la connexion). Soit f une fonction C^∞. Pour x et y dans le compact $K = \{\phi \le 0\}$, la majoration

$$\left|df\circ\exp_x^{-1}(y)\right| = \left|\langle df(x), \exp_x^{-1}(y)\rangle\right| \le \|df(x)\|\,\|\exp_x^{-1}(y)\| \le c(K)$$

montre, après intégration en y, que la fonction $v^\mu f(x) = \mu\big(df\circ\exp_x^{-1}\big)$ est bien définie et continue sur K. Pour $x \in \partial K$ et $y \in K$, on a $\phi(x) = 0$ et $\phi(y) \le 0$, donc ϕ est négative sur l'arc géodésique γ joignant x à y; en différentiant au point x, on obtient

$$\langle \exp_x^{-1}(y), d\phi(x)\rangle = \frac{d}{dt}\Big|_{t=0} (\phi\circ\gamma)(t) \le 0\,,$$

et en intégrant en y, on trouve $v^\mu\phi(x) \le 0$, ce qui montre que le champ de vecteurs continu v^μ est rentrant au bord de K. Mais il existe un difféomorphisme transformant K et $\mathring{K}$ en une boule de $\mathbb{R}^d$ et son intérieur (passer par $\exp_z^{-1}$, où z est intérieur à K, puis par un difféomorphisme entre U_z et $\mathbb{R}^d$). Donc le champ de vecteurs v^μ s'annule en au moins un point de K (et même de $\mathring{K}$, en raison de la convexité de ϕ). ∎

COROLLAIRE. — *Toute probabilité vérifiant l'hypothèse de la proposition 4 a un barycentre non vide et est la loi de X_1 pour une martingale continue $(X_t)_{0\le t\le 1}$ dans V.*

Cela résulte des propositions 4 et 2 et du théorème 2 appliqués à la variété $\{\phi < \varepsilon\}$, où ε est choisi tel que l'ensemble $\{\phi \le \varepsilon\}$ soit compact.

PROPOSITION 5 (Unicité du barycentre exponentiel). — *S'il existe sur $V\times V$ une fonction convexe, bornée, nulle sur la diagonale Δ et strictement positive hors de Δ, toute probabilité sur V a au plus un barycentre exponentiel.*

La connexion dont est munie $V \times V$ dans cet énoncé est bien entendu la connexion produit, caractérisée (à la torsion près, mais peu importe) par ses géodésiques, qui sont les courbes $(\gamma_1(t), \gamma_2(t))$ où chaque γ_i est une géodésique de V ; la sous-variété Δ de $V \times V$ est totalement géodésique pour cette connexion (cette condition est évidemment nécessaire à l'existence de la fonction convexe sus-mentionnée).

LEMME 4. — *Si μ est une probabilité sur $V \times V$ ayant pour marges ν et π, et si x (respectivement y) est un barycentre exponentiel de ν (respectivement π) dans V, alors (x, y) est un barycentre exponentiel de μ dans $V \times V$.*

DÉMONSTRATION DU LEMME. Soient ξ et η dans V ; il leur correspond des vecteurs $X \in T_x V$ et $Y \in T_y V$ tels que $\exp_x X = \xi$ et $\exp_y Y = \eta$. La courbe dans $V \times V$ définie par $\gamma(t) = (\exp_x tX, \exp_y tY)$ est une géodésique telle que $\gamma(1) = (\xi, \eta)$ et $\dot\gamma(0) = (X, Y)$; donc $\exp^{-1}_{(x,y)}(\xi, \eta) = (X, Y)$.

Mais toute forme linéaire h sur $T_{(x,y)}(V \times V)$ vérifie $h(X, Y) = f(X) + g(Y)$ pour des formes linéaires f et g sur $T_x V$ et $T_y V$ respectivement ; on en tire l'égalité

$$h \circ \exp^{-1}_{(x,y)}(\xi, \eta) = h(X, Y) = f(X) + g(Y) = f \circ \exp_x^{-1}(\xi) + g \circ \exp_y^{-1}(\eta)$$

qui, puisque ν et π sont les marges de μ, s'intègre en

$$\int_{V \times V} h \circ \exp^{-1}_{(x,y)} \, d\mu = \int_V f \circ \exp_x^{-1} \, d\nu + \int_V g \circ \exp_y^{-1} \, d\pi \, ;$$

ceci est nul car x et y sont des barycentres exponentiels de ν et π. ∎

DÉMONSTRATION DE LA PROPOSITION 5. Soient x et y deux barycentres exponentiels de la même probabilité μ sur V, et soit $\tilde\mu$ la probabilité sur Δ dont les deux projections sur V sont égales à μ. Le lemme qui précède entraîne que (x, y) est un barycentre exponentiel de $\tilde\mu$, donc, par la proposition 2, un point du barycentre de $\tilde\mu$ dans $V \times V$. On a donc $\phi(x, y) \le \tilde\mu(\phi)$, où ϕ est une fonction convexe bornée sur $V \times V$ nulle sur Δ et positive ailleurs (une telle fonction existe par hypothèse). Puisque $\tilde\mu$ est portée par Δ, ceci implique $\phi(x, y) \le 0$, donc $x = y$. ∎

Voici, en guise de conclusion, deux questions ouvertes soulevées par ce qui précède.

Certains des énoncés ci-dessus sont vrais sous une hypothèse d'existence d'une fonction convexe convenable. Dans le cas riemannien, Kendall ([12] ; voir aussi [13]) a construit ces fonctions convexes en supposant que V est incluse dans une boule $B(p, R)$ ne rencontrant pas le cut-locus de p, et sur laquelle la courbure sectionnelle est majorée par une constante plus petite que $(\pi/2R)^2$. Dans le cas général (non nécessairement riemannien), de telles fonctions convexes existent localement (tout point de V a un voisinage sur lequel c'est vrai ; voir [6], (4.59)). Nous conjecturons que ces fonctions convexes existent nécessairement dès lors que la variété ambiante est un ouvert convexe et relativement compact dans une variété elle-même convexe (au sens fort où deux points sont toujours liés par une géodésique et une seule).

Si $(X_t)_{0\le t\le 1}$ est une martingale continue sur $(\Omega, \mathcal{F}, \mathbb{P}, (\mathcal{F}_t)_{0\le t\le 1})$, à valeurs dans une variété raisonnablement convexe (voir ci-dessus) et en particulier telle que toute probabilité a un barycentre non vide, on peut construire, pour chaque subdivision dyadique σ_n de $[0,1]$, une martingale discrète $(Y_t^n, \mathcal{F}_t)_{t\in\sigma_n}$ telle que $Y_1^n = X_1$ (définir les Y_t^n par récurrence décroissante sur $t \in \sigma_n$; ils sont loin d'être uniques en général). Si la filtration est brownienne, et si l'on choisit à chaque étape le barycentre exponentiel, les processus $X_t^n = Y^n_{\sup([0,t]\cap\sigma_n)}$ convergent vers X uniformément en probabilité (Kendall [12] ; voir aussi Picard [17]). Qu'en est-il pour une filtration générale et des barycentres arbitraires?

RÉFÉRENCES

[1] E. Cartan. Leçons sur la géométrie des espaces de Riemann. Gauthier-Villars, Paris 1928.

[2] R.W.R. Darling. Martingales in Manifolds — Definition, Examples, and Behaviour under Maps. *Séminaire de Probabilités XVI, Supplément Géométrie différentielle stochastique*, Lecture Notes in Mathematics 921, Springer 1982.

[3] S. Doss. Sur la moyenne d'un élément aléatoire dans un espace distancié. *Bull. Sc. Math.* 73, 1949, 48–72.

[4] R. M. Dudley. Distances on Probability Measures and Random Variables. *Ann. Math. Stat.* 39, 1563–1572, 1968.

[5] T. E. Duncan. Stochastic Integrals in Riemannian Manifolds. *J. Multivariate Anal.* 6, 397–413, 1976.

[6] M. Emery et P.-A. Meyer. Stochastic calculus in manifolds. Springer, 1989.

[7] M. Emery et W. Zheng. Fonctions convexes et semimartingales dans une variété. *Séminaire de Probabilités XVIII*, Lecture Notes in Mathematics 1059, Springer 1984.

[8] M. Fréchet. L'intégrale abstraite d'une fonction abstraite d'une variable abstraite et son application à la moyenne d'un élément aléatoire de nature quelconque. *Revue Scientifique*, 1944, 483–512.

[9] W. Herer. Espérance mathématique au sens de Doss d'une variable aléatoire à valeurs dans un espace métrique. *C. R. Acad. Sc. Paris*, t. 302, 131–134, 1986.

[10] W. Herer. Martingales à valeurs fermées bornées d'un espace métrique. *C. R. Acad. Sc. Paris*, t. 305, 275–278, 1987.

[11] W. Herer. Espérance mathématique d'une variable aléatoire à valeurs dans un espace métrique à courbure négative. *C. R. Acad. Sc. Paris*, t. 306, 681–684, 1988.

[12] W. S. Kendall. Probability, convexity, and harmonic maps with small image I: uniqueness and fine existence. *Proc. L.M.S.* 61, 371–406, 1990.

[13] W. S. Kendall. Convexity and the hemisphere. Preprint, soumis au *Journal L.M.S.*

[14] C. Lobry. Et pourtant, ils ne remplissent pas $\mathbb{N}$! Aléas, Lyon 1989.

[15] P.-A. Meyer. Géométrie stochastique sans larmes. *Séminaire de Probabilités XV*, Lecture Notes in Mathematics 850, Springer 1981.

[16] P.-A. Meyer. Probabilités et potentiel. Hermann, Paris, 1966.

[17] J. Picard. Martingales on Riemannian manifolds with prescribed limits. Preprint, INRIA, Sophia Antipolis, soumis au *J.F.A.*

[18] R. Rebolledo. Convergence en loi des martingales continues. *C. R. Acad. Sc. Paris*, t. 282, 483–485, 1976.

Inégalités de SOBOLEV faibles : un critère Γ_2

Dominique Bakry

Laboratoire de Statistiques et Probabilités, Université PAUL SABATIER,
118, route de Narbonne, 31062, TOULOUSE Cedex.

RÉSUMÉ

Une inégalité de SOBOLEV *faible est une inégalité équivalente (quoique plus précise) à une inégalité de* SOBOLEV *ordinaire. Nous utilisons un critère de courbure et dimension utilisant l'opérateur carré du champ itéré pour établir cette inégalité pour une classe de semigroupes de diffusions, incluant en particulier le semigroupe de la chaleur sur les sphères.*

0—Introduction.

Sur un espace mesuré $(E, \mathcal{F}, \mu)$, considérons une forme de DIRICHLET $\mathcal{E}$ de domaine $D(\mathcal{E})$. On dit que $\mathcal{E}$ satisfait une inégalité de SOBOLEV lorsque la condition suivante est réalisée :

$$\forall f \in D(\mathcal{E}),\ \|f\|^2_{\frac{2n}{n-2}} \leq c_1\|f\|_2^2 + c_2\mathcal{E}(f,f). \tag{S}$$

Dans l'expression précédente, nous avons utilisé la notation $\|f\|_p$ pour désigner la norme de f dans $\mathrm{L}^p(\mu)$, et n est un réel supérieur à 2. Dans cette inégalité, le coefficient $n > 2$ joue le rôle d'une dimension : c'est ce que VAROPOULOS a appelé dans [V] la dimension du semigroupe associé à la forme $\mathcal{E}$.

Des liens étroits existent l'inégalité de SOBOLEV (S) les majorations en temps petit du semigroupe de la chaleur associé à $\mathcal{E}$. (cf [BM], [CSK], [D], [DS] ou [V] par exemple). En fait, pour avoir des renseignements précis sur le comportement du semigroupe, tant en temps petit qu'en temps grand, ce n'est pas tant d'inégalités de SOBOLEV qu'on a besoin que d'inégalités de SOBOLEV faibles, telles qu'elles ont été définies dans [BM] (mais elles sont déjà utilisées sous une forme implicite dans le travail de DAVIES et SIMON [DSi]). Une telle inégalité peut s'écrire sous la forme suivante

$$\forall f \in D(\mathcal{E}), \int (f^2 \log f^2)\, d\mu - \int f^2\, d\mu \log(\int f^2\, d\mu) \leq \frac{n}{2} \|f\|_2^2 \log\{c_1 + c_2 \mathcal{E}(f,f)/\|f\|_2^2\}. \qquad (SF)$$

Remarquons que, pour obtenir cette inégalité, il suffit de l'obtenir pour les fonctions de $D(\mathcal{E})$ de norme 1 dans $L^2(\mu)$, c'est à dire

$$\forall f \in D(\mathcal{E}),\ \|f\|_2 = 1 \Rightarrow \int (f^2 \log f^2)\, d\mu \leq \frac{n}{2} \log\{c_1 + c_2 \mathcal{E}(f,f)\}.$$

En fait, il est prouvé dans [BM] que l'inégalité (SF) est une conséquence de l'inégalité (S) avec les mêmes constantes n, c_1, c_2, tandis que l'inégalité (S) peut se déduire de (SF) (lorsque $n > 2$), avec la même constante n mais avec des constantes c_1 et c_2 qui peuvent être différentes. Il est toutefois intéressant de remarquer que (SF) est définie pour tout $n \geq 1$, ce qui n'est pas le cas de (S). Dans ce qui suit, nous appelerons cette constante n qui apparait dans l'inégalité (SF) la *dimension globale* du semigroupe.

L'implication (SF)⇒(S) n'est pas très facile à obtenir. Elle découle des majorations sur le semigroupe obtenues à partir de (SF), ainsi que du théorème d'interpolation de MARCINKIEWICZ. C'est pourquoi il n'est pas facile de savoir comment se déduisent les constantes c_1 et c_2 de (S) à partir des constantes c_1 et c_2 de (SF)(*).

Ce nom de *dimension* provient du cas particulier suivant : lorsque l'espace $(E, \mathcal{F}, \mu)$ est une variété riemannienne compacte de dimension p muni de la mesure de RIEMANN et que $\mathcal{E}$ est la forme de DIRICHLET associée au semigroupe de la chaleur sur E :

$$\forall f \in \mathcal{C}^\infty,\ \mathcal{E}(f,f) = \int_E |\nabla f|^2\, d\mu,$$

alors $\mathcal{E}$ satisfait à une inégalité de SOBOLEV de dimension p, et cette valeur $n = p$ est la plus petite des valeurs possibles de n pour laquelle une inégalité de SOBOLEV (ou de SOBOLEV faible) est satisfaite.

Supposons pour simplifier que la mesure μ est une mesure de probabilité : alors, on doit avoir $c_1 \geq 1$ dans les inégalités (S) et (SF). Dans l'exemple précédent, un argument simple montre qu'on a toujours une inégalité (SF) avec dimension p et $c_1 = 1$. En fait, c'est toujours le cas dès qu'on a une inégalité de SOBOLEV faible, avec $c_1 \geq 1$, et en plus un "trou spectral", c'est à dire une inégalité de la forme

$$\forall f \in D(\mathcal{E}), \int f^2\, d\mu \leq (\int f\, d\mu)^2 + \lambda \mathcal{E}(f,f), \quad (\lambda > 0), \quad \text{(cf [BM])}.$$

(*) Nous aimerions bien avoir une preuve directe de cette implication $(SF) \Rightarrow (S)$: en particulier nous ne savons pas à l'heure actuelle s'il est nécessaire pour avoir l'équivalence que $\mathcal{E}$ soit une forme de DIRICHLET.

Dans le cas où la forme de DIRICHLET est associée à un semigroupe de diffusion, avec $\mu(E) = 1$ et $c_1 = 1$, (c'est à dire que la constante c_1 est optimale), alors l'inégalité (SF) donne non seulement des majorations sur le semigroupe, mais également des minorations, et il est prouvé dans [BM] une relation entre la constante c_2 et le diamètre de E (qui est défini à partir de la forme de DIRICHLET elle même) :

$$4\text{diam}(E)^2 \leq n^2\pi^2 c_2. \tag{D}$$

Dans [BE], une autre notion de dimension est introduite pour des semigroupes de diffusion : cette *dimension locale* est une notion définie à partir de l'opérateur carré du champ itéré : elle est locale en ce sens qu'il suffit, pour la calculer au point x de E, de se donner le générateur du semigroupe associé à $\mathcal{E}$ dans un voisinage de x (contrairement à la dimension de VAROPOULOS qui se calcule en connaissant toute la forme de DIRICHLET sur E)(**). Cette dimension est à nouveau identique à la dimension géométrique p dans le cas du semigroupe de la chaleur sur une variété riemannienne compacte.

Dans le cas général, cette définition de la *dimension locale* est inséparable de la notion de *courbure de* RICCI associée au semigroupe de diffusion, et qui prolonge la notion de courbure de RICCI habituellle en géométrie riemannienne lorque le semigroupe considéré est le semigroupe de la chaleur. Nous donnerons dans le prochain chapitre des définitions précises de ces courbures et dimensions associées à un semigroupe de diffusion général.

On trouve dans [BE2] le résultat suivant : si un semigroupe symétrique admet une dimension locale finie n et une courbure de RICCI minorée par une constante $\rho > 0$, alors la forme de DIRICHLET associée satisfait à une inégalité de SOBOLEV (S) : le seul problème dans ce cas est que la *dimension globale* m (celle associée à l'inégalité (S)) n'est pas égale à la *dimension locale* n : les auteurs obtiennent $m = (4n^2 + 2)/(4n - 1) > n$.

L'un des buts de cet article est de montrer que, quitte à remplacer l'inégalité de SOBOLEV (S) par l'inégalité de SOBOLEV faible (SF), on peut identifier *dimension locale* et *dimension globale* : plus précisément, sous les hypothèses de [BE2], on obtient une inégalité de SOBOLEV faible, avec une dimension globale n égale à la dimension locale, avec une constante c_1 optimale (c'est à dire $c_1 = 1$ lorsque $\mu(E) = 1$).

En fait, toujours sous les hypothèses de [BE2], nous obtenons toute une famille d'inégalités de SOBOLEV faibles, dépendant continuement d'un paramètre α qui varie dans un intervalle $[1, \alpha_0]$, avec une dimension globale $n(\alpha)$ et des constantes $c_1(\alpha) = 1$ (lorsque $\mu(E) = 1$) et $c_2(\alpha)$ dépendant de α, ρ et n. Pour $\alpha = 1$, on a $n(\alpha) = n$, et l'inégalité de SOBOLEV faible a une dimension optimale, tandis que pour $\alpha = \alpha_0$, l'inégalité obtenue entraîne une inégalité de SOBOLEV logarithmique optimale.

En particulier, ces résultats s'appliquent au semigroupe de la chaleur sur une variété riemannienne dont la courbure de RICCI est minorée par une constante $\rho > 0$. L'inégalité de SOBOLEV faible que nous obtenons est alors meilleure que celle qu'on peut déduire directement de l'inégalité de SOBOLEV : en effet, T.AUBIN a montré que, sous les mêmes conditions que [BE2], mais en se restreignant au cas des variétés riemanniennes,

(**) En fait, cette dimension pourrait éventuellement varier d'un point à un autre : nous nous restreindrons ici au cas des dimensions constantes.

l'inégalité de SOBOLEV optimale est obtenue pour les sphères de courbure de RICCI ρ. Pour la sphère de rayon 1 dans $\mathcal{R}^{n+1}$, dont on a normalisé le volume pour en faire une probabilité, la constante ρ vaut $n-1$ et l'inégalité de SOBOLEV optimale s'écrit

$$\forall f \in D(\mathcal{E}),\ \|f\|^2_{\frac{2n}{n-2}} \leq \|f\|_2^2 + \frac{4}{n(n-2)}\mathcal{E}(f,f).$$

L'inégalité de SOBOLEV faible que nous obtenons dans ce cas s'écrit

$$\forall f \in D(\mathcal{E}),\ \|f\|_2 = 1 \Rightarrow \int (f^2 \log f^2)\, d\mu \leq \frac{n}{2}\log\{1 + \frac{4}{n(n-1)}\mathcal{E}(f,f)\}.$$

En combinant notre résultat avec l'inégalité (D) de [BM], on obtient ainsi une version purement "semigroupes markoviens" du théorème de MYERS : si une variété riemannienne admet une courbure de RICCI minorée par $\rho > 0$, alors son diamètre est fini.

En fait, le résultat que nous obtenons ainsi est plus faible que le théorème de MYERS, qui précise qu'en plus le diamètre est majoré par celui de la sphère de courbure de RICCI ρ. Pour chaque valeur du paramètre α dans notre famille d'inégalités de SOBOLEV faible, nous obtenons une majoration du diamètre. La meilleure majoration ainsi obtenue n'est pas explicite (il faudrait pour cela savoir résoudre une équation algébrique de degré 6 qui n'a pas de racines évidentes). Néammoins, un argument simple de [BM] permet de voir que, pour les sphères, l'inégalité (D) est toujours stricte, quelle que soit l'inégalité de SOBOLEV faible dont on parte.

La méthode que nous utilisons est très proche de celle de [BE] et de [BE2]. C'est essentiellement un raffinement de la méthode utilisée dans [BE] pour obtenir des inégalités de SOBOLEV logarithmiques. Malheureusement, pour passer de la dimension globale $m > n$ de [BE2] à la dimension globale n dans l'inégalité de SOBOLEV faible, il a fallu faire des calculs sensiblement plus compliqués. Il n'est pas exclu que ce même type de raffinements permette également d'utiliser la méthode de [BE2] pour obtenir des inégalités de SOBOLEV ordinaires avec la bonne dimension, et des constantes c_1 et c_2 explicites. Nous n'y sommes pas arrivés.

1— La courbure et la dimension locale des semigroupes de diffusion.

A) Définitions.

Commençons par préciser le cadre dans lequel nous allons travailler : nous nous plaçons dans une situation plus concrète que celle de [BE2] : le gain de généralité qu'on aurait à travailler dans le cadre abstrait de [BE2] nous a semblé illusoire. Dans toute la suite, nous supposerons donc que l'espace E sur lequel nous travaillons est une variété connexe de classe C^∞. On se donne sur E une mesure de probabilité μ à densité C^∞. Cette mesure sera fixée dans toute la suite et on notera $\langle f\rangle = \int f\,d\mu$ et $\langle f,g\rangle = \int fg\,d\mu$. La norme d'une fonction f dans $\mathbf{L}^p(\mu)$ sera notée $\|f\|_p$.

La donnée fondamentale est celle d'un semigroupe de MARKOV $\mathbf{P}_t$ sur E, contractant et fortement continu sur $\mathbf{L}^2(\mu)$: ce semigroupe se représente par des noyaux $\mathbf{p}_t(x,dy)$:

$$\mathbf{P}_t f(x) = \int f(y)\,\mathbf{p}_t(x,dy), \text{ avec}$$

$$\forall x,\ \int \mathbf{p}_t(x,dy) = 1,\ \int_y \mathbf{p}_t(x,dy)\mathbf{p}_s(y,dz) = \mathbf{p}_{t+s}(x,dz),$$

$$\|\mathbf{P}_t f\|_2 \leq \|f\|_2, \text{ et } \mathbf{P}_t(f) \underset{t\to 0}{\to} f \text{ (dans} \mathbf{L}^2(\mu)).$$

On dira que μ est une mesure symétrique pour $\mathbf{P}_t$ si l'on a

$$\forall (f,g) \in \mathbf{L}^2(\mu),\ \langle \mathbf{P}_t f, g\rangle = \langle f, \mathbf{P}_t g\rangle,$$

et que μ est invariante pour $\mathbf{P}_t$ si l'on a

$$\forall f \in \mathbf{L}^1(\mu), \langle \mathbf{P}_t f\rangle = \langle f\rangle.$$

Il est bien connu que si μ est invariante, alors $\mathbf{P}_t$ est une contraction dans tous les espaces $\mathbf{L}^p(\mu)$, $1 \leq p \leq \infty$, et que si μ est symétrique alors elle est invariante. On appellera $\mathbf{L}$ le générateur de $\mathbf{P}_t$ et $D(\mathbf{L})$ son domaine dans $\mathbf{L}^2(\mu)$:

$$\mathbf{L}f := \lim_{t\to 0} \frac{\mathbf{P}_t f - f}{t},$$

$D(\mathbf{L})$ étant l'espace des fonctions pour lesquelles cette limite existe dans $\mathbf{L}^2(\mu)$. Nous supposerons que l'espace des fonctions de classe C^∞ et à support compact sur E est inclus dans $D(\mathbf{L})$, et que, pour de telles fonctions, $\mathbf{L}$ coincide avec un opérateur différentiel d'ordre 2, elliptique et sans terme constant : c'est la traduction dans notre contexte de l'hypothèse de diffusion de [BE2].

Dans un système de coordonnées locales (x^i), l'opérateur $\mathbf{L}$ s'écrit donc

$$\mathbf{L} = \sum_{ij} g^{ij}(x)\frac{\partial^2}{\partial x^i \partial x^j} + \sum_i b^i(x)\frac{\partial}{\partial x^i}.$$

Cette écriture permet de définir l'opérateur $\mathbf{L}$ pour toutes les fonctions de classe C^∞ sur E, y compris celles qui ne sont pas dans le domaine $D(\mathbf{L})$.

La matrice (g^{ij}) étant non dégénérée, elle admet un inverse (g_{ij}) qui nous donne sur E une structure riemannienne. Cette structure riemannienne n'est absolument pas essentielle pour la suite, car tous les objets que nous allons considérer (courbure de RICCI de $\mathbf{L}$, dimension, diamètre de E, etc) se construisent à partir de l'opérateur $\mathbf{L}$ directement, sans utiliser cette structure. Néammoins, il est très utile de l'introduire pour faire les calculs, et cela nous permettra d'y voir plus clair.

On appelle ∇ la connexion riemannienne, c'est à dire, dans un système de coordonnées locales, pour une forme ω de coordonnées ω_i,

$$\nabla_i \omega_j = \frac{\partial \omega_j}{\partial x^i} - \sum_k \Gamma_{ij}^k \omega_k,$$

où les coefficients Γ_{ik}^j valent

$$2\Gamma_{ij}^k = \sum_l g^{kl}\left(\frac{\partial}{\partial x^i} g_{jl} + \frac{\partial}{\partial x^j} g_{il} - \frac{\partial}{\partial x^k} g_{ij}\right).$$

Nous écrirons $\nabla_i f$ pour $\dfrac{\partial f}{\partial x_i}$. Ceci nous permet de décomposer $\mathbf{L}$ sous la forme $\mathbf{L} = \Delta + X$, avec $\Delta f = \sum_{ij} g^{ij} \nabla_i \nabla_j f$ et $Xf = \sum_i X^i \nabla_i f$. L'opérateur Δ est le laplacien associé à la structure riemannienne, et X est un champ de vecteurs.

Désignons par dm la mesure riemannienne $dm = \sqrt{\det(g_{ij})}dx^1 \cdots dx^p$: alors la mesure μ s'écrit $d\mu = \exp h(x) dm$, où h est une fonction de classe C^∞. Lorsque μ est une mesure symétrique pour le semigroupe $\mathbf{P}_t$, alors X est le champ de vecteurs ∇h : $X^i = \sum_{ij} g^{ij} \nabla_j h$.

Dans toute la suite, nous ne nous servirons en fait que de ce dernier cas, mais les définitions que nous allons donner s'appliquent aussi bien au cas général. Pour reprendre les notations de [BE], l'opérateur carré du champ est défini par

$$2\Gamma(f,g) = \mathbf{L}(fg) - f\mathbf{L}g - g\mathbf{L}f.$$

On peut l'écrire sous la forme $\Gamma(f,g) = \sum_{ij} g^{ij} \nabla_i f \nabla_j g$: on voit sur cette expression que $\forall f$, $\Gamma(f,f) \geq 0$, et que $\Gamma(f,f) = 0 \Rightarrow f =$ constante.

L'opérateur carré du champ itéré Γ_2 est défini, pour des fonctions de classe C^∞, par

$$2\Gamma_2(f,g) = \mathbf{L}\Gamma(f,g) - \Gamma(f,\mathbf{L}g) - \Gamma(g,\mathbf{L}f).$$

Bien que cet opérateur soit défini de façon entièrement algébrique à partir de $\mathbf{L}$, le calcul de l'opérateur Γ_2 dans un système de coordonnées locales fait intervenir le tenseur de courbure de RICCI de la structure riemannienne.

Commençons donc par introduire le tenseur de courbure de la connection ∇ : c'est un tenseur à 4 indices $R_{ij}{}^k{}_l$ qui vérifie l'identité, valable pour tout champ de vecteurs Y,

$$[\nabla_i \nabla_j - \nabla_j \nabla_i] Y^k = \sum_l R_{ij}{}^k{}_l Y^l.$$

Le tenseur de RICCI de la structure riemannienne vaut

$$\mathrm{Ric}_{il} = \sum_j R_{ij}{}^j{}_l.$$

C'est un tenseur symétrique en ses deux indices il. Introduisons le tenseur $\nabla^s X$ (dérivée covariante symétrique de X)

$$2\nabla^s X = \sum_l g_{jl}\nabla_i X^l + g_{il}\nabla_j X^l.$$

Nous appellerons tenseur de RICCI de $\mathbf{L}$ le tenseur

$$\mathrm{Ric}(\mathbf{L})^{ij} = \sum_{kl} g^{ik}g^{jl}[\mathrm{Ric}_{kl} - \nabla^s X_{kl}].$$

Avec ces notations, l'opérateur Γ_2 vaut

$$\Gamma_2(f,f) = \|\nabla\nabla f\|^2 + \mathrm{Ric}(\mathbf{L})(\nabla f, \nabla f),$$

où $\|\nabla\nabla f\|$ désigne la norme de HILBERT-SCHMIDT du tenseur $\nabla\nabla f$,

$$\|\nabla\nabla f\|^2 = \sum_{ijkl} g^{ik}g^{jl}\nabla_i\nabla_j f \nabla_k\nabla_l f,$$

et où $\mathrm{Ric}(\mathbf{L})(\nabla f, \nabla f)$ désigne $\sum_{ij} \mathrm{Ric}(\mathbf{L})^{ij}\nabla_i f \nabla_j f$. Nous renvoyons le lecteur à [BE] ou [B1] pour les détails.

Cet opérateur Γ_2 nous permet d'associer une courbure et une dimension à l'opérateur $\mathbf{L}$: dans ce contexte, ces deux notions sont indissociables, c'est à dire qu'on ne peut pas définir la dimension (locale) de $\mathbf{L}$ sans lui avoir auparavant associé une courbure. Il faut remarquer que, pour un opérateur agissant sur un intervalle de la droite réelle, cette courbure peut être non nulle, situation qui ne se produira jamais en géométrie riemannienne.

Définition.—*Étant données deux constantes $n \geq 1$ et ρ, nous dirons que le couple (n, ρ) est un couple (dimension, courbure) admissible pour $\mathbf{L}$ si, pour toutes les fonctions f $\mathcal{C}^\infty$ sur E, l'inégalité suivante est satisfaite*

$$\Gamma_2(f,f) \geq \rho\Gamma(f,f) + \frac{1}{n}(\mathbf{L}f)^2.$$

On trouve dans [B1] la propriété suivante

Proposition 1.1.—Si l'on écrit $\mathbf{L}$ sous la forme $\Delta + X$, le couple (n, ρ) est admissible pour $(\mathbf{L})$ si et seulement si $n \geq p$ et

$$X \otimes X \leq (n-p)(\mathrm{Ric}(\mathbf{L}) - \rho g), \tag{CD}$$

l'inégalité ayant lieu au sens des tenseurs symétriques.

En d'autres termes, l'inégalité (CD) signifie que, dans un système de coordonnées locales, la matrice symétrique

$$\{(n-p)(\mathrm{Ric}(\mathbf{L})^{ij} - \rho g^{ij}) - X^i X^j\}$$

est positive.

Un tel couple (n, ρ) n'est pas unique, et on ne peut en général pas en trouver un meilleur que les autres, c'est à dire un couple (n_0, ρ_0) tel que, pour tout couple admissible (n, ρ), on ait $n \geq n_0$ et $\rho \leq \rho_0$.

C'est cependant le cas pour les laplaciens, (c'est à dire pour les opérateurs $\mathbf{L}$ tels que $X = 0$ dans la décomposition canonique) : pour ceux-ci, dire qu'un tel couple (n, ρ) existe revient à dire que la courbure de Ricci est minorée, et, si l'on appelle ρ_0 la borne inférieure du tenseur de Ricci, c'est à dire la plus grande constante ρ telle que $\mathrm{Ric} - \rho g \geq 0$, alors le couple (n, ρ) est admissible si et seulement si $n \geq p$ et $\rho \leq \rho_0$.

Les laplaciens ne sont pas les seuls opérateurs pour lesquels il y a un couple admissible optimal : dans [B1], nous avons appelé *quasilaplaciens* de tels opérateurs, et nous en verrons un exemple plus bas. Néammoins, les laplaciens sont les seuls pour lesquels la dimension locale n coincide avec la dimension géométrique p, comme cela se voit immédiatement sur la formule (CD).

Enfin, nous allons faire une hypothèse technique qui va considérablement nous simplifier la tâche : nous supposons l'existence d'une algèbre $\mathcal{A}$ de fonctions bornées, de classe C^∞ sur E, stable par $\mathbf{L}$ et par le semigroupe $\mathbf{P}_t$, contenant les constantes et dense dans $\mathbf{L}^2(\mu)$. Cette algèbre est alors dense dans tous les espaces $\mathbf{L}^p(\mu)$, pour tout $1 \leq p < \infty$. A priori, cette hypothèse semble nous restreindre au cas où E est une variété compacte, auquel cas nous prendrons pour $\mathcal{A}$ la classe $C^\infty(E)$. Nous verrons plus bas un exemple où ce n'est pas le cas.

Cette hypothèse technique n'est en fait pas essentielle. Nous pourrions refaire tout le travail en supposant par exemple que la variété riemannienne est complète, auquel cas les fonctions C^∞ à support compact sont denses dans le $\mathbf{L}^2(\mu)$-domaine du générateur du semigroupe. Ceci nous compliquerait les calculs de façon inutile, puisqu'à la fin nous obtiendrons comme sous-produit de nos hypothèses que le diamètre est fini, et qu'en fait notre variété E de départ était compacte. Par contre, dans l'exemple du chapitre 3, nous travaillerons sur une variété à bord (la structure riemannienne sera celle d'une demi-sphère dans $\mathcal{R}^p$), où nos hypothèses s'appliqueront au semigroupe réfléchi au bord, donc dans une situation de variété non complète. Nous ne savons pas à l'heure actuelle si notre méthode s'applique dans le cas général des variétés à bord, pour le semigroupe réfléchi (conditions de Neumann).

B) Le lemme fondamental.

On s'intéresse désormais à un semigroupe sur une variété $\mathbf{E}$ de dimension p, dont le générateur $\mathbf{L}$ est un opérateur différentiel elliptique du second ordre sans terme constant, à coefficients $\mathcal{C}^\infty$. On suppose qu'il satisfait à une inégalité de courbure et dimension

$$\forall f \in \mathcal{A},\ \Gamma_2(f,f) \geq \frac{1}{n}(\mathbf{L}f)^2 + \rho\Gamma(f,f), \tag{1.1}$$

où $n \geq 1$ et $\rho > 0$ sont deux constantes. Dans cette partie, l'hypothèse de symétrie n'est pas essentielle, et on peut donc supposer que $\mathbf{L}$ est sous sa forme générique $\mathbf{L} = \Delta + X$, X étant un champ de vecteurs quelquonque.

C'est dans l'établissement de la proposition suivante (qui est le lemme fondamental pour tout ce qui va suivre) que se trouve la différence essentielle entre nos calculs et ceux de [BE2] : on trouve dans [BE2] un résultat analogue quoique moins compliqué, établi uniquement à partir de considérations algébriques sur l'opérateur Γ_2 et la formule du changement de variables. Pour améliorer la *dimension* des inégalités de SOBOLEV de [BE2], nous avons été amenés à établir un lemme un peu plus général : nous nous servirons pour l'établir de la forme explicite de $\mathbf{L}$, et nous n'avons pas essayé de l'obtenir par des moyens purement algébriques. Les calculs sont déjà assez compliqués comme cela.

Proposition 1.2.—Considérons 8 fonctions α, β, γ, δ, ε, ζ, η, et θ définies sur $\mathbf{E}$ à valeurs réelles, satisfaisant aux conditions suivantes :
(1) $\alpha > 0$, $\varepsilon \geq 0$, $\eta \geq 0$, $\alpha + n\gamma \geq 0$, et $\varepsilon\alpha n - (n-1)\beta^2 \geq 0$;
(2) $\alpha(\beta + n\delta)^2 \leq (\alpha + n\gamma)[\varepsilon\alpha n - (n-1)\beta^2]$;
(3) $\eta[\varepsilon\alpha n - (n-1)\beta^2] \geq \alpha n\zeta^2$.
(4) $\theta = \dfrac{-\alpha\zeta(\beta + n\delta)}{\varepsilon\alpha n - (n-1)\beta^2}$ sur $\varepsilon\alpha n - (n-1)\beta^2 > 0$.

Alors, pour toute fonction g sur $\mathbf{E}$, et pour toute fonction f dans $\mathcal{A}$, on a

$$\begin{aligned} &\alpha g^2[\Gamma_2(f,f) - \rho\Gamma(f,f)] - \beta g\Gamma(f,\Gamma(f,f)) + \gamma g^2(\mathbf{L}f)^2 \\ &-2\delta g\mathbf{L}f\Gamma(f,f) - 2\zeta g^2\Gamma(f,f) + \varepsilon\Gamma(f,f)^2 - 2\theta g^3\mathbf{L}f + \eta g^4 \geq 0. \end{aligned} \tag{1.2}$$

Preuve. Nous faisons la démonstration dans le cas où $\mathbf{L}$ n'est pas un laplacien et où l'on a $n > p$. La démonstration pour le cas $n = p$ est beaucoup plus simple.

Remarquons tout d'abord que si $\alpha + n\gamma > 0$, la condition (2) impose $\varepsilon\alpha n - (n-1)\beta^2 \geq 0$. Il en va de même si $\eta > 0$, grâce à la condition (3).

Ensuite, pour des raisons d'homogénéïté évidentes, on peut se ramener au cas $g = 1$. D'autre part, les conditions qui relient les coefficients restent inchangées lorsqu'on remplace ζ par $|\zeta|$; la fonction $\Gamma(f,f)$ étant positive, on voit donc qu'il suffit de se ramener au cas où la fonction ζ est positive.

Plaçons nous en un point x de $\mathbf{E}$. Nous munissons l'espace tangent $T_x(\mathbf{E})$ de la structure euclidienne associée à la métrique riemannienne, et nous noterons $U.V$ le produit scalaire de deux vecteurs U et V de $T_x(\mathbf{E})$; de même, nous noterons $\|U\|$

la norme euclidienne du vecteur U. Nous identifions le tenseur Ric(**L**) à une forme quadratique sur $T_x(\mathbf{E})$. La fonction f étant fixée, nous posons :

$$Y = \nabla f(x);\ M = \nabla\nabla f(x);\ t = \mathrm{tr}(M); A = \mathrm{Ric}(\mathbf{L}).$$

Nous identifions également M à une forme quadratique sur $T_x(\mathbf{E})$. Nous noterons $\|M\|$ la norme de Hilbert-Schmidt de M, c'est à dire que $\|M\|^2$ est la somme des carrés des valeurs propres de M. Avec ces notations, on a

$$\Gamma(f,f) = \|Y\|^2;\ \Gamma_2(f,f) = \|M\|^2 + A(Y,Y);\ \Gamma(f,\Gamma(f,f)) = 2M(Y,Y);\ \mathbf{L}(f) = t + X.Y.$$

Dès lors, l'inégalité (1.1) peut s'écrire, pour $g = 1$,

$$\begin{aligned} E = \ & \alpha\|M\|^2 + A(Y,Y)) - 2\beta M(Y,Y) + \gamma(t+Y.X)^2 - 2\delta(t+Y.X)\|Y\|^2 \\ & -2\zeta\|Y\|^2 + \varepsilon\|Y\|^4 - 2\theta(t+Y.X) + \eta \geq 0. \end{aligned} \tag{1.3}$$

La condition (1.1) sur **L** s'écrit

$$A(Y,Y) \geq \frac{1}{n-p}(Y.X)^2,$$

et notre résultat sera dès lors une conséquence immédiate du lemme suivant :

Lemme 1.3.—Soit p un entier fixé et n un réel supérieur à p. Soient α, β, γ, δ, ε, ζ, η, θ des réels satisfaisant aux conditions de la proposition (1.1). Alors, pour tous les vecteurs X et Y de l'espace euclidien $\mathcal{R}^p$, pour toute matrice symétrique M d'ordre p et de trace t, l'inégalité suivante est satisfaite :

$$\begin{aligned} & \alpha(\|M\|^2 + \tfrac{1}{n-p}(Y.X)^2) - 2\beta\,{}^tYMY + \gamma(t+Y.X)^2 - 2\delta(t+Y.X)\|Y\|^2 \\ & -2\zeta\|Y\|^2 + \varepsilon\|Y\|^4 - 2\theta(t+Y.X) + \eta \geq 0. \end{aligned} \tag{1.4}$$

Remarque.—

Dans le cas où **L** est un laplacien ($X = 0$), la condition s'écrit

$$\|M\|^2 - 2\beta\,{}^tYMY + \gamma t^2 - 2\delta t\|Y\|^2 - 2\zeta\|Y\|^2 + \varepsilon\|Y\|^4 - 2\theta t + \eta \geq 0. \tag{1.5}$$

Preuve. Appelons E l'expression à minorer. Nous commençons par écrire $M = \hat{M} + \frac{t}{p}I$, où I est la matrice identité, de sorte que $\hat{M}$ est une matrice carrée symétrique de trace nulle. On a alors $\|M\|^2 = \|\hat{M}\|^2 + \frac{t^2}{p}$ et ${}^tYMY = \frac{t}{p}\|Y\|^2 + {}^tY\hat{M}Y$. L'expression E s'écrit alors comme un polynôme du second degré en t, dont le coefficient du terme en t^2 s'écrit $(\frac{\alpha}{p}+\gamma) \geq 0$. Pour démontrer que notre expression est positive, il suffit donc d'établir que son discriminant est négatif. Cela s'écrit

$$\begin{aligned} E_2 = & 2(n-p)\beta p(\alpha+p\gamma)\,{}^tY\hat{M}Y \\ & -p(n-p)\alpha(\alpha+p\gamma)\|\hat{M}\|^2\|Y\|^4((\beta+p\delta)^2 - \varepsilon p(\alpha+p\gamma)) \\ & +2p(n-p)\|Y\|^2((\delta\alpha-\gamma\beta)Y.X + \theta(\beta+p\delta) + \zeta(\alpha+p\gamma)) \\ & -p\{\alpha(\alpha+n\gamma)(Y.X)^2 + (n-p)(\eta(\alpha+p\gamma) - p\theta^2)\} \leq 0. \end{aligned}$$

Dans le cas des laplaciens, la quantité E_2 doit être remplacée par

$$\begin{aligned} E_2 =& 2\beta p(\alpha+p\gamma)^tY\hat{M}Y - p\alpha(\alpha+p\gamma)\|\hat{M}\|^2\|Y\|^4((\beta+p\delta)^2-\varepsilon p(\alpha+p\gamma)) \\ &+2p\|Y\|^2(\theta(\beta+p\delta)+\zeta(\alpha+p\gamma)) \\ &-p\{(\eta(\alpha+p\gamma)-p\theta^2\} \leq 0. \end{aligned}$$

Or, pour toute matrice de trace nulle $\hat{M}$ sur $\mathcal{R}^p$, on a

$$|^tY\hat{M}Y| \leq \sqrt{\frac{p-1}{p}}\|\hat{M}\|\|Y\|^2. \tag{1.6}$$

En effet, si l'on désigne par λ_i les valeurs propres de $\hat{M}$, et Y_i les composantes de Y dans une base orthonormée qui diagonalise $\hat{M}$, on a

$$|^tY\hat{M}Y| = |\sum_i \lambda_i Y_i^2| \leq \sup_i |\lambda_i|\|Y\|^2. \tag{1.7}$$

D'autre part, puisque $\hat{M}$ est de trace nulle, on a $\sum_i \lambda_i = 0$; donc

$$|\lambda_1|^2 = |-\sum_{i=2}^{p}\lambda_i|^2 \leq (p-1)\sum_{i=2}^{p}\lambda_i^2,$$

d'où l'on tire, en ajoutant $(p-1)\lambda_1^2$ aux deux membres de cette inégalité,

$$p|\lambda_1|^2 \leq (p-1)\sum_i \lambda_i^2 = (p-1)\|\hat{M}\|^2.$$

Ce qu'on a fait avec λ_1, on peut bien sûr le répéter avec chacun des λ_i, et l'on obtient ainsi

$$\sup_i |\lambda_i|^2 \leq \frac{p-1}{p}\|\hat{M}\|^2.$$

Combinée avec (1.7), ceci nous donne (1.6).

Finalement, dans l'expression E_2, nous pouvons maintenant majorer le terme $2(n-p)\beta p(\alpha+p\gamma)^tY\hat{M}Y$ par $2(n-p)|\beta|p(\alpha+p\gamma)\sqrt{\frac{p-1}{p}}\|\hat{M}\|\|Y\|^2$, et il nous reste à majorer une expression du second degré en $\|\hat{M}\|$. Le coefficient dominant de cette expression vaut $-p(n-p)\alpha(\alpha+p\gamma) \leq 0$.On est à nouveau ramenés à vérifier qu'un certain discriminant est négatif : ce discriminant s'écrit $-(n-p)(\alpha+p\gamma)p^2E_3$, où E_3 vaut

$$\begin{aligned} E_3 = &\alpha^2(\alpha+n\gamma)(Y.X)^2 + 2\alpha(n-p)Y.X[(\beta\gamma-\delta\alpha)\|Y\|^2-\theta\alpha] \\ &+(n-p)c(\|Y\|^2;p,\alpha,\beta,\gamma,\delta,\varepsilon,\zeta,\eta,\theta). \end{aligned}$$

L'expression $c(x;p,\alpha,\beta,\gamma,\delta,\varepsilon,\zeta,\eta,\theta)$ est un polynôme du second degré en x qui vaut

$$c_0(p,\alpha,\beta,\gamma,\delta,\varepsilon)x^2 - 2x\alpha[\zeta(\alpha+p\gamma)+\theta(p\delta+\beta)] + \alpha[\eta(\alpha+p\gamma)-p\theta^2],$$

le coefficient c_0 étant lui même égal à

$$c_0(p,\alpha,\beta,\gamma,\delta,\varepsilon)=\varepsilon\alpha(\alpha+p\gamma)-\beta^2[\alpha+(p-1)\gamma]-\delta\alpha(p\delta+2\beta).$$

Dans ce qui suit, nous oublierons la dépendance de la fonction $c(x;p,\alpha,\beta,\gamma,\delta,\varepsilon,\zeta,\eta,\theta)$ en $\alpha,\beta,\gamma,\delta,\varepsilon,\zeta,\eta,\theta$, et nous noterons simplement $c(x;p)$: remarquons cependant que la dimension "analytique" n n'y apparait pas ; seule intervient la dimension "géométrique" p.

L'expression E_2 est donc positive dès qu'il en est de même de E_3. Dans le cas des laplaciens, nous obtenons tout simplement comme condition

$$c(\|Y\|^2;p,\alpha,\beta,\gamma,\delta,\varepsilon,\zeta,\eta,\theta)\geq 0.$$

Une fois de plus, l'expression E_3 est une expression du second degré en la variable $z=Y.X$, dont le coefficient du terme dominant est positif par hypothèse. Une fois de plus, pour vérifier qu'elle est positive, il suffit de s'assurer que son discriminant est négatif. Cela s'écrit, après un calcul un peu pénible, *

$$\alpha^2(n-p)(\alpha+p\gamma)c(\|Y\|^2;n)\geq 0.$$

C'est à dire que, si l'on compare les conditions sur les coefficients $\alpha,\beta,\gamma,\delta,\varepsilon,\zeta,\eta,\theta$ pour que cette expression soit positive pour tout Y, la condition que l'on obtient pour l'opérateur $\Delta+X$ est exactement la condition qu'on aurait obtenue pour le laplacien Δ, *à condition de remplacer la dimension géométrique par la dimension analytique.* (C'est le "miracle Γ_2".)

À partir de maintenant, il n'y a plus de différence entre le calcul pour les laplaciens et le calcul général.

Il ne nous reste plus pour terminer qu'à dire que $c(x;n)$ est positif dès que le coefficient $c_0(n,\alpha,\beta,\gamma,\delta,\varepsilon)$ est positif (ce qui est la condition (2) de l'énoncé), et que le discriminant de cette expression en la variable x est négatif. Ce discriminant s'écrit $\alpha(\alpha+n\gamma)E_4$, avec

$$E_4=\theta^2[\alpha n\varepsilon-(n-1)\beta^2]+2\theta\alpha\zeta(\beta+n\delta)-\eta c_0(n,\alpha,\beta,\gamma,\delta,\varepsilon)+\alpha(\alpha+n\gamma)\zeta^2.$$

À nouveau, nous obtenons une expression du second degré en θ, dont le coefficient dominant est positif d'après nos hypothèses, et la condition pour qu'il existe une valeur θ_0 pour laquelle cette expression soit négative est que son discriminant soit positif, ce qui s'écrit

$$c_0(n,\alpha,\beta,\gamma,\delta,\varepsilon)\{\eta[\alpha n\varepsilon-(n-1)\beta^2]-\alpha n\zeta^2\}\geq 0.$$

Compte tenu de ce que $c_0(n,\alpha,\beta,\gamma,\delta,\varepsilon)\geq 0$, nous obtenons exactement la condition (3) de l'énoncé. En ce qui concerne la valeur de θ pour laquelle cette inégalité est vraie, on peut prendre la demi-somme des racines de l'équation $E_4=0$, lorsque $\varepsilon\alpha n-(n-1)\beta^2>0$. D'autre part, si $\varepsilon\alpha n=(n-1)\beta^2$, alors la condition (2) de l'énoncé impose $\beta=-n\delta$,

---

* La vérification de ce point est laissée au lecteur. Un bon programme de calcul formel peut être utile.

et la condition (3) donne $\zeta = 0$. Dans ce cas, on voit que $c_0(n,\alpha,\beta,\gamma,\delta,\varepsilon) = 0$, et donc que $E_4 = 0$ pour toutes les valeurs de θ. □

2— Inégalités de Sobolev faibles.

Le lemme que nous avons établi dans le chapitre précédent ne reposait que sur une hypothèse de courbure et dimension de l'opérateur $\mathbf{L}$. Nous ferons désormais l'hypothèse de symétrie : $\mathbf{L} = \Delta + \nabla h$: nous savons déjà que sous ces hypothèses de courbure et dimension, la fonction $e^{h(x)}$ est intégrable par rapport à la mesure de Riemann (cf [B2]). Nous prendrons comme mesure de référence la mesure μ dont la densité par rapport à la mesure riemannienne vaut $ce^{h(x)}$, où c est une constante de normalisation qui fait de μ une mesure de probabilité. Le semigroupe $\mathbf{P}_t$ est alors symétrique par rapport à μ.

La proposition suivante ne fait que reprendre un calcul de [BE].

Proposition 2.1.—Soit φ une fonction de classe $\mathcal{C}^\infty$ prenant ses valeurs dans un intervalle I de $\mathcal{R}$ et soit f une fonction de $\mathcal{A}$ prenant ses valeurs dans un compact de I. On a

$$\langle\varphi(f), \mathbf{L}f\rangle = -\langle\varphi'(f), \Gamma(f,f)\rangle; \tag{2.1}$$
$$\langle\varphi(f), (\mathbf{L}f)^2\rangle = \langle\varphi(f), \Gamma_2(f,f)\rangle + \tfrac{3}{2}\langle\varphi'(f), \Gamma(f,\Gamma(f,f))\rangle + \langle\varphi''(f), \Gamma^2(f,f)\rangle; \tag{2.2}$$
$$\langle\varphi(f), \mathbf{L}f, \Gamma(f,f)\rangle = -\langle\varphi(f), \Gamma(f,\Gamma(f,f))\rangle - \langle\varphi'(f), \Gamma^2(f,f)\rangle. \tag{2.3}$$

Preuve. L'égalité (2.1) est classique : on écrit

$$\langle\varphi(f), \mathbf{L}f\rangle = -\langle\Gamma(\varphi(f), f)\rangle = -\langle\varphi'(f), \Gamma(f,f)\rangle.$$

La première égalité découle de la propriété de symétrie et la seconde de la propriété de diffusion.

Pour la seconde, on écrit

$$\begin{aligned}\langle\varphi(f), (\mathbf{L}f)^2\rangle &= (\text{symétrie}) - \langle\Gamma(\varphi(f)\mathbf{L}f, f)\rangle \\ &= (\text{diffusion}) - \langle\varphi(f), \Gamma(f, \mathbf{L}f)\rangle - \langle\mathbf{L}f, \varphi'(f)\Gamma(f,f)\rangle .\end{aligned}$$

Le premier terme de la somme précédente s'écrit, d'après la définition de Γ_2,

$$\begin{aligned}\langle\varphi(f), \Gamma_2(f,f)\rangle - \frac{1}{2}\langle\varphi(f), \mathbf{L}\Gamma(f,f)\rangle &= \langle\varphi(f), \Gamma_2(f,f)\rangle + \frac{1}{2}\langle\Gamma(\varphi(f), \Gamma(f,f))\rangle \\ &= \langle\varphi(f), \Gamma_2(f,f)\rangle + \frac{1}{2}\langle\varphi'(f), \Gamma(f,\Gamma(f,f))\rangle.\end{aligned}$$

Le deuxième terme s'écrit, quant à lui,

$$-\langle\mathbf{L}f, \varphi'(f)\Gamma(f,f)\rangle = \langle\Gamma(\varphi'(f)\Gamma(f,f), f)\rangle = \langle\varphi'(f), \Gamma(f,\Gamma(f,f))\rangle + \langle\varphi''(f), \Gamma^2(f,f)\rangle.$$

La troisième identité s'écrit de la même manière :

$$\begin{aligned}&\langle \mathbf{L}f, \varphi(f)\Gamma(f,f)\rangle = -\langle \Gamma(f,\varphi(f)\Gamma(f,f))\rangle\\ &= -\langle \varphi(f), \Gamma(f,\Gamma(f,f))\rangle - \langle \varphi'(f), \Gamma^2(f,f)\rangle.\end{aligned}$$

□

Grâce aux identités précédentes, nous pouvons obtenir une forme intégrée de la proposition (1.1), qui sera la seule dont nous nous servirons par la suite :

Proposition 2.2.—Soit q un réel quelconque et soit f une fonction de $\mathcal{A}$, encadrée par deux constantes positives. Pour des constantes $\alpha, \beta, \gamma, \delta, \varepsilon, \zeta, \eta, \theta$ vérifiant les conditions de la proposition (1.1), on a

$$\begin{aligned}&(\alpha+\gamma)\langle f^{q-1}, \Gamma_2(f,f)\rangle + (2\zeta + 2\theta q - \rho\alpha)\langle f^{q-1}, \Gamma(f,f)\rangle\\ +\ & (2\delta + \tfrac{3}{2}\gamma(q-1) - \beta)\langle f^{q-2}, \Gamma(f,\Gamma(f,f))\rangle\\ +\ & [\gamma(q-1)(q-2) + 2\delta(q-2) + \varepsilon]\langle f^{q-3}, \Gamma^2(f,f)\rangle + \eta\langle f^{q+1}\rangle \geq 0.\end{aligned} \tag{2.4}$$

Preuve. Dans l'expression de la proposition (1.1), prenons $g = f^{-1}$, multiplions le tout par f^{q-3}, et intégrons ceci par rapport à la mesure μ. Les identités fournies par la proposition (2.1) s'écrivent

$$\langle f^q, \mathbf{L}f\rangle = -q\langle f^{q-1}, \Gamma(f,f)\rangle;$$

$$\langle f^{q-1}, (\mathbf{L}f)^2\rangle =$$

$$\langle f^{q-1}, \Gamma_2(f,f)\rangle + \frac{3}{2}(q-1)\langle f^{q-2}, \Gamma(f,\Gamma(f,f))\rangle + (q-1)(q-2)\langle f^{q-3}, \Gamma^2(f,f)\rangle;$$

$$\langle f^{q-2}, \mathbf{L}f\Gamma(f,f)\rangle = -\langle f^{q-2}, \Gamma(f,\Gamma(f,f))\rangle - (q-2)\langle f^{q-3}, \Gamma^2(f,f)\rangle.$$

Il ne reste plus qu'à remplacer ces valeurs dans l'expression obtenue plus haut pour en déduire le résultat. □

On en tire une inégalité un peu plus compliquée, mais qui ne fait plus intervenir que 5 paramètres (au lieu de 8) :

Proposition 2.3.—Soient $(\alpha,\beta,\gamma,\delta,\varepsilon)$ 5 réels satisfaisant aux conditions

(1) $\alpha > 0$, $\alpha + n\gamma \geq 0$ et $\varepsilon\alpha n - (n-1)\beta^2 \geq 0$;
(2) $\alpha(\beta + n\delta)^2 \leq (\alpha + n\gamma)[\varepsilon\alpha n - (n-1)\beta^2]$;

Alors, pour toute fonction strictement positive f sur $\mathbf{E}$ et pour tout réel q, l'inégalité suivante est satisfaite

$$\begin{aligned} \alpha n[\varepsilon\alpha n - (n-1)\beta^2]\langle f^{q+1}\rangle \{(\alpha+\gamma)\langle f^{q-1}, \Gamma_2(f,f)\rangle - \rho\alpha\langle f^{q-1}, \Gamma(f,f)\rangle \\ +(2\delta + \tfrac{3}{2}\gamma(q-1) - \beta)\langle f^{q-2}, \Gamma(f,\Gamma(f,f))\rangle \\ +[\gamma(q-1)(q-2) + 2\delta(q-2) + \varepsilon)]\langle f^{q-3}, \Gamma^2(f,f)\rangle\} \geq \\ [\varepsilon\alpha n - (n-1)\beta^2 - \alpha q(\beta + n\delta)]^2 \langle f^{q-1}, \Gamma(f,f)\rangle^2. \end{aligned} \tag{2.5}$$

Preuve. Il suffit évidemment de démontrer cette formule lorsque $\varepsilon\alpha n - (n-1)\beta^2 > 0$, car dans le cas contraire les deux membres de l'inégalité sont nuls. Dans l'inégalité de la proposition (2.2), remplaçons alors θ par sa valeur $\theta = -\dfrac{\alpha\zeta(\beta + n\delta)}{\varepsilon\alpha n - (n-1)\beta^2}$, et établissons la pour la valeur optimale de η, c'est à dire $\eta = \dfrac{\alpha n\zeta^2}{\varepsilon\alpha n - (n-1)\beta^2}$. Pour toutes les valeurs de $\zeta \in \mathcal{R}$, nous obtenons ainsi une expression du second degré en ζ qui est positive. On obtient (2.5) en écrivant que son discriminant est négatif. □

Nous suivons toujours les calculs de [BE]. La proposition qui suit est établie dans [BE] dans le cas où l'opérateur $\mathbf{L}$ est symétrique par rapport à μ. Bien que ce soit le seul cas dans lequel nous nous en servirons, il est intéressant de remarquer qu'elle reste vraie dans le cas où la mesure μ est seulement supposée invariante, ce qui signifie pour nous que

$$\forall f \in \mathcal{A},\ \langle \mathbf{L}(f)\rangle = 0.$$

Cela ne complique pas beaucoup la situation.

Proposition 2.4.—Soit f_0 une fonction de l'algèbre $\mathcal{A}$ prenant ses valeurs dans un intervalle $\mathbf{I}$ de $\mathcal{R}$, et soit φ une fonction définie sur $\mathbf{I}$, de classe C^∞ et bornée. Posons $f(t) = \mathbf{P}_t(f_0)$ et $h(t) = \langle \varphi(f(t))\rangle$. On a

(1) $\dfrac{\partial h}{\partial t} = -\langle \varphi''(f), \Gamma(f,f)\rangle$;

(2) $\dfrac{\partial^2 h}{\partial^2 t} = 2\langle \varphi''(f), \Gamma_2(f,f)\rangle + 2\langle \varphi^{(3)}(f), \Gamma(f,\Gamma(f,f))\rangle + \langle \varphi^{(4)}(f), \Gamma^2(f,f)\rangle$.

Preuve. Occupons nous tout d'abord de (1) : tout étant borné, il n'y a pas de problème de dérivation sous l'intégrale, et nous écrivons

$$\frac{\partial f}{\partial t} = \mathbf{L}(f)\,;\ \frac{\partial \varphi(f)}{\partial t} = \varphi'(f)\mathbf{L}(f).$$

Il nous reste à voir que $\langle \varphi'(f), \mathbf{L}(f)\rangle = -\langle \varphi''(f), \Gamma(f,f)\rangle$. Cela provient de ce que la mesure μ est invariante, et donc

$$0 = \langle \mathbf{L}(\varphi(f))\rangle = \langle \varphi'(f)\mathbf{L}(f) + \varphi''(f)\Gamma(f,f)\rangle.$$

Passons à la formule (2) : on écrit

$$\frac{\partial}{\partial t}(-\varphi''(f)\Gamma(f,f)) = -\varphi^{(3)}(f)\mathbf{L}(f)\Gamma(f,f) - 2\varphi''(f)\Gamma(f,\mathbf{L}f)$$
$$= -\varphi^{(3)}(f)\mathbf{L}(f)\Gamma(f,f) + 2\varphi''(f)\Gamma_2(f,f) - \varphi''(f)\mathbf{L}(\Gamma(f,f)). \tag{2.6}$$

Puis nous écrivons

$$\mathbf{L}(\varphi''(f)\Gamma(f,f))$$
$$=\varphi^{(3)}\mathbf{L}(f)\Gamma(f,f) + \varphi^{(4)}(f)\Gamma^2(f,f) + \varphi''(f)\mathbf{L}(\Gamma(f,f)) + 2\varphi^{(3)}(f)\Gamma(f,\Gamma(f,f)).$$

En écrivant que μ est invariante, nous obtenons $\langle \mathbf{L}[\varphi''(f)\Gamma(f,f)]\rangle = 0$, d'où

$$-\langle\varphi^{(3)}(f), \mathbf{L}(f)\Gamma(f,f)\rangle - \langle\varphi''(f), \mathbf{L}(\Gamma(f,f))\rangle$$
$$=2\langle\varphi^{(3)}(f), \Gamma(f,\Gamma(f,f))\rangle + \langle\varphi^{(4)}(f), \Gamma^2(f,f)\rangle. \tag{2.7}$$

Il ne reste plus qu'à écrire $\frac{\partial^2 h}{\partial^2 t} = \langle \frac{\partial}{\partial t}(-\varphi''(f)\Gamma(f,f))\rangle$, puis à utiliser l'identité (2.7) dans la formule (2.6) pour obtenir le résultat. □

Dans la suite, nous allons utiliser les résultats précédents avec la fonction $\varphi(x) = x\log x$. Cela vaut la peine de reformuler dans ce cas la proposition précédente :

Corollaire 2.5.—Soit f_0 une fonction de l'algèbre $\mathcal{A}$ prenant ses valeurs dans un intervalle compact de $]0,\infty[$. Posons $f(t) = \mathbf{P}_t(f_0)$ et $h(t) = \langle f(t)\log(f(t))\rangle$. On a

(1) $\frac{\partial h}{\partial t} = -\langle \frac{1}{f}, \Gamma(f,f)\rangle$;

(2) $\frac{\partial^2 h}{\partial^2 t} = 2\{\langle\frac{1}{f}, \Gamma_2(f,f)\rangle - \langle\frac{1}{f^2}, \Gamma(f,\Gamma(f,f))\rangle + \langle\frac{1}{f^3}, \Gamma^2(f,f)\rangle\}$.

Les inégalités que nous avons obtenues dans la proposition (2.3) nous amènent alors à la proposition

Proposition 2.6.—Avec les hypothèses et les notations du corollaire précédent, et si $\langle f_0\rangle = 1$, alors, pour tout réel α de $]0, \frac{n}{n-1}]$, et pour tout réel β satisfaisant à

$$P(\beta) := [(n-1)\beta^2 - 2\beta\alpha n + \alpha^2 n][n-(n-1)\alpha] + \alpha[\beta(1+\frac{n}{2}) + \frac{n}{4}(1-3\alpha)]^2 \leq 0, \tag{2.8}$$

nous avons

$$h''(t) + 2\alpha\rho h'(t) \geq -2\frac{(n-1)\beta^2 - 2\beta\alpha n + \alpha^2 n}{\alpha n} h'^2(t). \tag{2.9}$$

Preuve. La fonction f_0 étant fixée, posons $f = f(t) = \mathbf{P}_t(f_0)$, ainsi que $h(t) = \langle f(t)\rangle$. Puisque la mesure est invariante, nous avons $\langle f\rangle = \langle f_0\rangle = 1$.

Appliquons alors la proposition 2.3. Nous prenons $q = 0$ et nous choisissons les coefficients α, β, γ, δ, ε de manière à avoir $\alpha+\gamma = 1$ et $2\delta - \frac{3}{2}\gamma - \beta = -1$. Dans ce cas, la condition (2) de la proposition 2.3 s'écrit

$$(n-1)\beta^2 + \alpha\frac{[\beta(1+\frac{n}{2}) + \frac{n}{4}(1-3\alpha)]^2}{\alpha+n(1-\alpha)} \leq \varepsilon\alpha n. \tag{2.10}$$

Nous obtenons alors

$$\begin{gathered}\{\langle\frac{1}{f},\Gamma_2(f,f)\rangle - \rho\alpha\langle\frac{1}{f},\Gamma(f,f)\rangle - \langle\frac{1}{f^2},\Gamma(f,\Gamma(f,f))\rangle + \langle\frac{1}{f^3},\Gamma^2(f,f)\rangle\} \geq \\ (\frac{\varepsilon\alpha n-(n-1)\beta^2}{\alpha n})\langle\frac{1}{f},\Gamma(f,f)\rangle^2 + (2\beta-\varepsilon-\alpha)\langle\frac{1}{f^3},\Gamma^2(f,f)\rangle.\end{gathered} \tag{2.11}$$

Pour minorer le second membre de (2.11), remarquons que, puisque $\langle f\rangle = 1$, on a

$$\langle\frac{1}{f^3},\Gamma^2(f,f)\rangle = \langle f\rangle\langle\frac{1}{f^3},\Gamma^2(f,f)\rangle \geq \langle\frac{1}{f},\Gamma(f,f)\rangle^2 = h'^2(t). \tag{2.12}$$

Choisissons alors ε de façon à avoir $0 \leq 2\beta - \alpha - \varepsilon$. Compte tenu de la condition (2.10), un tel choix de ε est rendu possible par la condition

$$(n-1)\beta^2 + \alpha\frac{[\beta(1+\frac{n}{2}) + \frac{n}{4}(1-3\alpha)]^2}{\alpha+n(1-\alpha)} \leq \alpha n(2\beta-\alpha); \tag{2.13}$$

en réarrangeant un peu les termes, c'est la condition $P(\beta) \leq 0$ de l'énoncé.

Nous pouvons alors minorer dans le second membre de l'inégalité (2.11) par

$$(\frac{\varepsilon\alpha n-(n-1)\beta^2}{\alpha n})\langle\frac{1}{f},\Gamma(f,f)\rangle^2 + (2\beta-\varepsilon-\alpha)\langle\frac{1}{f},\Gamma(f,f)\rangle^2,$$

et il reste

$$\begin{gathered}\{\langle\frac{1}{f},\Gamma_2(f,f)\rangle - \rho\alpha\langle\frac{1}{f},\Gamma(f,f)\rangle - \langle\frac{1}{f^2},\Gamma(f,\Gamma(f,f))\rangle + \langle\frac{1}{f^3},\Gamma^2(f,f)\rangle\} \geq \\ (\frac{2\beta\alpha n - n\alpha^2-(n-1)\beta^2}{\alpha n})\langle\frac{1}{f},\Gamma(f,f)\rangle^2.\end{gathered}$$

Compte tenu du corollaire (2.5), c'est exactement le résultat annoncé. □

Remarques.—

1— La condition (2.8) de la proposition précédente montre que, pour tous les choix possibles de β, le coefficient de $h'^2(t)$ dans l'inégalité (2.9) est positif. En effet, la condition (2.13) s'écrit encore

$$(n-1)\beta^2 - 2\alpha\beta n + n\alpha^2 \leq -\alpha\frac{[\beta(1+\frac{n}{2}) + \frac{n}{4}(1-3\alpha)]^2}{\alpha+n(1-\alpha)}.$$

2— La condition (2.8) s'écrit $P(\beta) \leq 0$, où P est un polynôme du second degré en β dont le terme dominant est positif. Pour qu'elle puisse être vérifiée pour certaines valeurs de β, il faut que le discriminant de ce polynôme soit positif. Or, ce discriminant peut s'écrire $16D$, où D est un polynome de degré 4 en α qui vaut

$$D = -\alpha[n-(n-1)\alpha][(\sqrt{n}+1)\alpha-(\sqrt{n}-1)][(\sqrt{n}-1)\alpha-(\sqrt{n}+1)]. \quad (2.14)$$

Compte tenu de ce que α doit être dans l'intervalle $]0, \frac{n}{n-1}]$, et de ce que $\frac{n}{n-1} \leq \frac{\sqrt{n}+1}{\sqrt{n}-1}$, on voit que la condition (2.8) restreint l'intervalle admissible pour α :

$$\alpha \in [\frac{\sqrt{n}-1}{\sqrt{n}+1}, \frac{n}{n-1}].$$

Dans ce cas, le coefficient β doit être choisi dans l'intervalle $[\beta_1, \beta_2]$ des racines de l'équation $P(\beta) = 0$

3– Le coefficient α étant choisi dans l'intervalle précédent, la meilleure inégalité est obtenue lorsque le polynôme $P_1(\beta) := (n-1)\beta^2 - 2\beta\alpha n + \alpha^2 n$ est minimum. On cherche donc à choisir β dans l'intervalle $[\beta_1, \beta_2]$, le plus proche possible du point où P_1 atteint son minimum, c'est à dire du point $\beta_0 = \alpha n/(n-1)$. Or il n'est pas difficile de voir que $P(\beta_0) \geq 0$: c'est une expression du second degré en α dont le discriminant est négatif. Il est également facile de se convaincre que $\beta_0 \geq \frac{\beta_1+\beta_2}{2}$. On est donc amené à choisir $\beta = \beta_2$ dans l'inégalité (2.9), c'est à dire à choisir pour β la plus grande racine de l'équation $P(\beta) = 0$.

Pour utiliser le résultat précédent, nous nous servirons du lemme suivant :

Lemme 2.7.—Soit $h(t)$ une fonction positive de classe C^2 sur $[0, \infty[$, bornée et satisfaisant à $h'(t) < 0$, $\forall t \in [0, \infty[$. Supposons, qu'il existe deux constantes A et B strictement positives pour lesquelles l'inégalité

$$h''(t) + Ah'(t) \geq Bh'^2(t), \quad (2.15)$$

soit satisfaite. Alors,

$$h(0) - h(\infty) \leq \frac{1}{B}\log(1 - \frac{B}{A}h'(0)). \quad (2.16)$$

Preuve. Appelons u la derivée de h : cette fonction satisfait donc à l'inégalité

$$u'(t) + Au(t) \geq Bu^2(t).$$

Puisque u est strictement négative, nous pouvons poser $e^{Av} = B - \frac{A}{u}$. L'inégalité précédente s'écrit alors

$$\frac{A^2 e^{Av}}{(B-e^{Av})^2}(v'-1) \geq 0,$$

d'où l'on tire $v(t) \geq t + v(0)$. En remplacant v par sa valeur, cela s'écrit

$$B - \frac{A}{u(t)} \geq (B - \frac{A}{u(0)})e^{At}.$$

Nous avons donc, en posant $C = B - \dfrac{A}{h'(0)}$:

$$h'(t) \geq -A[Ce^{At} - B]^{-1}.$$

Nous pouvons alors écrire

$$h(0) - h(\infty) = -\int_0^\infty h'(t)\,dt \leq \int_0^\infty \frac{A}{C\exp(At) - B}\,dt$$
$$= B^{-1}\log\frac{C}{C-B} = B^{-1}\log(1 - \frac{B}{A}h'(0))$$

□

Remarque.—
Lorsque la constante A est fixée, de même que la valeur $h'(0)$, l'expression $B^{-1}\log(1 - \frac{B}{A}h'(0))$ est une fonction décroissante de la variable $B > 0$. De même que l'hypothèse, la conclusion du lemme est d'autant plus forte que la constante B est plus grande.

Nous arrivons maintenant au principal résultat de notre article. Pour en alléger un peu l'énoncé, nous allons introduire quelques notations. Nous posons, pour tout α réel

$$b_0(\alpha) = (n-1)(n-16)\alpha^2 - 2\alpha n(n-7) + n(n-1)\ ; \tag{2.17}$$
$$b_1(\alpha) = 3\alpha(n-4) - 4(n-1); \tag{2.18}$$
$$b_2(\alpha) = \alpha(n-7) - (n-1); \tag{2.19}$$
$$b_3(\alpha) = n - \alpha(n-1), \text{ et} \tag{2.20}$$
$$Q(\alpha, X) = (b_0^2 - 4Xb_1)^2 - 64Xb_3b_2^2. \tag{2.21}$$

Pour tout α dans l'intervalle $[\frac{\sqrt{n}-1}{\sqrt{n}+1}, \frac{n}{n-1}]$, l'équation (du second degré en X) $Q(\alpha, X) = 0$ a deux racines réelles et positives, toutes les deux comprises entre 0 et 1 : nous le verrons plus bas au cours de la démonstration du théorème 2.8. Nous appelons $X(\alpha)$ la plus grande des racines de cette équation.

Théorème 2.8.—Considérons un générateur **L** de semigroupe symétrique admettant une courbure $\rho > 0$ et une dimension finie n, $1 < n < \infty$. Pour tout α dans l'intervalle $[\frac{\sqrt{n}-1}{\sqrt{n}+1}, \frac{n}{n-1}]$, l'opérateur **L** satisfait à l'inégalité de SOBOLEV faible

$$\forall f \in \mathbf{L}^2(\mu),\ \|f\|_2 = 1 \Rightarrow \langle f^2 \log f^2 \rangle \leq \frac{n}{2X(\alpha)} \log\{1 + \frac{4X(\alpha)}{n\alpha\rho} \langle \Gamma(f,f) \rangle\}.$$

Preuve. Nous commençons par prendre une fonction f_0 sur l'espace **E**, encadrée par deux constantes strictement positives et de moyenne 1. Comme dans la proposition 2.4, nous posons $f(t) = \mathbf{P}_t(f_0)$, et $h(t) = \langle f(t) \log f(t) \rangle$. Appliquons la proposition 2.6, ainsi que les remarques qui la suivent : pour tout α de l'intervalle $]0, n/(n-1)]$, et pour β solution de $P(\beta) = 0$, nous avons

$$h''(t) + 2\alpha\rho h'(t) \geq 2\frac{X}{n} h'^2(t),$$

avec $X = -\frac{(n-1)\beta^2 - 2\beta\alpha n + \alpha^2 n}{\alpha}$. Maintenant, la remarque 2 qui suit la proposition 2.6 montre que l'équation $P(\beta) = 0$ n'a de solutions réelles que si α est dans l'intervalle $[\frac{\sqrt{n}-1}{\sqrt{n}+1}, \frac{n}{n-1}]$. Dans ce cas, en appelant comme plus haut D le discriminant du polynôme $P(\beta)$, (donné par la formule (2.14)), nous pouvons calculer la valeur des solutions $\beta(\alpha)$: nous trouvons

$$\beta(\alpha) = \frac{\alpha[\alpha(5n-14) - (7n-2)] \pm 2\sqrt{D}}{2[3\alpha(n-4) - 4(n-1)]}.$$

En reportant cette valeur dans l'expression de X, nous pouvons avec un petit effort éliminer les radicaux pour en tirer une expression algébrique qui lie X et α : $Q(X, \alpha) = 0$, où $Q(X, \alpha)$ est donné par la formule (2.21). *

En réalité, les discriminants des polynômes P et Q, considérés comme polynômes du second degré en X, sont du même signe. Le discriminant D' de Q vaut

$$D' = 2^{10}(n+2)^2[(n-1) - \alpha(n-7)]^2 D.$$

Les deux racines de P correspondent aux deux racines de Q, et seule la plus grande nous intéresse ici, au vu des conclusions du théorème.

Comme nous l'avons déjà remarqué, d'après la forme même du polynôme $P(\beta)$, il est automatique que $X(\alpha) > 0$ dès que $P(\beta) = 0$, pour les valeurs de α que nous considérons.

Il ne reste plus pour conclure qu'à appliquer le lemme 2.7 : avec la fonction $h(t)$ que nous avons, on a $h(0) = \langle f_0 \log f_0 \rangle$; d'autre part, lorsque $t \to \infty$, la fonction $f(t)$ converge vers la partie invariante de f_0, qui est $\langle f \rangle = 1$, car les seules fonctions

---

* Nous omettons les détails de ce calcul qui est assez pénible.

invariantes sont les constantes, et donc $h(\infty) = \langle f(\infty)\log f(\infty)\rangle = 0$. De plus, d'après le corollaire 2.5, $h'(0) = -\langle \frac{1}{f_0}, \Gamma(f_0, f_0)\rangle$. Le lemme 2.7 s'écrit donc dans ce cas

$$\langle f_0 \log f_0\rangle \leq \frac{n}{2X(\alpha)} \log\{1 + \frac{X(\alpha)}{n\alpha\rho}\langle \frac{1}{f_0}, \Gamma(f_0, f_0)\rangle\}.$$

Il ne reste plus qu'à poser $f_0 = f^2$: on a alors $\frac{1}{f_0}\Gamma(f_0, f_0) = 4\Gamma(f, f)$, et on obtient ainsi le résultat annoncé. □

Remarques.—

1— Si l'inégalité de Sobolev faible

$$\langle f^2 \log f^2\rangle \leq \frac{n}{2X} \log\{1 + \frac{4X}{n\alpha\rho}\langle \Gamma(f, f)\rangle\} \tag{2.22}$$

est satisfaite pour un couple de valeurs (X, α) positives, elle est à fortiori satisfaite pour tout couple de valeurs (X', α'), avec $0 \leq X' \leq X$ et $0 \leq \alpha' \leq \alpha$. En effet, l'expression dans le second membre de cette inégalité est une fonction décroissante de X et de α.

2— La fonction $X(\alpha)$ atteint son maximum en $\alpha = 1$: on a $X(1) = 1$ et $\frac{\partial X}{\partial \alpha}(1) = 0$.

En $\alpha = \frac{n}{n-1}$, on a $X = \frac{n(4n-1)}{4(n+2)^2}$, et $\frac{\partial X}{\partial \alpha} = -\infty$.

En tout point de la courbe $Q(X, \alpha) = 0$ avec $\alpha \in [\frac{\sqrt{n}-1}{\sqrt{n}+1}, 1]$, on a $X(\alpha) \leq X(1)$; compte tenu de la remarque précédente, l'inégalité obtenue est alors plus faible que celle obtenue en $\alpha = 1$. C'est pourquoi les seuls cas intéressants dans le résultat précédent sont ceux où $\alpha \in [1, \frac{n}{n-1}]$.

3— La courbe $\alpha \to X(\alpha)$ est décroissante sur l'intervalle $[1, n/(n-1)]$: nous n'avons réussi à le démontrer que pour $n \geq 2$, mais cela semble être vrai pour toutes les valeurs de $n > 1$. Nous n'en donnons pas la démonstration ici car elle est assez compliquée et au fond inutile pour la suite : cela permet néanmoins d'avoir une idée de la courbe qui nous intéresse. De même, il nous a semblé (en la simulant pour différentes valeurs de n) qu'elle est concave, mais nous n'avons pas cherché à le démontrer, car à ce stade les calculs deviennent très compliqués.

4— Nous n'avons pas donné la forme explicite de la fonction $X(\alpha)$ car elle n'est pas très sympathique. Les choses vont un peu mieux si l'on pose $X = \frac{Z^2}{n - \alpha(n-1)}$. Dans ce cas, le lieu des points $(\alpha, Z(\alpha))$ devient une courbe algébrique de degré 3 (alors que le lieu de $(\alpha, X(\alpha))$ est une courbe de degré 4), et nous avons

$$Z(\alpha) = \frac{2(n - \alpha(n-1))(n - 1 - \alpha(n-7)) + (n+2)\sqrt{D}}{2(4(n-1) - 3\alpha(n-4))},$$

D étant toujours donné par la formule (2.14).

Parmi les valeurs intéressantes dans la famille d' inégalités précédente, il y a l'inégalité obtenue pour $\alpha = 1$ et celle obtenue pour $\alpha = n/(n-1)$. Nous les énonçons séparément :

Corollaire 2.9.—Si l'opérateur $\mathbf{L}$ admet une courbure $\rho > 0$ et une dimension finie $n > 1$, il satisfait aux inégalités de SOBOLEV faibles

$$\forall f \in \mathbf{L}^2(\mu),\ \|f\|_2 = 1 \Rightarrow \langle f^2 \log f^2 \rangle \leq \frac{n}{2} \log\{1 + \frac{4}{n\alpha\rho} \langle \Gamma(f,f) \rangle\}. \tag{2.23}$$

$$\forall f \in \mathbf{L}^2(\mu),\ \|f\|_2 = 1 \Rightarrow \langle f^2 \log f^2 \rangle \leq \frac{2(n+2)^2}{4n-1} \log\{1 + \frac{(4n-1)(n-1)}{n\rho(n+2)^2} \langle \Gamma(f,f) \rangle\}. \tag{2.24}$$

Remarques.—

1— Ces deux inégalités sont optimales en des sens différents : la première optimise la dimension globale dans l'inégalité de SOBOLEV faible, et on voit alors que la dimension globale est identique à la dimension locale. Pour un laplacien, la dimension géométrique est identique à la dimension locale, et nous avons donc obtenu le résultat suivant :

Si l'opérateur $\mathbf{L}$ *est le laplacien d'une variété riemannienne compacte de dimension* n *et de courbure de* RICCI *minorée par* $\rho > 0$, *il satisfait à une inégalité de* SOBOLEV *faible*

$$\|f\|_2 = 1 \Rightarrow \langle f^2 \log f^2 \rangle \leq \frac{n}{2} \log\{1 + \frac{4}{n\rho} \langle \Gamma(f,f) \rangle\}.$$

Or, dans le cas des laplaciens des variétés riemanniennes compactes de dimension géométrique n, nous savons que la dimension (globale) dans une inégalité de SOBOLEV faible est minorée par n (cf [BM]). Le résultat obtenu est dans ce sens optimal.

2— Au moins dans le cas où n est entier, ce que l'on vient de voir prouve sans faire de calculs que le maximum de la fonction $X(\alpha)$ sur l'intervalle $[\frac{\sqrt{n}-1}{\sqrt{n}+1}, \frac{n}{n-1}]$ est égal à 1.Vu la complexité de l'expression algébrique de $X(\alpha)$, la vérification directe de ceci dans le cas général n'est pas chose facile.

3— La seconde inégalité est optimale au sens des inégalités de SOBOLEV logarithmiques. En effet, si l'on écrit que $\log(1+x) \leq x$, l'inégalité de SOBOLEV faible (2.22) entraîne l'inégalité de SOBOLEV logarithmique de GROSS :

$$\forall f \in \mathbf{L}^2(\mu),\ \|f\|_2 = 1 \Rightarrow \langle f^2 \log f^2 \rangle \leq \frac{1}{\alpha\rho} \langle \Gamma(f,f) \rangle.$$

Cette inégalité est optimale lorsque α est maximum, et on retrouve alors le résultat de [BE] :

$$\forall f \in \mathbf{L}^2(\mu),\ \|f\|_2 = 1 \Rightarrow \langle f^2 \log f^2 \rangle \leq \frac{n-1}{n\rho} \langle \Gamma(f,f) \rangle.$$

On voit donc qu'en fait cette inégalité peut se déduire d'une inégalité de SOBOLEV faible de dimension (globale) $4(n+2)^2/(4n-1)$. D'autre part, on sait que sous ces hypothèses, ce résultat est optimal : la constante d'hypercontractivité obtenue est la meilleure possible, au moins dans le cas des sphères.

4— Dans [BM], il est montré qu'une inégalité de SOBOLEV faible

$$\langle f^2 \log f^2 \rangle \leq \frac{m}{2} \log\{1 + c\langle \Gamma(f,f) \rangle\}$$

entraîne une majoration du diamètre de l'espace $\mathbf{E}$: ce diamètre peut être défini purement à partir de l'opérateur $\mathbf{L}$ et de l'algèbre $\mathcal{A}$ par

$$\operatorname{diam}(\mathbf{E}) = \sup_{\{f \in \mathcal{A}, \Gamma(f,f) \leq 1\}} \sup_{\{x,y \in \mathbf{E}\}} (f(x) - f(y)).$$

Cela correspond au diamètre usuel d'une variété riemannienne compacte dans le cas où $\mathbf{L}$ est le laplacien et où $\mathcal{A}$ désigne l'algèbre des fonctions $\mathcal{C}^\infty$ sur $\mathbf{E}$. On a alors

$$\operatorname{diam}(\mathbf{E})^2 \leq \frac{\pi^2}{4} m^2 c. \tag{2.25}$$

L'inégalité de SOBOLEV faible obtenue ici pour l'indice α nous donne donc la majoration

$$\operatorname{diam}(\mathbf{E})^2 \leq \frac{\pi^2}{4} \frac{4X(\alpha)}{n\alpha\rho} \frac{n^2}{X(\alpha)^2} = \frac{n\pi^2}{\rho} \frac{1}{\alpha X(\alpha)}.$$

Nous obtenons donc une version du théorème de MYERS (cf [GHL], p.133) : si, un opérateur admet une courbure de RICCI minorée par $\rho > 0$ et une dimension n finie, alors le diamètre est borné(*).

5— On n'obtient pas ainsi tout le théorème de MYERS : celui-ci affirme que le diamètre est au plus égal à celui de la sphère de même dimension et de courbure de RICCI ρ. Or, il est montré dans [BM], par un argument sur le comportement asymptotique du semigroupe $\mathbf{P}_t$ quand $t \to 0$, que pour les sphères l'inégalité (2.25) est toujours stricte, quelque soit l'inégalité de SOBOLEV faible dont on parte.

6— La formule

$$\operatorname{diam}(\mathbf{E})^2 \leq \frac{n\pi^2}{\rho} \frac{1}{\alpha X(\alpha)}$$

(*) En fait, ce n'est pas tout à fait exact dans la mesure où nous avons supposé l'existence d'une algèbre $\mathcal{A}$ stable par le semigroupe, hypothèse que nous ne savons vérifier en toute généralité que sur des variétés compactes, donc à diamètre borné. Pour avoir une démonstration rigoureuse de cette assertion, il faudrait travailler avec des hypothèses plus générales, comme celles de [B1] ou [B2] par exemple. Mais cela compliquerait beaucoup les choses.

montre que la meilleure estimation obtenue sur le diamètre est obtenue lorsque $\alpha X(\alpha)$ est maximum. Il n'est pas difficile de voir que cet optimum est atteint dans l'intervalle ouvert $]1, \frac{n}{n-1}[$. Néammoins, il est beaucoup plus difficile de trouver la valeur exacte de α pour laquelle ce maximum est atteint : il faut pour cela résoudre une équation de degré 6 qui n'a pas de racines évidentes.

7— La majoration sur le diamètre obtenue dans [BM] s'appuie sur l'existence d'une inégalité de SOBOLEV faible. Ici, nous avons toute une famille d'inégalités qui ne sont pas équivalentes. Sans doute pourrait-on refaire le travail de [BM] dans ce cas pour obtenir une meilleure majoration sur le diamètre. Nous n'en avons pas eu le courage.

8— Comme nous l'avons signalé dans l'introduction, pour les sphères de diamètre 1 et de dimension n, dont on a normalisé le volume pour en faire une probabilité, on peut trouver dans [A] les coefficients de l'inégalité de SOBOLEV optimale :

$$\|f\|^2_{2n/(n-2)} \leq \langle f^2 \rangle + \frac{4}{n(n-2)} \langle \Gamma(f,f) \rangle.$$

On peut donc en déduire l'inégalité de SOBOLEV faible

$$\langle f^2 \rangle = 1 \Rightarrow \langle f^2 \log f^2 \rangle \leq \frac{n}{2} \log\{1 + \frac{4}{n(n-2)} \langle \Gamma(f,f) \rangle\}.$$

Comme nous l'avons signalé dans l'introduction, l'inégalité que nous obtenons est meilleure que celle qu'on peut déduire du travail d'AUBIN, puisque dans ce cas $\rho = n - 1$ et donc

$$\langle f^2 \rangle = 1 \Rightarrow \langle f^2 \log f^2 \rangle \leq \frac{n}{2} \log\{1 + \frac{4}{n(n-1)} \langle \Gamma(f,f) \rangle\}.$$

Par contre, nous ne savons pas si cette inégalité est optimale.

9— Il est montré dans [BM] qu'une inégalité de SOBOLEV faible

$$\forall f \in D(\mathcal{E}),\ \|f\|_2 = 1 \Rightarrow \int (f^2 \log f^2)\, d\mu \leq \frac{m}{2} \log\{1 + c_2 \mathcal{E}(f,f)\}$$

entraîne un encadrement du semigroupe $\mathbf{P}_t$ lorsque t tend vers l'infini. Si l'on désigne par $\mathbf{p}_t(x,y)$ la densité du semigroupe par rapport à la mesure μ, alors cet encadrement peut s'écrire

$$-1 + o(t) \leq \inf_{x,y} \frac{c_2 \log(\mathbf{p}_t(x,y))}{4t \exp(-4t/(mc_2))} \leq \sup_{x,y} \frac{c_2 \log(\mathbf{p}_t(x,y))}{4t \exp(-4t/(mc_2))} \leq 1 + o(t).$$

Cet encadrement est d'autant meilleur que le produit mc_2 est plus petit. Pour les inégalités de SOBOLEV faibles que nous obtenons, nous avons

$$m = \frac{n}{2X(\alpha)}\ ;\ c_2 = \frac{4X(\alpha)}{\alpha n \rho},$$

et donc le coefficient mc_2 est minimum lorsque α vaut $n/(n-1)$, et nous obtenons l'encadrement

$$-1+o(t) \le \inf_{x,y} \frac{c_2 \log(\mathrm{p}_t(x,y))}{4t\exp(-2\alpha\rho t)} \le \sup_{x,y} \frac{c_2 \log(\mathrm{p}_t(x,y))}{4t\exp(-2\alpha\rho t)} \le 1+o(t),$$

avec $c_2 = (4n-1)(n-1)/\{n\rho(n+2)^2\}$ et $\alpha = n/(n-1)$.

3— Un exemple.

Nous avons vu dans le chapitre précédent que notre méthode permettait d'obtenir des inégalités de SOBOLEV faibles sur les sphères, avec une dimension optimale. Nous voulons presenter ici un exemple (liés aux sphères), qui offre plusieurs caractéristiques intéressantes.

Considérons la sphère de rayon 1 dans $\mathcal{R}^{n+1}$, et projettons la sur un sous espace vectoriel de $\mathcal{R}^{n+1}$ de dimension p. Le mouvement brownien sur la sphère se projette sur un processus de MARKOV sur le disque de rayon 1 dans $\mathcal{R}^p$. Le générateur de ce processus s'écrit, dans la base canonique et dans la boule ouverte $\{\|x\| < 1\}$,

$$\mathrm{L}_{np} = \sum_{ij}(\delta^{ij} - x^i x^j)\frac{\partial^2}{\partial x^i \partial x^j} - (n-1)\sum_i x^i \frac{\partial}{\partial x^i}. \tag{3.1}$$

Lorsque $n = p$, notre projection est un difféomorphisme local de la demisphère supérieure sur la boule, et donc l'opérateur L_{pp} est le laplacien sphérique de dimension p, que nous noterons Δ_p.

Prenons pour espace E la boule unité ouverte de $\mathcal{R}^p$, et considérons l'opérateur L_{np} défini pour tout n réel supérieur à p par la formule (3.1) : sa décomposition canonique s'écrit

$$\mathrm{L}_{np} = \Delta_p - (n-p)\sum_i x^i \frac{\partial}{\partial x^i}.$$

Dans notre système de coordonnées, la matrice g^{ij} s'écrit

$$g^{ij} = \delta^{ij} - x^i x^j,$$

ce qui nous permet de voir que le champ de vecteurs $\displaystyle\sum_i x^i \frac{\partial}{\partial x^i}$ s'écrit en fait $\nabla \log \sqrt{1-\|x\|^2}$. Un calcul simple montre que la mesure riemannienne s'écrit

$$m(dx) = (1-\|x\|^2)^{-1/2} dx^1 \cdots dx^p,$$

et donc que la mesure symétrique pour l'opérateur L_{np} vaut

$$\mu(dx) = c_{np}(1-\|x\|^2)^{(n-p-1)/2} dx^1 \cdots dx^p,$$

où c_{np} est une constante de normalisation qui fait de μ une mesure de probabilité.

Remarquons au passage que la fonction $\log\sqrt{1-\|x\|^2}$ s'écrit également $\log(\sin g(x))$, où la fonction $g(x)$ désigne la distance (riemannienne) de x au bord de E.

Il n'est pas difficile de voir que, pour $n \geq p+1$, le processus de MARKOV dont $\mathbf{L}_{np}$ est le générateur n'atteint jamais le bord de E, et donc que l'opérateur associé est essentiellement autoadjoint dans $\mathbf{L}^2(\mu)$. Ce n'est plus le cas lorsque $p \leq n < p+1$, et la donnée de $\mathbf{L}_{np}$ ne suffit plus dans ce cas à déterminer entièrement le semigroupe $\mathbf{P}_t$ associé. Dans ce cas, nous prendrons pour semigroupe le semigroupe du processus réfléchi normalement au bord de E, ce qui correspond à l'extension de NEUMANN du générateur associé (ou encore à l'extension maximale de la forme de DIRICHLET associée). Nous allons voir qu'en fait il existe une construction très simple de ce semigroupe. En effet, l'algèbre $\mathcal{A}$ des polynômes est stable par l'opérateur $\mathbf{L}_{np}$: l'image par $\mathbf{L}_{np}$ d'un polynôme des p variables (x^i) de degré k est à nouveau un polynôme de degré inférieur ou égal à k. Cette algèbre étant dense dans $\mathbf{L}^2(\mu)$, il existe une base hilbertienne de $\mathbf{L}^2(\mu)$ formée de polynômes vecteurs propres de $\mathbf{L}_{np}$(*). Appelons une telle base (P_k), et $-\mu_k$ la valeur propre associée à P_k. Alors, nous pouvons définir le semigroupe $\mathbf{P}_t$ en posant

$$\mathbf{P}_t(\sum_k a_k P_k) = \sum_k a_k e^{-t\mu_k} P_k.$$

Ce semigroupe est un semigroupe markovien symétrique : il correspond au semigroupe du processus réfléchi normalement au bord. Pour s'en convaincre, il suffit de remarquer que tous les polynômes ont, au bord de E, un gradient orthogonal au vecteur normal : si $\|x\| = 1$,

$$\sum_i x^i \nabla P^i = \sum_{ij} x^i(\delta^{ij} - x^i x^j)\frac{\partial P}{\partial x^j} = 0.$$

On peut donc ici disposer d'une algèbre $\mathcal{A}$ de fonctions bornées stable par $\mathbf{P}_t$: l'algèbre des polynômes.

Cet opérateur $\mathbf{L}_{np}$ a une propriété remarquable : c'est un quasi-laplacien au sens de [B1] : un couple (m, ρ) est un couple (dimension, courbure) admissible pour $\mathbf{L}_{np}$ si et seulement si $m \geq n$ et $\rho \leq (n-1)$. En effet, puisque Δ_p est le laplacien sphérique, on sait que $\mathrm{Ric}(\Delta_p) = (p-1)g$, où g est le tenseur métrique, et un calcul simple montre alors que

$$\mathrm{Ric}(\mathbf{L}_{np})(x) = (n-1)g(x) + \frac{1}{1-\|x\|^2}\{n-1+\frac{2n-p}{1-\|x\|^2}\}.$$

De là, il est facile de se convaincre que si l'on appelle Y le champ de vecteurs

$$Y = -(n-p)\sum_i x^i \frac{\partial}{\partial x^i},$$

de telle façon que $\mathbf{L}_{np} = \Delta_p + Y$, alors

$$Y \otimes Y = (n-p)\{\mathrm{Ric}(\mathbf{L}_{np}) - (n-1)g\}.$$

(*) Ces polynômes sont l'analogue multidimensionnel des polynômes de JACOBI sur $]-1,1[$.

On reconnait là l'équation qui donne la courbure et la dimension.

Dans ce cas, on peut donc appliquer nos résultats, et l'on obtient toutes les inégalités de SOBOLEV faibles du théorème (2.8), avec $\rho = n-1$. Pour la structure riemannienne associée à l'opérateur L_{np}, qui est la structure riemannienne usuelle de la demisphère de dimension p, le diamètre de la boule est égal à π. Ce diamètre ne dépend pas de n car l'opérateur L_{np} ne dépend de n que par l'intermédiaire d'un terme du premier ordre. Les inégalités sur le diamètre de la remarque 6 du chapitre précédent nous donnent, par exemple pour $\alpha = 1$,

$$diam(\mathrm{E})^2 \leq \frac{n}{n-1}\pi^2.$$

En faisant tendre n vers l'infini, nous retrouvons bien ainsi le diamètre de E. (Ce qui n'est sans doute pas la façon la plus rapide de calculer le diamètre de la demisphère!)

—Références

[*A*] AUBIN (T)— **Non linear analysis on manifolds, MONGE-AMPÉRE equations,** Springer, 1982.

[*BE*] BAKRY (D), EMERY (M)— Diffusions hypercontractives, *Séminaire de probabilités XIX*, Lecture Notes in Math. 1123, 1985, Springer, p.177-206.

[*BE*2] BAKRY (D), EMERY (M)— Inégalités de SOBOLEV pour un semigroupe symétrique, Comptes Rendus Acad. Sc., t.301 , série 1, *n*° 8, 1985, p.411-413.

[*BM*] BAKRY (D) , MICHEL (D)— Inégalités de SOBOLEV et minorations du semigroupe de la chaleur, à paraître, 1989.

[*B*1] BAKRY (D)— La propriété de sous-harmonicité des diffusions dans les variétés, *Séminaire de probabilités XXII*, Lecture Notes in Math. 1321, 1988, Springer, p.1-50.

[*B*2] BAKRY (D)— Un critère de non-explosion pour certaines diffusions sur une variété riemannienne complète, Comptes Rendus Acad. Sc., t.303 , série 1, *n*° 1, 1986, p.23-27.

[*CKS*] CARLEN (E), KUSUOKA (S), STROOCK (D.W.)— Upperbounds for symmetric MARKOV transition functions, Ann. Inst. H.POINCARÉ, vol. 23, 1987, p.245-287.

[*DS*] DEUSCHEL (J.D.), STROOCK (D.W.) — **Large Deviations** , vol.137, Ac. Press, 1989.

[D] DAVIES (E.B.)— **Heat kernels and spectral theory** , Cambridge University Press, 1989.

[DSi] DAVIES (E.B.), SIMON (B.)— Ultracontractivity and the heat kernel for SCHRÖDINGER operators and DIRICHLET laplacians, J. Funct. Anal., vol. 59, 1984, p.335-395.

[GHL] GALLOT (S), HULLIN (D), LAFONTAINE (J)— **Riemannian geometry** , Universitext, Springer, 1987.

[V] VAROPOULOS (N)— HARDY-LITTLEWOOD theory for semigroups, J. Funct. Anal., vol. 63, 1985, p.240-260.

MULTIPLICATIVE DECOMPOSITION OF NONSINGULAR MATRIX VALUED SEMIMARTINGALES

Rajeeva L.Karandikar
Indian Statistical Institute
7, S.J.S.Sansanwal Marg
New Delhi - 110016, INDIA

1. INTRODUCTION

It was shown in Karandikar (1982) that a continuous semimartingale Z with values in the space of d×d nonsingular matrices admits a multiplicative decomposition

$$Z = NB$$

where N is a continuous local martingale and B is a continuous process of locally bounded variation. We extend this result to general semimartingales Z. In general, the decomposition is not unique. Conditions are given under which a decomposition with B predictable exists, and it is shwon that under these conditions, the decomposition is unique. An example is given of a bounded semimartingale Z which does not admit a decomposition with B predictable.

We obtain a formula for inverse of a multiplicative integral and also integration by parts formula for multiplicative stochastic integration, which like in Karandikar (1982) is the main tool of this paper. For multiplicative decomposition of real valued semimartingales, see Ito-Watanabe (1965), Meyer (1967), Jacod (1979).

2. PRELIMINARIES

Let $(\Omega,\mathcal{F},P)$ be a fixed complete probability space, and $\mathcal{F} = (\mathcal{F}_t)$ be a filtration satisfying usual hypothesis. All processes we consider are $(\mathcal{F}_t)$-adapted . For an integer d, L(d) will denote the set of all d×d matrices and $L_o(d)$ will denote the set of all invertible elements of L(d). For A L(d), $|A|$ will denote the Hillbert-Schmidt norm of A.

An L(d) valued process $X = (X_{ij})$ is said to be a semimartingale if each of its components X_{ij} is a semimartingale. For a rcll (cadlag) process X, X_- denotes the process : $X_-(t) = X(t-)$ for $t > 0$ and $X_-(0) = 0$. Here, X(t-) denotes the left limit at t.

For an L(d) valued locally bounded predictable process f and an L(d) valued semimartingale X, the stochastic integral $\int f dX$, which we denote by $f.X$ is defined by

$$(f.X)_{ij} = \sum_k \int f_{ik} dX_{kj}.$$

Also the integral $X :^f$ is defined by $X :^f = (f'.X')'$, where A' denotes transpose of A. Clearly

$$(X : f)_{ij} = \sum_k \int f_{kj} dX_{ik}.$$

For L(d) - valued semimartingales X,Y, let

$$[X,Y]_{ij} = \sum_k [X_{ik}, Y_{kj}]$$

and for continuous semimartingales X,Y (or L^2-local martingales X,Y), let

$$\langle X,Y\rangle = \sum_k \langle X_{ik}, Y_{kj}\rangle.$$

For a semimartingale $X = (X_{ij})$, X^c denotes its continuous martingale part defined componentwise by

$$(X^c)_{ij} = (X_{ij})^c.$$

For a process X, S(X) will denote the process

$$S(X) = \begin{cases} \sum_{0\leq s\leq t} X(s) & \text{if } \sum_{0\leq s\leq t} |X(s)| < \infty \\ 0 & \text{otherwise.} \end{cases}$$

For a rcll process X, the process ΔX is defined by

$$\Delta X = X - X_-.$$

It is well known that if X,Y are semimartingales, (real valued) then

$$\sum_{s\leq t} |\Delta X(s)|\, |\Delta Y(s)| < \infty \quad \text{a.s.,} \tag{1}$$

and the same can be seen to hold for L(d) valued semimartingales. It follows as in real valued case that for L(d) valued semimartingales X,Y,

$$[X,Y] = \langle X^c, Y^c\rangle + S(\Delta X \Delta Y). \tag{2}$$

From now on, all processes we consider one L(d) valued. For semimartingales X,Y and locally bounded predictable processes f,g, the following identities are easy to verify

$$(f.X) : g = f.(X : g) \tag{3}$$

$$[f.X, Y:g] = f.[X,Y]:g \tag{4}$$

$$[X:f, Y] = [X, f.Y]. \tag{5}$$

In view of (2), f.X : g is unambigiously defined. The integration by parts formula takes the form

$$XY = X_-.Y + X : Y_- + [X,Y]. \tag{6}$$

It is well known that for a semimartingle X, the equation

$$Z = I + X(0) + Z_-.X \tag{7}$$

admits a unique solution. (See e.g. Emery (1978)). The solution Z to (7) is called multiplicative stochastic integral $\Pi(I + dX)$, which we denote by $\varepsilon(X)$. For more information on multiplicative stochastic integral, see Emery (1978), Karandikar (1981, 1982).

For a process Z, define Z^- by, $Z^-(t) = Z(t-)$ for $t > 0$ and $Z^-(0) = I$. The equation (7) can be rewritten as

$$Z = I + Z^-.X \tag{8}$$

From this it follows that $Z = Z^-(I+\Delta X)$ and hence a necessary condition for Z to be $L_o(d)$ valued is that $(I+\Delta X)$ be invertible. We show in the next result that the condition is sufficient and obtain a formula for the inverse Z^{-1}.

For a process Y and a subset E of L(d), we say $Y \in E$ if

$$P(w : Y(t,w) \notin E \text{ for some } t) = 0.$$

THEOREM 1: Let X be a semimartingale such that $(I + \Delta X) \in L_o(d)$ and let $Z = \varepsilon(X)$. Then $Z, Z^- \in L_o(d)$ and

$$[\varepsilon(X)]^{-1} = [\varepsilon(Y')]' \tag{9}$$

where

$$Y = -X + \langle X^c,X^c\rangle + S((I + \Delta X)^{-1} - I + \Delta X) \tag{10}$$

<u>Proof</u>: Let $W = [\varepsilon(Y')]'$. It follows that

$$W = I + Y : W^- = I + Y(0) + Y : W_-$$

Note that $\langle X^c,Y^c\rangle = - \langle X^c,X^c\rangle$ and that $\Delta Y = (I + \Delta X)^{-1} - I$. From this it is easy to check that

$$X + Y + [X,Y] = 0 \tag{11}$$

and that $(I + \Delta X(0))(I + \Delta Y(0)) = I$. Now by (6),

$$\begin{aligned} ZW &= Z_-.W+Z : W_-+[Z,W] \\ &= Z_-.Y : W_-+Z_-.X : W_-+(I+\Delta X(0))(I+\Delta Y(0))+[Z_-.X,Y : W_-] \\ &= Z_-.(Y+X+[X,Y]):W_- + I \\ &= I \end{aligned}$$

using (11). This proves $Z, Z_- \in L_o(d)$ and that $Z^{-1} = W$.

□

REMARK: It has been pointed out to the author that this result has appeared in an article by R.Leandre (Sem. Prob. XLX, p. 271). This result can be restated as : if Z is a solution to

$$Z = I + Z^-.X,$$

then Z^{-1} is the unique solution to

$$W = I + Y : W^-$$

where Y is given by (10).

Let M_{loc} denote the class of local martingales (L(d) valued) and V denote the class of processes with bounded variation paths on bounded intervals.

For a semimartingale Z such that Z, $Z^- \in L_0(d)$, let $\ell(Z)$ be defined by

$$\ell(Z) = (Z^-)^{-1}. (Z-I). \tag{12}$$

Then clearly $\ell(Z)$ is also a semimartingale. The following result follows easily from the definitions and well known properties of stochastic integrals.

THEOREM 2: Let Z be a semimartingale such that Z, $Z^- \in L_0(d)$ and let X be a semimartingale such that $I + \Delta X \in L_0(d)$. Then

(i) $\varepsilon(\ell(Z)) = Z$

(ii) $\ell(\varepsilon(X)) = X$

(iii) $Z \in \mathcal{M}_{loc} \iff \ell(Z) \in \mathcal{M}_{loc}$

(iv) $Z \in \mathcal{V} \iff \ell(Z) \in \mathcal{V}$

(v) $X \in \mathcal{M}_{loc} \iff \varepsilon(X) \in \mathcal{M}_{loc}$

(vi) $X \in \mathcal{V} \iff \varepsilon(X) \in \mathcal{V}'$.

3. MULTIPLICATIVE DECOMPOSITION

In Karandikar (1982), it was proved that an $L_0(d)$ valued continuous semimartingale Z admits a multiplicative decomposition Z = NB, into a local martingale N and $B \in \mathcal{V}$. This result for real valued case is proved in Ito-Watanabe (1965) and Meyer (1967). For a complete discussion of the real valued case, see Jacod (1979).

Here we will show that a semimartingale Z with Z, $Z^- \in L_0(d)$ admits a decomposition Z = NB with $N \in \mathcal{M}_{loc}$, $B \in \mathcal{V}$. Of course in general the decomposition is not unique, just as additive decomposition is not unique. It will be proved that if such a decomposition exists with B predictable, then such a decomposition is unique.

We will give a counter example to show that even if Z is a special semimartingale, it may not admit a decomposition Z = NB with B predictable (and $N \in \mathcal{M}_{loc}$, $B \in \mathcal{V}$).

The main tool in Karandikar (1982) was integration by parts formula for the multiplicative integral. We need its analogue for rcll semimartingales, which we obtain next.

THEOREM 3: Let X,Y be semimartingales such that

$$(I + \Delta X) \in L_0(d) \text{ and } (I + \Delta Y) \in L_0(d).$$

Then

$$\varepsilon(X+Y+[X,Y]) = \varepsilon(W^-.X : (W^-)^{-1})\varepsilon(Y) \tag{13}$$

where $W = \varepsilon(Y)$.

<u>Proof:</u> Let $Z = \varepsilon(W^-.X : (W^-)^{-1})$. Then by (6)

$$\begin{aligned} ZW &= Z_-.W+Z : W_-+[Z,W] \\ &= (Z_-W_-).Y + (Z_-W^-).X : ((W^-)^{-1}W_-)+(I+X(0))(I+Y(0)) \\ &\qquad +((Z_-W^-).[X : (W^-)^{-1},W_-.Y] \\ &= (Z_-W_-).Y+(Z_-W_-).X:I.1_{(0,\infty)}+(I+X(0))(I+Y(0))+Z_-W_-.[X,I\,1_{(0,\infty)}.Y]. \end{aligned}$$

Using the fact that if $U(0) = 0$, $U : 1_{(0,\infty)} = U = 1_{(0,\infty)}.U$, it follows that

$$\begin{aligned} ZW &= (Z_-W_-).Y+(Z_-W_-).X+(Z_-W_-)1_{(0,\infty)}.[X,Y]+(I+X(0))(I+Y(0)) \\ &= (Z_-W_-).(X+Y+[X,Y])+(I+X(0))(I+Y(0)) \\ &= (Z_-W_-).(X+Y+[X,Y])+I+X(0)+Y(0)+[X,Y](0). \end{aligned}$$

Hence

$$ZW = \varepsilon(X+Y+[X,Y]).$$

□

The idea of obtaining multiplicative decomposition is as follows. Let Z be a semimartingale with $Z,Z^- \in L_o(d)$ and let $X = \mathcal{L}(Z)$. If X can be written as

$$X = M + A + [M,A] \tag{14}$$

with

$$M \in \mathcal{M}_{loc},\ A \in \mathcal{V} \tag{15}$$

$$(I + \Delta A) \in L_o(d) \tag{16}$$

then $(I+\Delta X) = (I+\Delta M)(I+\Delta A)$ and hence $(I+\Delta M) \in L_o(d)$. Then by integration by part formula, $Z = NB$, where $B = \varepsilon(A)$, $N = \varepsilon(B^-.M : (B^-)^{-1})$ and by Theorem 3, $B \in \mathcal{V}$, $N \in \mathcal{M}_{loc}$. Thus the whole thing reduces to obtaining a decomposition (14) satisfying (15) and (16). We show that this can be done in the next result.

THEOREM 4: Let Z be a semimartingale such that $Z, Z^- \in L_o(d)$. Then Z admits a decomposition

$$Z = NB \tag{17}$$

where $N \in \mathcal{M}_{loc}$, $B \in \mathcal{V}$.

<u>Proof:</u> Let $X = \mathcal{L}(Z)$. For $0 < a \leq \frac{1}{2}$ (fixed), let

$$Y = X - S(\Delta X\, 1_{\{|\Delta X| \geq a\}}). \tag{18}$$

Then $|\Delta Y| \leq a$ and hence Y is a special semimartingale. Let $Y = U + V$ be the canonical decomposition of Y, with $U(0) = 0$, $U \in \mathcal{M}_{loc}$, $V \in \mathcal{V}$

Since $U \in \mathcal{M}_{loc}$ and $U(0) = 0$ one has ${}^P(\Delta U) = 0$, (hence ${}^PD$ denotes predictable projection of a process D) and hence ${}^P\Delta Y = \Delta V$, since ΔV is predictable. Thus

$$|\Delta V| = |{}^P\Delta Y| \leq {}^P|\Delta Y| \leq a. \tag{19}$$

This implies $(I + \Delta V) \in L_o(d)$. Let

$$M = U : (I + \Delta V)^{-1}.$$

This is well defined as $(I + \Delta V)^{-1}$ is a bounded predictable process and as a consequence $M \in \mathcal{M}_{loc}$, $M(0) = 0$. Then

$$U = M : (I + \Delta V)$$
$$= M + S(\Delta M \Delta V)$$
$$= M + [M,V].$$

Thus $Y = U + V = U + M + [M,V]$. As a consequence

$$(I + \Delta Y) = (I + \Delta M)(I + \Delta V)$$

and hence $(I + \Delta M) \in L_o(d)$. Now

$$X = M + V + [M,V] + S(\Delta X\, 1_{(|\Delta X| \geq a)})$$
$$= M + W$$

where $W \in \mathcal{V}$. Define $A \in \mathcal{V}$ by

$$A = W + S(\{(I + \Delta M)^{-1} - I\}\, \Delta W).$$

Then it is easy to check that $[M,A] = W - A$ and hence that

$$M + A + [M,A] = M + W = X.$$

Here $(I + \Delta M) \in L_o(d)$ and since $(I + \Delta X) \in L_o(d)$, $(I + \Delta A) \in L_o(d)$ as well. Then if

$$B = \varepsilon(A)$$

and

$$N = \varepsilon(B^{-}.M : (B^{-})^{-1})$$

then by integration by points formula, $NB = \varepsilon(M + A + [M,A]) = \varepsilon(X)$ and hence $Z = NB$.

□

It can be easily seen that the decomposition $Z = NB$ need not be unique unless we require that B be predictable.

The questions then are (i) when does a decomposition $Z = NB$ exist with B predictable? (ii) If such a decomposition exists, is it unique?

These questions are answered in the next result.

It suffices to consider the case $Z(0) = I$ for a given Z can be written as

$$Z(t) = \tilde{Z}(t).\, Z(0)$$

where $\tilde{Z}(t) = Z(t).[Z(0)]^{-1}$.

For a process W, let $|W|^*$ denote the real valued process

$$|W|^*_t = \sup\{|Z_s| : 0 \leq s \leq t\}.$$

THEOREM 5: Let Z be a semimartingale such that $Z(0) = I$; $Z^{-} \in L_o(d)$. Then Z admits a decomposition

$$Z = NB$$

with

$$N \in \mathcal{M}_{loc}, N(0) = I,\ B \in \mathcal{V} \text{ and } B \text{ predictable} \tag{20}$$

if and only if

$$|Z|^* \text{ is locally integrable} \tag{21}$$

and

$$^{P}Z \in L_o(d). \tag{22}$$

Finally, if (20), (21) hold then the decomposition (18) satisfying (19) is unique.

Proof: Suppose the decomposition (18) exists with N, B satisfying (19). Then $|N|^*$ is locally integrable and $|B|^*$ is locally bounded since B is predictable. Thus $|Z|^*$ is locally integrable. Also, (18) implies that $N, N^-, B, B^- \in L_o(d)$. So let $U = \mathcal{L}(N)$, $V = \mathcal{L}(B)$ and $M = (B^-)^{-1}.\ U : B^-$ so that

$$N = \varepsilon(U) = \varepsilon(B^-.\ M : (B^-)^{-1}).$$

Then by integration by parts formula,

$$Z = \varepsilon(M + V + [M,V])$$

and thus

$$\begin{aligned}(Z^-)^{-1}Z &= (I + \Delta M + \Delta V + \Delta M\Delta V)\\ &= (I + \Delta M)\ (I + \Delta V).\end{aligned}$$

Now (19) implies that $M \in \mathcal{M}_{loc}$, $M(0) = 0$, $V \in \mathcal{V}$ and V is predictable. Taking predictable projection on both sides in (22) and using that $Z^-, \Delta V$ are predictable and ${}^P\Delta M = 0$ one gets

$$(Z^-)^{-1}({}^PZ) = (I + \Delta V)$$

which yields

$${}^PZ = (Z^-)(I+\Delta V).$$

Since $Z^- \in L_o(d)$ and $(I + \Delta V) = (B^-)^{-1}B \in L_o(d)$ as observed above, this yield (21).

Conversely suppose (20), (21) hold. Then (20) implies that Z is a special semimartingale and this $X = \mathcal{L}(Z)$ is also a special semimartingle. Let $X = U + V$ be the canonical decomposition of X with $U \in \mathcal{M}_{loc}$, $U(0) = 0$, $V \in \mathcal{V}$, V predictable. Then

$$\begin{aligned}(Z^-)^{-1}Z &= (I + \Delta X)\\ &= (I + \Delta U + \Delta V)\end{aligned}$$

and thus taking predictable projection, one gets

$$(Z^-)^{-1}\ {}^P(Z) = (I + \Delta V)$$

and hence that $(I + \Delta V) \in L_o(d)$ in view of (21). Now defining $M = U : (I + \Delta V)^{-1}$, one has $M \in \mathcal{M}_{loc}$ and that

$$M + V + [M,V] = U + V = X$$

as in the proof of Theorem 4. This yields

$$\begin{aligned}Z = \varepsilon(X) &= \varepsilon(M + V + [M,V])\\ &= NB\end{aligned}$$

with $B = \varepsilon(V)$ and $N = \varepsilon(B^-.M : (B^-)^{-1})$. Clearly N,B satisfy (19).

Remains to prove that if (20), (21) hold, then the decomposition is unique subject to (19). Let $Z = N_1B_1 = N_2B_2$ where N_i, B_i satisfy (19). (Here the suffix 1,2 does not represent component). Let $U_i = \mathcal{L}(N_i)$, $V_i = \mathcal{L}(B_i)$ and $M_i = (B_i^-)^{-1}$, $U_i.\ (B_i^-)$. Then it follows that for i = 1,2,

$$Z = \varepsilon(M_i + V_i + [M_i,V_i])$$

for i = 1,2. Thus

$$X = \mathcal{E}(Z) = M_i + V_i + [M_i, V_i]$$

with $V_i \in \mathcal{V}$, V_i predictable, $M_i \in \mathcal{M}_{loc}$, $M_i(0) = 0$. It follows that $[M_i, V_i] \in \mathcal{M}_{loc}$ and $[M_i, V_i](0) = 0$. Thus defining $W_i = M_i + [M_i, V_i]$, one gets

$$X = W_i + V_i \tag{23}$$

with $W_i \in \mathcal{M}_{loc}$, $W_i(0) = 0$. The uniqueness of additive decomposition (23) yields $V_1 = V_2$, which in turn implies $B_1 = B_2$ as $B_i = \varepsilon(V_i)$. Since $B_i \in L_o(d)$, this clearly implies $N_1 = N_2$ as well completing the proof.

□

We will now give an example to show that (20) does not imply (21). This shows that (20) is not sufficient to guarantee the decomposition (18) - (19). Indeed, this example is for the case d = 1.

Let $\Omega = \{1, -1\}$, $A = P(\Omega)$, $P(\{1\}) = P(\{-1\}) = \frac{1}{2}$, and $\eta(w)$ for $w \in \Omega$. Let $F_t = \{\phi, \Omega\}$ for $t < 1$ and $F_t = P(\Omega)$ for $t \geq 1$. Let

$$Z(t) = 1_{[0,1)}(t) + \eta 1_{[1,\infty)}(t). \tag{24}$$

Clearly Z is a bounded semimartingale and $Z(t) \neq 0$ for all t. However, $({}^P Z)(t) = 1_{[0,1)}(t) + \eta 1_{(1,\infty)}(t)$ and thus $({}^P Z)(1) = 0$.

The above example shows that a special semimartingale need not admit a decomposition (18) with B-predicable.

REFERENCES

Emery,M. (1978): Stablite des solution des equations differentielles stochastiques: application aux integrales multiplicatives stochastiques. Z. Wahrsch. verw. Gebiete 41, 241-262.

Ito,K. and Watanabe, S. (1965): Transformation of Markov Processes by multiplicative functionals. Ann. Inst. Fourier, Grenoble 15, 13-30.

Jacod,J. (1979): Calcul stochastique et problem de martingales. Lecture notes in Math 714, Springer-Verlag, Berlin.

Karandikar,R.L. (1981): A.s. approximation results for multiplicative stochastic integration. Seminaire de Probabilities XVI. Lecture notes in Math. 920, 384-391, Springer-Verlag, Berlin.

Karandikar, R.L. (1982): Multiplicative decomposition of non-singular matrix valued continuous semimartingales. The Annals of Probability 10, 1088-1091.

Meyer, P.A. (1967): On the multiplicative decomposition of positive supermartingales. Markov Processes and potential theory ed. by J.Chover, Wiley, New York 103-116.

INTÉGRALE MULTIPLE DE STRATONOVICH POUR LE PROCESSUS DE POISSSON

par

Josep Lluis SOLÉ et Frederic UTZET

I.- INTRODUCTION

Dans "Un cours sur les intégrales stochastiques" ([7]) P.A. Meyer observe que pour définir l'intégrale multiple d'une fonction déterministe f par rapport à une semimartingale X on peut la considérer comme une intégrale itérée, et que l'idée d'Ito (pour les intégrales multiples browniennes) est d'intégrer seulement sur l'ensemble $\{0 \leq x_1 < x_2 < \cdots < x_n\}$ (et les ensembles correspondants aux permutations des x_i). Mais alors -dit Meyer- on laisse échapper des ensembles "diagonaux". En utilisant la formule de Kailath-Segall [13], il propose une définition qui ne néglige pas ces ensembles. Lorsqu'on intègre sur une diagonale simple: $\{0 \leq x_1 < \cdots < x_i = x_{i+1} < \cdots < x_n\}$, alors il faut intégrer par rapport à $d[X, X]$. Plus concrètement:

$$\int_{\{0\leq x_1<\cdots<x_i=x_{i+1}<\cdots<x_n\}} f(t_1,\ldots,t_n)\,dX_{t_1}\ldots dX_{t_n}$$

$$= \int_{\{0\leq x_1<\cdots<x_i<x_{i+2}<\cdots<x_n\}} f(t_1,\ldots t_i,t_i,\ldots,t_n)\,dX_{t_1}\ldots d[X,X]_{t_i}\ldots dX_{t_n}.$$

Intégrer sur une diagonale du type

$$\{0 \leq x_1 < \cdots < x_i = x_{i+1} < \cdots < x_j = x_{j+1} < \cdots < x_n\}$$

fait apparaître $d[X,X]_{t_i}\, d[X,X]_{t_j}$. Les coïncidences de trois éléments font intervenir $\sum_s (\Delta X_s)^3$, et ainsi de suite.

L'intégrale multiple pour le processus de Poisson est bien connue à partir d'Ito [4], Ogura [10], Kabanov [5], Engel [1], Surgailis [15], Segall-Kailath [13]. Il s'agit, comme dans la situation brownienne, d'une théorie dans $L^2(\Omega)$. Mais dans ce cas une définition par trajectoires est possible, intégrant sur l'ensemble des points avec toutes les coordonnées distinctes; voir Surgailis [15] et Kallenberg-Szulga [6]. On peut, finalement intégrer chaque trajectoire sur tout $\mathbb{R}_+^n$, mais alors l'intégrale multiple au sens de Stieltjes ne coïncide pas avec l'intégrale multiple d'Ito parce qu'il y manque tous les ensembles avec, au moins, deux coordonnées égales; ceci est étudié par Ruíz de Chávez [13] qui calcule explicitement les cas $n = 2$ et $n = 3$ pour des fonctions produit. Voir aussi Rosinski-Szulga [11] pour une autre approximation de l'intégrale double de Poisson sur tout le carré $[0, 1]^2$.

D'autre part, Hu-Meyer [2] définissent l'intégrale multiple de Stratonovich comme une intégrale de Stratonovich itérée. Alors ils raisonnent que cette intégrale est justement l'intégrale qui tient compte de toutes les diagonales. Dans le cas brownien, qui est le seul qu'ils étudient, $[X,X]_t = t$, et toutes les dégénérescences d'ordre strictement plus grand que 2 n'ont pas de contribution à cause de la continuité du mouvement brownien. Ils indiquent que si l'on veut définir des intégrales multiples pour le processus de Poisson, il faudrait considérer toutes les diagonales.

Dans cette note, nous essayons de définir l'intégrale multiple de Stratonovich $I_n^S(f)$ ($f \in L^2([0,1]^n)$) pour le processus de Poisson compensé comme une limite dans $L^2(\Omega)$. C'est la même définition que nous avons proposée pour le cas brownien [14], qui généralise l'intégrale de Stratonovich ordinaire (cf. Nualart-Pardoux [8], Nualart-Zakai [9]) et qui vérifie que si $f(x_1,\ldots,x_n) = g(x_1)\cdot\ldots\cdot g(x_n)$, alors $I_n^S(f) = \left(I_1^S(g)\right)^n$, c'est-à-dire, dans ce cas on vérifie un théorème de Fubini ordinaire.

Pour calculer les intégrales sur les diagonales il faut considérer des expressions comme $f(x_1,x_1,x_3,\ldots,x_n)$ pour $f \in L^2([0,1]^n)$ et alors il faut préciser quel est cet élément. Pour cela, nous introduisons la notion de *fonction bien définie sur une diagonale*. On peut alors trouver une formule de Hu-Meyer qui donne la relation entre l'intégrale multiple de Stratonovich et l'intégrale multiple d'Ito.

Enfin, pour le processus de Poisson compensé X on a $\sum_{s\leq t}(\Delta X_s)^k = X_t + t$, $k \geq 1$, et alors on peut calculer toutes les intégrales sur les diagonales, en suivant les idées de Meyer citées au début. On obtient, bien sûr, la même formule. Il nous a paru intéressant d'expliquer comment on peut prouver à partir de cette formule la récurrence des polynômes de Charlier, pour suivre le même raisonnement que dans le cas de Wiener, où l'on retrouve les polynômes d'Hermite.

Signalons que nous avons considéré un processus de Poisson de paramètre $\lambda = 1$ parce que les notations sont déjà bien compliquées, mais il est clair que tout l'argument sert pour le processus de Poisson avec mesure d'intensité μ.

II.- NOTATIONS ET DEFINITIONS

Soit $\{N_t,\ t \in [0,1]\}$ un processus de Poisson de paramètre 1, défini sur un espace de probabilité $(\Omega,\mathcal{F},P)$, et soit $X_t = N_t - t$ le processus compensé.

Considérons une partition de l'intervalle [0,1], $0 = t_0 < t_1 < \ldots < t_p = 1$. Nous écrirons Δ_i pour l'intervalle $(t_i, t_{i+1}]$ et $|\Delta_i| = |t_{i+1} - t_i|$. Nous appelerons *suite de raffinements* de [0,1] toute suite de partitions de [0,1], $\{\mathcal{P}_m,\ m \geq 1\}$, telle que $\mathcal{P}_m \subset \mathcal{P}_{m+1}$ et que le pas de la partition converge vers zéro quand $m \to \infty$. Etant donnée une fonction $f \in L^2([0,1]^n)$, et une partition $\mathcal{P}$ de [0,1], nous écrirons

$$S^{\mathcal{P}}(f) = \sum_{i_1,\ldots,i_n}\left(\frac{1}{|\Delta_{i_1}|\ldots|\Delta_{i_n}|}\int_{\Delta_{i_1}\times\ldots\times\Delta_{i_n}} f(x_1,\ldots,x_n)\,dx_1\ldots dx_n\right)X(\Delta_{i_1})\ldots X(\Delta_{i_n}).$$

Définition 1. Nous dirons qu'une fonction $f \in L^2([0,1]^n)$ est *intégrable au sens de Stratonovich* si pour toute suite de raffinements de [0,1], $\{\mathcal{P}_m,\ m \geq 1\}$, les variables aléatoires $S^{\mathcal{P}_m}(f)$ convergent dans $L^2(\Omega)$ vers une variable aléatoire qui est indépendante de la suite de raffinements. Nous noterons cette limite par $I_n^S(f)$.

Il faut noter que si f est intégrable Stratonovich et σ est une permutation de $1, 2, ..., n$, alors $f\circ\sigma$ est aussi intégrable Stratonovich, et $I_n^S(f) = I_n^S(f\circ\sigma)$. Alors si $\tilde{f}$ est la symétrisée de f en toutes ses variables, $I_n^S(f) = I_n^S(\tilde{f})$. Donc, nous considérerons seulement le cas où f est symétrique.

Etant donnés s nombres naturels (zéro compris), $k_1, \ldots k_s$, tels que $k_1 + 2k_2 + \cdots + sk_s = n$, nous appelerons $(k_1, \ldots, k_s)$-diagonale l'ensemble de points de $[0,1]^n$ avec k_2 coïncidences doubles, k_3 coincïdences triples, etc., c'est-à-dire, l'ensemble de points de la forme

$$(x_1, \ldots, x_{k_1}, x_{k_1+1}, x_{k_1+1}, x_{k_1+2}, x_{k_1+2}, \ldots, x_{k_1+k_2}, x_{k_1+k_2}, \ldots,\\ x_{k_1+k_2+\ldots+k_s}, \ldots, x_{k_1+k_2+\ldots+k_s}),$$

(avec les conventions évidentes quand certains k_i sont nuls), ou un ensemble obtenu par permutation des x. Par abus de langage nous appelerons aussi $(n, 0, \ldots, 0)$-diagonale l'ensemble de points avec toutes les coordonnées différentes. Le nombre de $(k_1, \ldots, k_s)$-diagonales est

$$\frac{n!}{\prod_{r=1}^{s}(r!)^{k_r} k_r!}.$$

Nous dénoterons par Γ_n l'ensemble des $(k_1, \ldots k_s)$, $1 \le s \le n$ telles que $\sum_{r=1}^{s} rk_r = n$.

Définition 2. Etant donnée une fonction $f \in L^2([0,1]^n)$ symétrique, nous dirons qu'elle est *bien définie sur une* $(k_1, \ldots, k_s)$*-diagonale* si pour toute suite de raffinements $\{\mathcal{P}_m, m \ge 1\}$, la limite suivante existe dans $L^2([0,1]^{k_1+\cdots+k_s})$

$$\lim_m \sum_{\substack{i_1^{(1)}, \ldots, i_{k_1}^{(1)} \\ i_1^{(2)}, \ldots, i_{k_2}^{(2)} \\ \cdots \\ i_1^{(s)}, \ldots, i_{k_s}^{(s)} \\ \text{distincts}}} \left(\frac{1}{|\Delta_{i_1^{(1)}}| \ldots |\Delta_{i_{k_1}^{(1)}}| |\Delta_{i_1^{(2)}}|^2 \ldots |\Delta_{i_{k_2}^{(2)}}|^2 \ldots |\Delta_{i_{k_s}^{(s)}}|^s} \right.$$

$$\left. \cdot \int_{\Delta_{i_1^{(1)}} \times \cdots \times \Delta_{i_{k_1}^{(1)}} \times \Delta^2_{i_1^{(2)}} \times \cdots \times \Delta^2_{i_{k_2}^{(2)}} \times \cdots \times \Delta^s_{i_{k_s}^{(s)}}} f(x_1, \ldots, x_n)\, dx_1 \ldots dx_n \right)$$

$$\cdot \mathbf{1}_{\Delta_{i_1^{(1)}}} \otimes \cdots \otimes \mathbf{1}_{\Delta_{i_{k_1}^{(1)}}} \otimes \mathbf{1}_{\Delta_{i_1^{(2)}}} \otimes \cdots \otimes \mathbf{1}_{\Delta_{i_{k_2}^{(2)}}} \otimes \cdots \otimes \mathbf{1}_{\Delta_{i_{k_s}^{(s)}}},$$

et la limite est indépendante de la suite des raffinements. Nous indiquerons cette limite par $D^{(k_1,\ldots,k_s)}f$.

Remarques

1.- La fonction $D^{(k_1,\ldots,k_s)}(f)$ n'est pas symétrique, mais on peut permuter les variables qui correspondent à des coïncidences du même ordre. Par exemple, pour $f(x, y, z, u, v) = xyzuv$, on a $(D^{(1,2)}f)(x, y, z) = xy^2z^2$.

2.- S'il y a un élément f^c dans la classe d'equivalence de f qui est continu, alors

$$D^{(k_1,\dots,k_s)}(f)(x_1,\dots,x_{k_1+\dots+k_s}) =$$
$$= f^c(x_1,\dots,x_{k_1},x_{k_1+1},x_{k_1+1},x_{k_1+2},x_{k_1+2},\dots,x_{k_1+k_2+\dots+k_s}), \quad \text{p.p.t.}$$

3.- Il est facile de voir que si f est bien définie sur une $(k_1,\dots,k_s)$-diagonale, alors

$$\lim_m \sum_{\substack{i_1^{(1)},\dots,i_{k_1}^{(1)} \\ i_1^{(2)},\dots,i_{k_2}^{(2)} \\ \dots \\ i_1^{(s)},\dots,i_{k_s}^{(s)} \\ \text{distints}}} \left(\frac{1}{|\Delta_{i_1^{(1)}}|\dots|\Delta_{i_{k_1}^{(1)}}||\Delta_{i_1^{(2)}}||\Delta_{i_2^{(2)}}|^2\dots|\Delta_{i_{k_2}^{(2)}}|^2\dots|\Delta_{i_{k_s}^{(s)}}|^s} \right.$$
$$\left. \cdot \int_{\Delta_{i_1^{(1)}}\times\cdots\Delta_{i_{k_1}^{(1)}}\times\Delta^2_{i_1^{(2)}}\times\cdots\times\Delta^2_{i_{k_2}^{(2)}}\times\cdots\times\Delta^s_{i_{k_s}^{(s)}}} f(x_1,\dots,x_n)\,dx_1\dots dx_n \right)$$
$$\cdot \mathbf{1}_{\Delta_{i_1^{(1)}}}\otimes\cdots\otimes\mathbf{1}_{\Delta_{i_{k_1}^{(1)}}}\otimes\hat{\mathbf{1}}_{\Delta_{i_1^{(2)}}}\otimes\cdots\otimes\mathbf{1}_{\Delta_{i_{k_2}^{(2)}}}\otimes\cdots\otimes\mathbf{1}_{\Delta_{i_{k_s}^{(s)}}},$$

(notez l'exposant 1 de $|\Delta_{i_1^{(2)}}|$ et que nous omettons l'indicateur $\mathbf{1}_{\Delta_{i_1^{(2)}}}$) est convergente dans $L^2([0,1]^{k_1+\cdots+k_s-1})$ vers

$$\int_0^1 D^{(k_1,\dots,k_s)}(f)(x_1,\dots,x_{k_1+\dots+k_s})\,dx_{k_1+1}.$$

Le même résultat est vrai en intégrant n'importe quel groupe de variables.

4.- Le fait que f soit bien définie sur une diagonale implique que d'autres expressions similaires aux limites antérieures convergent vers zéro. Considérons un exemple bien simple: Soit $n = 3$ et $k_1 = k_2 = 0$, $k_3 = 1$. Supposons que f est bien définie sur cette diagonale, c'est-à-dire,

$$\sum_i \left(\frac{1}{|\Delta_i|^3}\int_{\Delta_i^3} f(r,s,t)\,drdsdt\right)\mathbf{1}_{\Delta_i} \overset{L^2([0,1])}{\longrightarrow} D^{(0,0,1)}f.$$

Alors

$$\sum_i \left(\frac{1}{|\Delta_i|^3}\int_{\Delta_i^3} f(r,s,t)\,drdsdt\right)\mathbf{1}_{\Delta_i^2} \overset{L^2([0,1]^2)}{\longrightarrow} 0.$$

(Voir la preuve générale plus bas). Et aussi

$$\sum_i \left(\frac{1}{|\Delta_i|^2}\int_{\Delta_i^3} f(r,s,t)\,drdsdt\right)\mathbf{1}_{\Delta_i} \overset{L^2([0,1])}{\longrightarrow} 0.$$

(C'est une conséquence facile de l'inégalité de Jensen.)

A partir de ces convergences on peut déduire la conséquence suivante: Soit $f \in L^2([0,1]^n)$ symétrique bien définie sur toutes les diagonales. Alors dans la définition 2 on peut prendre la somme sur tous les indices sans la condition qu'ils soient distincts. En effet, si nous supposons $i_1 = i_2$,

$$\int_{[0,1]^{k_1+\cdots+k_s}} \Bigg(\sum_{\substack{i_2^{(1)},\dots,i_{k_1}^{(1)} \\ i_1^{(2)},\dots,i_{k_2}^{(2)} \\ \cdots \\ i_1^{(s)},\dots,i_{k_s}^{(s)} \\ \text{distincts}}} \Bigg(\frac{1}{|\Delta_{i_2^{(1)}}|^2 \dots |\Delta_{i_{k_1}^{(1)}}||\Delta_{i_1^{(2)}}|^2 \dots |\Delta_{i_{k_2}^{(2)}}|^2 \dots |\Delta_{i_{k_s}^{(s)}}|^s}$$

$$\cdot \int_{\Delta^2_{i_2^{(1)}} \times \cdots \times \Delta_{i_{k_1}^{(1)}} \times \Delta^2_{i_1^{(2)}} \times \cdots \times \Delta^2_{i_{k_2}^{(2)}} \times \cdots \times \Delta^s_{i_{k_s}^{(s)}}} f(x_1,\dots,x_n)\, dx_1 \dots dx_n \Bigg)$$

$$\cdot \mathbf{1}_{\Delta^2_{i_2^{(1)}}} \otimes \cdots \otimes \mathbf{1}_{\Delta_{i_{k_1}^{(1)}}} \otimes \mathbf{1}_{\Delta_{i_1^{(2)}}} \otimes \cdots \otimes \mathbf{1}_{\Delta_{i_{k_2}^{(2)}}} \otimes \cdots \otimes \mathbf{1}_{\Delta_{i_{k_s}^{(s)}}} (t_1,\dots,t_{k_1+\cdots+k_s}) \Bigg)^2 dt_1 \dots dt_{k_1+\cdots+k_s} \tag{1}$$

$$= \sum \frac{1}{|\Delta_{i_2^{(1)}}|^2 \dots |\Delta_{i_{k_1}^{(1)}}||\Delta_{i_1^{(2)}}|^3 \dots |\Delta_{i_{k_2}^{(2)}}|^3 \dots |\Delta_{i_{k_s}^{(s)}}|^{2s-1}}$$

$$\cdot \left(\int_{\Delta^2_{i_2^{(1)}} \times \cdots \times \Delta_{i_{k_1}^{(1)}} \times \Delta^2_{i_1^{(2)}} \times \cdots \times \Delta^2_{i_{k_2}^{(2)}} \times \cdots \times \Delta^s_{i_{k_s}^{(s)}}} f(x_1,\dots,x_n)\, dx_1 \dots dx_n \right)^2$$

$$\leq \sup_i |\Delta_i| \sum \frac{1}{|\Delta_{i_2^{(1)}}|^3 \dots |\Delta_{i_{k_1}^{(1)}}||\Delta_{i_1^{(2)}}|^3 \dots |\Delta_{i_{k_2}^{(2)}}|^3 \dots |\Delta_{i_{k_s}^{(s)}}|^{2s-1}}$$

$$\cdot \left(\int_{\Delta^2_{i_2^{(1)}} \times \cdots \Delta_{i_{k_1}^{(1)}} \times \Delta^2_{i_1^{(2)}} \times \cdots \times \Delta^2_{i_{k_2}^{(2)}} \times \cdots \times \Delta^s_{i_{k_s}^{(s)}}} f(x_1,\dots,x_n)\, dx_1 \dots dx_n \right)^2$$

$$= \sup_i |\Delta_i|\, F(m),$$

et $F(m)$ converge vers $\|D^{(k_1-2,k_2+1,\dots,k_s)}f\|^2$. Donc, (1) converge vers zéro. Tous les cas sont traités de la même façon.

III.- RELATION AVEC L'INTÉGRALE MULTIPLE D'ITO

Théorème. Soit $f \in L^2([0,1]^n)$ symétrique bien définie sur toutes les diagonales. Alors f est Stratonovich intégrable et nous avons la formule

$$I_n^S(f) = \sum_{(k_1,\dots,k_s)\in\Gamma_n} \frac{n!}{\prod_{r=1}^{s}(r!)^{k_r}k_r!}$$

$$\cdot \sum_{j=0}^{k_2+\cdots+k_s} I_{k_1+\cdots+k_s-j}\Big(\int_{[0,1]^j}\Big(\sum_{\substack{l_1,\dots,l_j=k_1+1\\ l_1<\cdots<l_j}}^{k_1+\cdots+k_s} D^{(k_1,\dots,k_s)}f(x_1,\dots,x_{k_1+\dots+k_s})\Big)\,dx_{l_1}\dots dx_{l_j}\Big).$$

Preuve:

1) Pour $\alpha \geq 2$,

$$I_1(1_\Delta)^\alpha = \sum_{j=2}^{\alpha} R^{j,\alpha}(\Delta)\,I_j(1_\Delta^{\otimes j}) + R^{1,\alpha}(\Delta)\,I_1(1_\Delta) + |\Delta|\,R^{0,\alpha}(\Delta) + I_1(1_\Delta) + |\Delta|,$$

où $R^{j,r}(\Delta)$ sont des polynômes en $|\Delta|$, et $R^{1,\alpha}$ et $R^{0,\alpha}$ n'ont pas de terme indépendant. Cela se démontre facilement par induction en utilisant la formule de Kabanov [5]:

$$I_n(h)\cdot I_1(g) = I_{n+1}(h\otimes g) + \sum_{j=1}^{n} I_n(h\times_{(j)} g) + \sum_{j=1}^{n} I_{n-1}(h *_{(j)} g),$$

où

$$(h\times_{(j)} g)(x_1,\dots,x_n) = h(x_1,\dots,x_j,\dots,x_n)g(x_j),$$

et

$$(h *_{(j)} g)(x_1,\dots,\hat{x}_j,\dots,x_n) = \int_{[0,1]} h(x_1,\dots,x_j,\dots,x_n)g(x_j)\,dx_j.$$

2) Pour $\alpha_1 \geq 2,\dots,\alpha_h \geq 2$, $i_1,\dots i_h$ distincts,

$$I_1(1_{\Delta_{i_1}})^{\alpha_1}\cdot\ldots\cdot I_1(1_{\Delta_{i_h}})^{\alpha_h} =$$

$$\prod_{j=1}^{h}\big(I_1(1_{\Delta_{i_j}}) + \Delta_{i_j}\big) + \sum_{j=0}^{\alpha_1+\cdots+\alpha_h} \sum_{\substack{\beta_1=0,\dots,\alpha_1\\ \cdots\\ \beta_h=0,\dots,\alpha_h\\ \beta_1+\cdots\beta_h=j}} Q^{\beta_1,\dots,\beta_h}(\Delta_{i_1},\dots,\Delta_{i_h})I_j(1_{\Delta_{i_1}}^{\otimes\beta_1}\otimes\cdots\otimes 1_{\Delta_{i_h}}^{\otimes\beta_h})$$

avec la convention $1_\Delta^{\otimes 0} = 1$. On peut distinguer alors les classes suivantes de polynômes Q:

a) Toutes les β sont ≥ 1 et l'une au moins est ≥ 2.

b) Toutes les β sont égales à 1. Alors Q n'a pas de terme constant et donc, on peut écrire

$$|Q^{\beta_1,\ldots,\beta_h}(\Delta_{i_1},\ldots,\Delta_{i_h})| \leq \sup|\Delta||\overline{Q}^{\beta_1,\ldots,\beta_h}(\Delta_{i_1},\ldots,\Delta_{i_h})|,$$

où $\overline{Q}$ est aussi un polynôme.

c) Il y a r bétas qui sont nuls et au moins un β est ≥ 2. Alors on peut aussi écrire

$$Q^{\beta_1,\ldots,\beta_h}(\Delta_{i_1},\ldots,\Delta_{i_h}) = |\Delta_{p_1}|\ldots|\Delta_{p_r}|\overline{Q}^{\beta_1,\ldots,\beta_h}(\Delta_{i_1},\ldots,\Delta_{i_h}),$$

où $p_1,\ldots,p_r$ correspondent aux indices avec $\beta = 0$, et $\overline{Q}$ est un polynôme.

d) Toutes les β sont zéro ou un. Alors on peut décomposer Q comme à c) mais, en plus, le polynôme $\overline{Q}$ n'a pas de terme constant. (Au moins un $\beta = 0$ pour le séparer du cas b).

3.- Développons l'expression de l'intégrale de Stratonovich suivant les coïncidences

$$\sum_{i_1,\ldots,i_n}\left(\frac{1}{|\Delta_{i_1}|\ldots|\Delta_{i_n}|}\int_{\Delta_{i_1}\times\ldots\times\Delta_{i_n}} f(x_1,\ldots,x_n)\,dx_1\ldots dx_n\right)X(\Delta_{i_1})\ldots X(\Delta_{i_n})$$

$$= \sum_{(k_1,\ldots,k_s)\in\Gamma_n} \frac{n!}{\prod_{r=1}^{s}(r!)^{k_r}k_r!}$$

$$\cdot\Bigg(\sum_{\substack{i_1^{(1)},\ldots,i_{k_1}^{(1)}\\ i_1^{(2)},\ldots,i_{k_2}^{(2)}\\ \ldots\\ i_1^{(s)},\ldots,i_{k_s}^{(s)}\\ \text{distincts}}} \frac{1}{|\Delta_{i_1^{(1)}}|\ldots|\Delta_{i_{k_1}^{(1)}}||\Delta_{i_1^{(2)}}|^2\ldots|\Delta_{i_{k_2}^{(2)}}|^2\ldots|\Delta_{i_{k_s}^{(s)}}|^s}$$

$$\cdot\int_{\Delta_{i_1^{(1)}}\times\cdots\times\Delta_{i_{k_1}^{(1)}}\times\Delta^2_{i_1^{(2)}}\times\cdots\times\Delta^2_{i_{k_2}^{(2)}}\times\cdots\times\Delta^s_{i_{k_s}^{(s)}}} f(x_1,\ldots,x_n)\,dx_1\ldots dx_n\Bigg)$$

$$\cdot I_1(1_{\Delta_{i_1^{(1)}}})\ldots I_1(1_{\Delta_{i_{k_1}^{(1)}}})I_1(1_{\Delta_{i_1^{(2)}}})^2\ldots I_1(1_{\Delta_{i_{k_2}^{(2)}}})^2\ldots I_1(1_{\Delta_{i_{k_s}^{(s)}}})^s.$$

Le point clé de la preuve est le fait que les puissances $I_1(\mathbf{1}_\Delta)^k$, $k \geq 2$ ont seulement une contribution de type $I_1(\mathbf{1}_\Delta) + \Delta$, qui est congruente avec $\sum_{s \leq t} (\Delta X_s)^k = X_t + t$. (Surgailis [15, Proposition 3.1] utilise la même idée).

Fixons $(k_1, \ldots, k_s) \in \Gamma_n$. Alors

$$\sum_{\substack{i_1^{(1)},\ldots,i_{k_1}^{(1)} \\ i_1^{(2)},\ldots,i_{k_2}^{(2)} \\ \ldots \\ i_1^{(s)},\ldots,i_{k_s}^{(s)} \\ \text{distints}}} \Big(\frac{1}{|\Delta_{i_1^{(1)}}| \ldots |\Delta_{i_{k_1}^{(1)}}| |\Delta_{i_1^{(2)}}|^2 \ldots |\Delta_{i_{k_2}^{(2)}}|^2 \ldots |\Delta_{i_{k_s}^{(s)}}|^s}$$

$$\cdot \int_{\Delta_{i_1^{(1)}} \times \cdots \times \Delta_{i_{k_1}^{(1)}} \times \Delta^2_{i_1^{(2)}} \times \cdots \times \Delta^2_{i_{k_2}^{(2)}} \times \cdots \times \Delta^s_{i_{k_s}^{(s)}}} f(x_1, \ldots, x_n)\, dx_1 \ldots dx_n \Big)$$

$$\cdot I_1(\mathbf{1}_{\Delta_{i_1^{(1)}}}) \ldots I_1(\mathbf{1}_{\Delta_{i_{k_1}^{(1)}}}) I_1(\mathbf{1}_{\Delta_{i_1^{(2)}}})^2 \ldots I_1(\mathbf{1}_{\Delta_{i_{k_2}^{(2)}}})^2 \ldots I_1(\mathbf{1}_{\Delta_{i_{k_s}^{(s)}}})^s$$

$$= \sum_{\substack{i_1^{(1)},\ldots,i_{k_1}^{(1)} \\ i_1^{(2)},\ldots,i_{k_2}^{(2)} \\ \ldots \\ i_1^{(s)},\ldots,i_{k_s}^{(s)} \\ \text{distints}}} \Big(\frac{1}{|\Delta_{i_1^{(1)}}| \ldots |\Delta_{i_{k_1}^{(1)}}| |\Delta_{i_1^{(2)}}|^2 \ldots |\Delta_{i_{k_2}^{(2)}}|^2 \ldots |\Delta_{i_{k_s}^{(s)}}|^s}$$

$$\cdot \int_{\Delta_{i_1^{(1)}} \times \cdots \times \Delta_{i_{k_1}^{(1)}} \times \Delta^2_{i_1^{(2)}} \times \cdots \times \Delta^2_{i_{k_2}^{(2)}} \times \cdots \times \Delta^s_{i_{k_s}^{(s)}}} f(x_1, \ldots, x_n)\, dx_1 \ldots dx_n \Big)$$

$$\cdot I_1(\mathbf{1}_{\Delta_{i_1^{(1)}}}) \ldots I_1(\mathbf{1}_{\Delta_{i_{k_1}^{(1)}}}) \big(I_1(\mathbf{1}_{\Delta_{i_1^{(2)}}}) + \Delta_{i_1^{(2)}}\big) \ldots \big(I_1(\mathbf{1}_{\Delta_{i_{k_s}^{(s)}}}) + \Delta_{i_{k_s}^{(s)}}\big)$$

$$+ \sum_{h=0}^{n-k_1} I_{k_1+h}\Big(\Big(\sum_{\substack{i_1^{(1)},\ldots,i_{k_1}^{(1)} \\ i_1^{(2)},\ldots,i_{k_2}^{(2)} \\ \ldots \\ i_1^{(s)},\ldots,i_{k_s}^{(s)} \\ \text{distints}}} \sum_{\substack{\beta(i_1^{(2)})=0,1,2 \\ \ldots \\ \beta(i_{k_s}^{(s)})=0,\ldots,s \\ \beta(i_1^{(2)})+\ldots+\beta(i_{k_s}^{(s)})=h}} \frac{Q^{\beta(i_1^{(2)}),\ldots,\beta(i_{k_s}^{(s)})}(\Delta_{i_1^{(2)}}, \ldots, \Delta_{i_{k_s}^{(s)}})}{|\Delta_{i_1^{(1)}}| \ldots |\Delta_{i_{k_1}^{(1)}}| |\Delta_{i_1^{(2)}}|^2 \ldots |\Delta_{i_{k_2}^{(2)}}|^2 \ldots |\Delta_{i_{k_s}^{(s)}}|^s}$$

$$\cdot \int_{\Delta_{i_1^{(1)}} \times \cdots \times \Delta_{i_{k_1}^{(1)}} \times \Delta^2_{i_1^{(2)}} \times \cdots \times \Delta^2_{i_{k_2}^{(2)}} \times \cdots \times \Delta^s_{i_{k_s}^{(s)}}} f(x_1, \ldots, x_n)\, dx_1 \ldots dx_n \Big)$$

$$\cdot \mathbf{1}_{\Delta_{i_1^{(1)}}} \otimes \cdots \otimes \mathbf{1}_{\Delta_{i_{k_1}^{(2)}}} \otimes \mathbf{1}_{\Delta_{i_1^{(2)}}}^{\otimes \beta(i_1^{(2)})} \otimes \cdots \otimes \mathbf{1}_{\Delta_{i_{k_s}^{(s)}}}^{\otimes \beta(i_{k_s}^{(s)})} \Big). \tag{2}$$

Nous allons voir que chaque terme de cette seconde somme converge vers zéro. Fixons $\beta(i_1^{(2)}),\dots,\beta(i_{k_s}^{(s)})$.

A) Si nous sommes dans le cas a), alors

$$\int_{[0,1]^{k_1+h}}\Bigg(\sum_{\substack{i_1^{(1)},\dots,i_{k_1}^{(1)}\\ i_1^{(2)},\dots,i_{k_2}^{(2)}\\ \dots\\ i_1^{(s)},\dots,i_{k_s}^{(s)}\\ \text{distints}}}\frac{Q^{\beta(i_1^{(2)}),\dots,\beta(i_{k_s}^{(s)})}(\Delta_{i_1^{(2)}},\dots,\Delta_{i_{k_s}^{(s)}})}{|\Delta_{i_1^{(1)}}|\cdots|\Delta_{i_{k_1}^{(1)}}||\Delta_{i_1^{(2)}}|^2\cdots|\Delta_{i_{k_2}^{(2)}}|^2\cdots|\Delta_{i_{k_s}^{(s)}}|^s}$$

$$\cdot\int_{\Delta_{i_1^{(1)}}\times\cdots\times\Delta_{i_{k_1}^{(1)}}\times\Delta^2_{i_1^{(2)}}\times\cdots\times\Delta^2_{i_{k_2}^{(2)}}\times\cdots\times\Delta^s_{i_{k_s}^{(s)}}} f(x_1,\dots,x_n)\,dx_1\dots dx_n\Big)$$

$$\cdot\mathbf{1}_{\Delta_{i_1^{(1)}}}\otimes\cdots\otimes\mathbf{1}_{\Delta_{i_{k_1}^{(1)}}}\otimes\mathbf{1}_{\Delta_{i_1^{(2)}}}^{\otimes\beta(i_1^{(2)})}\otimes\cdots\otimes\mathbf{1}_{\Delta_{i_{k_s}^{(s)}}}^{\otimes\beta(i_{k_s}^{(s)})}(y_1,\dots,y_{k_1+h})\Bigg)^2 dy_1\dots dy_{k_1+h} \quad (3)$$

$$\le K\sum_{\substack{i_1^{(1)},\dots,i_{k_1}^{(1)}\\ i_1^{(2)},\dots,i_{k_2}^{(2)}\\ \dots\\ i_1^{(s)},\dots,i_{k_s}^{(s)}\\ \text{distints}}}\frac{1}{|\Delta_{i_1^{(1)}}|^2\dots|\Delta_{i_{k_1}^{(1)}}|^2|\Delta_{i_1^{(2)}}|^4\dots|\Delta_{i_{k_2}^{(2)}}|^4\dots|\Delta_{i_{k_s}^{(s)}}|^{2s}}$$

$$\cdot\Big(\int_{\Delta_{i_1^{(1)}}\times\cdots\times\Delta_{i_{k_1}^{(1)}}\times\Delta^2_{i_1^{(2)}}\times\cdots\times\Delta^2_{i_{k_2}^{(2)}}\times\cdots\times\Delta^s_{i_{k_s}^{(s)}}} f(x_1,\dots,x_n)\,dx_1\dots dx_n\Big)^2$$

$$\cdot|\Delta_{i_1^{(1)}}|\dots|\Delta_{i_{k_1}^{(1)}}||\Delta_{i_2^{(2)}}||\Delta_{i_1^{(2)}}|^{\beta(i_1^{(2)})}\dots|\Delta_{i_{k_s}^{(s)}}|^{\beta(i_{k_s}^{(s)})}$$

$$\le K\sup_j|\Delta_{j_1}|^{\beta(j_1)-1}\dots|\Delta_{j_r}|^{\beta(j_r)-1}$$

$$\cdot\sum_{\substack{i_1^{(1)},\dots,i_{k_1}^{(1)}\\ i_1^{(2)},\dots,i_{k_2}^{(2)}\\ \dots\\ i_1^{(s)},\dots,i_{k_s}^{(s)}\\ \text{distints}}}\frac{1}{|\Delta_{i_1^{(1)}}|\dots|\Delta_{i_{k_1}^{(1)}}||\Delta_{i_1^{(2)}}|^3\dots|\Delta_{i_{k_2}^{(2)}}|^3\dots|\Delta_{i_{k_s}^{(s)}}|^{2s-1}}$$

$$\cdot\Big(\int_{\Delta_{i_1^{(1)}}\times\cdots\times\Delta_{i_{k_1}^{(1)}}\times\Delta^2_{i_1^{(2)}}\times\cdots\times\Delta^2_{i_{k_2}^{(2)}}\times\cdots\times\Delta^s_{i_{k_s}^{(s)}}} f(x_1,\dots,x_n)\,dx_1\dots dx_n\Big)^2$$

$$=K\sup_i|\Delta_{j_1}|\dots|\Delta_{j_r}|\cdot G(m),$$

où K est une constante qui borne Q^2 et $j_1, \ldots, j_r$ sont les indices avec $\beta \geq 2$, et $G(m) \to \|D^{(k_1,\ldots,k_s)} f\|^2$ quand $m \to \infty$.

B) Pour le cas b) on a $|Q| \leq \sup |\Delta|\, |\overline{Q}|$, et on peut faire le même raisonnement.

C) Si nous sommes dans le cas c) et $p_1, \ldots, p_r$ sont les indices avec $\beta = 0$, alors

$$(3) = \int_{[0,1]^{k_1+h}} \Bigg(\sum_{\substack{i_1^{(1)},\ldots,i_{k_1}^{(1)} \\ i_1^{(2)},\ldots,i_{k_2}^{(2)} \\ \cdots \\ i_1^{(s)},\ldots,i_{k_s}^{(s)} \\ \text{distints}}} \frac{|\Delta_{p_1}|\ldots|\Delta_{p_r}|\,\overline{Q}}{|\Delta_{i_1^{(1)}}|\ldots|\Delta_{i_{k_1}^{(1)}}||\Delta_{i_1^{(2)}}|^2\ldots|\Delta_{i_{k_2}^{(2)}}|^2\ldots|\Delta_{i_{k_s}^{(s)}}|^s}$$

$$\cdot \int_{\Delta_{i_1^{(1)}}\times\cdots\times\Delta_{i_{k_1}^{(1)}}\times\Delta^2_{i_1^{(2)}}\times\cdots\times\Delta^2_{i_{k_2}^{(2)}}\times\cdots\times\Delta^s_{i_{k_s}^{(s)}}} f(x_1,\ldots,x_n)\,dx_1\ldots dx_n\Big)$$

$$\cdot \mathbf{1}_{\Delta_{i_1^{(1)}}} \otimes\cdots\otimes \mathbf{1}_{\Delta_{i_{k_1}^{(1)}}} \otimes \mathbf{1}_{\Delta_{i_1^{(2)}}}^{\otimes\beta(i_1^{(2)})} \otimes\cdots\otimes \hat{\mathbf{1}}_{\Delta_{p_1}} \otimes\cdots\otimes \hat{\mathbf{1}}_{\Delta_{p_r}} \otimes\cdots\otimes \mathbf{1}_{\Delta_{i_{k_s}^{(s)}}}^{\otimes\beta(i_{k_s}^{(s)})}(y_1,\ldots,y_{k_1+h})\Bigg)^2$$

$$\cdot dy_1\ldots dy_{k_1+h}$$

$$\leq \int_{[0,1]^{k_1+h+r}} \Bigg(\sum_{\substack{i_1^{(1)},\ldots,i_{k_1}^{(1)} \\ i_1^{(2)},\ldots,i_{k_2}^{(2)} \\ \cdots \\ i_1^{(s)},\ldots,i_{k_s}^{(s)} \\ \text{distints}}} \frac{\overline{Q}}{|\Delta_{i_1^{(1)}}|\ldots|\Delta_{i_{k_1}^{(1)}}||\Delta_{i_1^{(2)}}|^2\ldots|\Delta_{i_{k_2}^{(2)}}|^2\ldots|\Delta_{i_{k_s}^{(s)}}|^s}$$

$$\cdot \int_{\Delta_{i_1^{(1)}}\times\cdots\times\Delta_{i_{k_1}^{(1)}}\times\Delta^2_{i_1^{(2)}}\times\cdots\times\Delta^2_{i_{k_2}^{(2)}}\times\cdots\times\Delta^s_{i_{k_s}^{(s)}}} f(x_1,\ldots,x_n)\,dx_1\ldots dx_n\Big)$$

$$\cdot \mathbf{1}_{\Delta_{i_1^{(1)}}} \otimes\cdots\otimes \mathbf{1}_{\Delta_{i_{k_1}^{(1)}}} \otimes \mathbf{1}_{\Delta_{i_1^{(2)}}}^{\otimes\beta(i_1^{(2)})} \otimes\cdots\otimes \mathbf{1}_{\Delta_{p_1}} \otimes\cdots\otimes \mathbf{1}_{\Delta_{p_r}} \otimes\cdots\otimes \mathbf{1}_{\Delta_{i_{k_s}^{(s)}}}^{\otimes\beta(i_{k_s}^{(s)})}(y_1,\ldots,y_{k_1+h+r})\Bigg)^2$$

$$\cdot dy_1\ldots dy_{k_1+h+r}\,.$$

et on peut appliquer un raisonnement comme dans A) parce qu'il y a au moins un $\beta \geq 2$.

D) Pour ce cas on fait apparaître les indicateurs qui manquent comme dans C), et on finit comme dans B).

En appliquant la remarque 3 après la définition 2, il est facile de voir que tous les autres termes de (2) convegent vers ceux qui donne le théorème. ∎

Remarques

1.-On peut utiliser la symétrie de $D^{(k_1,\dots,k_s)}f$ en les variables correspondant aux coïncidences de même ordre pour obtenir l'expression suivante:

$$I_n^S(f) = \sum_{(k_1,\dots,k_s)\in\Gamma_n} \frac{n!}{\prod_{r=1}^{s}(r!)^{k_r}\,k_r!}$$

$$\cdot \sum_{j=0}^{k_2+\dots+k_s} I_{k_1+\dots k_s-j}\Bigg(\sum_{\substack{i_2=0,\dots,k_2\\ \dots\\ i_s=0,\dots,k_s\\ i_2+\dots+i_s=j}} \binom{k_2}{i_2}\cdots\binom{k_s}{i_s}$$

$$\cdot \int_{[0,1]^j} D^{(k_1,\dots,k_s)} f(x_1,\dots,x_{k_1+\dots+k_s})\, dx_{k_1+1}\cdots dx_{k_1+i_2}$$

$$\cdot dx_{k_1+k_2+1}\dots dx_{k_1+k_2+i_3}\dots dx_{k_1+\dots+k_{s-1}+i_s}\Bigg),$$

avec les conventions évidentes quand certains i_r sont nuls.

2) Pour se servir de la formule donnée par ce théorème il faut écrire tous les éléments de Γ_n. Nous proposons ici une récurrence simple pour calculer les éléments de Γ_{n+1} à partir des éléments de Γ_n: On obtient les diagonales de $[0,1]^{n+1}$ en ajoutant une coordonnée aux diagonales de $[0,1]^n$. Alors tout élément $(k_1,k_2,\dots,k_s)$ de Γ_n donne un element $(k_1+1,k_2,\dots,k_s)$ de Γ_{n+1}. Un élément $(1,k_2,k_3,\dots,k_s)$ de Γ_n, donne, en plus, un élément $(0,k_2+1,k_3,\dots,k_s)$ de Γ_{n+1}. L'élément $(0,1,k_3,\dots,k_s)$ de Γ_n donne, en outre le premier indiqué avant, l'élément $(0,0,k_3+1,\dots,k_s)$ de Γ_{n+1} , et ainsi successivement. On déduit de cette forme une énumération exhaustive de Γ_{n+1}: premièrement toutes les diagonales $(r_1,\dots,r_h)$ avec $r_1\neq 0$, après $(0,r_2,\dots,r_h)$ avec $r_2\neq 0$, etc.

IV.- UNE REMARQUE FINALE

Nous allons suivre l'indication de Meyer [7] de partager $[0,1]^n$ en diagonales et calculer les intégrales sur chaque zone, avec $(dX_t)^k = dX_t + dt$, $k\geq 2$. Nous abuserons de la notation $f(x_1,x_1,\dots)$ introduite à la remarque 2 après la définition 2. Aussi nous écrirons $\Lambda(k_1,\dots,k_s)$ pour dénoter une des $(k_1,\dots,k_s)$ diagonales de $[0,1]^n$.

$$I_n^S(f) = \sum_{(k_1,\dots,k_s)\in\Gamma_n} \Bigg(\int_{\Lambda(k_1,\dots,k_s)} f(x_1,\dots,x_n)\, dX(x_1)\dots dX(x_n)$$

$$+ \quad \text{les intégrales sur les autres} \quad (k_1,\dots,k_s)-\text{diagonales}\Bigg)$$

$$= \sum_{(k_1,\dots,k_s)\in\Gamma_n} \Big(\int_{[0,1]^{k_1+\dots+k_s}} f(x_1,\dots,x_{k_1},x_{k_1+1},x_{k_1+1},\dots,x_{k_1+\dots+k_s}) dX(x_1)\dots dX(x_{k_1})$$

$$\cdot \big(dX(x_{k_1+1}) + dx_{k_1+1}\big)\big(dX(x_{k_1+2}) + dx_{k_1+2}\big)\dots\big(dX(x_{k_1+\dots+k_s}) + dx_{k_1+\dots+k_s}\big)$$

$$+ \text{ permutations}\Big)$$

$$= \sum_{(k_1,\dots,k_s)\in\Gamma_n} \Big(\sum_{j=0}^{k_2+\dots+k_s} \sum_{\substack{l_1,\dots,l_j=k_1+1 \\ l_1<\dots<l_j}}^{k_2+\dots+k_s} \int_{[0,1]^{k_1+\dots+k_s}} f(x_1,\dots,x_{k_1},x_{k_1+1},x_{k_1+1},\dots,x_{k_1+\dots+k_s})$$

$$\cdot dX(x_1)\dots dX(x_{k_1}) dX(x_{k_{1+1}}) dx_{l_1}\dots dx_{l_j}\dots \hat{d}X(x_{l_1})\dots \hat{d}X(x_{l_j})\dots dX(x_{k_1+\dots+k_s})$$

$$+ \text{ permutations}\Big).$$

et on déduit la même formule que celle du théorème.

Pour finir nous allons prouver la récurrence des polynômes de Charlier à partir de cette formule. Il s'agit d'une application un peu artificielle parce que nous avons prouvé le théorème en utilisant la formule de Kabanov, qui est plus générale que cette récurrence. Mais nous aurions pu commencer à partir de ce paragraphe. Il est alors intéressant de montrer que la formule est cohérente avec ces polynômes.

Définissons récursivement les polynômes de Charlier

$$P_t^0 = 1,$$

$$P_t^n = \int_0^t P_{s^-}^{n-1}\, dX_s, \quad n \geq 1.$$

Alors

$$P_t^n = \frac{1}{n!} I_n(1_{[0,t]}^{\otimes n}). \tag{4}$$

Nous allons prouver

$$(n+1)P_t^{n+1} = (X_t - n)P_t^n - tP_t^{n-1}, \tag{5}$$

qui est la récurrence des polynômes de Charlier (Kabanov [5]), et qui implique la récurrence de Kailath-Segall [13] pour ce cas.

Pour simplifier l'écriture nous mettrons I_j par $I_j(1_{[0,t]}^{\otimes j})$. Grâce à (4), (5) est équivalent à

$$I_n \cdot I_1 = I_{n+1} + nI_n + ntI_{n-1}. \tag{6}$$

D'autre part,

$$X_t^n = I_n^S(1_{[0,t]}^{\otimes n}) = \sum_{(k_1,\ldots,k_s)\in\Gamma_n} \frac{n!}{\prod_{r=1}^s (r!)^{k_r} k_r!} \sum_{j=0}^{k_2+\cdots+k_s} \binom{k_2+\cdots+k_s}{j} t^j I_{k_1+\cdots+k_s-j}\,. \tag{7}$$

Alors pour $n = 1$ la formule (6) est claire. Allons voir le pas de n a $n+1$. Nous avons

$$X_t^{n+1} = \sum_{(k_1,\ldots,k_s)\in\Gamma_{n+1}} \frac{(n+1)!}{\prod_{r=1}^s (r!)^{k_r} k_r!} \sum_{j=0}^{k_2+\cdots+k_s} \binom{k_2+\cdots+k_s}{j} t^j I_{k_1+\cdots+k_s-j}\,. \tag{8}$$

et pour la formule (7),

$$X_t^n X_t = I_n \cdot I_1 + \text{autres termes}\,. \tag{9}$$

En égalant ces deux expressions de X_t^{n+1} on obtient, en appliquant l'hypothèse d'induction pour $j < n$ le développement en chaos de $I_n \cdot I_1$. Toutes les intégrales qui interviennent ici sont des functions $1_{[0,1]}^{\otimes j}$. Mais de l'unicité de la décomposition on déduit que $I_n \cdot I_1$ ne peut pas avoir de composante suivant à I_j pour $j = 0, \ldots, n-2$. En effet, par l'hypothèse d'induction

$$E[(I_n \cdot I_1) \cdot I_j] = E[I_n(I_{j+1} + jI_j + jtI_{j-1})] = 0$$

Le coefficient de I_{n-1} est aussi facile à calculer

$$E[(I_n \cdot I_1) \cdot I_{n-1}] = E[I_n \cdot I_n] = n! \int_{[0,1]^n} 1_{[0,t]^n}(x)\,dx = ntE[I_{n-1}I_{n-1}].$$

Le coefficient de I_{n+1} est évidemment 1. Il reste à calculer le coefficient de I_n. Dans l'expression (8) l'unique contribution à I_n procède de la diagonale $(n-1, 1)$ et elle a le coefficient $\frac{(n+1)!}{(n-1)!\,2!} = \frac{(n+1)n}{2}$. D'autre part à (7) il y a seulement un terme d'ordre $n-1$: c'est $\frac{n(n-1)}{2} I_{n-1}$. Par hypothèse d'induction nous avons dans la formule (9)

$$\frac{n(n-1)}{2}\left(I_n + (n-1)I_{n-1} + (n-1)tI_{n-2}\right),$$

et cela sera l'unique contribution à I_n. Alors le coefficient de I_n dans le développement de $I_n \cdot I_1$ sera $\frac{(n+1)n}{2} - \frac{n(n-1)}{2} = n$.

RÉFÉRENCES

[1] D.D. ENGEL, The multiple stochastic integral. Mem. Am. Math. Soc., Vol 38, No 265 (1982).

[2] Y.Z. HU et P.A. MEYER, Sur les intégrales multiples de Stratonovich. Sém. Prob. XXII, Lect. Notes in Math. 1321, Springer-Verlag, 1988, pp. 72-81.

[3] K. ITO, Multiple Wiener Integral. J.Math. Soc. Japan, 3 (1951), pp. 157-164.
[4] K. ITO, Spectral type of the shift transformations of differential processes with stationary increments. Trans. Amer. Math. Soc., Vol 81 (1956), pp. 253-263.
[5] Y.M. KABANOV, On extended stochastic integrals. Th. Prob. App. 20 (1975), pp. 710-722.
[6] O. KALLENBERG and J. SZULGA, Multiple integration with respect to Poisson and Levy processes. Probability Theory and Rel. Fields 83 (1989), pp. 101-134.
[7] P.A. MEYER, Un cours sur les intégrales stochastiques. Sém. Prob. X, Lect. Notes in Math. 511, Springer-Verlag, 1976, pp.245-400.
[8] D. NUALART and E. PARDOUX, Stochastic calculus with anticipating integrals. Probability Theory and Rel. Fields 78 (1988), pp. 535-581.
[9] D. NUALART and M. ZAKAI, On the relation between the Stratonovich and Ogawa integrals. Ann. Prob. Vol 17, No 4 (1989), pp. 1536-1540.
[10] H. OGURA, Orthogonal functionals of the Poisson process. IEEE Trans. Inf. Th. 18 (1972), pp. 473-481.
[11] J. ROSINSKI and J. SZULGA, Product random measures and double stochastic integrals. In, Martigale theory in harmonic analysis and Banach spaces. Lect. Notes in Math. 939, Springer-Verlag, 1982, pp. 181-199.
[12] J. RUIZ DE CHAVEZ, Espaces de Fock pour les processus de Wiener et de Poissson. Sèm. Prob. XIX, Lect. Notes in Math. 1123, Springer-Verlag, 1985, pp. 230-241.
[13] A. SEGALL and T. KAILATH, Orthogonal functionals of independent increment processes. IEEE Trans. Inf. Th. 22 (1976), pp. 287-298.
[14] J.Ll. SOLÈ and F. UTZET, Stratonovich integral and trace. Stochastics and Stoc. Rep. 29 (1990), pp. 203-220.
[15] D. SURGAILIS, On multiple Poisson stochastic integrals and associated Markov semigroups. Prob Math. Stat. 3 (1984), pp. 217-239.

Departament d'Estadística
Facultat de Matemàtiques
Universitat de Barcelona
Gran Via 585
08007 Barcelona
Spain

A CONTINUOUS MARTINGALE IN THE PLANE THAT MAY SPIRAL AWAY TO INFINITY

by L. E. Dubins[1], M. Emery and M. Yor

If $Z_t = \rho_t e^{i\theta_t}$ is a continuous, complex-valued martingale, is it possible that, with positive probability, both ρ_t and θ_t tend to infinity when $t \to \infty$? If Z is a conformal martingale, the answer is clearly no (for both $\operatorname{Log} \rho_t$ and θ_t are local martingales too). But if conformality is not required, such a behavior is possible. This note gives an example of a planar spiral curve σ and a continuous martingale that never hits σ but still has a non-zero probability of escaping to infinity.

The asymptotic behavior of a real continuous martingale is well known (and can easily be obtained by time-changing it into a Brownian motion): almost every path $t \mapsto M_t(\omega)$, either has a finite limit $M_\infty(\omega)$, or oscillates on the whole line ($\liminf_{t\to\infty} M_t(\omega) = -\infty$ and $\limsup_{t\to\infty} M_t(\omega) = +\infty$). As a consequence, if M takes its values in a proper subset of the line $\mathbb{R}$, it must converge a. s. to a finite limit M_∞.

In higher dimensions, things are much less clear: given a subset A of $\mathbb{R}^n$, what are the convergence or divergence properties of continuous martingales[2] taking their values in A? Some subsets *allow explosions*, in the sense that there exists a A-valued continuous martingale tending to infinity a. s. in $\mathbb{R}^n$ (that is, it eventually leaves every compact of $\mathbb{R}^n$); other *force convergence*, and every A-valued continuous martingale has an almost surely finite limit (in $\overline{A}$). Are these stochastic properties of A related to its geometry, in other words, is it possible to characterize geometrically sets that allow explosions or force convergence? We don't know; the aim of this note is to help clarify these matters by studying a few examples.

---

1. Research supported in part by N.S.F. grant MCS80-02535.

2. Or continuous local martingales: this is equivalent by a change of time.

We will start with sets that force convergence, simply called *convergence sets* in the sequel. Obviously, all bounded sets are convergence sets and convergence sets are stable by taking products, subsets, and images by affine transformations.

For convex sets, purely geometric characterizations of being a convergence set are easy to obtain. In the next statement, n half-spaces of $\mathbb{R}^n$ are said to be independent if they can be written $f_i > a_i$ or $f_i \geq a_i$ where the f_i are n linearly independent linear forms on $\mathbb{R}^n$; equivalently, the hyperplanes $f_i = a_i$ limiting those half-spaces do not contain a common direction of line.

PROPOSITION 1. — *Let A be a subset of $\mathbb{R}^n$. Each of the following conditions implies the next one:*

(i) *A is included in the intersection of n linearly independent half-spaces;*

(ii) *A is a convergence set;*

(iii) *A does not contain a whole straight line.*

If furthermore the set A is convex, these three conditions are equivalent.

PROOF. (i) $\Rightarrow$ (ii). Since $\mathbb{R}_+$ is a convergence set in $\mathbb{R}$, the product $\mathbb{R}_+^n$ is a convergence set in $\mathbb{R}^n$. The intersection of n linearly independent half-spaces, obtained from $\mathbb{R}_+^n$ by an affine transformation, is a convergence set too, and so is each of its subsets.

(ii) $\Rightarrow$ (iii). A set containing a line carries a martingale with no limit, for instance a Brownian motion on this line, so it cannot be a convergence set.

The proposition will be established by showing that (iii) and the supplementary hypothesis that A is convex imply (i).

Let A be a convex subset of $\mathbb{R}^n$ not containing any line; we claim that neither does its closure $\overline{A}$. For suppose $\overline{A}$ contains a line L. Let E be the smallest affine sub-space of $\mathbb{R}^n$ containing A (and $\overline{A}$); A contains $1+\dim E$ affinely independent points, so by convexity it contains also a whole simplex in E, and by replacing if necessary the reference space $\mathbb{R}^n$ with E, we may suppose that A has a non-empty interior. Let p be an interior point of A; we are going to show that A contains the line L' parallel to L passing by p, thus establishing the claim. Let indeed q be another point on L'. Since $L \subset \overline{A}$, there exists a sequence (x_n) of points of A such that $\operatorname{dist}(x_n, L) \to 0$ and that x_n tends to infinity in the direction going from p to q. Since the line qx_n tends to L', the projection p_n of p on this line tends to p, and for some n large enough, p_n is in A and q is between p_n and x_n; by convexity, q is in A as claimed. So if $A \subset E = \mathbb{R}^n$ does not contain any line, $\overline{A}$ does not either.

To prove (i) it suffices to verify that the whole dual E' of $\mathbb{R}^n$ is linearly spanned by the set $A' = \{f{\in}E' : \exists a{\in}\mathbb{R}\ \forall x{\in}A\ f(x) \geq a\}$ of all linear forms that are bounded below on A. If A is empty, the result is trivial; else, let x be an element of A. Consider an arbitrary non-zero linear form ϕ on E'; since $E'' = E$, there is a non-zero vector $y \in \mathbb{R}^n$ such that $\phi(f) = f(y)$ for all f in E'. As $\overline{A}$

contains no line, there exists a real λ such that $x+\lambda y$ does not belong to $\overline{A}$, hence, by the Hahn-Banach theorem, there exists a $g \in E'$ separating the point $x+\lambda y$ from the closed convex set $\overline{A}$: $g(x+\lambda y) < \inf_{z\in\overline{A}} g(z)$. In particular, g is bounded below on $\overline{A}$, so g is in A', and $g(x+\lambda y) < g(x)$, so $\phi(g) = g(y) \neq 0$. This shows that ϕ does not vanish identically on A' and, ϕ being arbitrary, A' is not contained in any hyperplane. ∎

But if the convexness assumption is dropped, we don't know any geometric characterization of all convergence sets. There exist sets containing no straight line that are not convergence sets, for instance the subset of $\mathbb{C} = \mathbb{R}^2$ consisting of 0 and of all complex numbers with argument 0, $2\pi/3$ or $4\pi/3$; a non convergent martingale on this set is the Walsh martingale, whose modulus is that of a real Brownian motion, the argument of each excursion being chosen at random among 0, $2\pi/3$ and $4\pi/3$ (see [4], page 44). On the other hand, there are convergence sets that are not contained in any half-space.

PROPOSITION 2. — *Let $f : [0,\infty) \to (0,\infty)$ be continuous, increasing, unbounded and such that $f(\theta+2\pi) \leq c\,f(\theta)$ for a constant c and all $\theta \geq 0$. Denote by σ the spiral with equation $\rho = f(\theta)$ in polar coordinates. Every continuous planar martingale that never hits σ is convergent; in other words, the complementary $\mathbb{R}^2 - \sigma$ is a convergence set.*

Examples of such curves are the logarithmic spirals $\rho = e^{a\theta}$ and all the spirals with a sub-exponential growth, for instance the Archimedes spirals $\rho = a\theta + b$.

PROOF. Define a continuous function $\bar\theta$ on the complementary set $A = \mathbb{R}^2 - \sigma$ by $\bar\theta(z) = 0$ if the segment $[O,z]$ does not meet σ and $\bar\theta$ is the determination of the argument θ such that $2(n-1)\pi \leq \bar\theta < 2n\pi$ if $[O,z]\cap\sigma$ has $n \neq 0$ points. The inequality $\rho < f(\bar\theta + 2\pi)$ holds identically on A; if $\bar\theta > 0$ one has also $f(\bar\theta) < \rho$.

Let X be a continuous martingale with values in A; denote by $R = \rho\circ X$ its modulus and set $\Theta = \bar\theta\circ X$. Define an increasing sequence of stopping times by

$$T_0 = \inf\{t : \Theta_t > 0\} \quad ; \qquad T_{n+1} = \inf\{t : \Theta_t = \Theta_{T_n} + \pi\}\,.$$

For the probability $\mathbb{P}_n(\Gamma) = \mathbb{P}[\Gamma | T_n < \infty]$ and the filtration $\mathcal{G}^n_t = \mathcal{F}_{T_n+t}$, the stopped process $Y^n_t = X_{(T_n+t)\wedge T_{n+1}}$ is a martingale, with modulus bounded by the $\mathcal{G}^n_0$-measurable random variable $f(\Theta_{T_n} + 3\pi)$. So Y^n_∞ exists and is finite, a. s. for $\mathbb{P}_n$, and verifies $\mathbb{E}[Y^n_\infty | \mathcal{F}_{T_n}] = X_{T_n}$ on $\{T_n < \infty\}$. Identifying $\mathbb{R}^2$ with the complex field $\mathbb{C}$, this can be rewritten $\mathbb{E}[X_{T_{n+1}}/X_{T_n} | \mathcal{F}_{T_n}] = 1$. Now $\mathrm{Re}(X_{T_{n+1}}/X_{T_n})$ is bounded above by

$$\frac{|X_{T_{n+1}}|}{|X_{T_n}|} \leq \frac{f(\Theta_{T_n}+3\pi)}{f(\Theta_{T_n})} \leq \frac{f(\Theta_{T_n}+4\pi)}{f(\Theta_{T_n})} \leq c^2\,;$$

and, on the event $\{T_{n+1} < \infty\}$, $X_{T_{n+1}}/X_{T_n}$ is real and negative. So, letting $p = \mathbb{P}[T_{n+1} < \infty | \mathcal{F}_{T_n}]$, one has on $\{T_n < \infty\}$

$$1 = \mathrm{Re}\,\mathbb{E}[X_{T_{n+1}}/X_{T_n}\,|\,\mathcal{F}_{T_n}] \leq c^2(1-p) + 0p\,,$$

giving $p \le 1 - c^{-2} = \varepsilon < 1$ and, by integration, $\mathbb{P}[T_{n+1} < \infty | T_n < \infty] \le \varepsilon$. This implies $\mathbb{P}[T_n < \infty] \le \varepsilon^n$, and T_n must be infinite for some a. s. finite value of n. Consequently, Θ is almost surely bounded; as $R \le f(\Theta + 2\pi)$, almost every path of X is bounded, and hence convergent. ∎

If the requirement that f increases at most exponentially is dropped, the result is no longer true; when the spiral grows fast enough, its complementary set is no longer a convergence set.

PROPOSITION 3. — *Consider in the plane a spiral γ with equation $\rho = f(\theta)$, where $f : [\theta_0, \infty) \to (0, \infty)$ is C^2, strictly increasing, unbounded and such that $f^2 + 2f'^2 - ff'' > 0$ (locally, γ is between its tangent and the origin).*

Suppose that f'/f is bounded away from zero and that for some $\alpha < \pi$

$$\int_{\theta_0}^{\infty} \frac{f'(\theta)}{f(\theta+\alpha) - f(\theta)}\, d\theta < \infty .$$

Then the set of all points having some polar coordinates ρ and θ verifying $\theta \ge \theta_0$, $f(\theta) \le \rho \le f(\theta + \alpha + \pi)$ is not a convergence set.

An example of a function meeting these requirements is $f(\theta) = e^{a\theta^{1+\varepsilon}}$ with a and ε strictly positive.

Notice that, for $\alpha + \pi < \beta < 2\pi$, this set is included in the complementary of the spiral $\rho = f(\theta + \beta)$; so the latter cannot be a convergence set either. Remark also that this does not leave much hope of finding a purely geometric characterization of convergence sets as in the convex case, for such a characterization should be able to discriminate between a logarithmic and a faster growing spiral.

The proof will use a real-valued Brownian motion $(B_t)_{t \ge 0}$ starting from 0 and its current maximum $S_t = \sup_{s \le t} B_s$. We start with a lemma, borrowed from [1], 2', page 92.

LEMMA 1. — *Let $\gamma : [0, \infty) \to \mathbb{R}^n$ be a curve of class C^2, or, more generally, an absolutely continuous curve with locally bounded Lebesgue derivative $\dot\gamma$. The $\mathbb{R}^n$-valued process*

$$Z_t = \gamma(S_t) - (S_t - B_t)\dot\gamma(S_t)$$

is a continuous local martingale, verifying $dZ_t = \dot\gamma(S_t)\, dB_t$. In particular, if the speed $\|\dot\gamma\|$ is bounded, Z is a martingale.

PROOF. Suppose first that γ is C^2. Since $\gamma(S_t)$ and $\dot\gamma(S_t)$ have finite variation, and since the increasing process $\int (S - B)\, dS$ vanishes identically,

$$Z_t = \gamma(0) + \int_0^t \dot\gamma(S_u)\, dS_u - \int_0^t \dot\gamma(S_u)\, d(S - B)_u - \int_0^t (S_u - B_u)\ddot\gamma(S_u)\, dS_u ,$$

yielding $Z_t = \gamma(0) + \int_0^t \dot\gamma(S_u)\, dB_u$. By a monotone class argument, this formula is still valid when $\dot\gamma$ is only locally bounded; it implies that Z is continuous. ∎

Notice that the point Z_t lives on the tangent to γ at $\gamma(S_t)$; when $B = S$, $Z = \gamma(S)$ is on the curve itself; during an "excursion" of B away from S, S and $\gamma(S)$ are constant, and Z performs a similar excursion away from $\gamma(S)$ on the tangent line to the curve, in the backward direction.

PROOF OF PROPOSITION 3. Denote by A the set of all points having some polar coordinates ρ and θ verifying $\theta \geq \theta_0$, $f(\theta) \leq \rho \leq f(\theta+\alpha)$. Parametrize γ by its arc-length s, with $s = 0$ corresponding to $\theta = \theta_0 + \pi$. Lemma 1 provides us with a martingale Z that has no limit at infinity; the proposition will be proved if we show that Z has a positive probability of never leaving the set A, since the stopped process $Z^{|T}$ (with T the hitting time of A^c) will be a continuous martingale in A with no a. s. limit at infinity. Let δ be the spiral $\rho = f(\theta + \alpha + \pi)$, obtained from γ by the rotation with angle $-(\alpha+\pi)$. Denote by M the generic point of γ, and by N the intersection of the tangent to γ at M with δ, more precisely the intersection point closest to M in the direction such that $\overrightarrow{MN}$ is a negative multiple of $\dot\gamma$; if $\theta \geq \theta_0 + \pi$, the whole segment MN is included in A. Now, the distance between M and N depends on the position of M on γ, so it can be considered as a function $g(s)$ of the arc-length parameter $s(\mathrm{M})$ on γ. Since, when $\gamma(S_t) = s(\mathrm{M})$, the point Z_t is on the line MN at a distance $S_t - B_t$ from M, it suffices to verify that $\mathbb{P}\left[\forall t \geq 0\,,\ S_t - B_t \leq g(S_t)\right]$ is not zero; this will prove that Z has a positive probability of never leaving A, and the proposition will be established.

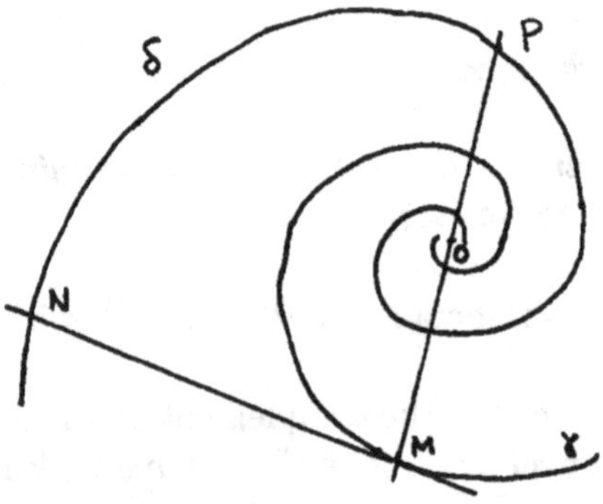

LEMMA 2. — *If $g : [0,\infty) \to [0,\infty]$ is a Borel function,*

$$\mathbb{P}\left[\forall t \geq 0\,,\ S_t - B_t \leq g(S_t)\right] = \exp\left(-\int_0^\infty \frac{ds}{g(s)}\right).$$

In particular, $\mathbb{P}\left[\forall t \geq 0\,,\ S_t - B_t \leq g(S_t)\right] > 0$ *if and only if* $\displaystyle\int_0^\infty \frac{ds}{g(s)}$ *is finite.*

This result is due to Knight ([3], Corollary 1.3). It implies the proposition because $g(s) = \mathrm{dist}(\mathrm{M},\mathrm{N})$ satisfies $\int_0^\infty ds/g(s) < \infty$. Indeed, the estimate $g(s) = \mathrm{MN} \geq \mathrm{ON} - \mathrm{OM} \geq \mathrm{OP} - \mathrm{OM} = f(\theta+\alpha) - f(\theta)$ yields

$$\int_0^\infty \frac{ds}{g(s)} = \int_{\theta_0+\pi}^\infty \frac{ds}{d\theta}\,\frac{d\theta}{g(s)} \leq \int_{\theta_0+\pi}^\infty \sqrt{f^2(\theta) + f'^2(\theta)}\,\frac{d\theta}{f(\theta+\alpha) - f(\theta)}$$

and this is finite owing to the ad hoc hypotheses on f. ∎

Knight states his result as the following corollary, obtained when applying Lemma 2 to the function equal to g on $[0,x]$ and identically infinite after x.

COROLLARY OF LEMMA 2. — *For $x \geq 0$, let T_x denote the stopping time $\inf\{t : S_t > x\} = \inf\{t : B_t > x\}$. If $g : [0,x] \to [0,\infty]$ is a Borel function,*

$$\mathbb{P}\left[\forall t \in [0,T_x]\,,\ S_t - B_t \leq g(S_t)\right] = \exp\left(-\int_0^x \frac{ds}{g(s)}\right).$$

He obtains it in [3] as a by-product of the explicit value of the Laplace transform of the law of the total amount of time such that $S_t - B_t \leq g(S_t)$. But if one is interested in Lemma 2 only, it is possible to reach it more shortly; here are two direct proofs of it.

FIRST PROOF OF LEMMA 2. Denote by Γ_g the event $\{\forall t \geq 0,\ S_t - B_t \leq g(S_t)\}$. If g_n is a decreasing sequence of functions with limit g, the events Γ_{g_n} are decreasing with intersection Γ_g, and their probabilities tend to that of Γ_g; so by approximating g from above, we may suppose $1/g$ bounded and integrable.

Define $h(x) = \exp\left[-\int_x^\infty ds/g(s)\right] > 0$ and $M_t = h(S_t)\left[1-(S_t-B_t)/g(S_t)\right]$, so that Γ_g is the event $\{\forall t,\ M_t \geq 0\}$. The function $h'(x) = h(x)/g(x)$ is bounded and is a Lebesgue derivative of the increasing function h; by lemma 1, $M = h(S) - (S-B)h'(S)$ is a continuous martingale. As it verifies $M \leq h\mathrm{o}S \leq 1$, it has an a. s. limit M_∞; on the random set $\{t : B_t = S_t\}$, it verifies $M = h\mathrm{o}S$, so $M_\infty = h(\infty) = 1$. Consequently, by stopping M at the first time when it becomes strictly negative, one gets

$$\mathbb{P}[\Gamma_g] = \mathbb{P}[\forall t,\ M_t \geq 0] = M_0 = h(0) = \exp\left(-\int_0^\infty \frac{ds}{g(s)}\right). \qquad ∎$$

SECOND PROOF OF LEMMA 2. As above, we may suppose $\phi = 1/g$ finite and integrable. According to Lévy's equivalence, if L is the local time of B at the origin, the $\mathbb{R}^2$-valued processes $(S_t-B_t, S_t)_{t\geq 0}$ and $(|B_t|, L_t)_{t\geq 0}$ have the same law; the probability $\mathbb{P}[\Gamma_g]$ we are interested in is equal to that of the event $\{\forall t \geq 0,\ |B_t| \leq g(L_t)\} = \{\forall t \geq 0,\ |\phi(L_t)B_t| \leq 1\}$.

As in lemma 1, $N_t = \phi(L_t)B_t$ is a continuous local martingale, equal to $\int_0^t \phi(L_s)\,dB_s$ (see for instance proposition 5 of [2]). It has quadratic variation $\langle N,N\rangle_t = \int_0^t \phi^2(L_s)\,ds$ and local time $\Phi(L_t)$, where $\Phi(x) = \int_0^x \phi(s)\,ds$. Now, when read in its own time-scale, N becomes Brownian, that is, there exists a Brownian motion β such that $N_t = \beta_{\langle N,N\rangle_t}$. Furthermore, if ℓ is the local time of β at 0, we get $\Phi(L_t) = \ell_{\langle N,N\rangle_t}$, whence $\langle N,N\rangle_\infty = \inf\{t : \ell_t \geq \Phi(\infty)\}$. Calling $T_{\Phi(\infty)}$ this quantity, we have

$$\mathbb{P}[\Gamma_g] = \mathbb{P}\left[\forall t \geq 0,\ |\phi(L_t)B_t| \leq 1\right] = \mathbb{P}\left[\sup_{t\geq 0}|N_t| \leq 1\right] = \mathbb{P}\left[\sup_{t\leq T_{\Phi(\infty)}} |\beta_t| \leq 1\right]$$

and it remains to prove that $\mathbb{P}\left[\sup_{t\leq T_x} |\beta_t| \leq 1\right] = e^{-x}$.

Letting $\tau = \inf\{t : |\beta_t| = 1\}$, this just says that $\mathbb{P}[L_\tau \geq x] = e^{-x}$; now the Markov property of β at time T_x implies that the law of L_τ is exponential, and $\mathbb{E}[L_\tau] = \mathbb{E}[|\beta|_\tau] = 1$ gives the result. ∎

We now turn to sets that allow explosions: they carry a martingale whose distance to the origin tends almost surely to infinity. We will restrict ourselves to the two-dimensional case and deal with subsets of the plane.

PROPOSITION 4. — *Let A be a subset of $\mathbb{R}^2$. Each of the following conditions implies the next one:*

(i) *Its complementary A^c is included in an angle strictly less than π;*

(ii) *A allows explosions;*

(iii) *A^c does not contain a whole straight line.*

If furthermore A^c is convex, these three conditions are equivalent.

PROOF. (i) $\Rightarrow$ (ii). If A^c is included in an angle strictly less than π, choose affine coordinates (x, y) in the plane such A contains all points with $x \geq 0$ or $y \geq 0$. Construct a martingale $Z_t = (X_t, Y_t)$ in the following way: $Z_0 = (0,0)$; then, keeping Y frozen at 0, move X Brownianly until it reaches the value 1; keep it at this value and move Y Brownianly until it reaches the value 1 too; then freeze Y again and let X wander until it reaches 2, etc. Clearly, this yields a martingale in A escaping away to infinity. [Remark that this is an instance of Lemma 1, with a stair-like curve γ made of segments parallel to the axes; but we no longer need an estimate such as Lemma 2 since we have an infinite length avilable on the tangents.]

(ii) $\Rightarrow$ (iii). If A^c contains a line (for instance the line $x = 0$), no continuous martingale in A can tend a. s. to infinity, for its x-component is a real martingale avoiding a point, hence convergent, and its y-component is not allowed to converge a. s. to $+\infty$ or $-\infty$.

When A^c is convex, (iii) $\Rightarrow$ (i) has been seen in Proposition 1. ∎

This proposition applies, for instance, to sets obtained as the image of a half-plane by a homeomorphism of the whole plane onto itself. But even when considering only such subsets, we don't see how to characterize geometrically those that allow explosions.

REFERENCES

[1] J. Azéma et M. Yor. Une solution simple au problème de Skorokhod. *Séminaire de Probabilités XIII*, Lecture Notes in Mathematics 721, Springer 1979.

[2] J. Azéma et M. Yor. En guise d'introduction. Temps locaux, *Astérisque* 52–53, Société Mathématique de France, 1978.

[3] F. B. Knight. On the Sojourn Times of Killed Brownian Motion. *Séminaire de Probabilités XII*, Lecture Notes in Mathematics 649, Springer 1978.

[4] J. B. Walsh. A Diffusion with a Discontinuous Local Time. Temps locaux, *Astérisque* 52–53, Société Mathématique de France, 1978.

SUR LA MECANIQUE STATISTIQUE D'UNE PARTICULE BROWNIENNE SUR LE TORE

Sylvie ROELLY et Hans ZESSIN

0 INTRODUCTION ET NOTATIONS

Soit P la mesure de Wiener sur l'espace Ω des trajectoires càd-làg de $[0;+\infty[$ à valeurs dans le tore $\mathbb{T}$ de $\mathbb{R}^d$. Nous nous intéressons au comportement asymptotique en temps du champ empirique

$$R_t(\omega) = \frac{1}{t}\int_0^t \delta_{\vartheta_s \omega} \, ds \quad ,$$

où δ est la mesure de Dirac (sur Ω), ω est une réalisation de P, et ϑ_s l'opérateur de translation temporelle usuel sur les trajectoires (notons que nous définissons au §1, pour des raisons de stationnarité, une version légérement modifiée de R_t).

Dans cet article, nous donnons à nos résultats une présentation de type mécanique statistique classique, dans le sens de Boltzmann et Gibbs. Suivant l'idée de Boltzmann, nous nous fixons un potentiel V, fonction continue bornée sur l'espace des trajectoires, un niveau d'énergie e, et recherchons la loi de R_t sous la probabilité - ou ensemble micro-canonique - $P(\mid R_t(V)=e)$. Dans le contexte de systèmes de particules classiques, il découvrit la célèbre relation faisant intervenir l'entropie moyenne $H(.\mid P)$

$$(\mathcal{B}a) \qquad P(R_t \cong Q \mid R_t(V)=e) \underset{t\to+\infty}{\sim} \exp -t\left(H(Q\mid P) - \inf_{Q';Q'(V)=e} H(Q'\mid P)\right).$$

Cette estimation, appelée **Principe de Boltzmann** (cf. §2), admet l'interprétation suivante : le champ empirique R_t réalise typiquement les états Q d'énergie moyenne Q(V) égale à e et qui minimisent l'entropie moyenne. En thermodynamique ces états sont appelés **états d'équilibre** pour le potentiel V. De plus, de $(\mathcal{B}a)$, on déduit que les grandes déviations en dehors d'états d'équilibre sont possibles mais de probabilités exponentiellement petites.

Nous indiquons maintenant brièvement en quoi nos résultats sur le modèle ci-dessus illustrent, dans un certain sens, la dualité onde-particule en proposant une interprétation concrète de l'interaction entre ces deux aspects.

Considérons pour un temps t fixé très grand, et un niveau d'énergie e, les trajectoires ω à valeurs dans le tore satisfaisant $R_t(\omega)(V) \cong e$, *et postulons comme loi de répartition sur Ω la probabilité* $P(.\,|\,R_t(V) \cong e)$.
La particule décrit donc un mouvement brownien restreint à un certain "niveau d'énergie".

D'autre part, nous associons à la particule l'effet ondulatoire (qu'elle crée) suivant : la trajectoire ω produit au cours du temps le champ empirique $R_t(\omega)$, *qui contient en particulier l'information relative à la probabilité aléatoire sur le tore - onde aléatoire -* $L_t(\omega) = \frac{1}{t}\int_0^t \delta_{\omega(s)}\, ds$. *Cette dernière, appelée dans la littérature "taux d'occupation", définit la répartition au cours du temps de la particule dans les différentes régions de l'espace.*
Ainsi, une onde représentant une réalité physique est liée à la particule.De plus, cette onde aléatoire fluctue autour d'une onde typique (dite d'équilibre) et nous démontrerons que, dans le cas d'un potentiel de la forme $V(\omega) = U(\omega(0))$, *cette onde typique est caractérisée par une solution de l'équation stationnaire de Schrödinger associée au potentiel U.*

Nous démontrerons de plus, que la loi P restreinte au niveau d'énergie e du champ empirique R_t, *converge quand t tend vers l'infini, vers la loi d'une particule brownienne avec une dérive reliée à l'"onde typique" introduite ci-dessus.*
En conclusion, la trajectoire brownienne est, sur le niveau d'énergie e, comme "déviée" par une force qui provient de l'onde qu'elle crée.

Nous considérons dans cet article le cas d'un potentiel V de la forme $V(\omega) = U(\omega(0))$, pour lequel le principe de Boltzmann nous permet de caractériser entièrement, pour un niveau d'énergie bien choisi, l'ensemble des états d'équilibre. Il se réduit à un seul élément, à savoir la loi du mouvement brownien avec dérive, cette dernière étant égale à $\frac{1}{2}\nabla(\log \varphi_1^2)$, où φ_1 est la fonction propre unitaire de l'opérateur de Schrödinger $\frac{1}{2}\Delta + U$ associée à la plus grande valeur propre. L'idée principale de la démonstration est, en suivant l'idée fondamentale de Gibbs, de chercher à définir tout état d'équilibre comme la loi d'une diffusion ayant une densité locale de type exponentiel par rapport à la mesure de Wiener (cf. §1 et §3). Nous concluons le §3 sur la relation de ces résultats avec l'"équivalence d'ensembles".

Nous nous posons au §4 les mêmes questions que précédemment mais en la présence de n-1 "forces" additionnelles, que nous définissons à l'aide des n-1 premières fonctions propres de l'opérateur de Schrödinger. Les états d'équilibre qui apparaissent sont alors les lois de processus de Nelson, i.e. de diffusions de crochets browniens et de dérive singulière de la forme $\frac{1}{2}\nabla(\log \psi^2)$, où la fonction ψ est vecteur propre de l'opérateur de Schrödinger associé à la $n^{\text{ième}}$ valeur propre, et admet des zéros. Nous perdons dans ce cas l'unicité des états d'équilibre que nous avions dans le cas n=1.

— Ω est l'espace des fonctions càd-làg $\omega : \mathbb{R}_+ \longrightarrow \mathbb{T}$, où $\mathbb{T}$ est le tore de $\mathbb{R}^d$. Ω est muni de la topologie de Skorohod, et de la σ-algèbre canonique $(\mathcal{F}_t)_{t\geq 0}$ définie à partir des applications coordonnées. C'est un espace polonais.

— Pour $s\geq 0$, ϑ_s est l'opérateur de translation sur Ω défini par :

$$\vartheta_s : \Omega \longrightarrow \Omega$$
$$\omega \longrightarrow \omega(.+s) \quad ;$$

Si ω est t-périodique, nous pouvons encore définir $\vartheta_s\omega$ pour $s<0$ par :

$$\vartheta_s\omega = \vartheta_{s-kt}\omega \ ,$$

où k est l'unique élément de $\mathbb{Z}$ satisfaisant : $kt < s \leq (k+1)t$.

— Nous aurons besoin de périodiser les trajectoires ω de la façon suivante : pour $t>0$, ω^t est la trajectoire périodique de période t qui coïncide avec ω sur l'intervalle $[0,t[$.

— ν est la mesure de Lebesgue sur $\mathbb{T}$.

— Pour toute fonction f mesurable et pour toute mesure μ sur le tore $\mathbb{T}$, $f.\mu$ est la mesure sur $\mathbb{T}$ de densité f par rapport à μ et $\mu(f)$ est l'intégrale de f par rapport à μ.

— X_t, $t\geq 0$, est l'habituelle projection canonique temporelle :

$$X_t : \Omega \longrightarrow \mathbb{T}, \quad \omega \longrightarrow \omega(t) \quad .$$

— $\mathcal{C}(\Omega)$ (respectivement $\mathcal{C}(\mathbb{T})$) est l'espace des fonctions continues sur Ω (resp. sur $\mathbb{T}$).

— $\mathcal{P}(\Omega)$ (respectivement $\mathcal{P}(\mathbb{T})$) est l'espace des probabilités sur Ω (resp. sur $\mathbb{T}$) ; il est muni de la topologie de la convergence étroite.

$\mathcal{P}_s(\Omega)$ est le sous-espace de $\mathcal{P}(\Omega)$ formé par les probabilités stationnaires (i.e invariantes sous l'action de ϑ_s, pour tout $s>0$), et, pour $\mu\in\mathcal{P}(\mathbb{T})$, $\mathcal{P}_\mu(\Omega)$ est le sous-espace de $\mathcal{P}_s(\Omega)$ formé par les probabilités de marginale μ au temps 0.

— Pour $Q\in\mathcal{P}(\Omega)$ et $V\in\mathcal{C}(\Omega)$, on note $E_Q(V)$ l'espérance de V sous Q : $\int_\Omega V \, dQ$.

— Pour $Q\in\mathcal{P}(\Omega)$, on définit :

$$Q_t = Q \circ X_t^{-1} \in \mathcal{P}(\mathbb{T}) \ , \quad t\geq 0,$$

et $$Q^x = Q(\ .\ /\ Q_0=\delta_x) \in \mathcal{P}(\Omega)\ ,\quad x\in\mathbb{T}.$$

— $P^x \in\mathcal{P}(\Omega)$ est la mesure de Wiener sur Ω concentrée au temps 0 en $x\in\mathbb{T}$ (i.e. $P^x(X_0=x)=1$).

P est la mesure de Wiener stationnaire sur Ω :

(0.1) $$P = \frac{1}{\nu(\mathbb{T})}\int_{\mathbb{T}} P^x\,\nu(dx)\quad (\in \mathcal{P}_s(\Omega))\ .$$

— Pour toute fonction de classe $\mathcal{C}^2$ strictement positive f sur le tore $\mathbb{T}$, $P^{x,f} \in\mathcal{P}(\Omega)$ est la loi du mouvement brownien sur $\mathbb{T}$ partant de x et de dérive $\frac{1}{2}\nabla(\log f)$.

P^f est la mesure stationnaire associée :

(0.2) $$P^f = \frac{1}{f.\nu(\mathbb{T})}\int_{\mathbb{T}} P^{x,f}\ f(x)\ \nu(dx)\quad (\in \mathcal{P}_{f.\nu/(f.\nu(\mathbb{T}))}(\Omega))\ .$$

1 PRINCIPE DE GRANDES DÉVIATIONS POUR LE MOUVEMENT BROWNIEN SUR LE TORE

Nous définissons maintenant l'objet de notre étude, le **champ empirique** R_t, par

(1.0) $$R_t(\omega) = \frac{1}{t}\int_0^t \delta_{\vartheta_s\omega^t}\,ds\quad ,$$

et donc, pour tout $V\in\mathcal{C}(\Omega)$ et $t>0$,

(1.1) $$R_t(\omega)(V) = \frac{1}{t}\int_0^t V(\vartheta_s\omega^t)\,ds\ ;$$

R est un processus à valeurs $\mathcal{P}(\Omega)$, par construction stationnaire, donc, pour tout $t>0$, $R_t\in\mathcal{P}_s(\Omega)$.

Dans ce paragraphe, nous précisons les liens entre la fonctionnelle d'action de grandes déviations du processus R, l'entropie moyenne d'un état par rapport à la mesure de Wiener, et l'état d'équilibre associé à un potentiel donné.

L'entropie moyenne $H(Q|\tilde{Q})$ d'une mesure $Q\in\mathcal{P}_s(\Omega)$ par rapport à une mesure $\tilde{Q}\in\mathcal{P}_s(\Omega)$ est définie par :

(1.2) $$H(Q|\tilde{Q}) = \int_{\Omega} H_1(Q^{\omega(0)}|\tilde{Q}^{\omega(0)})\ Q(d\omega)\ ,$$

où H_t, l'entropie moyenne usuelle au temps t, vaut

$$(1.3)\qquad H_t(Q^x|\tilde{Q}^x) = \begin{cases} \int_\Omega \log \frac{dQ^x|_{\mathcal{F}_t}}{d\tilde{Q}^x|_{\mathcal{F}_t}} dQ^x & \text{si } Q^x|_{\mathcal{F}_t} \ll \tilde{Q}^x|_{\mathcal{F}_t} \\ +\infty & \text{sinon} \end{cases}.$$

L'expression (1.2) devient donc :

$$H(Q|\tilde{Q}) = \int_{\mathbb{T}} H_1(Q^x|\tilde{Q}^x)\; Q_0(dx)$$

c'est-à-dire

$$(1.4)\quad H(Q|\tilde{Q}) = \begin{cases} \int_{\mathbb{T}} E_{Q^x}\left(\log \frac{dQ^x|_{\mathcal{F}_1}}{d\tilde{Q}^x|_{\mathcal{F}_1}}\right) Q_0(dx) & \text{si } Q^x|_{\mathcal{F}_1} \ll \tilde{Q}^x|_{\mathcal{F}_1} \text{ pour } Q_0\text{-p.t. } x \\ +\infty & \text{sinon} \end{cases}.$$

Notons que, pour $\tilde{Q}$ fixé, $H(.|\tilde{Q})$ est affine.

Rappelons maintenant le théorème fondamental de grandes déviations pour le champ empirique $\hat{R}_t$, dû à Donsker et Varadhan [Do-Va IV ;Th. 4.6 et 5.4] :

Théorème 1 : **Pour tout $x \in \mathbb{T}$, la famille $(P^x \circ R_t^{-1})_{t>0}$ de probabilités sur $\mathcal{P}_s(\Omega)$ satisfait à un principe de grandes déviations, de fonctionnelle d'action $H(.|P)$ défini ci-dessus en (1.4).**

On remarquera que notre espace de base Ω est légérement différent de l'espace Ω défini dans [Do-Va IV], dans lequel les trajectoires ω sont définies aussi pour les temps t négatifs. On peut donc considérer notre Ω comme un sous-espace de celui de Donsker et Varadhan et leurs résultats sont appliquables à notre contexte par simple projection.

Formellement, du théorème 1 découle l'estimation suivante :

$$(1.5)\qquad P^x(R_t \cong Q) \underset{t \to +\infty}{\sim} \exp\Big(-\, t\, H(Q|P)\Big) \;.$$

Le principe variationnel qui suit est une conséquence directe du Théorème 1 (Dans [Va] il est énoncé dans un cadre très général ; nous l'adaptons ici à notre situation) :

Théorème 2 : **Pour tout potentiel borné $V \in \mathcal{C}(\Omega)$, la quantité suivante**

$$(1.6)\qquad p(V) = \lim_{t \to \infty} \frac{1}{t} \log\left(\int_\Omega \exp\Big(t\, R_t(V)\Big)\, dP^x\right)$$

(dénommée, dans le contexte de la mécanique statistique, pression associée au potentiel V) est bien définie, est indépendante de x, et satisfait :

$$(1.7)\qquad p(V) = \sup_{Q \in \mathcal{P}_s(\Omega)} \Big(E_Q(V) - H(Q|P) \Big).$$

Nous cherchons dorénavant à identifier et construire les mesures (ou états) G de $\mathcal{P}_s(\Omega)$, qui représentent un **équilibre** pour le potentiel V, c'est-à-dire qui maximisent la fonction d'**énergie libre** :

$$Q \longrightarrow E_Q(V) - H(Q|P).$$

Pour celles-ci, leur énergie libre est donc égale à la pression.

Dans cette article, nous étudierons plus particulièrement les potentiels de la forme :

(1.8) $$V = U \circ X_0 , \qquad U \in \mathcal{C}(\mathbb{T}) ;$$

(La généralisation des résultats qui suivent à d'autres potentiels est en cours d'étude ; ainsi, pour plus de clarté, nous garderons la notation V dans tous les énoncés dans lesquels cela a un sens).

On aimerait définir tout état d'équilibre G comme une mesure de Gibbs, c'est-à-dire une mesure ayant une densité locale par rapport à la mesure de Wiener proportionnelle à $\exp\left(t\ R_t(V)\right)$, qui, dans notre contexte, vaut $\exp\int_0^t U(\omega(s))ds$. Pour expliciter cette densité, considérons l'opérateur de Schrödinger $\frac{1}{2}\ \Delta + U$ associé au potentiel U. L'on sait que l'espace propre associé à sa plus grande valeur propre λ_1 est unidimensionnel, engendré par une fonction propre strictement positive, de norme 1 dans $L^2(d\nu)$, que nous noterons φ_1 (la dépendance de φ_1 et de λ_1 par rapport à U est implicite). Par définition donc,

(1.9) $$\frac{1}{2}\ \Delta\varphi_1 + U\varphi_1 = \lambda_1\varphi_1 ,$$

ce qui permet de relier U et φ_1 ; en particulier, sous P^x,

$$Z_t =: \exp(-\lambda_1 t)\ \frac{\varphi_1(X_t)}{\varphi_1(X_0)}\ \exp\left(t\ R_t(V)\right)$$

est une martingale, qui nous permet de définir sur Ω la mesure G^x par

(1.10) $$G^x|_{\mathcal{F}_t} = Z_t .\ P^x|_{\mathcal{F}_t} .$$

G est alors la probabilité stationnaire construite à partir de G^x :

(1.11) $$G = \int_{\mathbb{T}} G^x \lambda(dx) ,$$

où λ est la mesure invariante sur $\mathbb{T}$ associée au processus de loi G^x.

Nous pouvons maintenant énoncer et démontrer le

Théorème 3: **L'égalité suivante, appelée formule de translation, est satisfaite pour tout $Q\in\mathcal{P}_s(\Omega)$:**

(1.12) $$H(Q|G) = H(Q|P) - E_Q(V) + p(V) .$$

La probabilité G définie par (1.11) maximise donc l'énergie libre associée à V, i.e. G est un état d'équilibre.

Preuve : Remarquons que, grâce à la propriété de stationnarité des mesures que nous étudions, l'entropie $H(Q|\tilde{Q})$ définie en (1.4) est aussi égale, quand elle est finie, à

$$H(Q|\tilde{Q}) = \frac{1}{t}\int_{\mathbb{T}} E_{Q^x}\left(\log \frac{dQ^x|_{\mathcal{F}_t}}{d\tilde{Q}^x|_{\mathcal{F}_t}} \right) Q_0(dx) ,$$

pour tout temps t>0.(cf [Do-Va IV ; Th 3.1] pour plus de détails sur la linéarité de H_t en tant que fonction du temps). D'où, pour tout t>0 et $Q\in\mathcal{P}_s(\Omega)$,

$$\begin{aligned} H(Q|P) &= \frac{1}{t}\int_{\mathbb{T}} E_{Q^x}\left(\log \frac{dQ^x|_{\mathcal{F}_t}}{dP^x|_{\mathcal{F}_t}} \right) Q_0(dx) \\ &= \frac{1}{t}\int_{\mathbb{T}} E_{Q^x}\left(\log \frac{dQ^x|_{\mathcal{F}_t}}{dG^x|_{\mathcal{F}_t}} \right) Q_0(dx) + \frac{1}{t}\int_{\mathbb{T}} E_{Q^x}\left(\log \frac{dG^x|_{\mathcal{F}_t}}{dP^x|_{\mathcal{F}_t}} \right) Q_0(dx) \\ &= H(Q|G) - \lambda_1 + \frac{1}{t} E_Q\left(\log \frac{\varphi_1(X_t)}{\varphi_1(X_0)}\right) + E_Q(R_t(V)) \end{aligned}$$

Puisque φ_1 est bornée inférieurement et supérieurement, le troisième terme du membre de droite ci-dessus tend vers 0 quand t tend vers l'infini. Le dernier terme vaut, lui :

$$\begin{aligned} E_Q(R_t(V)) &= E_Q\left(\frac{1}{t}\int_0^t V(\vartheta_s\omega^t)\, ds\right) \\ &= E_Q\left(V(\omega)\right) \qquad \text{(par stationnarité).} \end{aligned}$$

Enfin le résultat célèbre de Kac, ([Ka]; formule (5.16)) :

$$p(V) = \lambda_1$$

nous permet de conclure que

$$H(Q|P) = H(Q|G) - p(V) + E_Q(V) .$$

Donc l'énergie libre d'un état Q, $E_Q(V) - H(Q|P)$, vaut $p(V) - H(Q|G)$ qui est maximum quand $H(Q|G)$ est nul, ce qui est le cas si Q=G . ∎

En notant $\mathcal{G}(V)$ l'ensemble des états d'équilibre pour le potentiel V,

(1.13) $$\mathcal{G}(V) = \{Q\in\mathcal{P}_s(\Omega),\ E_Q(V) - H(Q|P) = p(V)\},$$

le théorème 3 nous dit que $G\in\mathcal{G}(V)$.

2 LE PRINCIPE DE BOLTZMANN

Dans ce paragraphe, nous nous intéressons à un principe de grandes déviations "conditionnées" pour R_t, où la condition consiste à forcer "l'énergie potentielle" moyenne sur l'intervalle de temps $[0,t]$, $R_t(V)$, a être constante à travers le temps (et pour toutes les réalisations).
Plus précisément, fixons un potentiel V borné de $\mathcal{C}(\Omega)$; soit $\mathcal{E}_1(e)$ le niveau d'énergie défini comme suit

(2.1) $$\mathcal{E}_1(e) = \{Q\in\mathcal{P}_s(\Omega)\ ,\ E_Q(V)=e\}\quad ,\ e\in\mathbb{R}.$$

Cet ensemble est convexe et fermé ; nous aurons besoin de l'"épaissir" de δ de la manière suivante : pour $\delta>0$,

$$\mathcal{E}_1^\delta(e) = \{Q\in\mathcal{P}_s(\Omega),\ d(Q,\mathcal{E}_1(e))<\delta\}$$

où d est une distance fixée sur $\mathcal{P}_s(\Omega)$ qui engendre la topologie de la convergence étroite. $\mathcal{E}_1^\delta(e)$ est ainsi un voisinage ouvert de $\mathcal{E}_1(e)$.

Dorénavant, la valeur e sera choisie de telle sorte que $\mathcal{E}_1(e)$ contienne au moins un élément Q d'entropie moyenne $H(Q|P)$ finie.

Nous sommes donc dans une situation où le principe abstrait de Boltzmann s'applique, c'est-à-dire que l'on connait explicitement la fonctionnelle d'action de R_t conditionnée par son appartenance à $\mathcal{E}_1(e)$:

<u>Théorème 4</u> : Le champ empirique R_t restreint au niveau d'énergie $\mathcal{E}_1(e)$ satisfait un principe de grandes déviations de fonctionnelle d'action

$$H(.|P)-\inf_{Q'\in\mathcal{E}_1(e)} H(Q'|P),$$

i.e. on a symboliquement l'équivalence suivante :

(2.2) $$P^x(\ R_t\cong Q\ \mid\ R_t\in\mathcal{E}_1^\delta(e))\ \underset{\substack{t\to+\infty\\ \delta\to+\infty}}{\sim}\ \exp -t\left(H(Q|P)-\inf_{Q'\in\mathcal{E}_1(e)} H(Q'|P)\right)\ ,$$

la limite en temps devant précéder celle en δ.

La formulation dans un cadre très général du principe de Boltzmann et sa démonstration se trouve dans [Ze ; Theorem 3].

Notre préoccupation dans les paragraphes qui suivent est de déterminer quels sont les états typiques réalisés par le champ empirique R_t sur un niveau d'énergie bien précis ; en d'autres termes, vue l'estimation (2.2), identifier les probabilités Q qui minimisent sur $\mathcal{E}_1(e)$ l'entropie moyenne par rapport à la mesure de Wiener P :

(2.3) $$H(Q|P) = \inf_{Q'\in\mathcal{E}_1(e)} H(Q'|P) ,$$
quand e est l'énergie moyenne d'un état d'équilibre.

Proposition 5 : Soit Q un état d'équilibre pour V. Alors Q minimise l'entropie moyenne (par rapport à la mesure de Wiener P) sur son niveau d'énergie, i.e.
$$Q\in\mathcal{G}(V) \Rightarrow H(Q|P) = \inf_{Q'\in\mathcal{E}_1(E_Q(V))} H(Q'|P) .$$

Preuve : Tout d'abord, remarquons que le théorème 3 nous assure que $\mathcal{G}(V)$ n'est pas vide. Soit donc $Q\in\mathcal{G}(V)$;
d'après (1.12), puisque $H(Q'|G)$ est positif ou nul pour tout $Q'\in\mathcal{P}_s(\Omega)$,
$$H(Q'|P) \geq E_{Q'}(V) - p(V) ,$$
$$\Rightarrow \forall Q'\in \mathcal{E}_1(E_Q(V)), \qquad H(Q'|P) \geq E_Q(V) - p(V)$$
$$\Rightarrow \inf_{Q'\in\mathcal{E}_1(E_Q(V))} H(Q'|P) \geq E_Q(V) - p(V) ;$$
Mais puisque Q est un état d'équilibre
$$E_Q(V) - p(V) = H(Q|P),$$
donc $$\inf_{Q'\in\mathcal{E}_1(E_Q(V))} H(Q'|P) \geq H(Q|P) .$$
L'égalité en découle immédiatement car $Q\in\mathcal{E}_1(E_Q(V))$.∎

Remarquons que la réciproque de cette dernière proposition se formule de la façon suivante : soit Q un état dont l'énergie est égale à l'énergie d'un état d'équilibre ; si Q minimise l'entropie sur son niveau d'énergie, alors c'est un état d'équilibre.

Nous avons ainsi transformé la question posée au paragraphe 1 en la recherche d'un état qui minimise l'entropie moyenne sur un certain niveau d'énergie.

3 L' ÉTAT D'ÉQUILIBRE DU CHAMP EMPIRIQUE R_T

Dans ce paragraphe nous donnons une description explicite des états d'équilibre dans le cas où V est de la forme définie en (1.8) ; nous prouvons que $\mathcal{G}(V)$ se réduit à un seul élément, la loi d'un mouvement brownien avec dérive, cette dernière étant reliée à la fonction d'onde $(\varphi_1)^2$, solution de l'équation de Schrödinger.

Fixons pour le moment e, le niveau d'énergie, égal à e_1, l'énergie moyenne de V pour un certain état d'équilibre $\tilde{Q}\in\mathcal{G}(V)$. Par définition,

$$e_1 = E_{\tilde{Q}}(V) ,$$

qui devient par (1.8)

$$e_1 = \tilde{Q}_0(U) . \tag{3.1}$$

Observons alors que

$$\inf_{\{Q\in\mathcal{E}_1(e_1)\}} H(Q|P) = \inf_{\{\mu\in\mathcal{P}(\mathbb{T}),\mu(U)=e_1\}} \inf_{\{Q\in\mathcal{P}_\mu(\Omega)\}} H(Q|P) . \tag{3.2}$$

Nous allons donc procéder en deux étapes pour minimiser l'entropie H(Q|P) La première va consister à fixer μ, la marginale au temps 0 de Q, et la deuxième à faire varier μ dans l'hyperplan affine défini par U et e_1.

<u>Première étape</u> :

La proposition suivante permet, par projection, de ramener notre situation à celle, bien connue, du calcul de la fonctionnelle d'action à un niveau inférieur ; on retrouve alors l'intégrale de Dirichlet associée au Brownien.

<u>Proposition 6</u> : Pour toute probabilité μ sur le tore $\mathbb{T}$,

$$\inf_{\{Q\,;Q_0=\mu\}} H(Q|P) =: I(\mu) = \begin{cases} \frac{1}{2}\int_{\mathbb{T}} |\nabla\sqrt{d\mu/d\nu}|^2 d\nu \text{si } \mu\in\mathcal{P}_1(\mathbb{T}), \\ +\infty \qquad \text{sinon} \end{cases} ,$$

où $\mathcal{P}_1(\mathbb{T}) = \{\mu\in\mathcal{P}(\mathbb{T}),\ \mu = \psi^2.\nu,\ \psi$ élément de l'espace de Dirichlet$\}$.

Rappelons que l'espace de Dirichlet est l'espace des fonctions de $L^2(\mathbb{T})$, dérivables au sens des distributions et dont le gradient est aussi dans $L^2(\mathbb{T})$.

<u>Preuve</u> : C'est un cas particulier du Theorem 6.1 de [Do-Va IV] ; Donsker et Varadhan prennent pour mesure P la loi d'un processus de Markov très général, tandis que nous avons restreint notre étude à la mesure de Wiener comme mesure de référence, pour pouvoir expliciter plus les calculs.

Rappelons brièvement les grandes lignes de la démonstration :

Le "principe de contraction" permet de reconnaitre dans $\inf_{\{Q\,;Q_0=\mu\}} H(Q|P)$ la valeur en μ de la fonctionnelle d'action I associée aux grandes déviations du "taux d'occupation" (dans la terminologie de Varadhan) $L_t = R_t \circ X_0^{-1}$.

I est identifiée pour un processus de Markov très général dans [Do-Va].Dans le cas du mouvement brownien on trouve l'expression ci-dessus, que l'on peut calculer directement facilement si la mesure μ admet une densité f par rapport à ν suffisamment régulière pour pouvoir utiliser les techniques de calcul

stochastique (i.e. si f est strictement positive et de classe $\mathcal{C}^2$, ensemble de fonctions que nous noterons $\mathcal{C}^2_+(\mathbb{T})$). Nous ébaucherons un calcul similaire dans la démonstration du théorème 7.
La principale difficulté est finalement d'étendre la définition de $I(\mu)$ de la classe des mesures à densité dans $\mathcal{C}^2_+(\mathbb{T})$ à la classe de mesures la plus grosse possible ; cela se fait grâce à la "continuité" (dans un sens précisé dans [Do-Va ; formule (4.18)) de la fonction $\mu \longrightarrow I(\mu)$,qui permet de conclure que $\mathcal{P}_1(\mathbb{T})$ est exactement la classe de mesures sur laquelle I est finie. ∎

Cette même continuité de I permet de ne considérer dans l'égalité (3.2) que les probabilités μ de la forme $f.\nu$ avec $f \in \mathcal{C}^2_+(\mathbb{T})$:Ainsi (3.2) devient :

(3.3) $$\inf_{\{Q \in \mathcal{E}_1(e_1)\}} H(Q|P) = \inf_{\{f \in \mathcal{C}^2_+(\mathbb{T}),\, f.\nu(U)=e_1\}} \; \inf_{\{Q \in \mathcal{P}_{f.\nu}(\Omega)\}} H(Q|P) .$$

Maintenant que nous connaissons la valeur minimale, $I(\mu)$, de l'entropie moyenne d'un état quand sa projection au temps 0 est fixée égale à μ, il nous faut examiner quand ce minimum est réalisé. C'est l'objet du théorème suivant:

Théorème 7 : Pour tout $f \in \mathcal{C}^2_+(\mathbb{T})$ vérifiant $\nu(f)=1$, et tout $Q \in \mathcal{P}_{f.\nu}(\Omega)$, la formule de translation suivante est satisfaite :

(3.4) $$H(Q|P) = H(Q|P^f) + I(f.\nu),$$

où P^f a été définie en (0.2).

Donc le mouvement brownien stationnaire avec dérive 1/2 $\nabla(\log f)$ admet pour loi l'unique probabilité de $\mathcal{P}_s(\Omega)$ qui minimise l'entropie moyenne H sur le sous-espace $\mathcal{P}_{f.\nu}(\Omega)$.

Preuve :

$$H(Q|P) = \int_{\mathbb{T}} E_{Q^x}\left(\log \frac{dQ^x|_{\mathcal{F}_1}}{dP^x|_{\mathcal{F}_1}} \right) Q_0(dx)$$

$$= \int_{\mathbb{T}} E_{Q^x}\left(\log \frac{dQ^x|_{\mathcal{F}_1}}{dP^{x,f}|_{\mathcal{F}_1}} \right) Q_0(dx) + \int_{\mathbb{T}} E_{Q^x}\left(\log \frac{dP^{x,f}|_{\mathcal{F}_1}}{dP^x|_{\mathcal{F}_1}} \right) Q_0(dx)$$

Le premier terme du membre de droite est égal par définition à $H(Q|P^f)$.

Par le théorème de Girsanov puis la formule d'Ito appliquée à la fonction log f, on a :

$$E_{Q^x}\left(\log \frac{dP^{x,f}|_{\mathcal{F}_1}}{dP^x|_{\mathcal{F}_1}} \right) =$$

$$= E_{Q^x}\left(\frac{1}{2}\log \frac{f(X_1)}{f(X_0)} - \frac{1}{4}\int_0^1 \frac{\Delta f(X_s)}{f(X_s)}ds + \frac{1}{8}\int_0^1 \frac{|\nabla f(X_s)|^2}{|f(X_s)|^2} ds \right)$$

Par stationnarité de $Q = \int Q^x\, Q_0(dx)$, le premier terme du membre de droite disparait quand on réintègre par rapport à Q_0, et le reste devient :

$$- \frac{1}{4}\int_{\mathbb{T}} \frac{\Delta f(x)}{f(x)} f(x)\, \nu(dx) + \frac{1}{8}\int_{\mathbb{T}} \frac{|\nabla f(x)|^2}{|f(x)|^2} f(x)\, \nu(dx)$$

$$= \frac{1}{2}\int_{\mathbb{T}} \frac{1}{4} \frac{|\nabla f(x)|^2}{|f(x)|} \nu(dx)$$

$$= I(f.\nu)\ .$$

On en déduit (3.4) et, par positivité de $H(Q|P^f)$, il est clair que P^f réalise le minimum de l'entropie sur la classe d'états considérée.

De plus, c'est l'unique élément de $\mathcal{P}_{f.\nu}(\Omega)$ qui a pour entropie moyenne $I(f.\nu)$:

soit $Q\in\mathcal{P}_{f.\nu}(\Omega)$ vérifiant $H(Q|P) = I(f.\nu)$;

alors $H(Q|P^f)=0$, ce qui entraine que

$Q^x = P^{x,f}$ pour Q_0-presque tout x.

Comme, de plus, $Q_0=(P^f)_0=f.\nu$, on a $Q = P^f$. ∎

Nous arrivons à la <u>deuxième étape</u> :

Pour trouver la mesure μ qui permet de minimiser le second membre de l'égalité (3.3), nous allons déduire des deux formules de translation (1.12) et (3.4) une nouvelle démonstration du **principe de Rayleigh-Ritz** relatif à la valeur propre λ_1 (cf [Co-Hi ;p.346] pour une formulation dans le cadre du calcul des variations).

<u>Théorème 8</u> : Soit U un potentiel continu sur le tore ; alors

(3.5) $$\sup_{\mu\in\mathcal{P}(\mathbb{T})} \Big(\mu(U) - I(\mu) \Big) = \lambda_1$$

où le suprémum n'est atteint que pour une seule valeur de μ, à savoir pour $\mu = (\varphi_1)^2.\nu$ (λ_1 et φ_1 ont été définis en (1.9)).

<u>Preuve</u> : La formule (1.12) associée avec la proposition 6 entrainent :

(3.6) $$\forall\mu\in\mathcal{P}(\mathbb{T}),\quad I(\mu) - \mu(U) + \lambda_1 = \inf_{\{Q\in\mathcal{P}_\mu(\Omega)\}} H(Q|G)\ .$$

Puisque l'entropie moyenne est toujours positive, cela implique

$$\forall\mu\in\mathcal{P}(\mathbb{T}), \qquad \mu(U) - I(\mu) \le \lambda_1 \ ,$$

et donc

$$\sup_{\mu\in\mathcal{P}(\mathbb{T})} \Big(\mu(U) - I(\mu)\Big) \le \lambda_1 \ ;$$

Explicitons les mesures μ qui satisfont l'égalité

$$\mu(U) - I(\mu) = \lambda_1 \ .$$

Tout d'abord, puisque $I(\mu)$ est finie, cela entraine que μ appartient à $\mathcal{P}_1(\mathbb{T})$; en particulier elle admet une densité, que nous noterons f, qui appartient à l'espace de Dirichlet.

Nous verrons dans la proposition 12 que la définition de P^f et la formule de translation (3.4) peuvent se généraliser à toutes les fonctions f de l'espace de Dirichlet. On a alors par (3.4)

$$H(P^f\,|P) = I(\mu) \ , \text{ et}$$

par (1.12) $\qquad H(P^f\,|P) = H(P^f\,|G) + I(\mu) \ .$

Cela implique $\qquad H(P^f\,|G) = 0,$

i.e. $\qquad P^{x,f} = G^x \quad \mu$-presque sûrement en x.

Mais le lecteur aura reconnu depuis longtemps que $G = P^{(\varphi_1)^2}$:

la densité Z_t définie en (1.10) de G^x par rapport à P^x s'écrit aussi

$$\begin{aligned} Z_t &= \exp(-\lambda_1 t)\, \frac{\varphi_1(X_t)}{\varphi_1(X_0)}\, \exp\Big(t\ R_t(V)\Big) \\ &= \frac{\varphi_1(X_t)}{\varphi_1(X_0)}\, \exp\Big(\int_0^t (U(X_s)-\lambda_1)\ ds\Big) \\ &= \frac{\varphi_1(X_t)}{\varphi_1(X_0)}\, \exp\Big(-\frac{1}{2}\int_0^t \frac{\Delta\varphi_1(X_s)}{\varphi_1(X_s)}\ ds\Big) \\ &= \exp\Big(\int_0^t \nabla(\log\varphi_1)(X_s)\ dX_s \ - \frac{1}{2}\int_0^t |\nabla(\log\varphi_1)(X_s)|^2\ ds\Big) \end{aligned}$$

qui correspond exactement, d'après le théorème de Girsanov, à la densité de $P^{x,(\varphi_1)^2}$ par rapport à P^x.

Pour en revenir à l'identification de la fonction f ci-dessus,

$$P^{x,f} = G^x \quad \text{devient} \quad P^{x,f} = P^{x,(\varphi_1)^2},$$

d'où, par unicité de la mesure invariante associée à chacune de ces deux lois,

$$f.\nu = (\varphi_1)^2.\nu \ .$$

Ceci prouve que l'unique mesure réalisant (3.7) est la mesure $\mu=(\varphi_1)^2.\nu$;le théorème est alors démontré. ∎

La formule (3.3) s'écrit maintenant

$$\inf_{\{Q\in\mathcal{E}_1(e_1)\}} H(Q|P) = \inf_{\{f\in\mathcal{C}_+^2(\mathbb{T}),f.\nu(U)=e_1\}} I(f.\nu)$$
$$= \inf_{\{f\in\mathcal{C}_+^2(\mathbb{T}),f.\nu(U)=\tilde{Q}_0(U)\}} I(f.\nu) \qquad \text{(d'après (3.1)).}$$

Le principe de Rayleigh-Ritz présenté ci-dessus va nous permettre de conclure que $\tilde{Q}$, état d'équilibre choisi arbitrairement au début du paragraphe, est déterminé de facon unique (ainsi, par conséquence, que le niveau d'énergie e_1 qu'il définit).

Par la proposition 5, $\tilde{Q}$, état d'équilibre, satisfait

$$H(\tilde{Q}|P) = \inf_{\{Q,\ Q_0(U)=e_1\}} H(Q|P) ,$$

qui devient, grace à la proposition 6,

$$H(\tilde{Q}|P) = \inf_{\{\mu,\ \mu(U)=e_1\}} I(\mu).$$

Comme, pour tout $Q\in\mathcal{P}_s(\Omega)$, $I(Q_0)\le H(Q|P)$,

$$I(\tilde{Q}_0) \le H(\tilde{Q}|P) \le I(\tilde{Q}_0) \quad .$$

Ces deux dernières inégalités sont, en fait, des égalités, et donc, puisque $\tilde{Q}$ satisfait

$$\tilde{Q}_0(U) = H(\tilde{Q}|P) + \lambda_1 ,$$

cela devient

$$\tilde{Q}_0(U) = I(\tilde{Q}_0) + \lambda_1 ;$$

Ainsi $\tilde{Q}_0$ réalise le suprémum dans l'égalité (3.5), ce qui n'est possible d'après le théorème 8 que si $\tilde{Q}_0 = (\varphi_1)^2.\nu$. Ceci implique déjà que le niveau d'énergie e_1 défini en (3.1) n'est autre que $((\varphi_1)^2.\nu)(U)$. Le théorème 7 et la formule (3.8) permettent de conclure que $\tilde{Q}= P^{(\varphi_1)^2}$. Nous venons de démontrer le

<u>Théorème 9</u> : Le seul état d'équilibre correspondant à un potentiel $V=U\circ X_0$ est la loi d'un mouvement brownien avec dérive, cette dernière valant $\nabla(\log \varphi_1)$ où $(\varphi_1)^2$ est la fonction d'onde unitaire associée à la plus grande valeur propre de l'opérateur de Schrödinger $\frac{1}{2}\Delta + U$.

Ainsi, pour relier ce résultat avec le principe de Boltzmann cité au paragraphe 2, l'on constate que le champ empirique R_t, sous la loi $P(.|\ R_t(V)=e_1)$ prend typiquement la valeur $P^{(\varphi_1)^2}$. Le niveau d'énergie e_1 détermine donc la valeur de toutes les observations, dans le sens que pour tout potentiel W sur Ω, $R_t(W)$ réalise typiquement le réel $\int_\Omega W\, dP^{(\varphi_1)^2}$.

L'on peut déduire du théorème 9 une convergence plus forte que celle de la loi du champ empirique conditionné. C'est l'objet de la

Proposition 10: **La probabilité de $\mathcal{P}_s(\Omega)$ $P(.|\ R_t\in\mathcal{E}_1^\delta(e_1))$, appelée souvent ensemble micro-canonique, converge quand t tend vers l'infini puis δ vers 0 vers $P^{(\varphi_1)^2}$, défini au théorème 9.**

Des résultats de ce type sont dénommés dans la littérature : **Equivalence d'ensembles.**

Preuve : L'idée est essentiellement la même que dans [De-St-Ze], Theorem 3.5. Soit ϕ une fonction bornée de $\mathcal{C}(\Omega)$. Par stationnarité de R_t

$$\lim_{\substack{t\to\infty\\ \delta\to 0}} \int_\Omega \phi(\omega)\ dP(\omega|\ R_t\in\mathcal{E}_1^\delta(e_1)) = \lim_{\substack{t\to\infty\\ \delta\to 0}} \int_\Omega R_t(\omega)(\phi)\ dP(\omega|\ R_t\in\mathcal{E}_1^\delta(e_1))$$

$$= \lim_{\substack{t\to\infty\\ \delta\to 0}} \int_{\mathcal{P}_s(\Omega)} Q(\phi)\ P(.|\ R_t\in\mathcal{E}_1^\delta(e_1)\circ R_t^{-1}(dQ)$$

$$= \int_\Omega \phi\ dP^{(\varphi_1)^2}.$$

4 ETATS D'ÉQUILIBRE POUR LE CHAMP EMPIRIQUE EN PRÉSENCE DE FORCES SUPPLÉMENTAIRES

Nous considérons maintenant le champ empirique sous de nouvelles lois caractérisant l'addition de forces extérieures dans le modèle précédent.
Soit n un entier supérieur à 1, que nous fixons pour la suite du paragraphe. Généralisant le niveau d'énergie $\mathcal{E}_1(e)$, soit $\mathcal{E}_n(e)$ défini comme suit :

$$\mathcal{E}_n(e) = \{Q\in\mathcal{P}_s(\Omega),\ Q(V)(=Q_0(U))=e,\ Q_0\in\mathcal{P}_n(\mathbb{T})\} \tag{4.1}$$

où

$\mathcal{P}_n(\mathbb{T}) = \{\mu\in\mathcal{P}(\mathbb{T}),\ \mu=\psi^2.\nu,\ \psi$ élément de l'espace de Dirichlet et $(\psi,\varphi_1)=(\psi,\varphi_2)=\ldots=(\psi,\varphi_{n-1})=0\}$

avec $(\varphi_n)_{n\ge1}$, une base orthonormée de $L^2(d\nu)$ composée de vecteurs propres de l'opérateur de Schrödinger $\frac{1}{2}\Delta + U$ associés respectivement à la suite des valeurs propres $(\lambda_n)_n$ ordonnée en décroissant : $\lambda_1>\lambda_2\ge\lambda_3\ge\ldots$

Dans tout le paragraphe, e sera fixé égal à $e_n = \mu_n(U)$ où

$$\mu_n = \psi_n^2.\nu \in P_n(\mathbb{T}) \quad \text{et} \tag{4.2}$$

$$P_n(\mathbb{T}) = \{\mu\in\mathcal{P}_n(\mathbb{T}) : \mu=\psi^2.\nu,\ (\tfrac{1}{2}\Delta + U)\psi = \lambda_n\ \psi\}\ . \tag{4.3}$$

Remarquons que l'espace propre associé à λ_n est, pour n>1, de dimension quelconque finie. $\mathcal{P}_n(\mathbb{T})$ contient bien sûr $(\varphi_n)^2.\nu$, mais peut aussi contenir d'autres éléments qui ne lui sont pas proportionnels.

Le principe de Boltzmann s'applique encore dans ce cadre et nous dit que

$$P^x(R_t \cong \tilde{Q} \mid R_t \in \mathcal{E}_n^\delta(e_n)) \underset{\substack{t \to +\infty \\ \delta \to +\infty}}{\sim} \exp -t\left(H(\tilde{Q}|P) - \inf_{Q \in \mathcal{E}_n(e_n)} H(Q|P)\right) .$$

La question naturelle découlant de cette estimation est la suivante :
Quels sont les états $\tilde{Q}$ d'énergie e_n qui réalisent le minimum de l'entropie moyenne sur ce niveau d'énergie?

Cela nous amène à définir $\mathcal{G}_n(V)$, l'ensemble des **états d'équilibre de R_t sous ce nouveau conditionnement**, de la facon suivante

$$\mathcal{G}_n(V) = \{\tilde{Q} \in \mathcal{E}_n(e_n),\ H(\tilde{Q}|P) = \inf_{\{Q \in \mathcal{E}_n(e_n)\}} H(Q|P)\} . \tag{4.4}$$

Comme en (3.2), l'on peut écrire :

$$\inf_{\{Q \in \mathcal{E}_n(e_n)\}} H(Q|P) = \inf_{\{\mu \in \mathcal{P}_n(\mathbb{T}),\mu(U)=e_n\}} \ \inf_{\{Q \in \mathcal{P}_\mu(\Omega)\}} H(Q|P) , \tag{4.5}$$

$$= \inf_{\{\mu \in \mathcal{P}_n(\mathbb{T}),\mu(U)=e_n\}} I(\mu) \text{ (d'après la proposition 6).}$$

Nous cherchons donc

1) les mesures $\tilde{\mu} \in \mathcal{P}_n(\mathbb{T})$ telles que $\tilde{\mu}(U)=e_n$, et $I(\tilde{\mu}) = \inf_{\{\mu \in \mathcal{P}_n(\mathbb{T}),\mu(U)=e_n\}} I(\mu) < +\infty$

2) les processus ayant pour loi les mesures $\tilde{Q}$, telles que $H(\tilde{Q}|P) = I(\tilde{\mu})$.

<u>Réponse à 1)</u>

Le principe variationnel de Rayleigh relatif à la $n^{\text{ième}}$ valeur propre λ_n joue un rôle fondamental pour résoudre la question ci-dessus. Nous l'énoncons dans le Théorème 11 tel qu'il est écrit dans [Co-Hi], p. 346 ; malheureusement, nous ne pouvons plus (comme dans le cas n=1) en fournir une démonstration directe, car la martingale Z_t définie en (1.10) à partir de φ_1 n'a plus de sens si l'on remplace les indices "1" par des indices "n", la fonction φ_n admettant des zéros. La formule de translation (1.12) n'est donc apparemment pas généralisable à ce nouveau cadre.

Théorème 11 : Soit U un potentiel continu sur le tore ; alors

(4.6) $$\sup_{\mu\in\mathcal{P}_n(\mathbb{T})} \left(\mu(U) - I(\mu) \right) = \lambda_n$$

où le suprémum n'est atteint que pour les mesures admettant comme densité une fonction d'onde associée à la valeur propre λ_n (en particulier $\mu=(\varphi_n)^2.\nu$ réalise l'infimum).

Remarque : Une différence fondamentale avec le cas n=1 traité dans le théorème 8, est que nous perdons l'unicité des probabilités qui atteignent le suprémum

De la formule (4.6), on déduit que

$$\sup_{\{\mu\in\mathcal{P}_n(\mathbb{T}),\mu(U)=e_n\}} \left(\mu(U) - I(\mu) \right) \le \lambda_n ,$$

soit encore $$e_n - \inf_{\{\mu\in\mathcal{P}_n(\mathbb{T}),\mu(U)=e_n\}} I(\mu) \le \lambda_n ,$$

qui est équivalent à

(4.7) $$\inf_{\{\mu\in\mathcal{P}_n(\mathbb{T}),\mu(U)=e_n\}} I(\mu) \ge e_n - \lambda_n .$$

Or, d'après la définition (4.3), tout élément μ de $P_n(\mathbb{T})$ satisfait

$$\mu(U) - I(\mu) = \lambda_n ;$$

donc, tout élément $\tilde{\mu}$ de $P_n(\mathbb{T})$ d'énergie e_n (il existe au moins un élément satisfaisant ces conditions, c'est μ_n définie en (4.2)), satisfait

$$I(\tilde{\mu}) = e_n - \lambda_n .$$

Replacé dans (4.7), on obtient

$$\forall\tilde{\mu}\in P_n(\mathbb{T}),\ \tilde{\mu}(U)=e_n, \quad \inf_{\{\mu\in\mathcal{P}_n(\mathbb{T}),\mu(U)=e_n\}} I(\mu) = I(\tilde{\mu}) .$$

De plus, d'après le théorème 11, ces mesures $\tilde{\mu}$ sont les seules mesures satisfaisant $\tilde{\mu}(U)=e_n$ qui atteignent l'infimum de la fonctionnelle I sur $\mathcal{P}_n(\mathbb{T})$.

La question 1 est donc résolue :

les probabilités $\tilde{\mu}$ recherchées sont les mesures satisfaisant $\tilde{\mu}(U)=e_n$ qui ont pour densité le carré d'une fonction propre de l'opérateur de Schrödinger, associée à la valeur propre λ_n, et orthogonale à l'espace propre engendré par les n-1 premières fonctions propres $\varphi_1,\dots,\varphi_{n-1}$.

Réponse à 2):

Ce problème est équivalent à celui de la construction de la loi d'un Brownien avec dérive singulière, celle-ci étant de type $\frac{1}{2}\nabla(\log \psi^2)$, où ψ, élément de l'espace de Dirichlet, admet des zéros. Le cas stationnaire a été considéré en

premier par Albeverio et Hoegh-Krohn [Al-Ho], puis a eu de nombreux développements jusqu'à maintenant (cf par exemple [Al-Bl-Ho], [Bl-Go]. Dans ce dernier, on trouvera un sommaire très clair de la littérature sur ce sujet.)
C'est une question centrale de la mécanique stochastique de Nelson [Ne], quand la fonction ψ est une fonction propre d'ordre $n>1$ de l'opérateur de Schrödinger. Nous utiliserons les résultats de Meyer et Zheng [Me-Zh], que nous rappelons brièvement ;

si ψ est une fonction propre de l'opérateur de Schrödinger associée à la valeur propre λ_n, l'on peut construire une diffusion appelée **processus de Nelson**, de loi P^{ψ^2} ayant les propriétés suivantes :

(4.8) $P^{\psi^2}(\{\omega,\ \zeta(\omega)<+\infty\})=0$ où ζ est le temps de mort du processus. Cela signifie que les trajectoires du processus de loi P^{ψ^2} ne rencontre jamais l'ensemble $N=\{x\in\mathbb{T},\ \psi(x)=0\}$.

En d' autres termes, les surfaces nodales sur lesquelles ψ s'annulent sont des barrières infranchissables pour les trajectoires.

(4.9) le processus de loi P^{ψ^2} est stationnaire et de marginale $\psi^2.\nu$

(4.10) pour $\psi^2.\nu$ -presque tout $x\in N^c$, P^{x,ψ^2} est la loi d'un mouvement brownien sur $\mathbb{T}$ partant de x et de dérive $\frac{1}{2}\nabla(\log \psi^2)$.

Cette construction est faite plus généralement dans [Me-Zh] pour tout ψ tel que $\psi^2.\nu \in\mathcal{P}_1(\mathbb{T})$. Nous pouvons donc démontrer la généralisation suivante de la formule (3.4) :

Proposition 12 : **Si f est une fonction telle que $f.\nu \in\mathcal{P}_1(\mathbb{T})$ alors, pour tout $Q\in\mathcal{P}_{f.\nu}(\Omega)$,**

(4.11) $$H(Q|P) = H(Q|P^f) + I(f.\nu) .$$

(En particulier, cette dernière égalité est satisfaite quand $f=(\varphi_n)^2$).

Preuve: Quand $f.\nu \in\mathcal{P}_1(\mathbb{T})$, l'égalité (4.11) a bien un sens car d'après [Me-Zh] P^f existe et $I(f.\nu)$ est finie ; sa démonstration se déroule alors comme celle de (3.4) .

Pour toute fonction propre ψ de l'opérateur de Schrödinger, ψ et $\nabla\psi$ appartiennent à $L^2(\mathbb{T})$,ce qui revient à dire que $\psi^2.\nu$ appartient à $\mathcal{P}_1(\mathbb{T})$.Donc $I(\psi^2.\nu)$ est finie, égale à $\frac{1}{2}\int|\nabla\psi|^2\ d\nu$.
En conclusion, sur $\mathcal{P}_{f.\nu}(\Omega)$, l'entropie minimale n'est réalisée que par P^f. ∎

Nous avons donc la réponse à la question 2), qui nous permet d'expliciter l'ensemble $\mathcal{G}_n(V)$ des états d'équilibre de R_t sur le niveau d'énergie $\mathcal{E}_n(e_n)$.

$\mathcal{G}_n(V)$ est formé de lois de processus de Nelson P^{ψ^2}, où $\psi^2.\nu(U) = e_n$ ($=\psi_n^2.\nu(U)$, défini en (5.2)) et ψ est une fonction propre de l'opérateur de Schrödinger $\frac{1}{2}\Delta + U$ associée à la $n^{\text{ième}}$ valeur propre et orthogonale aux n-1 premières fonctions propres $\varphi_1,\ldots,\varphi_{n-1}$.

Si $\mathcal{G}_n(V)$ admet plusieurs éléments (i.e. il y a non-unicité des états d'équilibre), nous retrouvons un phénomène semblable à celui dénommé en mécanique statistique par **transition de phase.**

BIBLIOGRAPHIE

[Al-Ho] **S. Albeverio, R. Hoegh-Krohn** : A remark on the connection between stochastic mechanics and the heat equation, J. Math. Phys. 15, 1745 (1974)

[Al-Bl-Ho] **S. Albeverio, Ph. Blanchard, R. Hoegh-Krohn** : Newtonian diffusions and planets, with a remark on a non-standart Dirichlet forms and polymers, "Stoch. Anal. and Appl.",Truman,Williams (eds) LN in Math. 1095, Springer (1984)

[Bl-Go] **Ph. Blanchard, S. Golin** : Diffusion processes with singular drift fields, Comm. Math. Phys. 109 (1987) 421-435

[Co-Hi] **R. Courant, D. Hilbert** : *Methoden der Mathamatischen Physik I,* Springer Verlag, (1968)

[De-St-Ze] **J.-D. Deuschel, D.W. Stroock, H. Zessin** : Microcanonical distributions for lattice gases, à paraitre dans Comm. Math. Phys.

[Do-Va] **M.D. Donsker, S.R.S. Varadhan** : Asymptotic evaluation of certain Wiener integrals for large time, Functional Integration and its Applic., Proc. International Conference Cumberland Lodge, London 1974, A.M. Arthurs (Ed.), Clarendon Press (1975)

[Do-Va IV] **M.D. Donsker, S.R.S. Varadhan** : Asymptotic evaluation of certain Markov process expectations for large time, Comm. Pure Appl. Math. *36* (1983) p.183-212

[Ka] **M. Kac** : On some connections between probability theory and differential and integral equations, Proc. 2nd Berkeley Symp. (1950) p.189-215

[Me-Ze] P.A. Meyer, W.A. Zheng : Construction de processus de Nelson réversibles, Séminaire de Probabilités XVIII, L.N. in Math. Springer Verlag (1985) p.12-26

[Ne] E. Nelson : Critical diffusions, Séminaire de Probabilités XVIII, L.N. in Math. Springer Verlag (1985) p.1-11

[Va] S.R.S. Varadhan : Asymptotic probabilities and differential equations, Comm. Pure Appl. Math. *19* (1966) p.261-286

[Ze] H. Zessin : Boltzmann's principle for Brownian motion on the torus, Prépublication (1990)

Nous remercions Reinhard Lang dont les idées ont en grande partie inspiré ce travail.

S. R. tient a remercier les membres de BiBos et du laboratoire de physique de L 'universite de Bielefeld qui l'ont accueillie chaleureusement et ainsi, ont favorise la realisation de ce travail.

S.R.: U.A. CNRS 224, Laboratoire de Probabilités, Université Paris 6, Tour 56, 4 place Jussieu, F-75252 Paris Cedex 05

Adresse temporaire : BiBoS, Institut für Physik, Universität Bielefeld, D-4800 Bielefeld 1

H.Z.: Institut für Mathematik, Universität Bielefeld, D-4800 Bielefeld 1

New sufficient conditions for the law of the iterated logarithm in Banach spaces

Michel Weber
University of Strasbourg I
(February 1990)

1. Introduction. Results.

Let E be a separable Banach space and let E' its topological dual and E_1 the closed unit ball of E'. Our purpose in this paper will be to state a "'majorizing measure" type sufficient condition for checking the law of the iterated logarithm in Banach space. Let $X, X_1, X_2, \ldots$ be a sequence of independent identically distributed random variables with values in E. We denote, as usual, $S_n(X) = X_1 + \cdots + X_n$, $n \geq 1$ and $a(n) = \sqrt{2n \operatorname{llog} n}$, $n \geq 3$. We recall that the random variable X satisfies the bounded law of the iterated logarithm in E, $(BLIL)$, (resp. compact law of the iterated logarithm in E, $(CLIL)$), when the sequence $\{S_n(X)/a(n), n \geq 3\}$ is bounded in E almost surely, (resp. relatively compact in E almost surely). By way of preliminary, we recall the reduction theorem of Ledoux-Talagrand, ([3], theorem 1.1).

THEOREM 1.1.

a) *(BLIL) X satisfies the bounded LIL if, and only if, the following three conditions hold*

(1.1) $\mathsf{E}(\|X\|^2 \operatorname{loglog}\|X\|) < \infty$,

(1.2) *for each* $f \in E', \mathsf{E}(< x, f >^2) < \infty$,

(1.3) *the sequence* $\{S_n(X)/a(n), n \geq 3\}$ *is bounded in* E *in probability.*

b) *(CLIL) X satisfies the compact LIL if, and only if, the following three conditions hold*

(1.1) $E(\|X\|^2/\log\log\|X\|) < \infty$,

(1.4) $\{\langle X, f\rangle^2, f \in E_1\}$ *is uniformly integrable,*

(1.5) $S_n(X)/a(n) \to 0$ *as* $n \to \infty$, *in probability.*

This result, which reduces the problem from one of the almost sure behavior to one of the in-probability behavior, let in doubt the question of a possible condition (regarding X and E, instead of $S_n(X)$ and E) ensuring (1.3) or (1.5). Our goal here will be precisely of giving a such kind of condition. For, we introduce some useful notations :

Let $\phi_2(x) = e^{x^2} - 1$, and we consider the usual Orlicz norm associated to ϕ : given a probability $(\Omega, \mathcal{F}, \mu)$, we set for any element f of $L^{\phi_2}(\mu), \|f\|_{\phi_2,\mu} = \inf\{c > 0 : \int_\Omega \phi_2(f(x).c^{-1}) d\mu(x) \leq 1\}$.

We refer the reader to [2] for basic results on Orlicz spaces. Throughout this paper, we denote by $(\Omega_X, \mathcal{A}_X, P_X)$ the probability space of the sequence $X, X_1, X_2, \ldots$; we set also for any integer $p \geq 1$, $a_p = a(2^p)$. We introduce the following homogeneous pseudo metrics :

$$(1.6) \qquad \forall p \geq 1, \forall f, g \in E', d_p(f, g) = d_p(0, f - g) = \|\langle X^{(p)}, f - g\rangle\|_{\phi_2, P_X}.$$

Where $X^{(p)} = X.I(\|X\| \le a_p)$.

We set afterwards for any integer $p \ge 1$,

$$B_p = \{f \in E' : d_p(0,f) \le 1\}$$

(1.7)
$$\mu_p = \inf_{\mu \in \mathrm{M}_1^+(B_p)} \sup_{f \in B_p} \int_0^1 \left(\frac{1}{\mu(B_{d_p}(f,u))}\right) du,$$
$$\text{where } B_{d_p}(f,u) = f + \{g : d_p(0,g) \le u\}$$
$$\Delta_p = \sup\{d_p(0,f),\, f \in E_1'\}.$$

Our main result can be stated as follows.

THEOREM 1.2.

a) *(BLIL) In order that X satisfies the bounded LIL in E it is enough that conditions* (1.1), (1.2) *and*

(1.8)
$$\limsup_{p \to \infty} \Delta_p \mu_p^2 / \sqrt{\log p} < \infty,$$

are fulfilled.

b) *(CLIL) In order that X satisfies the compact LIL in E, it is enough that conditions* (1.1), (1.4) *and*

(1.9)
$$\lim_{p \to \infty} \Delta_p \mu_p^2 / \sqrt{\log p} = 0,$$

are fulfilled.

2. Preliminaries.

For proving theorem 1.2, we will use the following slight improvement of the well known result of [1]. Its proof is very similar to those of theorem 1.5 in [5].

THEOREM 2.1. — *Let $X = \{X_t, t \in T\}$ be a centered stochastic process, with basic probability space $(\Omega, \mathcal{A}, P)$. We assume that*

(2.1)
$$\forall s,t \in T\ ,\ \|X_s - X_t\|_{\phi_2,P} \le d(s,t),$$

where d is a pseudo-metric on T. Then for any Borel probability measure on T (i.e. $\mu \in \mathrm{M}_1^+(T)$).

(2.2) p.s.
$$\sup_{(s,t) \in T \times T} |X_s - X_t| \le C \|X\|_{\phi_2, \mu \otimes \mu} \sup_{t \in T} \int_0^{\frac{\operatorname{diam}(T,d)}{2}} \phi_2^{-1}\left(\frac{1}{\mu(B_d(t,u))}\right) du$$

$$(2.3)\quad \text{p.s. } \forall s,t \in T \qquad |X_s - X_t| \le C\|\tilde{X}\|_{\phi_2,\mu\otimes\mu} \sup_{t\in T} \int_0^{\frac{\operatorname{diam}(T,d)}{2}} \phi_2^{-1}\left(\frac{1}{\mu(B_d(t,u))}\right) du$$

$$(2.4)\qquad \|\sup_{(s,t)\in T\times T} X_s - X_t\|_{\phi_2,P} \le CI(T,d),$$

where

$$(2.5)\qquad I(T,d) = \inf_{\mu\in \mathbf{M}_1^+(T)} \sup_{t\in T} \int_0^{\frac{\operatorname{diam}(T,d)}{2}} \phi_2^{-1}\left(\frac{1}{\mu(B_d(t,u))}\right) du;$$

and $\tilde{X} = \{(X_s - X_t)/d(s,t), s,t \in T, d(s,t) \neq 0\}$ and $0 < C < \infty$ is a numerical constant.

3. Proof of theorem 1.2.

By a classical symmetrization argument, it is enough to prove theorem 1.2 for symmetric random variables X. In that case, the sequence $X, X_1, X_2, \ldots$ has same law than the sequence $\varepsilon X, \varepsilon_1 X_1, \varepsilon_2 X_2, \ldots$ where $\varepsilon, \varepsilon_1, \varepsilon_1, \varepsilon_2, \ldots$ is a Rademacher sequence defined on another probability space $(\Omega_\varepsilon, \mathcal{A}_\varepsilon, P_\varepsilon)$.

Let p be fixed, we denote again $X^{(p)} = \{\langle X^{(p)}, f\rangle, f \in E'\}$. Then,

$$(3.1)\qquad \sup_{(f,g)\in E_1'} \left|\frac{X^{(p)}(f) - X^{(p)}(g)}{d_p(f,g)}\right| = \sup_{(f,g)\in E_1'} \left|\frac{X^{(p)}(f-g)}{d_p(f,g)}\right| \le \sup_{d_p(0,h)\le 1} |\langle X^{(p)}, h\rangle|.$$

But, $\|X^{(p)}(h) - X^{(p)}(h')\|_{\phi_2,P_X} = \|X^{(p)}(h-h')\|_{\phi_2,P_X} = d_p(h,h')$.

By virtue of theorem 2.1,

$$(3.2)\qquad \|\sup_{d_p(0,h)\le 1} \langle X^{(p)}, h\rangle\|_{\phi_2,P_X} \le C\mu p,$$

where $0 < C < \infty$ is a numerical constant, which may change from line to line. Set now for any integer $n \in [2^p, 2^{p+1}[$,

$$(3.3)\qquad \forall f \in E_1' \ , \ \mathrm{U}_n(f) = \left(\frac{1}{n}\sum_{j=1}^n \langle X_i^{(p)}, f\rangle^2\right)^{1/2}.$$

Next we use the following elementary fact : if $\phi_1(x) = e^{|x|} - |x| - 1$, then,

(3.4) there exists a number $0 < C < \infty$ such that $\|f^2\|_{\phi_1,P_X} \le \|f\|_{\phi_2,P_X} \le C\|f^2\|_{\phi_1,P_X}$.

Consequently, we get

$$\| \sup_{d_p(0,h)\le 1} U_n(h)\|_{\phi_2,P_X} \le C\cdot \mu_p. \tag{3.5}$$

Using then the triangular inequality for the l_2-norms, we also have,

$$\sup_{(f,g)\in E_1'} \frac{|U_n(f)-U_n(g)|}{d_p(f,g)} \le \sup_{(f,g)\in E_1'} \left|\frac{U_n(f-g)}{d_p(f,g)}\right| \le \sup_{d_p(0,h)\le 1} |U_p(h)|, \tag{3.6}$$

hence, finally,

$$\| \sup_{(f,g)\in E_1'} \left|\frac{U_p(f-g)}{d_p(f,g)}\right| \|_{\phi_2,P_X} \le C\mu_p. \tag{3.7}$$

Let $M>0$, and we set

$$A(M) = \left\{ \sup_{(f,g)\in E_1'} \left|\frac{U_n(f-g)}{d_p(f,g)}\right| \le M\mu_p \right\}.$$

We have, from (3.7), $P_X\{A^c(M)\} \le \overline{e}^{CM^2}$, and on $A(M)$, denoting

$$\forall n \in [2^{p-1}, 2^p[, \forall f \in E_1', G_n(f) = \frac{1}{\sqrt{n}} \sum_{i=1}^{n} < X_i^{(p)}, f > \varepsilon_i,$$

and using a generalized version of the classical Kahane-Khintchine inequalities (see [4], p. 277) for Rademacher averages,

$$\|G_n(f) - G_n(g)\|_{\phi_2,P_\varepsilon} \le |U_n(f-g)| \le M\mu_p d_p(f,g). \tag{3.8}$$

Hence, in virtue of theorem 2.1, on $A(M)$, we have

$$\| \sup_{f\in E_1'} G_n(f)\|_{\phi_2,P_\varepsilon} \le MC(\mu_p)^2\Delta_p. \tag{3.9}$$

Since, $\sup_{f\in E_1'} G_n(f) = \left\|\frac{S_n(X^{(p)}\varepsilon)}{\sqrt{n}}\right\|$; we deduce for any p and integer $n \in [2^{p-1}, 2^p[$,

$$\begin{aligned} P\left\{\frac{\|S_n(X)\|}{\sqrt{2^n \operatorname{llog} n}} > M^2\right\} &\le P\{\exists i \le 2^{p+1} : X_i \ne X_i^{(p)} \\ &+ \int P_X\{A^c(M)\} dP_\varepsilon + \int_{A(M)} P_\varepsilon\left\{\frac{\|S_n(X^{(p)}\varepsilon)\|}{\sqrt{n}} > M^2 C\sqrt{\log p}\right\} dP_X \\ &\le 2^p P\{\|X\| > a_p\} + \exp(-CM^2) + \exp\left(-\frac{MC\sqrt{\log p}}{\Delta_p(\mu_p)^2}\right)2. \end{aligned}$$

Taking into account assumptions (1.1) and (1.8), we thus see, for any $\varepsilon > 0$, that it is possible to find a real $M(\varepsilon) < \infty$ and integer $N(\varepsilon) < \infty$ such that for any $n \geq N(\varepsilon)$

$$P\left\{\frac{\|S_n(X)\|}{\sqrt{2n\operatorname{llog} n}} > M(\varepsilon)\right\} \leq \varepsilon.$$

Hence the bounded *LIL* is established. We deduce the compact *LIL* by means of theorem 1.1, and using a quite similar argumentation.

References :

[1] GARSIA, A, RODEMICH, E., RUMSEY Jr. H, *A real variable lemma and the continuity of paths of Gaussian processes*, Indiana U. Math. J.V., 20, 565–578, (1970).

[2] KRASNOSELSKI, M.A., RUTISKY, J.B., *Convex functions and Orlicz spaces*, Dehli Pub. Hindustan Corp. (1962).

[3] LEDOUX, M., TALAGRAND, M., *Characterization of the law of the iterated logarithm in Banach spaces*, Ann. Prob. 16, 1242–1264, (1988).

[4] MARCUS, M., PISIER, G., *Characterizations of almost surely continuous p-stable random Fourier series and strongly stationary processes*, Act. Math., 152, 245–301.

[5] NANOPOULOS, C., NOBELIS, P., *Étude de la régularité des fonctions aléatoires et de leurs propriétés limites*, Sem. de Prob. XII, Lect. Notee in Math. 649, 567-690, (1977).

[6] WEBER, M., *The law of the iterated logarithm for subsequences in Banach spaces*, Prob. in Banach spaces VII, Progress in Prob. 2.1, p. 269–288, Birkhaüser, (1990).

I.R.M.A.
Unité de Recherche associée au C.N.R.S., 1
7, rue René Descartes,
67084 STRASBOURG CEDEX

Un résultat élémentaire de fiabilité. Application à la formule de Weierstrass sur la fonction gamma.

A. Fuchs
Département de Mathématique
et Informatique
7, rue René Descartes
F-67084 Strasbourg Cédex

G. Letta
Dipartimento di Matematica
Via Buonarroti, 2
I-56100 Pisa

Résumé. — On expose un résultat élémentaire concernant la distribution de n instants de panne indépendants, de même loi exponentielle (ou géométrique). A l'aide de ce résultat, on retrouve la célèbre formule de Weierstrass donnant une représentation de la fonction gamma comme produit infini.

Dans le présent article nous étudions un problème élémentaire de fiabilité, qui consiste à déterminer la distribution des instants de panne de n instruments, installés simultanément à l'instant 0 et fonctionnant indépendamment les uns des autres, dont les durées de vie sont supposées avoir une même loi exponentielle, ou bien une même loi géométrique.

Parmi les applications du résultat relatif au cas exponentiel, nous exposons notamment un résultat concernant la désintégration radioactive, ainsi qu'une démonstration probabiliste, très simple, de la formule classique de Weierstrass donnant une représentation de la fonction gamma comme produit infini.

1. Distribution de n instants de panne exponentiels.

Dans ce paragraphe nous étudions le cas où les durées de vie des n instruments sont supposées avoir une même loi exponentielle.

Commençons par introduire quelques notations. Si x est un élément de $\mathbf{R}^n$, nous désignerons par x^* l'élément de $\mathbf{R}^n$ obtenu "en rangeant les coordonnées de x par ordre de grandeur croissante". De manière formelle, x^* est défini en posant $x_i^* = x_{\sigma(i)}$ pour tout indice i, où σ est une permutation de l'ensemble $\{1, \ldots, n\}$ des indices, telle que l'on ait

$$x_{\sigma(1)} \leq \cdots \leq x_{\sigma(n)}.$$

(Il est clair que cette définition ne dépend pas du choix de σ). Si X est un vecteur aléatoire à valeurs dans $\mathbf{R}^n$, nous désignerons par X^* le vecteur aléatoire défini par

$$X^*(\omega) = (X(\omega))^*.$$

En outre, nous désignerons par $\widetilde{X}$ le vecteur aléatoire (dit "des espacements") dont les composantes sont données par

$$\widetilde{X}_1 = X_1^*, \qquad \widetilde{X}_2 = X_2^* - X_1^*, \ldots, \widetilde{X}_n = X_n^* - X_{n-1}^*.$$

On aura donc, en particulier :

$$\widetilde{X}_1 = X_1^* = \inf_{1 \leq i \leq n} X_i, \qquad X_n^* = \sup_{1 \leq i \leq n} X_i = \Sigma_{i=1}^n \widetilde{X}_i.$$

Avec ces notations, on a le résultat suivant (voir, par ex., [1], I.6, p. 19) :

(1.1) THÉORÈME. — *Soit X un n-échantillon de la loi exponentielle $\mathcal{E}(\lambda)$. Alors le vecteur aléatoire $\widetilde{X}$ admet comme loi la mesure produit*

$$\mathcal{E}(n\lambda) \otimes \mathcal{E}((n-1)\lambda) \otimes \cdots \otimes \mathcal{E}(\lambda).$$

(1.2) COROLLAIRE. — *Si X est un n-échantillon de $\mathcal{E}(\lambda)$, la variable aléatoire*

$$\sup_{1 \leq i \leq n} X_i = X_n^* = \Sigma_{i=1}^n \widetilde{X}_i$$

admet comme loi le produit de convolution des lois $\mathcal{E}(k\lambda)$, avec $1 \leq k \leq n$.

On peut imaginer que les n composantes $X_1, \ldots, X_n$ de l'échantillon X considéré dans le théorème (1.1) représentent les instants de panne de n instruments, installés simultanément à l'instant 0 et fonctionnant indépendamment les uns des autres. La variable aléatoire $\widetilde{X}_1 = X_1^*$ représente alors le premier instant de panne. En outre, pour tout indice i (compris entre 2 et n), X_i^* représente le i-ème instant de panne, et $\widetilde{X}_i$ le temps qui le sépare de l'instant de panne immédiatement antérieur.

2. Applications diverses.

Comme première application du corollaire (1.2), on peut démontrer la proposition suivante :

(2.1) PROPOSITION. — *Soit $(X_n)_{n \geq 1}$ une suite de variables aléatoires réelles indépendantes, toutes de loi $\mathcal{E}(\lambda)$. Posons, pour tout n,*

$$Z_n = \sup_{1 \leq i \leq n} X_i.$$

Alors :

(a) On a

$$E[Z_n] = \frac{1}{\lambda} \Sigma_{k=1}^n \frac{1}{k} \sim \frac{1}{\lambda} \log n, \qquad \operatorname{Var}[Z_n] = \frac{1}{\lambda^2} \Sigma_{k=1}^n \frac{1}{k^2} < \frac{1}{\lambda^2} \zeta(2).$$

(b) La suite $(Z_n / E[Z_n])_{n \geq 1}$ converge dans $\mathcal{L}^2$ vers la constante 1.

Démonstration. — La première assertion découle directement du corollaire (1.2). La deuxième est une conséquence de la première, grâce au lemme suivant.

(2.2) LEMME. — *Soit $(Z_n)_{n \geq 1}$ une suite de variables aléatoires réelles appartenant à $\mathcal{L}^2$, telle que l'on ait*

$$\lim_n |E[Z_n]| = \infty, \qquad \sup_n (\mathrm{Var[Z_n]} / |\mathrm{E[Z_n]}|) < \infty.$$

Dans ces conditions, la suite $(Z_n / E[Z_n])_{n \geq 1}$ converge dans $\mathcal{L}^2$ vers la constante 1.

Démonstration. — On a en effet

$$E[(Z_n/E[Z_n]-1)^2] = \mathrm{Var}[Z_n]/|E[Z_n]|^2 \to 0.$$

Une autre interprétation possible de l'échantillon X considéré dans le théorème (1.1) consiste à imaginer que ses n composantes $X_1, \ldots, X_n$ représentent les instants de désintégration de n noyaux d'un certain élément radioactif, dont $1/\lambda$ est la durée moyenne de vie. Avec cette interprétation, si l'on se donne un nombre réel p, avec $0 < p < 1$, et si l'on considère l'entier k déterminé par la relation

$$k - 1 < pn \leq k,$$

on voit que la variable aléatoire

$$X_k^* = \Sigma_{i=1}^k \widetilde{X}_i$$

(qu'on pourra appeler le *quantile empirique d'ordre* p de l'échantillon X) représente le premier instant où le nombre de noyaux déjà désintégrés est supérieur ou égal à pn. Le théorème (1.1) permet d'en calculer aisément l'espérance et la variance :

$$E[X_k^*] = \frac{1}{\lambda}\Sigma_{i=1}^k \frac{1}{n-i+1} = \frac{1}{\lambda}\Sigma_{h=n-k+1}^n \frac{1}{h},$$
$$\mathrm{Var}[X_k^*] = \frac{1}{\lambda^2}\Sigma_{i=1}^k \frac{1}{(n-i+1)^2} = \frac{1}{\lambda^2}\Sigma_{h=n-k+1}^n \frac{1}{h^2}.$$

Il en résulte la proposition suivante :

(2.3) PROPOSITION. — *Soit $(X_n)_{n\geq 1}$ une suite de variables aléatoires réelles indépendantes, toutes de loi exponentielle $\mathcal{E}(\lambda)$. Etant donné un nombre réel p, avec $0 < p < 1$, posons $q = 1 - p$ et désignons par Q_n (pour tout $n \geq 1$) le quantile empirique d'ordre p de l'échantillon de composantes $X_1, \ldots, X_n$.*

On a alors (lorsque n tend vers l'infini)

$$E[Q_n] \sim \frac{1}{\lambda}\int_{qn}^n \frac{1}{x}dx = -\frac{1}{\lambda}\log q,$$
$$\mathrm{Var}[Q_n] \sim \frac{1}{\lambda^2}\int_{qn}^n \frac{1}{x^2}dx = \frac{p}{\lambda^2 qn}.$$

Par conséquent, la suite $(Q_n)_{n\geq 1}$ converge dans $\mathcal{L}^2$ vers la constante $-\frac{1}{\lambda}\log q$.

On remarquera que la constante $-\frac{1}{\lambda}\log q$ est le quantile d'ordre p de la loi $\mathcal{E}(\lambda)$: on sait donc que la convergence de (Q_n) vers cette constante a lieu aussi au sens de la convergence presque sûre (voir [2], Th. 8.3, p. 83).

3. Application à la formule de Weierstrass sur la fonction gamma

Comme autre application du corollaire (1.2), nous allons exposer une démonstration probabiliste de la célèbre formule de Weierstrass donnant une représentation de la fonction gamma comme produit infini. A cet effet, nous démontrerons d'abord la proposition suivante :

(3.1) PROPOSITION. — *Soit $(X_n)_{n\geq 1}$ une suite de variables aléatoires réelles indépendantes, toutes de loi exponentielle $\mathcal{E}(1)$. Posons, pour tout n,*

$$Z_n = \sup_{1\leq i\leq n} X_i, \qquad V_n = Z_n - \log n,$$

et désignons par G_n la fonction de répartition de V_n.

La suite (G_n) converge alors en croissant vers la fonction de répartition de la loi de Gumbel, c'est-à-dire vers la fonction G définie par

$$G(x) = \exp[-\exp(-x)].$$

Démonstration. — On a en effet, pour tout nombre réel x, dès que n est assez grand

$$G_n(x) = P\{Z_n \leq x + \log n\} = [P\{X_1 \leq x + \log n\}]^n = [1 - \frac{1}{n}\exp(-x)]^n \uparrow G(x).$$

(3.2) COROLLAIRE. — *Dans les mêmes hypothèses, désignons par F_n la fonction de répartition de la variable aléatoire centrée*

$$U_n = Z_n - E[Z_n].$$

La suite (F_n) converge alors en croissant vers la fonction de répartition F d'une variable aléatoire U de la forme

$$U = V - \gamma,$$

où V admet comme loi la loi de Gumbel (et γ désigne la constante d'Euler-Mascheroni).

Démonstration. — Posons, pour tout n,

$$\gamma_n = E[Z_n] - \log n = \sum_{k=1}^{n} \frac{1}{k} - \log n.$$

On a alors

$$U_n = (Z_n - \log n) - (E[Z_n] - \log n) = V_n - \gamma_n.$$

En outre, la suite (γ_n) converge en croissant vers γ.

Il en résulte, grâce à la proposition précédente,

$$F_n(x) = G_n(x + \gamma_n) \uparrow G(x + \gamma) = F(x).$$

Le corollaire est ainsi démontré.

Il est clair maintenant que, dans les hypothèses du corollaire précédent, la transformée de Laplace de U_n, c'est-à-dire la fonction $\mathcal{L}_{U_n}$ définie sur $]0,\infty[$ par

$$\mathcal{L}_{U_n}(t) = E[\exp(-tU_n)] = \int_0^\infty P\{\exp(-tU_n) > y\}dy = \int_0^\infty F_n(-t^{-1}\log y)dy = t\int_{\mathbb{R}} \exp(-tx)F_n(x)dx,$$

converge en croissant (lorsque n tend vers l'infini) vers la transformée de Laplace de U. Nous voulons montrer que *la formule de Weierstrass n'est que la traduction explicite de ce résultat.*

En effet, puisque la loi de Z_n est égale, d'après le corollaire (1.2), au produit de convolution des lois $\mathcal{E}(k)$, avec $1 \leq k \leq n$, sa transformée de Laplace est égale au produit des transformées de Laplace de ces lois. En d'autres termes, on a

$$\mathcal{L}_{Z_n}(t) = \prod_{k=1}^{n}(1+t/k)^{-1},$$

et par conséquent

$$\mathcal{L}_{U_n}(t) = \mathcal{L}_{Z_n}(t)\exp(tE[Z_n]) = \prod_{k=1}^{n}[(1+t/k)^{-1}\exp(t/k)].$$

On a en outre

$$\mathcal{L}_V(t) = t\int_{\mathbb{R}} \exp(-tx)G(x)dx = t\Gamma(t),$$

et par conséquent

$$\mathcal{L}_U(t) = t\Gamma(t)\exp(\gamma t).$$

On voit donc que, pour tout nombre réel $t > 0$, la relation

$$\mathcal{L}_{U_n}(t) \uparrow \mathcal{L}_U(t)$$

s'écrit explicitement de la manière suivante :

$$\prod_{k=1}^{n}[(1+t/k)^{-1}\exp(t/k)] \uparrow t\Gamma(t)\exp(\gamma t).$$

Ce n'est qu'une manière différente d'écrire la formule de Weierstrass (voir [3], p. 236) :

$$1/\Gamma(t) = t\exp(\gamma t)\prod_{k=1}^{\infty}[(1+t/k)\exp(-t/k)].$$

4. Distribution de n instants de panne géométriques

Dans ce paragraphe nous étudions le même problème du paragraphe 1, mais dans le cas où les durées de vie des n instruments sont supposées avoir une même loi géométrique. (Nous entendrons par loi géométrique *de paramètre* q la loi de l'instant du premier succès dans un processus de Bernoulli où la probabilité de succès est égale à $1-q$).

Nous commencerons par un lemme, concernant l'absence de mémoire de la loi géométrique, dont la démonstration est immédiate..

(4.1) LEMME. — *Sur un espace probabilisé* $(\Omega, \mathcal{A}, P)$ *soient* X *un* n*-échantillon de la loi géométrique de paramètre* q *et* U *une variable aléatoire à valeurs dans* $\mathbf{N}$, *indépendante de* X. *Posons*

$$H = \{U < \inf_{1 \leq i \leq n} X_i\}$$

et désignons par Y *le vecteur aléatoire de composantes*

$$Y_1 = X_1 - U, \ldots, Y_n = X_n - U.$$

Alors, selon la mesure de probabilité

$$P_H = P(\cdot \mid H),$$

Y *est indépendant de* U *et est encore un échantillon de la loi géométrique de paramètre* q.

Voilà un autre lemme qui nous sera utile :

(4.2) LEMME. — *Sur un espace probabilisé* $(\Omega, \mathcal{A}, P)$ *soient* U, V *deux variables aléatoires indépendantes, ayant des lois géométriques de pramètres* q, r *respectivement.*

Alors, selon la mesure de probabilité $P(\cdot \mid \{U < V\})$, *la loi de* U *est la loi géométrique de paramètre* qr.

Démonstration. — Pour tout entier k strictement positif, on a

$$\begin{aligned} P(\{U = k\} | \{U < V\}) &= (P\{U < V\})^{-1} P\{U = k, k < V\} \\ &= (P\{U < V)^{-1}(1-q) q^{k-1} r^k \\ &= c(qr)^{k-1}, \end{aligned}$$

où l'on a posé $c = (P\{U < V\})^{-1}(1-q)r$. Il en résulte qua la loi de U selon $P(\cdot \mid \{U < V\})$ est géométrique de paramètre qr. On remarquera, en passant, que cette conclusion fournit, comme sous-produit, $c = 1 - qr$, donc

$$P\{U < V\} = (1-q)r/c = (1-q)r/(1-qr).$$

Nous allons maintenant énoncer l'analogue du théorème (1.1). Il ne s'agira pas d'une pure transcription de (1.1) (avec remplacement de la loi exponentielle par la loi géométrique). L'énoncé suivant comporte en effet une différence substantielle : la mesure de probabilité P y est remplacée par la mesure de probabilité conditionnelle relative à l'hypothèse que deux instruments différents ne tombent jamais en panne au même instant. (Dans le cas exponentiel, cette condition était remplie presque sûrement, de sorte qu'aucun conditionnement n'était nécessaire).

(4.3) THÉORÈME. — *Sur un espace probabilisé $(\Omega, \mathcal{A}, P)$ soit X un n-échantillon de la loi géométrique de paramètre q. Considérons la variable aléatoire J définie par*

$$J = \sum_{j=1}^{n} j I_{A_j}, \text{ avec } A_j = \{X_j < \inf_{i \neq j} X_i\}.$$

Posons en outre

$$H = \bigcap_{1 \leq i < j \leq n} \{X_i \neq X_j\}, \qquad P_H = P(\cdot \mid H).$$

Alors :

(a) La variable aléatoire J est indépendante de X_1^*.

(b) Selon P_H, la variable aléatoire J est indépendante de X^* (donc aussi de $\widetilde{X}$).

(c) Selon P_H, les variables aléatoires $\widetilde{X}_1, \ldots, \widetilde{X}_n$ sont indépendantes , et leurs lois sont géométriques, de paramètres $q^n, q^{n-1}, \ldots, q$ respectivement.

Démonstration. — Il est bien connu que la loi de la variable aléatoire $X_1^* = \inf_{1 \leq i \leq n} X_i$ est la loi géométrique de paramètre q^n. Pour prouver l'assertion (a), il suffit donc de vérifier que, pour tout entier j compris entre 1 et n, la loi, selon $P(\cdot \mid \{J = j\})$, de X_1^* (ou – ce qui revient au même – de X_j) est encore la loi géométrique de paramètre q^n. Or, ceci s'obtient en appliquant le lemme (4.2) aux deux variables aléatoires $U = X_j$, $V = \inf_{i \neq j} X_i$ (qui sont géométriques de paramètres q, q^{n-1}). L'assertion (a) est donc prouvée.

Pour prouver l'assertion (b), remarquons que l'on a, pour tout entier j compris entre 1 et n,

$$H \cap \{J = j\} = H \cap \{X_j = X_1^*\}.$$

Il en résulte (puisque la loi de X est symétrique)

$$P(H \cap \{J = i, X^* \in A\}) = P(H \cap \{J = j, X^* \in A\})$$

pour toute partie A de $\mathbf{N}^n$ et tout couple i, j d'indices compris entre 1 et n. Cela prouve l'assertion (b).

L'assertion (c) est évidente pour $n = 1$. En supposant qu'elle soit vraie pour $n - 1$, nous la démontrerons pour n. Grâce à (b), il nous sera permis, dans cette démonstration, de remplacer P_H par la mesure de probabilité

$$Q = P_H(\cdot \mid \{J = 1\}) = P_{\{J=1\} \cap H}.$$

Désignons par Y le vecteur aléatoire de composantes

$$Y_1 = X_2 - X_1, \ldots, Y_{n-1} = X_n - X_1,$$

et posons

$$K = \bigcap_{1 \leq i < j \leq n-1} \{Y_i \neq Y_j\}.$$

On a alors $\{J = 1\} \cap H = \{J = 1\} \cap K$. En outre, sur l'ensemble $\{J = 1\}$, le vecteur aléatoire de composantes

$$X_1, \widetilde{Y}_1, \ldots, \widetilde{Y}_{n-1}$$

coïncide avec $\widetilde{X}$.

Il résulte du lemme (4.1) que, selon la mesure de probabilité

$$P_{\{J=1\}} = P(\cdot \mid \{J = 1\}),$$

le vecteur aléatoire Y est indépendant de X_1 et constitue un $(n-1)$-échantillon de la loi géométrique de paramètre q : l'hypothèse de récurrence entraîne alors que, selon la mesure de probabilité

$$P_{\{J=1\}}(\cdot \mid K) = P_{\{J=1\} \cap K} = Q,$$

le vecteur aléatoire $\widetilde{Y}$ admet comme loi le produit des lois géométriques de paramètres $q^{n-1}, \ldots, q$. Il reste à prouver que, selon la même mesure de probabilité Q, la variable aléatoire X_1 est indépendante de $\widetilde{Y}$ et admet comme loi la loi géométrique de paramètre q^n. Or ceci est immédiat : en effet, puisque la variable aléatoire X_1 est indépendante de Y selon $P_{\{J=1\}}$, elle l'est aussi selon Q (car K appartient à la tribu engendrée par Y). Par conséquent, la loi de X_1 selon Q est identique à celle selon $P_{\{J=1\}}$, c'est-à-dire (voir démonstration de (a)) à la loi géométrique de paramètre q^n.

BIBLIOGRAPHIE

[1] W. Feller, *An Introduction to Probability Theory and Its Applications*, vol. II, New York 1971.

[2] C. Fourgeaud et A. Fuchs, *Statistique*, deuxième édition, Dunod 1972.

[3] E.T. Whittaker and G.N. Watson, *A course of Modern Analysis*, fourth edition, Cambridge Univ. Press 1940.

Stochastic Integral Equations for The Random Fields.

by

OGAWA Shigeyoshi

1. One simple aspect of the stochastic integral equation is that it transforms a fundamental process like the Brownian motion into another process of more compound natures. Standing at this viewpoint, we are inevitably led to consider a stochastic integral equation for the processes with multidimensional variables, namely for the random fields. Since there is no natural order in the multidimensional space R^p, we readily see that such equations should be treated in the framework of the noncausal stochastic calculus (cf., [1]). What we are going to show in this note is the first attempt on this subject. We will limit our discussions in the case of linear equations of Fredholm type and we will show some results concerning the question of existence and uniqueness of solutions.

In what follows, we fix a probability space $(\Omega,\mathcal{F},P)$ and we understand by the random fields, such as $f(t,\omega)$ or $L(t,s,\omega)$ $(t=(t_1,t_2,\cdots,t_p)$, $s=(s_1,s_2,\cdots,s_p)\in R^p$, $\omega\in\Omega)$, the real functions, measurable in (t,ω) or in (t,s,ω) with respect to an appropriate σ-field like $\mathcal{F}\times\mathcal{B}_{R^p}$ (or $\mathcal{F}\times\mathcal{B}_{R^p}\times\mathcal{B}_{R^p}$ respectively), such that ;

$$\int_\Delta f^2(t,\omega)dt<+\infty,\quad \iint_{\Delta\times\Delta} L^2(t,s,\omega)dtds<+\infty \quad \text{(P-a.s.)}$$

where $dt=dt_1\times\cdots\times dt_p$, and $\Delta=[0,1]^p$ the unit cube in R^p.

2, **Set Up.** Let $Z(t,\omega)$ $((t,\omega)\in R^p\times\Omega)$ be such that the derivative, $\dot{Z}(t,\omega)$ $=\dfrac{\partial^p}{\partial t_1\cdots\partial t_p}Z(t,\omega)$ is well defined as a generalized random field on the Schwartz space $\mathcal{S}(R^p)$, and let $\{\phi_n\}_{n=1}^\infty$ be a complete orthonormal system of functions in the real Hilbert space $L^2(\Delta)$.

Definition 1. The stochastic integral of a random field $f(t,\omega)$, with respect to the fundamental pair $(Z,\{\phi_n\})$, $\int_\Delta f(t,\omega)d_\phi Z(t)$, is defined as being the limit in probability of the series, $\sum_{n=1}^\infty (f,\phi_n)(\phi_n,\dot{Z})$.

(Remark 1) (i) The functions of the basis $\{\phi_n\}$ are supposed to be arranged in a fixed order and the summation $\sum_n$ should be taken in this order.

(ii) Notice that, $\int_\Delta f(t,\omega)d_\phi Z(t)=\lim_{m\to\infty}\int_\Delta f(t,\omega)\dot{Z}_m^\phi(t)dt$ where

$$\dot{Z}_m^\phi(t) = \sum_{m \geq n} (\phi_n, \dot{Z})\phi_n(t).$$

The linear stochastic integral equation we are going to study is as follows,

$$(1); \quad x(t,\omega) = f(t,\omega) + \alpha \int_\Delta L(t,s,\omega)X(s)ds + \beta \int_\Delta K(t,s,\omega)X(s)d_\phi Z(s),$$

where $f(t,\omega)$, $L(t,s,\omega)$ and $K(t,s,\omega)$ are some random fields and α, β are constants.

For the simplicity of discussions, we will fix once for all, another c.o.n.s. $\{\psi_n\}$ in an arbitrary way and we set the next assumption (A) which concerns a regularity of the random kernels, K, L.

(A); There exists a positive sequence $\{\epsilon_n\}$ such that,

(A,1) $\{\epsilon_n \epsilon_m \gamma_{m,n}\} \in l^2$ (P-a.s), $\quad \gamma_{m,n} = \int_\Delta \psi_m(t)\psi_n(t)d_\phi Z(t),$

(A,2) $\{k'_{m,n}\}$, $\{l'_{m,n}\} \in l^2$ $(P-a.s.)$ where $k'_{m,n} = k_{m,n}/\epsilon_m \epsilon_n$,
$l'_{m,n} = l_{m,n}/\epsilon_m, \quad k_{m,n} = (K, \psi_m \otimes \psi_n), \; l_{m,n} = (L, \psi_m \otimes \psi_n).$

We will call such sequence $\{\epsilon_n\}$ the admissible weight.

It is worthwhile to notice that if $\{\epsilon_n\}$, $\{\eta_n\}$ are admissible weights then the sequences, $\{(\epsilon \wedge \eta)_n\}$, $\{(\epsilon \vee \eta)_n\}$, given by $(\epsilon \wedge \eta)_n = \min\{\epsilon_n, \eta_n\}$, $(\epsilon \vee \eta)_n = \max\{\epsilon_n, \eta_n\}$, are also admissible weights.

Example In the case that $Z =$ the Brownian sheet and $\{\psi_n\}$ is such that all elements are uniformly bounded on Δ, then any positive l^2-sequence satisfies the condition (A,1).

Definition 2. We will say that a random field $g(t,\omega)$ admits a sequence $\{\epsilon_n\}$ as the weight (or shortly, $\{\epsilon_n\}$-smooth) if there exists an admissible weight $\{\epsilon_n\}$, such that ;

(t,1) the integral $\hat{g}_n = \int_\Delta g(t,\omega)\psi_n(t)d_\phi Z(t)$ exists for all $n \in \mathrm{N}$
and $\{\epsilon_n \hat{g}_n\} \in l^2$ $(P-a.s.)$.

(t,2) $\displaystyle \lim_{m\to\infty} \sum_{n=1}^{\infty} \{\epsilon_n(\hat{g}_n - \int_\Delta g(t,\omega)\psi_n(t)dZ_m^\phi(t))\}^2 = 0,$

We will denote by $S(l^2)$ the totality of all such random fields that are $\{\epsilon\}$-smooth for some admissible weight $\{\epsilon_n\}$.

It is easy to check that if a $S(l^2)$-field $g(t,\omega)$ admits two sequences, $\{\epsilon_n\}$, $\{\eta_n\}$, as the weights, then it also admits the sequences $\{(\epsilon \wedge \eta)_n\}$, $\{(\epsilon \vee \eta)_n\}$, mentioned in Remark 1, as the weights.

(Remark 2). In the case that $Z =$ the Brownian sheet and the all elements of $\{\psi_n\}$ are uniformly bounded, we see that $S(l^2) \supset L^2(\Delta)$ and that every admissible sequence can be the weight for any $g(t,\omega) \in L^2(\Delta)$.

Associated to the notion of $S(l^2)$-fields, we introduce a linear stochastic transformation, $\mathcal{T}_\epsilon$ acting on $S(l^2)$, in such way that ; For a $g(t,\omega) \in S(l^2)$ admitting a $\{\epsilon_n\}$ as the weight, we set,

$$(2) \quad (\mathcal{T}_\epsilon g)(t) = \sum_n \epsilon_n \hat{g}_n \psi_n(t), \quad \text{where} \quad \hat{g}_n(\omega) = \int_\Delta g(t,\omega)\psi_n(t) d_\phi Z(t).$$

We should notice that $\mathcal{T}_\epsilon g \in L^2(\Delta)$, $(P - a.s.)$.

3, Results.

Theorem 1. *For any $f(t,\omega) \in S(l^2)$ the following equation*

$$(3), \qquad X(t,\omega) = f(t,\omega) + \int_\Delta K(t,s,\omega) X(s) d_\phi Z(s),$$

has the unique $S(l^2)$-solution provided that the following condition (C) holds,

(C); the homogeneous equation, $X(t,\omega) = \int_\Delta K(t,s,\omega) X(s) d_\phi Z(s)$, does not have nontrivial $S(l^2)$-solutions.

(Proof) Let $\{\epsilon_n\}$ be an admissible weight for the random field $f(t,\omega)$. First we are going to show that the condition (C) is sufficient to assure the existence of a $S(l^2)$-solution X, which is unique in those admitting the same weight $\{\epsilon_n\}$.

Let X be an $\{\epsilon\}$-smooth solution of (3). Then, since $K(t,s,\omega) = \sum_{m,n} k_{m,n} \psi_m(t)\psi_n(s)$, we get the following relation (4) by virtue of the condition (t,2),

$$(4) \qquad X(t) = f(t) + \sum_{m,n} \epsilon_m \epsilon_n k'_{m,n} \psi_m(t) \hat{x}_n, \quad \text{where} \quad \hat{x}_n(\omega) = \int_\Delta X(t,\omega)\psi_n(t) d_\phi Z(t).$$

Multiplying by $\psi_l(t)$ and taking the stochastic integration over Δ on both sides of the equation (4), we obtain, under the assumption (A,2) the next relation,

$$(5) \qquad \hat{x}_l = \hat{f}_l + \sum_{m,n} \gamma_{l,m} k_{m,n} \hat{x}_n, \quad (\forall l \in N)$$

or equivalently,

(5)' $\epsilon_l \hat{x}_l = \epsilon_l \hat{f}_l + \sum_{m,n} \epsilon_l \epsilon_m \gamma_{l,m} k'_{m,n} \epsilon_n \hat{x}_n.$

So if we set, $\bar{K}(t,s,\omega) = \sum_{l,n} \epsilon_l \{\sum_m \epsilon_m \gamma_{l,m} k'_{m,n}\} \psi_l(t)\psi_n(s),$

then by virtue of the condition (t,1), we see that the kernel $\bar{K}(\cdot,\cdot,\omega)$ is of Hilbert-Schmidt type for almost all ω and that the field, $Y = (T_\epsilon X)(t,\omega)$ satisfies the following random integral equation,

(6) $Y(t) = (T_\epsilon f)(t) + \int_\Delta \bar{K}(t,s,\omega) Y(s) ds.$

Conversely if we set $\hat{x}_n = (Y, \psi_n)/\epsilon_n$ for an L^2–solution Y of (6), then we see that the $\{\hat{x}_n\}$ satisfies the equation (5) and so the field $X(t)$ defined through the relation (4) becomes an $S(l^2)$–solution of (3). As is easily seen, this correspondence between the $\{\epsilon\}$-smooth solution of (3) and the L^2–solution of (6) is one-to-one and onto. Thus the question of the existence and the uniqueness of the $\{\epsilon\}$-smooth solution is reduced to the same question about the L^2–solutions of (6). Hence, by a simple application of The Riesz-Schauder Theory, we confirm that the condition (C) is sufficient for the validity of the prescribed result.

Next, we are going to show that this solution X which has the $\{\epsilon_n\}$ as the weight is unique among all $\{\epsilon\}$- smooth fields. So let X' be another $S(l^2)$–solution of (3) having a different sequence $\{\eta\}$ as the weight. Then it satisfies a similar relation as (4) from which we see the field $f(t,\omega)$ is $\{\eta\}$-smooth. Since all $S(l^2)$-fields f, X and X' are $\{(\epsilon \wedge \eta)\}$-smooth, the field X' and X must coincide with each other as the unique $S(l^2)$-solution admitting the same sequence as the weight. *Q.E.D.*

Corollary, *If all elements of the c.o.n.s. $\{\psi_n\}$ are continuous and uniformly bounded over Δ and if almost all sample of the field $f(t,\omega)$ are continuous. Then the $S(l^2)$-solution of (3) is also almost surely sample-continuous.*

(Proof) Evident from the equality (4) and the fact that, $\sum_{m,n} |\epsilon_m k'_{m,n} \epsilon_n \hat{x}_n|$

$< +\infty$ $(P - a.s.)$ *Q.E.D.*

Now we are to give a result for the general case (1) in the next,

Proposition; *Let $f(t,\omega) \in S(l^2)$ then for almost all α, $\beta \in R^1$ the equation (1) has a unique $S(l^2)$-solution.*

(Proof) We notice that the condition (A,2) implies ;

$(LX)(t,\omega) = \int_\Delta L(t,s,\omega) X(s) ds \in S(l^2)$ for any random field X.

Let $\{\epsilon_n\}$ be a weight for the $f(t,\omega)$. Then following the same discussion as in the proof of Theorem 1, we see that any $S(l^2)$-solution X admitting the $\{\epsilon_n\}$ as weight, if exists, satisfies the following equation,

$$(7) \qquad Y(t,\omega) = \{\mathcal{T}_\epsilon(f+\alpha LX)\}(t,\omega) + \beta \int_\Delta \bar{K}(t,s,\omega)Y(s)ds$$

where $Y(t,\omega) = (\mathcal{T}_\epsilon X)(t,\omega)$.

Since the operator $\bar{K}(\omega)$, given by ;

$$(L^2(\Delta) \ni) Y \longrightarrow (\bar{K}Y)(t,\omega) = \int_\Delta \bar{K}(t,s,\omega)Y(s)ds \; (\in L^2(\Delta)),$$

is compact for almost all ω, we know that for all (but with at most countable exception) of β the operator $(I - \beta\bar{K})$ is invertible and for such β we get, by solving (7) in Y, the following expression,

$$(8); \qquad (\mathcal{T}_\epsilon X)(t) = f_1(t) + \alpha(L'_\beta X)(t)$$

where

$$f_1(t) = (I - \beta\bar{K})^{-1}(\mathcal{T}_\epsilon f)(t) \quad \text{and} \quad (L'_\beta X)(t) = \{(I-\beta\bar{K})^{-1}(LX)\}(t).$$

On the other hand we have the next relation which can be derived in a same way as in the derivation of the (4);

$$(9) \qquad X(t) = f(t) + \alpha(LX)(t) + \beta(K_1\, \mathcal{T}_\epsilon X)(t)$$

where

$$(K_1Y)(t) = \int_\Delta K_1(t,s,\omega)Y(s)ds, \quad K_1(t,s,\omega) = \sum_{m,n}(k_{m,n}/\epsilon_n)\psi_m(t)\psi_n(s).$$

Substituting the relation (8) into (9), we find that the solution X, if exists, satisfies the next

$$(10) \qquad X(t) = f_2(t) + \alpha(L''X)(t)$$

where

$$f_2(t) = f(t) + \beta(K_1f_1)(t), \text{ and } (L''Y)(t) = \{(L+\beta K_1L'_\beta)Y\}(t) \quad (Y \in L^2(\Delta))$$

The operator L'' being compact for almost all ω, the equation (10) has for almost all α a unique $S(l^2)$-solution. Moreover, it is immediate to see, following the same argument as in the proof of Theorem 1, that this solution does not depend on the choice of the weight $\{\epsilon_n\}$ for the $f(t,\omega)$. *Q.E.D.*

REFERENCES;

[1] Ogawa,S. ; On the stochastic integral equation of Fredholm type. *in* Waves and Patterns etd.by T.Nishida et *al.*, (1986) Kinokuniya and North-Holland, pp.597-605.

OGAWA Shigeyoshi

Kyoto Institute of Technology
Matsugasaki Sakyou-ku, Kyoto 606,
Japan

DECOMPOSITION DU MOUVEMENT BROWNIEN AVEC DÉRIVE EN UN MINIMUM LOCAL PAR JUXTAPOSITION DE SES EXCURSIONS POSITIVES ET NÉGATIVES

Jean BERTOIN

Laboratoire de Probabilités (L.A. 224), Tour 56,
Université Pierre-et-Marie-Curie, 4, Place Jussieu, 75252 PARIS Cédex 05

D'après les lois de l'arc-sinus dûes à P. Lévy (voir [10] et [11, Chap. VI]), le temps total passé avant l'instant 1 dans $]-\infty,0[$ par un mouvement brownien réel X, a même loi que le dernier instant avant 1 en lequel X atteint son minimum (c.f. Pitman-Yor [14] pour une explication de cette relation et Bingham-Doney [4] pour de plus amples références sur les lois de l'arc-sinus). Plus généralement, nous nous intéressons ici au cas où X est un mouvement brownien avec dérive. Le principal objet de cet article est de mettre en évidence l'identité en loi entre, d'une part, le couple des processus obtenus en *juxtaposant* respectivement les excursions positives et négatives de X sur $[0,1]$, et d'autre part, le couple des processus obtenus en décomposant la trajectoire de X à l'instant en lequel elle atteint son minimum sur $[0,1]$. Le sens du terme *juxtaposition* dans ce travail est précisé à la section 1. On retrouve alors le résultat de P. Lévy tout simplement en comparant les durées de vie des différents processus.

Nous insistons sur le caractère élémentaire de cette identité, qui ne repose que sur des arguments très simples de théorie des excursions. Le point essentiel consiste à comprendre comment reconstruire le processus initial à partir des deux processus obtenus en juxtaposant les excursions suivant leurs signes. Les descriptions de la mesure des excursions browniennes données par exemple dans le Théorème 6.1 de [2], permettent une démonstration plus rapide dans le cas où la dérive est nulle, mais n'éclairent pas vraiment le résultat.

Dans le cas brownien (i.e. sans dérive), cette relation nous permet d'étudier asymptotiquement la décomposition de la trajectoire en un minimum local. Nous donnons également une construction du processus de Bessel de dimension 3 sur l'intervalle de temps $[0,1]$, à partir de la décomposition de X en son minimum sur $[0,1]$. Enfin, nous établissons une nouvelle relation entre le pont brownien et le méandre brownien qui complète celles de Vervaat [15] et Biane [1] entre le pont brownien et l'excursion brownienne normalisée.

1. NOTATIONS ET RÉSULTAT PRINCIPAL

Désignons par Ω, l'espace des trajectoires $\omega : [0,\infty[\to \mathbb{R} \cup \{\Delta\}$ continues jusqu'en leurs temps de mort $\zeta = \inf\{t : \omega(t) = \Delta\}$, $\omega(t) = \Delta$ pour tout $t > \zeta$. Notons $X(t) = X_t(\omega) = \omega(t)$, le processus canonique, et, pour tout $t \le \zeta$

$$\overline{X}(t) = \sup\{X(s) : 0 \le s \le t\}, \quad \overline{\overline{X}}(t) = \sup\{X(s) : t \le s < \zeta\},$$
$$\underline{X}(t) = \inf\{X(s) : 0 \le s \le t\}, \quad \underline{\underline{X}}(t) = \inf\{X(s) : t \le s < \zeta\}.$$

La trajectoire ω étant supposée fixée, on considère $\rho = \sup\{s < \zeta : X(s) = \underline{\underline{X}}(0)\}$, le dernier instant en lequel X atteint son minimum. Quand $\rho < \zeta$, on appelle processus post-minimum

$$\underset{\rightarrow}{X} = (\underset{\rightarrow}{X}(t) := X(t+\rho) - X(\rho),\ 0 \le t < \zeta - \rho),$$

et processus retourné du processus pré-minimum

$$\underset{\leftarrow}{X} = (\underset{\leftarrow}{X}(t) := X(\rho - t) - X(\rho),\ 0 \le t < \rho).$$

Nous désignons par $A^{+/-}(t) = \int_0^t 1_{\{X(s)\in\mathbb{R}_{+/-}\}}ds$, le temps passé dans $\mathbb{R}_{+/-}$, et par $\alpha^{+/-}(t) = \inf\{s : A^{+/-}(s) > t\}$, l'inverse continu à droite de $A^{+/-}$.

Quand $\{s < \zeta : X(s) = 0\}$ est un fermé parfait non vide de $[0,\zeta[$, on appelle pseudo-temps-local en 0 toute fonction continue croissante $L : [0,\zeta[\to \mathbb{R}_+$ satisfaisant $L(0) = 0$ et telle que le support de la mesure dL soit exactement $\{s < \zeta : X(s) = 0\}$. Une fois choisi un pseudo-temps-local en 0, on pose

$$Y^+ = \left(Y^+(t) := (X + \tfrac{1}{2}L) \circ \alpha^+(t),\ t < A^+(\zeta)\right),$$

$$Y^- = \left(Y^-(t) := (X - \tfrac{1}{2}L) \circ \alpha^-(t),\ t < A^-(\zeta)\right).$$

Nous dirons que $Y^{+/-}$ est construit par juxtaposition des excursions positives/négatives de X .

Nous notons $\mathbb{P}$, la mesure de probabilité sur Ω qui fait de X un mouvement brownien avec dérive $\delta \in \mathbb{R}$, i.e. $(X_t - \delta t \ ; \ t \geq 0)$ est un mouvement brownien sous $\mathbb{P}$. On appelle alors temps local standard, le pseudo-temps-local en 0 spécifié par les formules de Tanaka (nous parlerons par la suite, de première et de seconde formule de Tanaka):

$$X^+(t) = \int_0^t 1_{\{X(s) > 0\}} \, dX(s) + \frac{1}{2} L(t),$$

$$X^-(t) = - \int_0^t 1_{\{X(s) < 0\}} \, dX(s) + \frac{1}{2} L(t),$$

où $X^{\pm}$ est la partie positive de $\pm X$. Enfin, pour tout $t > 0$, nous notons $\mathbb{P}^t$, la loi du processus canonique tué au temps t sous $\mathbb{P}$. Nous énonçons le

<u>**Théorème**</u> . *Pour tout* $t > 0$ *fixé, les couples de processus* $(\underset{\rightarrow}{X} , \underset{\leftarrow}{X})$ *et* $(Y^+ , -Y^-)$ *ont même loi sous* $\mathbb{P}^t$ *lorsque* L *est le temps local standard.*

Remarque. On déduit en particulier du théorème que, sous $\mathbb{P}^1$, conditionnellement à $X(1) > 0$, les triplets $(A^-(1) \ , \ \frac{1}{2} L(1) \ , \ X(1))$ et $(\rho \ , \ -X(\rho) \ , \ X(1))$ ont même loi. Cette identité a été découverte et expliquée par Karatzas-Shreve [9].

2. <u>PRELIMINAIRES</u>

Nous commençons par rappeler quelques propriétés bien connues des excursions du mouvement brownien avec dérive. Les preuves sont esquissées pour la commodité du lecteur.

Considérons une trajectoire fixée $\omega \in \Omega$, et supposons qu'il existe un pseudo-temps-local en 0 (au sens défini dans la section 1) noté L. Nous appelons fonction d'excursion de (X,L), la fonction

$$e : t \mapsto e(t) = (1_{\{s < L^{-1}(t) - L^{-1}(t-)\}} X(L^{-1}(t-) + s) \ , \ s \geq 0) \ ,$$

où L^{-1} est l'inverse continu à droite de L. Si L' est un second pseudo-temps-local en 0, alors la fonction d'excursion de (X,L') est simplement la fonction d'excursion de (X,L) changée de temps par $L' \circ L^{-1}$. Une excursion $e(t)$ est dite complète quand $t < L(\zeta)$. Nous appelons $e(L(\zeta))$, la dernière excursion de X (elle ne dépend bien sûr pas du choix de L). Dès que l'ensemble $\{t : X(t) = 0\}$ est de mesure de Lebesgue nulle, on peut reconstruire X et L à partir de la fonction d'excursion e (formellement, on obtient X en recollant bout-à-bout les excursions, et L est déterminé par la vitesse à laquelle apparaissent les excursions dans e).

Quand on munit Ω d'une probabilité P qui fait de X un processus de Markov standard issu de 0 et tel que $\{t : X(t) = 0\}$ est P - p.s. un fermé parfait non vide de $[0,\zeta[$ de mesure de Lebesgue nulle, et quand le pseudo-temps-local en 0, L, est une fonctionnelle additive, alors le processus des excursions complètes de (X,L), $(e(t), t<L(\zeta))$ est un processus de Poisson ponctuel, tué au temps exponentiel indépendant $L(\zeta)$ ($L(\zeta) \equiv \infty$ si 0 est récurrent). Nous désignons sa mesure caractéristique par m_{comp}. La dernière excursion $e(L(\zeta))$ est indépendante du processus des excursions complètes, nous notons Q sa loi. Nous appelons mesure d'excursion de (X,L) sous P, la mesure $m = m_{comp} + cQ$, où $1/c = E(L(\zeta))$. La mesure d'excursion m caractérise la loi P et le choix du temps local L. Voir Itô [7]. Rappelons que pour t fixé, P^t (respectivement m^t) désigne la loi du processus canonique tué au temps t sous P (respectivement m). Soient

$P^e = \int_0^\infty dt\ e^{-t}.P^t$ et $m^e = \int_0^\infty dt\ e^{-t}.m^t$ (i.e. on tue le processus en un temps exponentiel indépendant de paramètre 1). Alors, la mesure d'excursion de (X,L) sous P^e est m^e.

Le temps local en 0, L, étant spécifié par les formules de Tanaka, nous notons n $\left(\text{respectivement } n^e = \int_0^\infty dt\ e^{-t}.n^t\right)$, la mesure d'excursion de (X,L) sous $\mathbb{P}$ (respectivement sous $\mathbb{P}^e$). La loi de la dernière excursion sous $\mathbb{P}^e$, conditionnée à être positive est donc

$$Q^{e,+} = a^+ \int_0^\infty dt\ e^{-t}\ 1_{\{X_t \geq 0\ ,\ \sigma > t\}}.n^t\ ,$$

où a^+ est la constante de normalisation et $\sigma = \inf\{s > 0 : X_s = 0\}$. De même, la loi de la dernière excursion sous $\mathbb{P}^e$, conditionnée à être négative, est

$$Q^{\varepsilon,-} = a^- \int_0^\infty dt\ e^{-t}\ 1_{\{X_t \le 0\ ,\ \sigma > t\}}.n^t\ .$$

Rappelons que $\mathbb{E}^\varepsilon(L(\zeta)) = (2+\delta^2)^{-1/2}$ et $\mathbb{P}^\varepsilon(X(\zeta) > 0) = \frac{1}{2}\,(1+\delta(2+\delta^2)^{-1/2})$ (utiliser par exemple la formule de Cameron-Martin). On a finalement

$$n^\varepsilon = e^{-\sigma} n + \beta^+ Q^{\varepsilon,+} + \beta^- Q^{\varepsilon,-}\ ,$$

$$\text{avec}\quad \beta^{+/-} = \frac{1}{2}\,((2+\delta^2)^{1/2} \pm \delta) \qquad (1).$$

Comme le temps local standard ne croît que quand X est nul, il découle de la première formule de Tanaka et du lemme de Skorokhod que

$$\frac{1}{2}\,L(t) = -\inf\left\{\int_0^s 1_{\{X(r)>0\}}\,dX(r)\ :\ 0 \le s \le t\right\}.$$

De plus, la caractérisation de P. Lévy de la loi brownienne entraîne que, sous $\mathbb{P}$,

$$\left(\int_{[0,\alpha^+(t))} 1_{\{X(s)>0\}}\,dX(s)\ :\ 0 \le t < A^+(\infty)\right)$$

est un mouvement brownien avec dérive δ, tué au premier temps d'atteinte de l'opposé d'une v.a. exponentielle indépendante de paramètre -2δ dès que $\delta < 0$. Voir par exemple Doney-Grey [6]. Nous en déduisons que sous $\mathbb{P}$, $X-\underline{X}$ est un processus de Markov, que $-2\underline{X}$ est un temps local en 0 pour $X-\underline{X}$, et que la mesure d'excursion correspondante est $n^+ = 1_{\{X \ge 0\}}.n$. De même, on montre à l'aide de la seconde formule de Tanaka, que sous $\mathbb{P}$, $X-\overline{X}$ est un processus de Markov, que $2\overline{X}$ est un temps local en 0 pour $X-\overline{X}$, et que la mesure d'excursion correspondante est $n^- = 1_{\{X \le 0\}}.n$.

Rappelons que sous $\mathbb{P}^\varepsilon$, $2\overline{X}(\zeta)$ (respectivement $-2\underline{X}(\zeta)$) suit une loi exponentielle de paramètre β^- (respectivement β^+). Par conséquent, la mesure d'excursion de $(X-\overline{X}\ ,\ 2\overline{X})$ sous $\mathbb{P}^\varepsilon$ est

$$n^{-,\varepsilon} = e^{-\sigma}\ 1_{\{X \le 0\}}.n + \beta^- Q^{\varepsilon,-} \qquad (2).$$

De même, la mesure d'excursion de $(X-\underline{X}\ ,\ -2\underline{X})$ sous $\mathbb{P}^\varepsilon$ est

$$n^{+,\varepsilon} = e^{-\sigma}\, 1_{\{X \geq 0\}}.n + \beta^{+}\, Q^{\varepsilon,+} \qquad (2').$$

En retournant le temps, on déduit immédiatement le

__Lemme 1.__ i) *Sous* $Q^{\varepsilon,+}$, $X-\underline{\underline{X}}$ *est un processus de Markov,* $2\underline{\underline{X}}$ *est un temps local en* 0 *(au sens Markovien) de* $X-\underline{\underline{X}}$ *, et la mesure d'excursion de* $(X-\underline{\underline{X}}\ ,\ 2\underline{\underline{X}})$ *est* $e^{-\sigma}\, 1_{\{X \geq 0\}}.n + \beta^{-}\, \varepsilon_{\Delta}$ *, où* ε_{Δ} *désigne la masse de Dirac en la trajectoire* $\omega \equiv \Delta$.

ii) *Sous* $Q^{\varepsilon,-}$ *,* $X-\overline{\overline{X}}$ *est un processus de Markov ,* $-2\overline{\overline{X}}$ *est un temps local en* 0 *(au sens Markovien) de* $X-\overline{\overline{X}}$ *, et la mesure d'excursion de* $(X-\overline{\overline{X}}\ ,\ 2\overline{\overline{X}})$ *est* $e^{-\sigma}\, 1_{\{X \leq 0\}}.n + \beta^{+}\, \varepsilon_{\Delta}$.

__Preuve du lemme 1__. D'après (2'), sous $\mathbb{P}^{\varepsilon}$, le processus post-minimum $\underset{\rightarrow}{X}$ a pour loi $Q^{\varepsilon,+}$. La loi $\mathbb{P}^{\varepsilon}$ étant invariante par l'application $\omega \mapsto \check{\omega}$, où $\check{\omega}(t) = \omega(\zeta) - \omega(\zeta-t)$ (car les accroissements de X sont indépendants et homogènes), on en déduit que sous $Q^{\varepsilon,+}$, $X-\underline{\underline{X}}$ a même loi que le processus $\overline{X}-X$ retourné en son dernier zéro sous $\mathbb{P}^{\varepsilon}$. En particulier, sous $Q^{\varepsilon,+}$, le processus $X-\underline{\underline{X}}$ est Markovien, et $2\underline{\underline{X}}$ est un temps local (Markovien) en 0. Or un processus de Poisson ponctuel tué en un temps indépendant fini a même loi que son retourné. Par conséquent, sous $Q^{\varepsilon,+}$, le processus d'excursion de $(X-\underline{\underline{X}}\ ,\ 2\underline{\underline{X}})$ a même loi que l'image du processus des excursions complètes de $(X-\overline{X}, 2\overline{X})$ par l'application $\omega \mapsto \check{\omega}$ sous $\mathbb{P}^{\varepsilon}$. L'assertion i) découle alors de (2), et du fait que la mesure $e^{-\sigma}.n$ est invariante par retournement du temps (puisqu'il en est de même pour $\mathbb{P}^{\varepsilon}$). On montre ii) de façon analogue.□

3. __PREUVE DU THEOREME__

Le théorème découle maintenant des arguments suivants: en utilisant la propriété d'invariance de $\mathbb{P}^{\varepsilon}$ sous l'application $\omega \mapsto \check{\omega}$, $\check{\omega}(t) = \omega(\zeta) - \omega(\zeta-t)$, on montre aisément que sous $\mathbb{P}^{\varepsilon}$, le processus post-minimum, $\underset{\rightarrow}{X}$, et l'opposé du processus pré-minimum retourné, $-\underset{\leftarrow}{X}$, sont indépendants, que le premier a pour loi $Q^{\varepsilon,+}$, et que le second a pour loi $Q^{\varepsilon,-}$. Nous allons voir d'autre part que:

sous $\mathbb{P}^{\varepsilon}$, si L désigne le temps local standard, les processus Y^+ et Y^- sont indépendants et leurs lois respectives sont $\mathbb{Q}^{\varepsilon,+}$ et $\mathbb{Q}^{\varepsilon,-}$ (3).

En particulier, (3) entraîne que les triplets $(Y^+ , Y^- , A^+(\zeta) + A^-(\zeta))$ et $(\underset{\rightarrow}{X} , \underset{\leftarrow}{X} , \zeta-\rho+\rho)$ ont même loi sous $\mathbb{P}^{\varepsilon}$. Or $\zeta = \zeta-\rho+\rho = A^+(\zeta) + A^-(\zeta)$, et le théorème est obtenu en conditionnant cette identité par $\zeta = t$.

Remarque. Les processus $X \circ \alpha^+$ et $X \circ \alpha^-$ ne sont pas indépendants sous $\mathbb{P}^{\varepsilon}$, puisque leurs temps locaux au niveau 0 et en leurs temps de mort respectifs coïncident (avec $L(\zeta)$). Au cours de la preuve de (3), nous verrons que la tribu engendrée par Y^+ est strictement incluse dans la tribu engendrée par $X \circ \alpha^+$, mais que néanmoins, on peut reconstruire X à partir de Y^+ et Y^-.

La preuve de (3) est divisée en deux lemmes :

<u>Lemme 2</u>. *Il existe une unique loi de probabilité* P *sur* Ω *telle que*
i) P - *p.s.* , $\{t : X(t) = 0\}$ *est de mesure de Lebesgue nulle, et* X *admet un temps local en* 0 , L.
ii) *Sous* P , (Y^+ , Y^-) *a pour loi* $\mathbb{Q}^{\varepsilon,+} \otimes \mathbb{Q}^{\varepsilon,-}$.

<u>Lemme 3</u>. P *et* L *étant définis par le lemme* 2, $P = \mathbb{P}^{\varepsilon}$ *et* L *est le temps local standard.*

<u>Preuve du lemme 2</u>. Commençons par reconstruire X à partir de Y^+ et Y^- . Fixons une trajectoire $\omega \in \Omega$ telle que $\zeta(\omega) < \infty$, $\{t : X_t(\omega) = 0\}$ est de mesure de Lebesgue nulle, et $X(\omega)$ admet un pseudo-temps-local en 0 , $L(\omega)$. Supposons de plus que $L \circ \alpha^+$ et $L \circ \alpha^-$ sont deux fonctions continues jusqu'en leurs temps de mort respectifs $\zeta^{+/-} := A^{+/-}(\zeta)$. Désignons par $\ell^{+/-} = \sup\{t : X \circ \alpha^{+/-}(t) = 0\}$, le dernier zéro de $X \circ \alpha^{+/-}$, et par

$$\underline{\underline{Y}}^+(t) = \inf\{Y^+(s) : t \le s < \zeta^+\} , \quad \overline{\overline{Y}}^-(t) = \sup\{Y^-(s) : t \le s < \zeta^-\}.$$

Nous déduisons de la définition même de $Y^{+/-}$ les identités :

$$L \circ \alpha^+(t) = 2\underline{\underline{Y}}^+(t) \quad \text{si} \quad t < \ell^+ , \quad L \circ \alpha^+(t) = L(\zeta) \quad \text{si} \quad t \in [\ell^+ , \zeta^+[,$$

$$L \circ \alpha^-(t) = -2\overline{\overline{Y}}^-(t) \quad \text{si} \quad t < \ell^- , \quad L \circ \alpha^-(t) = L(\zeta) \quad \text{si} \quad t \in [\ell^- , \zeta^-[.$$

Comme, soit $X \circ \alpha^+(\zeta^+) = 0$, soit $X \circ \alpha^-(\zeta^-) = 0$, on a

$$L(\zeta) = \inf\{2Y^+(\zeta^+)\ ,\ -2Y^-(\zeta^-)\}$$

Ainsi, on peut reconstruire $(X \circ \alpha^+\ ,\ L \circ \alpha^+)$ et $(X \circ \alpha^-\ ,\ L \circ \alpha^-)$ à partir de Y^+ et Y^-. La reconstruction de la fonction d'excursion e de (X,L) à partir des fonctions d'excursion respectives e^+ et e^- de $(X \circ \alpha^+\ ,\ L \circ \alpha^+)$ et de $(X \circ \alpha^-,\ L \circ \alpha^-)$ est classique :

$$e(t) = \begin{cases} e^+(t) & \text{si} \quad e^+(t) \neq \Delta \\ e^-(t) & \text{si} \quad e^-(t) \neq \Delta \\ \Delta & \text{si} \quad e^+(t) = e^-(t) = \Delta \end{cases} \tag{4}$$

où on a noté Δ la trajectoire identiquement égale à Δ. Comme nous savons reconstruire (X,L) à partir de e , nous savons le reconstruire à partir de Y^+ et Y^-.

Considérons maintenant deux fonctions continues issues de 0 $Z^{+/-} : [0, \xi^{+/-}[\to \mathbb{R}$, $Z^+ \geq 0$, $Z^- \leq 0$, et telles que, avec des notations évidentes

(a) $\{t : Z^+(t) = \underline{\underline{Z}}^+(t)\}$ et $\{t : Z^-(t) = \overline{\overline{Z}}^-(t)\}$ sont de mesure de Lebesgue nulle.

(b) $\underline{\underline{Z}}^+$ et $-\overline{\overline{Z}}^-$ croissent respectivement exactement sur $\{t : Z^+(t) = \underline{\underline{Z}}^+(t)\}$ et $\{t : Z^-(t) = \overline{\overline{Z}}^-(t)\}$.

(c) Les temps de saut des inverses respectifs de $\underline{\underline{Z}}^+$ et $-\overline{\overline{Z}}^-$ sont distincts.

On peut alors trouver une trajectoire $\omega \in \Omega$, $\zeta < \infty$, telle que $X(\omega)$ admet un pseudo-temps-local en 0 , $L(\omega)$, $\{t : X_t(\omega) = 0\}$ est de mesure de Lebesgue nulle, et $Y^{+/-}(\omega) = Z^{+/-}$. En effet, on introduit

$$L(\zeta) = \inf\{2Z^+(\xi^+),\ 2Z^-(\xi^-)\}\ ,$$

$$\ell^+ = \sup\{t : \underline{\underline{Z}}^+(t) = \tfrac{1}{2}L(\zeta)\}\ ,\ \text{et}\ \ \ell^- = \sup\{t : -\overline{\overline{Z}}^-(t) = \tfrac{1}{2}L(\zeta)\}.$$

On pose $L \circ \alpha^+(t) = 2\underline{\underline{Z}}^+(t)$ si $t < \ell^+$, $L \circ \alpha^+(t) = L(\zeta)$ sinon , et on introduit de même $L \circ \alpha^-$. On note e^+ la fonction d'excursion de $(Z^+ - \frac{1}{2} L \circ \alpha^+\ ,\ L \circ \alpha^+)$, et e^- celle de $(Z^- + \frac{1}{2} L \circ \alpha^-\ ,\ L \circ \alpha^-)$. On construit la fonction d'excursion e par la formule (4) (grâce à (c), il n'y a pas d'ambigüité dans cette définition), et à partir de e , on peut construire une (unique) trajectoire ω ayant les propriétés annoncées.

Enfin, si Z^+ et Z^- sont deux processus indépendants, de lois respectives $\mathbb{Q}^{\varepsilon,+}$ et $\mathbb{Q}^{\varepsilon,-}$, les conditions (a), (b) et (c) sont vérifiées p.s., et le lemme 2 est établi.□

Preuve du lemme 3. Pour montrer que $P = \mathbb{P}^{\varepsilon}$ et que L est le temps local standard, il suffit de montrer que le processus des excursions de (X,L) sous P a même loi que celui de (X,L') sous $\mathbb{P}^{\varepsilon}$, où L' est le temps local standard. Nous travaillons sous P, et les notations sont celles du lemme 2.

Pour simplifier, posons $e^+ = 2Y^+(\zeta^+)$, $e^- = -2Y^-(\zeta^-)$. Grâce au lemme 1, e^+ et e^- sont deux v.a. exponentielles indépendantes, de paramètres respectifs β^- et β^+ (les signes ont changé !). Les propriétés des lois exponentielles entraînent que

(i) $e^+ \wedge e^-$ est indépendant de $e^+ - e^-$ et suit une loi exponentielle de paramètre $\beta^+ + \beta^-$.

(ii) $P(e^+ < e^-) = \beta^- / (\beta^+ + \beta^-)$.

(iii) Sous $P(\cdot | e^+ < e^-)$, $e^- - e^+$ suit une loi exponentielle de paramètre β^+.

(iv) Sous $P(\cdot | e^- < e^+)$, $e^+ - e$ suit une loi exponentielle de paramètre β^-. (5)

Souvenons-nous comment on reconstruit $X \circ \alpha^+$, $X \circ \alpha^-$, $L \circ \alpha^+$ et $L \circ \alpha^-$ à partir de Y^+ et Y^-. Le processus des excursions complètes de $(X \circ \alpha^+, L \circ \alpha^+)$ est le processus des excursions de $(Y^+ - \underline{\underline{Y}}^+, 2\underline{\underline{Y}}^+)$ tué au temps $e^+ \wedge e^-$, et de même, le processus des excursions complètes de $(X \circ \alpha^-, L \circ \alpha^-)$ est le processus des excursions de $(Y^- - \overline{\overline{Y}}^-, -2\overline{\overline{Y}}^-)$ tué au temps $e^+ \wedge e^-$. Rappelons que le processus des excursions complètes de (X,L), $(e(t), t < L(\zeta))$, est obtenu au moyen de (4). Nous déduisons alors de (5-i) et du lemme 1 que $(e(t), t < L(\zeta))$ est un processus de Poisson ponctuel de mesure caractéristique $e^{-\sigma}.n$ tué en un temps exponentiel indépendant de paramètre $\beta^+ + \beta^-$, et est indépendant de la dernière excursion $e(L(\zeta))$.

D'autre part, la dernière excursion de $X \circ \alpha^+$ est Δ quand $e^+ < e^-$, et d'après (5-iv) et le lemme 1-i, sa loi conditionnellement à $e^- < e^+$ est $\mathbb{Q}^{\varepsilon,+}$. De même, la dernière excursion de $X \circ \alpha^-$ est Δ quand $e^- < e^+$, et sa loi conditionnellement à $e^+ < e^-$ est $\mathbb{Q}^{e,-}$. Grâce à (5-ii) et à (4), la loi de la dernière excursion de X est donc $(\beta^+ \mathbb{Q}^{e,+} + \beta^- \mathbb{Q}^{e,-})/(\beta^+ + \beta^-)$.

La comparaison avec (1) établit maintenant le lemme 3. □

Remarque. Nous avons signalé en Introduction que dans le cas brownien, on peut montrer le théorème à l'aide des descriptions bien connues de la mesure des excursions browniennes. Plus précisément, le théorème découle des résultats de Bismut sur la décomposition de la trajectoire brownienne en son minimum [5, théorème 2.16] et en son dernier zéro [5, théorème 2.17], de l'indépendance des excursions positives et négatives, et du théorème de Pitman [12]. Cette démonstration (qui repose sur des propriétés des excursions browniennes bien plus fines que celles que nous avons utilisées) éclaire toutefois moins bien le théorème que la preuve élémentaire. En particulier, le fait assez surprenant que sous $\mathbb{P}^e$, Y^+ et Y^- sont indépendants n'est pas expliqué.

4. QUELQUES APPLICATIONS AU MOUVEMENT BROWNIEN.

Nous supposons dans cette section que la dérive δ est nulle, et nous désignerons dorénavant par L le temps local en 0 standard. Nous donnons maintenant quelques applications de notre résultat principal.

a) Etude asymptotique de la décomposition au minimum : Quand on fait tendre t vers l'infini dans le théorème, on obtient facilement le

Corollaire 1. *Pour tout* $T > 0$ *fixé, et toute fonction bornée* $\Phi : \Omega \times \Omega \to \mathbb{R}$, $\mathcal{F}_T \otimes \mathcal{F}_T$ *-mesurable, on a*

$$\lim_{t\uparrow\infty} \mathbb{E}^t\left(\Phi(\underset{\rightarrow}{X}, \underset{\leftarrow}{X})\right) = \mathcal{E}(\Phi(R,R')) ,$$

où, sous $\mathcal{P}$, R *et* R' *sont deux processus de Bessel de dimension* 3 *issus de* 0 *et indépendants.*

Preuve : Nous savons que sous $\mathbb{P}$, il existe deux mouvements browniens indépendants B et B', de processus maximum respectifs $\bar{B}$ et $\bar{B}'$, tels que

$$\left(X \circ \alpha^+ , \frac{1}{2} L \circ \alpha^+\right) = (\bar{B}-B, \bar{B}) , \quad \left(-X \circ \alpha^- , \frac{1}{2} L \circ \alpha^-\right) = (\bar{B}' - B', \bar{B}').$$

Voir par exemple Pitman-Yor [14]. D'après le théorème de Pitman, Y^+ et $-Y^-$ sont deux processus de Bessel de dimension 3 indépendants. □

Remarque. Quand $\delta > 0$, on retrouve de même la description de Williams [16] de la décomposition au minimum absolu en faisant tendre t vers ∞ dans le théorème et en appliquant le théorème de Pitman pour le brownien avec dérive (c.f. Pitman-Rogers [13])

En utilisant la propriété dite de scaling du mouvement brownien, on obtient que (les notations étant les mêmes que dans le corollaire 1), pour tout $t > 0$ fixé

$$\lim_{\varepsilon \downarrow 0} \mathbb{E}^t\left(\Phi(\varepsilon^{-1/2} \underset{\rightarrow}{X} (\varepsilon\cdot) , \varepsilon^{-1/2} \underset{\leftarrow}{X} (\varepsilon\cdot))\right) = \mathcal{E}(\Phi(R, R')).$$

Notons encore que Jeulin [8, théorème 6,41] obtient un résultat similaire relatif à l'excursion brownienne normalisée. On passe de l'identité précédente au théorème de Jeulin à l'aide du résultat de Vervaat [15] qui donne une construction de l'excursion brownienne normalisée à partir du pont brownien.

b) Une construction du processus de Bessel de dimension 3 : Notons $\mathcal{P}$ la loi du processus de Bessel de dimension 3 (en abrégé BES(3)). Nous allons construire ici la loi du BES(3) sur l'intervalle de temps $[0,1]$ à partir de la décomposition de X en son minimum sur $[0,1]$. Pour cela, nous introduisons les notations suivantes:

si $(\omega(t) , t \le \zeta)$ et $(\omega'(t) , t \le \zeta')$ sont deux trajectoires dans Ω, et que ω' est issue de 0 , nous posons

$$\omega \circ \omega'(t) = \begin{cases} \omega(t) & \text{si } t \le \zeta \\ \omega(\zeta) + \omega(t-\zeta) & \text{si } \zeta < t \le \zeta' \end{cases} ,$$

c'est-à-dire que $\omega \circ \omega'$ est la trajectoire obtenue en recollant bout-à-bout ω et ω'.

On pose $\frac{1}{2}\chi = (0 \wedge X(\zeta)) - X(\rho)$.

Nous énonçons le

Corollaire 2. *Sous* $\mathbb{P}^1$, $(\underset{\leftarrow}{X} \circ \underset{\rightarrow}{X} , \chi)$ *est indépendant de* $\mathrm{sgn}(X(1))$ *et a même loi que* $((X(t) , t \le 1) , \underline{X}(1))$ *sous* $\mathcal{P}$.

Preuve. Sous $\mathbb{P}^{\varepsilon}$, le processus des excursions complètes positives est indépendant du processus des excursions complètes négatives. De plus, l'image de la mesure $e^{-\sigma} 1_{\{X \le 0\}}.n$ par l'application $\omega \mapsto -\omega$ est $e^{-\sigma} 1_{\{X \ge 0\}}.n$. En comparant (1) et (2'), on montre aisément que sous $\mathbb{P}^{\varepsilon}$, conditionnellement à $X(\zeta) > 0$, le couple $((-X\circ\alpha^-) \odot (X\circ\alpha^+) , (L\circ\alpha^-) \odot (L\circ\alpha^+))$ a même loi que le couple $(X-\underline{X} , -2\underline{X})$ sous $\mathbb{P}^{\varepsilon}$. En appliquant le théorème de Pitman [12], puis le théorème, on obtient alors que sous $\mathbb{P}^{\varepsilon}(. | X(\zeta) > 0)$, $(\overleftarrow{X} \odot \overrightarrow{X} , \chi)$ a même loi que $((X_t, t \le e) , \underline{\underline{X}}(e))$ sous $\mathcal{P}$, où e est une v.a. exponentielle de paramètre 1 indépendante de X sous $\mathcal{P}$.

Intéressons-nous maintenant à la loi $\mathbb{P}^{\varepsilon}(. | X(\zeta) < 0)$. Notons $\tau = \inf\{t : X(t) = X(\zeta)\}$, et décomposons $\overleftarrow{X}$ en $\overleftarrow{X}^2 \odot \overleftarrow{X}^1$, où

$$\overleftarrow{X}^1(t) = X(\tau-t) - X(\tau) \quad \text{pour} \quad t \in [0,\tau] ,$$
$$\overleftarrow{X}^2(t) = X(\rho-t) - X(\rho) \quad \text{pour} \quad t \in [0,\rho-\tau] .$$

Rappelons que sous $\mathbb{P}^{\varepsilon}$, $-\overleftarrow{X}$ et $\overrightarrow{X}$ sont indépendants et ont pour lois respectives $\mathbb{Q}^{\varepsilon,-}$ et $\mathbb{Q}^{\varepsilon,+}$. On montre alors grâce au lemme 1 et à (5), que sous $\mathbb{P}^{\varepsilon}(. | X(\zeta) < 0)$, le couple $(\overleftarrow{X}^2 , \overleftarrow{X}^1 \odot \overrightarrow{X})$ a même loi que le couple $(\overleftarrow{X} , \overrightarrow{X})$ sous $\mathbb{P}(. | X(\zeta) > 0)$. Il ne reste plus qu'à conditionner par $\zeta = 1$ pour obtenir le corollaire. □

Remarques. 1- On peut aussi prouver l'identité $\overleftarrow{X} \odot \overrightarrow{X} \overset{\mathcal{L}}{=} BES(3)$ sous $\mathbb{P}^1$ en montrant d'abord que sous $\mathbb{P}^1$, $\overleftarrow{X} \overset{\mathcal{L}}{=} ((X-2\underline{X})_t , 0 \le t < \rho)$, puis en appliquant le théorème de Pitman.

2- On notera qu'on peut reconstruire X à partir de $\overleftarrow{X} \odot \overrightarrow{X}$, χ et $\mathrm{sgn}(X(1))$.

c) Pont brownien : Notons $P = \mathbb{P}^1(\cdot | X(1) = 0)$, la loi du pont brownien. Nous donnons tout d'abord la version conditionnelle du théorème:

Corollaire 3. *L'énoncé du théorème reste vrai quand on remplace* $\mathbb{P}^t$ *par* P.

<u>Preuve</u> : Remarquons que le couple des valeurs prises par $X \circ \alpha^+$ et $X \circ \alpha^-$ en leurs temps de mort respectifs est $(X(\zeta),\, 0)$ si $X(\zeta) \geq 0$, et $(0,\, X(\zeta))$ si $X(\zeta) \leq 0$. Par conséquent $X(\zeta) = Y^+(A^+(\zeta)) + Y^-(A^-(\zeta))$. D'autre part, on a également $X(\zeta) = \underset{\rightarrow}{X}(\zeta-\rho) - \underset{\leftarrow}{X}(\rho)$. D'après le théorème, sous P^t , $(\underset{\rightarrow}{X}\, ,\, \underset{\leftarrow}{X},\, X(\zeta))$ et $(Y^+\, ,\, -Y^-\, ,\, X(\zeta))$ ont donc même loi. Il ne reste qu'à conditionner par $X(\zeta) = 0$. □

Remarque. Les processus $X \circ \alpha^+$ et $X \circ \alpha^-$ étant P - p.s. tous deux nuls en leurs temps de mort respectifs, on a

$$\frac{1}{2}\, L \circ \alpha^+(t) = \inf\{Y^+(s)\, :\, t \leq s < A^+(1)\}\ ,$$

$$-\frac{1}{2}\, L \circ \alpha^-(t) = \sup\{Y^-(s)\, :\, t \leq s < A^-(1)\}.$$

La version conditionnelle du corollaire 2 complète un résultat de Vervaat [15] qui donne une construction de l'excursion brownienne normalisée à partir du pont brownien (voir également Biane [1]). Ici, on obtient un méandre brownien à partir du pont brownien en notant que formellement, le méandre est un BES(3) sur l'intervalle de temps [0,1] conditionné par $X(1) = \underline{X}(1)$ (voir [3, théorème 1]). Nous renvoyons le lecteur à Biane-Yor ([2] et [3]) pour plus d'informations sur le méandre.

<u>Corollaire 4</u>. *Avec les mêmes notations que dans le théorème 2 , sous P , $\underset{\leftarrow}{X} \odot \underset{\rightarrow}{X}$ est un méandre brownien.*

<u>Preuve</u>. On note d'abord que sous P , $(-X \circ \alpha^-) \odot (X \circ \alpha^+)$ est la valeur absolue d'un pont brownien, et que son temps local standard en 0 est $(\frac{1}{2}L \circ \alpha^-) \odot (\frac{1}{2}L \circ \alpha^+)$. Il suffit ensuite d'appliquer l'analogue du théorème de Pitman pour le méandre [3, théorème 8]. □

Remarques. 1- On peut reconstruire X à partir de $\underset{\leftarrow}{X} \odot \underset{\rightarrow}{X}$ en notant que $\rho = \sup\{t\, :\, \underset{\leftarrow}{X} \odot \underset{\rightarrow}{X}(t) = \frac{1}{2}\, \underset{\leftarrow}{X} \odot \underset{\rightarrow}{X}(1)\ \}$ P - p.s.

2- On peut aussi établir le corollaire 4 à l'aide du théorème 2.16 de Bismut [5] et du théorème 1 de Biane-Yor [3].

Remerciements. Ce travail a été en partie effectué durant une visite à l'Université de Floride, et a bénéficié des commentaires de J. Glover. Le corollaire 2 a été obtenu suite à une discussion avec M. Yor.

REFERENCES

[1] Ph. BIANE : Relations entre pont brownien et excursion normalisée du mouvement brownien. *Annales de l'I.H.P., vol.22-1 , p.1-7 (1986).*

[2] Ph. BIANE et M. YOR : Valeurs principales associées aux temps locaux browniens. *Bull. Sc. Math., 2e série, 111, p.23-101 (1987).*

[3] Ph. BIANE et M. YOR : Quelques précisions sur le méandre brownien. *Bull. Sc. Math., 2e série, 112, p.101-109 (1988).*

[4] N.H. BINGHAM and R.A. DONEY : On higher-dimensional analogues of the arc-sine law. *J. Appl. Prob. 25, p.120-131 (1988).*

[5] J.M. BISMUT : Last exit decompositions and regularity at the boundary of transition probabilities. Z. *Wahrscheinlichkeitstheorie verw. Gebiete 69, p.65-98 (1985).*

[6] R.A. DONEY and D.R. GREY : Some remarks on Brownian motion with drift. *J. Appl. Prob. 26, p.659-663 (1989).*

[7] K. ITÔ : Poisson point processes attached to Markov processes. *Proc. 6th Berkeley Symp. on Maths. Stat. and Prob., vol. III, p.225-239 (1970).*

[8] T. JEULIN : Semi-martingales et grossissement d'une filtration. *Lect. Notes in Maths. 833, Springer-Verlag (1980).*

[9] I. KARATZAS and S.E. SHREVE : A decomposition of the Brownian path. *Statistic Probab. Letter 5-2, p.87-94 (1987).*

[10] P. LÉVY : Sur certains processus stochastiques homogènes. *Compositio Math. 7, p.283-339 (1939).*

[11] P. LÉVY : Processus stochastiques et mouvement brownien. *Gauthier-Villars (1965).*

[12] J.W. PITMAN : One-dimensional Brownian motion and the three-dimensional Bessel process. *Adv. Appl. Prob. 7, p.511-526 (1975).*

[13] J.W. PITMAN and L.C.G. ROGERS : Markov functions. *Ann. Probab. 9-4, p.573-582 (1981).*

[14] J.W. PITMAN and M. YOR : Asymptotic laws of planar Brownian motion. *Ann. Probab. 14-4, p.733-779 (1986).*

[15] W. VERVAAT : A relation between Brownian bridge and Brownian excursion. *Ann. Probab. 7-1 , p.141-149 (1979).*

[16] D. WILLIAMS : Path decomposition and continuity of local time for one-dimensional diffusions. *Proc. London Math. Soc. 28, p.738-768 (1974).*

Une remarque sur la théorie des grandes déviations

P.Baldi M.Sanz

On considère la famille d'EDS

(1) $$dX_t^\varepsilon = b(X_t^\varepsilon)\,dt + \varepsilon\sigma(X_t^\varepsilon)\,dB_t \qquad X_0^\varepsilon = x$$

Le Lemme 1 ci-dessous donne une estimation du défaut de continuité du processus X_t^ε par rapport à la trajectoire brownienne. Il a été utilisé par R.Azencott ([1], voir aussi P.Priouret [3]) pour en déduire le Théorème 2, lequel fournit des estimations de grandes déviations pour le processus X^ε pour $\varepsilon \to 0$.

Dans cette note nous prouvons que le Lemme 1 est en effet équivalent au Théorème 2. Ceci va nous amener à donner un énoncé, dans un contexte général de grandes déviations.

Dans la suite nous supposons que B est un mouvement brownien k-dimensionnel.

(H) On dira que l'hypothèse (H) est satisfaite si les coefficients b et σ sont des champs de vecteurs et de matrices $m \times k$ respectivement sur $\mathbb{R}^m$ qui sont localement Lipschitziens.

Notons $C_m = C([0,1], \mathbb{R}^m)$ l'espace des trajectoires continues dans $[0,1]$ muni de la norme $\| \ \|_\infty$ et soit $\mathcal{H}_k$ le sous-espace de C_k des trajectoires f nulles en 0 , absolument continues et telles que

$$\int_0^1 |f_s'|^2\,ds < \infty$$

pour toute $f \in \mathcal{H}_k$ soit $g \in C_m$ la solution de

(2) $$g_t' = b(g_t) + \sigma(g_t) f'(t) \qquad g_0 = x$$

Posons $g = S_x(f)$; soit Γ un ensemble borné dans $\mathcal{H}_k$; sous l'hypothèse (H) il est facile de vérifier (par une application du lemme de Gronwall) que l'application S_x est continue de Γ (muni de la norme $\| \ \|_\infty$) à valeurs dans C_m. Notons pour $x \in \mathbb{R}^m$ fixé

$$|f|_1^2 = \int_0^1 |f_s'|^2\,ds$$

$$\lambda(g) = \inf \frac{1}{2}|f|_1^2$$

le inf étant pris sur toutes les fonctions f telles que $S_x(f) = g$; pour tout $A \subset C_m$ posons

$$\Lambda(A) = \inf_{g\in A} \lambda(g)$$

On a alors ([1], [3])

Lemme 1. (Hypothèse (H)). *Soient $f \in \mathcal{H}_k$ et $g = S_x(f)$. Pour tout $\alpha > 0$ et $R > 0$ il existe $\varepsilon_0 > 0$ tel que pour tout $\varepsilon < \varepsilon_0$*

$$\mathrm{P}\{\|X^\varepsilon - g\|_\infty \geq \alpha, \|\varepsilon B - f\|_\infty \leq \eta\} \leq \exp\left(-\frac{R}{\varepsilon^2}\right) \tag{3}$$

De ce Lemme 1 il est classique ([1]) de déduire les estimations de grandes déviations (Ventsel-Freidlin) suivantes :

Théorème 2. (Hypothèse (H)). *On a*

$$\overline{\lim_{\varepsilon \to 0}}\, \varepsilon^2 \log \mathrm{P}(X^\varepsilon \in F) \leq -\Lambda(F)$$
$$\underline{\lim_{\varepsilon \to 0}}\, \varepsilon^2 \log \mathrm{P}(X^\varepsilon \in G) \geq -\Lambda(G)$$

pour tout sous-ensemble $F \subset C_m$ fermé et tout $G \subset C_m$ ouvert.

Dans la suite on montre que le Lemme 1 peut se déduire facilement du Théorème 2.

Considérons en effet la diffusion $Z_t^\varepsilon = \begin{pmatrix} \varepsilon B_t \\ X_t^\varepsilon \end{pmatrix}$; Z^ε est solution de l'EDS

$$dZ_t^\varepsilon = \tilde{b}(Z_t^\varepsilon)\, dt + \varepsilon \tilde{\sigma}(Z_t^\varepsilon)\, d\mathrm{B}_t \qquad Z_0^\varepsilon = \begin{pmatrix} 0 \\ x \end{pmatrix}$$

où $\tilde{\sigma}(x) = \begin{pmatrix} I \\ \sigma(x) \end{pmatrix}$ est la matrice $(m+k) \times k$ que l'on obtient en superposant à $\sigma(x)$ la matrice identité $k \times k$ et $\tilde{b}(x) = \begin{pmatrix} 0 \\ b(x) \end{pmatrix}$. Si les coefficients b et σ vérifient l'hypothèse (H), alors le Théorème 2 s'applique à Z^ε car l'hypothèse (H) est satisfaite également pour les coefficients $\tilde{b}$ et $\tilde{\sigma}$.

Z^ε satisfait donc à des estimations de grandes déviations avec fonctionnelle d'action $\tilde{\lambda}$ donnée par

$$\tilde{\lambda}(\gamma) = \inf \frac{1}{2}|f|_1^2$$

le inf étant pris sur toutes les trajectoires $f \in \mathcal{H}_k$ telles que

$$\gamma_t' = \tilde{b}(\gamma_t) + \tilde{\sigma}(\gamma_t)\, f_t' \qquad \gamma_0 = \begin{pmatrix} 0 \\ x \end{pmatrix} \tag{4}$$

Si on appelle $\tilde{S}(f)$ la solution de (4), on voit alors facilement que l'équation se decompose en deux systèmes, l'un portant sur les prémières k coordonnées et l'autre sur les m dernières ; donc $\tilde{S}(f) = \begin{pmatrix} f \\ S_x(f) \end{pmatrix}$, $S_x(f)$ étant la solution de (2). En particulier $\tilde{\lambda}(\gamma) < +\infty$ si et seulement si γ est de la forme $\begin{pmatrix} f \\ S_x(f) \end{pmatrix}$ et dans ce cas $\tilde{\lambda}(\gamma) = \frac{1}{2}|f|_1^2$.

Fixons maintenant $\alpha > 0$ et $R > 0$. Alors

$$P\{\|X^\varepsilon - S_x(f)\|_\infty \geq \alpha, \|\varepsilon B - f\|_\infty \leq \eta\} = P\{Z^\varepsilon \in A\}$$

A_η étant l'ensemble de trajectoires

$$A_\eta = \left\{\gamma = \begin{pmatrix}\gamma_1\\ \gamma_2\end{pmatrix} \in \mathcal{C}_{k+m}\,;\ \|\gamma_1 - f\|_\infty \leq \eta, \|\gamma_2 - S_x(f)\|_\infty \geq \alpha\right\}$$

Comme l'application $f \to S_x(f)$ est continue de $B_R = \{f\,;\ \frac{1}{2}|f|_1^2 \leq 2R\} \cap \mathcal{C}_k$ à valeurs dans $\mathcal{C}_m$ par rapport à la norme $\|\ \ \|_\infty$, il existe $\eta > 0$ tel que si $\gamma_1 \in B_R$ et $\|\gamma_1 - f\|_\infty \leq \eta$ alors $\|S_x(\gamma_1) - S_x(f)\|_\infty \leq \alpha$. Pour une telle valeur de η il n'existe donc aucune trajectoire $\gamma \in A_\eta$ telle que $\frac{1}{2}|\gamma_1|_1^2 \leq 2R$ et $\gamma = \begin{pmatrix}\gamma_1\\ S_x(\gamma_1)\end{pmatrix}$. Donc $\Lambda(A_\eta) \geq R$ et par le Théorème 2

$$P\{\|X^\varepsilon - S_x(f)\|_\infty \geq \alpha, \|\varepsilon B - f\|_\infty \leq \eta\} = P\{Z^\varepsilon \in A\} \leq \exp\left(-\frac{R}{\varepsilon^2}\right)$$

Remarquons que dans la démonstration que l'on vient de faire on n'a utilisé que le fait que l'application S_x est continue sur les bornés de $\mathcal{H}_k$. Ceci nous amène à donner une version abstraite de notre résultat. Soient $(E_i, d_i), i = 1,2$ deux espaces métriques séparables complets. On se donne deux familles $X_i^\varepsilon\ :\ (\Omega, \mathcal{A}, P) \to E_i, \varepsilon > 0, i = 1,2$ de variables aléatoires. Supposons que $\{X_1^\varepsilon, \varepsilon > 0\}$ satisfait à un principe de grandes déviations avec fonctionnelle d'action $\lambda\ :\ E_1 \to [0, +\infty]$. Supposons aussi qu'il existe une application $S\ :\ \{\lambda < +\infty\} \to E_2$ telle que sa restriction aux ensembles compacts $\{\lambda \leq a\}, a \in [0, +\infty[$ soit continue. On a alors le résultat suivant :

Théorème 3. *Sous les conditions explicitées ci-dessus il y a équivalence entre*

a) La famille $\{(X_1^\varepsilon, X_2^\varepsilon), \varepsilon > 0\}$ satisfait un principe de grandes déviations avec fonctionnelle d'action $\tilde\lambda: E_1 \times E_2 \to [0, +\infty]$ définie par

$$\tilde\lambda(f,g) = \begin{cases}\lambda(f) & \text{si } g = S(f)\\ +\infty & \text{sinon}\end{cases}$$

b) pour tout $f \in E_1$ tel que $\lambda(f)$ soit finie et pour tout $R > 0$, $\alpha > 0$ il existe $\eta > 0$ et $\varepsilon_0 > 0$ tels que pour tout $\varepsilon < \varepsilon_0$ on ait

$$P\{d_2(X_2^\varepsilon, S(f)) \geq \alpha, d_1(X_1^\varepsilon, f) \leq \eta\} \leq \exp\left(-\frac{R}{\varepsilon^2}\right)$$

<u>Démonstration</u>. La preuve de a)$\Rightarrow$b) suit exactement le même schema que tout à l'heure.

Par contre si la propriété de quasi-continuité b) est satisfaite, considérons la distance d définie par $d((f,g),(f',g')) = d_1(f,f') + d_2(g,g')$, $f,f' \in E_1, g,g' \in E_2$. Si $Z^\varepsilon = (X_1^\varepsilon, X_2^\varepsilon)$ il est immédiat de vérifier que la propriété b) est aussi satisfaite pour le couple $Z^\varepsilon = (X_1^\varepsilon, X_2^\varepsilon)$. Plus précisement pour tout $f \in E_1$ tel que $\lambda(f)$ soit finie et pour tous $R > 0$, $\alpha > 0$ il existe $\eta > 0$ et $\varepsilon_0 > 0$ tels que pour tout $\varepsilon \leq \varepsilon_0$

$$P\{d(Z^\varepsilon, (f, S(f))) \geq \alpha, d_1(X_1^\varepsilon, f) \leq \eta\} \leq \exp\left(-\frac{R}{\varepsilon^2}\right)$$

Il suffit maintenant d'appliquer la méthode classique de transport des estimations de grandes déviations (voir Azencott [1], mais aussi Doss-Priouret [2], paragraphe 3).

BIBLIOGRAPHIE

[1] Azencott R. : *Grandes Deviations et applications*. In Ecole d'Eté de Probabilité de St.Flour VIII 1978, Lect. Notes Math. 774, Springer : Berlin-Heidelberg-New York, 1980.

[2] Doss H. Priouret P. : *Petites perturbations de systèmes dynamiques avec reflexion*. In Séminaire de Probabilités XVII, Lect. Notes Math. 986, Springer : Berlin-Heidelberg-New York, 351-370 (1982).

[3] Priouret P. : *Remarques sur les petites perturbations de systèmes dynamiques*. In Séminaire de Probabilités XVI, Lect. Notes Math. 920, Springer : Berlin-Heidelberg-New York (1982).

Paolo Baldi
Dipartimento di Matematica
Città Universitaria
Viale A.Doria 6
95125 Catania (Italy)

Marta Sanz
Facultat de Matemàtiques
Universitat de Barcelona
Gran Via 585
BARCELONA-7 (Espagne)

On Filtrations of Brownian polynomials

A. Goswami and B.V. Rao
Indian Statistical Institute, Calcutta

In [3] Lane considered, among other things, the filtrations of the processes $\int_0^t h(B_s)dB_s$ for a certain class of functions h on the real line. He showed that in many instances the filtration of such a process is either that of the Brownian motion itself or that of an appropriate reflected Brownian motion. In this note we make a rather curious observation regarding the filtrations of the processes $H_n(B_t,t)$. This also helps us to describe the filtrations of a large class of polynomials in (B_t,t). We conclude with an extremal property of these martingales.

Let $(\Omega, \mathcal{F}, P)$ be a complete probability space and $(B_t)_{t\geq 0}$ be a standard Brownian motion defined on the space. For each $n \geq 1$ recall that the nth Hermite polynomial in (x,t) is defined by

$$H_n(x,t) = \frac{(-t)^n}{n!} e^{x^2/2t} D_x^n(e^{-x^2/2t})$$

It is wellknown and easily verifiable that $D_xH_n = H_{n-1}$ and $(D_t + \frac{1}{2} D_{xx}) H_n = 0$ for each $n \geq 1$.

Let $Y_n(t) = H_n(B_t,t)$ and $(\mathcal{G}_t^n)$ its canonical filtration. Here and in what follows canonical filtration of a process means the right continuous modification of the natural filtration of the process augmented by P-null sets of the process. In particular $(\mathcal{G}_t^1)$ is the Brownian filtration and $(\mathcal{G}_t^2)$ is the filtration of the reflected Brownian motion $|B|$.

<u>Theorem 1</u> : 1. For each $n \geq 1$, $(\mathcal{G}_t^n) = (\mathcal{G}_t^1)$ or $(\mathcal{G}_t^2)$ according as n is odd or even.

2. Let $P(x,t)$ be any nonconstant polynomial in (x,t) satisfying $(D_t + \frac{1}{2} D_{xx}) P = 0$. Assume that the coefficient of x^{n-1} is zero where n is the degree of P in x. Then the canonical filtration of $P(B_t,t)$ is either $(\mathcal{G}_t^1)$ or $(\mathcal{G}_t^2)$ according as an odd power of x is present in P or not.

The following simple lemma will be used repeatedly in the proof of the theorem.

<u>Lemma</u>. Let (M_t) be a continuous martingale. Then, (i) $\langle M \rangle$ is adapted to the canonical filtration of $|M|$. (ii) if moreover $M_t = \int_0^t h_s dB_s$ then $|h|$ is $|M|$ adapted.

<u>Proof of the Lemma</u>. (i) is a direct consequence of the fact that in the Doob-Meyer decomposition of a submartingale, the increasing process is adapted to the canonical filtration of the submartingale. To prove (ii) note that by (i) $(\int_0^t h_s^2 ds)$ is adapted to $|M|$ and hence so also is (h_t^2).

<u>Proof of the Theorem</u> : 1. By Ito's formula $Y_n(t) = \int_0^t Y_{n-1}(s) dB_s$. By the lemma it follows that $|Y_{n-1}|$ is $(\mathcal{G}_t^n)$ adapted. In turn $Y_{n-1}(t) = \int_0^t Y_{n-2}(s) dB_s$, so that $|Y_{n-2}|$ is $|Y_{n-1}|$ adapted and hence $(\mathcal{G}_t^n)$ adapted. Proceeding in this way we observe that $|B|$ is $(\mathcal{G}_t^n)$ adapted. In other words $(\mathcal{G}_t^2) \subset (\mathcal{G}_t^n)$. In case n is even the proof is complete since $H_n(x,t)$ involves only even powers of x. In case n is odd, $Y_n(t) = B_t . Q(B_t,t)$ where Q is a polynomial in (x,t) involving only even powers of x. $(Q(B_t,t))$ is adapted to $(\mathcal{G}_t^2)$ and hence to $(\mathcal{G}_t^n)$. But for fixed t, $Q(B_t,t)$ is nonzero almost surely so that B is $(\mathcal{G}_t^n)$ adapted. The proof is complete.

2. Denote by $(\mathcal{G}_t)$ the canonical filtration of the process $(P(B_t,t))$. Let the degree of P in x be n. Denoting derivative w.r.t. x by $'$, we see that P', P'',... are all solutions of $(D_t + \frac{1}{2} D_{xx}) u = 0$, so that $P^{(k)}(B_t,t) = \int_0^t P^{(k+1)}(B_s,s)dB_s$. Further $P^{(n-1)}(x,t) = c.x$ by the assumption on P where c is a nonzero constant. Now proceeding as in 1 above we get that $(\mathcal{G}_t^2) \subset (\mathcal{G}_t)$. In case P has only even powers of x, the proof is complete. Otherwise, write $P = Q_1 + x.Q_2$ where both Q_1 and Q_2 involve only even powers of x to complete the proof.

Remark 1. For each $n \geq 1$, if $(\tilde{\mathcal{G}}_t^n)$ is the natural filtration of the (Y_n) process augmented by P-null sets of $\tilde{\mathcal{G}}_\infty^n$ then $(\tilde{\mathcal{G}}_t^n) = (\mathcal{G}_t^n)$. In other words $(\tilde{\mathcal{G}}_t^n)$ is itself right continuous. This is because the same is known to be true for n=1 and 2. A routine argument now completes the proof.

Remark 2. The assumption in the second part of the theorem - namely, that the coefficient of x^{n-1} be zero - is essential. To see this let $P(x,t) = x^2 - x - t$. Clearly the canonical filtration of $(P(B_t,t))$ can not be $(\mathcal{G}_t^2)$. It is not $(\mathcal{G}_t^1)$ either. The quickest way to see this is to take Ω to be $C[0,\infty)$ and B the coordinate process. If τ is the hitting time of $\frac{1}{2}$ by B then $P(B_t,t)$ does not distinguish between the paths ω and ω^* where ω^* is the usual reflection of ω at τ. The measure preserving nature of the map $\omega \mapsto \omega^*$ can now be used to complete the proof.

Remark 3. It is curious to note that the theorem is not valid for arbitrary nonconstant solutions u of $(D_t + \frac{1}{2} D_{xx})u = 0$. The function $u(x,t) = e^{t/2} \sin x$ is such a function and it also has a series expansion in terms of Hermite polynomials given by $u = \Sigma(-1)^k H_{2k+1}$. This is verified by using the generating function for Hermite polynomials [1']. Of course, the filtration of $(u(B_t,t))$ is same as that of the process sin B, which is neither $(\mathcal{G}^1_t)$ nor $(\mathcal{G}^2_t)$. However it is of interest to note that its canonical filtration is a Brownian filtration. Indeed if $M_t = e^{t/2} \sin B_t$ then $\int_0^t \frac{e^{-s/2}}{\sqrt{1-e^{-s}M_s^2}} dM_s$ is a Brownian motion and its canonical filtration is same as that of M.

Remark 4. The theorem is a truely infinite time dimensional theorem. That is to say, for n odd (resp. even) the σ-field $\sigma(B_{t_1},\dots,B_{t_k})$ (resp. $\sigma(|B_{t_1}|,\dots,|B_{t_k}|)$) is strictly larger than $\sigma(Y_n(t_1),\dots,Y_n(t_k))$ for any finite set of time points $t_1 < t_2 < \dots < t_k$ and for any $n \geq 3$.

As a consequence of Theorem 1, we have the following result which is perhaps known, but we have not found in the literature.

Theorem 2. 1. Y_n has martingale representation property. That is, every $(\mathcal{G}^n_t)$ martingale is a stochastic integral w.r.t. Y_n.

2. Y_n is an extremal martingale. That is, the law μ_n of Y_n is an extreme point of the convex set of all probabilities on $C[0,\infty)$ making the coordinate process a martingale.

3. For $n \neq m$, $\mu_n \perp \mu_m$.

Proof. 1. Let n be odd. Then Y_{n-1} is $(\mathcal{G}^n_t)$ adapted and $dB = \frac{1}{Y_{n-1}} dY_n$ so that any $(\mathcal{G}^n_t)$ martingale, being an integral w.r.t. B is also an integral w.r.t. Y_n. Let n be even. Then, $dY_n = Y_{n-1}dB = Z_{n-1}dY_2$ where $Z_{n-1}(s) = P(B_s,s)$ and $P(x,t) = \frac{1}{x} H_{n-1}(x,t)$. Since H_{n-1} involves only odd powers of x, P is a polynomial involving only even powers of x. Z_{n-1}

being $(\mathcal{G}^n_t)$ adapted, we deduce that $dY_2 = \frac{1}{Z_{n-1}} dY_n$. Now, any $(\mathcal{G}^n_t)$ martingale is a $(\mathcal{G}^2_t)$ martingale and hence an integral w.r.t. Y_2 and so in turn is an integral w.r.t. Y_n. Incidentally, the fact that any $(\mathcal{G}^2_t)$ martingale is an Y_2 integral follows from observing that $M_t = \int_0^t \text{sgn}(B_s)dB_s$ is a Brownian motion, its canonical filtration is $(\mathcal{G}^2_t)$ and $dM = \frac{1}{|B|} dY_2$.

2. can be deduced using Theorem 11.2, p.338 and
3. using Theorem 11.4, p.340 of Jacod [2].

References

1. Hida, T. (1979) : Brownian motion, Springer-Verlag.

2. Jacod, J. (1979): Calcul Stochastique et Problemes de Martingales. Springer LNM 714.

3. Lane, D.A.(1978): On the fields of some Brownian martingales, Ann. Prob. 6 p.499-508.

An extension of Krein's inverse spectral theorem to strings with nonreflecting left boundaries

by

Uwe Küchler and Kirsten Neumann

Humboldt-University at Berlin, Department of Mathematics
1086 Berlin, P.O.Box 1297, G.D.R.

Abstract: Krein's inverse spectral theorem describes the spectral measures τ of the differential operators $D_m D_x$ with boundary condition $f'_-(0) = 0$, if m runs through all nondecreasing functions on $[0,\infty)$. This result will be extended to boundary conditions of the type $af'_-(0) - f(0) = 0$ $(a \in [0,\infty))$.
Other conditions as in Krein's theorem appear.

Key words: gap-diffusions, quasidiffusions, generalized second order differential operator, spectral measures, local times, Krein's inverse spectral theorem, Krein's correspondence

60J35, 60J60, 34B20

1. Introduction

It is well-known that every nondecreasing function m on $[0,\infty)$ performed with appropriate boundary conditions at zero and at $l := \sup \operatorname{supp} m$ (a so-called string) generates a strong Markov process (X_t) on $\operatorname{supp} m$, where $\operatorname{supp} m$ denotes the set of points where m increases. This process has as its (selfadjoint) infinitesimal generator in $L_2(m)$ the generalized second order differential operator $D_m D_x$ together with the mentioned boundary conditions. (X_t) is called a quasi- (or gap-) diffusion with speed measure m. Examples are diffusions and birth- and death-processes. Several probabilistic quantities of (X_t) as e.g. transition densities, first hitting time densities, Lévy-measures of the inverse local time at zero, can be expressed in terms of spectral measures $\tau^{(m)}$ of $D_m D_x$ under different boundary conditions, see e.g. Ito, McKean [2], Küchler [7], [8], Küchler, Salminen [9].

An essential result concerning these spectral measures is M.G. Krein's inverse spectral theorem, in a more extended form known as Krein's correspondence theorem, see Kac, Krein [3], Kotani, Watanabe [6]. Roughly speaking it states that the mapping $m \longrightarrow \tau^{(m)}$ is a one-to-one and onto correspondence between the strings m with the "reflecting" boundary condition $f^-(0) := f'(0-) = 0$ and the set of all measures τ on $[0,\infty)$ that integrate $(1+\mu)^{-1}$ thereon, see Theorem 2.2 below. What we are going to do is to study the situation for the boundary conditions

$$af^-(0) - f(0) = 0 \;,$$

where $a \in [0,\infty)$ is fixed. (The case above corresponds to $a = \infty$.) If $a \in (0,\infty)$ ("elastic killing boundary"), then there is still a one-to-one and into correspondence (Theorem 2.4). If $a = 0$, then $m \longrightarrow \tau^{(m)}$ maps the strings m with the "killing" boundary condition $f(0) = 0$ onto the set of measures on $(0,\infty)$ that integrate $[\mu(1+\mu)]^{-1}$, but not one-to-one. In Theorem 3.2 we shall describe the preimages for every τ which form one-parametric families.
As an application we get the description of all measures ν that can appear as the Lévy-measure of the inverse local times at zero for quasidiffusions (see Remark 3.6). This result was proved by other (probabilistic) means in Knight [5]. Here we shall present an analytical approach.
Moreover, a generalization of Lemma 1 of Karlin, McGregors paper [4] concerning birth- and death-processes to strings is given (see Corollary 3.7).

2. Strings, spectral measures and Krein's theorem

Here we shall summarize some facts from the theory of generalized second order differential operators $D_m D_x$. For details the reader is referred to Kac, Krein [3] or Dym, McKean [1], the latter uses another terminology.
By R and K we denote the real axis and the complex plane, respectively. R_+ stands for $[0,\infty)$, K_- for $K \setminus R_+$. Put $\bar{R}_+ := [0,\infty]$ and $\frac{1}{0} := \infty$, $\frac{1}{\infty} := 0$. Let m be a nondecreasing right-continuous extended real-valued function on R with $m(x) \equiv 0$, $x<0$. Define E_m to be the set of points where m increases and is finite:

$$E_m := \{x \in R_+ \mid \exists\, \varepsilon_0 > 0:\; m(x-\varepsilon) < m(x+\varepsilon) < \infty \quad \forall\, \varepsilon \in (0,\varepsilon_0)\}.$$

We shall assume $E_m \neq \emptyset$ and denote by the same letter m the measure generated by the function m. Such a measure m is called a speed measure.

Introduce c, l and r by

$$c := \inf E_m = \inf \{x \geq 0 \mid m(x) > 0\},$$
$$l := \sup E_m \leq \infty,$$
$$r := \sup \{x \geq 0 \mid m(x) < \infty\} \leq \infty \quad .$$

We have $0 \leq c \leq l \leq r$ and put $h := r - l$ if $l < \infty$. Otherwise h is irrelevant and for convenience we put $h = 0$ in this case. Note that $h = 0$ if $l < \infty$ and $m(l) = \infty$. If $l + m(l) < \infty$ and $m(\{l\}) > 0$, then h must be greater than zero. The number $r = l + h$ is called the length of the string.

Sometimes we shall write c_m, $l_m, \ldots$ to express that these numbers come from m.

By ϑ we denote the set of all real functions f on R having a representation

$$f(x) = \bar{a} + \bar{b} \cdot x + \int_0^x (x-s) g(s) m(ds) \tag{2.1}$$

for some measurable g on R and some reals $\bar{a}$, $\bar{b}$.

Note that every $f \in \vartheta$ is continuous and linear on the open intervals of $R \setminus E_m$.

On ϑ we define a generalized second order differential operator $D_m D_x$ by $D_m D_x f = g$, details can also be found in Küchler [7], [8].

For every fixed $a \in [0, \infty]$ the restriction A_a of $D_m D_x$ to

$$\Delta_a := \{f \in \vartheta \cap L_2(m) \mid D_m D_x f \in L_2(m),\ af^-(0) - f(0) = 0\} \tag{2.2}$$

(for $a = \infty$ we mean $f^-(0) = 0$) is a nonnegative selfadjoint operator in $L_2(m)$.

(By f^+ and f^- we denote the right- and left-hand-side derivative of f, respectively.)

Note that $f \in \vartheta \cap L_2(m)$ implies $f(r) = 0$ if $r = l + h < \infty$. Because of the linearity of f on the intervals of $R \setminus E_m$ this can be written as a boundary condition $hf^+(l) + f(l) = 0$ with $f^+(l) = 0$ if $h = \infty$. Otherwise, the boundary condition appearing in (2.2) can also be included in $f \in \vartheta \cap L_2(m)$ if we change m to the left of $-a$ into $m(x) = -\infty$, $x < -a$.

In the following, m will be understood in this way.

This change of m charges $-a$ with infinite mass. The original

measure m on R_+ remains unchanged by this procedure if $a>0$. In case $a=0$, the value of $m(\{0\})$ is not reconstructable. But this does not disturb the corresponding spectral theory, as we will see below. Thus we suppose $m(0)=0$ if we consider $a=0$. Now m has infinite mass at $-a$ (and r if $r<\infty$) and thus $f\in\vartheta\cap L_2(m)$ implies also $f(-a)=0$, i.e. $af^-(0)-f(0)=0$.
Therefore, the selfadjoint operators A_a are characterized by the (changed) function m, or by (m,a). We call the pair (m,a) a <u>string</u> and denote it by $S_a(m)$. If the length $r=l+h$ is infinite, then we say that the string $S_a(m)$ is infinite. Depending on $l+m(l-)<\infty$ or $=\infty$ the string $S_a(m)$ is called regular or singular. The resolvent operator $R_{\lambda,a}:=(A_a-\lambda I)^{-1}$ exists for $\lambda\in(-\infty,0)$, and it can be shown analogously to Dym, McKean [1] that $R_{\lambda,a}$ is given by

$$(R_{\lambda,a}f)(x)=\int_0^l r_{\lambda,a}(x,y)f(y)m(dy)\ ,\qquad f\in L_2(m),$$

where

$$r_{\lambda,a}(x,y):=\frac{\Phi_a^{\uparrow}(x\wedge y,\lambda)\,\Phi^{\downarrow}(x\vee y,\lambda)}{W}\ .$$

Here $\Phi_a^{\uparrow}$ and $\Phi^{\downarrow}$ denote the solutions $f\in\vartheta$ of

$$D_mD_xf+\lambda f=0$$

satisfying the boundary conditions

$$\Phi_a^{\uparrow}(0,\lambda)=1,\quad a\in(0,\infty];\qquad \Phi_0^{\uparrow-}(0,\lambda)=1, \tag{2.3}$$

$$a\,\Phi_a^{\uparrow-}(0,\lambda)-\Phi_a^{\uparrow}(0,\lambda)=0,\quad a\in[0,\infty);\quad \Phi_\infty^{\uparrow-}(0,\lambda)=0, \tag{2.4}$$

and

$$\Phi^{\downarrow-}(0,\lambda)=-1,\qquad\text{and} \tag{2.5}$$

$$h\,\Phi^{\downarrow+}(l,\lambda)+\Phi^{\downarrow}(l,\lambda)=0\ . \tag{2.6}$$

Note that $\Phi_a^{\uparrow}(\cdot,\lambda)$ is increasing and $\Phi^{\downarrow}(\cdot,\lambda)$ is decreasing for fixed $\lambda<0$.
W denotes the Wronskian:

$$W=W(\lambda):=\Phi_a^{\uparrow-}\Phi^{\downarrow}-\Phi_a^{\uparrow}\Phi^{\downarrow-}$$

Several times we will use that $\Phi_a^{\uparrow}(\cdot,\lambda)$ is the uniquely determined solution of

$$\Phi(x,\lambda) = 1 + \frac{x}{a} - \lambda\int_0^x (x-s)\,\Phi(s,\lambda)m(ds), \quad x\in[0,r) \tag{2.7}$$

for $a \in (0,\infty]$, and of

$$\Phi(x,\lambda) = x - \lambda\int_0^x (x-s)\,\Phi(s,\lambda)m(ds), \quad x\in[0,r) \tag{2.8}$$

for $a = 0$.
Similarly, $\Phi^{\downarrow}(\cdot,\lambda)$ is the unique solution of

$$\Phi(x,\lambda) = \Phi(0,\lambda) - x - \lambda\int_0^x (x-s)\,\Phi(s,\lambda)m(ds), \quad x\in[0,r). \tag{2.9}$$

<u>DEFINITION 2.1:</u> Assume $S_a(m)$ is a string with $a\in[0,\infty]$. Then a measure τ on $[0,\infty)$ is called a spectral measure of $S_a(m)$, if

$$r_{\lambda,a}(x,y) = \int_0^\infty \frac{\Phi_a^{\uparrow}(x,\mu)\,\Phi_a^{\uparrow}(y,\mu)}{\mu-\lambda}\,d\tau(\mu), \quad \lambda<0;\ x,y\in E_m.$$

The set $\operatorname{supp}\tau$ is called the spectrum of $S_a(m)$.

As for the case of $a = \infty$, treated in Kac, Krein [3] and Dym, McKean [1], one can show that for every string $S_a(m)$ a unique spectral measure τ exists (on $(0,\infty)$ if $a \neq 0$). It will often be denoted by $\tau_a^{(m)}$. (We shall identify measures τ on R_+ and their generating function $\mu \longrightarrow \tau([0,\mu])$.)
Note that $\Phi_0^{\uparrow}(\cdot,\lambda)$, and therefore $\tau_0^{(m)}$ does not depend on the mass of m at zero. Thus, considering a string $S_0(m)$ we shall always suppose that $m(0) = 0$.
If the string $S_a(m)$ is regular, then $\tau_a^{(m)}$ is given by

$$\tau_a^{(m)}(\mu) = \sum_{k=0}^{\infty} \tau_a^{(m)}(\{\mu_k\})\cdot \mathbb{1}_{[0,\mu_k]}(\mu) \tag{2.10}$$

where $(\mu_k)_{k\geq 0}$ denotes the sequence of solutions of

$$h\,\Phi_a^{\uparrow,+}(1,\mu) + \Phi_a^{\uparrow}(1,\mu) = 0$$

and

$$\tau_a^{(m)}(\{\mu_k\}) = \Big[\int_0^1 [\Phi_a^{\uparrow}(x,\mu_k)]^2 dm\Big]^{-1}.$$

We have

$$0 \le \mu_0 < \mu_1 < \dots < \mu_n < \dots \quad \text{and} \quad \sum_{n \ge 1} \mu_n^{-1} < \infty \ .$$

The following theorem answers the question which measures may appear as spectral measures for strings $S_\infty(m)$. Its second part is M.G. Krein's inverse spectral theorem, (i) and (ii) together are known as Krein's correspondence (Kotani, Watanabe [6]).

<u>THEOREM 2.2:</u>

(i) For every string $S_\infty(m)$ its spectral measure $\tau = \tau_\infty^{(m)}$ satisfies

$$\int_{0-}^{\infty} \frac{d\tau(\mu)}{1+\mu} < \infty \ . \tag{2.11}$$

(ii) For every measure τ on R_+ with $\tau(R_+) > 0$ and (2.11) there exists one and only one string $S_\infty(m)$ with $c_m = 0$ having τ as its spectral measure.

Note that the condition $c_m = 0$ in (ii) ensures the unicity of m. Indeed, all "shifted" strings $S_\infty(m(\cdot - c))$ $(c > 0)$ have the same spectral measure, compare Proposition 2.3 below.

For every string $S_\infty(m)$ its characteristic function $\Gamma_m(\cdot)$ is given by (see Chapter 4 below)

$$\Gamma_m(\lambda) := c_m + \int_{0-}^{\infty} \frac{d\tau_\infty^{(m)}(\mu)}{\mu - \lambda} = \lim_{x \uparrow r} \frac{\Phi_0^{\uparrow}(x, \lambda)}{\Phi_\infty^{\uparrow}(x, \lambda)} , \quad \lambda \in K_- . \tag{2.12}$$

Because of the definition of the spectral measure we obtain

$$\Phi^{\downarrow}(0, \lambda) = r_{\lambda,\infty}(0,0) = \Gamma_m(\lambda) , \quad \lambda < 0. \tag{2.13}$$

Letting $\lambda \uparrow 0$ in (2.12) we get the formula

$$c_m + \int_{0-}^{\infty} \frac{d\tau_\infty^{(m)}(\mu)}{\mu} = r = 1 + h \tag{2.14}$$

with the understanding that $h = 0$ if $1 + m(1-) = \infty$.

Krein's theorem says that $\Gamma_m(\cdot)$ determines $S_\infty(m)$ uniquely.

In Chapter 4 below we shall see that it holds

$$-\frac{1}{\Gamma_m(\lambda)} = \lambda\, m(\{0\}) - r_m^{-1} - \int_0^\infty \left(\frac{1}{\mu} - \frac{1}{\mu - \lambda}\right) \tau_0^{(m)}(d\mu) , \quad \lambda \in K_- . \tag{2.15}$$

For every string $S_\infty(m)$ with $c_m = 0$ we have

$$\tau_\infty^{(m)}(R_+) = [m(\{0\})]^{-1} . \qquad (2.16)$$

Indeed, consider $\lambda\Gamma_m(\lambda)$ for $\lambda \downarrow -\infty$ and compare (2.12) and (2.15), then (2.16) is obvious.
Finally, note that $\tau_\infty^{(m)}(\{0\}) > 0$ if and only if the constant function $\Phi_\infty^{\uparrow}(\cdot,0) \equiv 1$ is an eigenfunction of $D_m D_x$. This holds if and only if $r = l + h = \infty$ (or $l = \infty$) and $m(l-) < \infty$. Moreover, in this case we have

$$\tau_\infty^{(m)}(\{0\}) = [m(l)]^{-1} . \qquad (2.17)$$

The next proposition shows how the spectral measure changes if m suffers certain transformations.

<u>PROPOSITION 2.3:</u> Let $S_a(m)$ be a string with $a \in [0,\infty]$ and assume $u,v \in (0,\infty)$, $w \in [0,\frac{a}{u}]$ and $w < \infty$. Define

$$\tilde{m}(x) := v\cdot m(u(x-w)) , \qquad x \in R,$$

$$\tilde{a} := \frac{a}{u} - w .$$

Then, for the spectral measures $\tilde{\tau}_{\tilde{a}} := \tau_{\tilde{a}}^{(\tilde{m})}$ and $\tau_a := \tau_a^{(m)}$ of $S_{\tilde{a}}(\tilde{m})$ and $S_a(m)$, respectively, we have

(i) If $a = \infty$, then for all $w \in [0,\infty)$ we have $\tilde{a} = \infty$ and

$$\tilde{\tau}_\infty(\mu) = v^{-1}\tau_\infty(\tfrac{v}{u}\cdot\mu) , \qquad \mu \geq 0.$$

(ii) If $a \in (0,\infty)$, $0 < w < \frac{a}{u}$, then $\tilde{a} \in (0,\infty)$ and

$$\tilde{\tau}_{\tilde{a}}(\mu) = v^{-1}(1 - \tfrac{uw}{a})^2\tau_a(\tfrac{v}{u}\cdot\mu) , \qquad \mu \geq 0.$$

(iii) If $a \in (0,\infty)$, $w = \frac{a}{u}$, then $\tilde{a} = 0$ and

$$\tilde{\tau}_0(\mu) = v^{-1}(\tfrac{u}{a})^2\tau_a(\tfrac{v}{u}\cdot\mu) , \qquad \mu \geq 0.$$

(iv) If $a = w = 0$, then

$$\tilde{\tau}_0(\mu) = v^{-1}\cdot u^2\tau_0(\tfrac{v}{u}\cdot\mu) , \qquad \mu \geq 0.$$

To prove this proposition one calculates the relevant $\tilde{\Phi}_{\tilde{a}}^{\uparrow}$ and $\tilde{\Phi}^{\downarrow}$ in terms of $\Phi_a^{\uparrow}$ and $\Phi^{\downarrow}$, respectively, using (2.7 - 2.9). This gives the relation between the resolvent kernels $\tilde{r}_{\tilde{\lambda},\tilde{a}}$ and $r_{\lambda,a}$. Definition 2.1 leads to the assertion of Proposition 2.3.

3. Results

In this chapter we shall formulate correspondence theorems for strings $S_a(m)$ with $a \neq \infty$ which extend Krein's result. The proofs can be found in Chapter 4.
We shall start with the case of $a = 0$. For this purpose we still need a preparation.
Denote by Σ the set of all strings $S_o(m)$ with $m(0) = 0$. We introduce a relation $\sim$ in Σ by defining $S_o(m) \sim S_o(n)$ if there exists a real number $t \geq -\frac{1}{r_n}$ such that the transformation

$$x \longrightarrow T_t x := \frac{x}{1 - tx}, \qquad x \in R$$

maps $(0, r_m)$ onto $(0, r_n)$ and such that

$$m(x) = \int_{0+}^{x} (1-ts)^{-2} dn(T_t s), \qquad x \in (0, r_m) \tag{3.1}$$

(indeed, $t = \frac{1}{r_m} - \frac{1}{r_n}$.) It is easy to see that $\sim$ forms an equivalence relation in Σ. Put $\hat{\Sigma} := \Sigma/\sim$ and for every string $S_o(m) \in \Sigma$ denote by $\hat{S}(m)$ the element of $\hat{\Sigma}$ generated by $S_o(m)$. For every string $S_o(m)$ and every $t \geq -\frac{1}{r_m}$ we define a new string $S_o(m_t)$ by $r_{m_t} := \frac{r_m}{1 + tr_m}$ and

$$\left.\begin{aligned} m_t(x) &:= \int_{0+}^{x} (1-ts)^{-2} dm(T_t s), \qquad && x \in (0, r_{m_t}) \\ m_t(x) &:= \infty, && x \geq r_{m_t}. \end{aligned}\right\} \tag{3.2}$$

Obviously, we have

$$c_{m_t} = \frac{c_m}{1 + tc_m}, \quad l_{m_t} = \frac{l_m}{1 + tl_m}, \qquad t \geq -\frac{1}{r_m}, \tag{3.3}$$

and $S_o(m_t) \sim S_o(m)$ for every $t \geq -\frac{1}{r_m}$.
Otherwise, if $S_o(n) \sim S_o(m)$, then, by definition, there exists a real number $t \geq -\frac{1}{r_n}$ such that $m = n_t$. Observe $r_{m_t} = \infty$ if and only if $t = -\frac{1}{r_m}$.
Thus we have proved the following

LEMMA 3.1:

(i) For every string $S_o(m)$ its equivalence class $\hat{S}(m)$ is equal to $\{S_o(m_t) \mid t \geq -\frac{1}{r_m}\}$.

(ii) Every equivalence class $\hat{S} \in \hat{\Sigma}$ contains one and only one infinite string $S_o(m)$.

Now we are ready to formulate the analogue of Krein's correspondence for strings $S_o(m)$.

THEOREM 3.2:

(i) For every string $S_o(m)$ its spectral measure $\tau = \tau_o^{(m)}$ is supported by $(0,\infty)$ and has the property

$$\int_{0+}^{\infty} \frac{d\tau(\mu)}{\mu(1+\mu)} < \infty \quad . \tag{3.4}$$

Moreover, it holds

$$\int_{0+}^{\infty} \frac{d\tau(\mu)}{\mu} = c_m^{-1} - r_m^{-1} \quad . \tag{3.5}$$

(ii) If two strings $S_o(m)$ and $S_o(n)$ are equivalent (with respect to $\sim$), then $\tau_o^{(m)} = \tau_o^{(n)}$.

(iii) For every measure τ on $(0,\infty)$ $(\tau((0,\infty))>0)$ with (3.4) and every $r \in (0,\infty]$ there exists one and only one string $S_o(m)$ with length $r = r_m$ having τ as its spectral measure. If $S_o(m)$ and $S_o(m')$ are strings with the lengths r and r', respectively, having the same spectral measure, then $S_o(m') = S_o(m_t)$ holds with $t = \frac{1}{r'} - \frac{1}{r}$. ($m_t$ was defined in (3.2).)

This theorem can be reformulated in a shorter way as follows.

COROLLARY 3.3: There is a one-to-one and onto correspondence between the set $\hat{\Sigma}$ of equivalence classes $\hat{S}$ of strings $S_o(m)$ and the set of measures τ on $(0,\infty)$ satisfying (3.4), where τ is the spectral measure $\tau_o^{(m)}$ of every string $S_o(m)$ from $\hat{S}$.

Now let us turn to the case of $a \in (0,\infty)$.

<u>THEOREM 3.4:</u> Assume $a \in (0,\infty)$. Then it holds:

(i) For every string $S_a(m)$ with $c_m = 0$ and $m(0) \geq 0$ its spectral measure $\tau = \tau_a^{(m)}$ is supported on $(0,\infty)$ and has the property

$$\int_{0+}^{\infty} \frac{d\tau(\mu)}{\mu} = \left(\frac{1}{r_m} + \frac{1}{a}\right)^{-1} < \infty \tag{3.6}$$

(ii) If τ is a measure on $(0,\infty)$ with nonzero mass, then there exists a string $S_a(m)$ with $c_m = 0$ having τ as its spectral measure if and only if

$$\varrho(\tau) := \int_{0+}^{\infty} \frac{d\tau(\mu)}{\mu} \leq a . \tag{3.7}$$

In this case, $S_a(m)$ is uniquely determined.
Moreover, if $S_a(m)$ and $S_{a'}(m')$ with $a, a' \in (0,\infty)$, $c_m = c_{m'} = 0$, have the same spectral measure, then

$$m'(x - a') = m_t(x - a) , \qquad x \in R_+$$

with $t := \frac{1}{a'} - \frac{1}{a}$, where m_t was defined in (3.2).

Consider a speed measure m on $[0,\infty)$ with $c_m = 0$, $m(0) \geq 0$ and form strings $S_\infty(m)$, $S_a(m)$ and $S_0(m)$ for some $a \in (0,\infty)$. (Note that $m(\{0\})$ disappears if we construct $S_0(m)$.)
Then we have

<u>PROPOSITION 3.5:</u> Between the spectral measures τ_∞, τ_a and τ_0 of $S_\infty(m)$, $S_a(m)$ with $a \in (0,\infty)$ and $S_0(m)$, respectively, the following equation holds:

$$[\lambda m(0) - r_m^{-1} - \int_{0+}^{\infty} \left(\frac{1}{\mu} - \frac{1}{\mu-\lambda}\right) d\tau_0(\mu)] \cdot$$

$$\cdot \left[\int_{0+}^{\infty} \frac{d\tau_a(\mu)}{\mu - \lambda}\right] \cdot \left[a + \int_{0-}^{\infty} \frac{d\tau_\infty(\mu)}{\mu - \lambda}\right] = -a , \qquad \lambda \in K_- . \tag{3.8}$$

This generalizes a formula which was used by Knight [5], p. 60.
Consider a string $S_\infty(m)$ and add to m some point mass $m_0 > 0$ at zero if necessary, i.e. if $c_m > 0$. As we know, this does not touch the spectral measure $\tau_0^{(m)}$ of $S_0(m)$. Now, let $l(t,0)$, $t \geq 0$, be the local time at zero of the quasidiffusion generated by $S_\infty(m)$. Since $0 \in E_m$, this notion makes sense. Then $(l^{-1}(t,0),\ t \geq 0)$ is an increasing process with independent stationary increments and it holds

$$E_o \exp(\lambda l^{-1}(t,0)) = \exp(-\frac{t}{\Gamma_m(\lambda)}), \qquad \lambda < 0,\ t \geq 0.$$

(See e.g. Knight [5] or Küchler [8].)
For $\lambda < 0$, (2.15) implies

$$-\frac{1}{\Gamma_m(\lambda)} = \lambda m(\{0\}) - \frac{1}{r_m} - \int_0^\infty (1 - e^{\lambda y})\Big[\int_{0+}^\infty e^{-\mu y}\tau_o^{(m)}(d\mu)\Big]dy.$$

Thus, by Theorem 3.2(ii) and Lemma 3.1(i) the Lévy-measure n of $l^{-1}(\cdot,0)$, given by

$$dn(y) := \int_{0+}^\infty e^{-\mu y}\tau_o^{(m)}(d\mu)dy, \qquad y \in R_+, \tag{3.9}$$

is the same for all $S_\infty(m_t)$, $t \geq -\frac{1}{r_m}$.
This means that the inverse local times at zero of the quasidiffusions corresponding to $S_\infty(m_t)$ differ in their killing rate $k = \frac{1}{r_m} + t$ only.
Now Theorem 3.2 implies

<u>COROLLARY 3.6:</u> For every nontrivial measure τ on $(0,\infty)$ with (3.4), every $m(\{0\}) > 0$ and every constant $k \geq 0$ there exists a quasidiffusion with speed measure m, a reflecting boundary at zero and length $\frac{1}{k}$ of the string $S_\infty(m)$ such that $l^{-1}(\cdot,0)$ has the Lévy-measure (3.9).

This result was proved by other means in Knight [5].
As an example consider a birth- and death-process on the set of non-negative integers with the intensities $\mu_o \geq 0$, $\lambda_i > 0$, $\mu_{i+1} > 0$, $i \geq 0$. Then

$$m(x) := \sum_{i=0}^\infty m_i \cdot 1\!\!1_{[0,x]}(x_i)$$

with

$$x_o := 0, \quad x_i := \sum_{j=0}^{i-1} \frac{1}{\lambda_j m_j},$$

$$m_o := 1, \quad m_i := \prod_{j=1}^{i} \frac{\lambda_{j-1}}{\mu_j}, \qquad i \geq 1$$

and $a := \mu_o^{-1}$, $h \geq 0$ define a string $S_a(m)$. (Necessarily, $h = 0$ if m is singular.) We have

$$D_m D_x f(x_i) = \left[\frac{\Delta f(x_i)}{\Delta x_i} - \frac{\Delta f(x_{i-1})}{\Delta x_{i-1}}\right] \cdot m_i^{-1} =$$

$$= \lambda_i f(x_{i+1}) - (\lambda_i + \mu_i) f(x_i) + \mu_i f(x_{i-1}), \quad i \geq 1$$

with $\Delta u(x_j) := u(x_{j+1}) - u(x_j)$.
Moreover,

$$D_m D_x f(x_o) = \frac{\frac{\Delta f(x_o)}{x_1} - f^-(x_o)}{m_o} \quad \text{and}$$

the boundary condition

$$a f^-(x_o) - f(x_o) = 0$$

is equivalent to

$$D_m D_x f(x_o) = -(\lambda_o + \mu_o) f(x_o) + \lambda_o f(x_1) .$$

Thus, we have

$$\Phi_a^{\uparrow}(x_i, \lambda) = Q_i(\lambda) , \qquad i \geq 0, \ \lambda \in R$$

in the terminology of Karlin, McGregor [4].
The spectral measure $\tau_a^{(m)}$ of $S_a(m)$ is a solution of the Stieltjes moment problem connected with the Jacobi-matrix (a_{ij}) with

$$a_{ij} := \lambda_i \mathbb{1}_1(j-i) + \mu_i \mathbb{1}_1(i-j) - (\lambda_i + \mu_i) \mathbb{1}_o(i-j) \qquad (i,j \geq 0).$$

Indeed, for $\lambda \longrightarrow -\infty$ we have

$$\| -\lambda R_{\lambda,a} f - f \|_{L_2(m)} \longrightarrow 0 , \qquad f \in L_2(m).$$

Consequently,

$$\langle -\lambda R_{\lambda,a} f, g \rangle_{L_2(m)} \longrightarrow \langle f, g \rangle_{L_2(m)} , \qquad f, g \in L_2(m).$$

Choosing $f = \mathbb{1}_{\{x_i\}}$, $g = \mathbb{1}_{\{x_j\}}$ we obtain

$$\lim_{\lambda \to -\infty} -\lambda r_{\lambda,a}(x_i, x_j) =$$

$$\int_0^\infty \Phi_a^{\uparrow}(x_i, \mu) \Phi_a^{\uparrow}(x_j, \mu) d\tau_a^{(m)}(\mu) = \frac{\delta_{ij}}{m_i} , \quad i,j \geq 0.$$

Compare this equation with Theorem 1 of Karlin, McGregor [4], p. 494 to get the assertion.

Now, Lemma 1 of Karlin, McGregor [4] can be generalized to strings as follows.

COROLLARY 3.7: Given a string $S_\infty(m)$ with $c_m = 0$ and with the spectral measure τ and assume $a > 0$. Then there exists a string $S_a(m')$ with $c_{m'} = 0$ having the same spectral measure τ if and only if

$$r_m = l_m + h_m \leq a \, . \tag{3.10}$$

Proof: If $\tau(\{0\}) > 0$, then there does not exist such a string $S_a(m')$ because, for $a \neq \infty$, the spectral measure is concentrated on $(0, \infty)$. Otherwise, $r_m = \infty$, see the remarks before (2.17).
Assume $\tau(\{0\}) = 0$. From (2.14) we know $r_m = \int_0^\infty \frac{d\tau(\mu)}{\mu}$. Now apply Theorem 3.4(ii).

4. Proofs

At first we shall collect some results of the spectral theory of $D_m D_x$. For details see e.g. Kac, Krein [3]. Let us given a string $S_\infty(m)$. The characteristic function $\Gamma(\cdot)$ of $S_\infty(m)$ is given by the limit (see (2.12))

$$\Gamma(\lambda) = \lim_{x \uparrow r} \frac{\Phi_0^\uparrow(x, \lambda)}{\Phi_\infty^\uparrow(x, \lambda)} , \qquad \lambda \in K_- . \tag{4.1}$$

In the regular case we have for $h < \infty$

$$\Gamma(\lambda) = \frac{\Phi_0^\uparrow(r, \lambda)}{\Phi_\infty^\uparrow(r, \lambda)} = \frac{\Phi_0^{\uparrow,+}(l, \lambda) \cdot h + \Phi_0^\uparrow(l, \lambda)}{\Phi_\infty^{\uparrow,+}(l, \lambda) \cdot h + \Phi_\infty^\uparrow(l, \lambda)} , \tag{4.2}$$

and for $h = \infty$ it holds

$$\Gamma(\lambda) = \frac{\Phi_0^{\uparrow,+}(l, \lambda)}{\Phi_\infty^{\uparrow,+}(l, \lambda)} . \tag{4.3}$$

If $S_\infty(m)$ is singular, then besides of (4.1) it holds

$$\Gamma(\lambda) = \lim_{x \uparrow r} \frac{\Phi_0^{\uparrow,+}(x, \lambda)}{\Phi_\infty^{\uparrow,+}(x, \lambda)} , \qquad \lambda \in K_- . \tag{4.4}$$

Moreover, we have the representation (see (2.12))

$$\Gamma(\lambda) = c_m + \int_{0-}^\infty \frac{d\tau_\infty^{(m)}(\mu)}{\mu - \lambda} , \qquad \lambda \in K_- . \tag{4.5}$$

In particular, by Krein's Theorem 2.2 and the remarks after this theorem, the string $S_\infty(m)$ is uniquely determined by Γ.
Assume $S_a(m)$ is a string ($a = 0$ or $= \infty$). Consider the right-continuous inverse function m^d of m. Then, by definition of $S_a(m)$, we have $m^d(x) \equiv 0$, $x < 0$, if $a = 0$, and $m^d(x) \equiv -\infty$, $x < 0$, if $a = \infty$. Therefore, as the dual string $S_0^d(m)$ of $S_0(m)$ ($S_\infty^d(m)$ of $S_\infty(m)$) we define $S_0^d(m) := S_\infty(m^d)$ ($S_\infty^d(m) := S_0(m^d)$, respectively).
All quantities connected with the dual string are superscripted by ^{d}. Note that it holds

$$l^d = m(l)\ ,\quad h^d = \infty\ ,\quad \text{if}\quad m(l-) + l < \infty,\ h \in [0,\infty), \tag{4.6}$$

$$l^d = m(l-),\quad h^d = m(\{l\}) < \infty \quad \text{if}\quad m(l-) + l < \infty\ ,\ h = \infty, \tag{4.7}$$

$$l^d = m(l-),\quad \text{if}\quad m(l-) + l = \infty\ . \tag{4.8}$$

Moreover, we have

$$(S_0^d(m))^d = S_\infty^d(m^d) = S_0(m) \qquad \text{and}$$

$$(S_\infty^d(m))^d = S_0^d(m^d) = S_\infty(m)\ .$$

<u>LEMMA 4.1:</u> For all $x \in [0,l)$ and all $\lambda \in K_-$ it holds with the notation $x_+ := \inf(E_m \cap (x,\infty))$

$$\Phi_0^{\uparrow,d}(m(x),\lambda) = -\lambda^{-1}\Phi_\infty^{\uparrow,+}(x,\lambda) = -\lambda^{-1}\Phi_\infty^{\uparrow,-}(x_+,\lambda),$$

$$\Phi_0^{\uparrow,d,+}(m(x),\lambda) = \Phi_\infty^{\uparrow}(x,\lambda) + (x_+-x)\,\Phi_\infty^{\uparrow,+}(x,\lambda) = \Phi_\infty^{\uparrow}(x_+,\lambda),$$

$$\Phi_\infty^{\uparrow,d}(m(x),\lambda) = \Phi_0^{\uparrow,+}(x,\lambda) = \Phi_0^{\uparrow,-}(x_+,\lambda)$$

$$\Phi_\infty^{\uparrow,d,+}(m(x),\lambda) = -\lambda\Phi_0^{\uparrow}(x,\lambda) - \lambda(x_+-x)\,\Phi_0^{\uparrow,+}(x,\lambda) = -\lambda\cdot\Phi_0^{\uparrow}(x_+,\lambda)$$

The equations remain valid for $x = l$ with $l_+ := l + h$ in the case $l + m(l-) < \infty$, $h \in [0,\infty)$.

The proof is similar to those of Proposition 2.3. Indeed we have to show that the right-hand side of the first und third equation under consideration satisfy the equations (2.8), (2.7) for $\Phi_0^{\uparrow,d}(m(x),\lambda)$ and $\Phi_\infty^{\uparrow,d}(m(x),\lambda)$, respectively.
The corresponding equations for the derivatives $\Phi_a^{\uparrow,d,+}(m(x),\lambda)$, $a = 0,\infty$ follow from (2.7), (2.8) by differentiation (the details are given in Neumann [10]).

COROLLARY 4.2: For every string $S_\infty(m)$ the characteristic functions $\Gamma(\lambda)$ and $\Gamma^d(\lambda)$ of $S_\infty(m)$ and $S_\infty(m^d)$, respectively, are connected by

$$\Gamma^d(\lambda) = \frac{-1}{\lambda\Gamma(\lambda)} \qquad \lambda \in K_- . \tag{4.9}$$

Proof: If $S_\infty(m)$ is regular and $h \in [0,\infty)$, then $1^d < \infty$ and $h^d = \infty$. Thus

$$\Gamma^d(\lambda) = \frac{\Phi_0^{\uparrow,d,+}(1^d,\lambda)}{\Phi_\infty^{\uparrow,d,+}(1^d,\lambda)} = -\frac{\Phi_\infty^{\uparrow}(1+h,\lambda)}{\lambda\,\Phi_0^{\uparrow}(1+h,\lambda)} = -\frac{1}{\lambda\Gamma(\lambda)}$$

If $h = \infty$, then $1^d + h^d < \infty$ and

$$\Gamma^d(\lambda) = \frac{\Phi_0^{\uparrow,d}(1^d+h^d,\lambda)}{\Phi_\infty^{\uparrow,d}(1^d+h^d,\lambda)} = -\frac{\Phi_\infty^{\uparrow,+}(1,\lambda)}{\lambda\,\Phi_0^{\uparrow,+}(1,\lambda)} = -\frac{1}{\lambda\Gamma(\lambda)} .$$

In the singular case the proof is obvious by $r = 1$, (4.4) and Lemma 4.1.

(For the singular case, (4.9) is well known from Kac, Krein [3].)

For singular strings $S_\infty(m)$ the following lemma is known (Kac, Krein [3], p. 83):

LEMMA 4.3: For the spectral measures $\tau_0^{(m)}$ and $\tau_\infty^{(m^d)}$ of $S_0(m)$ and $S_\infty(m^d)$, respectively, it holds

$$\tau_0^{(m)}(d\mu) = \mu\cdot\tau_\infty^{(m^d)}(d\mu) \qquad \text{on } R_+ . \tag{4.10}$$

Proof: We sketch the proof for the regular case $1 + m(1-) < \infty$ only. Obviously, in this case we have $1^d + m^d(1^d-) < \infty$ also.
The spectrum of $D_m D_x$ with left boundary condition $af^-(0) - f(0) = 0$ consists of the zeros $\{\mu_k : k \geq 0\}$ of

$$\Phi_a^{\uparrow}(1+h,\cdot) = 0 \qquad \text{if} \quad h < \infty \quad \text{and}$$

$$\Phi_a^{\uparrow,+}(1,\cdot) = 0 \qquad \text{if} \quad h = \infty .$$

(See (2.10) above.)
Moreover, we have

$$\tau_a^{(m)}(\{\mu_k\}) = \Big[\int_0^1 [\,\Phi_a^{\uparrow}(x,\mu_k)]^2 m(dx)\Big]^{-1} , \qquad k \geq 0 \tag{4.11}$$

($a = 0$ or $a = \infty$).

Firstly, let us assume $h < \infty$. Then $l^d = m(l)$ and $h^d = \infty$ (see (4.6)) and by Lemma 4.1 it holds

$$\Phi_{\infty}^{\uparrow,d,+}(l^d,\lambda) = -\lambda\,\tilde{\Phi}_{o}^{\uparrow}(r,\lambda)\ . \tag{4.12}$$

If $h = \infty$, then it follows also from (4.7) that $l^d = m(l-)$, $h^d < \infty$ and from Lemma 4.1 we get

$$\Phi_{\infty}^{\uparrow,d}(l^d+h^d,\lambda) = \Phi_{o}^{\uparrow,+}(l,\lambda). \tag{4.13}$$

Thus we get that the spectra of $S_o(m)$ and $S_\infty(m^d)$ outside of zero are the same.

Now, the assertion (4.10) follows from (4.11) and the formula

$$\lambda\int_0^x [\Phi_o^{\uparrow}(y,\lambda)]^2 m(dy) = \int_0^{m(x)} [\Phi_{\infty}^{\uparrow,d}(y,\lambda)]^2 m^d(dy), \qquad \lambda\in K_-. \tag{4.14}$$

(Use Lemma 4.1.)

Now we are ready to prove Theorem 3.2.

The property (3.4) immediately follows from (4.10) and (2.11). We have $c_m = m^d(0)$ and $m^d(0) = [\tau_\infty^{(m^d)}([0,\infty))]^{-1}$ (see (2.16)).

It is known that $\tau_\infty^{(m^d)}(\{0\}) > 0$ implies $l^d = \infty$ with $m^d(l^d-) < \infty$ or $l^d + m^d(l^d) < \infty$ with $h^d = \infty$. In both cases (2.17) implies

$$\tau_\infty^{(m^d)}(\{0\}) = (m^d(l^d))^{-1} = (l+h)^{-1} = r_m^{-1}\ .$$

(Put $h = 0$ if $m(l-) + l = \infty$.)

Thus we get

$$c_m^{-1} = r_m^{-1} + \int_{0+}^{\infty} \frac{d\tau_o^{(m)}(\mu)}{\mu}\ ,$$

i.e., (3.5) holds. Therefore (i) is proved.

The crucial point to show (ii) and (iii) is (4.10). Indeed, introduce for $s \geq 0$ measures σ_s on $[0,\infty)$ by

$$\sigma_s(d\mu) := s\cdot\varepsilon_o(d\mu) + \tau_\infty^{(m^d)}(d\mu)\,\mathbb{1}_{(0,\infty)}(\mu)\ , \qquad \mu \geq 0,$$

where ε_o denotes the measure concentrated with unit mass at zero. Note that $\tau_\infty^{(m^d)}(\cdot) = \sigma_{r_m^{-1}}(\cdot)$ and $\tau_\infty^{(m^d)}(\{0\}) = r_m^{-1}$. Then by Krein's Theorem 2.2 for every $s \geq 0$ there exists a string $S_\infty(n_s)$ with $n_s(x) > 0$ for $x > 0$, i.e. $c_{n_s} = 0$, having σ_s as its spectral measure.

From (2.17) it follows for $s \geq 0$ that $n_s(l_{n_s}) = s^{-1}$ with $s^{-1} = \infty$ if $s = 0$.
Put $q_s := n_s^d$, $s \geq 0$. Then the original m is included for $s = r_m^{-1}$ and from (4.10) we get that the spectral measures $\tau_0^{(q_s)}$ do not depend on $s \geq 0$ and are equal to $\tau_0^{(m)}$. If $s > 0$ then

$$s^{-1} = \sigma_s(\{0\})^{-1} = (n_s(l_s)) = r_{q_s} < \infty , \tag{4.15}$$

and if $s = 0$ we get $n_0(l_0-) = \infty$, i.e. $l_{q_0} = \infty$.
Thus, among all q_s, $s \geq 0$ we find exactly one infinite string, namely m_0. Note that $q_s(0) = c_{n_s} \equiv 0$.
To finish the proof of Theorem 3.2 it suffices to identify the equivalence class $\hat{S}(m)$ introduced in Chapter 3 with $\{q_s \mid s \geq 0\}$.
We remark that the characteristic function Γ_s of q_s satisfies (see (4.9), (2.17))

$$\frac{1}{\Gamma_s(\lambda)} = -\lambda \Gamma_{n_s}(\lambda) = -\lambda\Big(-\frac{s}{\lambda} + \int_{0-}^{\infty} \frac{d\tau_\infty^{(m^d)}(\mu)}{\mu - \lambda} + \frac{1}{r_m \lambda}\Big)$$

$$= (s - \frac{1}{r_m}) - \lambda \Gamma_{m^d}(\lambda) = (s - \frac{1}{r_m}) + \frac{1}{\Gamma_m(\lambda)} , \qquad \lambda \in K_- . \tag{4.16}$$

Let us calculate the characteristic function of $S_\infty(m_t)$ with $m_t \in \hat{S}$, where m_t was defined in Lemma 3.1.

<u>LEMMA 4.4:</u> For every $t \geq -\frac{1}{r_m}$ the corresponding to m_t functions $\Phi^{\uparrow}_{0,t}$, $\Phi^{\uparrow}_{\infty,t}$ are given by

$$\Phi^{\uparrow}_{0,t}(x,\lambda) = (1-tx)\Phi^{\uparrow}_0\Big(\frac{x}{1-tx},\lambda\Big) \tag{4.17}$$

$$\Phi^{\uparrow}_{\infty,t}(x,\lambda) = (1-tx)\Phi^{\uparrow}_\infty\Big(\frac{1}{1-tx},\lambda\Big) + t(1-tx)\Phi^{\uparrow}_0\Big(\frac{1}{1-tx},\lambda\Big) \tag{4.18}$$

<u>Proof:</u> The left hand sides of (4.17) and (4.18) are the unique solutions of (2.7) and (2.8) with m replaced by m_t, respectively.
After scale transformations and some calculations it is seen that the right-hand sides of (4.17) and (4.18) satisfy these equations. This proves the lemma.

<u>COROLLARY 4.5:</u> We have

$$\frac{1}{\Gamma_{m_t}(\lambda)} = \lim_{x \uparrow r_{m_t}} \frac{\Phi^{\uparrow}_{\infty,t}(x,\lambda)}{\Phi^{\uparrow}_{0,t}(x,\lambda)} = \frac{1}{\Gamma_m(\lambda)} + t , \qquad \lambda \in K_- . \tag{4.19}$$

The proof follows immediately from (4.1), (4.17) and (4.18).

Now, compare (4.19) with (4.16). From Krein's inverse spectral theorem we get $m_t = q_s$ for $t = s - r_m^{-1}$.
Thus Theorem 3.2 is proved.

As a consequence of (4.9), (4.10) we get the formula (2.15):

$$-\frac{1}{\Gamma_m(\lambda)} = \lambda\Gamma_{m^d}(\lambda) = \lambda\int_{0-}^{\infty}\frac{d\tau_\infty^{(m^d)}(\mu)}{\mu-\lambda}$$

$$= -\tau_\infty^{(m^d)}(\{0\}) - \int_{0+}^{\infty}\left(\frac{1}{\mu} - \frac{1}{\mu-\lambda}\right)d\tau_o^{(m)}(\mu)$$

$$= -r_m^{-1} - \int_{0+}^{\infty}\left(\frac{1}{\mu} - \frac{1}{\mu-\lambda}\right)d\tau_o^{(m)}(d\mu)\,, \qquad \lambda\in K_-. \tag{4.20}$$

Note, that we have supposed $m(0) = 0$. If some $m(\{0\}) > 0$ is added to m at zero, the term $\lambda\, m(\{0\})$ is added on the right-hand side of (4.20).

The Corollary 3.3 follows immediately from the Theorem 3.2.

<u>Proof of Theorem 3.4:</u>
Let $S_a(m)$ be a string with $a \in (0,\infty)$ and $c_m = 0$. Put $w := a$ and define $\tilde{m}(x) := m(x-a)$, $x \in R$. Obviously, it holds $c_{\tilde{m}} = a$ and $r_{\tilde{m}} = r_m + a$.
If τ_a and $\tilde{\tau}_o$ denote the spectral measures of $S_a(m)$ and $S_o(\tilde{m})$, respectively, then we have by Proposition 2.3.(iii)

$$d\tau_a(\mu) = a^2 d\tilde{\tau}_o(\mu)\,, \qquad \mu > 0$$

From (3.5) it follows

$$\int_{0+}^{\infty}\frac{d\tau_a(\mu)}{\mu} = a^2\int_{0+}^{\infty}\frac{d\tilde{\tau}_o(\mu)}{\mu} = a^2(a^{-1} - (r_m+a)^{-1}) = a\left(1 - \frac{a}{a+r_m}\right)\,,$$

i.e. (3.6) and (3.7) hold.
Conversely, if $a \in (0,\infty)$ is fixed and τ is a measure on $(0,\infty)$ with $\tau((0,\infty)) > 0$ and (3.7) then choose a number $u \in (0,\infty]$ with

$$\int_{0+}^{\infty}\frac{d\tau(\mu)}{\mu} = a\left(1 - \frac{a}{a+u}\right)\,.$$

Put

$$\sigma(d\mu) := a^{-2}\tau(d\mu)\ , \qquad \mu \in (0,\infty),$$

and choose the string $S_0(m)$ with $m(0) = 0$ and $l_m = \infty$ having σ as its spectral measure (see Theorem 3.2.(iii)).
By the same theorem, for every $s \in [0,\infty)$ the string $S_0(m_s)$ with

$$m_s(x) := (1 - sx)^2 m(\frac{x}{1 - sx})\ , \qquad x \in [0, s^{-1}],$$
$$= \infty \qquad x > s^{-1}$$

has the same spectral measure σ as $S_0(m)$.
It holds by (3.5)

$$c_{m_s}^{-1} = \int_{0+}^{\infty} \frac{d\sigma(\mu)}{\mu} + r_{m_s}^{-1} = \int_{0+}^{\infty} \frac{d\sigma(\mu)}{\mu} + s = a^{-1}(1 - \frac{a}{a + u}) + s\ .$$

Now choose s in such a way that $c_{m_s} = a$ holds, i.e. put $s = \frac{1}{a + u}$.
By shifting m_s to the left

$$\tilde{m}_s(x) := m_s(x + a)$$

we get a string $S_a(\tilde{m}_s)$ with $c_{\tilde{m}_s} = 0$ having τ as its spectral measure. The uniqueness follows from the uniqueness of $S_0(m)$ with $l_m = \infty$.
For the last part of Theorem 3.4.(ii) note that the strings $S_0(\frac{m'(\cdot - a')}{(a')^2})$ and $S_0(\frac{m(\cdot - a)}{a^2})$ have the common spectral measure τ (see Proposition 2.3.(iii)).
From Theorem 3.2.(iii) it follows

$$S_0(\frac{m'(\cdot - a')}{(a')^2}) = S_0((\frac{m(\cdot - a)}{a^2})_t) \qquad \text{with}$$

$$t = \frac{1}{r' - a'} - \frac{1}{r - a}\ .$$

<u>Proof of Proposition 3.5:</u>
Choose $a' \in (0,\infty]$ and consider a string $S_{a'}(m)$. Then it holds (see the definition of $r_{\lambda,a'}(x,y)$)

$$r_{\lambda,a'}(0,0) = \frac{\Phi^{\downarrow}(0,\lambda)}{\frac{1}{a'}\Phi^{\downarrow}(0,\lambda) + 1} = \frac{1}{\frac{1}{a'} + \frac{1}{\Gamma_m(\lambda)}} \tag{4.21}$$

and, by definition of the spectral measure $\tau_{a'}^{(m)}$,

$$r_{\lambda,a'}(0,0) = \int_0^\infty \frac{d\tau_{a'}^{(m)}(\mu)}{\mu - \lambda} . \tag{4.22}$$

Now let be $a \in (0, \infty)$. Then (3.8) is a consequence of

$$- \frac{1}{\Gamma_m(\lambda)} \frac{1}{\frac{1}{a} + \frac{1}{\Gamma_m(\lambda)}} (a + \Gamma_m(\lambda)) = -a , \tag{4.23}$$

(2.15), (4.21), (4.22) for $a' = a$ and $a' = \infty$.
Letting $a \downarrow 0$ in (4.23) divided by a we get Knight's formula.

References

[1] Dym, H.; McKean, H.P., Gaussian processes, function-theory and the inverse spectral theorem, New York, Academic Press (1976).

[2] Ito, K.; McKean, H.P., Diffusion Processes and their Sample Paths, 2nd Printing, Springer, Berlin (1974).

[3] Kac, I.S.; Krein, M.G., On the spectral functions of the string, Amer. Math. Soc. Transl., (2) 103 (1974), 19-102.

[4] Karlin, S.; McGregor, J., The differential equations of the birth- and death processes and the Stieltjes moment problem, Trans. Amer. Math. Soc. 85(1957), 489-546.

[5] Knight, F.B., Characterization of the Lévy measures of inverse local times of gap diffusion, Progress in Prob. Statist. 1, Birkhäuser, Boston, Mass. 1981.

[6] Kotani, S.; Watanabe, S., Krein's spectral theory of strings and generalized diffusion processes, Lecture Notes of Mathematics Vol. 923, (1981), 235-259.

[7] Küchler, U., Some Asymptotic Properties of the Transition Densities of One-Dimensional Quasidiffusion, Publ. RIMS, Kyoto-University, 16(1980), 245-268.

[8] Küchler, U., On sojourn times, excursions and spectral measures connected with quasidiffusions, J. Math. Kyoto University, 26(1986), 403-421.

[9] Küchler, U.; Salminen, P., On spectral measures of strings and excursions of quasidiffusions, Lecture Notes of Mathematics Vol. 1372, (1989), 490-502.

[10] Neumann, K., Asymptotische Eigenschaften von Quasidiffusionen und eine Verallgemeinerung des Kreinschen Spektralsatzes, Dissertation A, Humboldt-Universität Berlin, 1989.

Necessary and sufficient conditions for the existence of m-perfect processes associated with Dirichlet forms

by

Sergio Albeverio[*,**,#], Zhi Ming Ma[**,***]

1. Introduction and the main result

As is well known, a Hunt process associated with a Dirichlet form with "C_0"-regularity(i.e. with a regular Dirichlet form on a locally compact metrizable space) was first constructed by M. Fukushima [Fu2]. See also the fundamental work of Fukushima [Fu3] and Silverstein [Si]. In this paper we extend the result of Fukushima and Silverstein to Dirichlet forms without the assumption of C_0-regularity. We mention that there exist already publications concerning the existence of strong Markov processes associated with non-regular Dirichlet forms, see the work of Fukushima [Fu1] and Silverstein [Si]. Moreover there are constructions of diffusion processes for Dirichlet forms in infinite dimensional spaces, see the papers by Albeverio and Høegh-Krohn [AH1]-[AH3], Albeverio and Röckner [ARö2], Fukushima [Fu4] and Kusuoka [Ku]. The authors of the above mentioned papers made use of the previous results for C_0-regular Dirichlet spaces by employing certain compactification methods.

There has been another treatment of the relationship between Markov process and Dirichlet spaces. In this treatment one assumes that there exists already certain strong Markov processes and then one investigates the related Dirichlet spaces. See the work of Dynkin [D1] [D2], Fitzsimmons [Fi1] [Fi2], Fitzsimmons and Getoor [FG], Fukushima [Fu 5], Bouleau-Hirsch [BoH]. For other work on Dirichlet forms see also Dellacherie-Meyer [DM Chap. XIII], Kunita-Watanabe [KW], Knight [Kn].[1])

Our approach differs from all the above mentioned treatments. We construct directly a strong Markov process along the same line of the construction used in [Fu3] Chapter 6. By so doing we obtain necessary and sufficient conditions for the existence of a certain right process (we call it an m-perfect process, see Def. 1.2 below) associated with a given Dirichlet space without the assumption of C_0-regularity. Our construction relies on the refinement of the semigroup via quasi-continuous kernels (see [AM1]). In fact we construct quasi-continuous kernels in a general framework, which can be used even in situations where there are no underlying Dirichlet forms (this is related to previous work by Getoor [G1] and Dellacherie–Meyer [DM Chap. IX]). In this connection we mention another related work of Kaneko [Ka] who constructed Hunt processes by quasi-continuous kernels with respect to $C_{r,p}$-capacity.

Our work is also an extension of a result of Y. LeYan [Le1-2] who obtained a characterization of the semigroup associated with Hunt processes. In fact our argument for the necessity of the condition (1.9) (see Th. 1.8 below) comes from an idea of [Le1-2]. Some of our results have been announced in [AM2].

We now introduce some concepts and related results which are necessary for describing our main result.

Let X be a metrizable topological space with Borel sets $\mathcal{X}$. A cemetery point $\Delta \notin X$ is adjoined to X as an isolated point of $X_\Delta := X \cup \{\Delta\}$. Let $(X_t) = (\Omega, M, M_t, X_t, \theta_t, P_x)$ be a strong Markov process with state space $(X, \mathcal{X})$ and life time $\zeta := \inf\{t \geq 0 : X_t = \Delta\}$ (c.f. e.g. [BG]). We denote by $(P_t)_{t\geq 0}$ the transition function of (X_t) and by $(R_\alpha)_{\alpha>0}$ the resolvent of (X_t), i.e.

$$P_t f(x) = E_x[f(x_t)] \tag{1.1}$$

and

$$R_\alpha f(x) = E_x\left[\int_0^\infty e^{-\alpha t} f(x_t)dt\right] \tag{1.2}$$

provided the above right hand sides make sense. σ_A denotes the hitting time of a subset A of X_Δ, i.e.

$$\sigma_A = \inf\{t > 0 \ : \ X_t \in A\} \ . \tag{1.3}$$

1.1 Definition (X_t) is called a <u>perfect process</u> if it satisfies the following properties:

(i) Normal property:

$$P_x(X_0 = x) = 1, \ \forall x \in X_\Delta \tag{1.4}$$

(ii) Right continuity: $t \longmapsto X_t(w)$ is right continuous from

$$[0, \infty) \text{ to } X_\Delta, \ P_x \text{ a.s.}, \ \forall x \in X_\Delta \ . \tag{1.5}$$

(iii) Left limit up to ζ: $\lim_{s\uparrow t} X_s(w) =: X_{t-}(w)$ exists in X

$$\text{for all } t \in (0, \zeta(w)), P_x \text{ a.s. }, \ \forall x \in X \ . \tag{1.6}$$

(iv) Strengthened fine continuity of resolvent: $R_1 f(X_{t-}) I_{\{t<\zeta\}}$ is P_x-indistinguishable from

$R_1 f(X_t)_- I_{\{t<\zeta\}}$ $\forall x \in X$, $f \in b\mathcal{X}$. (1.7)

Here and henceforth $b\mathcal{X}$ denotes all bounded $\mathcal{X}$-measurable functions,

$R_1 f(X_t)_- I_{\{t<\zeta\}} := \lim_{s\uparrow t} R_1 f(X_s) I_{\{t<\zeta\}}$ (we always make the convention that $Z_{0-} = Z_0$ for an arbitrary process $(Z_t)_{t\geq 0}$).

Remarks on the Definition 1.1

(i) A strong Markov process satisfying (1.4) and (1.5) is called a <u>right process</u> with Borel transition semigroup (see [Sh] Def. (8.1), see also [G2] (9.7); but in [Sh] and [G2] it is also assumed that X is a Radon space).

(ii) A special standard process (see [G2] (9.10)), in particular, a Hunt process always satisfies (1.6) and (1.7).

To sum up the above remarks, we have the following inclusions among different classes of processes (c.f. [G2] pp. 55):

(Feller) ⊂ (Hunt) ⊂ (special standard) ⊂ (perfect) ⊂ (right).

In what follows we assume that m is a σ-finite Borel measure on X.

1.2 Definition

(i) (X_t) is said to be m-tight if there exists an increasing sequence of compact sets $\{K_n\}_{n\geq 1}$ of X such that

$$P_x\left\{\lim_n \sigma_{X-K_n} \geq \zeta\right\} = 1, \ m \text{ a.e. } x \in X \tag{1.7}$$

(ii) (X_t) is called an m-perfect process if it is a perfect process and is m-tight.

Due to an idea of T.J. Lyons and M. Röckner [LR], we proved in [AMR1] the following proposition.

1.3 Proposition Suppose that X is a polish space, then any strong Markov process (X_t) satisfying (1.5) and (1.6) is m-tight.

For the proof of Proposition 1.3 see [AMR1].

Remark

(i) It is evident from Proposition 1.3 that any perfect process is an m-perfect process provided the state space X is a Polish space.

(ii) We mention that for the special case of (X_t) being a standard process on a locally compact metrizable space, the conclusion of Proposition 1.3 can be derived from [BG] (9.3).

We now consider a Dirichlet form $(\mathcal{E}, \mathcal{F})$ on $L^2(X, m)$ (see e.g. [Fu3] for the definition). We set

$$\mathcal{E}_1(f,g) = \mathcal{E}(f,g) + (f,g), \ \forall \ f,g \in \mathcal{F} \ .$$

Here and henceforth $(\cdot,\cdot)$ denotes the inner product of $L^2(X,m)$. In the sequel we always regard $\mathcal{F}$ as a Hilbert space equipped with the inner product $\mathcal{E}_1$. For a closed set $F \subset X$, we set

$$\mathcal{F}_F = \{f \in F : \ f = 0 \text{ m-a.e. on } X - F\} \ . \tag{1.9}$$

$\mathcal{F}_F$ is then a closed subset of $\mathcal{F}$.

1.4 Definition An increasing sequence of closed sets $\{F_k\}_{k\geq 1}$ of X is called an $\mathcal{E}$-nest if $\bigcup_{k\geq 1} \mathcal{F}_{F_k}$ is $\mathcal{E}_1$-dense in $\mathcal{F}$.

A subset $B \subset X$ is said to be $\mathcal{E}$-polar if there exists an $\mathcal{E}$-nest $\{F_k\}$ such that $B \subset \bigcap_{k\geq 1}(X - F_k)$. A function f on X is said $\mathcal{E}$-quasi-continuous if there exists an $\mathcal{E}$-nest $\{F_k\}$ such that $F_{|F_k}$, the restriction of f to F_k, is continuous on F_k for each $k \geq 1$.

We remark that every $\mathcal{E}$-polar set is m-negligible (see Prop. 2.7).

We denote by $(T_t)_{t>0}$ and $(G_\alpha)_{\alpha>0}$ the semigroup and resolvent on $L^2(X,m)$ associated with $(\mathcal{E},\mathcal{F})$ respectively. We set

$$\mathcal{H} = \{h : \ h = G_1 f \text{ with } f \in L^2(X,m), \ 0 < f \leq 1 \text{ m.a.e. } \} \tag{1.10}$$

$\mathcal{H}$ is non-empty because we assumed m to be σ-finite. For $h \in \mathcal{H}$ we now define the h-weighted capacity Cap $_h$ as follows:

$$\text{Cap}_h(G) = \inf\{\mathcal{E}_1(f,f) : f \in \mathcal{F}, f \geq h \text{ m.a.e. on } G\} \tag{1.11}$$

for an open set G and

$$\text{Cap}_h(B) = \inf\{ \text{Cap}_h(G) : G \supset B, G \text{ open} \} \tag{1.12}$$

for an arbitrary set $B \subset X$.

In Section 2 we shall show that Cap $_h$ is a Choquet capacity enjoying countable subadditivity. The importance of Cap $_h$ is its connection to $\mathcal{E}$-nest stated in the following proposition.

1.5 Proposition An increasing sequence of closed sets $\{F_k\}$ of X is an $\mathcal{E}$-nest if and only if for some $h \in \mathcal{H}$ (hence for all $h \in \mathcal{H}$):

$$\text{Cap}_h(X - F_k) \downarrow 0, \quad \text{as } k \longrightarrow \infty .$$

For the proof of Proposition 1.5 see Prop. 2.5 of Section 2.

Denote by Cap the usual 1-capacity defined e.g. in [Fu3]. Obviously we have Cap $_h(B) \leq$ Cap (B) for every $B \subset X$. Consequently we have the following corollary of Proposition 1.5.

1.6 Corollary Every set $B \subset X$ with Cap $(B) = 0$ is an $\mathcal{E}$-polar set. Every nest $\{F_k\}$ in the sense of [Fu3] is an $\mathcal{E}$-nest. Every quasi-continuous function in the sense of [Fu3] is an $\mathcal{E}$-quasi-continuous function.

Let (X_t) be a Markov process with transition function $(P_t)_{t\geq 0}$. We say that (X_t) is associated with $\mathcal{E}$, if

$$T_t f = P_t f \text{ m.a.e. }, \forall f \in L^2(X,m), t > 0 \tag{1.13}$$

The main result of this paper is the following.

1.7 Theorem Let $(\mathcal{E},\mathcal{F})$ be a Dirichlet form on $L^2(X,m)$. Then the following conditions (i) - (iii) are necessary and sufficient conditions for the existence of an m-perfect process (X_t) associated with $\mathcal{E}$.

(i) There exists an $\mathcal{E}$-nest $\{X_k\}_{k\geq 1}$ consisting of compact sets. (1.14)

(ii) There exists an $\mathcal{E}_1$-dense subset $\mathcal{F}_0$ of $\mathcal{F}$ consisting of $\mathcal{E}$-quasi-continuous functions. (1.15)

(iii) There exists a countable subset B_0 of $\mathcal{F}_0$ and an $\mathcal{E}$-polar set N such that

$$\sigma\{u : u \in B_0\} \supset \mathcal{X} \cap (X - N) . \tag{1.16}$$

Remarks on Theorem 1.7

(i) Concerning the existence of a certain reasonable Markov process associated with a given Dirichlet form, it is often assumed in the literature that:

There exists an $\mathcal{E}_1$-dense subset $\tilde{\mathcal{F}}$ of $\mathcal{F}$ consisting of continuous functions. (1.17)

We remark that (1.17) is not necessary for the existence of an m-perfect process. It is even not necessary for the existence of a diffusion process. Here is a counter example. Let $(\mathcal{E},\mathcal{F})$ be a regular Dirichlet form on a locally compact space X such that each single-point set of X is a set of zero capacity (e.g. the classical Dirichlet form associated with the Laplacian on $\mathbb{R}^d$ with $d \geq 2$). Let μ be a smooth measure which is nowhere Radon in the sense that $\mu(G) = +\infty$ for all non-empty open set $G \subset X$. (For the existence of such nowhere Radon smooth measures see [AM4]). We now consider the perturbed form $(\mathcal{E}^{\mu},\mathcal{F}^{\mu})$ defined as follows:

$$\mathcal{F}^{\mu} = \mathcal{F} \cap L^2(X,m),$$

$$\mathcal{E}^{\mu}(f,g) = \mathcal{E}(f,g) + \int_X fg\mu(dx) \ \forall f,g \in \mathcal{F}^{\mu} .$$

It has been proved that $(\mathcal{E}^{\mu},\mathcal{F}^{\mu})$ is again a Dirichlet form ([AM7] Th. 3.2). We can check that $(\mathcal{E}^{\mu},\mathcal{F}^{\mu})$ satisfies all the conditions (1.14) - (1.16) ([AM7]). Hence Theorem 1.8 is applicable and there exists an m-perfect process associated with $(\mathcal{E}^{\mu},\mathcal{F}^{\mu})$. Moreover, if $(\mathcal{E},\mathcal{F})$ satisfies local property, then so does $(\mathcal{E}^{\mu},\mathcal{F}^{\mu})$ and there exists a diffusion process associated with $(\mathcal{E}^{\mu},\mathcal{F}^{\mu})$ (see (ii) below). On the other hand, it is evident that (1.17) fails to be true for $(\mathcal{E}^{\mu},\mathcal{F}^{\mu})$. In fact, there is even no continuous functions (except the null function) in the domain $\mathcal{F}^{\mu}$ because μ is nowhere Radon.

(ii) The application of Theorem 1.8 to infinite dimensional spaces and to quantum field theory will be discussed in subsequent papers. Here we mention that an m-perfect process is a diffusion (i.e. $P_x\{X_t \text{ is continuous in } t \in [0,\zeta)\} = 1$, for $q.e. x \in X$) if and only if the associated Dirichlet form $(\mathcal{E},\mathcal{F})$ satisfies the local property in the sense of [Fu3]. Hence Theorem 1.7 extends the results of the existence of diffusion processes for Dirichlet forms in infinite dimensional spaces ([AH1-3], [ARö2], [Ku]), on one hand. On the other hand Theorem 1.7 provides us with a mathematical tool for constructing strong Markov processes with discontinuous sample paths, having also applications in quantum field theory.

(iii) By requiring $\mathcal{F}_0$ (in (1.15)) consisting of strictly $\mathcal{E}$-quasi-continuous functions we obtain necessary and sufficient conditions for the existence of Hunt processes associated with Dirichlet forms. See [AM8] for details in this connection.

(iv) By introducing a dual h-weighted capacity and employing the Ray-Knight compactification method, it is possible to obtain an analogue result of Theorem 1.7 for non-symmetric Dirichlet forms satisfying the sector condition. This will be discussed in subsequent papers.

Before concluding this introduction, we present some more concepts and related results.

1.8 Definition (c.f. [Fu5])

(i) Let $(T_t)_{t>0}$ be the semigroup associated with a Dirichlet form $(\mathcal{E},\mathcal{F})$ and $(P_t)_{t\geq 0}$ be the transition semigroup of a perfect process (X_t). We say that (X_t) is properly associated with $\mathcal{E}$, if

$P_t f$ is an $\mathcal{E}$-quasicontinuous version of $T_t f$ for all $t>0$ and $f \in L^2(X,m)$ (1.18)

(ii) Let (X_t) be a perfect process with state space $(X,\mathcal{X})$ and life time ζ, and let $S \in \mathcal{X}$. We say that S is (X_t)-invariant if

$$P_x\{X_t \in S \text{ and } X_{t-} \in S \text{ for all } t<\zeta\} = 1, \ \forall x \in S .$$

(iii) Let (X_t) and (Y_t) be two perfect processes on $(X,\mathcal{X})$. We say that (X_t) and (Y_t) are m-equivalent if there is a set $S \subset X$ with $m(X-S)=0$ such that

(a) S is both (X_t)-invariant and (Y_t)-invariant;

(b) The transition semigroups of (X_t) and (Y_t) restricted to S are the same.

We now state the following results, to be further discussed below.

1.9 Proposition Let (X_t) be an m-perfect process. If (X_t) is associated with $(\mathcal{E},\mathcal{F})$, then (X_t) is properly associated with $(\mathcal{E},\mathcal{F})$.

1.10 Proposition Let (X_t) and (Y_t) be two symmetric m-perfect processes on $(X,\mathcal{X})$. Then (X_t) and (Y_t) are m-equivalent if and only if they are associated with a common Dirichlet form $(\mathcal{E},\mathcal{F})$.

The above two propositions can be proved by employing the results of Proposition 7.3 in Section 7 and following the argument of [Fu5]. We omit their detailed proofs in this paper. By virtue of Proposition 1.10 and Proposition 1.11 we can strenghten the statement of Theorem 1.8 as follows.

1.11 Theorem There is a one to one correspondence between the family of m-equivalence classes of symmetric m-perfect processes and the family of Dirichlet forms satisfying conditions (1.14) - (1.16). The correspondence is given by the relationship (1.18).

Titles of the remaining sections

2. h-weighted capacity
3. $\mathcal{E}$-quasicontinuity
4. Sufficiency of the conditions (1.14) - (1.16)
5. Necessity of the condition (1.14)
6. Necessity of the condition (1.15)
7. Necessity of the condition (1.16)

   Appendix: Construction of the process

2. h-weighted capacities

Throughout Sections 2 - 4 we assume that a Dirichlet form $(\mathcal{E}, \mathcal{F})$ is given on $L^2(X, m)$. Let $(T_t)_{t>0}$ be the associated semigroup and $(G_\alpha)_{\alpha>0}$ the corresponding resolvent. Following [Fu3], we say that an element $u \in L^2(X, m)$ is $\underline{\alpha\text{-excessive}}$ if u satisfies

$$u \geq 0, e^{-\alpha t} T_t u \leq u \text{ m.a.e., } \forall t > 0 . \tag{2.1}$$

In the following three lemmas we state some results on α-excessive functions without proof. These results are well known in the context of regular Dirichlet spaces, but their proofs in fact do not rely on the regularity assumption. See [Fu3] Section 3 for details.

2.1 Lemma (c.f. [Fu3], Theorem 3.2.1) The following statements are equivalent to each other (for $u \in \mathcal{F}$ and $\alpha > 0$).
(i) u is α-excessive.
(ii) $u \geq 0$, $\beta G_{\beta+\alpha} u \leq u$ m.a.e., $\forall \beta > 0$.
(iii) $\mathcal{E}_\alpha(u, \nu) \geq 0$, $\forall \nu \in \mathcal{F}$, $\nu \geq 0$ m.a.e. .

2.2 Lemma ([Fu3] Lemma 3.3.2) Let u_1 and u_2 be α-excessive functions in $L^2(X, m)$, $\alpha > 0$. If $u_1 \leq u_2$ m.a.e. and $u_2 \in \mathcal{F}$, then $u_1 \in \mathcal{F}$ and $\mathcal{E}_\alpha(u_1, u_1) \leq \mathcal{E}_\alpha(u_2, u_2)$.
For an α-excession function $h \in \mathcal{F}$ and $B \subset X$ an open set, we put

$$\mathcal{L}_{h,B} = \{f \in \mathcal{F} : f \geq h \text{ m.a.e. on } B\} \tag{2.2}$$

2.3 Lemma (c.f. [Fu3] Lemma 3.1.1, see also [R] Lemma 3.1) Let $h \in \mathcal{F}$ be α-excessive, $\alpha > 0$ and $B \subset X$ be open. Then we have the following assertions.
(i) There exists a unique element $h_B \in \mathcal{L}_{h,B}$ such that

$$\mathcal{E}_\alpha(h_B, h_B) = \inf \{\mathcal{E}_\alpha(u, u) \ : \ u \in \mathcal{L}_{h,B}\} .$$

(ii) $\mathcal{E}_\alpha(h_B, u) \geq 0$, $\forall u \in \mathcal{F}$, $u \geq 0$ m.a.e. on B. In particular, h_B is α-excessive.
(iii) $0 \leq h_B \leq h$ m.a.e. and $h_B = h$ m.a.e. on B.
(iv) h_B is the unique element of $\mathcal{L}_{h,B}$ satisfying

$$\mathcal{E}_\alpha(h_B, \ u - h_B) \geq 0, \ \forall u \in \mathcal{L}_{h,B} .$$

Let $\mathcal{H}$ be defined by (1.10). For $h \in \mathcal{H}$, we consider now the h-weighted capacity Cap_h defined by (1.11) and (1.12).

2.4 Proposition $\quad$ Cap $_h$ is a Choquet capacity, i.e.

(*i*)
$$A \subset B \Longrightarrow \text{Cap}_h(A) \leq \text{Cap}_h(B)\,,$$

(*ii*)
$$A_n \uparrow \Longrightarrow \text{Cap}_h\Big(\bigcup_n A_n\Big) = \sup_n \text{Cap}_h(A_n)\,,$$

(*iii*)
$$A_n \text{ compact, } A_n \downarrow \Longrightarrow \text{Cap}_h\left(\bigcap_n A_n\right) = \inf_n \text{Cap}_h(A_n)\,.$$

Moreover, Cap $_h$ is countably subadditive, i.e.,

(*iv*)
$$\text{Cap}_h\left(\bigcup_n A_n\right) \leq \sum_n \text{Cap}_h(A_n)$$

Proof $\quad$ Apply Lemma 2.3 and follow the argument of [Fu3] Lemma 3.1.2 and Theorem 3.1.1. ∎

2.5 Proposition

(i) An increasing sequence F_k of closed sets is an $\mathcal{E}$-nest if and only if $\text{Cap}_h(X - F_k) \downarrow 0$.

(ii) A subset $N \subset X$ is an $\mathcal{E}$-polar set if and only if $\text{Cap}_h(N) = 0$.

Proof $\quad$ The assertion (ii) is a direct consequence of the assertion (i). We now prove (i). Let $\{F_k\}$ be an increasing sequence of closed sets and $\mathcal{F}_{F_k}$ be specified by (1.9). Then every element $u \in \mathcal{F}$ is uniquely decomposed by $u = (u - u_k) + u_k$ with $(u - u_k) \in \mathcal{F}_{F_k}$ and u_k being orthogonal to $\mathcal{F}_{F_k}$ with respect to the inner product $\mathcal{E}_1$. It is easy to check that $\{u_k\}$ is an $\mathcal{E}_1$-Cauchy sequence. Denote by u_∞ the limit of $\{u_k\}$ in $\mathcal{F}$. Then

$$\mathcal{E}_1(u_\infty, \nu) = 0, \ \forall \nu \in \bigcup_k \mathcal{F}_{F_k} \tag{2.3}$$

In particular, for $h \in \mathcal{H}$ we have $h_k = h_{X-F_k}$ with h_{X-F_k} being specified by Lemma 2.3. Suppose now $\{F_k\}$ is an $\mathcal{E}$-nest. Then $\bigcup \mathcal{F}_{F_k}$ is dense in $\mathcal{F}$ with respect to $\mathcal{E}_1$-norm. Consequently by (2.3) we know the limit h_∞ of $\{h_k\}$ is zero, which in turn implies

$$\text{Cap}_h(X - F_k) = \mathcal{E}_1(h_k, h_k) \downarrow 0\,.$$

Conversely, suppose that $\text{Cap}_h(X - F_k) \downarrow 0$. Then for an arbitrary $u \in \mathcal{F}$, we have

$$\lim_k \mathcal{E}_1(h_k, u) \leq [\,\text{Cap}_h(X - F_k)]^{\frac{1}{2}}\, \|u\|_{\mathcal{E}_1} \longrightarrow 0\,.$$

On the other hand, suppose that $h = G_1 f$ with $0 < f \leq 1$, $f \in L^2(X, m)$, we have

$$\mathcal{E}_1(h_k, u) = \mathcal{E}_1(u_k, h) = \int_X u_k f m(dx)$$

Therefore if $u \in G_1 g$ for some nonnegative $g \in L^2(X, m)$, then by Fatou's lemma,

$$\int u_\infty f m(dx) \leq \liminf_k \int u_k f m(dx) = 0\,.$$

Consequently $u_\infty = 0$ m.a.e. and $(u - u_k)$ converges to u in $\mathcal{E}_1$-norm. From this we conclude that $\bigcup \mathcal{F}_{F_k}$ is a form core of $\mathcal{F}$ and hence complete the proof. ∎

2.6 Corollary Let $h_1, h_2 \in \mathcal{H}$. Then Cap_{h_1} and Cap_{h_2} are equivalent in the sense that for any decreasing sequence of subsets $\{A_k\}$ of X, $\mathrm{Cap}_{h_1}(A_k) \downarrow 0$ if and only if $\mathrm{Cap}_{h_2}(A_k) \downarrow 0$.

Proof This Corollary is a clear consequence of Prop. 2.5. ∎

The following proposition shows that any $\mathcal{E}$-polar set is m-negligible.

2.7 Proposition Let $\{F_k\}$ be an $\mathcal{E}$-nest. Then

$$m(X - \bigcup_{k\geq 1} F_k) = 0$$

Proof By the definition of $\mathcal{E}$-nest, $\bigcup_{k\geq 1} \mathcal{F}_{F_k}$ is $\mathcal{E}_1$-dense in $\mathcal{F}$ where $\mathcal{F}_{F_k}$ is defined by (1.4), which in turn implies that $\bigcup \mathcal{F}_{F_k}$ is dense in $L^2(X,m)$. From (1.4) we know that $f = 0$ m.a.e. on $N := (X - \bigcup F_k)$ for each $f \in \bigcup \mathcal{F}_{F_k}$, and consequently $f = 0$ m.a.e. on N for each $f \in L^2(X,m)$. Thus $m(N) = 0$ because m is σ-finite on X. ∎

3. $\mathcal{E}$-quasicontinuity

Given an $\mathcal{E}$-nest $\{F_k\}$, we introduce the notation

$$C(\{F_k\}) = \{f : \ f_{|F_k} \text{ is continuous for each } k\} . \tag{3.1}$$

A function f is $\mathcal{E}$-quasi-continuous if and only if there exists an $\mathcal{E}$-nest $\{F_k\}$ such that $f \in C(\{F_k\})$.

3.1 Proposition ([Fu3] Th. 3.1.2(i)) Let S be a countable family of $\mathcal{E}$-quasi-continuous functions. Then there exists an $\mathcal{E}$-nest $\{F_k\}$ such that $S \subset C(\{F_k\})$.

Proof The proposition follows easily by applying Theorem 2.5 and following the argument of [Fu3] Th. 3.1.2(i). ∎

The following proposition is an analogue of [Fu3] Lemma 3.1.5. But our proof is slightly different from that of [Fu3] because we make no assumption that $\mathcal{F}$ contains an $\mathcal{E}_1$-dense subset consisting of continuous functions.

3.2 Proposition Let $f \in \mathcal{F}$ be $\mathcal{E}$-quasi-continuous. Then for $h \in \mathcal{H}$,

$$\mathrm{Cap}_h\{x \in X : |f(x)| > \lambda\} \le \frac{1}{\lambda^2}\mathcal{E}_1(f,f), \ \forall\lambda > 0 . \tag{3.2}$$

Proof Let $\{F_k\}$ be an $\mathcal{E}$-nest such that $f \in C(\{F_k\})$. For $\lambda > 0$, we set

$$G_k = \{|f| > \lambda\} \bigcup (X - F_k) .$$

Then G_k is an open set and $G_k \supset \{|f| > \lambda\}$. Let

$$f_k = \frac{|f|}{\lambda} + h_{(X-F_k)} .$$

Then $f_k \in \mathcal{F}$ and $f_k \ge h$ m.a.e. on G_k. Hence

$$\mathrm{Cap}_h(G_k) \le \mathcal{E}_1(f_k, f_k) \le \left(\sqrt{\frac{1}{\lambda^2}\mathcal{E}_1(f,f)} + \sqrt{\mathrm{Cap}_h(X - F_k)}\right)^2$$

Letting $k \longrightarrow \infty$, we obtain

$$\mathrm{Cap}_h\{|f| > \lambda\} \le \varliminf_k \ \mathrm{Cap}_h(G_k) \le \frac{1}{\lambda^2}\mathcal{E}_1(f,f) .$$

■

We say that f_n converges to f <u>$\mathcal{E}$-quasi-uniformly</u> if there exists an $\mathcal{E}$-nest F_k such that f_n converges to f uniformly on each F_k.

3.3 Proposition (c.f. [Fu3] Th. 3.1.4) Let $\{f_n\}$ be a sequence of $\mathcal{E}$-quasi-continuous functions such that $f_n \in \mathcal{F}$ and f_n converges to $f \in \mathcal{F}$ in $\mathcal{E}_1$-norm. There exists then a subsequence $\{f_{n_l}\} \subset \{f_n\}$ and an $\mathcal{E}$-quasi-continuous function $\tilde{f}$ such that $\tilde{f} = f$ m.a.e. and f_{n_l} converges to $\tilde{f}$ $\mathcal{E}$-quasi-uniformly.

Proof Apply Propositions 3.1, 3.2 and 2.5, and follow the argument of [Fu3] Th. 3.1.4. ■

3.4 Proposition Let $h \in \mathcal{H}$ be $\mathcal{E}$-quasi-continuous, $\{F_k\}$ be an $\mathcal{E}$-nest such that $h \in C(\{F_k\})$, and $\{\delta_k\}$ be a decreasing sequence of positive numbers such that $\delta_k \downarrow 0$. There exists then an $\mathcal{E}$-nest $\{F'_k\}$ such that $F'_k \subset F_k$ and $h \ge \delta_k$ on each F'_k.

Proof We set $F'_k = \{h \geq \delta_k\} \bigcap F_k$. Then $\{F'_k\}$ is an increasing sequence of closed sets. Let

$$g_k = (h \wedge \delta_k) + h_{X-F_k}, \ \forall k \geq 1$$

Then $g_k \in \mathcal{F}$ and $g_k \geq h$ m.a.e. on $X - F'_k$. We have

$$\text{Cap}_h(X - F'_k) \leq \mathcal{E}_1(g_k, g_k) \leq 2\mathcal{E}_1(h \wedge \delta_k, h \wedge \delta_k) + 2 \ \text{Cap}_h(X - F_k) \longrightarrow 0 \ .$$

Hence by Prop. 2.5 $\{F'_k\}$ is an $\mathcal{E}$-nest with the required properties. ■

The following Corollary is immediate.

3.5 Corollary Let $h \in \mathcal{H}$ be $\mathcal{E}$-quasi-continuous. Then $\{h = 0\}$ is an $\mathcal{E}$-polar set. ■

Following [Fu3], we say that an $\mathcal{E}$-nest $\{F_k\}$ is regular if for each k, supp $(I_{F_k} \cdot m) = F_k$.

3.6 Proposition (c.f. [Fu3] Lemma 3.1.3) Let $\{F_k\}$ be an $\mathcal{E}$-nest. Suppose that for each k, the relative topology of F_k is secondly countable. Set $F'_k =$ supp $(I_{F_k} \cdot m)$. Then $\{F'_k\}$ is a regular $\mathcal{E}$-nest.

Proof The proof is easily obtained by applying Theorem 2.5 and following the argument of [Fu3] Lemma 3.1.3. ■

Also the following Proposition is easily shown:

3.7 Proposition (c.f. [Fu3] Lemma 3.1.4) Let $\{F_k\}$ be a regular $\mathcal{E}$-nest and $f \in C(\{F_k\})$. If $f \geq 0$ m.a.e. on an open set G, then $f \geq 0$ on

$$\left(\bigcup_{k \geq 1} F_k\right) \bigcap G \, .$$

■

4. Sufficiency of the conditions (1.14)-(1.16)

Let us now assume that a Dirichlet form $(\mathcal{E}, \mathcal{F})$ satisfying conditions (1.14) and (1.15) is given on $L^2(X, m)$. In particular, we fix an $\mathcal{E}$-nest $\{X_k\}$ consisting of compact sets.

We shall say that a property holds $\mathcal{E}$ q.e. (abbreviation for $\mathcal{E}$-quasi-everywhere), if it holds outside an $\mathcal{E}$-polar set.

4.1 Lemma

(i) Each element $f \in \mathcal{F}$ admits an $\mathcal{E}$-quasi-continuous version.

(ii) Let f be $\mathcal{E}$-quasi-continuous and $f \geq 0$ m.a.e. on an open set G, then $f \geq 0$ $\mathcal{E}$ q.e. on G.

Proof (i) follows from (1.14) and Proposition 3.3. To prove (ii), we assume that $f \in C(\{F_k\})$ for some $\mathcal{E}$-nest $\{F_k\}$. Set $F'_k = F_k \bigcap X_k$, then $\{F'_k\}$ is an $\mathcal{E}$-nest such that each F'_k is secondly countable. By Proposition 3.6 we may construct a regular $\mathcal{E}$-nest $\{F''_k\}$ such that $F''_k \subset F'_k \subset F_k$. Obviously $f \in C(\{F''_k\})$. The desired assertion thus follows from Proposition 3.7. ■

Let us denote by $Y = \bigcup_{k\geq 1} X_k$ and $\mathcal{Y} = \mathcal{X} \bigcap Y$. By Proposition 2.7, we have $m(X - Y) = 0$. Hence we may identify $L^2(Y, m)$ with $L^2(X, m)$ in an obvious way.

4.2 Lemma

(i) The relative topology of Y is secondly countable.

(ii) $(Y, \mathcal{Y})$ is a Lusinian measurable space.

(iii) $L^2(Y, \mathcal{Y})$ is separable.

(iv) $\mathcal{F}$ equipped with the $\mathcal{E}_1$-norm is separable.

Proof This follows easily from the fact that Y is a σ-compact metrizable space. ■

A nonnegative function k is called a <u>kernel on $X \times \mathcal{Y}$</u> if $k(x, \cdot)$ is a measure on $(Y, \mathcal{Y})$ for each fixed $x \in X$ and $k(\cdot, A)$ is $\mathcal{X}$ measurable for each fixed $A \in \mathcal{Y}$. We shall write kf for $\int_Y f(y)k(\cdot, dy)$ provided it makes sense.

Recall that $(T_t)_{t>0}$ and $(G_\alpha)_{\alpha>0}$ is the Markovian semigroup and resolvent associated with $(\mathcal{E}, \mathcal{F})$ respectively.

4.3 Proposition For each $t > 0$, there exists a kernel $\tilde{P}_t$ on $X \times \mathcal{Y}$ such that

(i) $\tilde{P}_t f$ is an $\mathcal{E}$-quasi-continuous version of $T_t f$ for each $f \in L^2(Y, m)$.

(ii) $\tilde{P}_t(x, y) \leq 1$, $\forall x \in X$.

For each $\alpha > 0$, there exists a kernel $\tilde{R}_\alpha$ on $X \times \mathcal{Y}$ such that

(iii) $\tilde{R}_\alpha f$ is an $\mathcal{E}$-quasi-continuous version of $G_\alpha f$ for each $f \in L^2(Y, m)$.

(iv) $\alpha \tilde{R}_\alpha(x, y) \leq 1$, $\forall x \in X$.

The kernel $\tilde{P}_t$ (resp. $\tilde{R}_\alpha$) is $\mathcal{E}$-q.e. unique in the sense that if there is another kernel k on $X \times \mathcal{Y}$ satisfying (i) (resp. (iii)), then $k(x, \cdot) = \tilde{P}_t(x, \cdot)$ (resp. $= \tilde{R}_\alpha(x, \cdot)$) for $\mathcal{E}$ q.e. $x \in X$.

Proof We prove only the case of T_t. By spectral calculus (c.f. [Fu3] Lemma 1.3.3) $T_t f \in \mathcal{F}$ for all $f \in L^2(X,m)$ and

$$\mathcal{E}(T_t f, T_t f) \le \frac{1}{2t}\{(f,f) - (T_t f, T_t f)\}, \ \forall f \in L^2(X,m) \tag{4.1}$$

For each $f \in L^2(X,m) \simeq L^2(Y,m)$, choose an $\mathcal{E}$-quasi-continuous version $\tilde{T}_t f$ of $T_t f$. By (4.1), Proposition 3.2 and Lemma 4.1(ii) we see that $\tilde{T}_t$ is a quasi-linear positive map from $L^2(Y,m)$ to $qC(X)$ ($qC(X)$ denotes the collection of all $\mathcal{E}$-quasi-continuous functions $\mathcal{E}$q.e. on X) in the sense of [AM1] Def. 1.2 (with respect to some h-weighted capacity). Applying [AM1] Th. 4.2 we obtain a kernel k on $X \times \mathcal{Y}$ satisfying (i). Take a sequence of positive functions f_n in $L^2(Y,m)$ such that $0 \le f_n \uparrow 1$. We have $kf_n \le 1$ $\mathcal{E}$-q.e. by Lemma 4.1 (ii). Hence we may find an $\mathcal{E}$-polar set N such that $kf_n(x) \le 1$ for all $x \in X - N$ and $n \ge 1$. Set

$$\tilde{P}_t(x,A) = \begin{cases} k(x,A), & \forall x \in X - N, \ A \in \mathcal{Y}, \\ 0, & \forall x \in N \ . \end{cases}$$

Then $\tilde{P}_t$ is a desired kernel. The $\mathcal{E}$-q.e. uniqueness follows also from [AM1] Th. 4.2. ∎

With the quasi-continuous Markovian kernels $\{\tilde{P}_t\}_{t>0}$ and $\tilde{R}_1$ in hand, we can now follow the argument used in [Fu3] Chap. 6 to construct an m-perfect process associated with a given Dirichlet form satisfying conditions (1.14) - (1.16). We state the final result below and postpone the detailed proof to the Appendix.

4.4 Proposition Let $(\mathcal{E},\mathcal{F})$ be a Dirichlet form on $L^2(X,m)$ satisfying conditions (1.14) - (1.16). There exists then an m-perfect process (X_t) associated with $\mathcal{E}$ in the sense of (1.13).

5. Necessity of the condition (1.14)

For proving the necessity of the conditions (1.14) – (1.16), in Section 5 – 7 we assume that an m–perfect process $(X_t) := (\Omega, \mathcal{M}, \mathcal{M}_t, X_t, \Theta_t, P_x)$ with life time ζ is associated with a given Dirichlet form $(\mathcal{E},\mathcal{F})$ on $L^2(X,m)$.
We fix a function $\varphi \in L^2(X,m) \cap L^1(X,m)$ such that $0 < \varphi \le 1$. Set $\mu(dx) = \varphi(x)m(dx)$ and

$$h(x) = E_x\left[\int_0^\infty e^{-t}\varphi(X_t)dt\right], \quad \forall x \in X \tag{5.1}$$

For an arbitrary subset $B \subset X$, we have defined

$$\sigma_B(\omega) = \inf\{t > 0 : \ X_t(\omega) \in B\} \tag{1.3}$$

We now set for $B \subset X$

$$U_B(x) = E_x\left[\int_0^{\sigma_B} e^{-t}\varphi(X_t)dt\right] \tag{5.2}$$

5.1 Lemma (c.f [FuO], [AM5]) Let B be an open subset of X, then $U_B \in \mathcal{F}$ and

$$\mathcal{E}_1(U_B, u) = (\varphi, u), \quad \forall u \in \mathcal{F}_{X-B} \tag{5.3}$$

(Recall $\mathcal{F}_{X-B}$ is defined by (1.9)).

Proof Let us define for a nonnegative Borel function f:

$$V_n f(x) = E_x\left[\int_0^\infty e^{-t-n\int_0^t I_B(X_s)ds} f(X_t)dt\right] \tag{5.4}$$

Then $V_n\varphi(x) \uparrow U_B(x)$ pointwise. By virtue of the Markovian property and Fubini's Theorem we have

$$V_n\varphi(x) = E_x\left[\int_0^\infty e^{-t}\varphi(X_t)dt\right] - nE_x\left[\int_0^\infty e^{-t}(V_n\varphi)I_B(X_t)dt\right] \tag{5.5}$$

Consequently $V_n\varphi \in \mathcal{F}$ and

$$\mathcal{E}_1\left(V_k\varphi, V_j\varphi\right) = (\varphi, V_j\varphi) - (k(V_k\varphi)I_B, V_j\varphi) \tag{5.6}$$

By the symmetry property we have

$$(k(V_k\varphi)I_B, V_j\varphi) = (V_j(k(V_k\varphi)I_B, \varphi) \tag{5.7}$$

Writing $B_t = \int_0^t I_B(X_s)ds$, we have for $j \geq k$,

$$\begin{aligned} V_j\left(k(V_k\varphi)I_B\right)(x) &= E_x\left[\int_0^\infty e^{-s-jB_s}\left(E_{X_s}\int_0^\infty e^{-t-kB_t}\varphi(X_t)dt\right)kdB_s\right] \\ &= E_x\left[\int_0^\infty e^{-(j-k)B_s}\left(\int_s^\infty e^{-t-RB_t}\varphi(X_t)dt\right)kdB_s\right] \\ &= E_x\left[\int_0^\infty e^{-t}\varphi(X_t)\left(e^{-RB_t}\int_0^t e^{-(j-R)B_s}kdB_s\right)dt\right]. \end{aligned}$$

Noticing that

$$1 \geq e^{-kB_t}\int_0^t e^{-(j-k)B_s}kdB_s \to 0 \text{ when } j \geq k \to \infty,$$

we conclude frome (5.7) that

$$(k(V_k\varphi)I_B, V_j\varphi) \to 0 \text{ when } j \geq k \to \infty.$$

Thus from (5.6) we see that $\{V_n\varphi\}_{n\geq 1}$ forms an $\mathcal{E}_1$-Cauchy sequence which implies $U_B \in \mathcal{F}$. Moreover, from (5.5) we see that

$$\mathcal{E}_1(V_n\varphi, u) = (\varphi, u), \; \forall u \in \mathcal{F}_{X-B}.$$

Letting $n \to \infty$ we obtain (5.3). ∎

5.2 Lemma Let B be an open subset of X. Set

$$\tilde{h}_B(x) = E_x\left[e^{-\sigma_B} h(X_{\sigma_B}) I_{\{\sigma_B<\zeta\}}\right]. \tag{5.8}$$

Then $\tilde{h}_B$ is a version of h_B being specified by Lemma 2.3.

Proof By the strong Markovian property we see that

$$\tilde{h}_B(x) = h(x) - U_B(x)$$

where U_B is defined by (5.2). Thus $\tilde{h}_B \in \mathcal{F}$ and

$$\mathcal{E}_1(\tilde{h}_B, u) = 0, \ \forall u \in \mathcal{F}_{X-B}. \tag{5.9}$$

It is obvious that $\tilde{h}_B = h$ on B, which together with (5.9) and Lemma 2.3 (iv) implies $\mathcal{E}_1\left(\tilde{h}_B - h_B, \tilde{h}_B - h_B\right) = 0$. ■

5.3 Proposition Let B be an open subset of X. Then

$$\mathrm{Cap}_h(B) = E_\mu\left[e^{-\sigma_B} h(X_{\sigma_B}) I_{\{\sigma_B<\zeta\}}\right].$$

Proof

$$E_\mu\left[e^{-\sigma_B} h(X_{\sigma_B}) I_{\{\sigma_B<\zeta\}}\right] = (\varphi, \tilde{h}_B)$$
$$= \mathcal{E}_1(h, h_B) = \mathcal{E}_1(h_B, h_B) = \mathrm{Cap}_h(B).$$

Notice that up to now we didn't use m–tightness of (X_t). We now make use of m–tightness to prove the necessity of the condition (1.14). ■

5.4 Proposition $(\mathcal{E}, \mathcal{F})$ satisfies (1.14)

Proof Let $\{X_k\}_{k\geq 1}$ be an increasing sequence of compact sets of X satisfying

$$P_x\left\{\lim_k \sigma_{X-X_k} \geq \zeta\right\} = 1, \ m-\text{a.e. } x \in X \tag{5.9}$$

Set $G_k = X - X_k$, then

$$P_x\left\{\lim_k \sigma_{G_k} \geq \zeta\right\} = 1, \ m-\text{a.e. } x \in X$$

which implies $\tilde{h}_{G_k}(x) \downarrow 0$ m.a.e. and consequently

$$\mathrm{Cap}_k(G_k) \downarrow 0.$$

The proof is completed by applying Proposition 2.5. ■

6. Necessity of the condition (1.15)

Let φ, μ, h be specified as at the beginning of the previous section. For our purpose we now introduce another stopping time τ_A:

$$\tau_A = \inf\{0 \le t < \zeta : X_t \in A \text{ or } X_{t-} \in A\} \bigwedge \zeta. \tag{6.1}$$

(we make the convention that $\inf \phi = \infty$).

It is easy to check that $\tau_A \le \sigma_A \wedge \zeta$ and if A is an open set, then $\tau_A = \sigma_A \wedge \zeta$.

A subset $A \subset X$ is called finely polar if there exists a Borel set $\tilde{A} \supset A$ such that $P_\mu(\tau_{\tilde{A}} < \zeta) = 0$. We shall show in the next section that the concepts of "finely polar" and "$\mathcal{E}$-polar" are equivalent provideed (X_t) is m-tight. In this section we want to avoid employing m-tightness of (X_t). Nevertheless, we can see immediately that a finely polar set is necessarily m-negligible, because $P_\mu(\tau_A < \zeta) = 0$ implies $P_\mu(\sigma_A < \zeta) = 0$ and (X_t) is m-symmetric.

Let us define for $f \in b\mathcal{X}$,

$$\|f\| = E_\mu\left[\sup_{t\ge 0}\left(\int_t^\infty e^{-s}\varphi(X_s)ds\right)(|f(X_t)| \vee |f(X_{t-})|)\right]. \tag{6.2}$$

Obviously for a Borel set $A \subset X$, we have

$$\|I_A\| = E_\mu\left[\int_{\tau_A}^\infty e^{-s}\varphi(X_s)ds\right]. \tag{6.3}$$

6.1 Lemma

(i) Let A be an open set of X, then $\text{Cap}_h(A) = \|I_A\|$.

(ii) Let $f \in b\mathcal{X}$. If $\|f\| = 0$, then $f = 0$ except for a finely polar set.

Proof (i) follows from (6.3), Lemma 5.3 and the fact that $\tau_A = \sigma_A \wedge \zeta$ for an open set A. To prove (ii), let $\|f\| = 0$ and define $A_n = \{|f| > \frac{1}{n}\}$. Then (6.3) shows that

$$E_\mu\left[\int_{\tau_{A_n}}^\infty e^{-s}\varphi(X_s)ds\right] \le n\|f\| = 0,$$

which implies $P_\mu\{\tau_{A_n} < \zeta\} = 0$.

Let $A = \{|f| > 0\}$. We have

$$P_\mu\{\tau_A < \zeta\} \le \sum_{n\ge 1} P_\mu\{\tau_{A_n} < \zeta\} = 0.$$

■

Set

$$\tilde{C} = \{f \in b\mathcal{X} : f(X_t) \text{ is right continuous and } f(X_{t-}) \text{ is left continuous on } [0,\zeta) P_\mu \text{ a.s.}\} \tag{6.4}$$

6.2 Lemma Let $\{f_n\} \subset \tilde{C}$. If $f_n(x) \downarrow 0$ for all $x \in X - N$, with some finely polar set N, then $\|f_n\| \downarrow 0$.

Proof Let $\omega \in \Omega$ be such that $f_n(X_t(\omega))$ is right continuous and $f_n(X_t(\omega))$ is left continuous on $[0, \zeta(\omega))$ for all $n \geq 1$ and such that $\tau_N(\omega) = \zeta(\omega)$. For an arbitrary $T > 0$, we have

$$\sup_{0 \leq t \leq T} \left(\int_t^\infty e^{-s} \varphi(X_s) ds \right) (|f_n(X_t)| \vee |f_n(X_{t-})|)(\omega) \downarrow 0, \; n \uparrow \infty.$$

Consequently

$$\limsup_{n \to \infty} \|f_n\| \leq e^{-T} \sup_x f_1(x),$$

which proves the lemma. ■

Denote by bC the set of all bounded continuous functions on X. Then bC is a subset of $\tilde{C}$. Let $\bar{C}$ be the $\|\cdot\|$ short closure of bC.

6.3 Lemma $\tilde{C} \subset \bar{C}$.

Proof Applying Daniell's theorem ([DM] III.35) we see from Lemma 6.1 that any positive bounded linear functional on $(\tilde{C}, \|\cdot\|)$ admits an integral representation with some finite Borel measure on X. From the fact that $\tilde{C}$ is a vector lattice and $|f| \leq |g|$ implies $\|f\| \leq \|g\|$, we have that any bounded linear functional on $\tilde{C}$ is a difference of two positive bounded linear functionals on $\tilde{C}$. Consequently each bounded linear functional on $\tilde{C}$ admits an integral representation in terms of some finite signed Borel measure on X. If the lemma were not true, then by a version of the Hahn–Banach Theorem (see e.g. [Scha] Chap. II 3.2) there would be a non-zero bounded linear functional on $\tilde{C}$ vanishing on bC, which would contradict the integral representation. ■

We are now in a position to prove the necessity of the condition (1.15).

6.4 Proposition $(\mathcal{E}, \mathcal{F})$ satisfies (1.15).

Proof Let $\mathcal{F}_0' = \{R_1 f : f \in b\mathcal{X} \bigcap L^2(X,m)\}$. Then $\mathcal{F}_0'$ is $\mathcal{E}_1$–dense in $\mathcal{F}$ and $\mathcal{F}_0' \subset \tilde{C}$. The proposition will be proved by showing that for each $f \in \tilde{C}$, there exists an $\mathcal{E}$–quasi–continuous function $\tilde{f} \in \tilde{C}$ such that $\|f - \tilde{f}\| = 0$. Let $f \in \tilde{C}$. By Lemma 6.2 we can take a sequence $\{f_n\} \subset bC$ such that $\|f_n - f\| \to 0$. Without loss of generality we assume that $\{f_n\}$ is uniformly bounded and $\|f_n - f_{n+1}\| < 2^{-2n}$. Let

$$A_n = \{x : |f_n(x) - f_{n+1}(x)| > 2^{-n}\}$$
$$B_n = \textstyle\bigcup_{m \geq n} A_m$$

We have from Lemma 6.1 (i),

$$\begin{aligned}\mathrm{Cap}_h(B_n) &\leq \sum_{m\geq n} \mathrm{Cap}_h(A_m) = \sum_{m \geq n} \|I_{A_m}\| \\ &\leq \sum_{m \geq n} \|2^m |f_m - f_{m+1}|\| \leq 2^{-n+1}\end{aligned}$$

It is easy to see that $\{f_n\}$ converges uniformly on each $(X - B_n)$. Let $\tilde{f}(x) = \lim_n f_n(x)$ on $\bigcup_{n\geq 1}(X - B_n)$ and $\tilde{f}(x) = f(x)$ on $\bigcap_{n \geq 1} B_n$. Then $\tilde{f}$ is $\mathcal{E}$–quasi–continuous. Moreover, one can check that $\|\tilde{f} - f\| = 0$ and consequently $\tilde{f}$ is an $\mathcal{E}$–quasi–continuous version of f by Lemma 6.1 (ii). ■

Remark In proving Proposition 6.4 we did not make use of m–tightness of (X_t).

7. Necessity of the condition (1.16)

Let (X_t) be the same as in the previous section.

7.1 Lemma Let $\{A_n\}_{n\geq 1}$ be a decreasing sequence of open sets of X such that $\bigcap_{n\geq 1} \bar{A}_n = B$. Then

$$\lim_{n\to\infty} \tau_{A_n} = \tau_B, \quad P_x^-\text{a.s.}, \forall x \in X.$$

Proof Let us set $\tau_\infty = \lim_n \tau_{A_n}$. Then $\tau_\infty \leq \tau_B$. On the other hand, set $\Omega_0 = \{\omega \in \Omega : X_t(\omega)$ is right continuous and has left limit on $[0, \zeta(\omega))\}$. Let $\omega \in \Omega_0$. If $\tau_\infty(\omega) < \zeta(\omega)$ and $\tau_{A_n}(\omega) = \tau_\infty(\omega)$ for some $n \geq 1$, then $X_{\tau_\infty}(\omega) \in B$. If $\tau_\infty(\omega) < \zeta(\omega)$ and $\tau_{A_n}(\omega) < \tau_\infty(\omega)$ for all $n \geq 1$, then $X_{\tau_\infty -}(\omega) \in B$. In both cases we have $\tau_B(\omega) \leq \tau_\infty(\omega)$. Hence $\tau_\infty = \tau_B$ P_x – a.s.

■

In what follows we make full use of m–tightness of (X_t).

7.2 Proposition

$$\mathrm{Cap}_h(A) = \|I_A\|, \ \forall A \in \mathcal{X}. \tag{7.1}$$

Proof In Lemma 6.1 we proved (7.1) for any open set A. Since X is a metric space, for an arbitrary closed set A we can always find a decreasing sequence of open sets $\{A_n\}$ such that $\bigcap_{n\geq 1} \bar{A}_n = A$. Thus by virtue of (6.3) and Lemma 7.1 we see that (7.1) holds also for any closed set A.

Let $Y = \bigcup_{n\geq 1} X_n$. Then Y is a σ–compact metric space. Cap_h restricted to the subsets of Y is still a Choquet capacity. Let A be an arbitrary Borel set of A. By Choquet Theorem (c.f. [DM] III 28.) we can find an increasing sequence of compact sets $\{K_n\}$ such that $K_n \subset A \cap Y$ and $\lim_n \mathrm{Cap}_h(K_n) = \mathrm{Cap}_h(A \cap Y)$. On account of the fact that $\mathrm{Cap}_h(X - Y) = 0$, we see from the above that

$$\|I_A\| \geq \lim_n \|I_{K_n}\| = \mathrm{Cap}_h(A),$$

which proves the Proposition because the inverse inequality is always true. ∎

7.3 Proposition

(i) A set $A \subset X$ is finely polar if and only if A is $\mathcal{E}$–polar.

(ii) Any element $f \in \tilde{C}$ is $\mathcal{E}$–quasi–continuous.

(iii) For each closed set $A \subset X$, there exists an $\mathcal{E}$–quasi–continuous function $u_A \in \mathcal{F}$ such that $u_A = 0$ on A and $u_A > 0$ on $X - A$.

Proof (i) follows from (7.1) and (6.3). (ii) follows from (i) and the proof of Proposition 6.4. We now prove (iii). Let B be an open set of X and u_B be defined by (5.2). We see from the proof of Lemma 5.1 that u_B is $\mathcal{E}$–quasi–continuous, because $u_B(x) = \lim_n V_n\varphi(x)$, and $\{V_n\varphi\}_{n\geq 1}$ is an $\mathcal{E}_1$–Cauchy sequence of $\mathcal{E}$–quasi–continuous functions. Let now A be a closed set. We define

$$u_A(x) = E_x \int_0^{\tau_A} e^{-s}\varphi(X_s)ds. \tag{7.2}$$

Let $\{B_n\}$ be a decreasing sequence of open sets such that $\bigcap_{n\geq 1} \bar{B}_n = A$. By Lemma 7.1 we have $u_A(x) = \lim_n u_{B_n}(x)$. It is easy to check from (5.3) that $\{u_{B_n}\}$ is a $\mathcal{E}_1$–Cauchy sequence. Hence u_A is $\mathcal{E}$–quasi–continuous and $u_A \in \mathcal{F}$. Obviously we have $u_A = 0$ on A and $u_A > 0$ on $X - A$.

7.4 Proposition $(\mathcal{E}, \mathcal{F})$ satisfies (1.16).

Proof Let $\{A_n\}_{n\geq 1}$ be a countable family of open sets such that $\{A_n \cap Y : n \geq 1\}$ forms a basis for the relative topology of $Y := \bigcup_{n\geq 1} X_n$. Let $B_0 = \{u_{X-A_n} : n \geq 1\}$. Then B_0 satisfies condition (1.16).

■

Appendix. Construction of the process

This Appendix is devoted to the proof of Proposition 4.4.

Throughout this Appendix we assume that a Dirichlet form $(\mathcal{E}, \mathcal{F})$ satisfying (1.14) — (1.16) is given on $L^2(X, m)$. We shall freely employ the notations used in Section 4.

Let Θ be a countable family of open sets of X such that $X \in \Theta$ and

$$\{A \cap Y : A \in \Theta\} \text{ forms a basis of the relative topology of } Y . \tag{A.1}$$

Set

$$\Theta_1 = \{A : A = \bigcup_{i=1}^{n} A_i,\ A_i \in \Theta,\ n \geq 1\} \tag{A.2}$$

We fix an element $h \in \mathcal{H}$. For each $A \in \Theta_1$, choose an $\mathcal{E}$–quasi–continuous version $\tilde{h}_A$ of h_A, where h_A is specified by Lemma 2.3. In particular, we write $\tilde{h}$ for $\tilde{h}_X$.

Let B_0 be a countable set of $\mathcal{E}$–quasi–continuous functions in $\mathcal{F}$ satisfying (1.16). Without loss of generality we assume that all elements of B_0 are bounded and

$$\sigma\{u : u \in B_0\} \supset \mathcal{Y}. \tag{A.3}$$

By virtue of Lemma 4.2 (iv), we assume also that B_0 is $\mathcal{E}_1$–dense in $\mathcal{F}$.

We denote by Q and Q_+ the set of all rational numbers and all positive rational numbers respectively.

A.1 Lemma There exists a countable subset of bounded $\mathcal{E}$–quasi–continuous functions $\tilde{H} \subset \mathcal{F}$ such that
(i) $\tilde{H} \supset B_0 \cup \{\tilde{h}_A : A \in \Theta_1\}$.
(ii) $\tilde{H} \supset \bigcup_{t\in Q_+} \tilde{P}_t(\tilde{H})$, $\tilde{H} \supset \tilde{R}_1(\tilde{H})$.
(iii) $\tilde{H}$ is an algebra over Q.
(iv) $f \in \tilde{H}$ implies $|f| \in \tilde{H}$ and $f \wedge 1 \in \tilde{H}$.

Proof Apply [Fu3] Lemma 6.1.1. ■

A.2 Lemma There exists a regular $\mathcal{E}$–nest $\{F_k\}$ with $Y_1 := \bigcup_{n\geq 1} F_k$ satisfying the following properties.

(i) $\tilde{H} \subset C(\{F_k\})$. $F_n \subset X_k$, $\forall k \geq 1$.
(ii) $\inf\{\tilde{h}(x) : x \in F_k\} > 0$, $\forall k \geq 1$.
(iii) $0 \leq \tilde{h}_A(x) \leq \tilde{h}(x)$, $\forall x \in Y_1$, $A \in \Theta_1$
$\tilde{h}_A(x) = \tilde{h}(x)$, $\forall x \in A \cap Y_1$, $A \in \Theta_1$
(iv) There exists a sequence $\{t_k\} \subset Q_+$, $t_k \downarrow 0$ such that
$\tilde{P}_{t_k} u(x) \to u(x)$, $\forall u \in \tilde{H}$, $x \in Y_1$;
$\frac{1}{t_k}\{\tilde{R}_1 u(x) - e^{-t_k}\tilde{R}_1 \tilde{P}_{t_k} u(x)\} \to u(x)$, $\forall u \in \tilde{H}$, $x \in Y_1$.
(v) $\tilde{P}_t \tilde{P}_s u(x) = \tilde{P}_{t+s} u(x)$, $\forall u \in \tilde{H}$, $x \in Y_1$, $t, s \in Q_+$.
(vi) $\tilde{P}_t \tilde{R}_1 u(x) = \tilde{R}_1 \tilde{P}_t u(x)$, $e^{-t}\tilde{P}_t \tilde{R}_1 u(x) \leq \tilde{R}_1 u(x)$, $\forall x \in Y_1$, $t \in Q_+$, $u \in \tilde{H}_+ (\tilde{H}_+ := \{u \in \tilde{H} : u \geq 0\})$;
(vii) $e^{-t}\tilde{P}_t \tilde{h}_A(x) \leq \tilde{h}_A(x)$, $\forall x \in Y_1$, $A \in \Theta_1$
(viii) $\tilde{h}_A(x) \leq \tilde{h}_B(x)$, $\forall x \in Y_1$, $A, B \in \Theta_1$, $A \subset B$.

Proof By spectral calculus (c.f. [Fu3] Lemma 1.1.3.) we have $T_t u \to u$ and $\frac{1}{t}(G_1 u - e^{-t}$

$G_1 T_t u) \to u$ in $\mathcal{E}_1$–norm when $u \in \mathcal{F}$ and $t \downarrow 0$. Hence by Proposition 3.3 and Lemma 4.1 (ii), and taking the fact that $\tilde{H}$ is countable into account, we may take a sequence $\{t_k\} \subset Q_+$, $t_k \downarrow 0$, and an $\mathcal{E}$–polar set N such that (iv) holds for every $u \in \tilde{H}$ and $x \in X - N$. Let $\{F_{1,k}\}_{k\geq 1}$ be an $\mathcal{E}$–nest such that $N \subset \bigcup_k \{X - F_{1,k}\}$. By virtue of Prop. 3.4 we may take an $\mathcal{E}$–nest $\{F_{2,k}\}_{k\geq 1}$ such that $\tilde{h} \geq \frac{1}{k}$ on $F_{2,k}$ for each $k \geq 1$. Let $\{F_{3,k}\}_{k\geq 1}$ be an $\mathcal{E}$–nest such that $\tilde{H} \subset C(\{F_{3,k}\})$. Let

$$F'_k = \left(\bigcap_{i=1}^{3} F_{i,k}\right) \bigcap X_k, \quad k \geq 1.$$

Finally, by Proposition 3.6 we can find a regular $\mathcal{E}$–nest $\{F_k\}$ such that $F_k \subset F'_k$ for each k. Applying Proposition 3.7 we can check that $\{F_k\}$ is an $\mathcal{E}$–nest with the required properties. ■

A.3 Lemma

(i) There exists a Borel set $Y_2 \subset Y_1$ such that $X - Y_2$ is an $\mathcal{E}$–polar set and

$$\tilde{P}_t(x, Y - Y_2) = 0, \ \forall x \in Y_2, \ t \in Q_+.$$

(ii) Let

$$P_t(x, A) = \begin{cases} \tilde{P}_t(x, A), & \forall x \in Y_2, \ A \in \mathcal{Y} \\ 0, & \forall x \in Y - Y_2, \ A \in \mathcal{Y} \end{cases} \tag{A.4}$$

Then $\{P_t\}_{t\in Q_+}$ is a Markovian transition function on $(Y, \mathcal{Y})$. That is, P_t is a Markovian kernel on $(Y, \mathcal{Y})$ and

$$P_s P_t f(x) = P_{t+s} f(x), \ \forall t, s \in Q_+, \ f \in b\mathcal{Y} \tag{A.5}$$

($b\mathcal{Y}$ denotes all bounded $\mathcal{Y}$–measurable functions.)

Proof The Lemma follows by using Proposition 2.7, Lemma 4.1 (ii), (A.3) and following the argument of [Fu3] Lemma 6.1.4.

■

We now proceed to construct Markov process. Let $Y_\Delta = Y\bigcup\{\Delta\}$ and $\mathcal{Y}_\Delta = \sigma\{\mathcal{Y}, \{\Delta\}\}$. Here Δ is adjoint to Y as an isolated point. We define

$$\begin{cases} P'_t(x,A) = P_t(x, A - \{\Delta\}) + (1 - P_t(x,Y)I_A(\Delta), \ \forall x \in Y, \ A \in \mathcal{Y}_\Delta \\ P'_t(\Delta, A) = I_A(\Delta) \qquad\qquad , \ \forall A \in \mathcal{Y}_\Delta \end{cases} \tag{A.6}$$

$\{P'_t\}_{t\in Q_+}$ is then a Markovian transition function on $(Y_\Delta, \mathcal{Y}_\Delta)$ with $P'_t(x, Y_\Delta) = 1$, $\forall x \in Y_\Delta$. Set $\Omega_0 = (Y_\Delta)^{Q_+}$ and consider the following objects:

$$\Theta_t : \Omega^0 \to \Omega^0, \text{ defined by } \Theta_t\omega = \{\omega_{t+s}\}_{Q_+} \text{ for } \omega = \{\omega\}_{Q_+} \text{ and } t \in Q_+; \tag{A.7}$$

$$X^0_t(\omega) = \omega_t, \quad \forall \omega \in \Omega_0, \ t \in Q_+; \text{(A.8)}$$

$$\mathcal{M} = \sigma\{X^0_s : s \in Q_+\}, \ \mathcal{M}^0_t = \sigma\{X^0_s : s \le t, \ s \in Q_+\}, \ \forall t \in Q_+. \tag{A.9}$$

Let $\{\Omega_0, \mathcal{M}, \mathcal{M}^0_t, X^0_t, \Theta_t, P_x\}$ be a Markov process with state space $(Y_\Delta, \mathcal{Y}_\Delta)$, time parameter Q_+ and transition function $\{P'_t\}_{t\in Q_+}$. Let

$$\Omega_1 = \{\omega \in \Omega_0 : \ X^0_t(\omega) \in Y_2 \cup \Delta, \ \forall t \in Q_+\} \tag{A.10}$$

It is easy to check that

$$P_x(\Omega_1) = 1, \ \forall x \in Y_2 \tag{A.11}$$

Let us set, for any $t \ge 0$,

$$\mathcal{M}_t = \bigcap_{s\in Q_+, s>t} \mathcal{M}^0_s, \ \mathcal{M}'_t = \sigma(\mathcal{M}_t, \mathcal{N}) \tag{A.12}$$

where $\mathcal{N} = \{\Gamma \in \mathcal{M} : \ P_x(\Gamma) = 0, \ \forall x \in Y_2\}$.
Any function f on Y is extended to Y_Δ by setting $f(\Delta) = 0$. For $A \in \Theta_1$, we set $Z^A_t = e^{-t}\tilde{h}_A(X^0_t)$, $t \in Q_+$. In particular, $Z^X_t = e^{-t}\tilde{h}(X^0_t)$.

A.4 Lemma Let $A \in \Theta_1$, $x \in Y_2$.
(i) $(Z^A_t, \mathcal{M}^0_t, P_x)_{t\in Q_+}$ is a supermartingale
(ii) $\lim_{t_k \in Q_+, t_k \downarrow t} E_x\left[Z^A_{t_k}\right] = E_x\left[Z^A_t\right]$, $\forall t \in Q_+$

Proof (i) follows the Markov property of (X_t^0), (A.11) and Lemma A.2 (vii). (ii) follows from (i) and Lemma A.2 (iv). ∎

For Z_t^A defined as above, we set $\bar{Z}_t^A(\omega) = \lim_{s\in Q_+, s\downarrow t} Z_s^A(\omega)$ if the limit exists and $\bar{Z}_t^A(\omega) = 0$ otherwise. By virtue of Lemma A.4 $(\bar{Z}_t^A, \mathcal{M}'_t, P_x)_{t\geq 0}$ is then a right continuous nonnegative supermartingale. Moreover, if we set

$$\Omega_1^A = \{\omega \in \Omega_1 : \bar{Z}_t^A(\omega) \text{ is right continuous with left limits}\}, \tag{A.13}$$

then (c.f. ([Me] VI, T3)

$$P_x(\Omega_1^A) = 1, \ \forall x \in Y_2, \ A \in \Theta_1. \tag{A.14}$$

For an arbitrary subset $A \subset Y$, we define

$$\tau_A(\omega) = \inf\{t \in Q_+ : X_t^0(\omega) \in A\}. \tag{A.15}$$

A.5 Lemma Let $x \in Y_2$ and $A \in \Theta_1$, then

$$E_x\left[\bar{Z}_{\tau_A}^X I_{\{\tau_A<\infty\}}\right] = E_x\left[\bar{Z}_{\tau_A}^A I_{\{\tau_A<\infty\}}\right].$$

Proof For $\omega \in \Omega_1^X \cap \Omega_1^A$ satisfying $\tau_A(\omega) < \infty$, we may select $\{t_k\} \subset Q_+$, $t_k \downarrow \tau_A(\omega)$ such that

$$X_{t_k}^0(\omega) \in A \cap Y_2, \ \forall k \geq 1.$$

Applying Lemma A.2 (iii) we obtain $\bar{Z}_{\tau_A}^X(\omega) = \bar{Z}_{\tau_A}^A(\omega)$, which in turn implies the Lemma by virtue of (A.14). ∎

A.6 Lemma

(i) Let $A \in \Theta_1$, then

$$E_x\left[\bar{Z}_{\tau_A}^X I_{\{\tau_A<\infty\}}\right] \leq \tilde{h}_A(x), \ \forall x \in Y_2. \tag{A.16}$$

(ii) Let A be an arbitrary open set of X and $\tilde{h}_A$ be an arbitrary $\mathcal{E}$–quasi–continuous version of h_A, then

$$E_x\left[\bar{Z}_{\tau_A}^X I_{\{\tau_A<\infty\}}\right] \leq \tilde{h}_A(x), \ \mathcal{E}-\text{q.e. } x \in Y_2. \tag{A.17}$$

Proof Following the argument of [Fu3] Lemma 6.2.1 it can be shown that

$$E_x\left[\bar{Z}^A_{\tau_A} I_{\{\tau_A<\infty\}}\right] \le \tilde{h}_A(x),\ \forall x \in Y_2,\ A \in \Theta_1 \tag{A.18}$$

The assertion (A.16) follows then from (A.18) and Lemma A.5. The assertion (A.17) follows from (A.16) by a similar argument of [Fu3] Lemma 6.2.2. ∎

The following two lemmas are useful in proving the regularity of sample paths. We state them in a general context for their own interest.

A.7 Lemma Let $(X,\mathcal{X})$ be a measurable space such that each single–point set is measurable, and let H be a family of real valued functions on X such that $\sigma(f : f \in H) \supset \mathcal{X}$. Then H separates the points of X.

Proof Suppose that $f(x) = f(y)$ for all $f \in H$. We must have $\{x,y\} \subset A_x := \bigcap_{f\in H} f^{-1}[f(x)]$. But A_x is an atom of $\mathcal{X}$ and $\{x\} \in \mathcal{X}$. Hence $\{x,y\} \subset \{x\}$. That is, $x = y$. ∎

A.8 Lemma Let $(X,\mathcal{X})$ be a measurable space. $\tilde{H}$ be a family of bounded $\mathcal{X}$–measurable functions such that $\tilde{H}$ satisfies Lemma A.1 (iii) and (iv), and such that $\tilde{H}$ contains a strictly positive element. Suppose that μ and ν are two finite measures on $(X,\mathcal{X})$ satisfying

$$\int f(x)\mu(dx) = \int f(x)\nu(dx),\ \forall f \in \tilde{H}.$$

Then μ and ν coincide on $\sigma(f : f \in \tilde{H})$.

Proof If $f \in \tilde{H}$, $a \in Q_+$, then $f \wedge a \in \tilde{H}$. Let

$$f_n = n(f - f\wedge a)\wedge 1, \text{ then } f_n \in \tilde{H} \text{ and } f_n \uparrow I_{\{f>a\}}.$$

The proof of the lemma is completed by applying the monotone class theorem. ∎

Let us introduce the following objects.

$$\tau_k = \tau_{X-F_k} := \inf\{t \in Q_+ :\ X^0_t \in X - F_k\} \tag{A.20}$$

where $\{F_k\}$ is specified by Lemma A.2.

$$\tau = \lim_{k\to\infty} \tau_k. \tag{A.21}$$

$$\zeta = \inf\{t \in Q_+ : X_t^0 = \Delta\} \tag{A.22}$$

$$\zeta_1 = \inf\{t \geq 0 : \bar{Z}_t^X = 0 \text{ or } \bar{Z}_{t-}^X = 0\} \tag{A.23}$$

$$\Omega_{11} = \{\omega \in \Omega_1^X : \bar{Z}_t^X = 0, \ \forall t \geq \zeta_1\} \tag{A.24}$$

$$\Omega_{12} = \bigcap_{u \in \tilde{H}_+} \{\omega \in \Omega_1^X : \{\tilde{R}_1 u(X_t^0)\}_{t\in Q_+} \text{ possesses both the right and left limits at each } t \geq 0\}, \tag{A.25}$$

where $\tilde{H}_+ = \{u \in \tilde{H} : u \geq 0\}$.

$$\Omega_{13} = \{\omega \in \Omega_1^X : \tau(\omega) \geq \zeta_1(\omega)\}. \tag{A.26}$$

$$\Omega_2 = \Omega_{11} \cap \Omega_{12} \cap \Omega_{13}. \tag{A.27}$$

The following is the key lemma concerning the regularity of sample paths.

A.9 Lemma (c.f. [Fu3] Lemma 6.2.3)

(i) There exists a Borel set $Y_3 \subset Y_2$ such that $X - Y_3$ is an $\mathcal{E}$–polar set and $P_x(\Omega_2) = 1, \ \forall x \in Y_3$

(ii) The following properties hold for $\omega \in \Omega_2$

(iia) $\zeta(\omega) = \zeta_1(\omega)$

(iib) $\{X_s^0(\omega)\}_{s\in Q_+}$ possesses at every $t < \zeta(\omega)$ the left and right limits inside Y_1 and $X_t^0(\omega) = \Delta$ for all $\zeta(\omega) \leq t \in Q_+$.

(iii) Set

$$X_t(\omega) = \lim_{s\in Q_+, s\downarrow t} X_s^0(\omega), \ \forall \omega \in \Omega_2 \ t \geq 0 \tag{A.28}$$

then

$$P_x(X_t = X_t^0, \ \forall t \in Q_+) = 1 \text{ and } P_x(X_0 = x) = 1, \ \forall x \in Y_3. \tag{A.29}$$

Proof (i) For $u \in \tilde{H}_+$, $\{e^{-t}\tilde{R}_1 u(X_t^0)\}_{t\in Q_+}$ is a nonnegative bounded $(\mathcal{M}_t^0, P_x)$ supermartingale for each $x \in Y_2$. Hence by [Me] $P_x(\Omega_{11} \cap \Omega_{12}) = 1$ for all $x \in Y_2$. Set $G_k = X - F_k$. From the proof of Theorem 2.5 (i) we know that $\tilde{h}_{G_k} \downarrow 0$ $\mathcal{E}$–q.e., which together with (A.17) implies that there exists a Borel set $Y_3 \subset Y_2$ such that $X - Y_3$ is $\mathcal{E}$–polar and $P_x(\Omega_{13}) = 1$ for all $x \in Y_3$.
(iia) follows from Lemma A.2 (ii) and the definitions of (A.10) and (A.24).
For proving (iib) , we observe that $\{\tilde{R}_1 u : u \in \tilde{H}_+\}$ separates the points of Y_1 by virtue of Lemma A.2 (iv) and Lemma A.7. Let $t < \zeta(\omega)$. By (iia) and (A.26), $\{X_s^0(\omega) : s \in Q_+, \ s \leq t_1\} \subset F_k$ for some $t_1 > t$ and $k \geq 1$. Following the argument of [Fu3] Lemma 6.2.3

(i) we obtain the first assertion of (iib). The last assertion of (iib) follows from (A.24), (A.10) and Lemma A.2 (ii).
(iii) can be proved by applying Lemma A.8 with a similar argument of [Fu3] Lemma 6.2.3 (ii) and (iii).

■

Let (X_t) be defined by (A.28) and Y_3 be specified by Lemma A.9. We define for $x \in Y_3$

$$\bar{P}_t f(x) = E_x\left[f(X_t)\right], \tag{A.30}$$

$$\bar{R}_1 f(x) = E_x\left[\int_0^\infty e^{-s} f(X_s)ds\right], \tag{A.31}$$

provided the right hand sides make sense.

A.10 Lemma
(i) $\bar{P}_t f$ is an $\mathcal{E}$–quasi–continuous version of $P_t f$, $\forall f \in L^2(X,m)$.
(ii) $\bar{R}_1 f$ is an $\mathcal{E}$–quasi–continuous version of $G_1 f$, $\forall f \in L^2(X,m)$
(iii) There exists a Borel set $Y_4 \subset Y_3$ such that $X - Y_4$ is $\mathcal{E}$–polar and

$$\tilde{R}_1 f(x) = \bar{R}_1 f(x),\ \forall f \in \tilde{H},\ x \in Y_4 \tag{A.32}$$

Here $\tilde{R}_1$ is specified by Proposition 4.3 (iii) and $\tilde{H}$ is specified by Lemma A.1.

Proof
(i) By (A.29) we have for all $f \in L^2(X,m)$,

$$\bar{P}_t f = E_\cdot\left[f(X_t)\right] = E_\cdot\left[f(X_t^0)\right] = \tilde{P}_t f,\ \forall t \in Q_+,\ x \in Y_3 \tag{A.33}$$

Let $t \in R_+$ be arbitrary. Then for all $f \in \tilde{H}$, $x \in Y_3, \bar{P}_t f(x) = E_x\left[f(X_t)\right] = \lim_{t' \downarrow t, t' \in Q_+} E_x\left[f(X_{t'}^0)\right] = \lim_{t' \downarrow t, t' \in Q_+} \tilde{P}_{t'} f(x)$, which shows that $\bar{P}_t f$ is $\mathcal{E}$–quasi–continuous for all $f \in \tilde{H}$. Suppose that $F \in \mathcal{X}$, $m(F) < \infty$, then by monotone class theorem we see from the above that $\bar{P}_t(fI_F)$ is an $\mathcal{E}$–quasi–continuous version of $P_t(fI_F)$ for all $f \in b\mathcal{X}$. Using monotone convergence theorem we complete the proof of (i).
(ii) From (i) it is easy to see that $\tilde{R}_1 f = \bar{R}_1 f$ m.a.e. for all $f \in L^2(X,m)$. Consequently

$$e^{-t_k}\tilde{P}_{t_k}\tilde{R}_1 f(x) = e^{-t_k}\bar{P}_{t_k}\bar{R}_1 f(x) \quad \mathcal{E} - \text{q.e.},$$

since both sides are $\mathcal{E}$–quasi–continuous versions of a same element in $\mathcal{F}$.
Let $\{t_k\}$ be specified by Lemma A.2 (iv). We obtain by letting $t_k \downarrow 0$, for all $f \in \tilde{H}$

$$\tilde{R}_1 f(x) = \bar{R}_1 f(x) \quad \mathcal{E} - \text{q.e.}$$

From this (ii) follows.
(iii) This holds by virtue of the fact that $\tilde{H}$ is countable.

■

A.11 Lemma There exists a Borel set $S \subset Y_4$ and an $\mathcal{M}$-measurable set $\Omega' \subset \Omega_2$ such that

(i) $X - S$ is an $\mathcal{E}$-polar set;
(ii) $P_x(\Omega') = 1$, $\forall x \in S$;
(iii) If $\omega \in \Omega'$, then $X_t(\omega) \in S$ and $X_{t-}(\omega) \in S$ for all $0 \leq t < \zeta(\omega)$.

Proof Since $X - Y_4$ is $\mathcal{E}$-polar, there exists an $\mathcal{E}$-nest$\{E_{4,k}\}_{k\geq 1}$ such that $E_{4,k} \subset F_k \cap Y_4$. Set $\tau_{4,k} = \inf\{t \in Q_+ : X_t^0 \in X - E_{4,k}\}$, $\Omega_3 = \{\omega \in \Omega_2 : \lim \tau_{4,k}(\omega) \geq \zeta(\omega)\}$. By a similar argument as in proving Lemma A.9 (i), we may find a Borel set $Y_5 \subset Y_4$ such that $X - Y_5$ is $\mathcal{E}$-polar and $P_x(\Omega_3) = 1$ for all $x \in Y_5$. In this way we have sequences $Y_4 \supset Y_5 \supset \ldots$, $\Omega_2 \supset \Omega_3 \supset \ldots$. Set $S = \bigcap_{k\geq 3} Y_k$, $\Omega' = \bigcap_{k\geq 2} \Omega_k$. S and Ω' then satisfy (i) — (iii) (c.f. [Fu3] Lemma 6.2.4). ∎

As before, we set $S_\Delta = S \cup \{\Delta\}$ and $\mathcal{S}_\Delta = \mathcal{Y}_\Delta \cap S_\Delta$. Moreover we set

$$\Omega = \{\omega \in \Omega' : X_t(\omega) = X_t^0(\omega),\ \forall t \in Q_+\} \tag{A.34}$$

and denote the restriction of $(\mathcal{M}, \mathcal{M}_t^0, \mathcal{M}_t, (X_t^0)_{t\in Q_+}, (\Theta_t)_{t\in Q_+}, (X_t)_{t\geq 0}, \zeta, (P_x)_{x\in S_\Delta}$ to the set Ω by the same notation again. Furthermore, we define Θ_t for $t \geq 0$ by setting $\Theta_t\omega = \{\lim_{t'\in Q_+, t'\downarrow t} \omega_{t+s}\}_{s\in Q_+}$ for $\omega = \{\omega_s\}_{s\in Q_+}$. Θ_t is well defined for $\omega \in \Omega$ by virtue of Lemma A.9 (iib). We now consider the process

$$(X_t) := (\Omega, \mathcal{M}, \mathcal{M}_t, X_t, \Theta_t, P_x)_{x\in S_\Delta} \tag{A.35}$$

A.12 Lemma (X_t) is a strong Markov process on $(S, \mathcal{S})$ satisfying the conditions (1.4) — (1.6).

Proof It is evident from the above construction that (X_t) is a Markov process on $(S, \mathcal{S})$ satisfying (1.4) — (1.6). Also it is known from the construction that $(\mathcal{M}_t)_{t\geq 0}$ is right continuous. Let $\bar{P}_t$ be the transition function of (X_t) as specified by (A.30). We have from (A.33),

$$\bar{P}_s f \subset C(\{F_k\}, S),\ \forall f \in \tilde{H},\ s \in Q_+, \tag{A.36}$$

where $C(\{F_k\}, S)$ denotes the restriction to S of functions in $C(\{F_k\})$. From (A.36) we conclude that

$$\lim_{t'\downarrow t} \bar{P}_s f(X_{t'}(\omega)) = \bar{P}_s f(X_t(\omega)),\ \forall s \in Q_+,\ f \in \tilde{H}, \tag{A.37}$$

because (X_t) is right continuous and $\{X_s(\omega) :\ 0 \leq s \leq t\} \in F_k \cap S$ for some $k \geq 1$ provided $t < \zeta(\omega)$. Again because (X_t) is right continuous we have

$$t \to \bar{P}_t f(x) \text{ is right continuous for fixed } f \in \tilde{H} \text{ and } x \in S. \tag{A.38}$$

From (A.37) and (A.38) we obtain the strong Markov property by a similar argument of [Fu3] Lemma 6.2.5 with $\tilde{H}$ in place of $C_\infty(X)$ and by virtue of Lemma A.8. ∎

A.13 Lemma (X_t) satisfies the condition (1.7). That is, $\bar{R}_1 f(X_{t-})I_{\{t<\zeta\}}$ is P_x–indistingushable from $\bar{R}_1 f(X_t)_- I_{\{t<\zeta\}}$, $\forall x \in S,\ f \in b\mathcal{X}$. (A.39)
Here $\bar{R}_1$ is specified by (A.31).

Proof It follows from (A.32) and Lemma A.11 (iii) that (A.39) is true for $f \in \tilde{H}$ and $x \in S$. Let $f \in b\mathcal{X}$ and $x \in S$ be arbitrary. We have the following martingale decomposition:

$$e^{-t}\bar{R}_1 f(X_t) = M_t^{[f]} - \int_0^t e^{-s} f(X_s)ds\ P_x - \text{a.s.} \tag{A.40}$$

where $M_t^{[f]}$ is a right continuous P_x–martingale such that

$$M_t^{[f]} = E_x\left[\int_0^\infty e^{-s} f(X_s)ds|\mathcal{M}_t\right]\ P_x - \text{a.s.} \tag{A.41}$$

Suppose that $\{f_n\} \subset b\mathcal{X}$ is an increasing sequence of nonnegative functions satisfying (A.39). Set $f \equiv \lim_n f_n$. By virtue of (A.41) we can always find a subsequence $\{f_{n_k}\}$ such that

$$\lim_{k\to\infty} \sup_{0\le t\le\infty} |M_t^{[f_{n_k}]} - M_t^{[f]}| = 0\ P_x - \text{a.s.} \tag{A.42}$$

Consequently we have

$$\begin{aligned} e^{-t}\bar{R}_1 f(X_t)_- I_{\{t<\zeta\}} &= \lim_{t'\uparrow t}\lim_k e^{-t}\bar{R}_1 f_{n_k}(X_t')I_{\{t<\zeta\}} \\ &= \lim_k \lim_{t'\uparrow t} e^{-t}\bar{R}_1 f_{n_k}(X_{t'})I_{\{t<\zeta\}} \\ &= e^{-t}\bar{R}_1 f(X_{t-})I_{\{t<\zeta\}}\ P_x - \text{a.s.} \end{aligned}$$

Thus the proof is completed by a monotone class argument.

■

A.14 Lemma (X_t) is m–tight.

Proof Since $X - S$ is polar, we can find an $\mathcal{E}$–nest $\{S_k\}_{k\ge1}$ such that $S_k \subset F_k \cap S$ with $\{F_k\}$ being specified by Lemma A.2. Each S_k is compact since F_k is so. Let us set

$$\sigma_k(\omega) = \inf\{t > 0:\ X_t \notin S_k\}.$$

It can be shown that (for the notations see Lemma A.6)

$$e^{-\sigma_k}\bar{h}(X_{\sigma_k})I_{\{\sigma_k<\infty\}}(\omega) = \bar{Z}^X_{\tau_{X-S_k}} I_{\{\tau_{X-S_k}<\infty\}}(\omega),\ \forall\omega \in \Omega.$$

Consequently by (A.17)

$$E_x\left[e^{-\sigma_k}\tilde{h}(X_{\sigma_k})I_{\{\sigma_k<\infty\}}(\omega)\right] \leq \tilde{h}_{X-S_k}(x),\ \mathcal{E}-\text{q.e. } x\in S. \tag{A.42}$$

From (A.42) and the fact that $\tilde{h}_{X-S_k}(x)\downarrow 0$, $\mathcal{E}$–q.e. we can prove the lemma.

■

To sum up Lemma A.12 — A.14, we conclude that (X_t) is an m–perfect process with state space $(S,\mathcal{S})$. By a similar argument as in [Fu3] Th. 4.13, we can now construct an m–perfect process $(\hat{X}_t)=(\hat{\Omega},\hat{\mathcal{M}},\hat{\mathcal{M}}_t,\hat{X}_t,\hat{\Theta}_t,P_x)$ with state space $(X,\mathcal{X})$ in such a way that

(i) S is $(\hat{X}_t)$ invariant and the restriction of $(\hat{X}_t)$ to S is (X_t). (A.36)

(ii) Each point $x\in X-S$ is a trap with respect to $(\hat{X}_t)$. (A.43)

$(\hat{X}_t)$ is then an m–perfect process associated with $\mathcal{E}$. In fact, if we denote by $\hat{P}_t$ the transition function of $(\hat{X}_t)$, then by Lemma A.10 (i) and the fact that $X-S$ is $\mathcal{E}$–polar, we can show that

$$\hat{P}_t f \text{ is an } \mathcal{E}\text{–quasi–continuous version of } T_t f,\ \forall t>0,\ f\in L^2(X,m) \tag{A.44}$$

In this way the proof of Proposition 4.4 is completed.

Footnote

[1]) For further recent work, especially on the infinite dimensional case, see also [ABrR], [AFHkL], [AHPRS1,2], [AK], [AKR], [AMR2], [ARö1–5], [FaR], [R], [Sch], [So1–3], [Tak].

Acknowledgements

We are very indebted to Prof. Dr. Masatoshi Fukushima who greatly encouraged our work, and carefully read the first version of the manuscripts of this paper and [AM1] suggesting many improvements. We are also very grateful to Prof. Dr. H. Airault, Dr. J. Brasche, Prof. Dr. R.K. Getoor, Prof. Dr. W. Hansen, Prof. Dr. M.L. Silverstein, Prof. Dr. S. Watanabe, Prof. Dr. R. Williams, Prof. Dr. J.A. Yan, Dr. T. Zhang and especially Prof. Dr. P.J. Fitzsimmons and Prof. Dr. Michael Röckner for very interesting and stimulating discussions. The second named author would like to thank Prof. Dr. W. Hansen and Prof. Dr. P.A. Meyer for their kind invitations to give talks in the Potential Theory Seminar in Bielefeld resp. the Probability Theory Seminar in Strasbourg. We also profited from meetings in Braga and Oberwolfach and are grateful to Professors Drs. M. De Faria, L. Streit resp. H. Bauer and M. Fukushima for kind invitations. The first named author would like to thank Prof. Dr. Hisao Watanabe and Prof. Dr. Takeyuki Hida for a kind invitation to visit Japan, with the support of the Japan Society for the Promotion of Science. During that visit he held seminars on topics related to this work at

Kyushu University (H. Watanabe, H. Kunita), Kumamoto (Hitsuda, Y. Oshima), Tokyo (S. Kotani), Nagoya (T. Hida), Kyoto/Osaka (M. Fukushima, N. Ikeda, S. Kusuoka), and received in this way much support and stimulation. Hospitality and / or financial support by BiBoS, A. von Humboldt Stiftung, DFG and Chinese National Sciences Foundation is also gratefully acknowledged.

Added in proof: After we finished this work we learned at the Durham LMS-Symposium (July '90) from Prof. Dr. P.J. Fitzsimmons that every (nearly) m-symmetric right process is an m-special standard process, see [Fi1]. This fact implies, using the inclusions between classes of processes mentioned before Def. 1.2, that our Theorem 1.7 gives a characterization of Dirichlet forms associated with symmetric Borel right processes. We are most grateful to Professor Fitzsimmons for pointing out this fact to us.

References

[AH1] Albeverio, S., Høegh–Krohn, R.: *Quasi–invariant measures, symmetric diffusion processes and quantum fields.* In: **Les méthodes mathématiques de la théorie quantique des champs**, Colloques Internationaux du C.N.R.S., no. **248**, Marseille, 23–27 juin 1975, C.N.R.S., 1976.

[AH2] Albeverio, S., Høegh–Krohn, R.: *Dirichlet forms and diffusion processes on rigged Hilbert spaces.* Z. Wahrscheinlichkeitstheorie verw. Gebiete 40, 1–57 (1977).

[AH3] Albeverio, S., Høegh–Krohn, R.: *Hunt processes and analytic potential theory on rigged Hilbert spaces.* Ann. Inst. Henri Poincaré, vol. XIII, no. 3, 269–291 (1977).

[ABrR] Albeverio, S., Brasche, J., Röckner, M.: *Dirichlet forms and generalized Schrödinger operators,* pp. 1-42 in Proc. Sønderborg Conf. "Schrödinger operators", Edts. H. Holden, A. Jensen, Lect. Notes Phys. 345, Springer, Berlin (1989).

[AFHKL] Albeverio, S., Fenstad, J.E., Høegh-Krohn, R., Lindstrøm, T: *Non standard methods in stochastic analysis and mathematical physics*, Academic Press, Orlando (1986)

[AHPRS1] Albeverio, S. Hida, T. Potthoff, J., Röckner, M., Streit, L.: *Dirichlet forms in terms of white noise analysis I - Construction and QFT examples*, Rev. Math. Phys. 1, 291-312 (1990).

[AHPRS2] Albeverio, S. Hida, T. Potthoff, J., Röckner, M., Streit, L.: *Dirichlet forms in terms of white noise analysis II - Closability and Diffusion Processes*, Rev. Math. Phys. 1, 313-323 (1990).

[AK] Albeverio, S., Kusuoka, S.: *Maximality of infinite dimensional Dirichlet forms and Høegh-Krohn's model of quantum fields*, to appear in Memorial Volume for Raphael Høegh-Krohn.

[AKR] Albeverio, S., Kusuoka, S., Röckner, M.: *On partial integration in infinite dimensional space and applications to Dirichlet forms*, J. London Math. Soc. (1990)

[AM1] Albeverio, S., Ma, Z.M.: *A note on quasicontinuous kernels representing quasi- linear positive maps*, BiBoS - Preprint 1990, to appear in Forum Math.

[AM2] Albeverio, S., Ma, Z.M.: *A general correspondence between Dirichlet forms and right processes*, BiBoS-Preprint 415 (1990).

[AM3] Albeverio, S., Ma, Zhi–Ming: *Nowhere Radon smooth measures, perturbations of Dirichlet forms and singular quadratic forms*, pp. 3-45 in Proc. Bad Honnef Conf.1988, ed. N. Christopeit, K. Helmes, M. Kohlmann Lect. Notes Control and Inform. Sciences 126, Springer, Berlin (1989).

[AM4] Albeverio, S., Ma, Z.M.: *Additive functionals, nowhere Radon and Kato class smooth measure associated with Dirichlet forms*, SFB 237 - Preprint.

[AM5] Albeverio, S., Ma, Z.M.: *Perturbation of Dirichlet forms - lower semiboundedness, closability and form cores*, SFB 237 - Preprint, to appear in J. Funct. Anal. (1990).

[AM6] Albeverio, S., Ma, Z.M.: *Local property for Dirichlet forms on general metrizable spaces*, in preparation.

[AM7] Albeverio, S., Ma, Z.M.: *Diffusion processes associated with singular Dirichlet forms*, to appear in Proc. Lisboa Conf., Ed. A.B. Cruzeiro, Birkhäuser, New York (1990).

[AM8] Albeverio, S., Ma, Z.M.: *Characterization of Dirichlet spaces associated with symmetric Hunt processes*, in preparation.

[AMR1] Albeverio, S., Ma, Z.M., Röckner, M.: in preparation.

[AMR2] Albeverio, S., Ma, Z.M., Röckner, M.: *Dirichlet forms and Markov fields – A report on recent developments*, to appear in Proc. Evanston Conf. "Diffusion Processes and Related Problems in Analysis", Ed. M. Pinsky, Birkhäuser, New York (1990).

[ARö1] Albeverio, S., Röckner, M.: *Classical Dirichlet forms on topological vector spaces— closability and a Cameron–Martin formula*, J. Funct. Anal., 88, 395-436 (1990).

[ARö2] Albeverio, S., Röckner, M.: *Classical Dirichlet forms on topological vector spaces - the construction of the associated diffusion process*, Prob. Theory and Rel. Fields, 83, 405-434 (1989).

[ARö3] Albeverio, S., Röckner, M.: *New developments in theory and applications of Dirichlet forms* (with M. Röckner), to appear in "Stochastic Processes, Physics and Geometry", Proc. 2nd Int. Conf. Ascona - Locarno - Como 1988, Ed. S. Albeverio, G. Casati, U. Cattaneo, D. Merlini, R. Moresi, World Scient., Singapore (1990).

[ARö4] Albeverio, S., Röckner, M.: *Stochastic differential equations in infinite dimension: solutions via Dirichlet forms*, SFB 237 - Preprint.

[ARö5] Albeverio, S., Röckner, M.: *Infinite dimensional diffusions connected with positive generalized white noise functionals*, Edinburgh Preprint (1990), to appear in Proc. Bielefeld Conference "White Noise Analysis", Ed. T. Hida, H. H. Kuo, J. Potthoff, L. Streit.

[BG] Blumenthal, R.M., Getoor, R.K. (1968). *Markov Processes and Potential Theory*, Academic Press, New York.

[BoH1] Bouleau, N., Hirsch, F.: *Propriétés d'absolue continuité dans les espaces de Dirichlet et applictions aux équations différentielles stochastiques*, Sém. de Probabilités, XX, Lect. Notes Maths., Springer.

[BoH2] Bouleau, N., Hirsch, F.: *Formes de Dirichlet générales et densité des variables aléatoires réelles sur l'espace de Wiener*, J. Funct. Anal. 69, 229–259 (1986).

[D1] Dynkin, E.B.: *Green's and Dirichlet spaces associated with fine Markov processes.* J. Funct. Anal. 47, 381–418 (1982).

[D2] Dynkin, E.B.: **Green's and Dirichlet spaces for a symmetric Markov transition function.** Lecture Notes of the LMS, 1982.

[DM] Dellacherie, C., Meyer, P.A.: *Probabilities and Potential*, Ch. I-XIII, Vol. A,B,C, North Holland Math. Studies: Hermann, Paris (1978); North Holland, Amsterdam (1982); Elsevier, Amsterdam (1988) (transl. of Probabilités et Potentiel, Hermann, Paris 1966–1988)

[Fi1] Fitzsimmons, P.J. (1988). *Markov processes and nonsymmetric Dirichlet forms without regularity*. To appear in J. Funct. Anal.

[Fi2] Fitzsimmons, P.J.: *Time Changes of Symmetric Markov Processes and a Feynman-Kac formula*, to appear in J. Theoretical Prob.

[FG] Fitzsimmons, P.J., Getoor, R.K. (1988). *On the potential theory of symmetric Markov processes*. Math. Annalen., **281**, 495–512.

[Fu1] Fukushima, M.: *Regular representations of Dirichlet forms*. Trans. Amer. Math. Soc. **155**, 455–473 (1971).

[Fu2] Fukushima, M.: *Dirichlet spaces and strong Markov processes*. Trans. Amer. Math. Soc. **162**, 185–224 (1971).

[Fu3] Fukushima, M.: *Dirichlet forms and Markov processes*. Amsterdam–Oxford–New York: North Holland 1980.

[Fu4] Fukushima, M.: *Basic properties of Brownian motion and a capacity on the Wiener space*. J. Math. Soc. Japan **36**, 161–175 (1984).

[Fu5] Fukushima, M.: *Potentials for symmetric Markov processes and its applications*, pp. 119–133 in Proc. 3d Japan–USSR Symp. Prob. Th., Ed. G. Mamyama, J.V. Prokhorov, Lecture Notes Math. **550**, Springer (1976).

[FuO] Fuskushima, M., Oshima, Y.: *On skew product of symmetric diffusion processes*, Forum Math. 2, 103-142 (1989).

[FaR] Fan Ruzong: *On absolute continuity of symmetric diffusion processes on Banach spaces*, Beijing Prepr. 1989, to appear in Acta Mat. Appl. Sinica

[G1] Getoor, R.K.: *On the construction of kernels*, Lect. Notes Maths. 465, 443-463 (1986)

[G2] Getoor, R.K.: *Markov processes: Ray processes and right processes*. Lecture Notes in Math. **440**, Berlin–Heidelberg–New York: Springer 1975.

[Ka] Kaneko, H.: *On (r,p)-capacities for Markov processes*, Osaka J. Math. **23** (1986) 325–336.

[Kn] Knight, F.: *Note on regularization of Markov processes*, Ill. J. Math. 9, 548 – 552 (1965).

[Ku] Kusuoka, S.: *Dirichlet forms and diffusion processes on Banach space*. J. Fac. Science Univ. Tokyo, Sec. 1A **29**, 79–95 (1982).

[KW] Kunita, H., Watanabe, T.: *Some theorems concerning resolvents over locally compact spaces*, Proc. Vth Berkeley Symp. Math. Stat. and Prob. Vol. II, Berkeley (1967).

[Le1] Le Jan, Y.: *Quasi-continuous functions and Hunt processes*, J. Math. Soc. Japan, **35**, 37–42 (1983).

[Le2] Le Jan, Y.: *Dual Markovian semigroups and processes*, pp. 47–75 in "Functional Analysis in Markov Processes", Ed. M. Fukushima, Lect. Notes Maths. **923** (1982)

[LR] Lyons, T., Röckner, M.: *A note on tightness of Capacities associated with Dirichlet forms*, Edinburgh Preprint (1990).

[Me] Meyer, P.A.: *Probability and Potentials*, Ginn Blaisdell, Massachussetts (1966)

[P] Parthasarathy, K.R.: *Probability measures on metric spaces.* New York–London: Academic Press 1967.

[R] Röckner, M.: *Generalized Markov fields and Dirichlet forms.* Acta Appl. Math. 3, 285–311 (1985).

[Sch] Schmuland, B.: *An alternative compactification for classical Dirichlet forms on topological vector spaces*, Vancouver Preprint (1989).

[Scha] Schaefer, H.H.: *Topological vector spaces*, Mac Millan (1987)

[Sh] Sharpe, M.J.: *General Theory of Markov Processes*, Academic Press, New York (1988).

[Si] Silverstein, M.L.: *Symmetric Markov Processes.* Lecture Notes in Math. 426. Berlin–Heidelberg–New York: Springer 1974.

[So1] Song Shiqui: *The closability of classical Dirichlet forms on infinite dimensional spaces and the Wiener measure*, Acad. Sinica Preprint, Beijing

[So2] Song Shiqui: *Admissible vectors and their associated Dirichlet forms*, Acad. Sinica Preprint, Beijing (1990)

[So3] Song Shiqui: *An infinite dimensional analogue of the Albeverio–Röckner's theorem on Fukushima's conjecture*, Acad. Sinica Preprint, Beijing (1989)

[Tak] Takeda, M.: *On the uniqueness of Markovian self-adjoint extensions of diffusion operators on infinite dimensional spaces*, Osaka J. Math. 22, 733–742 (1985)

* Fakultät für Mathematik, Ruhr–Universität,
D-4630 BOCHUM (FRG)

** BiBoS Research Center, D-4800 Bielefeld (FRG)

*** On leave of absence from Inst. of Appl. Mathematics, Academia Sinica, Beijing

SFB 237 – Essen, Bochum, Düsseldorf;
CERFIM, Locarno

SECOND ORDER LIMIT LAWS FOR THE LOCAL TIMES OF STABLE PROCESSES

by Jay Rosen[1]

1 Introduction

In this paper we obtain second order limit laws for the local times of stable and related Lévy processes. This work generalizes the results obtained for Brownian local time by Papanicolaou, Stroock and Varadhan [1977] and Yor [1983].

For now, let X_t denote the symmetric stable process in $\mathcal{R}^1$ of order $\beta > 1$, which is known to have a jointly continuous local time L_t^x (Boylan [1964]).

Set

$$\langle f, f\rangle_{\beta-1} = -\iint f(x)|x-y|^{\beta-1} f(y)\,dx\,dy. \tag{1.1}$$

Theorem 1.1 *Let f be a bounded Borel function on $\mathcal{R}^1$ with compact support such that*

$$\int f(x)dx = 0.$$

If X_s denotes the symmetric stable process of order $\beta > 1$ in $\mathcal{R}^1$, with local time L_t^x then

$$\frac{1}{\lambda^{(1-1/\beta)/2}} \int_0^{\lambda t} f(X_s)ds \overset{\mathcal{L}}{\Longrightarrow} \sqrt{2c\langle f, f\rangle_{\beta-1}}\, W_{L_t^0} \tag{1.2}$$

as $\lambda \to \infty$, where $\overset{\mathcal{L}}{\Longrightarrow}$ denotes weak convergence of processes in $C(\mathcal{R}^+)$, W_t denotes a real Brownian motion independent of X and

$$c = \int_0^\infty (p_1(0) - p_1(1/s^{1/\beta}))\frac{ds}{s^{1/\beta}} \tag{1.3}$$

When X is Brownian motion, i.e., $\beta = 2$, this is the result of Papanicolaou, Stroock and Varadhan [1977], which is also presented in Ikeda and Watanabe [1989], p. 147.

We note that by scaling, (1.2) is equivalent to

$$\frac{1}{\epsilon^{(\beta-1)/2}} \int_0^t f_\epsilon(X_s)ds \overset{\mathcal{L}}{\Longrightarrow} \sqrt{2c\langle f, f\rangle_{\beta-1}}\, W_{L_t^0} \tag{1.4}$$

[1]Supported in part by NSF DMS-88022 88, PSC-CUNY Award and US-Israel BSF 86-00285.

where

$$f_\epsilon(x) = \frac{1}{\epsilon} f(\frac{x}{\epsilon}).$$

To state our next theorem, let

$$\Gamma^{(\gamma)}(x,y) = \frac{1}{2}\left(|x|^\gamma + |y|^\gamma - |x-y|^\gamma\right). \tag{1.5}$$

For any $0 < \gamma < 1$, there exists a continuous mean zero Gaussian process, $B_s^{(\gamma)}(x)$ with covariance

$$E\left(B_s^{(\gamma)}(x)\, B_t^{(\gamma)}(y)\right) = (s \wedge t)\Gamma^{(\gamma)}(x,y), \tag{1.6}$$

see Yor [1988]. In the following, we always take $B_s^{(\gamma)}(x)$ to be independent of X.

Theorem 1.2 *Let L_t^x denote the local time of the symmetric stable process of order $\beta > 1$ in $\mathcal{R}^1$. Then*

$$\frac{1}{\epsilon^{(\beta-1)/2}}\left(L_t^{\epsilon x} - L_t^0\right) \stackrel{\mathcal{L}}{\Longrightarrow} 2\sqrt{c}\, B_{L_t^0}^{(\beta-1)}(x) \tag{1.7}$$

as $\epsilon \to 0$, where $\stackrel{\mathcal{L}}{\Longrightarrow}$ now denotes weak convergence of processes in $C(\mathcal{R}_+ \times R)$, $B^{(\beta-1)}$ is independent of X, and c is given in (1.3).

When X is Brownian motion, i.e. $\beta = 2$, this is the result of Yor [1983].

We next present several variations on Theorem 2, where t is replaced by a random time.

Theorem 1.3 *Let L_t^x denote the local time of the symmetric stable process of order $\beta > 1$ in $\mathcal{R}^1$, and ζ an independent exponential random variable of mean 1, then*

$$\frac{1}{\epsilon^{(\beta-1)/2}}\left(L_\zeta^{\epsilon x} - L_\zeta^0\right) \stackrel{\mathcal{L}}{\Longrightarrow} 2\sqrt{cu^1(0)}\, B_\zeta^{(\beta-1)}(x) \tag{1.8}$$

as $\epsilon \to 0$, where $\stackrel{\mathcal{L}}{\Longrightarrow}$ denotes weak convergence of processes in $C(\mathcal{R})$; $B^{(\beta-1)}$ is independent of ζ, c is given by (1.3) and

$$u^1(0) = \frac{1}{2\pi}\int \frac{dp}{1+|p|^\beta} \tag{1.9}$$

is the 1-potential at 0.

Define

$$\tau_u = \inf\{t \mid L_t^0 > u\} \tag{1.10}$$

We will use $F^{(\beta-1)}(x)$ to denote a fractional Brownian motion of order $\beta - 1$, i.e. the continuous mean zero Gaussian process with covariance

$$E\left(F^{(\beta-1)}(x)\, F^{(\beta-1)}(y)\right) = \Gamma^{(\beta-1)}(x,y). \tag{1.11}$$

Of course, we can take

$$F^{(\beta-1)}(x) \doteq B_1^{(\beta-1)}(x)$$

Theorem 1.4 *Let L_t^x denote the local time of the symmetric stable process of order $\beta > 1$ in $\mathcal{R}^1$.*

Then, for any $u > 0$,

$$\frac{1}{\epsilon^{(\beta-1)/2}}\left(L^{\epsilon x}_{\tau_u} - u\right) \stackrel{\mathcal{L}}{\Longrightarrow} 2\sqrt{cu}\; F^{(\beta-1)}(x) \tag{1.12}$$

as $\epsilon \to 0$, where $\stackrel{\mathcal{L}}{\Longrightarrow}$ denotes weak convergence of processes in $C(\mathcal{R})$ and c is given by (1.3).

For Brownian motion, i.e. $\beta = 2$ this is contained in Yor [1983].

Finally, let

$$T_a = \inf\{t > 0 \mid X_t = a\} \tag{1.13}$$

Theorem 1.5 *Let L_t^x denote the local time of the symmetric stable process of order $\beta > 1$ in $\mathcal{R}^1$. Then for any a,*

$$\frac{1}{\epsilon^{(\beta-1)/2}}\left(L^{\epsilon x}_{T_a} - L^0_{T_a}\right) \stackrel{\mathcal{L}}{\Longrightarrow} \sqrt{2c}\; B^{(\beta-1)}_{L^0_{T_a}}(x) \tag{1.14}$$

as $\epsilon \to 0$, where $\stackrel{\mathcal{L}}{\Longrightarrow}$ denotes weak convergence of processes in $C(\mathcal{R})$, and c is given by (1.3).

Our basic approach is the method of moments, aided by a simple identity (Lemma 1) concerning the moments of differences of local times of the form that appear in Theorem 2.

Remark: Let now X_t denote a symmetric Lévy process, with characteristic exponent $\psi(p)$ defined by

$$E\left(e^{ipX_t}\right) = e^{-t\psi(p)}.$$

If $\psi(p)$ is regularly varying at ∞ of order $\beta > 1$, then the methods of this paper can be used to show that theorems 2–5, as well as (1.4), will hold if we replace the factor $\frac{1}{\epsilon^{(\beta-1)/2}}$ by

$$\sqrt{\epsilon\psi(\frac{1}{\epsilon})}$$

For some other work on second order limit theorems, see Weinryb- Yor [1988], Biane [1989] and Adler-Rosen [1990].

It is a pleasure to thank Marc Yor for several helpful comments.

2 A Simple Identity

L_t^x continues to denote the local time of X, the symmetric stable process in $\mathcal{R}^1$ of order $\beta > 1$. We use $p_t(x)$ to denote the transition density of X.

Lemma 1

$$E_0\left((L_t^x - L_t^y)^n\right) \tag{2.1}$$

$$= n! \int\cdots\int_{0\le t_1\cdots\le t_n\le t} \left(p_{t_1}(x) - (-1)^{n-1}p_{t_1}(y)\right) \prod_{i=2}^{n} \left(p_{\Delta t_i}(0) - (-1)^{n-i}p_{\Delta t_i}(x-y)\right) dt_1, \dots dt_n$$

Remark: We are most interested in the case of $y = 0$, for which we obtain

$$E_0\left(\left(L_t^x - L_t^0\right)^n\right)$$

$$= n! \int\cdots\int_{0\le t_1\cdots\le t_n\le t} \prod_{i=1}^{n} \left(p_{\Delta t_i}(0) - (-1)^{n-i}p_{\Delta t_i}(x)\right) dt_i \tag{2.2}$$

Pf: We first rewrite (2.1) as

$$E_0\left((L_t^x - L_t^y)^n\right)$$

$$= n!\, E_0\left(\int\cdots\int_{0\le t_1\cdots\le t_n\le t} \prod_{i=1}^{n}\left(dL_{t_i}^x - dL_{t_i}^y\right)\right)$$

$$= n!\, E_0\left(\int\cdots\int_{0\le t_1\cdots\le t_{n-2}\le t} \left\{\int_{t_{n-2}}^{t}\left(\int_{t_{n-1}}^{t} dL_{t_n}^x - dL_{t_n}^y\right)\left(dL_{t_{n-1}}^x - dL_{t_{n-1}}^y\right)\right\} \prod_{i=1}^{n-2}\left(dL_{t_i}^x - dL_{t_i}^y\right)\right)$$

$$= n!\, E_0\left(\int\cdots\int_{0\le t_1\cdots\le t_{n-2}\le t} \left(\int_{t_{n-2}}^{t} A_{t_{n-1}}dL_{t_{n-1}}^x - B_{t_{n-1}}dL_{t_{n-2}}^y\right) \prod_{i=1}^{n-2}\left(dL_{t_i}^x - dL_{t_i}^y\right)\right) \tag{2.3}$$

where

$$A_{t_{n-1}} = E_x\left(\int_0^{t-t_{n-1}} dL_{t_n}^x - dL_{t_n}^y\right)$$
$$= \int_{t_{n-1}}^{t} (p_{\Delta t_n}(0) - p_{\Delta t_n}(x-y))dt_n$$

and

$$B_{t_{n-1}} = E_y\left(\int_0^{t-t_{n-1}} dL_{t_n}^x - dL_{t_n}^y\right)$$
$$= \int_{t_{n-1}}^{t} p_{\Delta t_n}(x-y) - p_{\Delta t_n}(0)dt_n$$
$$= -A_{t_{n-1}}$$

Hence (2.3) can be written as

$$
\begin{aligned}
&E_0\left((L_t^x - L_t^y)^n\right) \\
&= n!\, E_0\left(\int_{0\le t_1\cdots\le t_{n-2}\le t}\!\!\cdots\int \left(\int_{t_{n-2}}^{t} A_{t_{n-1}}\left(dL_{t_{n-1}}^x + dL_{t_{n-1}}^y\right)\right)\prod_{i=1}^{n-2}\left(dL_{t_i}^x - dL_{t_i}^y\right)\right) \\
&= n!\, E_0\left(\int_{0\le t_1\cdots\le t_{n-3}\le t}\!\!\cdots\int \left\{\int_{t_{n-3}}^{t}\left(\int_{t_{n-2}}^{t} A_{t_{n-1}}\left(dL_{t_{n-1}}^x + dL_{t_{n-1}}^y\right)\right)\left(dL_{t_{n-2}}^x - dL_{t_{n-2}}^y\right)\right\}\right. \\
&\qquad \left.\prod_{i=1}^{n-3}\left(dL_{t_i}^x - dL_{t_i}^y\right)\right) \\
&= n!\, E_0\left(\int_{0\le t_1\cdots\le t_{n-3}\le t}\!\!\cdots\int \left(\int_{t_{n-3}}^{t} C_{t_{n-2}} dL_{t_{n-2}}^x - D_{t_{n-2}} dL_{t_{n-2}}^y\right)\prod_{i=1}^{n-3}\left(dL_{t_i}^x - dL_{t_i}^y\right)\right) \qquad (2.4)
\end{aligned}
$$

where

$$
\begin{aligned}
C_{t_{n-2}} &= \int_{t_{n-2}}^{t} A_{t_{n-1}}\left(p_{\Delta t_{n-1}}(0) + p_{\Delta t_{n-1}}(x-y)\right) dt_{n-1} \\
&= \int_{t_{n-2}}^{t}\left(\int_{t_{n-1}}^{t} p_{\Delta t_n}(0) - p_{\Delta t_n}(x-y)\, dt_n\right)\left(p_{\Delta t_{n-1}}(0) + p_{\Delta t_{n-1}}(x-y)\right) dt_{n-1}
\end{aligned}
$$

and

$$
\begin{aligned}
D_{t_{n-2}} &= \int_{t_{n-2}}^{t} A_{t_{n-1}}\left(p_{\Delta t_{n-1}}(x-y) + p_{\Delta t_{n-1}}(0)\right) dt_{n-1} \\
&= C_{t_{n-2}}
\end{aligned}
$$

hence

$$
\begin{aligned}
&E_0\left((L_t^x - L_t^y)^n\right) \\
&= n!\, E_0\left(\int_{0\le t_1\cdots\le t_{n-2}\le t}\!\!\cdots\int C_{t_{n-2}}\prod_{i=1}^{n-2}\left(dL_{t_i}^x - dL_{t_i}^y\right)\right) \qquad (2.5)
\end{aligned}
$$

and it is now clear that Lemma 1 follows on iterating this procedure.

3 The Basic Limit Theorem

In this section we illustrate the basic idea of this paper by using Lemma 1 to prove weak convergence of the following marginal distributions. In sections 4 and 5 we will elaborate on this idea to complete the proof of Theorem 2.

Proposition 1 *For fixed x, t*

$$\frac{1}{\epsilon^{(\beta-1)/2}}\left(L_t^{\epsilon x} - L_t^0\right) \stackrel{\mathcal{L}}{\Longrightarrow} 2\sqrt{c}\, B_{L_t^0}^{(\beta-1)}(x) \qquad (3.1)$$

where

$$c = \int_0^\infty \left(p_1(0) - p_1\left(\frac{1}{s^{1/\beta}}\right)\right)\frac{ds}{s^{1/\beta}} \qquad (3.2)$$

Pf: We first prove

Lemma 2

$$\int_0^t p_s(0) - p_s(x)\, ds - c|x|^{\beta-1} = O\left(\frac{x^2}{t^{3/\beta-1}}\right) \tag{3.3}$$

where $0 < c < \infty$ is given by (3.2).

Pf of Lemma 2 We recall the scaling

$$p_s(x) = \frac{1}{s^{1/\beta}} p_1\left(\frac{x}{s^{1/\beta}}\right) \tag{3.4}$$

so that

$$\begin{aligned}
&\int_0^t p_s(0) - p_s(x) ds \\
&= \int_0^t \left(p_1(0) - p_1\left(\frac{x}{s^{1/\beta}}\right)\right) \frac{ds}{s^{1/\beta}} \\
&= |x|^{\beta-1} \int_0^{t/x^\beta} \left(p_1(0) - p_1\left(\frac{1}{s^{1/\beta}}\right)\right) \frac{ds}{s^{1/\beta}} \\
&= c|x|^{\beta-1} - |x|^{\beta-1} \int_{t/x^\beta}^\infty \left(p_1(0) - p_1\left(\frac{1}{s^{1/\beta}}\right)\right) \frac{ds}{s^{1/\beta}}
\end{aligned} \tag{3.5}$$

and our lemma now follows from the fact that $p_1(x)$ is C^∞ and symmetric with bounded derivatives so that:

$$\left|p_1(0) - p_1\left(\frac{1}{s^{1/\beta}}\right)\right| \le c \frac{1}{s^{2/\beta}}.$$

Pf of Proposition 1: We calculate moments using (2.2):

$$\begin{aligned}
&E_0\left(\left(L_t^{\epsilon x} - L_t^0\right)^n\right) \\
&= n! \underset{0 \le t_1 \cdots \le t_n \le t}{\int \cdots \int} \prod_{i=1}^n \left(p_{\Delta t_i}(0) - (-1)^{n-i} p_{\Delta t_i}(\epsilon x)\right) dt_i
\end{aligned} \tag{3.6}$$

Consider first the case $n = 2K+1$. In (3.6) there will be $K+1$ factors

$$p_{\Delta t_i}(0) - p_{\Delta t_i}(\epsilon x), \qquad i.e. \quad i = 1, 3, 5, \ldots, 2K+1 \tag{3.7}$$

Since (3.7) is positive, we can bound (3.6) by

$$\begin{aligned}
&\int_{[0,t]^n} \cdots \int \prod_{i=1}^n \left(p_{s_i}(0) - (-1)^{n-i} p_{s_i}(\epsilon x)\right) ds_i \\
&\le \left(\int_0^t 2p_s(0) ds\right)^K \left(\int_0^t p_s(0) - p_s(\epsilon x) ds\right)^{K+1} \\
&= O\left(\epsilon^{(\beta-1)(K+1)}\right)
\end{aligned} \tag{3.8}$$

by Lemma 2.

Hence

$$E_0\left[\left(\frac{L_t^{\epsilon x}-L_t^0}{\epsilon^{(\beta-1)/2}}\right)^{2K+1}\right]\longrightarrow 0 \quad \text{as } \epsilon\to 0. \tag{3.9}$$

Similarly, for $n=2K$, we can replace each factor

$$p_{\Delta t_i}(0)+p_{\Delta t_i}(\epsilon x) \tag{3.10}$$

by $2p_{\Delta t_i}(0)$, since the error term introduced simply adds another factor of the form (3.7), giving at least $K+1$ such factors, which can be bounded as in (3.8).

Hence

$$\lim_{\epsilon\to 0}E_0\left[\left(\frac{L_t^{\epsilon x}-L_t^0}{\epsilon^{(\beta-1)/2}}\right)^{2K}\right] \tag{3.11}$$

$$=\lim_{\epsilon\to 0}\frac{(2K)!\,2^K}{\epsilon^{(\beta-1)K}}\int\cdots\int_{0\le t_1\cdots\le t_{2K}\le t}\prod_{i=1}^{K}p_{\Delta t_{2i-1}}(0)\left(p_{\Delta t_{2i}}(0)-p_{\Delta t_{2i}}(\epsilon x)\right)dt_{2i-1}dt_{2i}$$

Let

$$h(t) = p_t(0)\ ,\quad t\ge 0 \tag{3.12}$$

$$f_\epsilon(t) = p_t(0)-p_t(\epsilon x),\quad t\ge 0 \tag{3.13}$$

Using the commutativity of convolution we can write the integral in (3.11) as

$$\int_0^t h*f_\epsilon*h*f_\epsilon*\ldots*h*f_\epsilon(s)ds$$

$$=\int_0^t H*F_\epsilon(s)ds \tag{3.14}$$

where

$$H(r)=h^{*K}(r) \tag{3.15}$$

the K-fold convolution of h, and

$$F_\epsilon(r)=f_\epsilon^{*K}(r) \tag{3.16}$$

the K-fold convolution of f_ϵ.

We now rewrite (3.14) as

$$\int_0^t H*F_\epsilon(s)ds$$

$$=\int_0^t\left(\int_0^s H(r)F_\epsilon(s-r)dr\right)ds$$

$$=\int_0^t H(r)\left(\int_0^{t-r}F_\epsilon(s)ds\right)dr \tag{3.17}$$

From Lemma 2, we see that for each fixed $t > 0$,

$$\int_0^t \frac{f_\epsilon(s)}{\epsilon^{\beta-1}} ds \longrightarrow c|x|^{\beta-1} \tag{3.18}$$

Hence for each fixed $\lambda > 0$

$$\int_0^\infty e^{-\lambda t} \frac{f_\epsilon(t)}{\epsilon^{\beta-1}} d \longrightarrow c|x|^{\beta-1} \tag{3.19}$$

Hence

$$\int_0^\infty e^{-\lambda t} \frac{F_\epsilon(t)}{\epsilon^{(\beta-1)K}} dt \longrightarrow (c|x|^{\beta-1})^K \tag{3.20}$$

This implies in turn that for each fixed $r > 0$

$$\int_0^r \frac{F_\epsilon(s)}{\epsilon^{(\beta-1)K}} ds \longrightarrow (c\,|x|^{\beta-1})^K. \tag{3.21}$$

Using monotonicity, it is clear that the convergence in (3.21) is uniform in $r, \ \delta \leq r \leq t$.

On the other hand, for any r

$$\begin{aligned} \int_0^r F_\epsilon(s) ds \ &\leq \ \int_0^\infty F_\epsilon(s) ds \\ \leq (\int_0^\infty f_\epsilon(s) ds)^K \ &= \ (c(\epsilon|x|)^{\beta-1})^K. \end{aligned} \tag{3.22}$$

This shows that

$$\begin{aligned} &\int_0^t H(r) \left(\int_0^{t-r} \frac{F_\epsilon(s)}{\epsilon^{(\beta-1)K}} ds \right) dr \\ &\quad \longrightarrow (c|x|^{\beta-1})^K \int_0^t H(r) dr \\ &\quad = \ (c|x|^{\beta-1})^K \ \int_{0 \leq t_1 \cdots \leq t_K \leq t} \!\!\cdots\!\! \int \prod_{i=1}^K p_{\Delta t_i}(0) dt_i \\ &\quad = \ (c|x|^{\beta-1})^K \frac{1}{K!} E_0 \left((L_t^0)^K \right) \end{aligned} \tag{3.23}$$

Hence

$$\begin{aligned} &\lim_{\epsilon \to 0} E_0 \left[\left(\frac{L_t^{\epsilon x} - L_t^0}{\epsilon^{(\beta-1)/2}} \right)^{2K} \right] \\ &\quad = \ \frac{(2K)!}{2^K K!} (4c|x|^{\beta-1})^K E_0 \left((L_t^0)^K \right) \\ &\quad = \ (4c)^K E_0 \left[\left(B_{L_t^0}^{(\beta-1)}(x) \right)^{2K} \right] \end{aligned} \tag{3.24}$$

which proves proposition 1.

4 Convergence of Finite Dimensional Distributions

Here is the next step in our proof of Theorem 2.

Proposition 2

$$\frac{1}{\epsilon^{(\beta-1)\frac{1}{2}}}\left(L_t^{\epsilon x}-L_t^0\right)\overset{\mathcal{L}}{\Longrightarrow}2\sqrt{c}B_{L_t^0}^{(\beta-1)}(x)$$

in the sense of finite dimensional distributions (c is defined in (3.2))

Proof of Proposition 2: When we consider joint moments, we no longer have a formula as simple as that of Lemma 1. However, we will prove the following lemma, where we use the notation

$$\begin{aligned}\Delta p_r(x) &= p_r(0)-p_r(x) &(4.1)\\ \gamma_r(x,y) &= \Delta p_r(x)+\Delta p_r(y)-\Delta p_r(x-y) &(4.2)\end{aligned}$$

Lemma 3

$$\begin{aligned}&E_0\left(\prod_{i=1}^n\left(L_t^{\epsilon x_i}-L_t^0\right)\right)\\ &=\sum_\pi\int\cdots\int_{0\le t_1\cdots\le t_n\le t}\prod_{j=1}^K p_{\Delta t_{2j-1}}(0)\gamma_{\Delta t_{2j}}(\epsilon x_{\pi_{2j-1}},\epsilon x_{\pi_{2j}})dt_{2j-1}dt_{2j}\\ &\quad+O\left(\epsilon^{(\beta-1)(K+1)}\right),\quad\text{if } n=2K \qquad (4.3)\end{aligned}$$

and

$$=O\left(\epsilon^{(\beta-1)(K+1)}\right),\quad\text{if } n=2K+1$$

These estimates are uniform in $0\le t\le T$ for any fixed $T<\infty$. The sum in (4.3) is over all permutations π of $\{1,\ldots,n\}$.

Remark: Our proof will show that the r.h.s (4.3) is unchanged if we start our process at ϵz instead of 0.

Pf of Lemma 3:

$$\begin{aligned}&E_0\left(\prod_{i=1}^n\left(L_t^{\epsilon x_i}-L_t^0\right)\right)\\ &=\sum_\pi E_0\left(\int\cdots\int_{0\le t_1\cdots\le t_n\le t}\prod_{i=1}^n\left(dL_{t_i}^{\epsilon x_{\pi_i}}-dL_{t_i}^0\right)\right) \qquad (4.4)\end{aligned}$$

It suffices to deal with the case $\pi_i = i$. We write this term as

$$
\begin{aligned}
& E_0\left(\int_{0\le t_1\cdots\le t_{n-2}\le t}\cdots\int \left[\int_{t_{n-2}}^t\left(\int_{t_{n-1}}^t dL_{t_n}^{\epsilon x_n} - dL_{t_n}^0\right)\left(dL_{t_{n-1}}^{\epsilon x_{n-1}} - dL_{t_{n-1}}^0\right)\right]\right. \\
& \qquad \left.\prod_{i=1}^{n-2}\left(dL_{t_i}^{\epsilon x_i} - dL_{t_i}^0\right)\right) \\
&= E_0\left(\int_{0\le t_1\cdots\le t_{n-2}\le t}\cdots\int C_{t_{n-2}}\prod_{i=1}^{n-2}\left(dL_{t_i}^{\epsilon x_i} - dL_{t_i}^0\right)\right) \qquad (4.5)
\end{aligned}
$$

where, as in the proof of Lemma 1,

$$
C_{t_{n-2}} = \int_{t_{n-2}}^t f_{t_{n-1}}\, dL_{t_{n-1}}^{\epsilon x_{n-1}} + \int_{t_{n-2}}^t g_{t_{n-1}}\, dL_{t_{n-1}}^0 \qquad (4.6)
$$

and

$$
\begin{aligned}
f_{t_{n-1}} &= \int_{t_{n-1}}^t p_{\Delta t_n}(\epsilon x_n - \epsilon x_{n-1}) - p_{\Delta t_n}(\epsilon x_{n-1}) dt_n \\
&= \int_{t_{n-1}}^t \Delta p_{\Delta t_n}(\epsilon x_{n-1}) - \Delta p_{\Delta t_n}(\epsilon x_n - \epsilon x_{n-1}) dt_n \qquad (4.7) \\
g_{t_{n-1}} &= \int_{t_{n-1}}^t p_{\Delta t_n}(0) - p_{\Delta t_n}(\epsilon x_n) dt_n \\
&= \int_{t_{n-1}}^t \Delta p_{\Delta t_n}(\epsilon x_n) dt_n \qquad (4.8)
\end{aligned}
$$

We now rewrite (4.5) as

$$
\begin{aligned}
& E_0\left(\int_{0\le t_1\cdots\le t_{n-3}\le t}\cdots\int \left[\int_{t_{n-3}}^t C_{t_{n-2}}\left(dL_{t_{n-2}}^{\epsilon x_{n-2}} - dL_{t_{n-2}}^0\right)\right]\prod_{i=1}^{n-3}\left(dL_{t_i}^{\epsilon x_i} - dL_{t_i}^0\right)\right) \\
&= E_0\left(\int_{0\le t_1\cdots\le t_{n-3}\le t}\cdots\int D_{t_{n-3}}\prod_{i=1}^{n-3}\left(dL_{t_i}^{\epsilon x_i} - dL_{t_i}^0\right)\right) \qquad (4.9)
\end{aligned}
$$

where

$$
\begin{aligned}
D_{t_{n-3}} &= \int_{t_{n-3}}^t\left(\int_{t_{n-2}}^t f_{t_{n-1}} p_{\Delta t_{n-1}}(\epsilon x_{n-1} - \epsilon x_{n-2}) + g_{t_{n-1}} p_{\Delta t_{n-1}}(\epsilon x_{n-2})\, dt_{n-1}\right) dL_{t_{n-2}}^{\epsilon x_{n-2}} \\
&\quad - \int_{t_{n-3}}^t\left(\int_{t_{n-2}}^t f_{t_{n-1}} p_{\Delta t_{n-1}}(\epsilon x_{n-1}) + g_{t_{n-1}} p_{\Delta t_{n-1}}(0) dt_{n-1}\right) dL_{t_{n-2}}^0 \\
&= \int_{t_{n-3}}^t\left(\int_{t_{n-2}}^t \left(f_{t_{n-1}} + g_{t_{n-1}}\right) p_{\Delta t_{n-1}}(0) dt_{n-1}\right)\left(dL_{t_{n-2}}^{\epsilon x_{n-2}} - dL_{t_{n-2}}^0\right) \\
&\quad + \int_{t_{n-3}}^t \bar{f}_{t_{n-2}} dL_{t_{n-2}}^{x_{n-2}} + \int_{t_{n-3}}^t \bar{g}_{t_{n-2}} dL_{t_{n-2}}^0 \qquad (4.10)
\end{aligned}
$$

where

$$\bar{f}_{t_{n-2}} = -\int_{t_{n-2}}^{t} f_{t_{n-1}} \Delta p_{\Delta t_{n-1}}(\epsilon x_{n-1} - \epsilon x_{n-2}) + g_{t_{n-1}} \Delta p_{\Delta t_{n-1}}(\epsilon x_{n-2})\, dt_{n-1} \tag{4.11}$$

$$\bar{g}_{t_{n-2}} = \int_{t_{n-2}}^{t} f_{t_{n-1}} \Delta p_{\Delta t_{n-1}}(\epsilon x_{n-1})\, dt_{n-1} \tag{4.12}$$

If we now replace $D_{t_{n-3}}$ in (4.9) by its expression in (4.10) we obtain three terms. The first term can be rewritten as

$$E_0 \left(\int \cdots \int_{0 \le t_1 \cdots \le t_{n-2} \le t} h_{t_{n-2}} \prod_{i=1}^{n-2} \left(dL_{t_i}^{\epsilon x_i} - dL_{t_i}^{0} \right) \right) \tag{4.13}$$

where

$$\begin{aligned} h_{t_{n-2}} &= \int_{t_{n-2}}^{t} \left(f_{t_{n-1}} + g_{t_{n-1}} \right) p_{\Delta t_{n-1}}(0) dt_{n-1} \\ &= \int_{t_{n-2}}^{t} \int_{t_{n-1}}^{t} p_{\Delta t_{n-1}}(0) \gamma_{\Delta t_n}(\epsilon x_n,\, \epsilon x_{n-1})\, dt_n\, dt_{n-1} \end{aligned} \tag{4.14}$$

It is easy to see how the main term in Lemma 3 will be generated on iterating this argument.

As for the other terms in (4.10), and their analogues which are obtained in iteration, we note that $\bar{f}$ and $\bar{g}$ [(4.11), (4.12)] each contain two factors of the form Δp, and in general we can check that all terms generated by our iteration aside from the terms in (4.3) will contain at least $K+1$ factors of the form Δp, if $n = 2K$ or $2K+1$. We already know that such factors give rise to the uniform estimate

$$O\left(\epsilon^{(\beta-1)(K+1)}\right)$$

This completes the proof of Lemma 3.

We now continue with the proof of Proposition 2. Consider first a fixed t: by Lemma 3 we have

$$E_0 \left[\prod_{i=1}^{2K+1} \left(\frac{L_t^{\epsilon x_i} - L_t^0}{\epsilon^{(\beta-1)(\frac{1}{2})}} \right) \right] \longrightarrow 0 \tag{4.15}$$

while

$$\begin{aligned} &\lim_{\epsilon \to 0} E_0 \left[\prod_{i=1}^{2K} \left(\frac{L_t^{\epsilon x_i} - L_t^0}{\epsilon^{(\beta-1)(\frac{1}{2})}} \right) \right] \\ &= \lim_{\epsilon \to 0} \sum_{\pi} \int \cdots \int_{0 \le t_1 \cdots \le t_{2K} \le t} \prod_{j=1}^{K} p_{\Delta t_{2j-1}}(0) \left[\frac{\gamma_{\Delta t_{2j}}(\epsilon x_{\pi_{2j-1}}, \epsilon x_{\pi_{2j}})}{\epsilon^{\beta-1}} \right] dt_i \end{aligned} \tag{4.16}$$

From Lemma 1 we see that

$$\int_0^t \frac{\gamma_s(\epsilon x, \epsilon y)}{\epsilon^{(\beta-1)}} ds \longrightarrow 2c\Gamma^{(\beta-1)}(x,y) \tag{4.17}$$

Hence, as in Section 3, we find that

$$\lim_{\epsilon\to 0} E_0\left[\prod_{i=1}^{2K}\left(\frac{L_t^{x_i}-L_t^0}{\epsilon^{(\beta-1)\frac{1}{2}}}\right)\right]$$
$$= \sum_{\pi}(c2)^K\prod_{j=1}^{K}\Gamma^{(\beta-1)}\left(x_{\pi_{2j-1}},x_{\pi_{2j}}\right)\frac{1}{K!}E_0\left(\left(L_t^0\right)^K\right)$$
$$= \sum_{\text{pairings}}(c4)^K\prod_{j=1}^{K}\Gamma^{(\beta-1)}\left(x_{1_i},x_{2_i}\right)E_0\left(\left(L_t^0\right)^K\right) \tag{4.18}$$

where the sum is over all pairings of the integers $\{1,\ldots,2K\}$ into K pairs $(1_i,2_i)$, $i=1,\ldots,K$.

However, this says exactly that

$$\lim_{\epsilon\to 0} E_0\left[\prod_{i=1}^{2K}\left(\frac{L_t^{x_i}-L_t^0}{\epsilon^{(\beta-1)\frac{1}{2}}}\right)\right]$$
$$= (4c)^K E_0\left(\prod_{i=1}^{2K}B_{L_t^0}^{(\beta-1)}(x_i)\right) \tag{4.19}$$

This shows Theorem 5 for fixed t. When we allow t to depend on i in the l.h.s. of (4.19), it is best to study increments of $L_t^x - L_t^0$ in t—and use the additivity

$$L_{t+s}^x - L_s^x = L_t^x\circ\theta_s. \tag{4.20}$$

To illustrate, let us compute the $\epsilon\to 0$ limit of

$$E_0\left(\prod_{i=1}^{n}\left(L_s^{\epsilon x_i}-L_s^0\right)\prod_{j=1}^{m}\left(L_t^{\epsilon y_j}-L_t^0\right)\circ\theta_s\right)$$
$$= \sum_{\pi}E_0\left(\int\cdots\int_{0\le s_1\cdots\le s_n\le s}\prod_{j=1}^{m}\left(L_t^{\epsilon y_j}-L_t^0\right)\circ\theta_s\prod_{i=1}^{m}\left(dL_{s_i}^{\epsilon x_{\pi_i}}-dL_{s_i}^0\right)\right)$$
$$= \sum_{\pi}E_0\left(\int\cdots\int_{0\le s_1\cdots\le s_n\le s}\left[E_{\epsilon x_{\pi_n}}(A_{s_n})\,dL_{s_n}^{\epsilon x_{\pi_n}}-E_0(A_{s_n})\,dL_{s_n}^0\right]\right.$$
$$\left.\prod_{i=1}^{n-1}\left(dL_{s_i}^{\epsilon x_{\pi_i}}-dL_{s_i}^0\right)\right) \tag{4.21}$$

where

$$A_{s_n} = \prod_{j=1}^{m}\left(L_t^{\epsilon y_j}-L_t^0\right)\circ\theta_{s-s_n} \tag{4.22}$$

Exactly as in the proof of Lemma 3 we find that

$$E_0(A_r) = \sum_{\tilde\pi}E_0\left(\int\cdots\int_{0\le t_1\cdots\le t_m\le t}\prod_{j=1}^{m}\left(dL_{t_j}^{\epsilon y_{\tilde\pi_j}}-dL_{t_j}^0\right)\circ\theta_{s-r}\right)$$

$$= \sum_{\tilde{\pi}} E_0 \left(\int_{s-r\le t_1\le\cdots\le t_m\le t+s-r}\!\!\cdots\int \prod_{j=1}^{m} \left(dL_{t_j}^{\epsilon y_{\tilde{\pi}_j}} - dL_{t_j}^{0} \right) \right)$$

$$= \sum_{\tilde{\pi}} \int_{s-r\le t_1\cdots\le t_m\le s+t-r}\!\!\cdots\int \prod_{j=1}^{\ell} p_{\Delta t_{2j-1}}(0)\gamma_{\Delta t_{2j}}(\epsilon y_{\tilde{\pi}_{2j-1}}, \epsilon y_{\tilde{\pi}_{2j}}) dt_{2j-1} dt_{2j}$$
$$+O\left(\epsilon^{(\beta-1)(\ell+1)}\right) \quad \text{if } m = 2\ell,\ (t_0 \equiv 0) \tag{4.23}$$

and

$$= O\left(\epsilon^{(\beta-1)(\ell+1)}\right) \quad \text{if } m = 2\ell + 1.$$

Changing variables, the sum in the r.h.s. of (4.23) can be written as

$$\sum_{\tilde{\pi}} \int_{0\le t_1\cdots\le t_m\le t}\!\!\cdots\int \prod_{j=1}^{\ell} p_{\Delta t_{2j-1}}(0)\gamma_{\Delta t_{2j}}(\epsilon y_{\tilde{\pi}_{2j-1}}, \epsilon y_{\tilde{\pi}_{2j}}) dt \tag{4.24}$$

where now $t_0 \equiv -(s-r)$ so that

$$\Delta t_1 = s - r + t_1 \tag{4.25}$$

If we temporarily replace $E_{\epsilon x_{\pi_n}}(\cdot)$ in (4.21) by $E_0(\cdot)$ we can use (4.23) and the analogue of Lemma 3 to obtain a main contribution to (4.21):

$$\sum_{\pi} \int_{0\le s_1\cdots\le s_n\le s}\!\!\cdots\int \prod_{j=1}^{K} p_{\Delta s_{2j-1}}(0)\gamma_{\Delta s_{2j}}(\epsilon x_{\pi_{2j-1}}, \epsilon x_{\pi_{2j}})$$
$$\left(\sum_{\tilde{\pi}} \int_{0\le t_1\cdots\le t_n\le t}\!\!\cdots\int \prod_{j=1}^{\ell} p_{\Delta t_{2j-1}}(0)\gamma_{\Delta t_{2i}}(\epsilon y_{\tilde{\pi}_{2i-1}}, \epsilon y_{\tilde{\pi}_{2i}}) dt \right) ds$$
$$\text{if } n = 2K,\ m = 2\ell,\ (t_0 = -(s - s_n)) \tag{4.26}$$

As before, if we divide by $\epsilon^{(\beta-1)(n+m)}$ and take the limit we obtain

$$\int_{\substack{0\le s_1\le\cdots\le s_n\le s\\ 0\le t_1\le\cdots\le t_m\le t}}\!\!\cdots\int p_{s_1}(0)p_{\Delta s_2}(0)\ldots p_{\Delta s_n}(0)p_{t_1+s-s_n}(0)p_{\Delta t_2}(0)\ldots p_{\Delta t_m}(0) ds dt \tag{4.27}$$

$$\sum_{\pi,\tilde{\pi}} (2c)^{m+n} \prod_{j=1}^{K} \Gamma^{(\beta-1)}(x_{\pi_{2j-1}}, x_{2j}) \prod_{i=1}^{\ell} \Gamma^{(\beta-1)}(y_{\tilde{\pi}_{2i-1}}, y_{\tilde{\pi}_{2i}}).$$

We can check that all other terms, including those which arise by replacing $E_{\epsilon x_{\pi_n}}(\cdot)$ by $E_0(\cdot)$ go to zero in the limit. (See the remark following Lemma 3.) Finally, we check that

$$E_0\left(\left(L_s^0\right)^n \left(L_t^0\right)^m \circ \theta_s \right)$$
$$= n!m! \int_{\substack{0\le s_1\le\cdots\le s_n\le s\\ 0\le t_1\le\cdots\le t_m\le t}}\!\!\cdots\int p_{s_1}(0)\, p_{\Delta s_2}(0)\cdots p_{\Delta s_n}(0)\, p_{t_1+s-s_n}(0)$$
$$p_{\Delta t_2}(0)\cdots p_{\Delta t_m}(0) ds dt \tag{4.28}$$

which implies that (4.27) equals

$$(4c)^{m+n}E_0\left(\left(\prod_{i=1}^{n}B^{(\beta-1)}_{L^0_s}(x_i)\right)\left(\prod_{j=1}^{m}B^{(\beta-1)}_{L^0_{s+t}}(y_j)-B^{(\beta-1)}_{L^0_s}(y_j)\right)\right) \tag{4.29}$$

which proves our proposition for moments such as (4.21). The general case is analogous, completing the proof of proposition 2.

5 Tightness; Proof of Theorem 1 and 2

We have for $s < t$

$$\begin{aligned} &E_0\left[\left(L^{\epsilon x}_t - L^0_t\right) - \left(L^{\epsilon y}_s - L^0_s\right)\right]^{2n} \\ &\leq\; c\, E_0\left(L^{\epsilon x}_t - L^{\epsilon y}_t\right)^{2n} \\ &+\; c\, E_0\left[\left(L^{\epsilon y}_t - L^0_t\right) - \left(L^{\epsilon y}_s - L^0_s\right)\right]^{2n} \end{aligned} \tag{5.1}$$

By Lemmas 1 and 2, we have

$$\begin{aligned} &E_0\left(L^{\epsilon x}_t - L^{\epsilon y}_t\right)^{2n} \\ &\leq\; c\left(\int_0^t p_s(0)\,ds\right)^n\left(\int_0^\infty p_s(0)-p_s(\epsilon\,(x-y))ds\right)^n \\ &\leq\; c\,\epsilon^{(\beta-1)n}|x-y|^{(\beta-1)n} \end{aligned} \tag{5.2}$$

while

$$\begin{aligned} &E_0\left[\left(L^{\epsilon y}_t - L^0_t\right) - \left(L^{\epsilon y}_s - L^0_s\right)\right]^{2n} \\ &=\; E_0\left[\left(L^{\epsilon y}_{t-s} - L^0_{t-s}\right)\circ\theta_s\right]^{2n} \\ &=\; E_0\left(E_{X_s}\left[\left(L^{\epsilon y}_{t-s} - L^0_{t-s}\right)^{2n}\right]\right) \end{aligned} \tag{5.3}$$

and for any z, using Lemmas 1 and 2 again

$$\begin{aligned} &E_z\left(L^{\epsilon y}_{t-s} - L^0_{t-s}\right)^{2n} \\ &=\; E_0\left(L^{\epsilon y-z}_{t-s} - L^{-z}_{t-s}\right)^{2n} \\ &=\; \int\cdots\int_{0\leq r_1\cdots\leq r_{2n}\leq t-s}\left(p_{r_1}(\epsilon y-z)+p_{r_1}(-z)\right)\prod_{i=2}^{2n}\left(p_{\Delta r_i}(0)-(-1)^{n-i}p_{\Delta r_i}(\epsilon y)\right)dr_i \\ &\leq\; c\left(\int_0^\infty p_r(0)-p_r(\epsilon y)\right)^n\left(\int_0^{t-s}p_r(0)dr\right)^n \\ &\leq\; c\,\epsilon^{(\beta-1)n}|t-s|^{n(1-1/\beta)} \end{aligned} \tag{5.4}$$

Putting this all together, we have

$$\begin{aligned} &E_0\left[\frac{\left(L^{\epsilon x}_t - L^0_t\right)-\left(L^{\epsilon y}_s - L^0_s\right)}{\epsilon^{(\beta-1)/2}}\right]^{2n} \\ &\leq\; c\,\left(|x-y|^{(\beta-1)n}+|t-s|^{(1-1/\beta)n}\right) \end{aligned} \tag{5.5}$$

which gives tightness.

Theorem 2 now follows from proposition 2 and tightness.

We now obtain Theorem 1, in the form (1.4), from Theorem 2 and the continuous mapping theorem, since $w(x,t) \longrightarrow \int f(x)w(x,t)dx$ is a continuous mapping from $C(R_+ \times R) \longrightarrow C(R_+)$, and

$$\begin{aligned} \int L_t^{\epsilon x} f(x)dx &= \int L_t^x f_\epsilon(x)dx \\ &= \int_0^t f_\epsilon(X_s)ds \end{aligned} \tag{5.6}$$

while the process

$$\int f(x) B_{L_t^0}^{(\beta-1)}(x)dx$$

has the same law as

$$\left(\iint \Gamma^{(\beta-1)}(x,y)f(x)f(y)dxdy\right)^{\frac{1}{2}} W_{L_t^0}$$

6 Proof of Theorem 3

We have

$$E_0\left(\prod_{i=1}^n \left(L_\zeta^{\epsilon x_i} - L_\zeta^0\right)\right) = \int_0^\infty e^{-s} E_0\left(\prod_{i=1}^n \left(L_s^{\epsilon x_i} - L_s^0\right)\right) ds. \tag{6.1}$$

If we return to the calculations of Lemma 4, we obtain a main term if $n = 2K$:

$$\begin{aligned} &\sum_\pi \int_0^\infty e^{-s} \int_{0\le t_1 \cdots \le t_n \le s} \cdots \int \prod_{j=1}^K p_{\Delta t_{2j-1}}(0)\gamma_{\Delta t_{2j}}(\epsilon x_{\pi_{2j-1}}, \epsilon x_{\pi_{2j}})\, dtds \\ &= \sum_\pi \int_0^\infty dt_1 \int_{t_1}^\infty dt_2 \cdots \int_{t_n}^\infty \prod_{j=1}^K e^{-\Delta t_{2j-1}} p_{\Delta t_{2j-1}}(0) e^{-\Delta t_{2j}} \gamma_{\Delta t_{2j}}(\epsilon x_{\pi_{2j-1}}, \epsilon x_{\pi_{2j}}) \\ &= \sum_\pi (u^1(0))^K \prod_{j=1}^K \int_0^\infty e^{-s}\gamma_s(\epsilon x_{\pi_{2j-1}}, \epsilon x_{\pi_{2j}})ds \end{aligned} \tag{6.2}$$

as in (3.9)

$$\frac{1}{\epsilon^{\beta-1}} \int_0^\infty e^{-s}\gamma_s(\epsilon x, \epsilon y)ds \longrightarrow 2c\,\Gamma^{(\beta-1)}(x,y) \tag{6.3}$$

while

$$\int_0^\infty e^{-s}\gamma_s(\epsilon x, \epsilon y)ds \le \bar{c}\epsilon^{\beta-1}. \tag{6.4}$$

The other terms from Lemma 3 thus contribute

$$O\left(\epsilon^{(\beta-1)(K+1)}\right), \qquad n = 2k,\ 2k+1.$$

Hence we see that

$$E_0\left[\prod_{i=1}^{n}\left(\frac{L_\zeta^{\epsilon x_i}-L_\zeta^0}{\epsilon^{(\beta-1)\frac{1}{2}}}\right)\right]$$
$$\longrightarrow 0 \quad \text{if} \quad n=2K+1$$

and

$$\longrightarrow \sum_{\substack{\text{pairings}\\(1_j,2_j)}} (u^1(0))^K(4c)^K K! \prod_{j=1}^{K}\Gamma^{(\beta-1)}(x_{1_j},x_{2_j}) \quad \text{if} \quad n=2K. \tag{6.5}$$

while on the other hand

$$E\left(\prod_{i=1}^{n}B_\zeta^{(\beta-1)}(x_i)\right)$$
$$= \int_0^\infty e^{-s}E\left(\prod_{i=1}^{n}B_s^{(\beta-1)}(x_i)\right)$$
$$= 0 \quad \text{if} \quad n=2K+1$$

and

$$= \int_0^\infty s^K e^{-s}ds \sum_{\substack{\text{pairings}\\(1_j,2_j)}} \prod_{j=1}^{K}\Gamma^{(\beta-1)}(x_{1_j},x_{2_j})$$
$$= K! \sum_{\substack{\text{pairing}\\(1_j,2_j)}} \prod_{j=1}^{K}\Gamma^{(\beta-1)}(x_{1_j},x_{2_j}) \quad \text{if} \quad n=2K \tag{6.6}$$

Tightness follows as before.

7 Proof of Theorems 4 and 5

We will need the following joint convergence:

Proposition 3 *If L_t^x denotes the local time for the symmetric stable process in $\mathcal{R}^1$ of order $\beta>1$, then*

$$\left(L_t^0;\ \frac{1}{\epsilon^{(\beta-1)\frac{1}{2}}}\left(L_t^{\epsilon x}-L_t^0\right)\right)$$
$$\stackrel{\mathcal{L}}{\Longrightarrow}\left(L_t^0;\ 2\sqrt{c}B_{L_t^0}^{(\beta-1)}(x)\right) \tag{7.1}$$

as $\epsilon\to 0$, in the sense of weak convergence of processes in

$$C\left(\mathcal{R}_+\times\mathcal{R},\mathcal{R}^2\right).$$

Proof of Theorem 4: This follows as in the proof of Yor's result for Brownian motion [1983] from the continuous mapping theorem for weak convergence and the fact that for each fixed u we have $\mathcal{P}(\tau_{u-}=\tau_u)=1$.

Proof of Proposition 3: We consider the analogue of Lemma 3 for

$$E_0\left(\left(L_t^0\right)^\ell \prod_{i=1}^n \left(L_t^{\epsilon x_i} - L_t^0\right)\right) \tag{7.2}$$

Running through the proof of that lemma, we at first find a sum over permutations $\tilde{\pi}$ of $\{1, 2, \ldots, n+\ell\}$. However, many of these permutations will give error terms which are

$$O\left(\epsilon^{(\beta-1)(K+1)}\right), \qquad n = 2K \ \text{ or } \ 2K+1.$$

Consider for definiteness $n = 2K$. Let us use s_i, $1 \le i \le \ell$ for the time variable of $dL^0_{s_i}$ corresponding to the ℓ factors $(L_t^0)^\ell$, and t_j $j = 1, \ldots, 2K$ for the time variables corresponding to the factors $L_t^{\epsilon x_{\pi_j}} - L_t^0$, where the permutation π of $\{1, \ldots, n\}$ is naturally induced from $\tilde{\pi}$ by requiring $t_1 \le t_2 \le \cdots \le t_n$. We can check that unless our permutation $\tilde{\pi}$ is such that for each i we have

$$t_{2j} \le s_i \le t_{2j+1} \tag{7.3}$$

for some $j = j(i) = 0, 1, \ldots, K$, then we obtain an extra Δp factor, giving rise to a contribution which is $O\left(\epsilon^{(\beta-1)(K+1)}\right)$. On the other hand, as seen in the proof of Proposition 2, each permutation $\tilde{\pi}$ inducing π and satisfying the above conditions (7.3) gives rise to the analogue of (4.18):

$$(2c)^K \prod_{j=1}^K \Gamma^{(\beta-1)}(x_{\pi_{2j-1}}, x_{\pi_{2j}}) \frac{1}{(\ell+K)!} E_0\left(\left(L_t^0\right)^{\ell+K}\right). \tag{7.4}$$

There are $\frac{(\ell+K)!}{K!}$ permutations $\tilde{\pi}$ satisfying the above conditions (7.3) and inducing π, since there are $\ell!$ ways to order the ℓ letters s_i, $1 \le i \le \ell$ and $\binom{\ell+K}{K}$ ways to partition an ordered sequence of ℓ objects into $K+1$ ordered groups.

Hence the total is

$$\sum_\pi (2c)^K \prod_{j=1}^K \Gamma^{(\beta-1)}(x_{\pi_{2j-1}}, x_{\pi_{2j}}) \frac{1}{K!} E_0\left(\left(L_t^0\right)^{\ell+K}\right) \tag{7.5}$$

and the proof is finished as in the proof of Lemma 3—see especially (4.18), (4.19).

The proof of proposition 3 now follows in the same way that Theorem 2 followed from Lemma 3.

Proof of Theorem 5: This will follow, in analogy with the proof of theorem 4, from Lemma 5.7, p. 11 of Revuz and Yor [1990] and the fact that

$$\left(X_t\,;\ \frac{1}{\epsilon^{(\beta-1)\frac{1}{2}}}\left(L_t^{\epsilon x} - L_t^0\right)\right)$$
$$\xrightarrow{\mathcal{L}} \left(X_t\,;\ 2\sqrt{c}B^{(\beta-1)}_{L_t^0}(x)\right)$$

as $\epsilon \to 0$ in the sense of weak convergence of processes in $D(\mathcal{R}_+) \times C(\mathcal{R}_+ \times \mathcal{R}, \mathcal{R})$, and this follows from moment considerations analogous to the proof of proposition 3. More precisely, since X_t itself doesn't have moments of all order, we look at $\varphi(X_t)$ where φ is an invertable transformation from $\mathcal{R}$ to [-1,1].

References

[1] Adler, R. and Rosen, J. [1990] "Intersection Local Times of All Orders for Brownian and Stable Density Processes—Construction, Renormalization and Limit Laws". Technion preprint.

[2] Biane, P. [1989] "Comportement asymptotique de certaines fonctionelles additives de plusieurs mouvements Browniens". *Sem. de Prob. XIII*, p. 198–234, LNM 1372, Springer.

[3] Boylan, E. [1964] "Local Times for a Class of Markov Processes", *Ill. Journal of Math. 8*, 19–39.

[4] Ikeda, N. and Watanabe, S. [1989] "Stochastic Differential Equations and Diffusion Processes", North-Holland Pub. Co., N.Y.

[5] Papanicolaou, G, Stroock, D. and Varadhan, S.R.S. [1977] "Martingale Approach to Some Limit Theorems", 1976 Duke Turbulence Conf., Duke Univ. Math. Series III.

[6] Revuz, D. and Yor, M. [1990] "Continuous Martingales and Brownian Motion ", to appear.

[7] Weinryb, S. and Yor, M. [1988] "Le mouvement Brownien de Lévy indexe par $\mathcal{R}^3$ comme limite centrale des temps locaux d'intersection de deux mouvements Browniens independents a valeurs dans $\mathcal{R}^3$". *Sem. de Prob. XXII*, p. 225–249, LNM 1321, Springer.

[8] Yor, M. [1983] "Le drap Brownien comme limite en loi de temps locaux linéaires". *Sem. de Prob. XVII*, p. 89–106, LNM 986, Springer.

[9] Yor, M. [1988] "Remarques sur certaines constructions des mouvements Browniens fractionnaires". *Sem. de Prob. XXII*, p. 217–225, LNM 1321, Springer.

Jay Rosen
Department of Mathematics
College of Staten Island, CUNY
Staten Island, N.Y. 10301
U.S.A.

SUR DEUX ESTIMATIONS D'INTÉGRALES MULTIPLES

par P.A. Meyer

Cette note contient une démonstration plus simple d'un lemme de Ben Arous sur les intégrales multiples d'Ito et de Stratonovich (*cf. Flots et séries de Taylor stochastiques*, *ZW* 81, 1989, p.29-77).

Nous considérons un mouvement brownien N-dimensionnel (X_t^i), $i=1,\ldots,N$, et nous posons $X_t^0=t$. Soit λ une application de $1,\ldots,m$ dans $\{0,\ldots,N\}$. Nous considérons l'intégrale multiple d'Ito arrêtée à t, sur le m-simplexe croissant

$$I_\lambda(t)=\int_{\Sigma_m(t)} dX_{s_1}^{\lambda(1)}\ldots dX_{s_m}^{\lambda(m)}$$

et l'intégrale analogue de Stratonovich $S_\lambda(t)$. Nous appelons n le nombre des indices λ_i non nuls, p le nombre des indices nuls. Ceux ci se présentent en blocs de $p_0,\ldots,p_k$ zéros, entre lesquels s'intercalent des blocs $\alpha_1,\ldots,\alpha_k$ d'indices non nuls. Les entiers p_0 et p_k peuvent être nuls, mais on peut imposer aux autres d'être >0. Nous avons $p=p_0+\ldots+p_k$. Le premier résultat de Ben Arous calcule la norme^2 de l'intégrale d'Ito :

$$\| I_\lambda(t)\|^2=\frac{t^{n+2p}}{(n+2p)!}\prod_i\frac{(2p_i)!}{(p_i!)^2}\leq 2^{2p}\frac{t^{n+2p}}{(n+2p)!}\,. \tag{1}$$

DÉMONSTRATION. Nous commençons par effectuer les intégrations déterministes, ce qui nous donne pour $I_\lambda(t)$

$$\int\frac{t_0^{p_0}}{p_0!}\int_{t_0}^{t_1} dX_{s_1^1}^{\alpha_1(1)}\ldots dX_{s_{n_1}^1}^{\alpha_1(n_1)}\frac{(t_2-t_1)^{p_1}}{p_1!}\int_{t_1}^{t_2} dX_{s_1^2}^{\alpha_2(1)}\ldots dX_{s_{n_2}^2}^{\alpha_2(n_2)}\ldots$$

Nous calculons le carré de la norme de I_λ par la formule d'isométrie ordinaire, ce qui remplace les exposants $p_0,\ldots,p_k$ par $2p_0,\ldots,2p_k$, et fait apparaître au dénominateur le facteur $\prod_i(p_i!)^2$. Chaque dX_s est remplacé par le ds correspondant.

On remplace alors à nouveau $(t_{i+1}-t_i)^{2p_i}$ par $(2p_i)!\int_{t_i}^{t_{i+1}}du_1\ldots du_{2p_i}$, ce qui fait apparaître le produit des $(2p_i)!$ au numérateur. Il reste alors une intégrale multiple déterministe étendue à un simplexe de dimension $n+2p=m+p$, dont la valeur est $t^{n+2p}/(n+2p)!$.

Posons $c(p)=(2p)!/(p!)^2$. Pour passer de $c(p)$ à $c(p+1)$ on le multiplie par $2(2-1/p+1)\leq 4$, d'où la majoration de (1). De plus ce facteur est fonction croissante de p, donc l'inégalité $p\leq q$ entraîne $c(p)c(q)\leq c(p-1)c(q+1)$. On en déduit que la norme est maximale lorsque l'intégrale contient un seul bloc de p zéros, placé n'importe où.

Passons à la majoration de la norme de $S_\lambda(t)$

$$\| S_\lambda(t)\|^2\leq 2^{2m}\frac{t^{n+2p}}{(n+2p)!}\,. \tag{2}$$

On sait que l'intégrale de Stratonovich se déduit de l'intégrale d'Ito en ajoutant à celle-ci des termes contractés. Ceux-ci étant affectés de coefficients positifs, on a avantage à augmenter le nombre des contractions, donc la norme est maximale lorsque tous les indices non nuls sont identiques, et on est ramené à considérer un seul mouvement brownien X. D'autre part, la remarque faiteplus haut dit que les normes augmentent lorsqu'on regroupe tous les zéros. On a donc une norme maximale en évaluant la norme^2 de l'intégrale de Stratonovich

$$\oint_{0<s_1\ldots<s_n<u_1\ldots<u_p<t} dX_{s_1}\ldots dX_{s_n}\,du_1\ldots du_p = \frac{1}{n!}\frac{1}{(p-1)!}\int_0^t X_u^n\,du\,(t-u)^{p-1}$$

Nous évaluons la norme^2 de la dernière intégrale par l'inégalité de Schwarz

$$\Big(\int_0^t (t-u)^{p-1}\,du\Big)\Big(\int_0^t (t-u)^{p-1}\,\mathbb{E}[X_u^{2n}]\,du\Big)$$

et comme $\mathbb{E}[X_u^{2n}] = u^n(2n)!/2^n n!$ on obtient en fin de compte une majoration de $\|S_\lambda(t)\|^2$ en

$$\frac{t^{n+2p}}{(n+2p)!}\,\frac{(2n)!}{2^n(n!)^2}\,\frac{(n+2p)!}{p!(n+p!)}$$

Le second facteur peut être majoré par 2^n d'après la formule de Stirling et le dernier par 2^{n+2p}, ce qui donne une croissance totale en 2^{2m}, un peu meilleure que la croissance en $(5/2)^{2m}$ indiquée par Ben Arous.

Corrections aux volumes antérieurs

Correction au Sém. XXII. Dans l'exposé de **P.A. Meyer** "Calculs Antisymétriques..." page 111, remplacer l'expression (18) par la suivante

$$\hat{h}(A,B) = \int dM\, dN \sum_{\substack{R+S=A \\ T+U=B}} (-1)^{\sigma} \hat{f}(R+M, T+N)\,\hat{g}(S+N, T+M)$$

où σ a la valeur

$$n(A,B)+n(R+M,T+N)+n(S+N,U+M)+n(R+M+T+N,S+N+U+M)+|N|\,.$$

Nous remercions M. J. Kupsch pour cette rectification.

Correction au Sém. XXIII. Dans l'exposé de **J.A. Yan** "Generalizations of Gross' and Minlos' theorems" un paragraphe a été coupé entre les pages 398 et 399. Voici ce qu'il faut lire à partir des trois dernières lignes de la page 398.

We remark that if the norm is measurable w.r.t. μ, the net $(\ell(P),\ P \in \mathcal{P})$ converges in probability to a B-valued r.v. ξ. Let ν denote the law of ξ. We can find for any finite dimensional subspace K of B' a sequence $P_n \uparrow I$ such that $\ell(P_n)$ converges in probability to ξ and $K \subset P_1(H)$. The following proof then implies that μ^* coincides with ν on $\mathcal{S}(K)$ so it is σ-additive on $\mathcal{R}(B)$ (Lindstrøm's result), without any assumption on the continuity of $\widehat{\mu}$ as in Theorem 3.1. We can also deduce Theorem 3.1 in the particular case where the images $P_n(H)$ in the statement are contained in B', since then L is dense in H, the characteristic function of μ^* and ν are equal on L, and hence equal by continuity.

PROOF. Condition (3.1) implies that $\ell(P_n)$ converges in probability to a B-valued r.v. ξ, and we denote the law of ξ by ν. It suffices to prove that μ^* and ν coincide on $\mathcal{R}(L)$, i.e. that they give the same measure to any set of the form

$$(3.2) \qquad C = \{x \in B : \varphi(x) \in E\} \quad ; \quad \varphi(x) = (<x, y_1>, \ldots, <x, y_p>)$$

where $y_1, \ldots, y_p \in L$ and $E \in \mathcal{B}(\mathbb{R}^p)$.... (page 399 jusqu'à) ... the result is obvious.

Supprimer les 6 lignes suivantes : "In particular... Theorem 3.1", qui font double emploi avec le texte ci–dessus.

La rédaction du Séminaire présente ses excuses à l'auteur pour cette erreur, qui provient d'une confusion au tirage entre deux versions du texte.

Correction au Sém. XXIV. Dans l'exposé de **K.R. Parthasarathy** "A Generalized Biane process", faire les corrections suivantes : formule (1), première ligne, intervertir χ_1 et χ_2, et (ligne suivante) remplacer G par $\Gamma(G)$ sous le signe $\sum$. Formule (2), le coefficient devant l'intégrale est $d(\chi)$ au lieu de $d(\chi)^{-1}$. Formule (7) le coefficient de la première intégrale est $d(\chi_0)^{-1} d(\chi)$ et celui de la seconde intégrale est $[d(\chi_0)\, d(\chi')]^{-1}$

TABLE GENERALE DES EXPOSES DU SEMINAIRE DE PROBABILITES
(VOLUMES XXI À XXV INCLUS)

WU (L). Construction de l'opérateur de Malliavin sur l'espace de Poisson. (100-113)

WU (L). Inégalité de Sobolev sur l'espace de Poisson. (114-136)

YAN (J.A). Développement des distributions suivant les chaos de Wiener et applications à l'analyse stochastique. (27-33)

VOLUME XXII : 1988 (année 1986-87, LN. N° 1321)

BAKRY (D). La propriété de sous-harmonicité des diffusions dans les variétés. (1-50)

BIANE (Ph). Sur un calcul de F. Knight. (190-196)

BIANE (Ph), YOR (M). Sur la loi des temps locaux browniens pris en un temps exponentiel. (454-466)

DARLING (R.W.R), LE JAN (Y). The statistical equilibrium of an isotropic stochastic flow with negative Lyapounov exponents is trivial. (175-185)

DARTNELL (P), MARTINEZ (S), SAN MARTIN (J). Opérateurs filtrés et chaînes de tribus invariantes sur un espace probabilisé dénombrable. (197-213)

DERMOUNE (A), KREE (P), WU (L). Calcul stochastique non adapté par rapport à la mesure aléatoire de Poisson. (477-484)

EL KAROUI (N), JEANBLANC-PICQUE (M). Contrôle de processus de Markov. (508-541)

EMERY (M). En cherchant une caractérisation variationnelle des martingales. (147-154)

[1]) FITZSIMMONS (P.J). Penetration times and Skorohod stopping. (166-174)

GILAT (D), MEILIJSON (I). A simple proof of a theorem of Blackwell and Dubins on the maximum of a uniformly integrable martingale. (214-216)

HE (S.W), WANG (J.G). Remarks on absolute continuity, contiguity and convergence in variation of probability measures. (260-270)

HSU (P), MARCH (P). Brownian excursions from extremes. (502-507)

---

[1]) et [3]) : Voir rectifications dans le vol. XXIII, p. 583

[2]) : Voir correction à la fin du vol. XXV

VOLUME XXIII 1989 (année 1987-88, LN N° 1372)

----

[1]) Cet article corrige plusieurs erreurs antérieures ; voir dans le volume XXII, p. 600.

[2]) Voir Corrections et améliorations dans le vol. XXIV, p. 488-489.

[3]) Voir corrections à la fin du volume XXV

[4]) Correction dans le vol. XXIV, p. 490.

VOLUME XXIV : 1990 (année 1988-89), LN N° 1426

----

[1]) Voir corrections à la fin du vol. XXV

VOLUME XXV : 1991 (année 1989-90), LN N° 1485)

Lecture Notes in Mathematics

For information about Vols. 1–1296
please contact your bookseller or Springer-Verlag

Vol. 1341: M. Dauge, Elliptic Boundary Value Problems on Corner Domains. VIII, 259 pages. 1988.

Vol. 1342: J.C. Alexander (Ed.), Dynamical Systems. Proceedings, 1986–87. VIII, 726 pages. 1988.

Vol. 1343: H. Ulrich, Fixed Point Theory of Parametrized Equivariant Maps. VII, 147 pages. 1988.

Vol. 1344: J. Král, J. Lukes, J. Netuka, J. Vesely´ (Eds.), Potential Theory – Surveys and Problems. Proceedings, 1987. VIII, 271 pages. 1988.

Vol. 1345: X. Gomez-Mont, J. Seade, A. Verjovski (Eds.), Holomorphic Dynamics. Proceedings, 1986. VII, 321 pages. 1988.

Vol. 1346: O.Ya. Viro (Ed.), Topology and Geometry – Rohlin Seminar. XI, 581 pages. 1988.

Vol. 1347: C. Preston, Iterates of Piecewise Monotone Mappings on an Interval. V, 166 pages. 1988.

Vol. 1348: F. Borceux (Ed.), Categorical Algebra and its Applications. Proceedings, 1987. VIII, 375 pages. 1988.

Vol. 1349: E. Novak, Deterministic and Stochastic Error Bounds in Numerical Analysis. V, 113 pages. 1988.

Vol. 1350: U. Koschorke (Ed.), Differential Topology Proceedings, 1987. VI, 269 pages. 1988.

Vol. 1351: I. Laine, S. Rickman, T. Sorvali (Eds.), Complex Analysis, Joensuu 1987. Proceedings. XV, 378 pages. 1988.

Vol. 1352: L.L. Avramov, K.B. Tchakerian (Eds.), Algebra – Some Current Trends. Proceedings. 1986. IX, 240 Seiten. 1988.

Vol. 1353: R.S. Palais, Ch.-l. Teng, Critical Point Theory and Submanifold Geometry. X, 272 pages. 1988.

Vol. 1354: A. Gómez, F. Guerra, M.A. Jiménez, G. López (Eds.), Approximation and Optimization. Proceedings, 1987. VI, 280 pages. 1988.

Vol. 1355: J. Bokowski, B. Sturmfels, Computational Synthetic Geometry. V, 168 pages. 1989.

Vol. 1356: H. Volkmer, Multiparameter Eigenvalue Problems and Expansion Theorems. VI, 157 pages. 1988.

Vol. 1357: S. Hildebrandt, R. Leis (Eds.), Partial Differential Equations and Calculus of Variations. VI, 423 pages. 1988.

Vol. 1358: D. Mumford, The Red Book of Varieties and Schemes. V, 309 pages. 1988.

Vol. 1359: P. Eymard, J.-P. Pier (Eds.) Harmonic Analysis. Proceedings, 1987. VIII, 287 pages. 1988.

Vol. 1360: G. Anderson, C. Greengard (Eds.), Vortex Methods. Proceedings, 1987. V, 141 pages. 1988.

Vol. 1361: T. tom Dieck (Ed.), Algebraic Topology and Transformation Groups. Proceedings. 1987. VI, 298 pages. 1988.

Vol. 1362: P. Diaconis, D. Elworthy, H. Föllmer, E. Nelson, G.C. Papanicolaou, S.R.S. Varadhan. École d´ Été de Probabilités de Saint-Flour XV–XVII. 1985–87 Editor: P.L. Hennequin. V, 459 pages. 1988.

Vol. 1363: P.G. Casazza, T.J. Shura, Tsirelson's Space. VIII, 204 pages. 1988.

Vol. 1364: R.R. Phelps, Convex Functions, Monotone Operators and Differentiability. IX, 115 pages. 1989.

Vol. 1365: M. Giaquinta (Ed.), Topics in Calculus of Variations. Seminar, 1987. X, 196 pages. 1989.

Vol. 1366: N. Levitt, Grassmannians and Gauss Maps in PL-Topology. V, 203 pages. 1989.

Vol. 1367: M. Knebusch, Weakly Semialgebraic Spaces. XX, 376 pages. 1989.

Vol. 1368: R. Hübl, Traces of Differential Forms and Hochschild Homology. III, 111 pages. 1989.

Vol. 1369: B. Jiang, Ch.-K. Peng, Z. Hou (Eds.), Differential Geometry and Topology. Proceedings, 1986–87. VI, 366 pages. 1989.

Vol. 1370: G. Carlsson, R.L. Cohen, H.R. Miller, D.C. Ravenel (Eds.), Algebraic Topology. Proceedings, 1986. IX, 456 pages. 1989.

Vol. 1371: S. Glaz, Commutative Coherent Rings. XI, 347 pages. 1989.

Vol. 1372: J. Azéma, P.A. Meyer, M. Yor (Eds.), Séminaire de Probabilités XXIII. Proceedings. IV, 583 pages. 1989.

Vol. 1373: G. Benkart, J.M. Osborn (Eds.), Lie Algebras. Madison 1987. Proceedings. V, 145 pages. 1989.

Vol. 1374: R.C. Kirby, The Topology of 4-Manifolds. VI, 108 pages. 1989.

Vol. 1375: K. Kawakubo (Ed.), Transformation Groups. Proceedings, 1987. VIII, 394 pages, 1989.

Vol. 1376: J. Lindenstrauss, V.D. Milman (Eds.), Geometric Aspects of Functional Analysis. Seminar (GAFA) 1987–88. VII, 288 pages. 1989.

Vol. 1377: J.F. Pierce, Singularity Theory, Rod Theory, and Symmetry-Breaking Loads. IV, 177 pages. 1989.

Vol. 1378: R.S. Rumely, Capacity Theory on Algebraic Curves. III, 437 pages. 1989.

Vol. 1379: H. Heyer (Ed.), Probability Measures on Groups IX. Proceedings, 1988. VIII, 437 pages. 1989.

Vol. 1380: H.P. Schlickewei, E. Wirsing (Eds.), Number Theory, Ulm 1987. Proceedings. V, 266 pages. 1989.

Vol. 1381: J.-O. Strömberg, A. Torchinsky, Weighted Hardy Spaces. V, 193 pages. 1989.

Vol. 1382: H. Reiter, Metaplectic Groups and Segal Algebras. XI, 128 pages. 1989.

Vol. 1383: D.V. Chudnovsky, G.V. Chudnovsky, H. Cohn, M.B. Nathanson (Eds.), Number Theory, New York 1985–88. Seminar. V, 256 pages. 1989.

Vol. 1384: J. Garcia-Cuerva (Ed.), Harmonic Analysis and Partial Differential Equations. Proceedings, 1987. VII, 213 pages. 1989.

Vol. 1385: A.M. Anile, Y. Choquet-Bruhat (Eds.), Relativistic Fluid Dynamics. Seminar, 1987. V, 308 pages. 1989.

Vol. 1386: A. Bellen, C.W. Gear, E. Russo (Eds.), Numerical Methods for Ordinary Differential Equations. Proceedings, 1987. VII, 136 pages. 1989.

Vol. 1387: M. Petkovi´c, Iterative Methods for Simultaneous Inclusion of Polynomial Zeros. X, 263 pages. 1989.

Vol. 1388: J. Shinoda, T.A. Slaman, T. Tugué (Eds.), Mathematical Logic and Applications. Proceedings, 1987. V, 223 pages. 1989.

Vol. 1000: Second Edition. H. Hopf, Differential Geometry in the Large. VII, 184 pages. 1989.

Vol. 1389: E. Ballico, C. Ciliberto (Eds.), Algebraic Curves and Projective Geometry. Proceedings, 1988. V, 288 pages. 1989.

Vol. 1390: G. Da Prato, L. Tubaro (Eds.), Stochastic Partial Differential Equations and Applications II. Proceedings, 1988. VI, 258 pages. 1989.

Vol. 1391: S. Cambanis, A. Weron (Eds.), Probability Theory on Vector Spaces IV. Proceedings, 1987. VIII, 424 pages. 1989.

Vol. 1392: R. Silhol, Real Algebraic Surfaces. X, 215 pages. 1989.

Vol. 1393: N. Bouleau, D. Feyel, F. Hirsch, G. Mokobodzki (Eds.), Séminaire de Théorie du Potentiel Paris, No. 9. Proceedings. VI, 265 pages. 1989.

Vol. 1394: T.L. Gill, W.W. Zachary (Eds.), Nonlinear Semigroups, Partial Differential Equations and Attractors. Proceedings, 1987. IX, 233 pages. 1989.

Vol. 1395: K. Alladi (Ed.), Number Theory, Madras 1987. Proceedings. VII, 234 pages. 1989.

Vol. 1396: L. Accardi, W. von Waldenfels (Eds.), Quantum Probability and Applications IV. Proceedings, 1987. VI, 355 pages. 1989.

Vol. 1397: P.R. Turner (Ed.), Numerical Analysis and Parallel Processing. Seminar, 1987. VI, 264 pages. 1989.

Vol. 1398: A.C. Kim, B.H. Neumann (Eds.), Groups – Korea 1988. Proceedings. V, 189 pages. 1989.

Vol. 1399: W.-P. Barth, H. Lange (Eds.), Arithmetic of Complex Manifolds. Proceedings, 1988. V, 171 pages. 1989.

Vol. 1400: U. Jannsen. Mixed Motives and Algebraic K-Theory. XIII, 246 pages. 1990.

Vol. 1401: J. Steprans, S. Watson (Eds.), Set Theory and its Applications. Proceedings, 1987. V, 227 pages. 1989.

Vol. 1402: C. Carasso, P. Charrier, B. Hanouzet, J.-L. Joly (Eds.), Nonlinear Hyperbolic Problems. Proceedings, 1988. V, 249 pages. 1989.

Vol. 1403: B. Simeone (Ed.). Combinatorial Optimization. Seminar, 1986. V, 314 pages. 1989.

Vol. 1404: M.-P. Malliavin (Ed.), Séminaire d'Algèbre Paul Dubreil et Marie-Paul Malliavin. Proceedings, 1987–1988. IV, 410 pages. 1989.

Vol. 1405: S. Dolecki (Ed.), Optimization. Proceedings, 1988. V, 223 pages. 1989. Vol. 1406: L. Jacobsen (Ed.), Analytic Theory of Continued Fractions III. Proceedings, 1988. VI, 142 pages. 1989.

Vol. 1407: W. Pohlers, Proof Theory. VI, 213 pages. 1989.

Vol. 1408: W. Lück, Transformation Groups and Algebraic K-Theory. XII, 443 pages. 1989.

Vol. 1409: E. Hairer, Ch. Lubich, M. Roche. The Numerical Solution of Differential-Algebraic Systems by Runge-Kutta Methods. VII, 139 pages. 1989.

Vol. 1410: F.J. Carreras, O. Gil-Medrano, A.M. Naveira (Eds.), Differential Geometry. Proceedings, 1988. V, 308 pages. 1989.

Vol. 1411: B. Jiang (Ed.), Topological Fixed Point Theory and Applications. Proceedings. 1988. VI, 203 pages. 1989.

Vol. 1412: V.V. Kalashnikov, V.M. Zolotarev (Eds.), Stability Problems for Stochastic Models. Proceedings, 1987. X, 380 pages. 1989.

Vol. 1413: S. Wright, Uniqueness of the Injective III_1 Factor. III, 108 pages. 1989.

Vol. 1414: E. Ramirez de Arellano (Ed.), Algebraic Geometry and Complex Analysis. Proceedings, 1987. VI, 180 pages. 1989.

Vol. 1415: M. Langevin, M. Waldschmidt (Eds.), Cinquante Ans de Polynômes. Fifty Years of Polynomials. Proceedings, 1988. IX, 235 pages. 1990.

Vol. 1416: C. Albert (Ed.), Géométrie Symplectique et Mécanique. Proceedings, 1988. V, 289 pages. 1990.

Vol. 1417: A.J. Sommese, A. Biancofiore, E.L. Livorni (Eds.), Algebraic Geometry. Proceedings, 1988. V, 320 pages. 1990.

Vol. 1418: M. Mimura (Ed.), Homotopy Theory and Related Topics. Proceedings, 1988. V, 241 pages. 1990.

Vol. 1419: P.S. Bullen, P.Y. Lee, J.L. Mawhin, P. Muldowney, W.F. Pfeffer (Eds.), New Integrals. Proceedings, 1988. V, 202 pages. 1990.

Vol. 1420: M. Galbiati, A. Tognoli (Eds.), Real Analytic Geometry. Proceedings, 1988. IV, 366 pages. 1990.

Vol. 1421: H.A. Biagioni, A Nonlinear Theory of Generalized Functions, XII, 214 pages. 1990.

Vol. 1422: V. Villani (Ed.), Complex Geometry and Analysis. Proceedings, 1988. V, 109 pages. 1990.

Vol. 1423: S.O. Kochman, Stable Homotopy Groups of Spheres: A Computer-Assisted Approach. VIII, 330 pages. 1990.

Vol. 1424: F.E. Burstall, J.H. Rawnsley, Twistor Theory for Riemannian Symmetric Spaces. III, 112 pages. 1990.

Vol. 1425: R.A. Piccinini (Ed.), Groups of Self-Equivalences and Related Topics. Proceedings, 1988. V, 214 pages. 1990.

Vol. 1426: J. Azéma, P.A. Meyer, M. Yor (Eds.), Séminaire de Probabilités XXIV, 1988/89. V, 490 pages. 1990.

Vol. 1427: A. Ancona, D. Geman, N. Ikeda, École d'Eté de Probabilités de Saint Flour XVIII, 1988. Ed.: P.L. Hennequin. VII, 330 pages. 1990.

Vol. 1428: K. Erdmann, Blocks of Tame Representation Type and Related Algebras. XV, 312 pages. 1990.

Vol. 1429: S. Homer, A. Nerode, R.A. Platek, G.E. Sacks, A. Scedrov, Logic and Computer Science. Seminar, 1988. Editor: P. Odifreddi. V, 162 pages. 1990.

Vol. 1430: W. Bruns, A. Simis (Eds.), Commutative Algebra. Proceedings. 1988. V, 160 pages. 1990.

Vol. 1431: J.G. Heywood, K. Masuda, R. Rautmann, V.A. Solonnikov (Eds.), The Navier-Stokes Equations – Theory and Numerical Methods. Proceedings, 1988. VII, 238 pages. 1990.

Vol. 1432: K. Ambos-Spies, G.H. Müller, G.E. Sacks (Eds.), Recursion Theory Week. Proceedings, 1989. VI, 393 pages. 1990.

Vol. 1433: S. Lang, W. Cherry, Topics in Nevanlinna Theory. II, 174 pages. 1990.

Vol. 1434: K. Nagasaka, E. Fouvry (Eds.), Analytic Number Theory. Proceedings, 1988. VI, 218 pages. 1990.

Vol. 1435: St. Ruscheweyh, E.B. Saff, L.C. Salinas, R.S. Varga (Eds.), Computational Methods and Function Theory. Proceedings, 1989. VI, 211 pages. 1990.

Vol. 1436: S. Xambó-Descamps (Ed.), Enumerative Geometry. Proceedings, 1987. V, 303 pages. 1990.

Vol. 1437: H. Inassaridze (Ed.), K-theory and Homological Algebra. Seminar, 1987–88. V, 313 pages. 1990.

Vol. 1438: P.G. Lemarié (Ed.) Les Ondelettes en 1989. Seminar. IV, 212 pages. 1990.

Vol. 1439: E. Bujalance, J.J. Etayo, J.M. Gamboa, G. Gromadzki. Automorphism Groups of Compact Bordered Klein Surfaces: A Combinatorial Approach. XIII, 201 pages. 1990.

Vol. 1440: P. Latiolais (Ed.), Topology and Combinatorial Groups Theory. Seminar, 1985–1988. VI, 207 pages. 1990.

Vol. 1441: M. Coornaert, T. Delzant, A. Papadopoulos. Géométrie et théorie des groupes. X, 165 pages. 1990.

Vol. 1442: L. Accardi, M. von Waldenfels (Eds.), Quantum Probability and Applications V. Proceedings, 1988. VI, 413 pages. 1990.

Vol. 1443: K.H. Dovermann, R. Schultz, Equivariant Surgery Theories and Their Periodicity Properties. VI, 227 pages. 1990.

Vol. 1444: H. Korezlioglu, A.S. Ustunel (Eds.), Stochastic Analysis and Related Topics VI. Proceedings, 1988. V, 268 pages. 1990.

Vol. 1445: F. Schulz, Regularity Theory for Quasilinear Elliptic Systems and – Monge Ampère Equations in Two Dimensions. XV, 123 pages. 1990.

Vol. 1446: Methods of Nonconvex Analysis. Seminar, 1989. Editor: A. Cellina. V, 206 pages. 1990.

Vol. 1447: J.-G. Labesse, J. Schwermer (Eds), Cohomology of Arithmetic Groups and Automorphic Forms. Proceedings, 1989. V, 358 pages. 1990.

Vol. 1448: S.K. Jain, S.R. López-Permouth (Eds.), Non-Commutative Ring Theory. Proceedings, 1989. V, 166 pages. 1990.

Vol. 1449: W. Odyniec, G. Lewicki, Minimal Projections in Banach Spaces. VIII, 168 pages. 1990.

Vol. 1450: H. Fujita, T. Ikebe, S.T. Kuroda (Eds.), Functional-Analytic Methods for Partial Differential Equations. Proceedings, 1989. VII, 252 pages. 1990.

Vol. 1451: L. Alvarez-Gaumé, E. Arbarello, C. De Concini, N.J. Hitchin, Global Geometry and Mathematical Physics. Montecatini Terme 1988. Seminar. Editors: M. Francaviglia, F. Gherardelli. IX, 197 pages. 1990.

Vol. 1452: E. Hlawka, R.F. Tichy (Eds.), Number-Theoretic Analysis. Seminar, 1988–89. V, 220 pages. 1990.

Vol. 1453: Yu.G. Borisovich, Yu.E. Gliklikh (Eds.), Global Analysis – Studies and Applications IV. V, 320 pages. 1990.

Vol. 1454: F. Baldassari, S. Bosch, B. Dwork (Eds.), p-adic Analysis. Proceedings, 1989. V, 382 pages. 1990.

Vol. 1455: J.-P. Françoise, R. Roussarie (Eds.), Bifurcations of Planar Vector Fields. Proceedings, 1989. VI, 396 pages. 1990.

Vol. 1456: L.G. Kovács (Ed.), Groups – Canberra 1989. Proceedings. XII, 198 pages. 1990.

Vol. 1457: O. Axelsson, L.Yu. Kolotilina (Eds.), Preconditioned Conjugate Gradient Methods. Proceedings, 1989. V, 196 pages. 1990.

Vol. 1458: R. Schaaf, Global Solution Branches of Two Point Boundary Value Problems. XIX, 141 pages. 1990.

Vol. 1459: D. Tiba, Optimal Control of Nonsmooth Distributed Parameter Systems. VII, 159 pages. 1990.

Vol. 1460: G. Toscani, V. Boffi, S. Rionero (Eds.), Mathematical Aspects of Fluid Plasma Dynamics. Proceedings, 1988. V, 221 pages. 1991.

Vol. 1461: R. Gorenflo, S. Vessella, Abel Integral Equations. VII, 215 pages. 1991.

Vol. 1462: D. Mond, J. Montaldi (Eds.), Singularity Theory and its Applications. Warwick 1989, Part I. VIII, 405 pages. 1991.

Vol. 1463: R. Roberts, I. Stewart (Eds.), Singularity Theory and its Applications. Warwick 1989, Part II. VIII, 322 pages. 1991.

Vol. 1464: D. L. Burkholder, E. Pardoux, A. Sznitman, Ecole d'Eté de Probabilités de Saint- Flour XIX-1989. Editor: P. L. Hennequin. VI, 256 pages. 1991.

Vol. 1465: G. David, Wavelets and Singular Integrals on Curves and Surfaces. X, 107 pages. 1991.

Vol. 1466: W. Banaszczyk, Additive Subgroups of Topological Vector Spaces. VII, 178 pages. 1991.

Vol. 1467: W. M. Schmidt, Diophantine Approximations and Diophantine Equations. VIII, 217 pages. 1991.

Vol. 1468: J. Noguchi, T. Ohsawa (Eds.), Prospects in Complex Geometry. Proceedings, 1989. VII, 421 pages. 1991.

Vol. 1469: J. Lindenstrauss, V. D. Milman (Eds.), Geometric Aspects of Functional Analysis. Seminar 1989-90. XI, 191 pages. 1991.

Vol. 1470: E. Odell, H. Rosenthal (Eds.), Functional Analysis. Proceedings, 1987-89. VII, 199 pages. 1991.

Vol. 1471: A. A. Panchishkin, Non-Archimedean L-Functions of Siegel and Hilbert Modular Forms. VII, 157 pages. 1991.

Vol. 1472: T. T. Nielsen, Bose Algebras: The Complex and Real Wave Representations. V, 132 pages. 1991.

Vol. 1473: Y. Hino, S. Murakami, T. Naito, Functional Differential Equations with Infinite Delay. X, 317 pages. 1991.

Vol. 1474: S. Jackowski, B. Oliver, K. Pawałowski (Eds.), Algebraic Topology, Poznań 1989. Proceedings. VIII, 397 pages. 1991.

Vol. 1475: S. Busenberg, M. Martelli (Eds.), Delay Differential Equations and Dynamical Systems. Proceedings, 1990. VIII, 249 pages. 1991.

Vol. 1476: M. Bekkali, Topics in Set Theory. VII, 120 pages. 1991.

Vol. 1477: R. Jajte, Strong Limit Theorems in Noncommutative L_2-Spaces. X, 113 pages. 1991.

Vol. 1478: M.-P. Malliavin (Ed.), Topics in Invariant Theory. Seminar 1989-1990. VI, 272 pages. 1991.

Vol. 1479: S. Bloch, I. Dolgachev, W. Fulton (Eds.), Algebraic Geometry. Proceedings, 1989. VII, 300 pages. 1991.

Vol. 1480: F. Dumortier, R. Roussarie, J. Sotomayor, H. Żoładek, Bifurcations of Planar Vector Fields: Nilpotent Singularities and Abelian Integrals. VIII, 226 pages. 1991.

Vol. 1481: D. Ferus, U. Pinkall, U. Simon, B. Wegner (Eds.), Global Differential Geometry and Global Analysis. Proceedings, 1991. VIII, 283 pages. 1991.

Vol. 1482: J. Chabrowski, The Dirichlet Problem with L^2-Boundary Data for Elliptic Linear Equations. VI, 173 pages. 1991.

Vol. 1483: E. Reithmeier, Periodic Solutions of Nonlinear Dynamical Systems. VI, 171 pages. 1991.

Vol. 1484: H. Delfs, Homology of Locally Semialgebraic Spaces. IX, 136 pages. 1991.

Vol. 1485: J. Azéma, P. A. Meyer, M. Yor (Eds.), Séminaire de Probabilités XXV. VIII, 440 pages. 1991.